高等学校教学参考书

电路分析基础 第5版

学习指导

李瀚荪　吴锡龙

高等教育出版社·北京

内容提要

本书是主教材《电路分析基础》第 5 版（上、下册）（李瀚荪编）的配套教学辅导用书，主要面向学生和自学读者。全书内容结构与《电路分析基础》第 5 版（上、下册）一致，包含 5 版每章后习题的解答，总计 383 道题。部分解答后还加“注”和“相关题”项。作为主教材的的补充读物，本书有助于学生理解基本概念，掌握基本原理和基本计算方法，能够开拓学生思路，提高解题技巧。

本书适合普通高等学校学习“电路”课程的学生使用，并对学生准备硕士研究生入学考试有所裨益，也可供教师作为教学参考书使用。

图书在版编目(CIP)数据

电路分析基础第 5 版学习指导 / 李瀚荪，吴锡龙编著. --北京：高等教育出版社，2018.9（2025.3重印）
ISBN 978-7-04-049789-2

Ⅰ. ①电…　Ⅱ. ①李…　②吴…　Ⅲ. ①电路分析-高等学校-教学参考资料　Ⅳ. ①TM133

中国版本图书馆 CIP 数据核字(2018)第 107084 号

策划编辑　王勇莉　　责任编辑　王勇莉　　封面设计　李小璐　　版式设计　徐艳妮
插图绘制　于　博　　责任校对　高　歌　　责任印制　刘弘远

出版发行　高等教育出版社
社　　址　北京市西城区德外大街 4 号
邮政编码　100120
印　　刷　唐山市润丰印务有限公司
开　　本　787mm×960mm　1/16
印　　张　22.75
字　　数　430 千字
购书热线　010-58581118
咨询电话　400-810-0598

网　　址　http://www.hep.edu.cn
　　　　　http://www.hep.com.cn
网上订购　http://www.hepmall.com.cn
　　　　　http://www.hepmall.com
　　　　　http://www.hepmall.cn

版　　次　2018 年 9 月第 1 版
印　　次　2025 年 3 月第 9 次印刷
定　　价　42.30 元

物 料 号　49789-00

前　言

“电路分析基础”是在1977年合肥教材会议上为弱电类专业新设的一门基础课。《电路分析基础》教材的内容，包括习题，一直侧重该类专业所需，兼顾一般（见《电路分析基础》（第1版）前言）。

本书包含《电路分析基础》第5版（以下简称《第5版》）每章后习题的解答，总计383道题。部分解答后还加“注”和“相关题”项。该版习题有来自《第4版》的，也有来自《简明电路分析基础》的，也有新设的。吴锡龙教授曾为其中一些习题做过解答。本书采用了他的部分解答，由我们两人署名，文责由我自负。

本书应看作是教材一个不可分割的部分。由于教材篇幅有限，有些需要再三强调或补充说明的内容将出现在本书的“本章要点”或题解后的“注”中。本书作者主张“教师引导下学生自学为主”的教学方式。为此，除了教材的撰写应遵循“宜细不宜粗”这一原则外，作为参考资料，本书注意从下列几方面发挥配合作用。

（1）按照习题规划，有些习题是为适当联系实际或加深理解教材内容而设置的，有些则是原来打算用作例题的，加上各章习题的综合部分等，教师未必都规定为必做题，但可择要指定学生阅读，这是教材不易做到的。

（2）在写题解时指出做题时应注意处、易犯的错误等。特别指出有关习题间的联系，在有些题解后设置“相关题”项，尽量凸显教材习题的整体性，这是教材不易做好的。

（3）鉴于某些教材内容在其教学过程中往往没有足够的时间再做些应做的习题，而某些习题的解题方法又并非唯一的，在题解中就可有意选用过去练习不够的方法，从而起到复习、加强的作用。例如，习题6-2、6-8的解答中运用了由u_{OC}和i_{SC}求戴维南①等效电路的方法，而在教材第四章习题中缺乏该项内容；习题6-9、6-15的解答中运用了外施电源法，在第四章习题中，这类题也略嫌不足；习题6-39题解“注”中，及时总结了含受控源电路求R_o的三种方法。这样就巧妙地利用第六章习题题解弥补第四章练习不足之处，这是教材做不到的。

① 《电子学名词》中为戴维南。

(4) 对教师来说，有些习题及其题解是可选用于讲稿中，用以引出某一方法、定理或公式的，例如习题9-6可用于引入平均功率公式。就讲课环节来说，这就超越了教材本身。

上述各作用都是通过题解后的“注”和“相关题”点出的，它们是本书的重要组成部分。

此外，根据一些教师意见，列出“思考题选解”，供参考。

不妥和错误之处在所难免。欢迎提出宝贵意见，请由高等教育出版社转交。

李瀚荪

北京云趣小舍

2017.10.06

目　录

第一章

集总参数电路中电压、电流的约束关系

本章要点

1. 从根本上说，电荷 q 和能量 w 是描述电现象的原始变量，为便于描述电路，从 q 和 w 引入电路变量 i、u 和 p（功率），它们之间的关系，（参看教材下册 P251，图 B-1）：

$$i=\frac{dq}{dt} \tag{1-1}$$

$$u=\frac{dw}{dq} \tag{1-2}$$

$$p=ui=\frac{dw}{dt} \tag{1-3}$$

这是集总参数电路中最基本、普遍适用的公式。应特别关注各式有关参考方向的前提。

在电路问题中的某元件（或单口网络），若 i、u、p 的参考方向如教材图 1-5 所示，且 p 由(1-3)式计算，则解得的 i、u、p 为正值或负值所含物理意义如下表所示。

	正值	负值
i	正电荷由 a 端流向 b 端或负电荷由 b 端流向 a 端	正电荷由 b 端流向 a 端或负电荷由 a 端流向 b 端
u	电压降由 a 端至 b 端或电压升由 b 端至 a 端	电压升由 a 端至 b 端或电压降由 b 端至 a 端
p	元件（或单口网络）自外电路吸收能量，其速率为 p 值。吸收又称接受，包括消耗和储存两种情况	元件（或单口网络）提供能量给外电路其速率为 p 值。提供又称产生或释放（一般是指储能的释放）

2. 求解电路问题首先要为电路中的未知电流、电压等假定它们的参考方向(又称正方向)。表征元件的电压、电流关系(VCR)都是在一定的参考方向下得出的,例如,对电阻元件,当 u、i 参考方向一致(即关联参考方向)时,才能使用 $u=Ri$ 这一关系,否则应为 $u=-Ri$。KVL、KCL 方程也要在假定各 u、i 参考方向后才能列出。在计算功率时,也要根据 u、i 的参考方向,才能对算得功率的正、负值做出解释(吸收还是产生)。

初学者往往容易忽视规定参考方向的必要性和重要性,许多错误或困惑常来源于此。

参考方向是任意假定的,不必考虑到真实方向如何。不能因为可任意假定,就不作假定。一经假定,自始至终都应以此为准去考虑问题,不得更改。最后,可根据算得的结果结合参考方向掌握真实方向。不久就能体会到引用参考方向概念的妙处,并会运用这一基本思想方法。

3. 电路问题分析的对象是模型。模型由(理想)电路元件组成。本章只涉及电阻、电压源、电流源和受控源元件。各电路元件都有一定的 VCR,即元件性质的约束关系。

学习电路分析,必须牢固掌握电路元件的 VCR。

各种元件相互连接组成电路,汇集于节点(或超节点)的各支路电流受 KCL 的约束;沿一网孔或回路的各支路电压受 KVL 的约束。每一元件视为一条支路。

能否正确列出 KCL、KVL 方程是学好电路分析的关键。主要是要能正确确定方程中各项的正、负号。首先,应假定各电流、电压的参考方向,明确地标示在电路图上。列 KVL 方程时,应任意选定一个绕行方向,自网孔或回路的任一点出发绕行一周回到原来的出发点,沿途各元件的电压属电压降者取正号,电压升者取负号。注意:所谓电压降(升)均系根据参考方向(极性)结合绕行方向来判断的。列 KCL 方程时,则可按流出节点的电流为正,流入为负来写方程,电流的方向也是根据参考方向来说的。

KVL、KCL 和元件的 VCR 合称为两类约束,是解决集总电路问题的基本依据。

习题解答

§1-1　电路变量——电流、电压及功率

1-1　接在图题 1-1 所示电路中电流表 A 的读数随时间变化的情况如图中所示。试确定 $t=1$ s、2 s 及 3 s 时的电流 i。

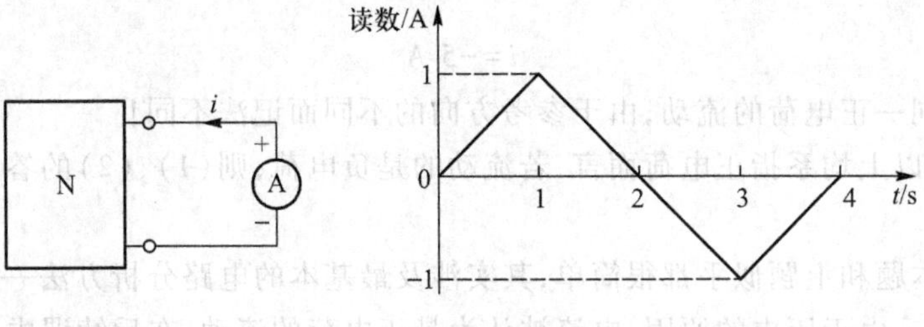

图题 1-1

解 因图中以箭头所示电流 i 的参考方向是从电流表负端到正端,所以

$$t=1\ \text{s},\quad i=-1\ \text{A}$$

$$t=2\ \text{s},\quad i=0\ \text{A}$$

$$t=3\ \text{s},\quad i=1\ \text{A}$$

注:电流是代数量,离开了参考方向的设定(此处为电流表的+、-端),读数的正、负是毫无意义的。(重要概念。)

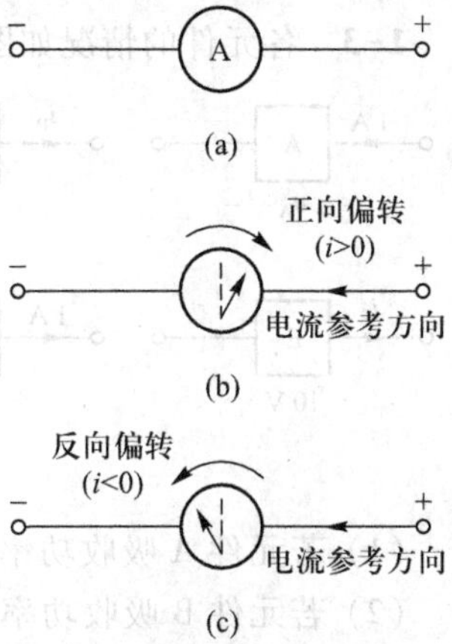

图题解 1-1

参考方向并不是一个抽象的概念。用电流表测量电路中的未知电流时,事实上就为未知电流选定了一个参考方向。电流表有两个端钮,一个标有"+"号,另一个标有"-"号,如图题解1-1(a)所示。当电流由"+"端流入电流表时,指针正向(顺时针方向)偏转,电流为正值;当电流由"-"端流入电流表时,指针反向偏转,电流为负值。把电流表接入电路时,实际上就确定了被测电流的参考方向是由电流表的"+"端经过电流表指向电流表的"-"端的,如图题解 1-1(b)、图题解 1-1(c)所示。如把电流表反接,就意味着为未知电流选定了另一个相反的参考方向。在测量时,如果电流表指针正向偏转,电流为正值,说明电流的真实方向与新设参考方向一致。

本题实际上两次涉及参考方向的概念。其一,电流表的接法所反映出的电流参考方向及图题 1-1 中所示相应的读数;其二,图中所求电流 i 的参考方向,如图中箭头所示。两者的假设是相反的,得答案如解中所示。

1-2 设在(教材)图 1-2 所示元件中,正电荷以 5 C/s 的速率由 a 流向 b。(1) 如电流的参考方向假定为由 a 至 b,求电流。(2) 如电流的参考方向假定为由 b 至 a,求电流。(3) 如流动的电荷为负电荷,(1)、(2)答案有何改变?

解 (1) 根据电流的定义,5 C/s = 5 A,实际流动方向为 a→b,若参考方向假定为 a→b,两者吻合,该电流应记为

$$i=5\ \text{A}$$

(2) 若参考方向假定为 b→a,而电流实际流向为 a→b,两者不吻合,该电流

应记为

$$i=-5\text{ A}$$

注:同一正电荷的流动,由于参考方向的不同而记法不同!

(3) 以上均系指正电荷而言,若流动的是负电荷,则(1)、(2)的答案均须改变符号。

注:本题和上题似乎都很简单,其实涉及最基本的电路分析方法——参考方向的运用。由于历史的原因,电流被认为是正电荷的流动,在后续课中也许需要考虑电子的流动,请注意差别。

1-3　各元件的情况如图题 1-2 所示。

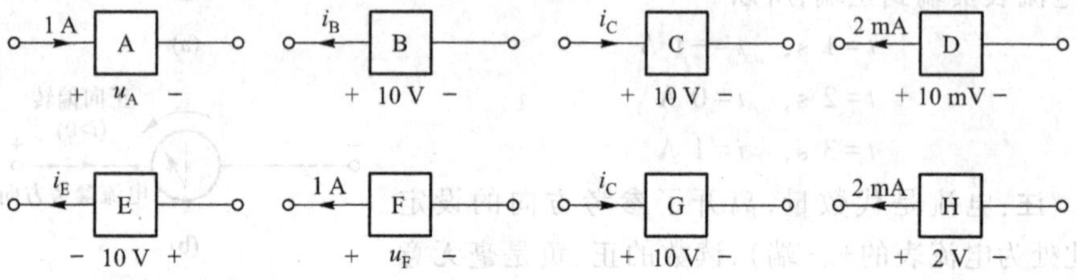

图题 1-2

(1) 若元件 A 吸收功率 10 W,求 u_A;

(2) 若元件 B 吸收功率 10 W,求 u_B;

(3) 若元件 C 吸收功率−10 W,求 i_C;

(4) 试求元件 D 吸收的功率;

(5) 若元件 E 提供的功率为 10 W,求 i_E;

(6) 若元件 F 提供的功率为−10 W,求 u_F;

(7) 若元件 G 提供的功率为 10 mW,求 i_G;

(8) 试求元件 H 提供的功率。

解　元件 A、C、E、G 的 u 和 i 为关联参考方向,在取关联参考方向前提下,可以使用 $p=ui$,功率为正表示这段电路吸收功率,功率为负表示该段电路提供功率。一段电路提供 10 W 功率,也可以说它吸收了−10 W 功率。而元件 B、D、F、H 的 u 和 i 为非关联参考方向,应注意在使用的公式中加负号,即使用 $p=-ui$。

(1) $u_A=\dfrac{p_A}{i_A}=\dfrac{10}{1}\text{ V}=10\text{ V}$;

(2) $i_B=-\dfrac{p_B}{i_B}=-\dfrac{10}{10}\text{ A}=-1\text{ A}$;

(3) $i_C=\dfrac{p_C}{u_C}=\dfrac{-10}{10}\text{ A}=-1\text{ A}$;

(4) $p_D=-u_Di_D=(-10\times10^{-3}\times2\times10^{-3})\text{ W}=-20\ \mu\text{W}$(该元件吸收功率为−20 μW,即提供功率 20 μW);

(5) $i_E=\frac{p_E}{u_E}=\frac{-10}{10}\ A=-1\ A$;

(6) $u_F=-\frac{p_F}{i_F}=-\frac{10}{1}\ V=-10\ V$;

(7) $i_G=\frac{p_G}{u_G}=\frac{-10\times10^{-3}}{10}\ A=-1\ mA$;

(8) $p_H=-u_H i_H=(-2\times2\times10^{-3})\ W=-4\ mW$(该元件提供功率为 4 mW)。

注:这是有关电流、电压和功率关系的一道基本题。任何一个公式,都是有参考方向的规定的,不要只记住它们数值上的关系。

提供功率有时也称为产生功率或释放功率。常混用。

1-4 某元件电压 u 和电流 i 的波形如图题 1-3 所示,u 和 i 为关联参考方向,试绘出该元件吸收功率 $p(t)$ 的波形,并计算该元件从 $t=0$ 至 $t=2$ s 期间所吸收的能量。

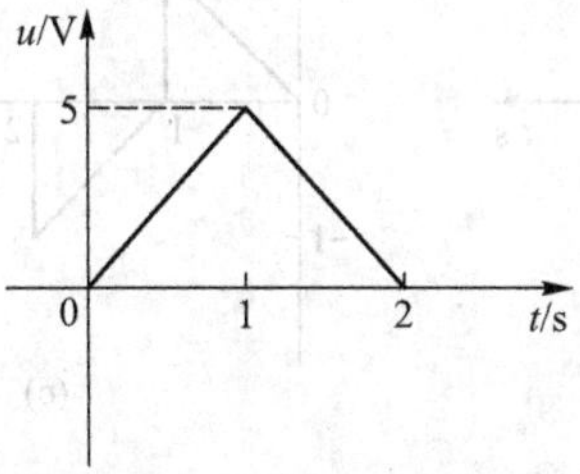

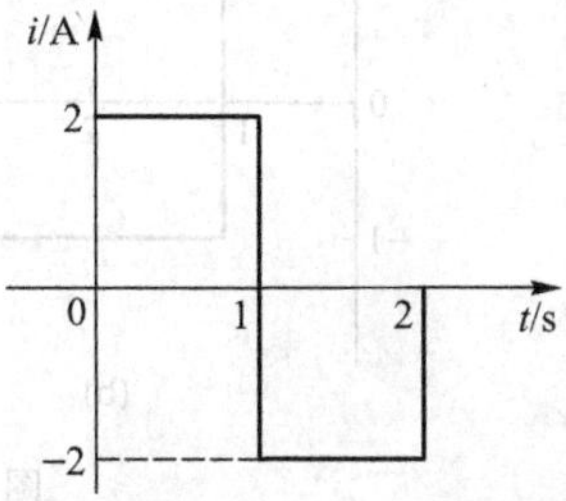

图题 1-3

解

$$u=\begin{cases}5t\ V & (0\leqslant t\leqslant 1\ s)\\ -5(t-2)\ V & (1\ s\leqslant t\leqslant 2\ s)\end{cases}$$

$$i=\begin{cases}2\ A & (0<t<1\ s)\\ -2\ A & (1\ s<t<2\ s)\end{cases}$$

$$p=ui=\begin{cases}10t\ W & (0<t<1\ s)\\ 10(t-2)\ W & (1\ s<t<2\ s)\end{cases}$$

该元件功率波形如图题解 1-4 所示。

$$W=\int_0^2 p\mathrm{d}t=\int_0^1 10t\mathrm{d}t+\int_1^2 10(t-2)\mathrm{d}t=0$$

注:学习第五章后,由 u、i 波形可知该元件是电容元件。从所得 p 的波形可知在 0→2 s期间其平均值为零,即该元件吸收的能量为零,p 为正时,储能增加;p 为负时,储能减少。

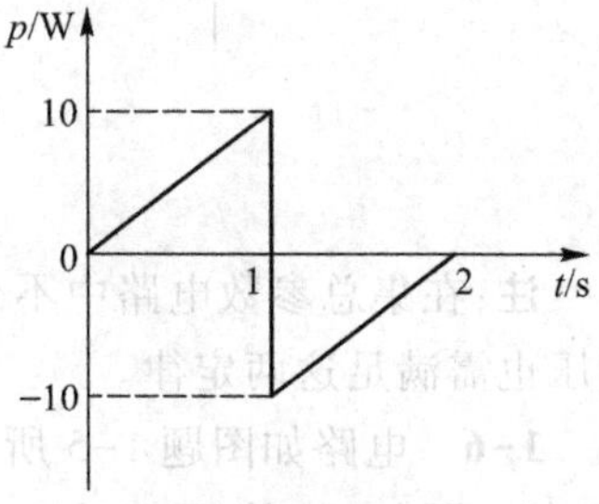

图题解 1-4

§1-2　基尔霍夫定律

1-5　对教材图 1-9 所示节点，已知 $i_2(t)$ 和 $i_3(t)$ 的波形图如图题 1-4 所示，求 $i_1(t)$ 的波形图。

解　图 1-9 重绘为图题 1-4(a)。以流入节点的电流为正，按照所标示的电流方向根据 KCL 可得 $i_1=-i_2+i_3$。故可将 i_2 波形倒置如图题解 1-5(a)所示，再与 i_3 波形相加，得 i_1 波形如图题解 1-5(b)所示。

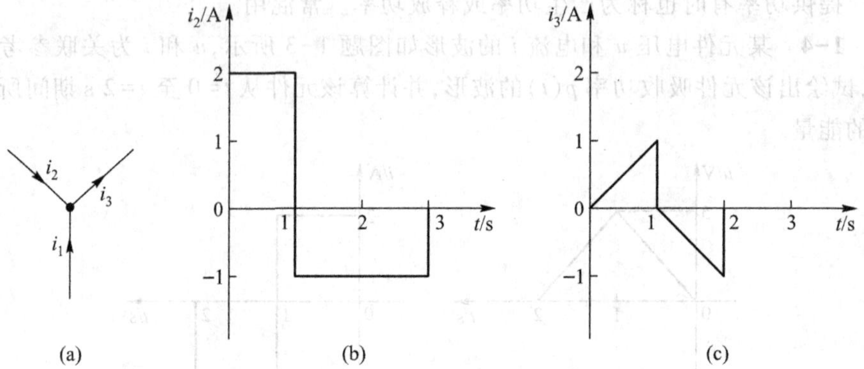

图题 1-4

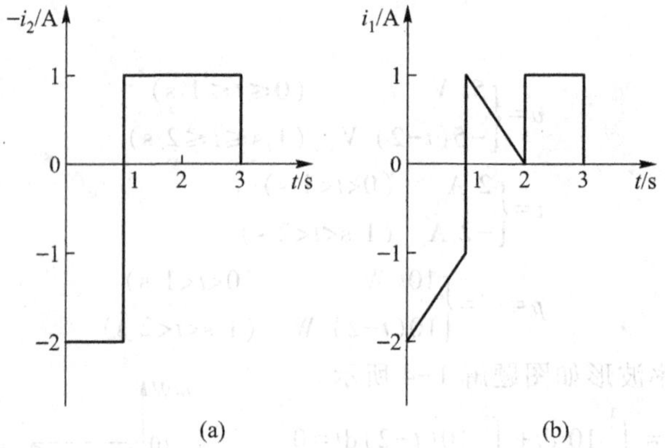

图题解 1-5

注：在集总参数电路中不仅直流电流、电压需满足 KCL 和 KVL，任何电流、电压也需满足这两定律。

1-6　电路如图题 1-5 所示，试求：(1) 图(a)中的 i；(2) 图(b)中各未知电流；(3) 图(c)中的 u_1、u_2 和 u_3。

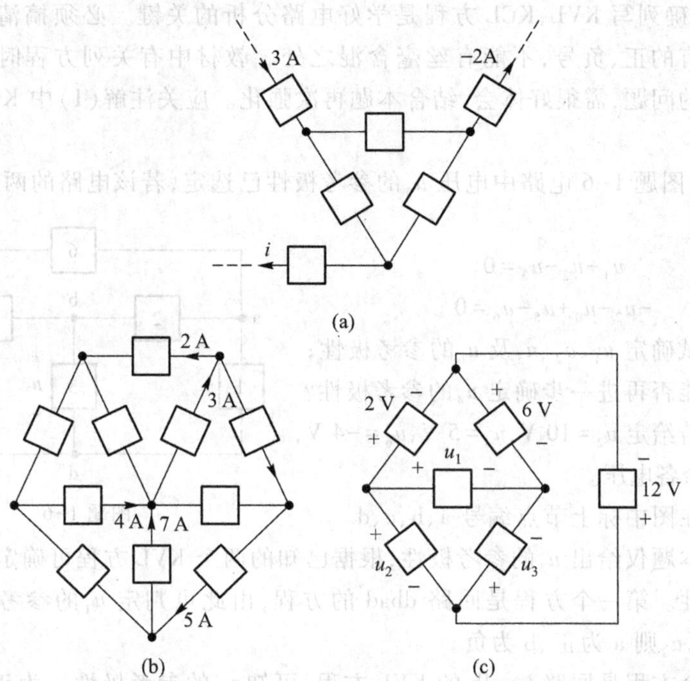

图题 1-5

解 (1) 把图题 1-5(a)所示电路看成一个封闭面,对外仅有虚线所示三条支路,则由 KCL 可得

$$i+(-2\ \mathrm{A})-3\ \mathrm{A}=0$$

得

$$i=5\ \mathrm{A}$$

(2) 把图题 1-5(b)中各未知电流的参考方向及标号注上,各节点用 a、b、…字母标示。如图题解 1-6 所示,在各节点运用 KCL,可得

a 点: $i_1+2\ \mathrm{A}-3\ \mathrm{A}=0$ $\quad i_1=1\ \mathrm{A}$

b 点: $-i_1-i_5+5\ \mathrm{A}=0$ $\quad i_5=4\ \mathrm{A}$

c 点: $i_2+7\ \mathrm{A}-5\ \mathrm{A}=0$ $\quad i_2=-2\ \mathrm{A}$

d 点: $i_3+4\ \mathrm{A}-i_2=0$ $\quad i_3=-6\ \mathrm{A}$

e 点: $i_4-i_3-2\ \mathrm{A}=0$ $\quad i_4=-4\ \mathrm{A}$

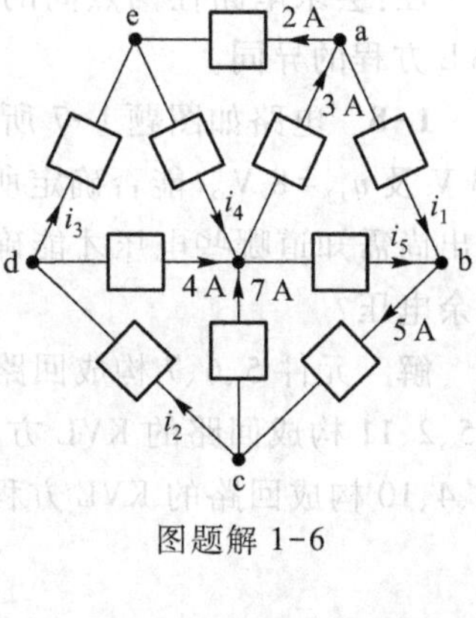

图题解 1-6

(3) 根据 KVL 计算 u_1、u_2 和 u_3。

$u_1-6\ \mathrm{V}-2\ \mathrm{V}=0$ $\quad u_1=8\ \mathrm{V}$

$u_3-6\ \mathrm{V}-12\ \mathrm{V}=0$ $\quad u_3=18\ \mathrm{V}$

$u_2+u_3-u_1=0$ $\quad u_2=u_1-u_3=-10\ \mathrm{V}$

注:正确列写 KVL、KCL 方程是学好电路分析的关键。必须搞清每项的由来及其应有的正、负号,不能有丝毫含混之处。教材中有关列方程时涉及两套符号规则的问题,需很好体会,结合本题再次强化。应关注解(1)中 KCL 的书写格式。

1-7　图题 1-6 电路中电压 u_3 的参考极性已选定,若该电路的两个 KVL 方程为

$$u_1-u_2-u_3=0$$

$$-u_2-u_3+u_5-u_6=0$$

(1) 试确定 u_1、u_2、u_5 及 u_6 的参考极性;

(2) 能否再进一步确定 u_4 的参考极性?

(3) 若给定 $u_2=10\ \text{V}$,$u_3=5\ \text{V}$,$u_6=-4\ \text{V}$,试确定其余各电压。

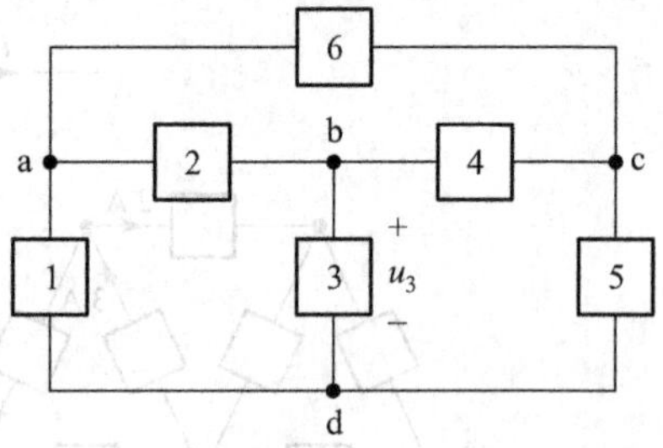

图题 1-6

解　在图中标上节点编号 a、b、c、d。

(1) 本题仅给出 u_3 的参考极性,根据已知的两个 KVL 方程可确定题中指定电压的极性。第一个方程是回路 dbad 的方程,由此可判定 u_1 的参考极性 a 为正、d 为负,u_2 则 a 为正、b 为负。

第二个方程是回路 bacdb 的 KVL 方程,可知 u_5 的参考极性 c 为正、d 为负,u_6 的参考极性 c 为正、a 为负。

(2) 给出的两个方程均不含 u_4,故不能确定其参考极性。

(3) 由给定的 KVL 方程或由电路任何两点间循任一选定路径列出的电压降表示式,均可得

$$u_1=u_2+u_3=(10+5)\ \text{V}=15\ \text{V}$$

$$u_5=u_6+u_2+u_3=(-4+10+5)\ \text{V}=11\ \text{V}$$

若选 u_4 的参考方向是 b 为正,则

$$u_4=u_3-u_5=(5-11)\ \text{V}=-6\ \text{V}$$

注:会求电路任两点间的电压也是学好本课程的关键内容。注意其与列写 KVL 方程的异同。

1-8　电路如图题 1-7 所示,已知 $u_1=10\ \text{V}$、$u_2=5\ \text{V}$,$u_4=-3\ \text{V}$,$u_6=2\ \text{V}$,$u_7=-3\ \text{V}$ 及 $u_{12}=8\ \text{V}$。能否确定所有其他各个电压?如能,试确定它们。如不能,试指出尚需知道哪些电压才能确定所有电压。本电路需要给定几个电压才能确定其余电压?

解　元件 5、6、7 构成回路的 KVL 方程为 $u_5+u_6-u_7=0$,可得 $u_5=-5\ \text{V}$;元件 1、5、2、11 构成回路的 KVL 方程为 $u_1-u_2-u_5-u_{11}=0$,可得 $u_{11}=10\ \text{V}$;元件 2、6、12、4、10 构成回路的 KVL 方程为 $u_2-u_4-u_6+u_{10}+u_{12}=0$,可得 $u_{10}=-14\ \text{V}$。

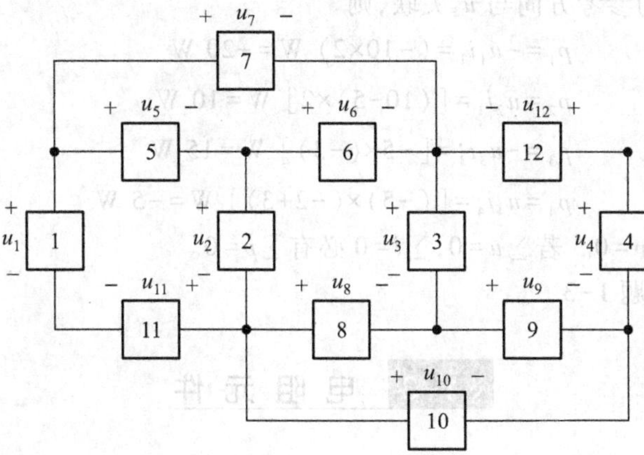

图题 1-7

尚余 u_3、u_8、u_9 三个电压待求，这三条支路汇集于一个节点，只需知道三个电压中任一个，其余电压就可求出。

根据以上的解答，本题共需给定 7 个电压，方能确定其他未知电压。这 7 个电压并非任意的 7 条支路的电压。这 7 个电压应是线性无关的，亦即它们本身不能由 KVL 相联系。

注：如参考《简明电路分析基础》（以下简称《简明》）§2-5 有关“树”的概念，可知本电路在元件 1 和 11、4 和 12 之间应视为各有一个节点，所以本电路有 8 个节点，树应由 7 条边组成，必须知道构成树的 7 个电压，才能确定其余的电压。

1-9　电路如图题 1-7 所示，采用关联参考方向，且已知下列各支路电流：$i_1=2$ A，$i_4=5$ A，$i_7=-5$ A 以及 $i_{10}=-3$ A。其他各支路电流是否都能确定？试尽可能多地确定各未知电流。如需确定所有电流，尚需知道哪些电流？本电路需要给定几个电流才能确定其余电流？

解　元件 1、5、7 所连节点的 KCL 方程为 $i_1+i_5+i_7=0$，可得 $i_5=3$ A；元件 4、9、10 所连节点的 KCL 方程为 $i_4+i_9+i_{10}=0$，可得 $i_9=-2$ A；$i_{11}=-i_1=-2$ A，$i_{12}=-i_4=-5$ A。

尚有 i_2、i_3、i_6、i_8 待求。该电路共有 6 个节点，独立节点为 5 个，已用去 2 个，尚余 3 个节点可供列写独立的 KCL 方程，而待求支路电流有 4 个，不足以求解这些未知电流。在这 4 个支路电流中，如能给定任一支路电流，即能解出全部电流。故本题需给出 5 个支路电流才能确定其余电流。

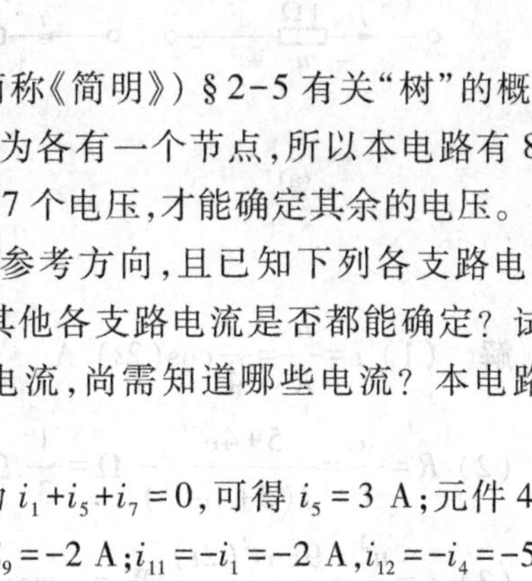

图题 1-8

1-10　电路如图题 1-8 所示，已知 $i_1=2$ A，$i_3=-3$ A，$u_1=10$ V，$u_4=-5$ V，试计算各元件吸收的功率。

解　取 i_4 的参考方向与 u_4 关联，则

$$p_1=-u_1i_1=(-10\times2)\ \mathrm{W}=-20\ \mathrm{W}$$

$$p_2=u_2i_1=[(10-5)\times2]\ \mathrm{W}=10\ \mathrm{W}$$

$$p_3=-u_3i_3=[-5\times(-3)]\ \mathrm{W}=15\ \mathrm{W}$$

$$p_4=u_4i_4=[(-5)\times(-2+3)]\ \mathrm{W}=-5\ \mathrm{W}$$

注：注意 $\sum p=0$。若 $\sum u=0$，$\sum i=0$ 必有 $\sum p=0$。

相关题：习题 1-3

§1-3　电阻元件

1-11　电路如图题 1-9 所示。(1) 图(a)中已知 $u=7\cos(2t)$ V，求 i；(2) 图(b)中已知 $u=(5+4e^{-6t})$ V，$i=(15+12e^{-6t})$ A，求 R；(3) 图(c)中已知 $u=3\cos(2t)$ V，求 5 Ω 电阻的功率；(4) 图(a)中已知电压 u 的波形如教材图1-15中的 u_3，求 i 的波形。

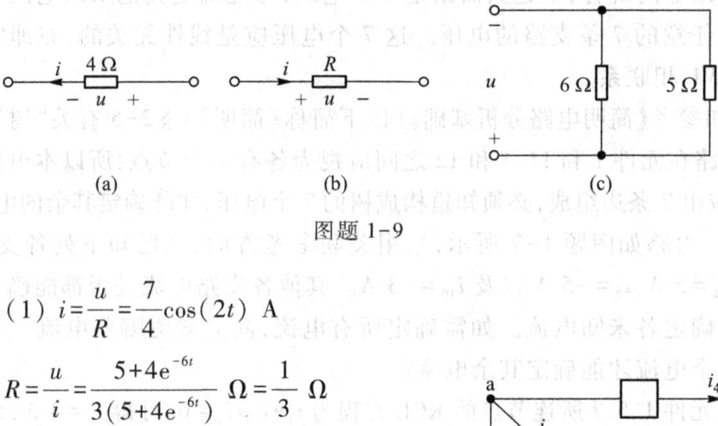

图题 1-9

解　(1) $i=\dfrac{u}{R}=\dfrac{7}{4}\cos(2t)$ A

(2) $R=\dfrac{u}{i}=\dfrac{5+4e^{-6t}}{3(5+4e^{-6t})}\ \Omega=\dfrac{1}{3}\ \Omega$

(3) $p=\dfrac{u^2}{R}=\dfrac{9\cos^2(2t)}{5}\ \mathrm{W}=\dfrac{9}{5}\cos^2(2t)\ \mathrm{W}$

(4) 电阻元件的电压、电流波形相同。如果 u、i 参考方向不一致，则在每一时刻，若电压为正值，则电流为负值；即电流波形与教材图 1-15 中的 u_3 波形相似，但居于横坐标下方。

1-12　电路如图题 1-10 所示。已知 $i_1=3$ A、$i_2=-2$ A、$i_3=4$ A、$i_4=6$ A、$i_5=-7$ A、

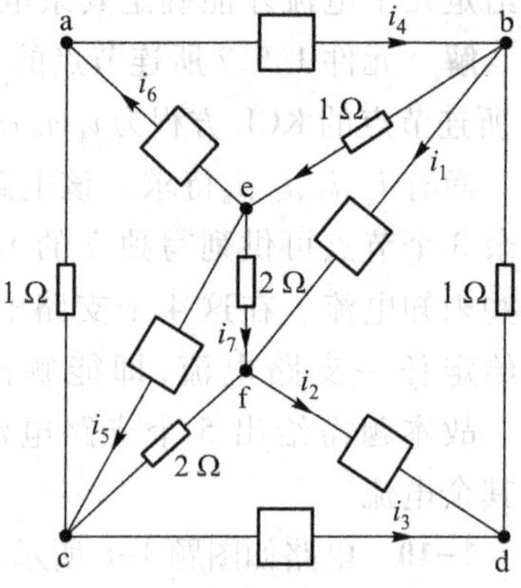

图题 1-10

$i_6=5$ A。求其余各支路电流以及 u_{ba}, u_{dc}。如果少给一个电流条件,例如 i_6,本题是否能解?如果少给 i_6,但给定 $i_7=7$ A,本题是否能解?如给定 $i_{bd}=7$ A 呢?

解 在图题 1-10 中标出节点 e、f,则

$$i_{ac}=i_6-i_4=-1\text{ A}$$
$$i_{cf}=i_{ac}+i_5-i_3=-12\text{ A}$$
$$i_{ef}=-i_1-i_{cf}+i_2=7\text{ A}$$
$$i_{bd}=-i_2-i_3=-2\text{ A}$$
$$i_{eb}=i_1+i_{bd}-i_4=-5\text{ A}$$

以上根据 a、c、f、d、b 5 个节点的 KCL 解出了所有未知电流。

$$u_{ba}=u_{be}+u_{ef}+u_{fc}+u_{ca}=(1\ \Omega)i_{be}+(2\ \Omega)i_{ef}+(2\ \Omega)i_{fc}+(1\ \Omega)i_{ca}=44\text{ V}$$
$$u_{dc}=u_{db}+u_{be}+u_{ef}+u_{fc}=(1\ \Omega)i_{db}+(1\ \Omega)i_{be}+(2\ \Omega)i_{ef}+(2\ \Omega)i_{fc}=45\text{ V}$$

注:从以上求解过程可以看出,少给 i_6,至少是 i_{ac} 不能求得。本题所给出的一组电流,可以确定全部其余电流。是否还有其他的一组电流同样符合条件?这一组电流应有几个?这些问题可参阅《简明》§ 2-5,本题仅提供一点感性认识。

如果在这组电流中,不给 i_6 而给出 i_7,仍然能解出所有其余电流。但不给 i_6 而给出 $i_{bd}=7$ A,显然,对节点 d,三个电流线性相关,第三个电流不能随意给出,如给定 $i_{bd}=-2$ A,则纯属多余。可见任意的 6 个电流不一定可作为求其余电流的基础。

1-13 电路如图题 1-11 所示,(1) 已知 $i_1=4$ A,求 u_1;(2) 已知 $i_2=-2$ A,求 u_2;(3) 已知 $i_3=2$ A,求 u_3;(4) 已知 $i_4=-2$ A,求 u_4。

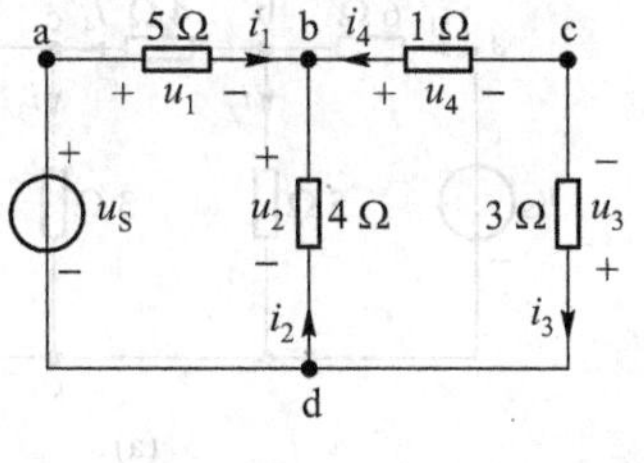

图题 1-11

解 注意用+、-号表示电压的参考极性,u 的下标表示支路的标号。解题时,注意 u、i 的参考方向!

(1) $u_1=(5\ \Omega)i_1=(5\ \Omega)(4\text{ A})=20\text{ V}$

(2) $u_2=-(4\ \Omega)i_2=-(4\ \Omega)(-2\text{ A})=8\text{ V}$

(3) $u_3=-(3\ \Omega)i_3=-(3\ \Omega)(2\text{ A})=-6\text{ V}$

(4) $u_4=-(1\ \Omega)i_4=-(1\ \Omega)(-2\text{ A})=2\text{ V}$

校验 沿 bcd 回路运用 KVL,代入有关计算结果,得

$$u_4-u_3-u_2=2\text{ V}-(-6\text{ V})-8\text{ V}=0$$

注:教材图 1-10 中所用的支路电压记法与此题相同。教材图 1-27 中支路用双下标记法,不必再标出+、-号。注意两者的区别。

运用欧姆定律也要和两套符号打交道。注意解答书写的格式。

相关题:习题 1-6

§1-4　电　压　源

1-14　电路如图题 1-12 所示，若 $u_1=10\ \text{V}$，$u_2=-5\ \text{V}$，试求电压源的功率。

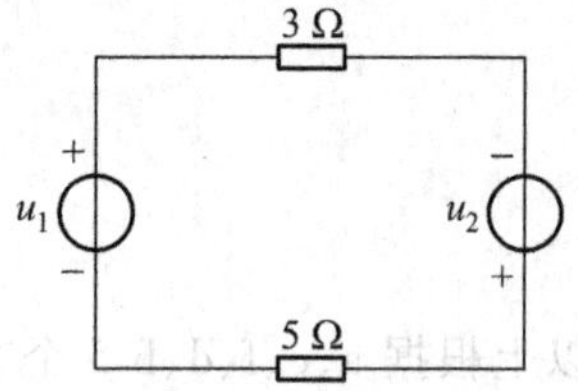

图题 1-12

解　设电流 i 为顺时针方向，则由 KVL 可得

$$3\ \Omega i+5\ \Omega i=u_1+u_2$$

所以

$$i=\frac{u_1+u_2}{(3+5)\Omega}=\frac{5}{8}\ \text{A}$$

$$p_{10\text{V}}=-u_1 i=\left(-10\times\frac{5}{8}\right)\ \text{W}=-\frac{25}{4}\ \text{W}\left(\text{提供}\frac{25}{4}\ \text{W 功率}\right)$$

$$p_{-5\text{V}}=-u_2 i=\left[-(-5)\times\frac{5}{8}\right]\ \text{W}=\frac{25}{8}\ \text{W}\left(\text{消耗}\frac{25}{8}\ \text{W 功率，电源处于充电状况。}\right)$$

电阻消耗功率

$$i^2[(3+5)\ \Omega]=\frac{25}{8}\ \text{W}$$

试自行核对该电路的功率平衡关系。

相关题：习题 1-3

1-15　求图题 1-13 所示电路所有各支路的电压和电流。并利用功率平衡关系来校核答案是否正确。

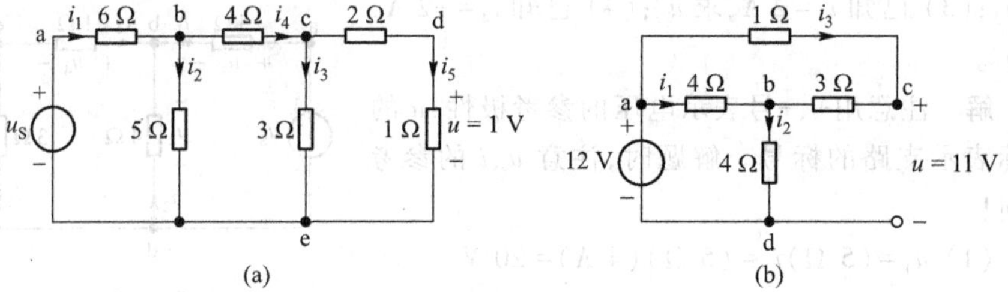

图题 1-13

解　在图题 1-13(a)和(b)中标出节点编号和电流参考方向。

对图(a)所示电路

$$i_5=\frac{u}{1\ \Omega}=1\ \text{A},\qquad u_{\text{cd}}=(2\ \Omega)i_5=2\ \text{V}$$

$$i_3=\frac{u_{\text{ce}}}{3\ \Omega}=\frac{u_{\text{cd}}+u}{3\ \Omega}=1\ \text{A},\qquad u_{\text{ce}}=(3\ \Omega)i_3=3\ \text{V}$$

$$i_4=i_3+i_5=2\ \text{A},\qquad u_{\text{bc}}=(4\ \Omega)i_4=8\ \text{V}$$

$$i_2=\frac{u_{be}}{5\ \Omega}=\frac{u_{bc}+u_{ce}}{5\ \Omega}=2.2\ \text{A},\quad u_{be}=(5\ \Omega)i_2=11\ \text{V}$$

$$i_1=i_2+i_4=4.2\ \text{A},\quad u_{ab}=(6\ \Omega)i_1=25.2\ \text{V}$$

$$u_S=u_{ab}+u_{be}=36.2\ \text{V}$$

电源提供功率

$$p_S=u_Si_1=152.04\ \text{W}$$

各电阻消耗功率

$$p_R=u_{ab}i_1+u_{be}i_2+u_{bc}i_4+u_{ce}i_3+(u_{cd}+u)i_5$$
$$=152.04\ \text{W}$$

对图(b)所示电路

$$u_{ac}=u_{ad}-u_{cd}=(12-11)\ \text{V}=1\ \text{V},\ i_3=\frac{u_{ac}}{1\ \Omega}=1\ \text{A}$$

$$u_{cb}=(3\ \Omega)i_3=3\ \text{V},\ u_{bd}=u_{cd}-u_{cb}=8\ \text{V}$$

$$i_2=\frac{u_{bd}}{4\ \Omega}=2\ \text{A},\ u_{ab}=u_{ad}-u_{bd}=4\ \text{V},\ i_1=\frac{u_{ab}}{4\ \Omega}=1\ \text{A}$$

电源提供功率

$$p_S=12\times i_2=24\ \text{W}$$

各电阻消耗功率

$$p_R=u_{ac}i_3+u_{ab}i_1+u_{bd}i_2+u_{bc}i_3=24\ \text{W}$$

1-16　求图题 1-14 所示电路中的 u_S 和 i。

解　在图中标出节点号和电流方向。

$i_1=(18-15)\ \text{A}=3\ \text{A}$

$u_S=u_{ad}+u_{db}=(18\times3+12\times3)\ \text{V}=90\ \text{V}$

$i_3=(6-18)\ \text{A}=-12\ \text{A}$

$i_2=i_1+i_3-5\ \text{A}=-14\ \text{A}$

$i=15\ \text{A}+i_2=1\ \text{A}$

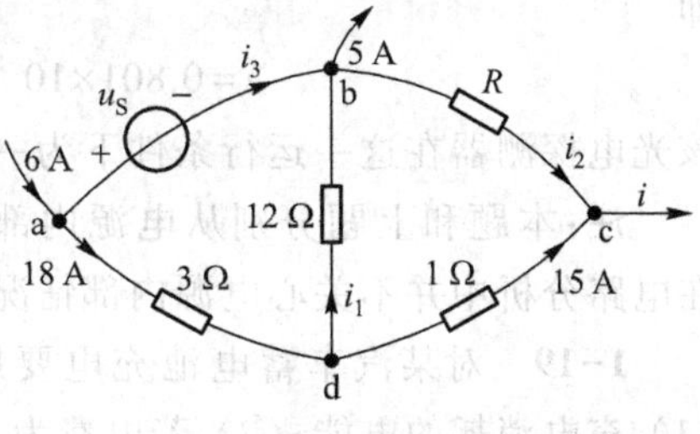

图题 1-14

1-17　1 号碳锌干电池中，化学作用使 15.6×10^{18} 个电子由碳棒转移到锌壳。若在转移中消耗 3.85 J 的化学能，试求该电池的电压是多少？已知每一电子带有 1.60×10^{-19} C 的电荷。

解　转移的电荷为

$$q=15.6\times10^{18}\times1.60\times10^{-19}\ \text{C}=24.96\times10^{-1}\ \text{C}$$
$$=2.496\ \text{C}$$

由(1-2)式可得

$$u=\frac{w}{q}=1.54\ \text{V}$$

碳棒为正极、锌壳为负极。详见注(2)。

注:(1) 算得的这一电压在物理学中称为电动势。消耗的化学能转换为电荷所获得的电能。电路分析中不考虑电源内部的物理过程,仅从端钮考虑其表现,这电压称为电压源电压,其值与电动势相等,只是考虑的角度不同而已。

(2) 运用教材(1-2)式也是有参考方向的规定的。设 a→b 为电压降,公式中正电荷取正,失去的电能取正。本题设碳棒处为 a、锌壳为 b,则

$$u_{ab}=\frac{-3.85\ \text{J}}{-2.496\ \text{C}}=1.54\ \text{V}$$

电源内部由 a→b 确为电压降,即 a 为正极,b 为负极。参看教材例 1-1。

§1-5　电　流　源

1-18　光电探测器吸收光子,发出电子。设某光电探测器的光敏面上每收到 8 个光子即发射出一个电子。若以每秒 4×10^{11} 个光子射到光敏面,试计算产生的电流。

解　电子电荷为 -1.602×10^{-19} C,负号表示为负电荷,在计算电流大小时,可不必考虑这一符号。

每秒移动的电荷为

$$\frac{4\times10^{11}}{8}\times1.602\times10^{-19}\ \text{C/s}=0.801\times10^{-8}\ \text{C/s}$$

即

$$i=0.801\times10^{-8}\ \text{A}=0.801\times10^{-2}\ \mu\text{A}$$

该光电探测器在这一运行条件下为一个 0.8×10^{-2} μA 的电流源。

注:本题和上题分别从电源内部的物理过程说明电流源与电压源的区别。在电路分析中并不关心电源内部情况,只需知道其参数 I_S 或 U_S 即可。

1-19　对某汽车蓄电池充电要用恒定的电流 3 A 充电 4 h 可达 12 V,求(1) 充电消耗的电能;(2) 若电费为 0.48 元/(kW · h),充电电费是多少?

解　(1) 3 A 电流源 4 h 输送电荷为

$$Q=It=(3\ \text{A})(4\times60\times60\ \text{s})=43.2\times10^{3}\ \text{C}$$

耗费的能量为

$$W=QU=(43.2\times10^{3}\ \text{C})(12\ \text{V})=518.4\times10^{3}\ \text{J}$$

(2) 1 kW · h(1 千瓦时)旧称 1 度。

$$P=UI=(12\ \text{V})(3\ \text{A})=36\ \text{W}=36\times10^{-3}\ \text{kW}$$

$$\text{充电耗电数}=36\times10^{-3}\times4\ \text{kW}\cdot\text{h}=144\times10^{-3}\ \text{kW}\cdot\text{h}$$

$$\text{充电费用}=144\times10^{-3}\times0.48\ \text{元}=69.12\times10^{-3}\ \text{元}=0.069\ \text{元}$$

注：P 也可用 W/t 计算。

1-20　电路如图题 1-15 所示，试求电流源电压 u 和电压源电流 i；u_X，i_X。

解　在图中标上节点号，以 c 为参考点，则

$$u_a=(-2\times6)\ \text{V}=-12\ \text{V}$$

$$u_b=(3\times15)\ \text{V}=45\ \text{V}$$

$$u_X=u_a-u_b+37\ \text{V}=-20\ \text{V}$$

$$i=(15-8)\ \text{A}=7\ \text{A},i_X=(7-6)\ \text{A}=1\ \text{A},u=-u_b=-45\ \text{V}$$

注：电路中电流源两端一般有电压存在，其极性、大小均由外电路确定，初学者常易忽视这点。

1-21　电路如图题 1-16 所示，(1) 求-5 V 电压源提供的功率；(2) 如果要使-5 V 电压源提供的功率为零，4 A 电流源应改变为多大电流？

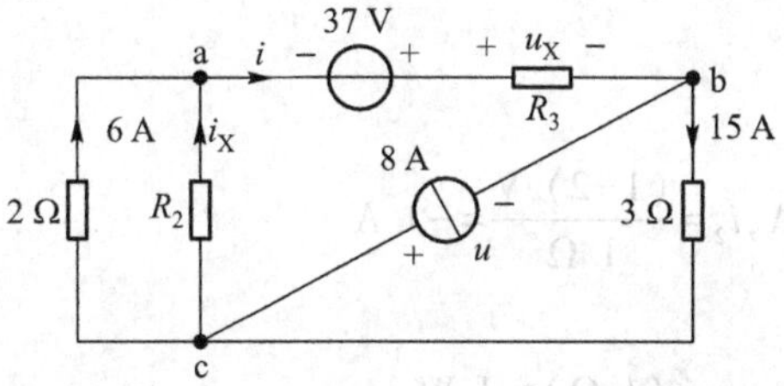

图题 1-15

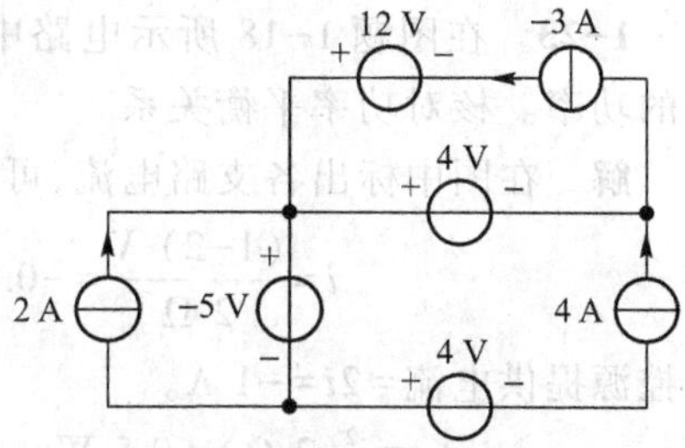

图题 1-16

解　(1) 流过-5 V 电压源的电流为(2+4) A，所以 $p=(-5\ \text{V})(6\ \text{A})=-30\ \text{W}$（提供 30 W）。

(2) 只要使流过-5 V 电压源的电流为零即可，即 4 A 电流源改变为-2 A。

§1-6　受　控　源

1-22　试求图题 1-17 所示含 CCCS 电路中 R_L 两端的电压 u_Z 和各元件的功率。已知 $R_L=6\ \text{k}\Omega$。

解　$i_1=\dfrac{0.1\ \text{V}}{(4+1)\ \text{k}\Omega}=0.2\times10^{-1}\text{mA}$

$i_2=50i_1=50\times0.2\times10^{-1}\ \text{mA}=1\ \text{mA}$

$u_2=i_2R_L=(1\ \text{mA})(6\ \text{k}\Omega)=6\ \text{V}$

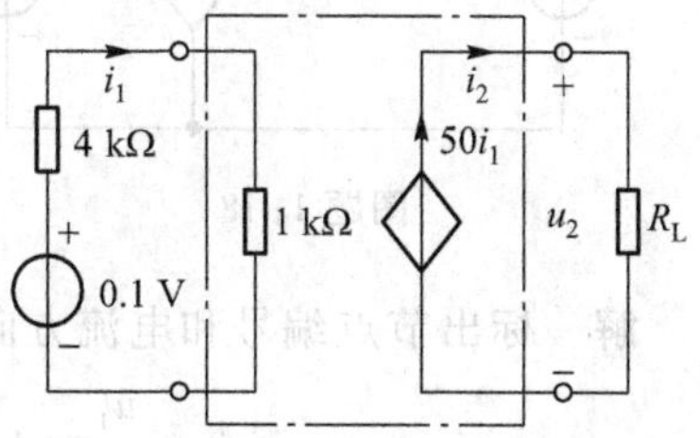

图题 1-17

电压源功率 $=-(0.1\ \text{V})(0.2\times10^{-1}\ \text{mA})=$ -2 mW（产生）

受控源功率 $=-(6\ \text{V})(1\ \text{mA})=-6\times$

10^{-3} W = −6 mW(产生)

R_L 功率 = (6 V)(1 mA) = 6 mW(消耗)

4 kΩ 功率 = $(0.2\times10^{-1}\text{ mA})^2(4\text{ k}\Omega)$ = 1.6 mW(消耗)

1 kΩ 功率 = $(0.2\times10^{-1}\text{ mA})^2(1\text{ k}\Omega)$ = 0.4 mW(消耗)

电路内产生的总功率 = (2+6) mW = 8 mW

电路内消耗的总功率 = (6+1.6+0.4) mW = 8 mW

收支平衡。

注:结合教材图 1-5,元件功率 p 为正时,元件(或单口网络)自外电路(除元件外的其他电路部分)吸收能量,其速率为 p 值。吸收又称接受,包括消耗和储存两种情况。元件功率 p 为负时,元件给外电路提供能量,其速率为 p 值。提供又称产生或释放(一般是指储能的释放,见第五、九章)。

电路内各元件有提供能量者,有吸收能量者,收支必须平衡。

1-23　在图题 1-18 所示电路中,试求受控源提供的电流以及每一元件吸收的功率。核对功率平衡关系。

解　在图中标出各支路电流,可得

$$i=\frac{(1-2)\ \text{V}}{2\ \Omega}=-0.5\ \text{A},\ i_2=\frac{(1-2)\ \text{V}}{1\ \Omega}=-1\ \text{A}$$

受控源提供电流 = $2i$ = −1 A。

$$p_{2\Omega}=i^2(2\ \Omega)=0.5\ \text{W}\qquad p_{1\Omega}=i_2^2(1\ \Omega)=1\ \text{W}$$

$$p_{1\text{V}}=-i_1(1\ \text{V})=-(i+i_2)(1\ \text{V})=1.5\ \text{W}(\text{吸收})$$

$$p_{2\text{V}}=-i_3(2\ \text{V})=-(-i-i_2-2i)(2\ \text{V})=-5\ \text{W}(\text{提供 5 W})$$

$$p_{\text{受控源}}=-2i(2\ \text{V})=2\ \text{W}(\text{吸收})$$

吸收功率总数 = (0.5+1+1.5+2) W = 5 W。

1-24　电路如图题 1-19 所示,若 u_S = −19.5 V,u_1 = 1 V,试求 R。

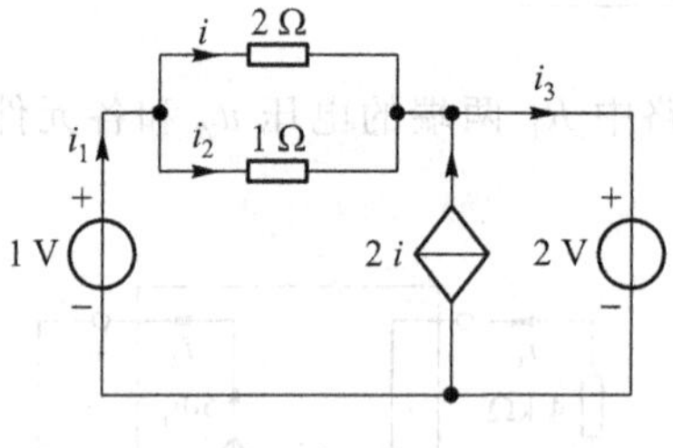

图题 1-18

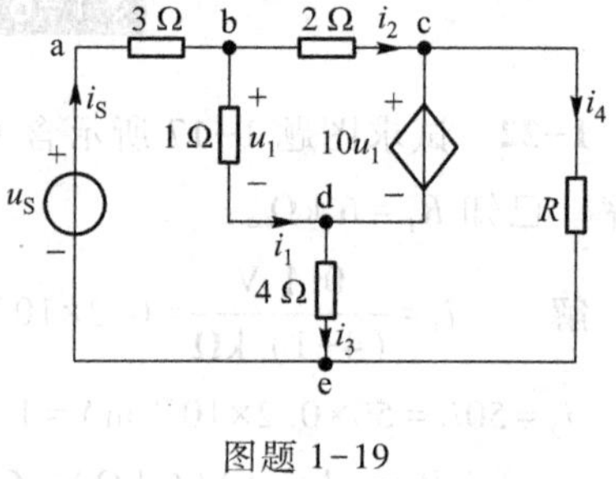

图题 1-19

解　标出节点编号和电流方向。

$$i_1=\frac{u_1}{1\ \Omega}=1\ \text{A},\ u_{bc}=u_1-10u_1=-9\ \text{V}$$

$$i_2=\frac{u_{bc}}{2\ \Omega}=-4.5\ \text{A}$$

$$i_S=i_1+i_2=-3.5\ \text{A}$$

$$u_{ab}=i_S\times 3\ \Omega=-10.5\ \text{V}$$

$$u_{ce}=u_{cb}+u_{ba}+u_S=(9+10.5-19.5)\ \text{V}=0\ \text{V}$$

为确定 R，需计算 i_4，因　　$u_{ce}=u_{cd}+u_{de}=0$

所以

$$u_{de}=-u_{cd}=-10u_1=-10\ \text{V}$$

$$i_3=\frac{u_{de}}{4\ \Omega}=-2.5\ \text{A},\ i_4=i_S-i_3=(-3.5+2.5)\ \text{A}=-1\ \text{A}$$

由此判定 $R=0\ \Omega$。

注：只算出 u_{ce} 为零，并不能断定 $R=0$，还要说明电阻电流不为零，才能判定 R 为零。

1-25　电路如图题 1-20 所示，其中 $g=2$ S。求 u 和 R。

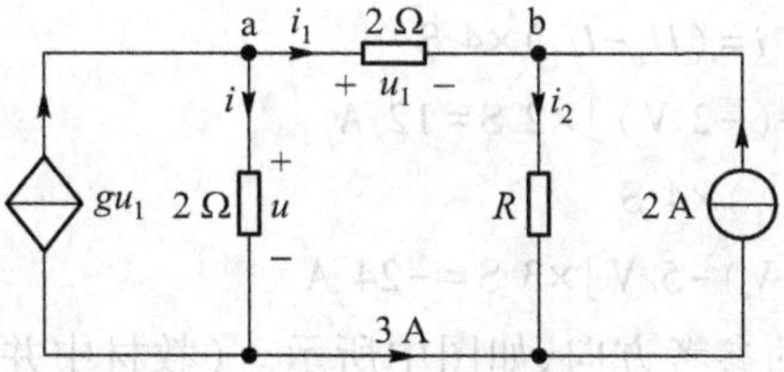

图题 1-20

解　在原电路图上标出 i、i_1 和 i_2。

由 KCL　$3\ \text{A}+i_2=2\ \text{A}$，得 $i_2=-1\ \text{A}$

$$i_1=i_2-2\ \text{A}=-3\ \text{A}$$

由 VCR

$$u_1=(2\ \Omega)i_1=-6\ \text{V}$$

$$i=gu_1-i_1=(-12+3)\ \text{A}=-9\ \text{A},u=(2\ \Omega)i=-18\ \text{V}$$

$$u_b=-u_1+u=(6-18)\ \text{V}=-12\ \text{V}$$

$$R=\frac{u_b}{i_2}=\frac{-12}{-1}\ \Omega=12\ \Omega$$

§ 1-7　分压公式和分流公式

1-26　(1) 计算图题 1-21 各支路的电流 i。

(2) 计算图题 1-22 所示各电路的 u_a（试根据不同路径求解，以便校核结果）。

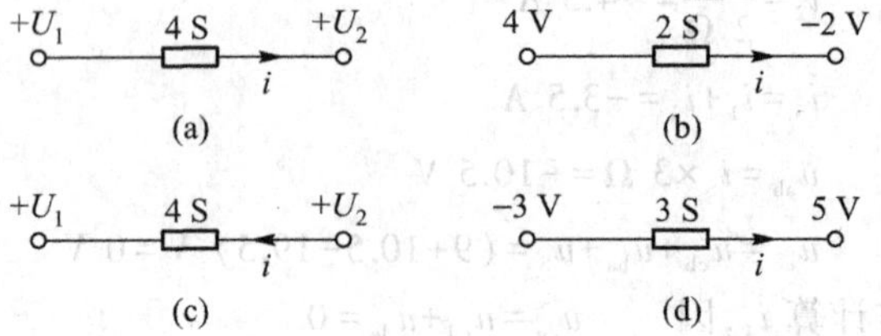

图题 1-21

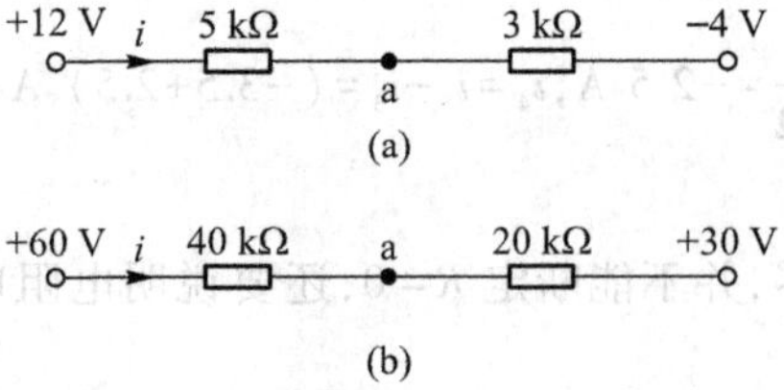

图题 1-22

解 (1) 图(a) $i=(U_1-U_2)\times 4\ \text{S}$

图(b) $i=[4\ \text{V}-(-2\ \text{V})]\times 2\ \text{S}=12\ \text{A}$

图(c) $i=(U_2-U_1)\times 4\ \text{S}$

图(d) $i=[(-3\ \text{V})-5\ \text{V}]\times 3\ \text{S}=-24\ \text{A}$

(2) 标出电流 i 的参考方向，如图中所示。(教材中并未标出)

对图题 1-22(a)有

$$i=\frac{12-(-4)}{(5+3)\times 10^3}\ \text{A}=2\ \text{mA}$$

$$u_a=12\ \text{V}-(5\times 10^3\ \Omega)i=(12-10)\ \text{V}=2\ \text{V}$$

或

$$u_a=(3\times 10^3\ \Omega)i+(-4)\ \text{V}=(6-4)\ \text{V}=2\ \text{V}$$

对图题 1-22(b)有

$$i=\frac{60-30}{(40+20)\times 10^3}\ \text{A}$$
$$=0.5\ \text{mA}$$

$$u_a=60\ \text{V}-(40\times 10^3\ \Omega)i=(60-20)\ \text{V}=40\ \text{V}$$

或

$$u_a=(20\times 10^3\ \Omega)i+30\ \text{V}=(10+30)\ \text{V}=40\ \text{V}$$

注: U_a 系指 a 点至参考点的电压，如参考点标号为 o，即 $U_a=U_{ao}$，但电路图中并不一定标示该参考点。

1-27 （1）图题 1-23(a)所示电路中，要使 $i=\frac{2}{3}$ A，$R=$？

（2）图题 1-23(b)所示电路中，要使 $i=\frac{2}{3}$ A，$R=$？

（3）图题 1-23(c)所示电路中，要使 $u=\frac{2}{3}$ V，$R=$？

（4）图题 1-23(d)所示电路中，要使 $u=\frac{2}{3}$ V，$R=$？

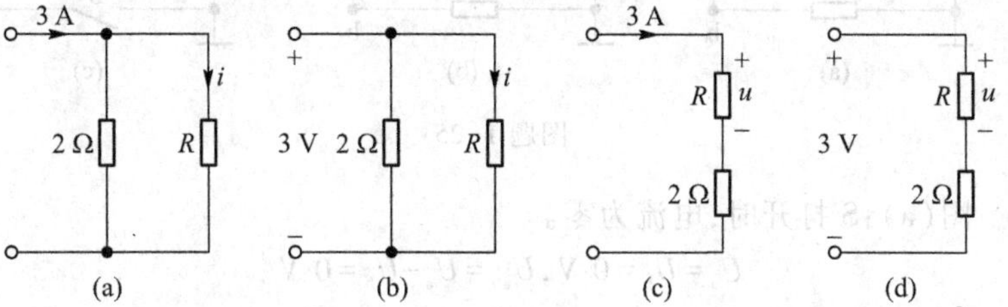

图题 1-23

解 图(a)：用分流公式 $i=\frac{2}{2+R}\times 3\ \text{A}=\frac{2}{3}\ \text{A}$，得 $R=7\ \Omega$。

图(b)：用欧姆定律 $i=\frac{3\ \text{V}}{R}=\frac{2}{3}\ \text{A}$，得 $R=4.5\ \Omega$。

图(c)：$u=R\times 3=\frac{2}{3}\ \text{V}$，得 $R=\frac{2}{9}\ \Omega=0.222\ \Omega$。

图(d)：用分压公式 $u=\frac{R}{R+2}\times 3\ \text{V}=\frac{2}{3}\ \text{V}$，得 $R=\frac{4}{7}\ \Omega$。

1-28 电路如图题 1-24 所示。

（1）当 N_1、N_2 为任意网络时，问 u_2 与 u_1 的关系以及 i_2 及 i_1 的关系如何？

（2）在 $i_2=0$ 的情况下，u_2 与 u_1 关系如何？

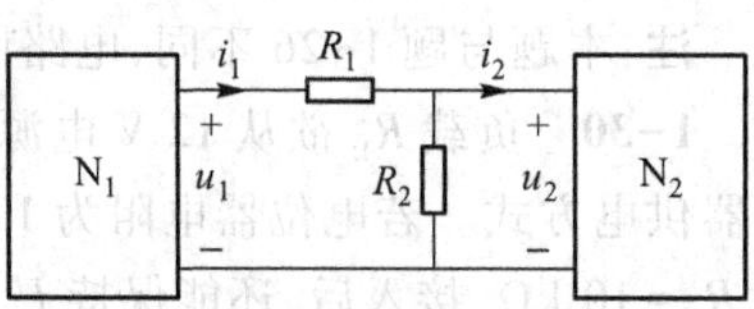

图题 1-24

（3）在 $i_1=0$ 的情况下，u_2 与 u_1 关系如何？

（4）在 $u_2=0$ 和 $u_1=0$ 时，i_2 与 i_1 的关系分别如何？

解 （1）$u_1=R_1 i_1+u_2$，$i_1=\frac{u_2}{R_2}+i_2$。

（2）$i_2=0$ 即 N_2 开路，$u_2=\frac{R_2}{R_1+R_2}u_1$（分压关系）。

（3）$i_1=0$，只有 $u_2=u_1$。

(4) $u_2=0$ 即 N_2 短路，则 $i_2=i_1$。

$$u_1=0, i_1=\frac{R_2}{R_1+R_2}i_2 \quad (分流关系)$$

1-29 计算图题 1-25 所示各直流电路，S 打开及闭合时的 U_a、U_b 及 U_{ab}。

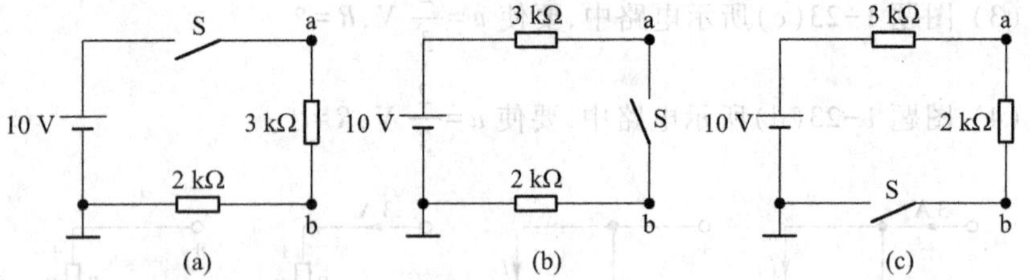

图题 1-25

解 图(a)：S 打开时，电流为零。

$$U_a=U_b=0\ \text{V}, U_{ab}=U_a-U_b=0\ \text{V}。$$

S 闭合时，$U_a=10$ V，由分压公式可得

$$U_b=\left(\frac{2}{3+2}\times10\right)\ \text{V}=4\ \text{V}, U_{ab}=U_a-U_b=6\ \text{V}。$$

图(b)：S 打开时，电流为零。

$$U_a=10\ \text{V}, U_b=0\ \text{V}, U_{ab}=U_a-U_b=10\ \text{V}。$$

S 闭合时，由分压公式可得

$$U_a=U_b=\left(\frac{2}{3+2}\times10\right)\ \text{V}=4\ \text{V}, U_{ab}=0\ \text{V}。$$

图(c)：S 打开时，$U_a=U_b=10$ V，$U_{ab}=0$ V。

S 闭合时，$U_a=4$ V，$U_b=0$ V，$U_{ab}=4$ V。

注：本题与题 1-26 不同，电路图中标示出参考点。

1-30 负载 R_L 欲从 12 V 电源获得 3 V 电压，可采用如图题 1-26 所示的电位器供电方式。若电位器电阻为 1 kΩ，空载时为使 $U_a=3$ V，R_1、R_2 之值为多少？若 $R_L=10$ kΩ，接入后，还能保持 U_a 为 3 V 吗？若 $R_L=1$ kΩ，U_a 又是多少？

解 空载时

$$U_a=\frac{R_2}{R_1+R_2}(12\ \text{V})=\frac{R_2}{1\ 000\ \Omega}(12\ \text{V})$$

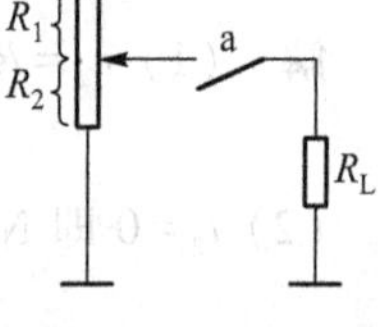

图题 1-26

$U_a=3$ V 时

$$R_2=250\ \Omega$$

$$R_1=(1\ 000-250)\ \Omega=750\ \Omega$$

若　$R_L=10\ \text{k}\Omega$，　$R_2//R_L=244\ \Omega$

$$U_a=(12\ \text{V})\left(\frac{244}{750+244}\right)=2.95\ \text{V}$$

若　$R_L=1\ \text{k}\Omega$，　$R_2//R_L=200\ \Omega$

$$U_a=(12\ \text{V})\left(\frac{200}{750+200}\right)=2.53\ \text{V}$$

若 R_L 接入后，要求仍保持 $U_a=3$ V，需调节电位器。

1-31　求图题 1-27 所示电路中 I_1、I_2 和 U。

解　设流过 10 kΩ、2kΩ 电流为 I_3、I_4，教材原图未设定。

$$I_3=24\ \text{V}/10\ \text{k}\Omega=2.4\ \text{mA}$$

$$I_4=24\ \text{V}/2\ \text{k}\Omega=12\ \text{mA}$$

$$I_2=\frac{(24-8)\ \text{V}}{4\ \text{k}\Omega}=4\ \text{mA}$$

$$I_1=I_2+I_3+I_4=18.4\ \text{mA}$$

$$U=(2\ \text{k}\Omega)(12\ \text{mA})=24\ \text{V}$$

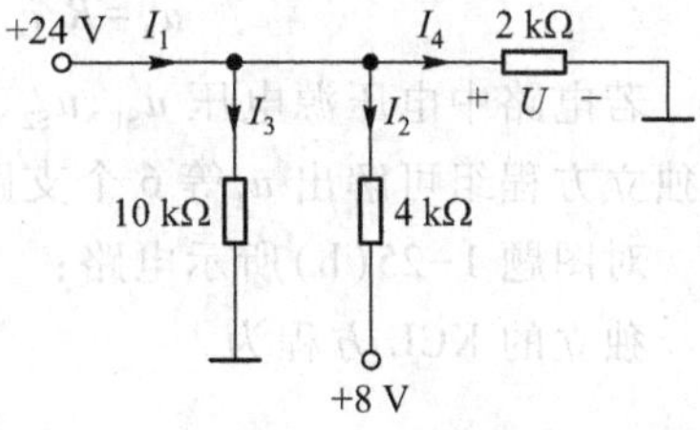

图题 1-27

注：I_2、I_3、I_4 不符合（1-39）式所示分流关系。图中所示三电阻并非并联关系。

§ 1-8　两类约束　KCL、KVL 方程的独立性

1-32　试对图题 1-28 所示的两电路，写出：KCL 独立方程、KVL 独立方程、支路的 VCR。

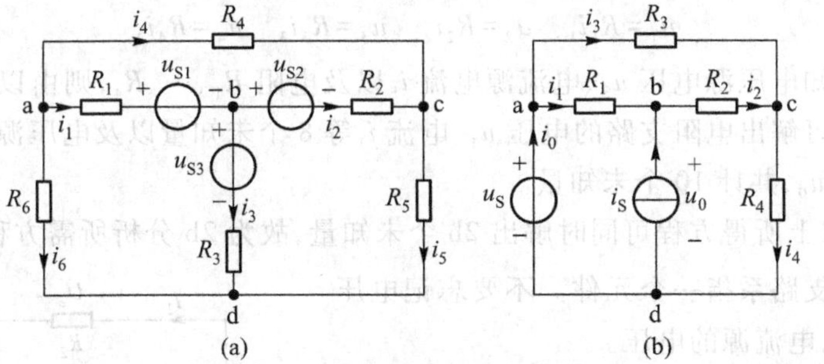

图题 1-28

解　标出节点编号和支路电流，对图题 1-28（a）所示电路：

独立 KCL 方程有 $n-1$ 个，对任意 3 个节点，列出 KCL 方程得

$$i_1+i_4+i_6=0$$

$$i_1-i_2-i_3=0$$

$$i_2+i_4-i_5=0$$

独立 KVL 方程数等于网孔数，取顺时针方向，并设各电阻电压与电流为关联参考方向，可得

$$u_1+u_3-u_6=-u_{S1}-u_{S3}$$

$$u_4-u_2-u_1=u_{S1}+u_{S2}$$

$$u_2+u_5-u_3=u_{S3}-u_{S2}$$

支路 VCR 方程有 6 个，即

$$u_1=R_1i_1 \quad u_2=R_2i_2 \quad u_3=R_3i_3$$

$$u_4=R_4i_4 \quad u_5=R_5i_5 \quad u_6=R_6i_6$$

若电路中电压源电压 u_{S1}、u_{S2}、u_{S3}以及电阻 R_1、…、R_6 均为已知，则由上列 12 个独立方程组可解出 u_1等 6 个支路电压、i_1等 6 个支路电流，共计 12 个未知量。

对图题 1-25(b)所示电路：

独立的 KCL 方程为

$$i_1+i_3-i_0=0$$

$$-i_1+i_2=i_S$$

$$-i_2-i_3+i_4=0$$

独立的 KVL 方程，取顺时针方向，得

$$u_1+u_0=u_S$$

$$u_2+u_4-u_0=0$$

$$u_3-u_2-u_1=0$$

支路的 VCR 方程为

$$u_1=R_1i_1 \quad u_2=R_2i_2 \quad u_3=R_3i_3 \quad u_4=R_4i_4$$

若已知电压源电压 u_S、电流源电流 i_S以及电阻 R_1、…、R_4，则由以上 10 个独立方程组可解出电阻支路的电压 u_1、电流 i_1等 8 个未知量以及电压源电流 i_0、电流源电压 u_0，共计 10 个未知量。

注：以上所得方程可同时解出 2b 个未知量，故为 2b 分析所需方程组。

注意支路系指一个元件。不要忘记电压源的电流、电流源的电压。

本节两题的目的在于练习根据两类约束列写独立方程组，并不求解。

相关题：习题 1-20

1-33　图题 1-29 所示直流电路中，求解 6 个未知量 U_2、U_3、U_4、U_X、I_1、I_2所需的 6

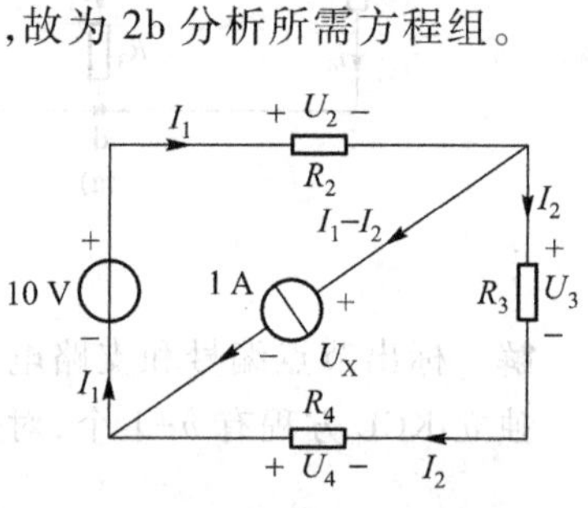

图题 1-29

个方程为

$$U_2-R_2I_1=0 \qquad U_4+R_4I_2=0$$

$$U_3-R_3I_2=0 \qquad U_2+U_X=10\ \text{V}$$

$$(\qquad\qquad)\qquad(\qquad\qquad)$$

解　题中已给出 3 个电阻的 VCR 方程和一个网孔的方程，尚有另一个网孔方程和一个节点方程未用上，现列出如下

$$U_3-U_4=U_X \qquad I_1=I_2+1\ \text{A}$$

1-34　晶体管电路如图题 1-30 所示，已知 $U_{BE}=0.7\ \text{V}$、$I_C=8.25\ \text{mA}$，试求 I_B 和 U_{CE}。（提示：做 1-34、1-35、1-36 题时，参看例 1-18、1-19）

解　输入回路，KVL 方程

$$-4\ \text{V}+I_B(20\times10^3\ \Omega)+U_{BE}=0$$

解得

$$I_B=\frac{(4-0.7)\ \text{V}}{20\times10^3\ \Omega}=165\ \mu\text{A}$$

输出回路，KVL 方程

$$-6\ \text{V}+I_C(100\ \Omega)+U_{CE}=0$$

解得

$$U_{CE}=6\ \text{V}-8.25\times10^{-3}\times100\ \text{V}=5.175\ \text{V}$$

注：本题与下题均为对晶体管放大电路作直流分析时的典型问题见第三章 §3-5。

1-35　晶体管电路如图题 1-31 所示，已知 $U_{BE}=0.7\ \text{V}$、$U_E=2\ \text{V}$、$I_C=I_E$，求 I_E、I_C、I_B 和 U_B、U_C、U_{CE}、U_{BC}。

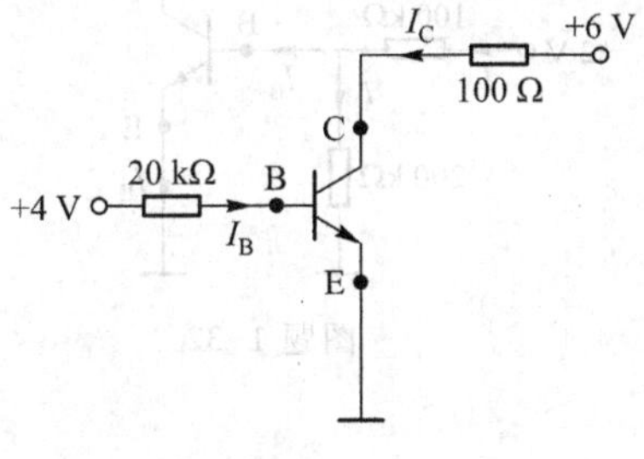

图题 1-30

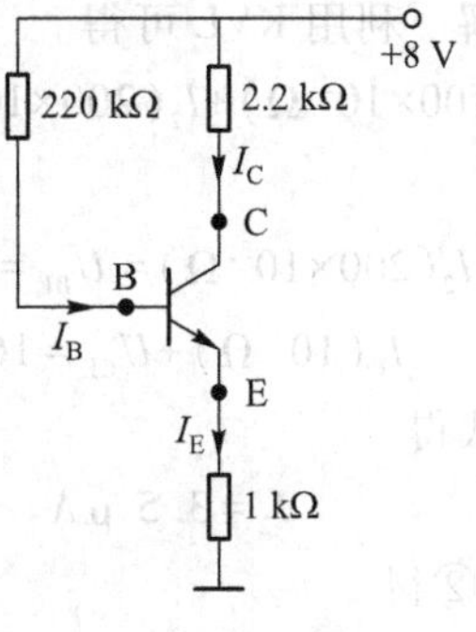

图题 1-31

解　由 KVL 可得

$$I_B(220\times10^3\ \Omega)+U_{BE}+U_E=8\ \text{V}$$

以已知 U_{BE} 和 U_E 代入，解得

$$I_B=0.024\ \text{mA}$$

又

$$U_B=U_{BE}+U_E=2.7\ \text{V}$$

$$U_{BC}=-I_B(220\times10^3\ \Omega)+I_C(2.2\times10^3\ \Omega)$$

式中已知 $I_C=I_E$　而 $I_E=\dfrac{U_E}{10^3\ \Omega}=\dfrac{2\ \text{V}}{10^3\ \Omega}=2\ \text{mA}$

已求得　$I_B=0.024\ \text{mA}$

故得　$U_{BC}=-(0.024)(220)\ \text{V}+(2)(2.2)\ \text{V}$

$=(-5.3+4.4)\ \text{V}=-0.9\ \text{V}$

由 KVL 得

$$U_{BE}+U_{EC}+U_{CB}=0$$

$$U_{EC}=-U_{BE}-U_{CB}=-U_{BE}+U_{BC}=(-0.7-0.9)\ \text{V}$$

$$=-1.6\ \text{V}$$

$$U_{CE}=-U_{CE}=1.6\ \text{V}$$

或由　$U_{CE}=-I_C(2.5\times10^3\ \Omega)+I_B(220\times10^3\ \Omega)+U_{BE}$ 计算

$$U_C=U_{CE}+U_E=1.6\ \text{V}+2\ \text{V}=3.6\ \text{V}$$

注:把晶体管看作一个"超节点"。注意下标字母标记的顺序,不能搞乱。下标只有一个字母者,指该点对参考点的电压,参考点一般指电源的负极(图中标出正极),参看题 1-26 注。

1-36　晶体管电路如图题 1-32 所示,已知 $U_{BE}=0.7\ \text{V}$、$I_C=1.425\ \text{mA}$,试求 I_B 和 U_{CE}。

解　利用 KVL 可得

$$I_1(100\times10^3\ \Omega)+I_2(200\times10^3\ \Omega)=2\ \text{V}\qquad ①$$

$$I_2(200\times10^3\ \Omega)=U_{BE}=0.7\ \text{V}\qquad ②$$

$$I_C(10^3\ \Omega)+U_{CE}=16\ \text{V}\qquad ③$$

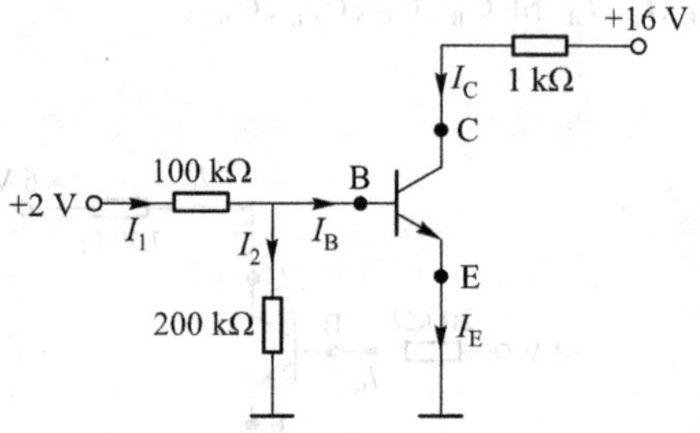

图题 1-32

由②式得

$$I_2=3.5\ \mu\text{A}$$

由①、②得

$$I_1=13\ \mu\text{A}$$

$$I_B=I_1-I_2=9.5\ \mu\text{A}$$

由③得

$$U_{CE}=16\ \text{V}-1.425\ \text{V}=14.575\ \text{V}\approx14.6\ \text{V}$$

§1-9　支 路 分 析

1-37　图题 1-33 所示电路中，所求未知量已选定为 u_1、u_2、i_1 和 i_2，如图中所示。试列出所需的 4 个联立方程，并解出 i_1。

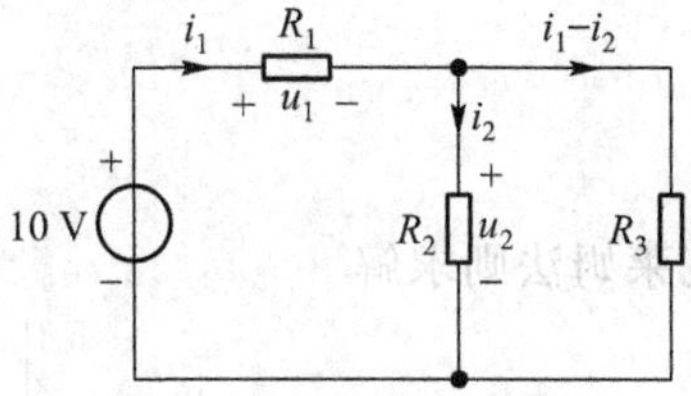

图题 1-33

解　2 个网孔可列出 2 个独立的 KVL 方程

$$u_1+u_2=10 \quad ①$$

$$u_2=u_3$$

即

$$u_2=R_3(i_1-i_2) \quad ②$$

对 R_1、R_2 可列出 2 个 VCR 方程

$$u_1=R_1i_1 \quad ③$$

$$u_2=R_2i_2 \quad ④$$

将③、④两式代入①、②两式并整理可得

$$\begin{cases}R_1i_1+R_2i_2=10 & ⑤\\ R_3i_1-(R_2+R_3)i_2=0 & ⑥\end{cases}$$

解得

$$i_1=\frac{10(R_2+R_3)}{R_1R_2+R_2R_3+R_3R_1}$$

注：本题命题时，已运用 KCL 把第 3 支路的电流设为 i_1-i_2，在列写方程时不要再考虑 KCL，只能运用 KVL 和 VCR。最后得出⑤、⑥两式，可解出 i_1 和 i_2，再利用③、④两式可解出 u_1 和 u_2。⑤、⑥两式实为支路电流法方程，因已利用了一次 KCL，只需求解两个未知量，两个方程即可。如果利用③、④两式代入①、②两式时，消除 i_1、i_2，留下 u_1、u_2，即成为求解支路电压的方程，由于 $u_2=u_3$，故只需两个方程。两种处理分别反映了支路电流法和支路电压法，均属 1b 分析。

1-38　试用支路电流法求解图题 1-34 支路电流 i_1、i_2 和 i_3。

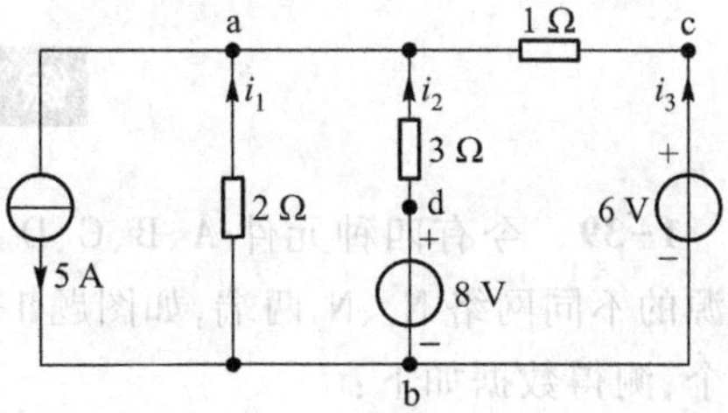

图题 1-34

解　求解三个未知量需要有三个独立方程。由 KCL 可得其中之一，即

$$i_1+i_2+i_3=5$$

对不含电流源的两个网孔，列写 KVL 方

程,得

网孔 badb: $2i_1-3i_2+8=0$

网孔 bdacb: $-8+3i_2-i_3+6=0$

整理后得到三个方程为

$$i_1+i_2+i_3=5$$
$$-2i_1+3i_2=8$$
$$3i_2-i_3=2$$

由克莱姆法则求解

$$\Delta=\begin{vmatrix}1&1&1\\-2&3&0\\0&3&-1\end{vmatrix}=-11$$

得

$$i_1=\frac{\begin{vmatrix}5&1&1\\8&3&0\\2&3&-1\end{vmatrix}}{\Delta}=\frac{11}{-11}\text{ A}=-1\text{ A}$$

$$i_2=\frac{\begin{vmatrix}1&5&1\\-2&8&0\\0&2&-1\end{vmatrix}}{\Delta}=\frac{-22}{-11}\text{ A}=2\text{ A}$$

$$i_3=\frac{\begin{vmatrix}1&1&5\\-2&3&8\\0&3&2\end{vmatrix}}{\Delta}=\frac{-44}{-11}\text{ A}=4\text{ A}$$

注:读者可能注意到该电路实际上有三个网孔,但含电流源支路的电流为 4 A,属已知量,不必为这一支路列方程。如要列方程,则为 $u=2i_1$,u 为电流源电压,初学者常易忘了考虑这一电压。

相关题:习题 1-20

综　合

1-39　今有四种元件 A、B、C、D。为测定其"身份",依次放置在两个含有电源的不同网络 N_1、N_2 两端,如图题 1-35 所示,图中以 X 表明四种元件中的任一个,测得数据如下:

元件	与 N_1 相接		与 N_2 相接	
	u/V	i/mA	u/V	i/mA
A	5	1	−2.5	−0.5
B	5	5	5	−10
C	10	0	10	−15
D	12.5	−2.5	−2.5	−2.5

试确定它们各为什么元件？（本题表明，元件的特性与外电路无关。）

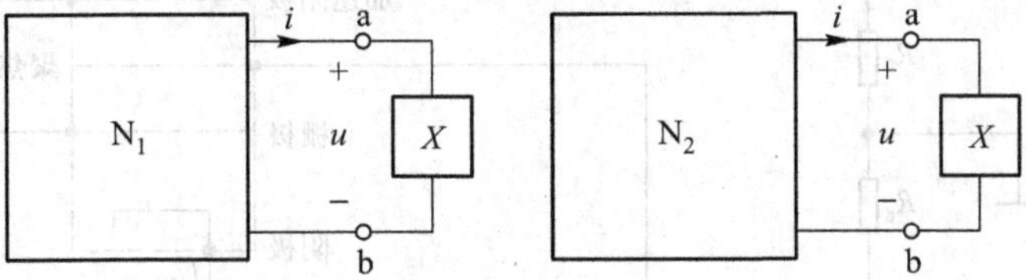

图题 1-35

解 （1）元件 A 接到网络 N_1 和 N_2 时，电压、电流同时变化，且倍数相同。

对 N_1 $$\frac{5}{1}\ \text{k}\Omega=5\ \text{k}\Omega$$

对 N_2 $$\frac{-2.5}{-0.5}\ \text{k}\Omega=5\ \text{k}\Omega$$

可知 A 为 5 kΩ 电阻。

（2）元件 B 接 N_1 和 N_2 时，电压保持不变而电流发生变化，可知 B 为5 V电压源。

（3）元件 C 接 N_1 和 N_2 时，电压保持不变而电流发生变化，可知 C 为10 V电压源。

（4）元件 D 接 N_1 和 N_2 时，电流保持不变而电压发生变化，可知 D 为 −2.5 mA电流源。

1-40 图题 1-36 所示为某阴极射线示波管各电极所需直流电压的供电图。各电阻值为

$$R_1=27\ \text{k}\Omega \quad R_5=2.2\ \text{M}\Omega \quad R_9=250\ \text{k}\Omega$$
$$R_2=27\ \text{k}\Omega \quad R_6=2.2\ \text{M}\Omega \quad R_{10}=100\ \text{k}\Omega$$
$$R_3=250\ \text{k}\Omega \quad R_7=22\ \text{k}\Omega \quad R_{11}=50\ \text{k}\Omega$$
$$R_4=250\ \text{k}\Omega \quad R_8=270\ \text{k}\Omega$$

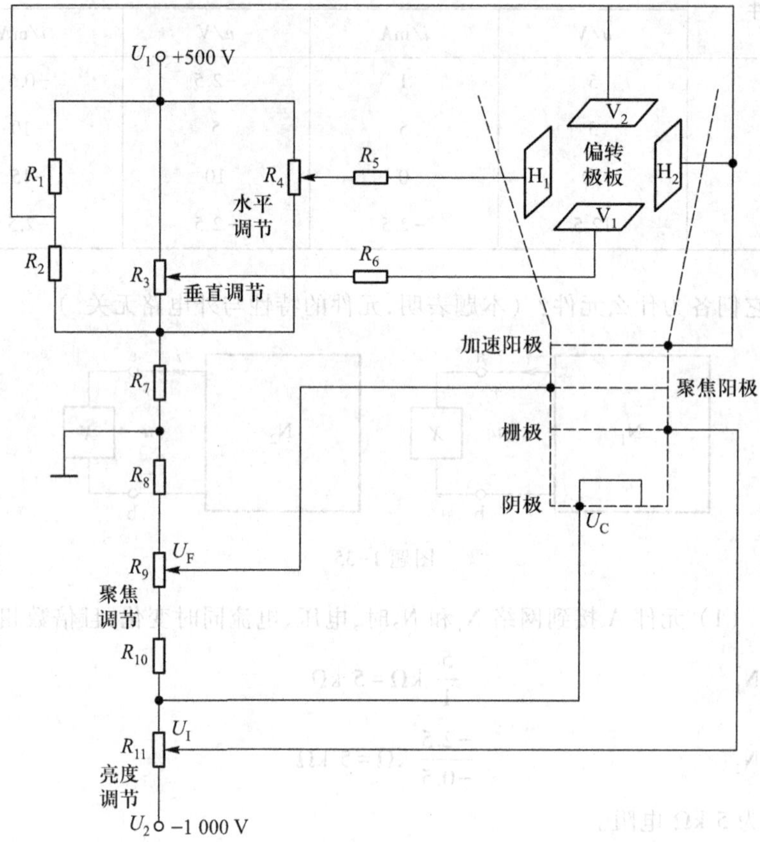

图题 1-36

试求：(1) 垂直偏转极板 V_1 及 V_2 间和水平偏转极板 H_1 及 H_2 间电压的可调范围；(2) 阴极电压 U_C；(3) 亮度调节电压 U_I 及聚焦调节电压 U_F 的可调范围；(4) 加速阳极对阴极的电压。

解　可将图题 1-36 所示电路分成几个部分。

(1) 垂直偏转板与水平偏转板调节电路，如图题解 1-40(a)所示。

$$I=\frac{500\times10^{-3}}{22+\dfrac{1}{\dfrac{1}{27+27}+\dfrac{1}{250}+\dfrac{1}{250}}}\ \text{A}=8.374\ \text{mA}$$

$$U_B=(22\times10^3)\times i=184.23\ \text{V}$$

V_2 和 H_2 电位为 $U_D=342.12$ V。

当 250 kΩ 电位器调至 A 时 V_1 和 H_1 电位为 $U_A=500$ V。

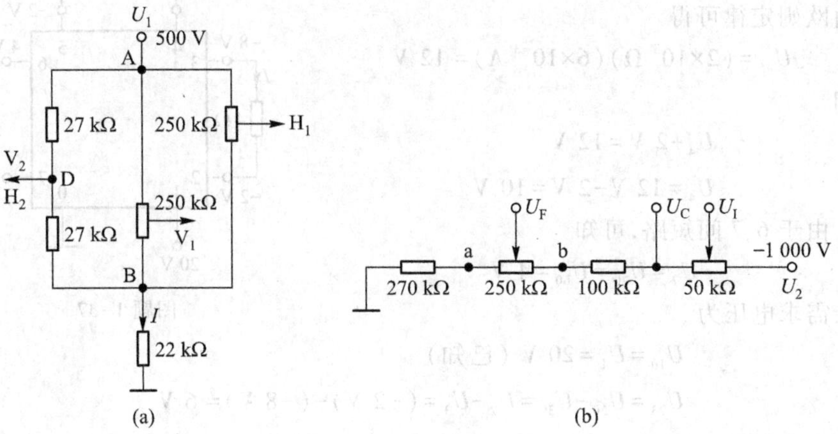

图题解 1-40

当 250 kΩ 电位器调至 B 时 V_1 和 H_1 电位为 U_B。

所以垂直偏转极板电压的可调范围为 U_A-U_D 至 U_B-U_D，即

$$(500-342.12)\ \text{V}=157.88\ \text{V}\ 到\ (184.23-342.12)\ \text{V}=-157.89\ \text{V}$$

水平偏转极板电压的可调范围同上。

(2) 其余部分电路如图题解 1-40(b)所示。

由分压公式

$$U_C=\left[\frac{270+250+100}{270+250+100+50}\times(-1\ 000)\right]\ \text{V}=-925.37\ \text{V}$$

(3) 亮度调节电压 U_I 的可调范围为 U_2 到 U_C 即 −1 000～−925.37 V。

由分压公式

$$U_b=\left[\frac{270+250}{670}\times(-1\ 000)\right]\ \text{V}=-776.12\ \text{V}$$

$$U_a=\left[\frac{270}{670}\times(-1\ 000)\right]\ \text{V}=-403\ \text{V}$$

则聚焦调节电压 U_F 的可调范围为 −776.12 V 到 −403 V。

(4) 加速阳极对阴极的电压为 $U_D-U_C=[342.12-(-925.37)]\ \text{V}=1\ 267.5\ \text{V}$。

相关题：习题 1-29、1-26

1-41 图题 1-37 所示为一带有 8 个端钮的集成电路。试求 U_0、U_4、U_7、U_{10}、U_{23}、U_{30}、U_{67}、U_{56} 以及电流 I。

解 参考点以接地符号示于图中，U_0 即参考点的电位，有

$$U_0=0$$

$$U_{45}=U_{40}-U_{50}=U_4-U_5=U_4-(-2\ \text{V})$$

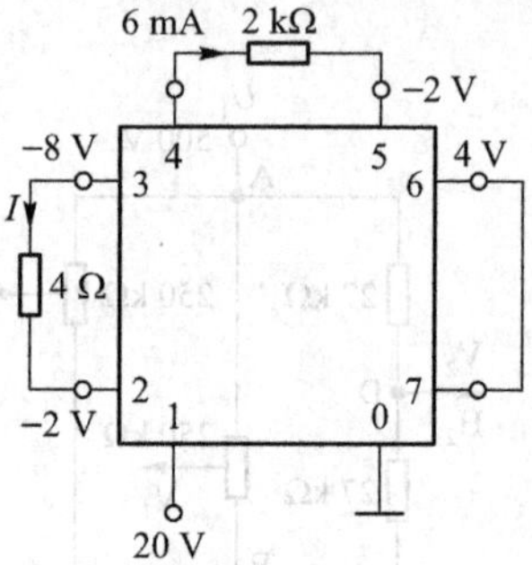

图题 1-37

又由欧姆定律可得

$$U_{45}=(2\times10^3\ \Omega)(6\times10^{-3}\ \text{A})=12\ \text{V}$$

故知

$$U_4+2\ \text{V}=12\ \text{V}$$

$$U_4=12\ \text{V}-2\ \text{V}=10\ \text{V}$$

由于6、7间短路，可知

$$U_7=U_{70}=U_{60}=4\ \text{V}$$

其余需求电压为

$$U_{10}=U_1=20\ \text{V}\ (\text{已知})$$

$$U_{23}=U_{20}-U_{30}=U_2-U_3=(-2\ \text{V})-(-8\ \text{V})=6\ \text{V}$$

$$U_{30}=U_3=-8\ \text{V}\ (\text{已知})$$

$$U_{67}=0\ (\text{短路,已知})$$

$$U_{56}=U_{50}-U_{60}=U_5-U_6=(-2\ \text{V})-(4\ \text{V})=-6\ \text{V}$$

求 I：设参考方向由 3 指向 2，则

$$I=\frac{U_{32}}{4\ \Omega}=\frac{(-8\ \text{V})-(-2\ \text{V})}{4\ \Omega}=\frac{-6\ \text{V}}{4\ \Omega}=-1.5\ \text{A}$$

I 的实际方向由 2 指向 3。

相关题：习题 1-29（该题未标出参考点的标号 o）

第二章

网孔分析和节点分析

本章要点

1. 电路分析典型问题的解法（“典型问题”见教材（上册）P51）：

方法名称	特点	所需联立方程来源	用途
$2b$ 法	同时求解支路电流、支路电压	KCL、KVL 和支路 VCR，共 $2b$ 个联立方程	表明“两类约束”是解决集总电路的基本依据
支路电流法	先求解支路电流	KCL 和以支路电流来表示的 KVL，共 b 个联立方程	少用
支路电压法	先求解支路电压	KVL 和以支路电压来表示的 KCL 共 b 个联立方程	少用
网孔电流法	引用网孔电流——与支路电流有明确关系；自动满足 KCL	以网孔电流表示的 KVL。共 m 个方程，$m<b$	常用。对线性电阻、电压源电路可引用自电阻、互电阻便于列方程
节点电压法	引用节点电压——与支路电压有明确关系；自动满足 KVL	以节点电压表示的 KCL。共 $n-1$ 个方程，$n-1<b$	常用。对线性电导、电流源电路可引用自电导、互电导便于列方程

2. 受控源是一种双口有源电阻元件。与一般电阻元件不同之处在于：它是有源的（active），即它可能产生能量（能量来自支持它工作所需的电源），而一般（正）电阻元件却总是消耗能量的；它的电压或电流是受同一电路中另一支路的电压或电流控制的，亦即它是双口元件，而一般电阻元件却是由它本身的电流（电压）决定了本身的电压（电流），是一种单口元件。

在现代电路理论中，“有源”是一个表述元件或电路性能的专门术语，有严格的定义，“含源”（with source）即含有电源的缩写，则是表述电路结构的一般用语。在没有定义出“有源”这一专门名词之前，把有源看作是含有电源的缩写并无不可，但如今就要慎用了。有源电路在结构上未必含有电源（例如，有源滤波器），相反地，结构上含有电源的电路未必是有源的。

在列写网孔法、节点法等 KVL、KCL 方程时，作为一种处理方法，可暂先把受控源看作是一般电源，得到过渡性方程后，再设法找出控制量和网孔电流或节点电压的关系，代入过渡性方程，消去控制量，得出网孔方程、节点方程。

习题解答

§2-1　网孔分析

2-1　试用网孔电流法求图题 2-1 所示电路中电流 i 和电压 u_{ab}。（A）

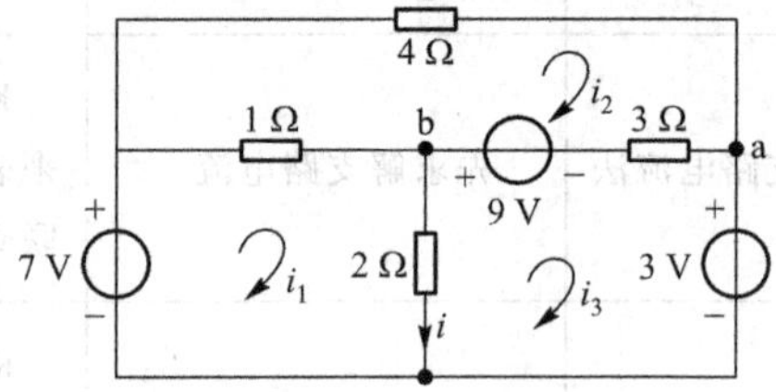

图题 2-1

解　设网孔电流为 i_1、i_2、i_3，列网孔方程

$$3i_1-i_2-2i_3=7$$
$$-i_1+8i_2-3i_3=9$$
$$-2i_1-3i_2+5i_3=-12$$

消去 i_1 得

$$23i_2-11i_3=34$$
$$-19i_2+11i_3=-30$$

解得　$i_2=1\ \text{A}$，$i_3=-1\ \text{A}$，代入原方程得 $i_1=2\ \text{A}$。

$$i=i_1-i_3=3\ \text{A},\quad u_{ab}=3(i_2-i_3)-9=-3\ \text{V}$$

相关题：习题 1-7

注：（A）指电路类型分类见教材。本题运用了自电阻、互电阻的概念。见教材（上）P73。

2-2　在一个三网孔的电路中，若网孔电流 i_1 可由网孔方程解得为

$$i_1=\frac{\begin{vmatrix}-1 & 0 & -1\\ 1 & 1 & -1\\ 0 & -1 & 3\end{vmatrix}}{\begin{vmatrix}2 & 0 & -1\\ 0 & 1 & -1\\ -1 & -1 & 3\end{vmatrix}}$$

求该电路的一种可能的形式。(A)

解 题中 i_1 的表达式是用克莱姆法则求解联立方程未知量的算式,其分母为联立方程组的系数,分子行列式第一列即联立方程等式右端数值,由此可列出方程

$$2i_1 - i_3 = -1$$

$$i_2 - i_3 = 1$$

$$-i_1 - i_2 + 3i_3 = 0$$

可知该电路应有三个网孔,由方程互电阻项可确定网孔 1 和 3、网孔 2 和 3 之间有 1 Ω 电阻,网孔 1 和 2 之间没有公共电阻,但由等式右端可判定网孔 1 和 2 之间有 1 V 电压源,一种可能的电路如图题解 2-2 所示。

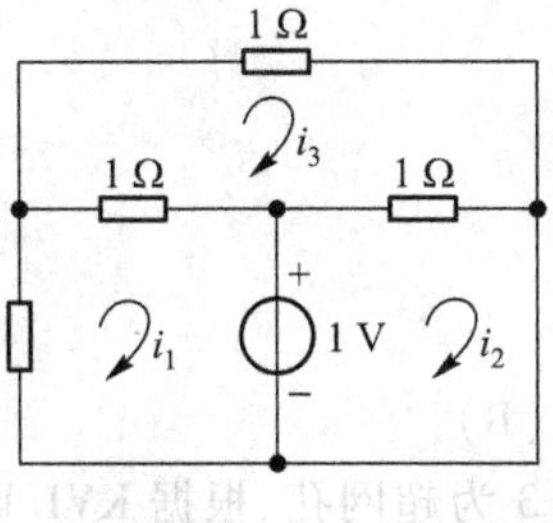

图题解 2-2

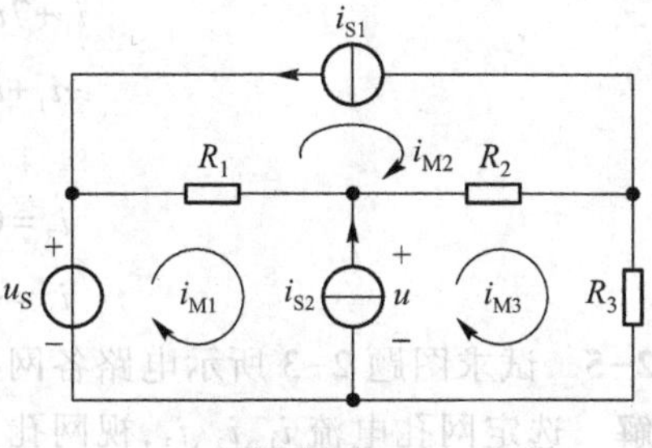

图题 2-2

2-3 图题 2-2 所示电路中若 $R_1 = 1\ \Omega$、$R_2 = 3\ \Omega$、$R_3 = 4\ \Omega$、$i_{S1} = 0$、$i_{S2} = 8$ A、$u_S = 24$ V,试求各网孔电流。(B)

解 按常规三个网孔只需列出三个方程,但由于含电流源,应增设电流源两端电压为未知量,同时增加一个方程。在本题中 $i_{S1} = 0$,相当于开路,所以网孔电流 $i_{M2} = 0$。同时本电路可视为只有两个网孔,设电流源 i_{S2} 两端电压为 u,极性如图题 2-2 所示。

可列出方程

$$(1\ \Omega)\, i_{M1} = 24 - u$$

$$(3+4)\, i_{M3} = u$$

$$i_{M3} - i_{M1} = 8\ \text{A}$$

整理得

$$i_{M1} + 7i_{M3} = 24$$

$$-i_{M1} + i_{M3} = 8$$

解得

$$i_{M3} = 4\ \text{A}$$

$$i_{M1} = -4\ \text{A}$$

注:初学者常易忽视电流源两端的电压。网孔电流以后不必加下标 M。

相关题:习题 1-20

2-4　对图题 2-2 所示电路,若改变为 $i_{S1}=2\ \text{A}$,$u_S=0$,其他数据均与上题相同,求各网孔电流。(B)

解　当 $u_S=0$ 时,相当于短路。由于 $i_{S1}=2\ \text{A}$,所以网孔电流 i_2 为已知量,即 $i_2=-2\ \text{A}$,同样设电流源 i_{S2} 两端电压为 u。

可列出方程

$$(1\ \Omega)i_1-(1\ \Omega)(-2\ \text{A})=-u$$

$$(3\ \Omega+4\ \Omega)i_3-(3\ \Omega)(-2\ \text{A})=u$$

$$i_3-i_1=8\ \text{A}$$

整理得

$$i_1+7i_3=-8$$

$$-i_1+i_3=8$$

解得

$$i_3=0\ \text{A}$$

$$i_1=-8\ \text{A}$$

2-5　试求图题 2-3 所示电路各网孔电流。(B)

解　选定网孔电流 i_1、i_2、i_3,视网孔 1 和网孔 3 为超网孔,根据 KVL 可得(代数)方程

$$4i_1+4(i_1-i_2)+2(i_3-i_2)=-2$$

由网孔 2 得

$$4(i_2-i_1)+2(i_2-i_3)=4$$

消去 i_3,得

$$10i_1-6i_2=0$$

$$-6i_1+6i_2=2$$

解得

$$i_1=1/2\ \text{A}\quad i_2=5/6\ \text{A}\quad i_3=-1/2\ \text{A}$$

注:本题未用自电阻、互电阻的概念。

2-6　试求图题 2-4 所示电路电压 u。(B)

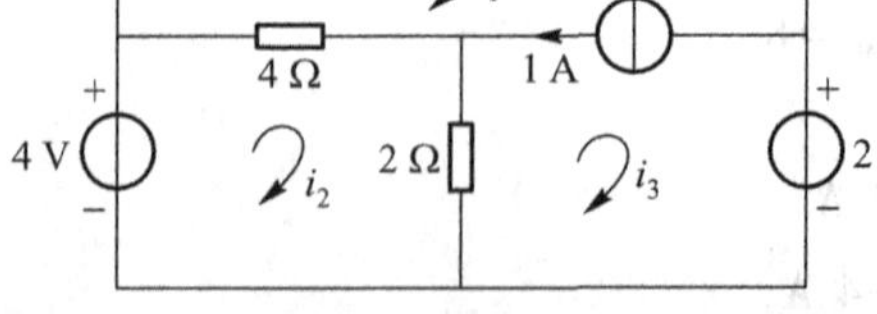

图题 2-3

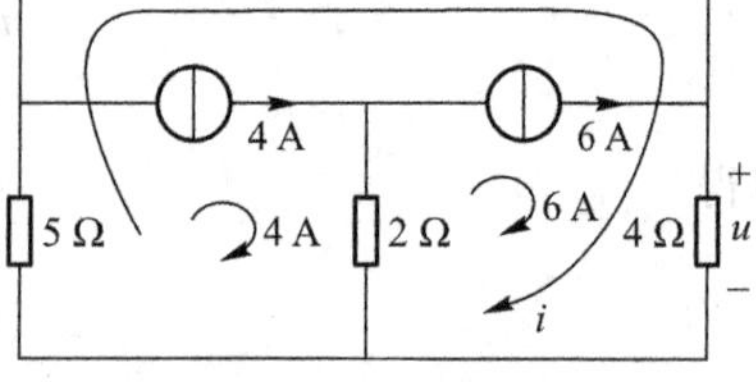

图题 2-4

解 选超网孔电流 i 如图中所示，其余两网孔电流为 4 A 和 6 A，得超网孔方程

$$(2+4+5)i+5(4\ \mathrm{A})+4(6\ \mathrm{A})=0$$

得

$$i=-4\ \mathrm{A}$$

$$u=(4\ \Omega)(i+6\ \mathrm{A})=8\ \mathrm{V}$$

2-7 电路如图题 2-5 所示，用网孔分析求 i_A，并求受控源提供的功率。(C)

解 设网孔电流为 i_A、i_B、i_C，则有 $i_C=2i_A$，实际变量为 2 个，列 2 个网孔方程

$$400i_B-100i_C-200i_A=14+2$$

$$500i_A-200i_B=-2$$

整理得

$$-400i_A+400i_B=16$$

$$500i_A-200i_B=-2$$

解得

$$i_A=20\ \mathrm{mA}$$

$$i_B=60\ \mathrm{mA}$$

$$i_C=40\ \mathrm{mA}$$

受控源两端电压为

$$100(i_B-i_C)=100(0.06-0.04)\ \mathrm{V}=2\ \mathrm{V}（与\ i_C\ 为关联方向）$$

则

$$p_{受控源}=2i_A\times 2=(4\times 0.02)\ \mathrm{W}=80\ \mathrm{mW}（消耗）$$

注：注意含受控源时的处理方法。四种受控源分别参见教材有关例题和有关习题，请关注。本题受控源的控制电流即网孔电流，处理简单。

2-8 电路如图题 2-6 所示，用网孔分析求 u_1。已知：$u_S=5\ \mathrm{V}$，$R_1=R_2=R_4=R_5=1\ \Omega$，$R_3=2\ \Omega$，$\mu=2$。(C)

解 设网孔电流为 i_1、i_2、i_3，如图题 2-6 所示。把受控电压源看成独立源列出网孔方程

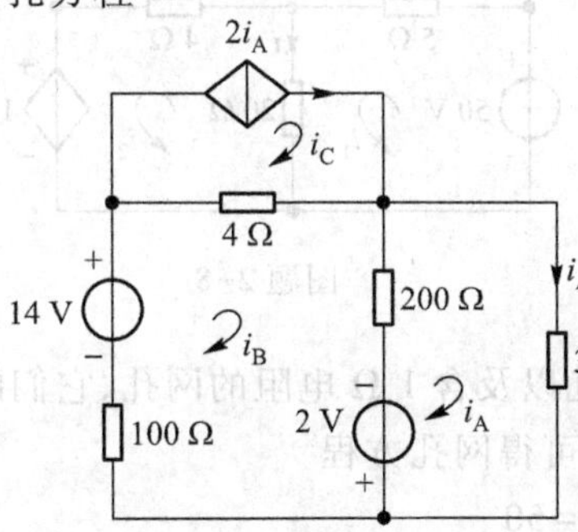

图题 2-5

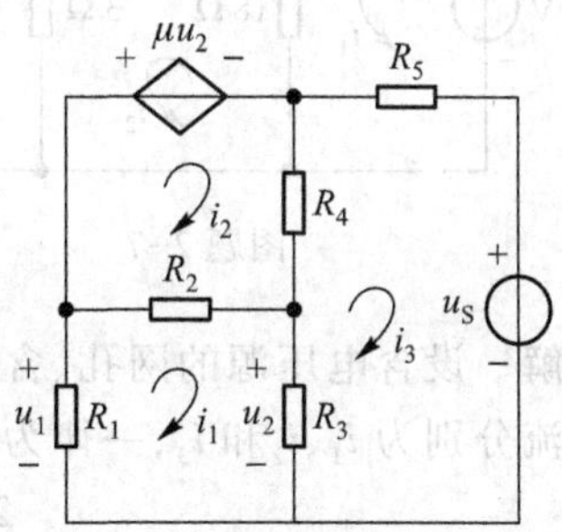

图题 2-6

$$4i_1-i_2-2i_3=0$$
$$-i_1+2i_2-i_3=-2u_2$$
$$-2i_1-i_2+4i_3=-5$$

找出控制量与网孔电流的关系：$u_2=2(i_1-i_3)$，消去暂被看作独立电压源的电压 μu_2，得

$$4i_1-i_2-2i_3=0$$
$$3i_1+2i_2-5i_3=0$$
$$-2i_1-i_2+4i_3=-5$$

解得

$$i_1=-3.75\ \text{A},u_1=-R_1i_1=3.75\ \text{V}$$

2-9 电路如图题 2-7 所示，其中 $g=0.1$ S，用网孔分析求流过 8 Ω 电阻的电流。(C)

解 设网孔电流为 i_1、i_2、i_3，如图题 2-7 所示，则 $i_3=-gu_A=-0.1u_A$，所以只要列出两个网孔方程

$$27i_1-18i_2=42$$
$$-18i_1+21i_2-3\times(-0.1u_A)=20$$

因 $u_A=9i_1$，代入上式整理得

$$-15.3i_1+21i_2=20$$

解得

$$i_1=4.26\ \text{A}$$
$$u_A=(9\times4.26)\ \text{V}=38.34\ \text{V}$$
$$i_3=-0.1\ u_A=-3.83\ \text{A}$$

2-10 含 CCVS 电路如图题 2-8 所示，试求受控源功率。(C)

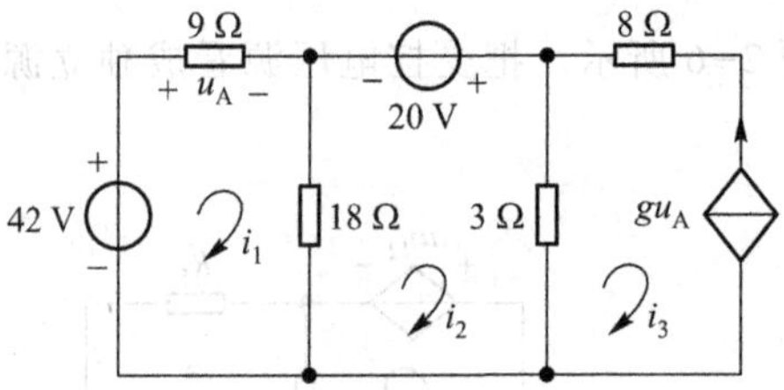

图题 2-7

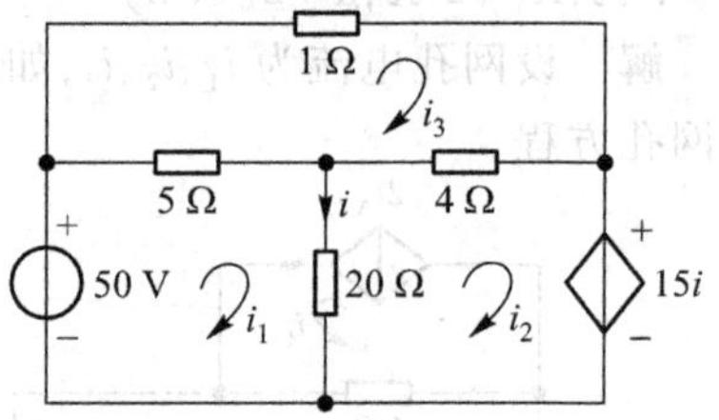

图题 2-8

解 设含电压源的网孔、含受控源的网孔以及含 1 Ω 电阻的网孔，它们的网孔电流分别为 i_1、i_2 和 i_3，一律为顺时针方向，可得网孔方程

$$25i_1-20i_2-5i_3=50$$
$$-20i_1+24i_2-4i_3=-15i$$

$$-5i_1-4i_2+10i_3=0$$

受控源控制量 i 与网孔电流的关系为

$$i=i_1-i_2$$

代入以上三个网孔方程，得

$$25i_1-20i_2-5i_3=50$$
$$-5i_1+9i_2-4i_3=0$$
$$-5i_1-4i_2+10i_3=0$$

解得

$$i_1=29.6\ \text{A}\quad i_2=28\ \text{A}$$

i_3未求解，对计算受控源功率无关。

受控源电压：

$$15\ i=15(i_1-i_2)=15(29.6-28)\ \text{V}$$
$$=24\ \text{V}$$

受控源功率：

$$(24\ \text{V})(28\ \text{A})=672\ \text{W}$$

由于功率是按电压、电流的关联参考方向计算的，答案为正值，表明吸收功率，即受控源吸收的功率 672 W。

注：以上习题 2-7 至 2-10 四题分别为含 CCCS、VCVS、VCCS、CCVS 的网孔分析问题。原则上先是把受控源当作独立源列出方程后，再设法找出控制量与网孔电流的关系，代入以网孔电流表示的 KVL 方程。显然，最便于处理的是 CCVS。

§2-2 节点分析

2-11 电路如图题 2-9 所示，试用节点分析求各支路电流。(A′)

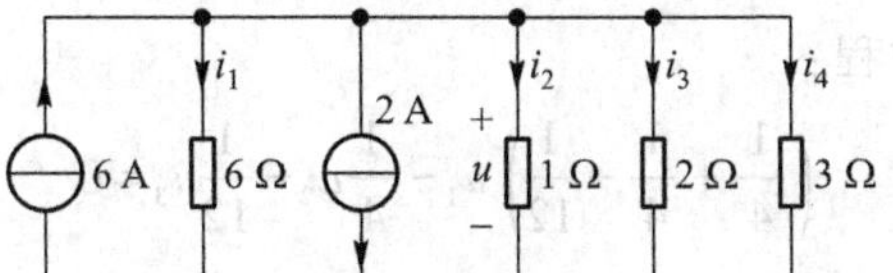

图题 2-9

解 设节点电压 u，只需列一个方程

$$\left(\frac{1}{6}+\frac{1}{1}+\frac{1}{2}+\frac{1}{3}\right)u=6-2$$

解得

$$u=2\ \text{V}$$

$$i_1=\frac{2}{6}\ \text{A}=\frac{1}{3}\ \text{A},\quad i_2=\frac{2}{1}\ \text{A}=2\ \text{A}$$

$$i_3=\frac{2}{2}\ \text{A}=1\ \text{A},\quad i_4=\frac{2}{3}\ \text{A}$$

2-12　电路如图题 2-10 所示，试用节点分析求各支路电流。(A′)

解　标出节点编号，列出节点方程

$$\left(\frac{1}{2}+\frac{1}{1}+\frac{1}{2}\right)u_a-\frac{1}{2}u_b=2$$

$$-\frac{1}{2}u_a+\left(\frac{1}{2}+\frac{1}{2}\right)u_b=4-2$$

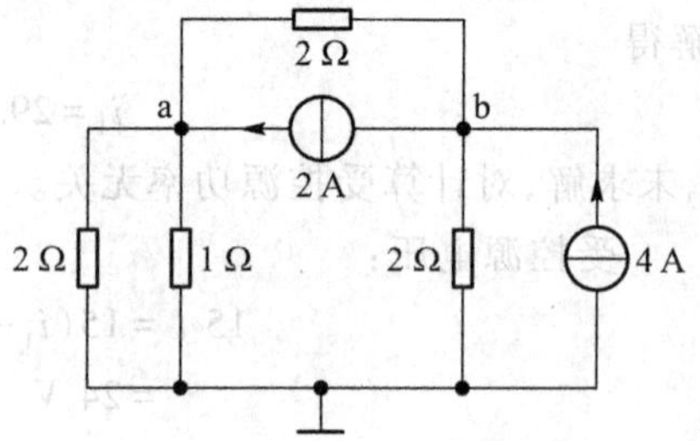

图题 2-10

整理得

$$4u_a-u_b=4$$

$$-u_a+2u_b=4$$

解得

$$u_a=\frac{12}{7}\ \text{V}$$

$$u_b=\frac{20}{7}\ \text{V}$$

求得 u_a、u_b后，各电阻的电流即可用欧姆定律求得。例如

$$i_{ab}=\frac{u_a-u_b}{2\ \Omega}=\frac{12-20}{7\times 2}\ \text{A}=\frac{-8}{14}\ \text{A}=-\frac{4}{7}\ \text{A}$$

2-13　试用节点分析法求图题 2-11 电路的各电流。(A′)

解　本题电路共有三个独立节点，且节点 2、3 分别与参考节点间接的都是已知的电压源，故节点电压 u_2 和 u_3 是已知的，其值分别为 21 V 和 42 V。仅需对节点 1 列写节点方程：

$$\left(\frac{1}{4}+\frac{1}{4}+\frac{1}{12}\right)u_1-\frac{1}{4}u_2-\frac{1}{12}u_3=0$$

以 u_2 和 u_3 值代入，得

$$\frac{7}{12}u_1-\frac{21}{4}-\frac{42}{12}=0$$

解得

$$u_1=15\ \text{V}$$

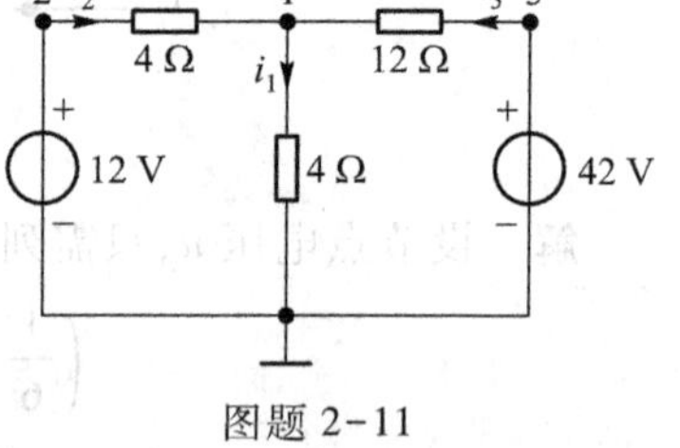

图题 2-11

三个电阻支路的电流 i_1、i_2、i_3 分别如图中所示，算得

$$i_1=\frac{u_1}{4\ \Omega}=\frac{15}{4}\ \text{A}=3.75\ \text{A}$$

$$i_2=\frac{21-u_1}{4\ \Omega}=\frac{(21-15)\ \text{V}}{4\ \Omega}=1.5\ \text{A}$$

$$i_3=\frac{42-u_1}{12\ \Omega}=\frac{27\ \text{V}}{12\ \Omega}=2.25\ \text{A}$$

其中 i_2、i_3 分别为流过 21 V 电压源和 42 V 电压源的电流。

校核：在节点 1 用 KCL（$\sum i=0$）校核答案是否正确。可以看出 $\sum i=i_2+i_3-i_1=1.5\ \text{A}+2.25\ \text{A}-3.75\ \text{A}=0$，说明答案是正确的。

2-14 电路如图题 2-12 所示，试用节点分析求 i_1、i_2。（B）

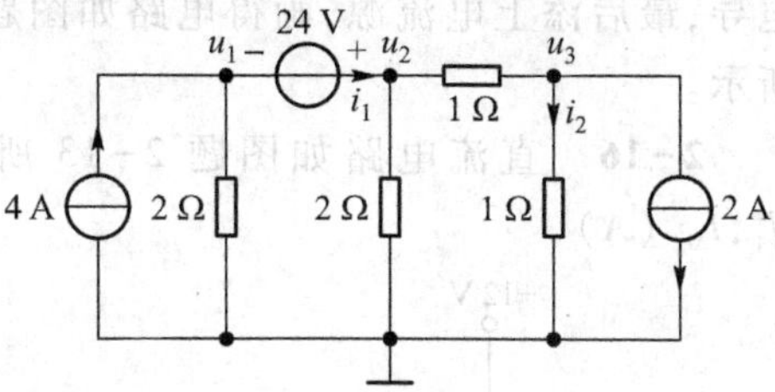

图题 2-12

解 设节点电压为 u_1、u_2 和 u_3。由于 u_1 和 u_2 之间是 24 V 电压源，所以有 $u_2=u_1+24$，并增设 24 V 电压源支路电流 i_1 为变量，可列出方程

$$\frac{1}{2}u_1=4-i_1$$

$$\left(\frac{1}{2}+1\right)(u_1+24)-u_3=i_1$$

$$\left(\frac{1}{1}+\frac{1}{1}\right)u_3-\frac{1}{1}(u_1+24)=-2$$

整理得

$$u_1=8-2i_1$$

$$3u_1+72-2u_3=2i_1$$

$$2u_3-u_1=22$$

$$i_2=\frac{u_3}{1}=4\ \text{A}$$

解得

$$u_3=4\ \text{V}$$

$$u_1=-14\ \text{V}$$

$$i_1=11\ \text{A}$$

注：节点分析在含电流源时最易处理，如习题 2-11、2-12。如节点间含独立电压源时，实际上更易处理。但初学者常易忽视电压源的电流。

如节点间含有伴电压源（即电压源与电阻串联电路），则在电压源与电阻间尚有一个节点，将增添一个节点电压方程。在第四章将有简便的处理方法。

2-15 若节点方程为

$$1.6u_1-0.5u_2-u_3=1$$
$$-0.5u_1+1.6u_2-0.1u_3=0$$
$$-u_1-0.1u_2+3.1u_3=0$$

试绘出最简单的电路。(A′)

解 由方程可知电路有 3 个节点和 1 个参考点，且方程各项均属电流。先画互电导，再考虑自电导，最后添上电流源，画得电路如图题解 2-15 所示。

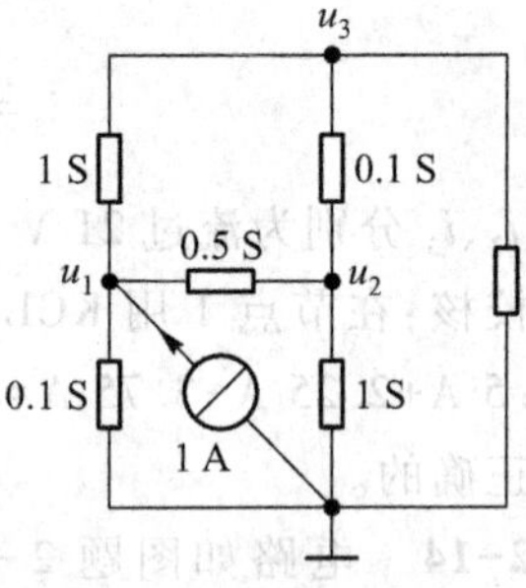

图题解 2-15

2-16 直流电路如图题 2-13 所示，试求 U_1，I。(A)

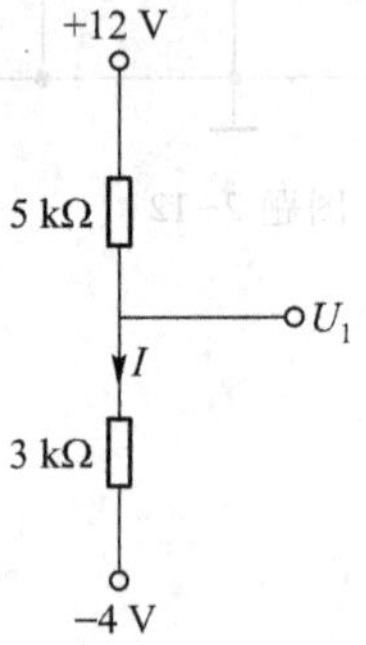

图题 2-13

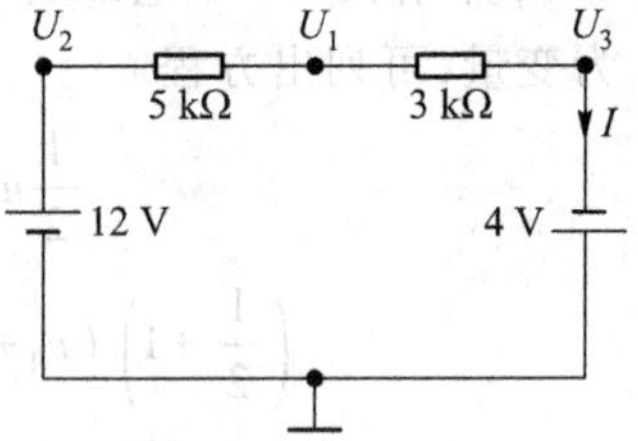

图题解 2-16

解 由图题解 2-16 可知，该电路有 3 个独立节点，计有 3 个节点电压 U_1、U_2和 U_3，但

$$U_2=12\ \text{V}, U_3=-4\ \text{V}$$

故得

$$\left(\frac{1}{5\ 000}+\frac{1}{3\ 000}\right)U_1-\frac{1}{5\ 000}(12)-\frac{1}{3\ 000}(-4)=0$$

解得
$$U_1=2\ \text{V}$$

又
$$U_1=3\ 000I-4$$

$$I=\frac{U_1+4}{3\ 000}=\frac{6\ \text{V}}{3\ 000\ \Omega}=2\ \text{mA}$$

式
$$U_1=-5\ 000I+12$$

$$I=\frac{12-U_1}{5\ 000}=\frac{10\ \text{V}}{5\ 000\ \Omega}=2\ \text{mA}$$

2-17 电路如图题 2-14 所示。试求开关 S 打开及闭合时电压 U 的变化。(即两种情况时,U 各为多少?)(A)

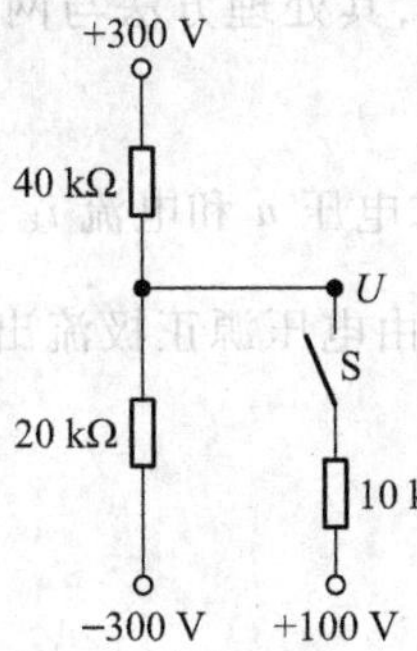

图题 2-14

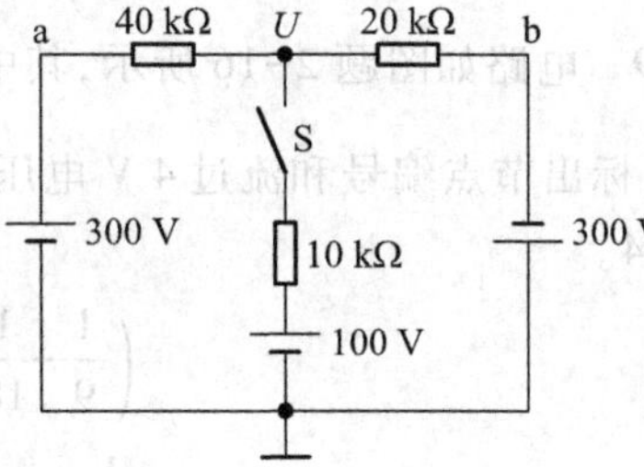

图题解 2-17

解 由图题解 2-17 可知,S 打开时

$$\left(\frac{1}{40\times10^3}+\frac{1}{20\times10^3}\right)U-\frac{1}{40\times10^3}(300)-\frac{1}{20\times10^3}(-300)=0$$

解得

$$U=-100\ \text{V}$$

S 闭合时

$$\left(\frac{1}{40\times10^3}+\frac{1}{20\times10^3}+\frac{1}{10\times10^3}\right)U-\frac{1}{40\times10^3}(300)-\frac{1}{20\times10^3}(-300)-\frac{1}{10\times10^3}(100)=0$$

解得

$$U=14.3\ \text{V}$$

电压 U 变化 114.3 V。

2-18 电路如图题 2-15 所示,试用节点分析求 i_1、i_2。(C)

解 把受控电流源暂作为独立电流源,列出节点方程

$$(1+1)u_1-u_2=4$$
$$-u_1+(1+1)u_2=-2i_1$$

控制量与节点电压的关系

$$i_1=\frac{u_1}{1\ \Omega}$$

代入得

$$2u_1-u_2=4$$
$$u_1+2u_2=0$$

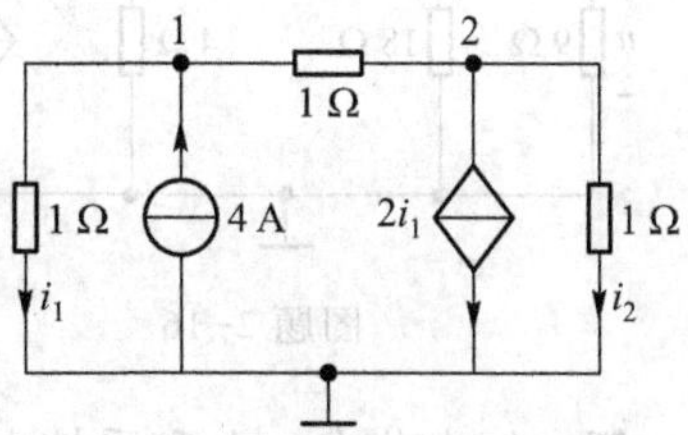

图题 2-15

解得

$$u_1=1.6\ \text{V}, u_2=-0.8\ \text{V}$$

$$i_1=1.6\ \text{A}, i_2=-0.8\ \text{A}$$

注:有关四种受控源的电路,列写节点电压方程时,其处理方法与网孔分析相似,试自行比较。

2-19　电路如图题 2-16 所示,其中 $g=\frac{1}{3}$ S。试求电压 u 和电流 i。(C)

解　标出节点编号和流过 4 V 电压源的电流 i_1(设由电压源正极流出),$u_1=u$,$u_2=u-4$。

$$\left(\frac{1}{9}+\frac{1}{18}\right)u=i_1$$

$$\frac{1}{4}\times(u-4)=\frac{1}{3}u-i_1$$

整理得

$$u=6i_1$$

$$u=12i_1-12$$

解得

$$i_1=2\ \text{A}$$

$$u=12\ \text{V}$$

由 $i+i_1=gu=4$,得

$$i=2\ \text{A}$$

注:本题和上题均含受控电流源,节点电压方程是以节点电压表示的 KCL 方程,受控电流源均可暂看作独立电流源列于方程右端,再找出控制量与节点电压的关系,本题很简单,即 $u=u_1$,以之代入原方程。

相关题:习题 2-14(节点间均含电压源)

2-20　试列出为求解图题 2-17 所示电路中 u_O 所需的节点方程。(C)

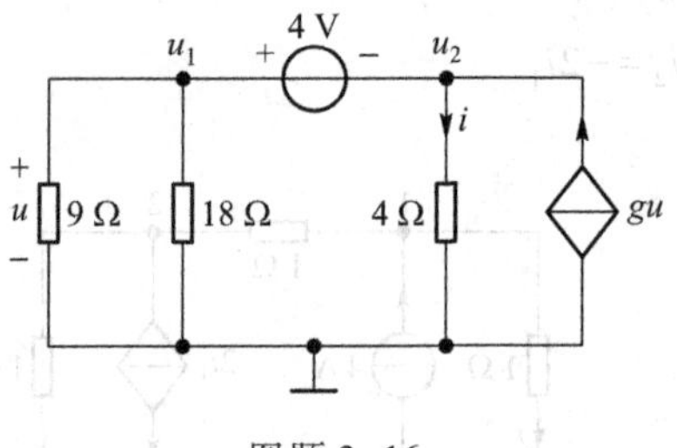

图题 2-16

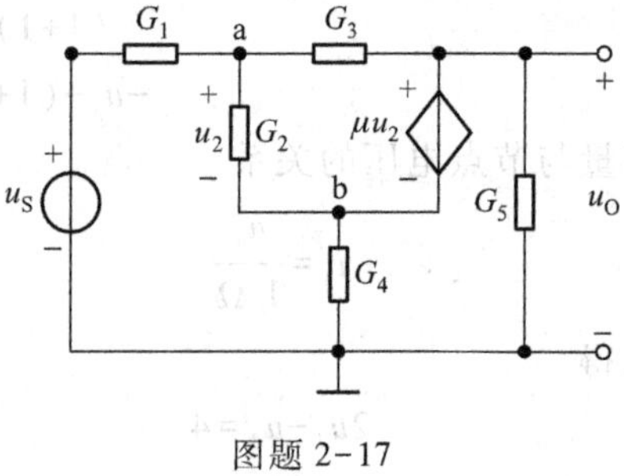

图题 2-17

解　标出节点 a、b 和受控电压源电流 i(设由正极流出)。本题共有 u_a、u_b、u_S和 u_O四个节点电压。u_O为输出电压,u_S为输入电压。

$$(G_1+G_2+G_3)u_a-G_2u_b-G_3u_O-G_1u_S=0 \tag{1}$$

$$-G_2u_a+(G_3+G_4)u_b=-i \tag{2}$$

$$-G_3u_a+(G_3+G_5)u_O=i \tag{3}$$

补充方程

$$u_O-u_b=\mu u_2=\mu(u_a-u_b)$$

即

$$\mu u_a+(1-\mu)u_b-u_O=0 \tag{4}$$

注：本题受控电压源出现在输出端与b端之间，类似于习题2-14和2-19，只是该两题涉及的是电压源，但都需为电压源或受控电压源假定一个电流，以便列写节点电压方程。(2)、(3)两方程相加，可消去 i，所得方程含 u_a、u_b、u_O三个未知量，该方程连同(1)、(4)共三个方程，涉及 u_a、u_b、u_O和 u_S四个未知量，可解得输出电压 u_O对输入电压 u_S的比值 u_O/u_S或设 u_S为已知，解得 u_O。

以上三题涉及受控源 CCCS、VCCS 和 VCVS。下题涉及 CCVS。

2-21　试求图题 2-18 所示电路中电压 u。(C)

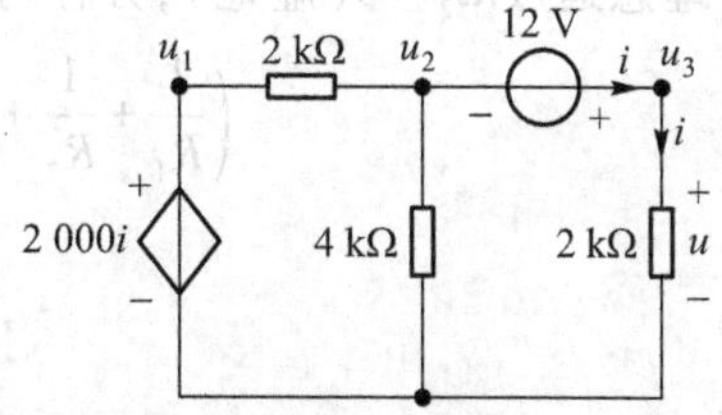

图题 2-18

解　设节点电压 u_1、u_2、u_3 如图中所示。

$$u_1=2\ 000i=2\ 000\left(\frac{u_3}{2\ \text{k}\Omega}\right)=u_3$$

$$u_2=u_3-12$$

节点 u_2 处 KCL 方程

$$\frac{u_2-u_1}{2\ \text{k}\Omega}+\frac{u_2}{4\ \text{k}\Omega}+\frac{u_3}{2\ \text{k}\Omega}=0$$

$$(2\ \text{k}\Omega)(u_2-u_1)+u_2+(2\ \text{k}\Omega)u_3=0$$

$$(2\ \text{k}\Omega)(u_3-12-u_3)+u_3-12+(2\ \text{k}\Omega)u_3=0$$

解得

$$u_3=12\ \text{V}$$

即

$$u=u_3=12\ \text{V}$$

§2-3　含运算放大器的电阻电路

2-22　图题 2-19 所示运放电路，$R_1=R_2$、$R_4=R_5$，试表明 $u_O=-\dfrac{R}{R_2}u_S$。式中，

$$\frac{1}{R}=\frac{2R_3}{R_1R_4}+\frac{2}{R_4}+\frac{R_3}{R_4^2}。$$

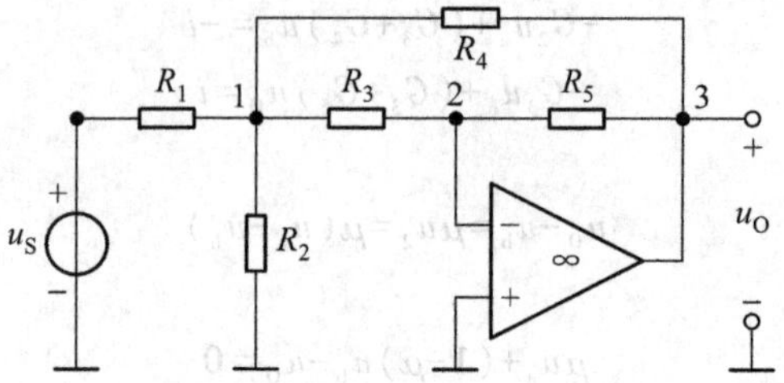

图题 2-19

解　标出节点编号，列出节点 1、2 的节点方程

$$\left(\frac{1}{R_1}+\frac{1}{R_2}+\frac{1}{R_3}+\frac{1}{R_4}\right)u_1-\frac{1}{R_1}u_S-\frac{1}{R_3}u_2-\frac{1}{R_4}u_O=0$$

$$\left(\frac{1}{R_3}+\frac{1}{R_5}\right)u_2-\frac{1}{R_3}u_1-\frac{1}{R_5}u_O=0$$

对理想运放 $u_2\approx0$（虚地），方程可整理为

$$\left(\frac{1}{R_1}+\frac{1}{R_2}+\frac{1}{R_3}+\frac{1}{R_4}\right)u_1-\frac{1}{R_4}u_O=\frac{1}{R_1}u_S$$

$$u_1=-\frac{R_3}{R_5}u_O$$

得

$$\left(\frac{1}{R_1}+\frac{1}{R_2}+\frac{1}{R_3}+\frac{1}{R_4}\right)\frac{R_3}{R_5}u_O+\frac{1}{R_4}u_O=-\frac{1}{R_1}u_S$$

因

$$R_1=R_2、R_4=R_5$$

所以

$$\left[\left(\frac{2}{R_1}+\frac{1}{R_3}+\frac{1}{R_4}\right)\frac{R_3}{R_4}+\frac{1}{R_4}\right]u_O=-\frac{1}{R_1}u_S$$

$$\left[\frac{2R_3}{R_1R_4}+\frac{1}{R_4}+\frac{R_3}{R_4^2}+\frac{1}{R_4}\right]u_O=-\frac{1}{R_1}u_S$$

令

$$\frac{1}{R}=\frac{2R_3}{R_1R_4}+\frac{2}{R_4}+\frac{R_3}{R_4^2}$$

则

$$u_O=-\frac{R}{R_1}u_S$$

2-23 图题 2-20 所示运放电路，试证明

$$u_O=\left(1+\frac{R_4}{R_3}\right)u_2-\frac{R_4}{R_3}\left(1+\frac{R_2}{R_1}\right)u_1。$$

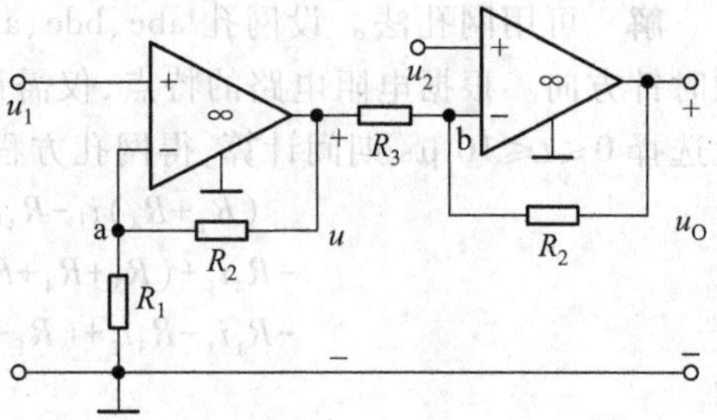

图题 2-20

证明 设 R_1 与 R_2，R_3 与 R_4 的连接点分别为 a 点、b 点，则该两点的节点方程为

$$\left(\frac{1}{R_1}+\frac{1}{R_2}\right)u_a-\frac{1}{R_2}u=0 \quad (1)$$

$$\left(\frac{1}{R_3}+\frac{1}{R_4}\right)u_b-\frac{1}{R_3}u-\frac{1}{R_4}u_O=0 \quad (2)$$

对理想运放

$$u_a\approx u_1,u_b\approx u_2$$

由(1)式得 $u=\left(1+\frac{R_2}{R_1}\right)u_1$，代入(2)式

$$\left(\frac{1}{R_3}+\frac{1}{R_4}\right)u_2-\left(1+\frac{R_2}{R_1}\right)\frac{1}{R_3}u_1=\frac{1}{R_4}u_O$$

所以

$$u_O=\left(1+\frac{R_4}{R_3}\right)u_2-\frac{R_4}{R_3}\left(1+\frac{R_2}{R_1}\right)u_1$$

注：用节点法分析含运放电路特别合适，特别是含理想运放情况。注意：上题只列写节点 1、2，本题只列写节点 a、b 的方程，都不必列写输出节点的方程。

综　合

2-24 若作用于图题 2-21 所示电阻电路的电压源 $u(t)$ 的波形为如图中所示的周期性方波，试求流过 R_5 的电流 $i(t)$。已知 $R_1=R_2=R_3=R_4=1\ \Omega$，$R_5=2\ \Omega$。

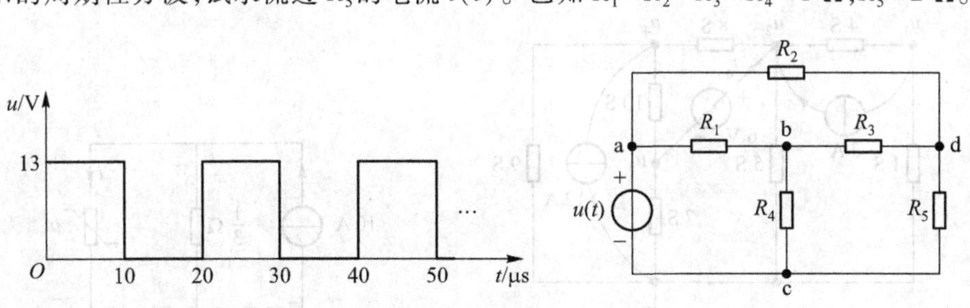

图题 2-21

解　可用网孔法。设网孔 abc、bdc、abd 的网孔电流分别为 i_1、i_2、i_3，一律为顺时针方向。根据电阻电路的特点，仅需计算任一个方波持续期间的电流即可。设选择 $0\leqslant t\leqslant 10\ \mu s$ 期间计算，得网孔方程

$$(R_1+R_4)i_1-R_4i_2-R_1i_3=13$$
$$-R_4i_1+(R_3+R_4+R_5)i_2-R_3i_3=0$$
$$-R_1i_1-R_3i_2+(R_1+R_2+R_3)i_3=0$$

即

$$2i_1-i_2-i_3=13$$
$$-i_1+4i_2-i_3=0$$
$$-i_1-i_2+3i_3=0$$

解得

$$i_1=11\ \text{A},i_2=4\ \text{A},i_3=5\ \text{A}$$

电压源电流即 i_1。其波形与输入方波相似。将纵坐标改为 i/A，横坐标不变，幅度为 11 A 时，得 i_1的波形。若幅度为 4 A 时，得 i_2波形，即流过 R_5的电流波形；幅度为 5 A 时，得 i_3波形。

注：对电阻电路，响应的波形与激励波形相同。对动态电路，情况并非如此。

2-25　若节点方程为

$$5u_1-4u_2=-3$$
$$-4u_1+17u_2-8u_4-i_6=3$$
$$17u_3-10u_4+i_6=0$$
$$-8u_2-10u_3+27u_4=-12$$
$$u_2-u_3=6$$

试绘出最简单的电路。

解　由方程可知该电路有 5 个节点，其中之一为参考点。画出电路如图题解 2-25 所示。参看习题 2-15。

2-26　电路如图题 2-22 所示，非线性电阻 VCR 为：$i=u^2$、$u>0$，$i=0$、$u<0$，试求 u。

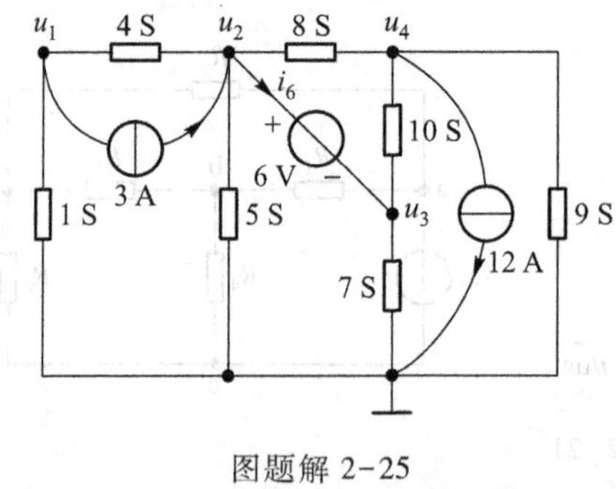

图题解 2-25

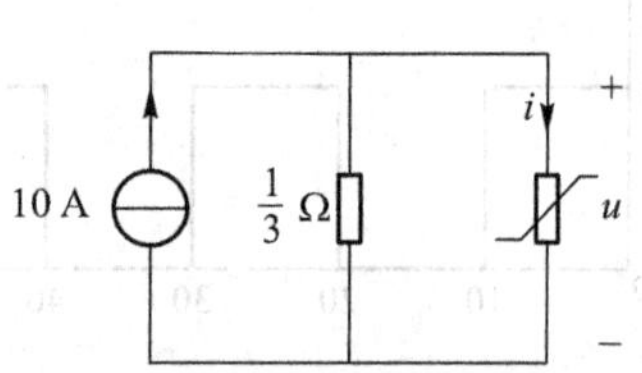

图题 2-22

解 由 KCL 得以节点电压表示的方程式为

$$10-3u-i=0$$

即

$$10-3u-u^2=0 \quad u>0$$

$$u^2+3u-10=0 \quad u>0$$

$$u=\frac{-3\pm\sqrt{9+40}}{2}=\frac{-3\pm7}{2}$$

取正值得

$$u=2\ \mathrm{V}$$

注：无法使用自电导的概念。

第三章

叠加方法与网络函数

本章要点

1. 在以上两章直接运用两类约束解题的基础上,本章和下章分别转入三大基本方法中的叠加方法和分解方法。

在直接根据两类约束作电路分析时,面对的是电路模型中的元件"个体",须使用元件参数(即集总电路的原参数),如电阻元件的 R 或 G。在用叠加、分解方法分析电路,面对的往往是元件"群体",可使用"群体参数"——网络函数(即集总电路的副参数)。各类网络函数,如教材表 3-1 所示。引入网络函数,便于使用这两大基本方法,例如,叠加方法中的(3-14)式,便是以后(4-28)式、(6-40)式等的基础。参看教材(上)P109

2. 特别注意:网络函数定义(3-3)式中的"激励"是指电压源(§1-5)或电流源(§1-6),而不是含内阻的电源。构成电路模型的基本元件中只有电压源、电流源、电阻元件等有关电源的元件,并无"含内阻的电源元件"。

3. 叠加方法只适用于线性电路。

线性电阻电路定义:当且仅当电阻电路中所有独立源置零后,电路中只含线性二端、多端及/或多口电阻,则该电路称为线性电阻电路。(独立源只是电路响应的外因!)

习题解答

§3-1 线性电路的比例性 网络函数

3-1 求解图题 3-1 所示电路中的电流 i。试利用线性电路的比例性求当电流源电流改为 6.12 A,方向相反时的电流 i。

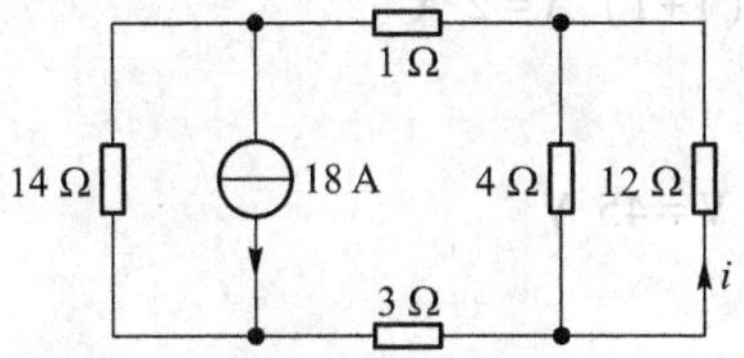

图题 3-1

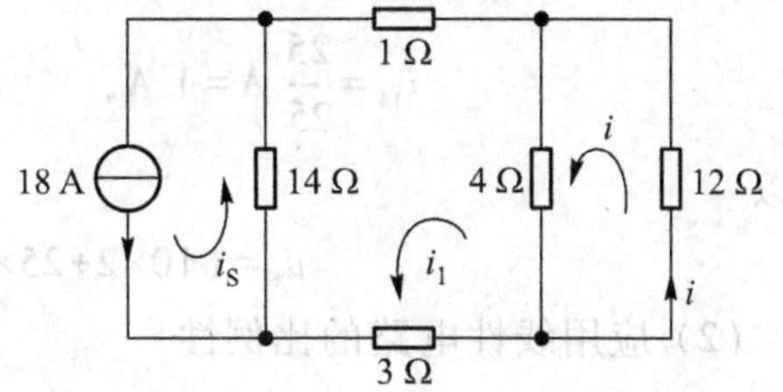

图题解 3-1

解　先求网络函数 $H=i/i_S$，i_S为电流源电流。可以用上两章所学的任一方法。设选用网孔电流法，所用电路改画为如图题解 3-1 所示的电路，则

$$(12+4)i-4i_1=0$$

$$-4i+(14+1+4+3)i_1=14i_S$$

解得

$$i=\frac{56}{336}i_S$$

$$H=\frac{i}{i_S}=\frac{56}{336}$$

网络函数 H 反映出 i 与 i_S的比例性。当 $i_S=18$ A 时

$$i=Hi_S=\left(\frac{56}{336}\times 18\right)\text{ A}=3\text{ A}$$

当 $i_S=-6.12$ A 时

$$i=\left(\frac{-56}{336}\times 6.12\right)\text{ A}=-1.02\text{ A}$$

注：单纯求解 i 可不必求 H。求得 H，则对任何激励 i_S，都可轻易求出响应 i。

3-2　电路如图题 3-2 所示，(1) 若 $u_2=10$ V，求 i_1及 u_S；(2) 若 $u_S=10$ V，求 u_2。

解　(1) 应从输出端向输入端计算，标出节点编号，应用分压、分流关系可得

$$i_{24}=\frac{u_2}{20}=0.5\text{ A}$$

$$u_{32}=(10\times 0.5)\text{ V}=5\text{ V},$$

$$u_{34}=(10+5)\text{ V}=15\text{ V}$$

$$i_{34}=\frac{15}{30}\text{ A}=0.5\text{ A},$$

$$i_{13}=(0.5+0.5)\text{ A}=1\text{ A}$$

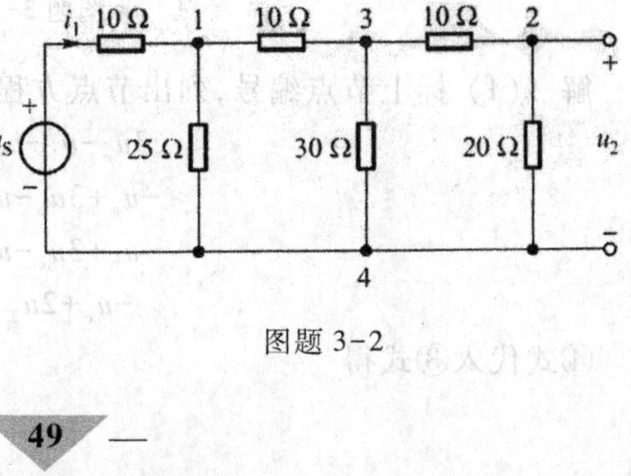

图题 3-2

$$u_{13}=(10\times1)\ \text{V}=10\ \text{V},\qquad u_{14}=(10+15)\ \text{V}=25\ \text{V}$$

$$i_{14}=\frac{25}{25}\ \text{A}=1\ \text{A},\qquad i_1=(1+1)\ \text{A}=2\ \text{A}$$

所以

$$u_S=(10\times2+25\times1)\ \text{V}=45\ \text{V}$$

（2）应用线性电路的比例性

$$\frac{10}{45}=\frac{u_2}{10},\quad 得\ u_2=\frac{100}{45}\ \text{V}=2.2\ \text{V}$$

注：本题电路的网络函数 u_2/u_S，由解（1）可知为 10/45，未用 H 表示。解（2）实际上用到这一网络函数。在单一激励的线性电路，指定的响应对激励，存在比例性，网络函数反映了这一比例性，又称“匀质性”、“齐次性”。本题，如果 $u_S=3.5$ V，u_2应是多少？$u_S=7.31$ V，u_2又是多少？利用 H 很容易得到解答。

3-3 （1）求图题 3-3(a)所示网络的转移电压比 u_2/u_1，设所有电阻均为 1 Ω。

（2）某同学认为图题 3-3(a)所示网络可看成是 4 节如图题 3-3(b)所示网络级联而成（即在接法上使得第 1 节的输出为第 2 节的输入，第 2 节的输出为第 3 节的输入……），若以 u_{Ik}，u_{Ok}分别表示第 k 节网络的输入和输出，则

$$\frac{u_2}{u_1}=\frac{u_{O4}}{u_{I1}}=\left(\frac{u_{O4}}{u_{I4}}\right)\left(\frac{u_{O3}}{u_{I3}}\right)\left(\frac{u_{O2}}{u_{I2}}\right)\left(\frac{u_{O1}}{u_{I1}}\right)$$

这是因为：$u_{I4}=u_{O3}$；$u_{I3}=u_{O2}$；$u_{I3}=u_{O1}$。因此，只需求出任一节的转移电压比（例如 u_{O1}/u_{I1}），连乘 4 次，即可得到 u_2/u_1。试按这一观点求得 u_2/u_1，并和（1）中结果相比较，如有差别，原因何在？

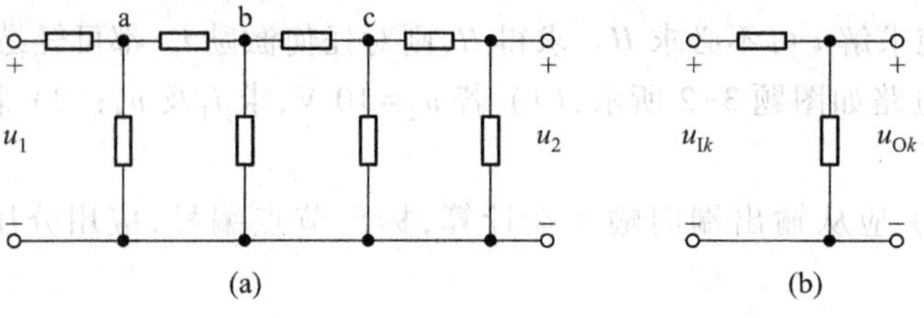

图题 3-3

解 （1）标上节点编号，列出节点方程，因只需求 u_2/u_1，只需 4 个方程

$$3u_a-u_1-u_b=0 \qquad ①$$

$$-u_a+3u_b-u_c=0 \qquad ②$$

$$-u_b+3u_c-u_2=0 \qquad ③$$

$$-u_c+2u_2=0 \qquad ④$$

④式代入③式得

$$u_b = 5u_2 \quad ⑤$$

④、⑤两式代入②式得

$$u_a = 13u_2 \quad ⑥$$

再代入①式得

$$u_1 = 34u_2, \quad \frac{u_2}{u_1} = \frac{1}{34}$$

(2) 对图题 3-3(b)所示电路 $u_{0k} = \frac{1}{2}u_{1k}$,即$\frac{u_{0k}}{u_{1k}} = \frac{1}{2}$

按题意

$$\frac{u_2}{u_1} = \frac{1}{2} \times \frac{1}{2} \times \frac{1}{2} \times \frac{1}{2} = \frac{1}{16}$$

与(1)计算结果不符是因为 u_{0k}/u_{1k} 是开路的转移电压比,多级相连时后级是前级的负载,除最后一级外,不能使用开路的转移电压比。

注:本题(2)是初学者常易忽视的问题,在学电子电路课程时要用到(2)中所涉及的“负载效应”概念。

相关题:教材 § 2-4“电压跟随器”的例题;习题 1-28

3-4 电路如图题 3-4 所示,试求转移电流比 i/i_S,转移电阻 u/i_S;若 $i_S = 0.6$ mA,试求 i 和 u。

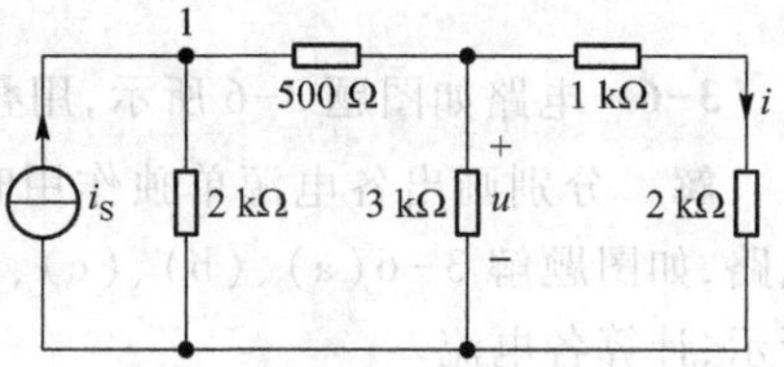

图题 3-4

解 标出节点编号,列节点方程

$$\left(\frac{1}{2\,000} + \frac{1}{500}\right)u_1 - \frac{1}{500}u = i_S$$

$$-\frac{1}{500}u_1 + \left(\frac{1}{3\,000} + \frac{1}{3\,000} + \frac{1}{500}\right)u = 0$$

整理得

$$\frac{1}{400}u_1 - \frac{1}{500}u = i_S \quad ①$$

$$-\frac{1}{500}u_1 + \frac{1}{375}u = 0 \quad ②$$

由②式得

$$u_1 = \frac{500}{375}u = \frac{4}{3}u \quad ③$$

代入①式得转移电阻

$$\frac{u}{i_S} = 750\ \Omega$$

因 $u = 3\,000i$,所以转移电流比$\frac{i}{i_S} = \frac{1}{4}$。

当 $i_S=0.6$ mA 时，$u=750i_S=0.45$ V，$i=\frac{i_S}{4}=0.15$ mA。

注：本题表明两种网络函数 i/i_S和 u/i_S的求法及其用途。

3-5　电路如图题 3-5 所示，试求转移电阻 u_O/i_S。已知 $g=2$ S。

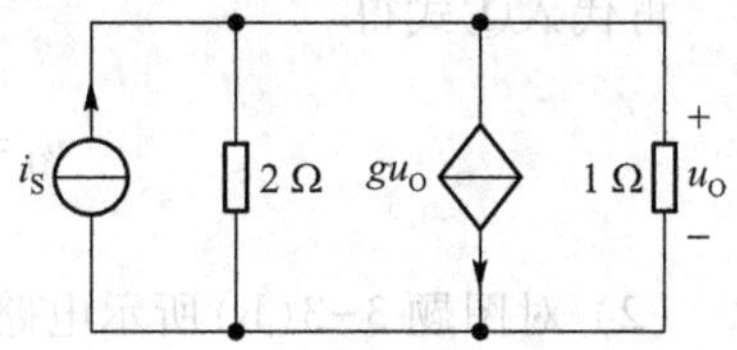

图题 3-5

解　为找到 u_O和 i_S的关系，只要列出节点方程

$$\left(\frac{1}{2}+\frac{1}{1}\right)u_O=i_S-gu_O$$

整理得

$$(g+1.5)u_O=i_S$$

所以

$$\frac{u_O}{i_S}=\frac{1}{g+1.5}=\frac{1}{3.5}\ \Omega$$

相关题：习题 3-4

§3-2　叠加原理

3-6　电路如图题 3-6 所示，用叠加原理求 i_X。

解　分别画出各电源单独作用时的电路，如图题解 3-6(a)、(b)、(c)、(d)所示，计算各电流。

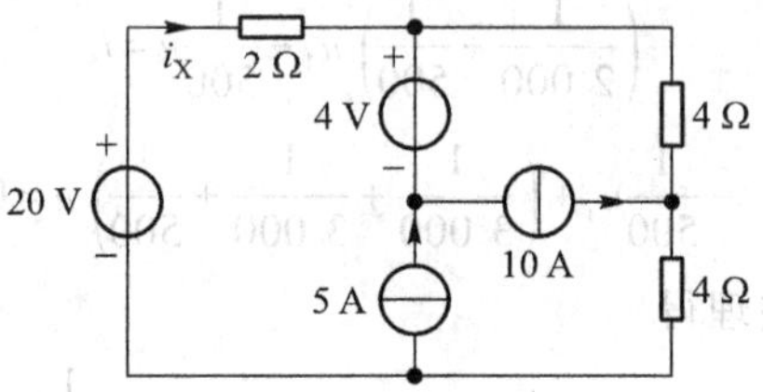

图题 3-6

分别解得

$$i'_X=2\ \text{A},\quad i''_X=0\ \text{A}$$
$$i'''_X=4\ \text{A},\quad i''''_X=-4\ \text{A}$$

各部分电流叠加

$$i_X=2\ \text{A}$$

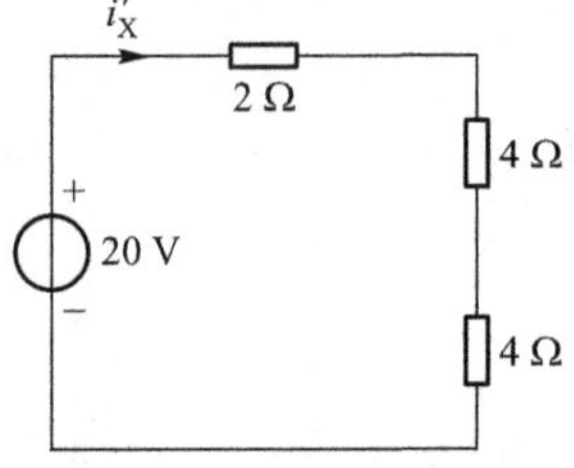

(a)

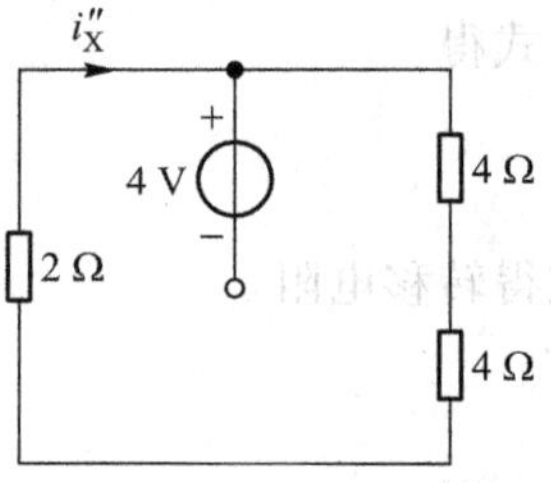

(b)

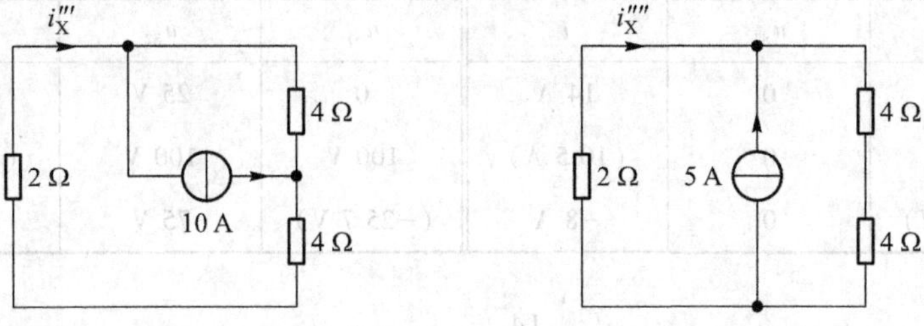

图题解 3-6

注:由叠加方法可知 4 V 电压源对 i_X 并无"贡献"。

3-7 电路如图题 3-7 所示,欲使 $u_{ab}=0$,u_S应为多少?

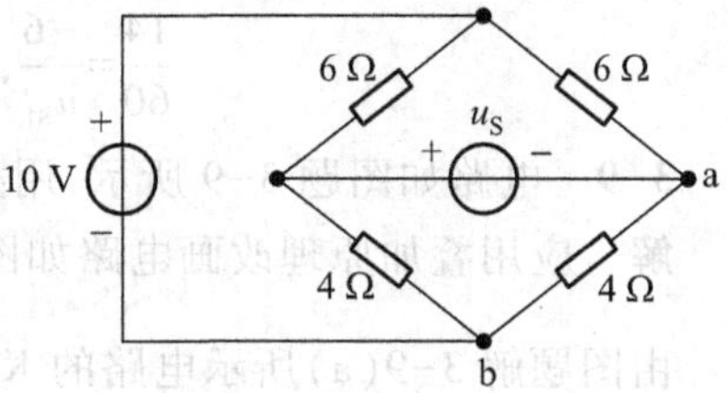

图题 3-7

解 应用叠加原理,改画成图题解 3-7。

由图题解 3-7(a),应用分压公式

$$u'_{ab}=\left(\frac{2}{3+2}\times10\right)\ V=4\ V。$$

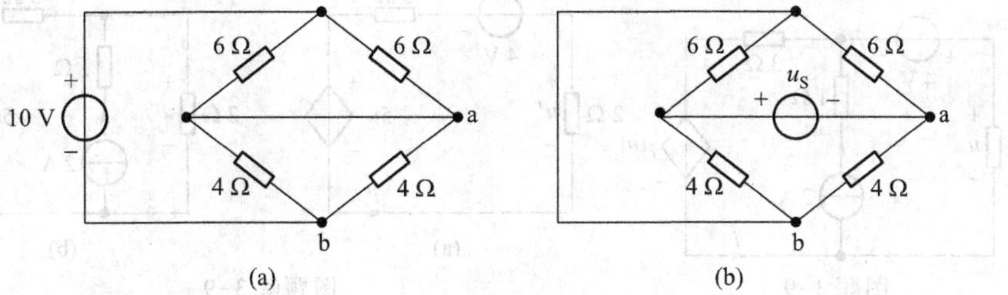

图题解 3-7

为使 $u_{ab}=u'_{ab}+u''_{ab}=0$,应使 $u''_{ab}=-4$ V。

应用分压公式

$$u''_{ab}=\frac{2.4}{2.4+2.4}(-u_S)=-4,得\ u_S=8\ V。$$

注:还可用别的方法吗?例如网孔分析,与本题解相比,哪一方法更好?

3-8 电路如图题 3-8 所示,试填写下表。

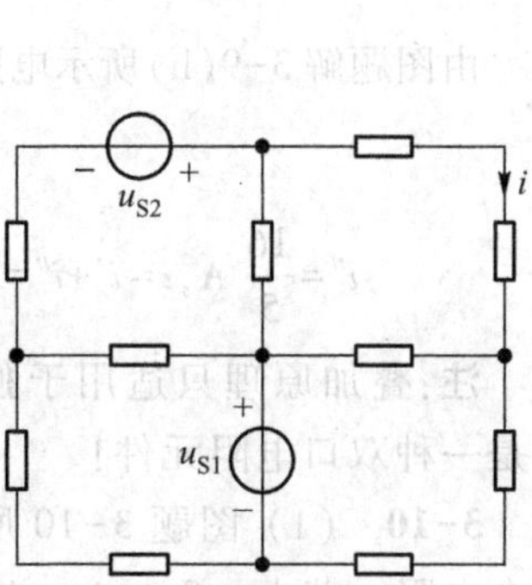

图题 3-8

解 (1) $\dfrac{i}{45}=\dfrac{14}{60}$,$i=10.5$ A

(2) $\dfrac{u_{S1}}{60}=\dfrac{-8}{14}$,$u_{S1}=-34.3$ V

u_{S1}	u_{S2}	i	u_{S1}	u_{S2}	i
60 V	0	14 A	0	25 V	2 A
45 V	0	(10.5 A)	100 V	100 V	(31.3 A)
(−34.3 V)	0	−8 A	(−25.7 V)	75 V	0

(3)
$$\frac{i'}{100}=\frac{14}{60},\quad i'=23.3\ \text{A}$$
$$i=(23.3+8)\ \text{A}=31.3\ \text{A}$$

(4)
$$i'+6=0,\quad i'=-6\ \text{A}$$
$$\frac{14}{60}=\frac{-6}{u_{S1}},\quad u_{S1}=-25.7\ \text{V}$$

3-9 电路如图题 3-9 所示，用叠加原理求 i，已知 $\mu=5$。

解 应用叠加原理改画电路如图题解 3-9 所示。

由图题解 3-9(a)所示电路的 KVL 方程 $i'=\dfrac{-4-5u'}{2+3}$和 $u'=-2i'$

得

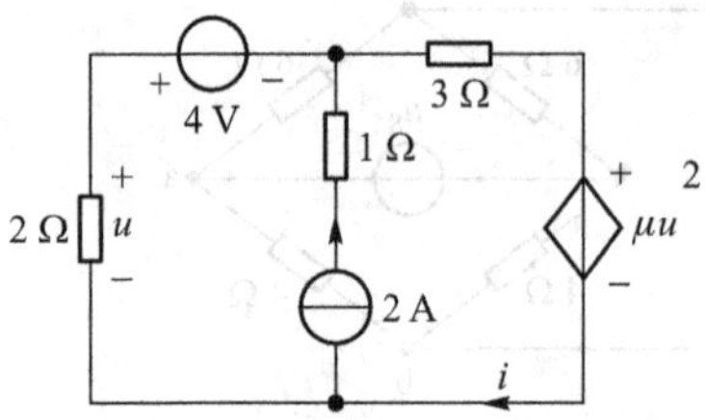

图题 3-9

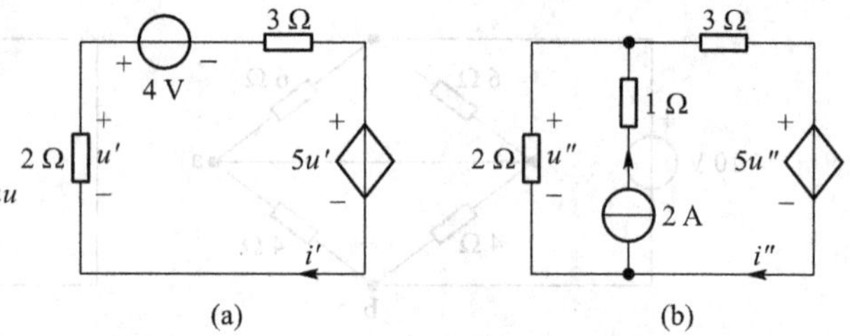

图题解 3-9

$$i'=\frac{4}{5}\ \text{A}$$

由图题解 3-9(b)所示电路的 KCL 方程$\left(\dfrac{1}{2}+\dfrac{1}{3}\right)u''=2+\dfrac{5}{3}u''$和 $u''=2\times(2-i'')$

得

$$i''=\frac{16}{5}\ \text{A},i=i'+i''=4\ \text{A}。$$

注:叠加原理只适用于独立源。受控源只是一种双口电阻元件！

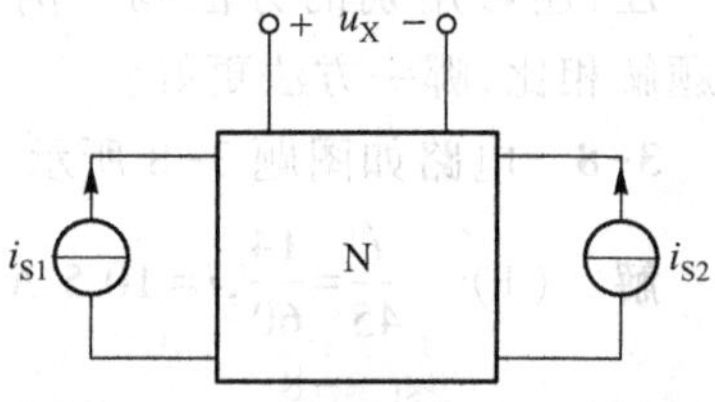

图题 3-10

3-10 (1) 图题 3-10 所示线性网络 N 只含电阻。若 $i_{S1}=8$ A、$i_{S2}=12$ A，u_X 为 80 V；

若 $i_{S1}=-8$ A、$i_{S2}=4$ A，u_X 为 0。求：当 $i_{S1}=i_{S2}=20$ A 时，u_X 是多少？（2）若所示网络 N 含有一个电源，当 $i_{S1}=i_{S2}=0$ 时，$u_X=-40$ V；所有（1）中的数据仍有效。求：当 $i_{S1}=i_{S2}=20$ A 时，u_X 是多少？

解 （1）设 $i_{S1}=1$ A 能产生 u_X 为 a，而 $i_{S2}=1$ A 能产生 u_X 为 b，则可列出方程

$$8a+12b=80$$

$$-8a+4b=0$$

解得 $$b=5,\quad a=2.5$$

因此 $$u_X=(20\times5+20\times2.5)\ \text{V}=150\ \text{V}$$

（2）当 N 内含电源 $i_S=1$ A 能产生 u_X 为 c，则可列出方程

$$8a+12b+i_Sc=80$$

$$-8a+4b+i_Sc=0$$

$$i_Sc=-40$$

整理得 $$8a+12b=120$$

$$-8a+4b=40$$

解得 $$b=10,\quad a=0$$

因此 $$u_X=(20\times0+20\times10-40)\ \text{V}=160\ \text{V}$$

注：从网络函数的定义看，题解中用到的 a、b、c 是什么？你能回答吗？你能感到这些副参数的引入在电路分析中所起的作用吗？

请查看教材正文表 3-1。

试与习题 3-8 相比较，两题均未给定电阻值，本题则连结构也未给出，但从端口上的有关激励与响应的关系（网络函数）即能解决问题。依靠的是：表征众多有关电阻元件的群体表现，而不指望了解个别电阻元件的参数值。在教材中称为副参数。读者应熟悉这类“方框图”问题。你能把图题 3-8 画成类似图题 3-10 只显示激励端和对应端的电路图吗？

3-11 求图题 3-11 所示“信号相加电路”的输出-输入关系。

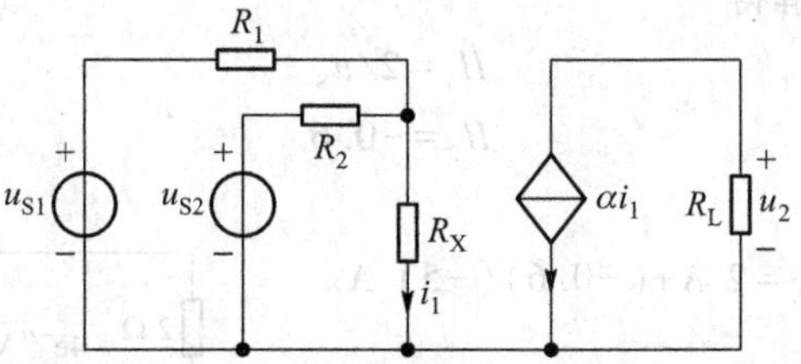

图题 3-11

解 u_{S1} 单独作用时，u_{S2} 置零

$$i_1'=\frac{u_{S1}}{R_1+R_2/\!/R_X}\times\frac{R_2}{R_2+R_X}$$

$$=\frac{u_{S1}R_2}{R_1(R_2+R_X)+R_2R_X}$$

$$u_2'=-\alpha i_1'R_L=\frac{-\alpha R_2R_Lu_{S1}}{R_1R_2+R_1R_X+R_2R_X}$$

同理可得 u_{S2} 单独作用时

$$u_2''=\frac{-\alpha R_1R_Lu_{S2}}{R_1R_2+R_1R_X+R_2R_X}$$

$$u_2=u_2'+u_2''$$

注:不要忘记受控源不得参与叠加,始终存在电路中。

3-12 电路如图题 3-12 所示,N 只含线性电阻。当开关在位置“1”时,$i_1=-4$ A,开关在位置“2”时,$i_1=2$ A。求开关在位置“3”时的电流 i_1。

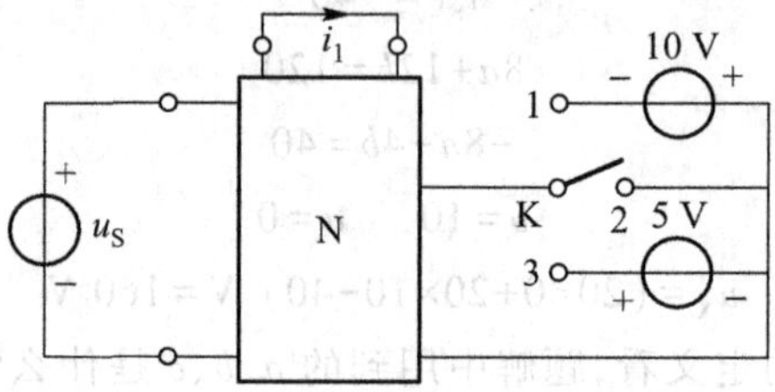

图题 3-12

解 由叠加定理

$$i_1=H_1u_S+H_2u_{SX} \quad ①$$

开关在位置“1”时

$$-4=H_1u_S+H_2(10\text{ V}) \quad ②$$

开关在位置“2”时

$$2=H_1u_S+H_2(0) \quad ③$$

由②、③两式,解得

$$H_1=2/u_S$$
$$H_2=-0.6$$

由①式

$$i_1=H_1u_S+H_2u_{SX}=2\text{ A}+(-0.6)(-5)\text{ A}$$
$$=5\text{ A}$$

3-13 试求图题 3-13 所示电路中的电流 i。

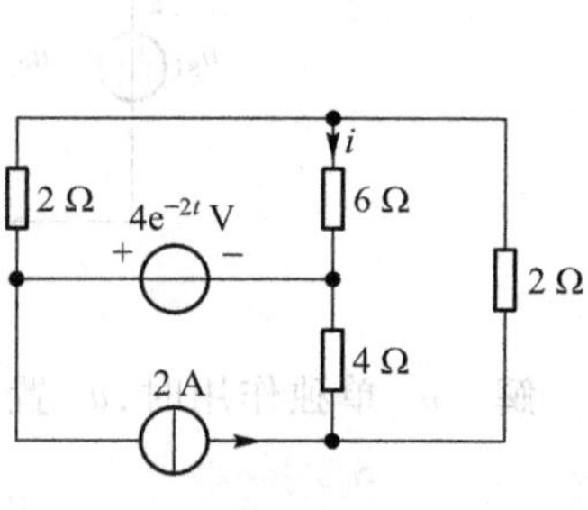

图题 3-13

解 用叠加方法求解。

2 A 电流源单独作用时:由于电压源看作短路,2 Ω 与 6 Ω 电阻并联,由分流关系可得该并

联部分电流为

$$(2\ \text{A})\times\frac{4}{4+2+\dfrac{2\times6}{2+6}}=(2\ \text{A})\times\frac{4}{6+\dfrac{3}{2}}=(2\ \text{A})\times\frac{8}{15}=\frac{16}{15}\ \text{A}$$

6 Ω 的电流为

$$i'=\left(\frac{16}{15}\ \text{A}\right)\times\frac{2}{2+6}=\frac{4}{15}\ \text{A}$$

电压源单独作用时:电流源看作断开,电压源电流为

$$\frac{4e^{-2t}}{2+\dfrac{6\times6}{6+6}}\ \text{A}=\frac{4e^{-2t}}{2+3}\ \text{A}=\frac{4}{5}e^{-2t}\ \text{A}$$

6 Ω 电流为

$$i''=\left(\frac{1}{2}\right)\left(\frac{4}{5}\right)e^{-2t}\ \text{A}=0.4e^{-2t}\ \text{A}$$

故得

$$i=i'+i''=\left(\frac{4}{15}+0.4e^{-2t}\right)\ \text{A}$$

注:是否能用网孔分析解此题,请自己试试。

§3-3　叠加方法与功率计算

3-14　试用叠加方法求图题 3-14 所示电路中 3 kΩ 电阻的功率。

解　画出每个电源单独作用时的电路如图题解 3-14 所示。计算 i'、i''、i'''。

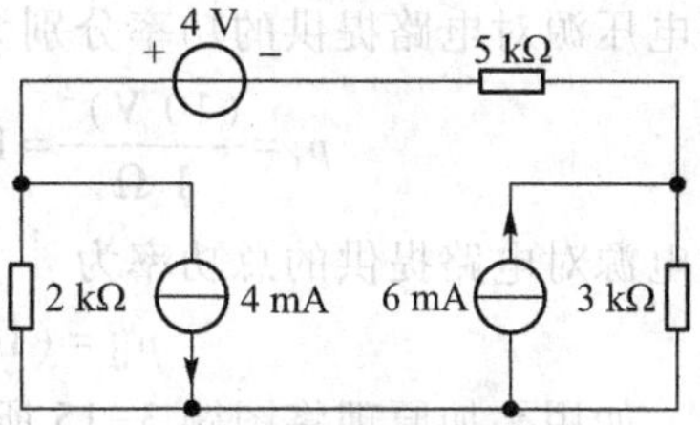

图题 3-14

$$i'=\frac{4\times10^{-3}}{2+3+5}\ \text{A}=0.4\ \text{mA}$$

$$i''=\left(\frac{2}{2+5+3}\times4\times10^{-3}\right)\ \text{A}=0.8\ \text{mA}$$

$$i'''=\left[\frac{7}{2+5+3}\times(-6\times10^{-3})\right]\ \text{A}=-4.2\ \text{mA}$$

由此可得 3 kΩ 的总电流为

$$i=i'+i''+i'''=-3\ \text{mA}$$

$$p=i^2R=[(3\times10^{-3})^2\times(3\times10^3)]\ \text{A}=27\ \text{mW}$$

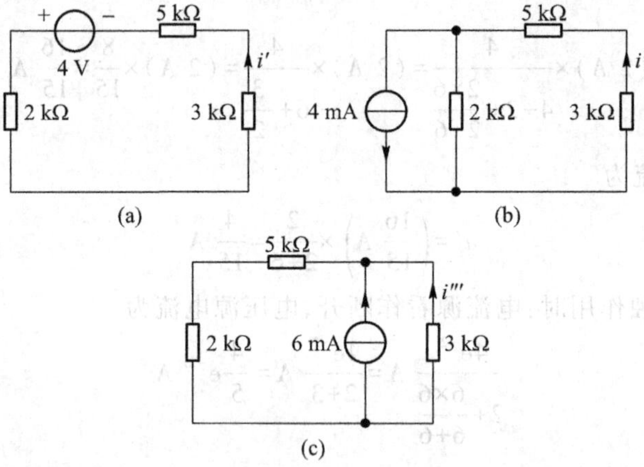

图题解 3-14

注:切不可认为:分别算出图题解 3-14(a)、(b)、(c)中 3 kΩ 电阻上的功率后相加即所求结果。读者可一试。

3-15　试由图题 3-15 说明两电压源对电路提供的总功率不能用叠加方法求得。

解　标出节点电压 u,另两节点电压分别为 10 V 和-10 V,列节点电压方程(参看教材例 2-9):

$$[(1+1+1)\mathrm{s}]u-(1\mathrm{s})(10\ \mathrm{V})-(1\mathrm{s})(-10\ \mathrm{V})=0$$

得

$$u=0$$

两电压源对电路提供的功率分别为

$$p_1=\frac{(10\ \mathrm{V})^2}{1\ \Omega}=100\ \mathrm{W},p_2=\frac{(10\ \mathrm{V})^2}{1\ \Omega}=100\ \mathrm{W}$$

两电源对电路提供的总功率为

$$p_{总}=(100+100)\ \mathrm{W}=200\ \mathrm{W}$$

如用叠加原理将图题 3-15 所示电路改画成图题解 3-15 所示电路。

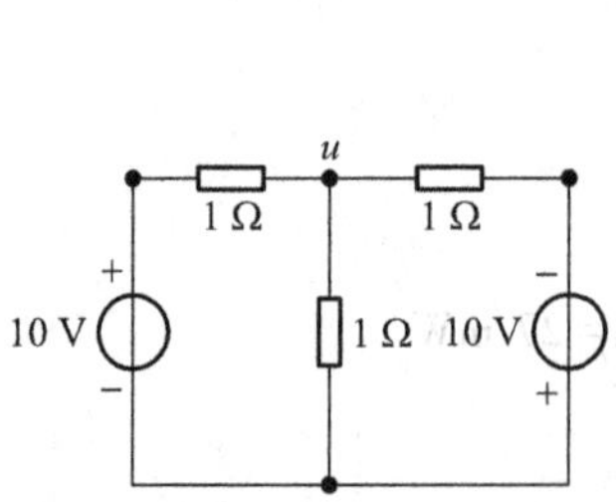

图题 3-15

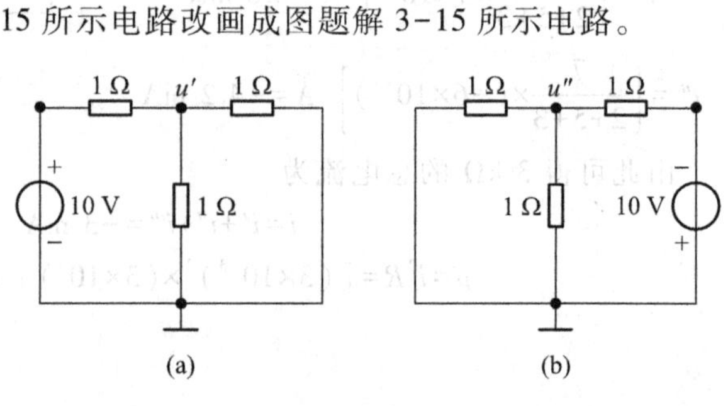

图题解 3-15

对图题解 3-15(a)所示电路列节点方程

$$(1+1+1)u'-(1)(10)=0$$

得 $u'=\frac{10}{3}$ V,用 $p=\frac{u^2}{R}$可计算得三个电阻功率分别为$\frac{\left(\frac{10}{3}-10\right)^2}{1}$ W $=\frac{400}{9}$ W、$\frac{100}{9}$ W、$\frac{100}{9}$ W。由图题解 3-15(b)所示电路,由于结构类同,所以三个电阻功率与图题解 3-15(a)相同。

$$p_{总}=\left[2\times\left(\frac{400}{9}+\frac{100}{9}+\frac{100}{9}\right)\right] \text{W}=\frac{400}{3} \text{W}\neq 200 \text{W}$$

3-16 试由图题 3-16 说明电压源和电流源对电路提供的总功率可以用叠加方法求得。

解 在图题 3-16 中标出节点电压 u_1、u_2、$u_3=10$ V,得

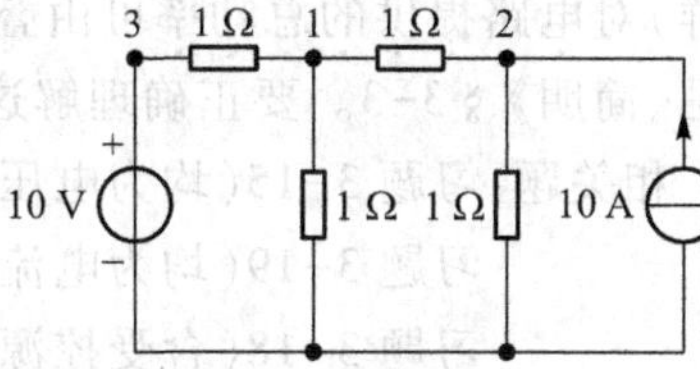

图题 3-16

$$3u_1-u_2-(1)(10)=0$$
$$-u_1+2u_2=10$$

解得

$$u_1=6 \text{V}, u_2=8 \text{V}$$
$$p_{i_S}=-u_2\times 10=-80 \text{W}$$
$$p_{u_S}=-10\times\left(\frac{10-6}{1}\right) \text{W}=-40 \text{W}$$

所以

$$p_T=p_{i_S}+p_{u_S}=(-80-40) \text{W}=-120 \text{W}$$

应用叠加原理将图题 3-16 改画成图题解 3-16。由图题解 3-16(a)可列节点方程

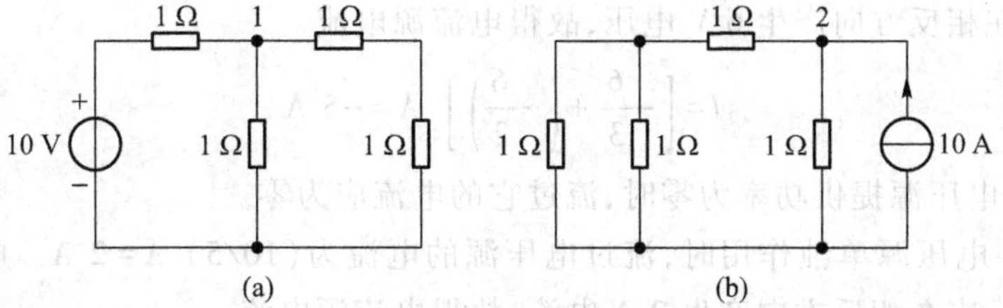

图题解 3-16

$$\left(1+1+\frac{1}{2}\right)u_1'=10 \quad 得\ u_1'=4 \text{V}$$

则

$$p_{u_S}=\left[-10\left(\frac{10-4}{1}\right)\right]\ \mathrm{W}=-60\ \mathrm{W}$$

由图题解 3-16(b)可列节点方程

$$\left(1+\frac{1}{1.5}\right)u_2'=10$$

得

$$u_2'=6\ \mathrm{V}$$

$$p_{i_S}=(-6\times10)\ \mathrm{W}=-60\ \mathrm{W}$$

$$p_T=p_{u_S}+p_{i_S}=(-60-60)\ \mathrm{W}=-120\ \mathrm{W}$$

两种方法计算所得总功率相同。

注:注意本题与习题 3-15 的区别！电压源(或电压源群)和电流源(或电流源群)对电路提供的总功率可由叠加方法求得——电压源与电流源的准正交性,详见《简明》§3-3。要正确理解这一性质,见着重点"·"所做的标示。

相关题:习题 3-15(均为电压源)

习题 3-19(均为电流源)

习题 3-18(含受控源电路)

3-17 图题 3-17 所示为直流电阻电路。

(1) 若电流源对电路提供的功率为零,求电流 I。

(2) 若电压源对电路提供的功率为零,求电流 I。

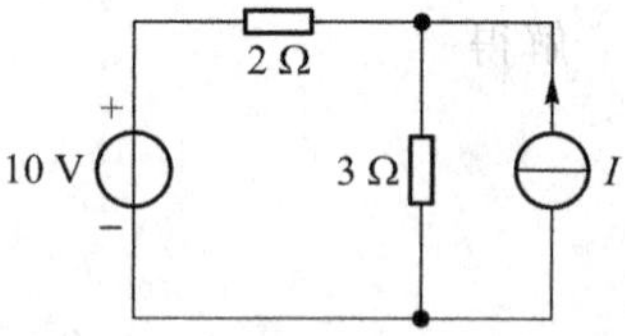

图题 3-17

(3) 若电流源对电路提供的功率与电压源对电路提供的功率相等,求电流 I。

解 (1) 电流源提供功率为零时,其两端电压应为零。

10 V 电压源单独作用时,在电流源两端产生的电压为 6 V。电流源单独作用时,应在相反方向产生 6 V 电压,故得电流源电流

$$I=\left[-\frac{6}{3}+\left(-\frac{6}{2}\right)\right]\ \mathrm{A}=-5\ \mathrm{A}$$

(2) 电压源提供功率为零时,流过它的电流应为零。

10 V 电压源单独作用时,流过电压源的电流为(10/5) A=2 A。电流源单独作用时,应在相反方向产生 2 A 电流,故得电流源电流

$$I=\left(2+\frac{2\times2}{3}\right)\ \mathrm{A}=\frac{10}{3}\ \mathrm{A}$$

(3) 两电源功率相等,则

$$10I_1=UI \tag{a}$$

I_1为流经电压源的电流,U为电流源两端电压。又

$$U=3(I+I_1) \tag{b}$$

且由叠加原理可得

$$\begin{aligned} I_1&=\frac{10}{2+3}-\frac{3}{2+3}\times I \\ &=2-\frac{3}{5}I \end{aligned} \tag{c}$$

(b)、(c)两式代入(a)式得

$$6I^2+60I-100=0$$

解得

$$I=1.45\ \text{A}\ 或 -11.45\ \text{A}$$

3-18 电路如图题 3-18 所示,其中 $g=\frac{1}{2}$ S。(1) 试用叠加方法求电压 u;(2) 求电压源、电流源和受控源对电路提供的功率。

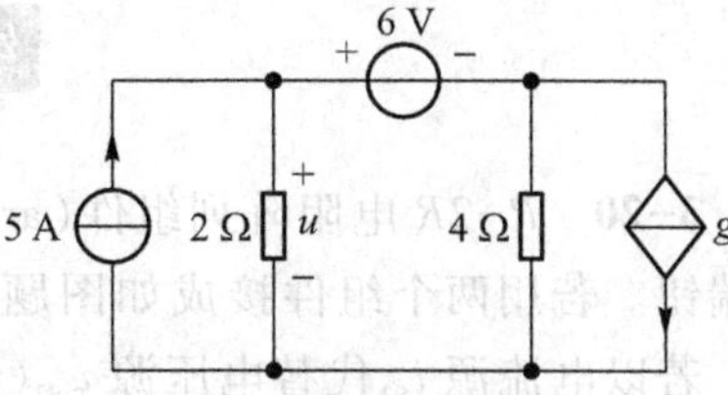

图题 3-18

解 (1) 5 A 电流源单独存在时,可列节点方程

$$\left(\frac{1}{2}+\frac{1}{4}\right)u'=5-\frac{u'}{2}$$

得

$$u'=4\ \text{V}$$

6 V 单独存在时,可列节点方程

$$\left(\frac{1}{2}+\frac{1}{4}\right)(u''+6)=\frac{6}{2}-\frac{u''}{2}$$

得

$$u''=-1.2\ \text{V}$$

则

$$u=u'+u''=2.8\ \text{V}$$

(2)

$$p_i=-u\times5=(-2.8\times5)\ \text{W}=-14\ \text{W}(产生)$$

$$p_u=6\times\left(\frac{u}{2}-5\right)=(3\times2.8-30)\ \text{W}=-21.6\ \text{W}(产生)$$

$$p_{受}=(u+6)\times\frac{u}{2}=(8.8\times1.4)\ \text{W}=12.32\ \text{W}(消耗)$$

注:对含受控源电路,电压源与电流源的准正交性不成立。可通过本题自行验证。

3-19 图题 3-19 所示电路中,当 3 A 电流源不作用时,2 A 电流源向电路

提供 28 W 功率，且 u_2 为 8 V；当 2 A 电流源不作用时，3 A 电流源提供 54 W，u_1 为 12 V，问两电源同时作用时，向电路提供的总功率是多少？

解　当 3 A 电流源不作用时

$$u_1'=\frac{28}{2}\ \text{V}=14\ \text{V}\quad u_2'=8\ \text{V}$$

当 2 A 电流源不作用时

$$u_2''=\frac{54}{3}\ \text{V}=18\ \text{V},u_1''=12\ \text{V}$$

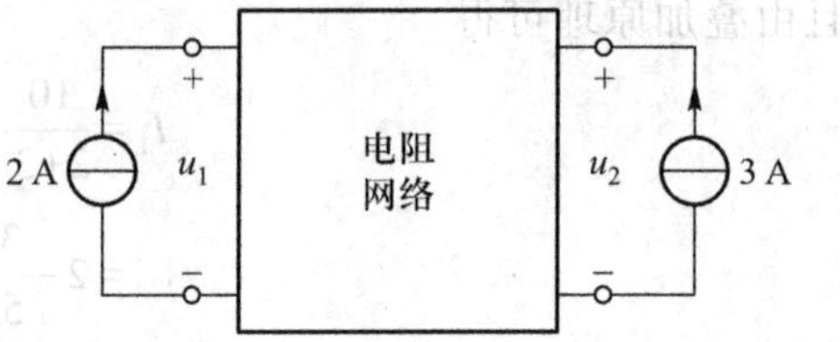

图题 3-19

得

$$u_1=u_1'+u_1''=(14+12)\ \text{V}=26\ \text{V}$$
$$u_2=u_2'+u_2''=(8+18)\ \text{V}=26\ \text{V}$$
$$p_\text{T}=(-2\times26-3\times26)\ \text{W}=-130\ \text{W}(\text{产生})$$

综　合

3-20　R-$2R$ 电阻阵列组件（array package）如图题 3-20(a) 所示，对外有 4 个端钮。若用两个组件接成如图题 3-20(b) 所示电路，试求 u_O 与 $u_{\text{S}1}$、$u_{\text{S}2}$ 的关系。若以电流源 $i_{\text{S}2}$ 代替电压源 $u_{\text{S}2}$（电流流向“2”），试求 u_O 与 $u_{\text{S}1}$、$i_{\text{S}2}$ 的关系。

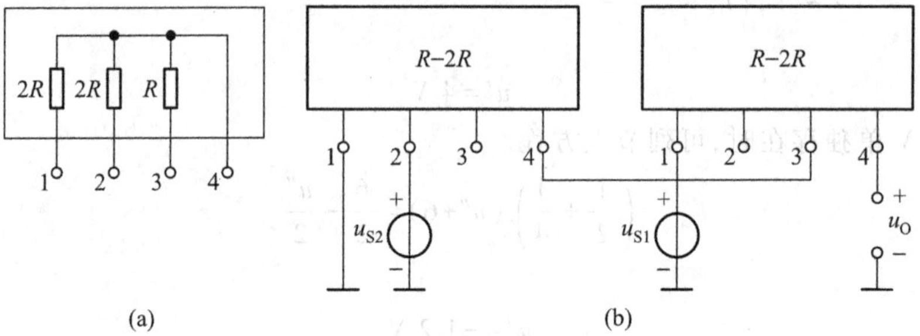

图题 3-20

解　改画电路如图题解 3-20(a) 所示。

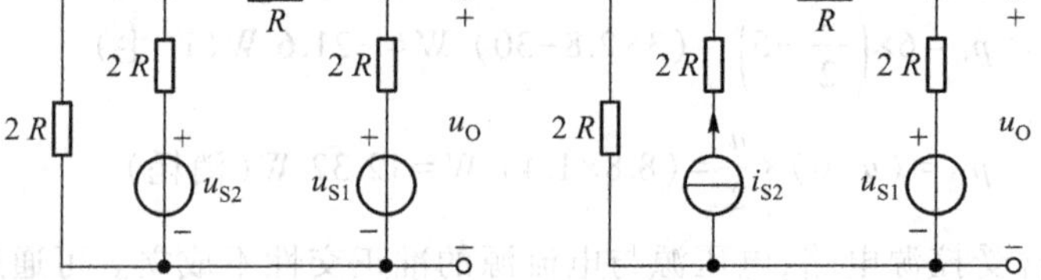

图题解 3-20

u_{S2}单独作用时，u_{S1}短路，求得u_{S2}产生的电流后，运用分流公式及欧姆定律，得

$$u'_O=\frac{u_{S1}}{2R+2R/\!/3R}\times\frac{2R}{3R+2R}\times 2R=\frac{1}{4}u_{S2}$$

u_{S1}单独作用时，u_{S2}短路，可得

$$u''_O=u_{S1}\times\frac{2R}{2R+2R}=\frac{1}{2}u_{S1}$$

所以

$$u_O=\frac{1}{2}u_{S1}+\frac{1}{4}u_{S2}$$

以电流源代替电压源的电路如图题解 3-20(b)所示。i_{S2}单独作用时，由分流公式及欧姆定律可得

$$u'_O=i_{S2}\times\frac{2R}{2R+3R}\times 2R=\frac{4}{5}Ri_{S2}$$

注意，与i_{S2}串联的电阻$2R$为多余元件(i_{S2}与$2R$无关，电流源电流由电源本身确定，串联电阻不能影响该电流)。

u_{S1}单独作用时，i_{S2}开路，可得

$$u''_O=\frac{u_{S1}}{2R+3R}\times 3R=\frac{3}{5}u_{S1}$$

所以

$$u_O=\frac{3}{5}u_{S1}+\frac{4}{5}Ri_{S2}$$

注：多余元件的概念见教材正文 § 4-5(10)、(8)。

3-21 在图题 3-21 中，当只有电源i_S和u_{S2}作用时，$i=20$ A；当只有电源i_S和u_{S1}作用时，$i=-5$ A；当三个电源都作用时，$i=12$ A。(1) 分别求出只有一个电源作用时的电流i；(2) 求当i_S和u_{S1}均增加一倍而u_{S2}极性相反时的电流i。已知$i_S=1$ A，$u_{S1}=1$ V，$u_{S2}=1$ V。

解 由叠加原理可知

$$i=H_1 i_S+H_2 u_{S1}+H_3 u_{S2} \qquad ①$$

由给定条件可得

$$20=H_1 i_S+H_3 u_{S2}=H_1+H_3$$

$$-5=H_1 i_S+H_2 u_{S1}=H_1+H_2$$

$$12=H_1 i_S+H_2 u_{S1}+H_3 u_{S2}=H_1+H_2+H_3$$

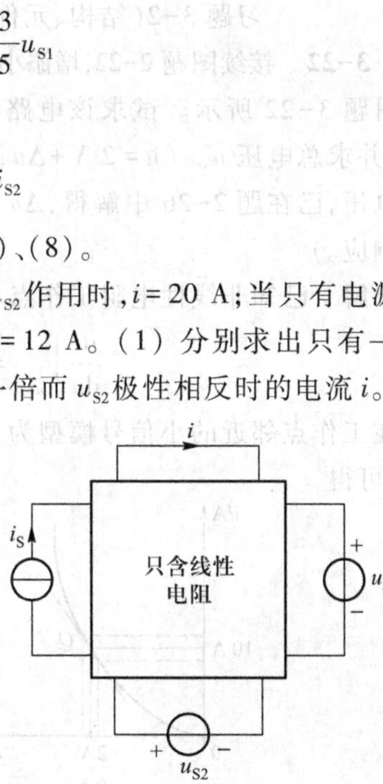

图题 3-21

对给定的线性电阻电路H_1、H_2、H_3均为(实)常数。由以上方程组可解得这三个常数。即

$$H_1=3,H_2=-8\ \text{S},H_3=17\ \text{S}$$

(1) i_S单独作用时

$$i'=H_1 i_S=3(1\ \text{A})=3\ \text{A}$$

u_{S1}单独作用时

$$i''=H_2 u_{S1}=(-8\ \text{S})(1\ \text{V})=-8\ \text{A}$$

u_{S2}单独作用时

$$i_S'''=H_3 u_{S2}=(17\ \text{S})(1\ \text{V})=17\ \text{A}$$

校核

$$i'+i''+i'''=(3-8+17)\ \text{A}=12\ \text{A}$$

(2) 由①式可得

$$i=3(2\ \text{A})+(-8\ \text{S})(1\ \text{V})+(17\ \text{S})(-1\ \text{V})=-19\ \text{A}$$

注:这是一道充分显示叠加方法威力的习题。本题并未给出电阻电路的结构和元件参数!

对给定的线性电阻电路,H 为常数。一旦找到 H,对任何激励(包括正弦激励等)都是适用的,它反映了一个"线性电阻群体"的集体表现,毋需再用个别元件的参数。

相关题:习题 3-10、3-8(只给出端口)

习题 3-2(结构、元件参数均给定)

3-22　接续图题 2-22,增添小信号 sin t A,如图题 3-22 所示。试求该电路的小信号模型,并求总电压 u。($u=2\ \text{V}+\Delta u$,2 V 为工作点电压,已在题 2-26 中解得,Δu 为对小信号的响应。)

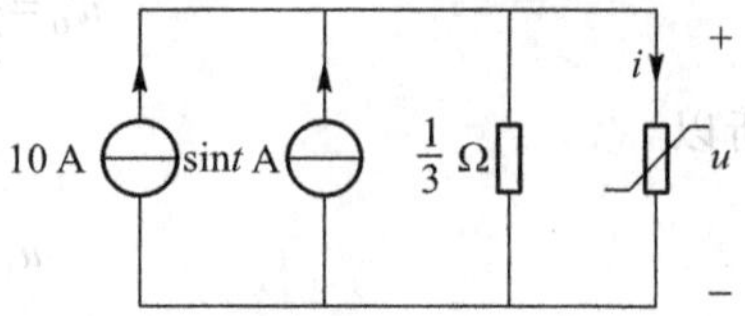

图题 3-22

解　已知非线性电阻工作点 Q 的电压 $U=2$ V,可求得

$$\left.\frac{\mathrm{d}i}{\mathrm{d}u}\right|_{u=2}=\left.\frac{\mathrm{d}u^2}{\mathrm{d}u}\right|_{u=2}=\left.2u\right|_{u=2}=4$$

即在工作点邻近的小信号模型为 1/4 Ω 电阻,如图题解 3-22 所示。根据分流公式,可得

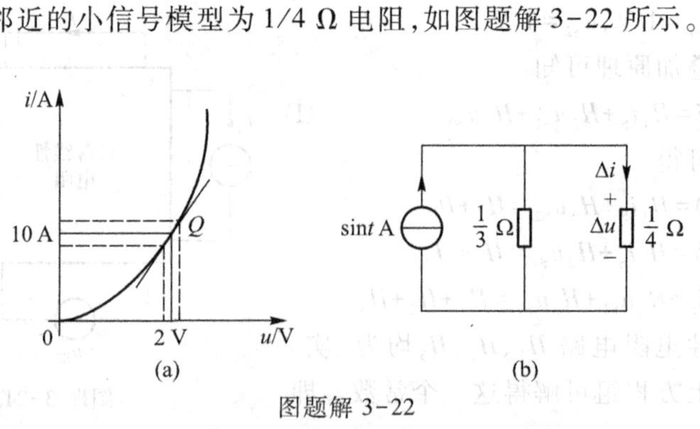

图题解 3-22

$$\Delta i=\frac{4}{7}\sin t\ \mathrm{A}$$

$$\Delta u=\left(\frac{4}{7}\sin t\right)(1/4)=\frac{1}{7}\sin t\ \mathrm{V}$$

故得 $$u=U+\Delta u=2+\frac{1}{7}\sin t\ \mathrm{V}=2+0.133\sin t\ \mathrm{V} \qquad ①$$

校核 当总电流偏离工作点 Q 最大时，其值应为 10 A+1 A = 11 A，以此值代入节点电压方程（见题 2-26 解答），得

$$11-3u-u^2=0 \qquad ②$$

解得 $$u=2.14\ \mathrm{V}$$

由本题小信号分析所得结果①式，可得

$$u=(2+0.133)\ \mathrm{V}=2.133\ \mathrm{V}$$

两者相差无几。但只要工作点 2 V 不变，这一小信号模型也适用于其他小信号。

3-23 图题 2-23(a)电路，试求每一元件的功率。

(1) 当 $u_1=10$ V、$u_2=-5$ V 时；(2) 当 u_1、u_2 的波形如图(b)所示时。

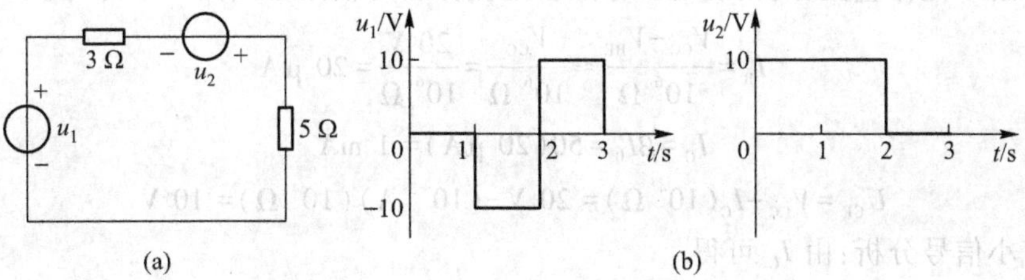

图题 3-23

解 (1) 设电流 i 为顺时针方向，则由 KVL

可得 $$3i+5i=u_1+u_2$$

所以 $$i=\frac{u_1+u_2}{(3+5)\ \Omega}=\frac{5}{8}\ \mathrm{A}$$

$$p_{10\ \mathrm{V}}=-u_1 i=\left(-10\times\frac{5}{8}\right)\ \mathrm{W}=-\frac{25}{4}\ \mathrm{W}$$

$$p_{-5\ \mathrm{V}}=-u_2 i=\left[-(-5)\times\frac{5}{8}\right]\ \mathrm{W}=\frac{25}{8}\ \mathrm{W}$$

(2) $0<t<1$ s：$u_1=0$，$u_2=10$ V

$$p_{S1}=0,\ p_{S2}=-u_2\times\frac{u_2}{3+5}=-12.5\ \mathrm{W}$$

$1\ \mathrm{s}<t<2$ s：$u_1=-10$ V，$u_2=10$ V

$i=0$，$p_{S1}=p_{S2}=0$

$2\ \mathrm{s}<t<3\ \mathrm{s}: u_1=10\ \mathrm{V}, u_2=0$

$p_{S1}=-12.5\ \mathrm{W}, p_{S2}=0$

注:结合练习题 3-7。

3-24　共射放大电路,采用偏置电流如图题 3-24 所示。(1) 试求 I_B ($U_{BE}\approx 0$)、I_C 和 U_{CE};(2) 当 u_i 为正弦波,其振幅为 1 mV 时,求电压增益 A_u (以 u_i 的振幅为小信号输入量);(3) 绘 u_{CE} 波形图。已知 $\beta=50$。

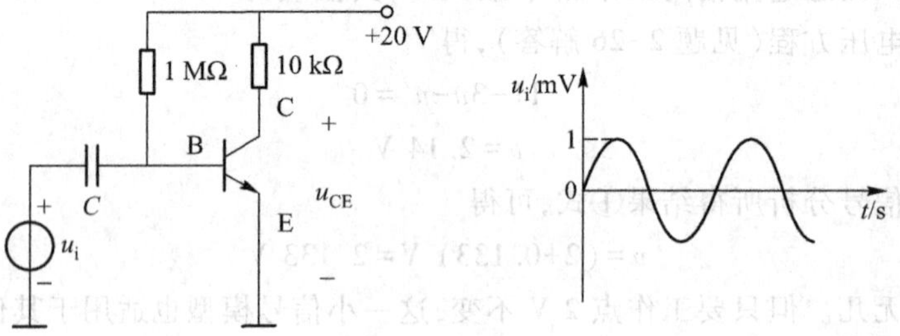

图题 3-24

解　先作直流分析,确定工作点。直流分析可借用正文图 3-30(b)。

$$I_B=\frac{V_{CC}-V_{BE}}{10^6\ \Omega}\approx\frac{V_{CC}}{10^6\ \Omega}=\frac{20\ \mathrm{V}}{10^6\ \Omega}=20\ \mu\mathrm{A}$$

$$I_C=\beta I_B=50(20\ \mu\mathrm{A})=1\ \mathrm{mA}$$

$$U_{CE}=V_{CC}-I_C(10^4\ \Omega)=20\ \mathrm{V}-(10^{-3}\ \mathrm{A})(10^4\ \Omega)=10\ \mathrm{V}$$

小信号分析:由 I_C 可得

$$r_{be}=\frac{\beta U_1}{I_C}=\frac{50(25\ \mathrm{mV})}{1\ \mathrm{mA}}=1\ 250\ \Omega$$

$$i_b=\frac{u_i}{r_{be}}=\frac{1\times10^{-3}\ \mathrm{V}}{1\ 250\ \Omega}=0.8\ \mu\mathrm{A}$$

$$i_c=\beta i_b=50(0.8\ \mu\mathrm{A})=40\ \mu\mathrm{A}$$

$$u_O=i_c(10\ \mathrm{k}\Omega)=(40\times10^{-6}\ \mathrm{A})(10^4\ \Omega)=0.4\ \mathrm{V}$$

$$A_u=\frac{u_O}{u_i}=\frac{0.4\ \mathrm{V}}{10^{-3}\ \mathrm{V}}=400$$

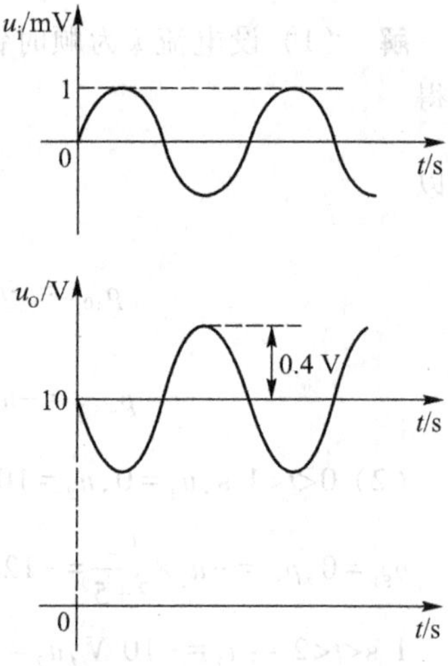

图题解 3-24

注:(1) 有关直流分析,可参看习题 1-34、1-35、1-36 多种不同的直流偏置方法。

(2) 按照教材表 3-1 中所作定义,u_o/u_i 应称为转移电压比,本例略去信号源内阻,故转移电压比即电压增益 A_u,见教材例 3-11 及 P127 脚注。

第四章

分解方法及单双口网络

本章要点

作为三大基本方法之一的分解方法,在教材中已用于:解复杂电阻电路(如习题 4-24);解非线性电阻电路(如例 4-17、习题 4-22);解动态电路(如习题 6-5、例 6-12)。方法的实质是:由解结构复杂的电路变为解结构简单的电路,辅之以副参数,更加便利。

分解出现单口网络、双口网络。寻求它们的 VCR,乃至特性曲线、等效电路是运用分解方法的核心问题。如同元件的 VCR,“明确的(well-defined)”(教材 p135)单口、双口的 VCR,是与外接的电路无关的,教材特以例 4-1 来表明这一重要概念。由此建立求 VCR 的基本方法。

单口、双口都是具有特定端口的元件群体,可用“网络函数”来表达 VCR。对电阻电路、所称网络函数均为实数。对不含源单口网络,端口若与激励源直接相连,则 VCR 可用策动点电阻(导)表达,其端口可称为“策动点(端口)”如教材图 4-4、图 4-22 所示的端口 ab,而图 4-4 所示的端口 cd 则可称为“输入端口”。除非需强调电源内阻的存在,从而有策动点电阻 R_{ab} 与输入电阻 R_{cd} 之分(教材 p152),通常认为两者合一,习惯称作输入电阻(例 4-2,习题 4-10)。含源单口的 VCR 可如(4-27)式所示,其中 R_0 一般称为戴维南等效电阻,实际上,含源单口往往充当“施电者”(有称作“等效发电机”者)而在端口处接有“负载”,故 R_0 又称“输出电阻”。实质上,R_0 是单口内所有电源置零后的策动点电阻。至于双口 VCR 的参数,也是在开路、短路状态下,或是成倒数关系的网络函数。表 3-1 和图 4-76 至关重要。

习题解答

§4-1 单口网络的电压电流关系

4-1 求图题 4-1 所示单口网络的 VCR。

解　标出端口 u 和 i,电压 u 可认为是外施电压源电压,i 流出网络,指向外施电源正极。用网孔法列出电路方程。设网孔电流 i_a、i_b 和 i 均为顺时针方向。

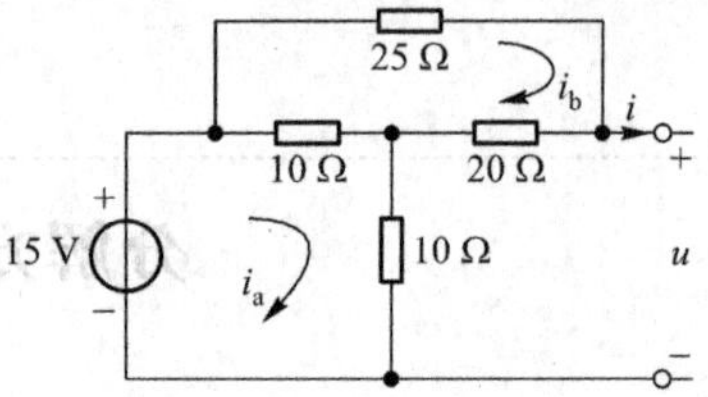

图题 4-1

$$(10+10)i_a-10i_b-10i=15$$
$$-10i_a+(10+25+20)i_b-20i=0$$
$$-10i_a-20i_b+(20+10)i=-u$$

找出 i 和 u 的关系

$$i=\frac{\begin{vmatrix}20 & -10 & 15\\-10 & 55 & 0\\-10 & -20 & -u\end{vmatrix}}{\begin{vmatrix}20 & -10 & -10\\-10 & 55 & -20\\-10 & -20 & 30\end{vmatrix}}=\frac{-u+11.25}{12.5}$$

得

$$u=-12.5i+11.25 \quad ①$$

如 i 指向网络内部,则

$$u=12.5i+11.25 \quad ②$$

u、i 的单位分别为 V、A。①和②均为所求的 VCR。

注:外施电源法是求解 VCR 的基本方法,但要注意 u、i 的参考方向。①、②两式都是对的,两种结果原是针对不同的参考方向而言的。也可用 u_t 表示外施电源的电压,下标 t 为 test 之意,意为电路中本无这一电源。但在表明所求 VCR 时仍应改用单口上标注的 u 和 i。通常默认 u 即 u_t,i 即 i_t,如本题及以下三题。

4-2　试用外施电源法求图题 4-2 所示含源单口网络的 VCR,并绘出伏安特性曲线。

解　图中 u 可认为是外施电压源的电压,并未绘出此电源。根据图中所示 i 的参考方向,可列出

$$\begin{aligned}u&=(3\ \Omega)i+(6\ \Omega)(i+5\ \text{A})+20\ \text{V}\\&=(3\ \Omega+6\ \Omega)i+(6\ \Omega)(5\ \text{A})+20\ \text{V}\\&=(9\ \Omega)i+50\ \text{V}\end{aligned}$$

伏安特性曲线是条直线。$i=0$ 时 $u=50$ V,即 u 轴截距为 50;$u=0$ 时,$i=-\frac{50}{9}$ A,即 i 轴截距为 $-\frac{50}{9}$。

所求 VCR 为

$$u=9i+50$$

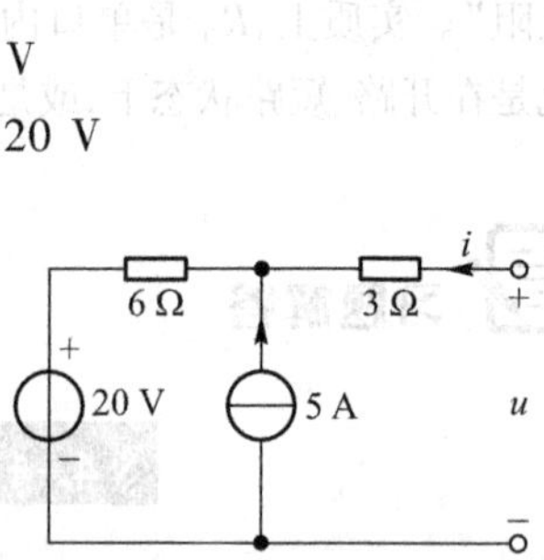

图题 4-2

或
$$i=\frac{u}{9}-\frac{50}{9}$$
式中 u、i 的单位分别为 V、A。

4-3　试求图题 4-3 所示电路的 VCR。

解　默认施加电压源 u 于两端，上+下-。由 KVL 和 KCL，可得
$$u=(i_1+\alpha i_1)R_L=(1+\alpha)R_L i_1$$

注：求含受控源电阻电路的等效电阻或 VCR，一般没有公式可套用，可用外施电源法解决。日后学习电子电路课程时，这一概念十分重要。

注意解得的 VCR 只在所设 u、i 参考方向下有效。

4-4　(1) 试分别求出图题 4-4 所示 N_1 和 N_2 的 VCR，绘出特性曲线；(2) 利用上述结果分别用解析法和图解法求解 u 和 i。

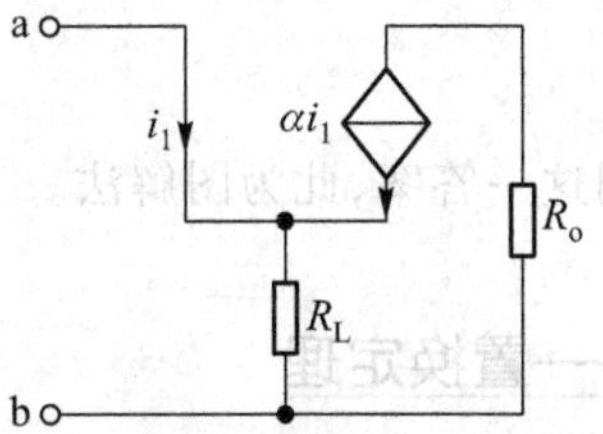

图题 4-3

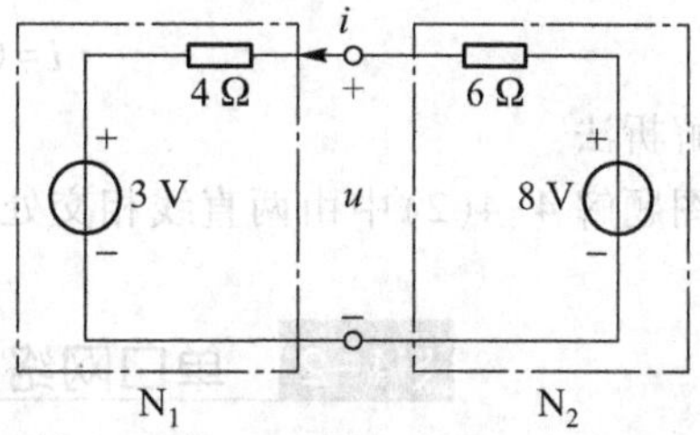

图题 4-4

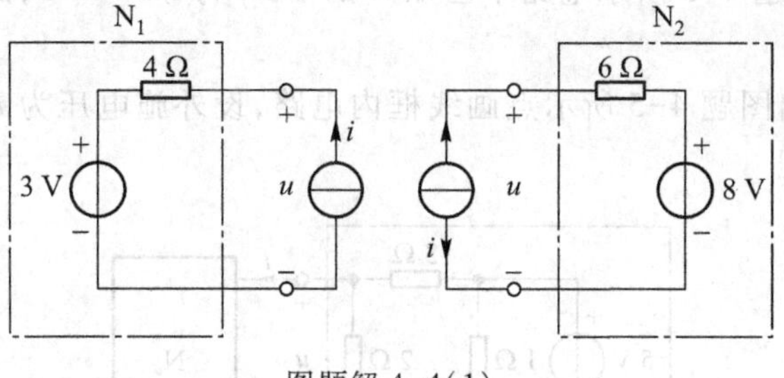

图题解 4-4(1)

解　(1) 对 N_1 和 N_2 分别用外施电流源 i 求得相应的 u，如图题解 4-4(1) 所示，所得结果为
$$N_1 \quad u=4i+3 \qquad ①$$
$$N_2 \quad u=-6i+8 \qquad ②$$
图中 i、u 未加下标 t。参看题 4-1 解答注。外施电流源电流的方向最好与原题中(图题 4-4) i 的方向取得一致。N_1 和 N_2 的 VCR 特性曲线分别如图题解 4-4(2) 中①、②所示。

(2) 解联立方程①、②可得

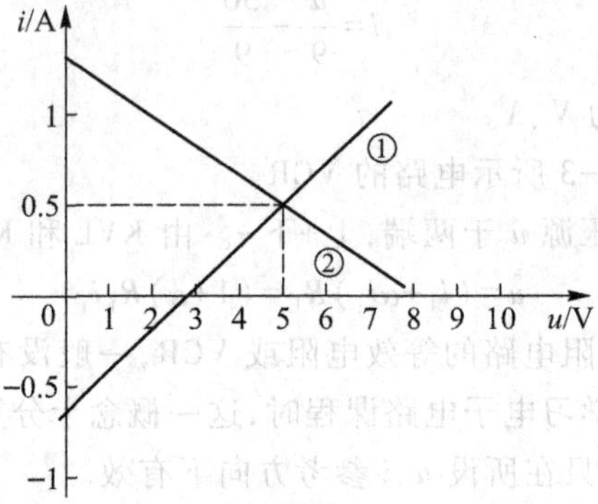

图题解 4-4(2)

$$u=5\ \text{V}$$

$$i=0.5\ \text{A}$$

此为解析法。

图题解 4-4(2) 中由两直线相交处，也能得到这一答案，此为图解法。

§4-2 单口网络的置换——置换定理

4-5 在图题 4-5 所示电路中已知 N 的 VCR 为 $5u=4i+5$，试求电路中各支路电流。

解 分割出图题 4-5 所示点画线框内电路，设外施电压为 u，为求其 VCR，可列出节点方程

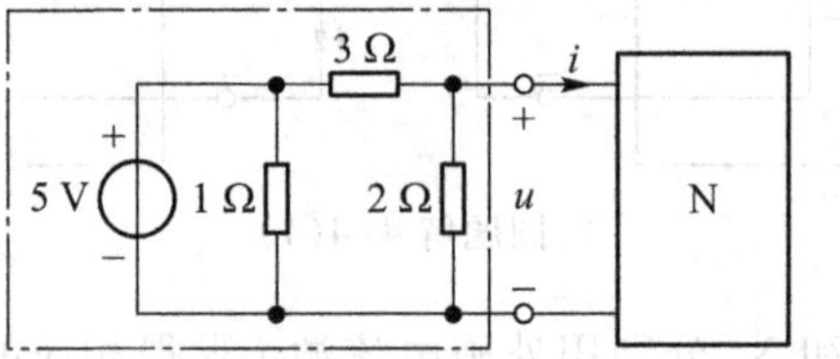

图题 4-5

$$\left(\frac{1}{3}+\frac{1}{2}\right)u-\frac{1}{3}\times 5=-i$$

整理得 VCR

$$u=2-1.2i \qquad ①$$

N 的 VCR

$$5u=4i+5 \qquad ②$$

联立①、②解得

$$i=0.5\ \mathrm{A}, u=1.4\ \mathrm{V}$$

以 1.4 V 电压源置换 N,可简便地计及 N 存在的影响,由此可得

$$i_{2\,\Omega}=\frac{1.4}{2}\ \mathrm{A}=0.7\ \mathrm{A}$$

$$i_{1\,\Omega}=\frac{5}{1}\ \mathrm{A}=5\ \mathrm{A}$$

$$i_{3\,\Omega}=\frac{5-1.4}{3}\ \mathrm{A}=1.2\ \mathrm{A}$$

注:以 0.5 A 电流源置换 N,也可设法求出各支路电流,但没有用电压源置换方便。两种置换可根据具体情况加以选用。

4-6 试设法利用置换定理求解图题 4-6 所示电路中的电压 u_O。何处划分为好?置换时用电压源还是电流源为好?

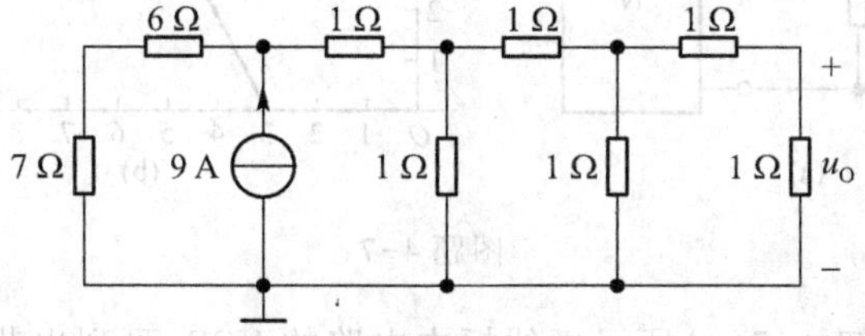

图题 4-6

解 试从图题解 4-6 的虚线处将电路划分成两部分,对网络 N_1 列节点电压方程:

$$\left(\frac{1}{6+7}+1\right)u_1-u=9$$

$$-u_1+(1+1)u=-i$$

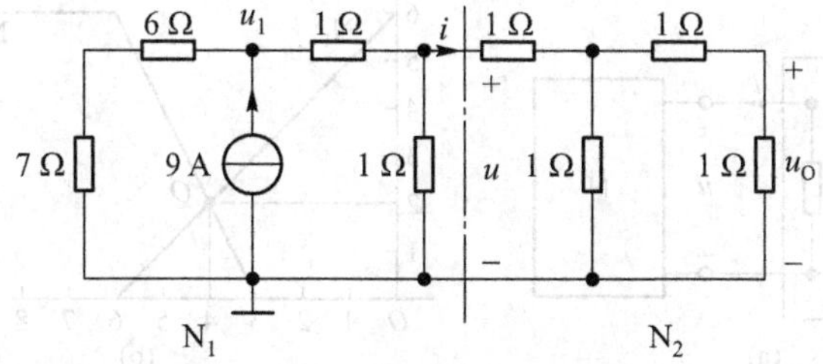

图题解 4-6

整理得 N_1 的 VCR 为

$$15u=117-14i \qquad ①$$

对网络 N_2,VCR 为

$$u = 1\times i + 1\times\frac{2}{3}i = \frac{5}{3}i \qquad ②$$

联立①、②两式解得 $i=3$ A，$u=5$ V。

用 3 A 电流源置换 N_1 较为方便，置换后利用分流关系，可得

$$u_0 = \left(3\times\frac{1}{2+1}\times 1\right)\ \text{V} = 1\ \text{V}$$

4-7 电路如图题 4-7(a)所示，$u_S = 12$ V、$R = 2$ kΩ，网络 N 的 VCR 如图题 4-7(b)所示，求 u 和 i，并求流过两线性电阻的电流。

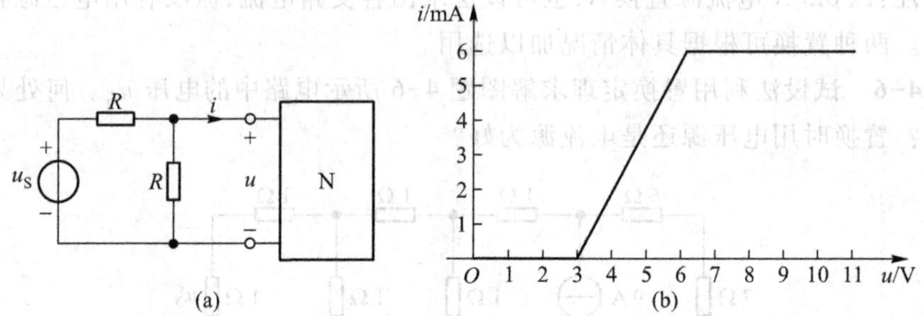

图题 4-7

解 求图题解 4-7(a)所示虚线框内电路的 VCR，可列出节点方程

$$\left(\frac{1}{R} + \frac{1}{R}\right)u = \frac{u_S}{R} - i$$

得

$$u = \frac{u_S}{2} - \frac{R}{2}i = 6 - 1\,000i$$

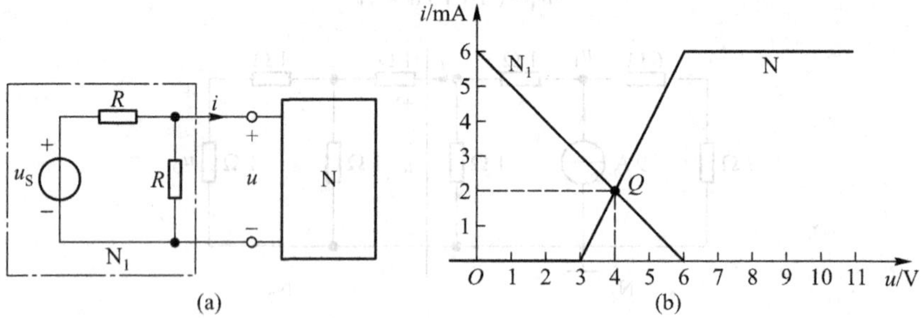

图题解 4-7

可在图题解 4-7(b)中做出 N_1 的特性曲线，与 N 的特性曲线相交于 Q 点。解得

$$u = 4\ \text{V},\quad i = 2\ \text{mA}$$

以 4 V 电压源置换 N,可得

$$i_1=\frac{12-4}{2\ 000}\ \text{A}=4\ \text{mA},\quad i_2=\frac{4}{2\ 000}\ \text{A}=2\ \text{mA}$$

注:解中节点方程 R 用 kΩ 为单位、u 用 V 为单位、i 用 mA 为单位。故所得 VCR 中 u 的单位为 V 而 i 的单位为 mA。求 VCR 的思路,请阅读教材例4-1。

本题 N 的 VCR 以曲线形式给出,使用图解法求解。

§4-3　单口网络的等效电路

4-8　试用习题 4-1、4-2、4-3 所得结果,绘出图题 4-1、4-2、4-3 所示三个单口网络的等效电路。试对上述三种情况的等效电路做出结论。

解　所求等效电路如图题解 4-8 所示。

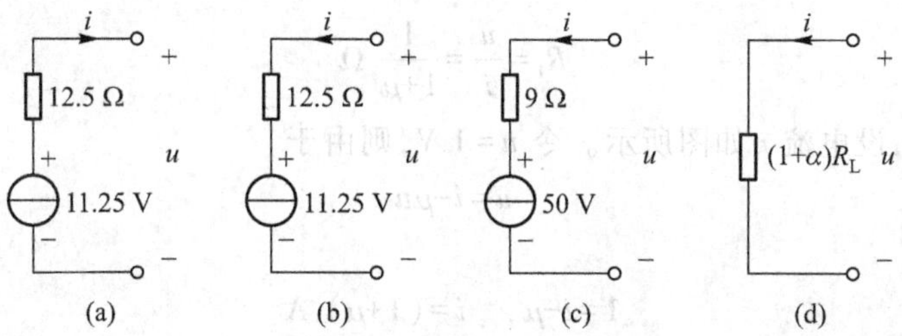

图题解 4-8

由习题 4-1 的解答结果,可得图题解 4-8(a)、(b)所示等效电路。其结构均由 12.5 Ω 电阻和 11.25 V 电压源组成,不应随所设参考方向而异。但 VCR 不同,如该题解中(1)、(2)两式所示。

由习题 4-2 可得图题解 4-8(c)所示等效电路。习题 4-1、4-2 两题所示单口网络均由电源和电阻组成,其 VCR 均呈 $u=Ai+B$ 的形式。学习教材 §4-6 时,可再回头复习。

图题 4-3 所示为含受控源、电阻的单口网络,其等效电路为一电阻,其值为 $(1+\alpha)R_L$。受控源本身就是一个电阻元件,只是它是有源的。对有源性(active)与所谓的"电源性"(没有定义!),要加以区别,不要受后者的误导。本题当 $\alpha<-1$ 时,等效电阻可以呈负值,即所谓负电阻。

4-9　对于含有一个受控源的单口电阻网络,有时用下述方法去求输入电阻 R_i是很简便的。其方法为:(1) 先设 $x=1$,x 为受控源的控制量;(2) 运用 KCL 及 KVL 设法算得 u 及 i;(3) 根据 $u=R_i i$,算得 R_i。试用这一方法求解教材练习题 4-6。

解　练习题 4-6 中电路(图 4-23)重绘于图题解 4-9。

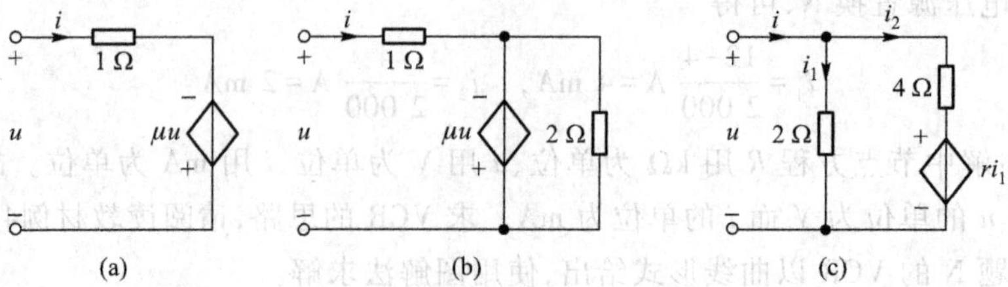

图题解 4-9

图(a),设电流 i 如图所示。令 $u=1$ V,则由于

$$u=i-\mu u$$

可得

$$1=i-\mu,\quad i=(1+\mu)\ \text{A}$$

因此

$$R_i=\frac{u}{i}=\frac{1}{1+\mu}\ \Omega$$

图(b),设电流 i 如图所示。令 $u=1$ V,则由于

$$u=i-\mu u$$

可得

$$1=i-\mu,\quad i=(1+\mu)\ \text{A}$$

因此

$$R_i=\frac{u}{i}=\frac{1}{1+\mu}\ \Omega$$

图(c),设电流 i 和 i_2 如图所示。令 $i_1=1$ A,则

$$u=2i_1=2 \qquad ①$$

又

$$i=i_1+i_2=1+i_2$$

$$u=4i_2+ri_1=4i_2+r$$

$$i_2=\frac{u-r}{4}$$

$$i=1+\frac{u-r}{4} \qquad ②$$

因此,由①、②两式得

$$R_i=\frac{u}{i}=\frac{8}{6-\mu}\ \Omega$$

注:本题所示方法的根据在于含线性受控源和电阻的单口可等效为一线性电阻,因而根据任一电压(流)值及对应的电流(压)值,即可得出该电阻值。

4-10　求图题 4-8 所示电路的输入电阻 R_i，已知 $\alpha=0.99$。

解　施加电源 u_t 于输入端可列出网孔方程

$$(25+100)i_1-100i_2=u_t \quad ①$$

$$-100i_1+(100+100\times10^3+10\times10^3)i_2-10^5\times0.99i_1=0 \quad ②$$

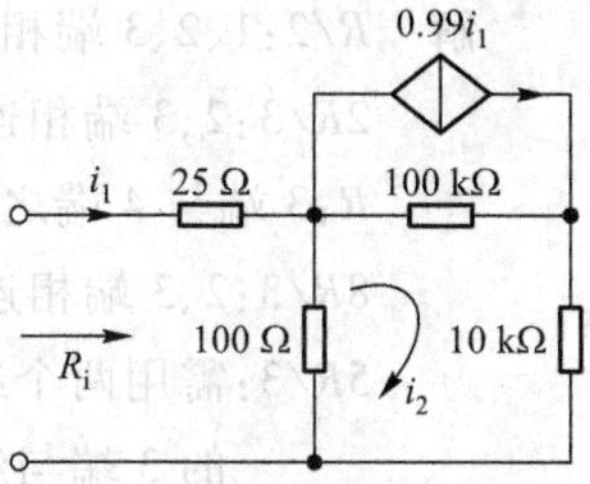

图题 4-8

由②得

$$110.1i_2=99.01i_1$$

代入①得

$$(125-90)i_1=u_t$$

$$R_i=\frac{u_t}{i_1}=35\ \Omega$$

注：本题若用令控制量为 1 的方法不如施加电源法方便。又，见习题 4-1 注，本题外施电源电压加下标 t。

4-11　对图题 4-9(a)所含无伴电压源电路，试证明图题 4-9(b)含有伴电压源电路与它是等效的。（称为电压源的转移，可解决含无伴电压源电路化为含电流源电路的等效变换问题。）

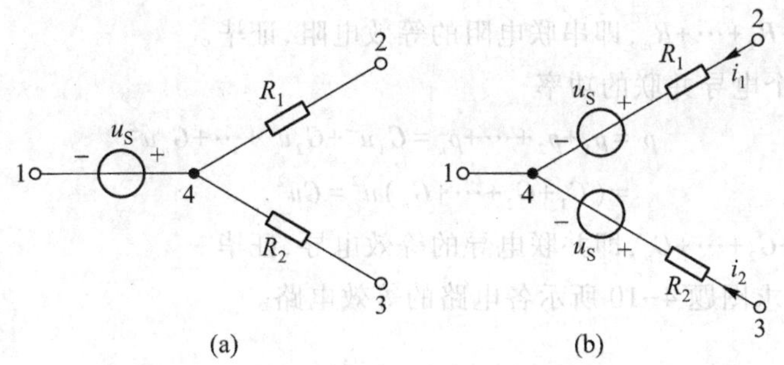

图题 4-9

证明　设 1 端为参考点，流入 2、3 端的电流为 i_1、i_2。可列出图题 4-9(a)和(b)的 VCR 方程均为

$$u_{21}=R_1i_1+u_S$$

$$u_{31}=R_2i_2+u_S$$

所以图(a)和(b)等效，证毕。

§ 4-4　一些简单的等效规律和公式

4-12　R-$2R$ 电阻阵列组件如第三章图题 3-20(a)所示，如何连接端钮以

得到 $R/2$、$2R/3$、R、$8R/3$、$5R/3$、$2R$、$3R$ 及 $4R$ 的等效电阻？

解　$R/2$:1、2、3 端相连后与 4 端之间可得 $R/2$。

$2R/3$:2、3 端相连后与 4 端之间可得 $2R/3$。

R:3 端与 4 端之间可得 R。

$8R/3$:2、3 端相连后与 1 端之间可得 $8R/3$。

$5R/3$:需用两个组件,以组件Ⅰ的 4 端与组件Ⅱ的 2、3 端相连,组件Ⅰ的 3 端与组件Ⅱ的 4 端之间可得 $5R/3$。

$2R$:2 端与 4 端之间可得 $2R$。

$3R$:1 端与 3 端之间可得 $3R$。

$4R$:1 端与 2 端之间可得 $4R$。

4-13　试证明：

(1) 各串联电阻消耗功率的总和等于其等效电阻所消耗的功率；

(2) 各并联电导消耗功率的总和等于其等效电导所消耗的功率。

证明　(1) n 个电阻串联的功率

$$p=p_1+p_2+\cdots+p_n=i^2R_1+i^2R_2+\cdots+i^2R_n$$
$$=(R_1+R_2+\cdots+R_n)i^2=Ri^2$$

其中 $R=R_1+R_2+\cdots+R_n$,即串联电阻的等效电阻,证毕。

(2) n 个电导并联的功率

$$p=p_1+p_2+\cdots+p_n=G_1u^2+G_2u^2+\cdots+G_nu^2$$
$$=(G_1+G_2+\cdots+G_n)u^2=Gu^2$$

其中 $G=G_1+G_2+\cdots+G_n$,即并联电导的等效电导,证毕。

4-14　求图题 4-10 所示各电路的等效电路。

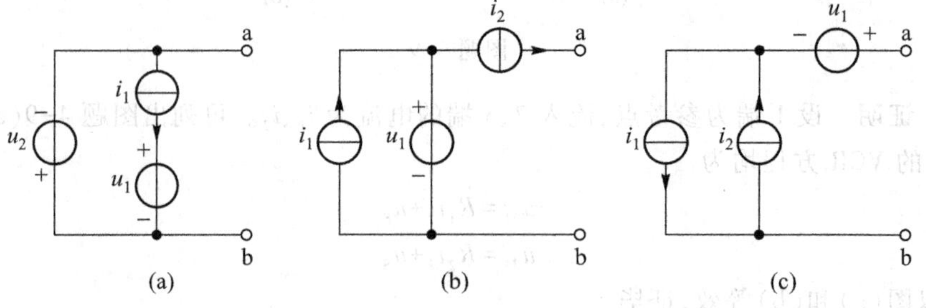

图题 4-10

解　各电路的等效电路如图题解 4-14 所示。

解题时用到了"多余元件"的概念。

相关题：习题 3-20

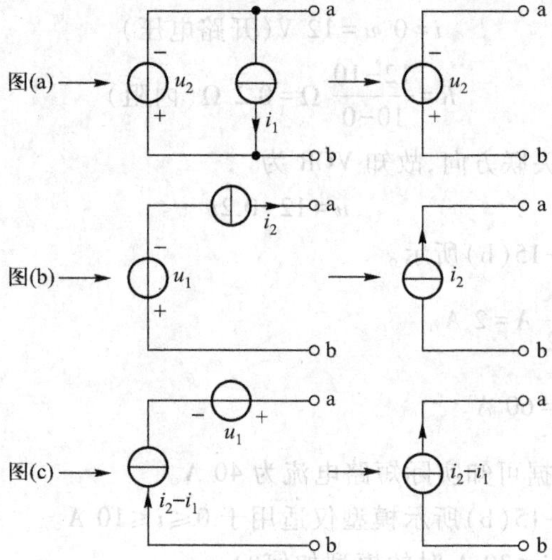

图题解 4-14

4-15 对一个实际电源,在其端电压、电流为非关联参考方向下,测得它们间的关系如下表所示:

u/V	12	11	10	7	4	0
i/A	0	5	10	20	30	40

(1) 绘出 $u-i$ 特性。

(2) 建立适用于 $0\leqslant i\leqslant 10$ A 范围内的电路模型。

(3) 使用这一模型,预计流入接于该电源两端的 5.8 Ω 电阻中的电流。

(4) 使用这一模型预计电源的短路电流是多少?

(5) 实际的短路电流是多少?

(6) 为什么(4)、(5)不一致?

解 (1) 曲线由三段斜率不同的折线组成,如图题解 4-15(a)所示。

(2) 在 $0\leqslant i\leqslant 10$ A 时,电源 VCR 是一段直线,即

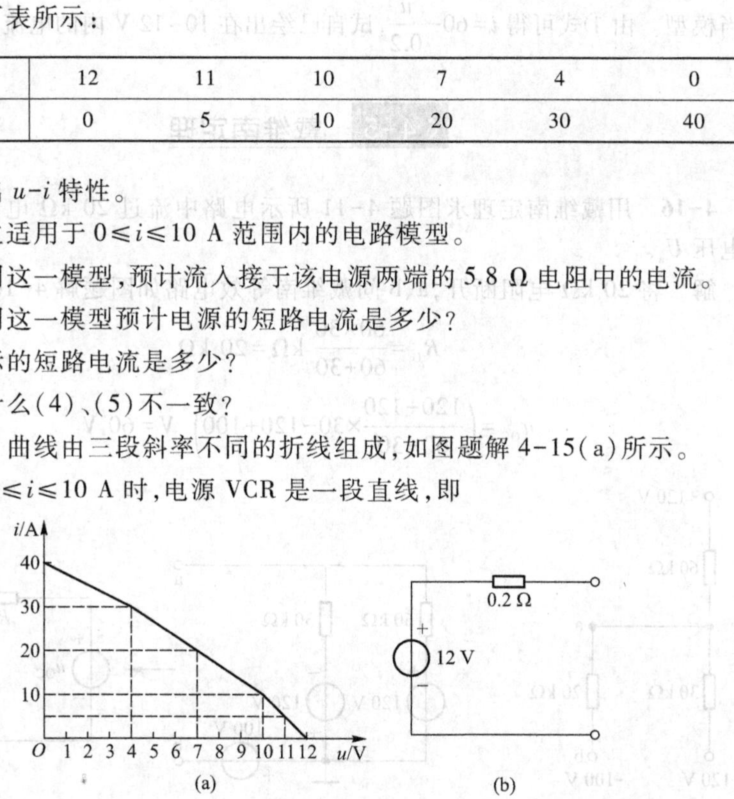

图题解 4-15

$$i=0、u=12\ \text{V}(开路电压)$$

$$R=\frac{12-10}{10-0}\ \Omega=0.2\ \Omega(内阻)$$

由题意知 u、i 为非关联方向，故知 VCR 为

$$u=12-0.2i \qquad ①$$

得模型如图题解 4-15(b)所示。

(3) $i=\dfrac{12}{5.8+0.2}\ \text{A}=2\ \text{A}$。

(4) $i_S=\dfrac{12}{0.2}\ \text{A}=60\ \text{A}$。

(5) 由给定数据可知实际短路电流为 40 A。

(6) 图题解 4-15(b)所示模型仅适用于 $0\leqslant i\leqslant 10$ A。

(提问：10 A$\leqslant i\leqslant$30 A 时的模型如何？)

注：本题表明，电压源、电阻的串联组合可充当实际电源的模型，具体的电压值与电阻值与工作范围有关。当然，实际电源也可以用电流源、电阻的并联组合充当模型。由①式可得 $i=60-\dfrac{u}{0.2}$，试自己绘出在 10~12 V 内的电流源、电阻模型。

§4-5　戴维南定理

4-16　用戴维南定理求图题 4-11 所示电路中流过 20 kΩ 电阻的电流及 a 点电压 U_a。

解　将 20 kΩ 电阻断开，a、b 间戴维南等效电路如图题解 4-16 所示。

$$R_0=\frac{60\times30}{60+30}\ \text{k}\Omega=20\ \text{k}\Omega$$

$$u_{OC}=\left(\frac{120+120}{60+30}\times30-120+100\right)\ \text{V}=60\ \text{V}$$

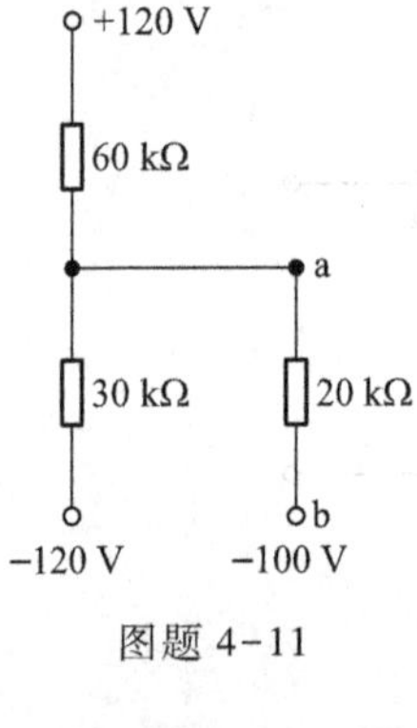

图题 4-11

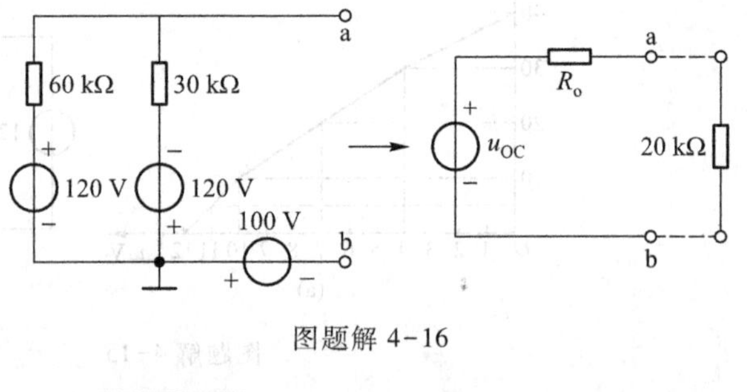

图题解 4-16

将 20 kΩ 电阻接到等效电源上，得

$$i_{ab}=\frac{60}{20+20}\ \text{mA}=1.5\ \text{mA}$$

$$U_a=(20\times10^3\times1.5\times10^{-3}-100)\ \text{V}=(30-100)\ \text{V}=-70\ \text{V}$$

注：注意 U_a 是 a 点到参考点之间的电压降。

又，本题也可利用有伴电压源与有伴电流源的等效变换来求解。希望读者自做，并进行比较。

相关题：习题 1-26

4-17　图题 4-12 所示电路中，4 个电阻均为 1 Ω，电源电压为 10 V，试求 ab 端的等效电路。试就原电路图及等效电路图，比较下列各项：(1) 两种情况下电阻 R_4 的功率；(2) 两种情况下电路中产生的功率；(3) 两种情况下 ab 端左侧部分损耗的功率。

比较后，你能得出什么结论？

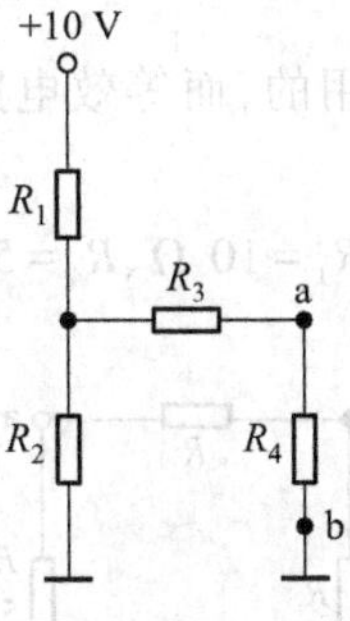

图题 4-12

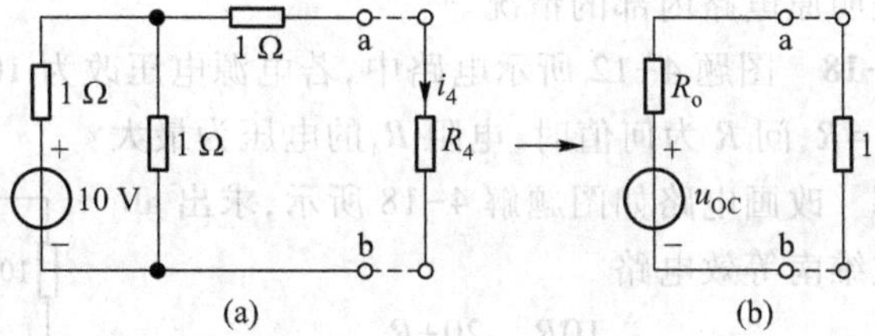

图题解 4-17

解　断开 R_4 求出等效电路如图题解 4-17 所示。

得

$$u_{OC}=\left(\frac{10}{1+1}\times1\right)\ \text{V}=5\ \text{V}$$

将 10 V 电源置零可求得等效内阻 $R_o=1.5\ \Omega$。

(1) 由图题解 4-17(b) 计算 R_4 的功率

$$p_4=\left[\left(\frac{5}{1.5+1}\right)^2\times1\right]\ \text{W}=4\ \text{W}$$

由图题解 4-17(a) 计算

$$i_4=\left(\frac{10}{1+\dfrac{1\times2}{1+2}}\times\frac{1}{1+2}\right)\ \text{A}=2\ \text{A}$$

$$p_4 = i_4^2 R_4 = 4\ \text{W}$$

两次计算结果相同。

(2) 由图题解 4-17(b)计算电源产生的功率

$$p_S = \left(5\times\frac{5}{1.5+1}\right)\ \text{W} = 10\ \text{W}$$

由图题解 4-17(a)计算电源产生的功率

$$p_S = \left(10\times\frac{10}{1+\frac{2}{3}}\right)\ \text{W} = 60\ \text{W}$$

(3) 电源内部消耗的功率

由图题解 4-17(a)

$$p_R = (60-4)\ \text{W} = 56\ \text{W}$$

由图题解 4-17(b)

$$p_R = (10-4)\ \text{W} = 6\ \text{W}$$

计算结果表明，就功率而言，等效电路对外接负载是适用的，而等效电路并不能表明原电路内部的情况。

4-18　图题 4-12 所示电路中，若电源电压改为 100 V、$R_1 = 10\ \Omega$、$R_4 = 5\ \Omega$、$R_2 = R_3 = R$，问 R 为何值时，电阻 R_4的电压为最大？

解　改画电路如图题解 4-18 所示，求出 ab 端的戴维南等效电路

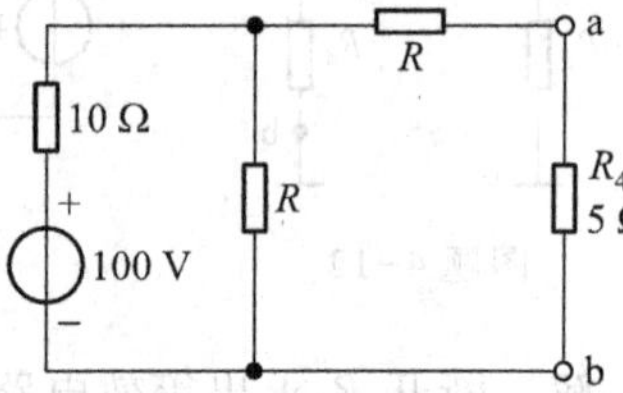

图题解 4-18

$$R_o = R + \frac{10R}{10+R} = \frac{20+R}{10+R}R$$

$$u_{OC} = \frac{100}{10+R}R$$

接上 R_4计算两端电压

$$u_{ab} = \frac{u_{OC}}{R_o + R_4}R_4 = \frac{500R}{R^2+25R+50}$$

$$\frac{du_{ab}}{dR} = \frac{d}{dR}\left(\frac{500R}{R^2+25R+50}\right) = \frac{-500R^2+500\times 50}{(R^2+25R+50)^2} = 0$$

解得

$$R^2 = 50,\quad R = \sqrt{50}\ \Omega$$

4-19　测得某单口网络在关联参考方向下的 VCR 如图题 4-13 所示，试求它的戴维南等效电路。

解　戴维南等效电路如图题解 4-19 所示。

图题解 4-19 所示电路的 VCR 为

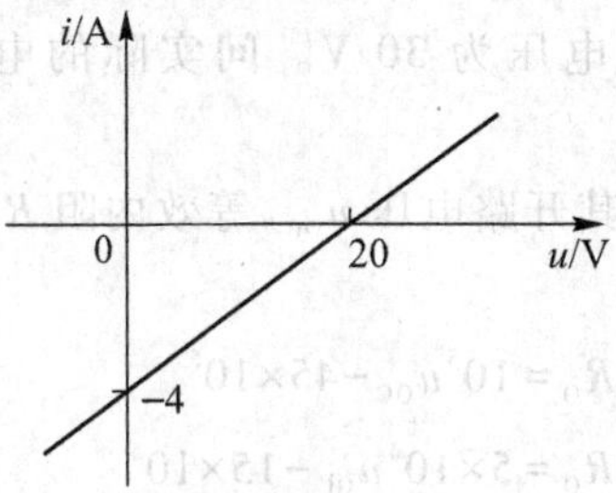

图题 4-13

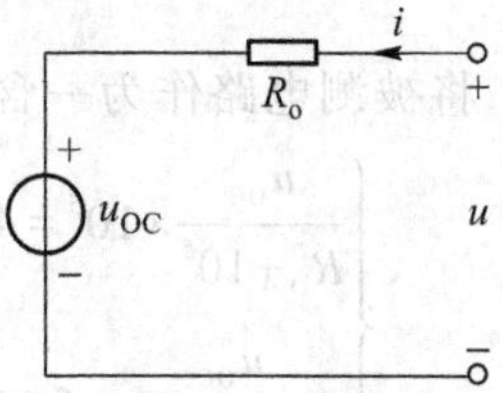

图题解 4-19

$$u=R_0 i+u_{OC}$$

由图题 4-13 可知　当 $i=0$ 时　$u=20$ V，当 $u=0$ 时 $i=-4$ A

得

$$u_{OC}=20\ \text{V},R_0=\frac{20}{4}=5\ \Omega$$

注：单口网络的 VCR（图示的或解析的）和等效电路原是同一事物的两种表示方式。

4-20　试用戴维南定理求解例 4-2。

解　电路如图题解 4-20 所示。

（1）　$u_{OC}=R_2 i_S+R_1 i_S+u_S$　①

注意：求开路电压，电流 i 应为零。

（2）求戴维南电阻：令电压源、电流源置零。外施电流源 i_t（可利用教材图4-4，但两电源均置零，外施电流源为 i_t），则

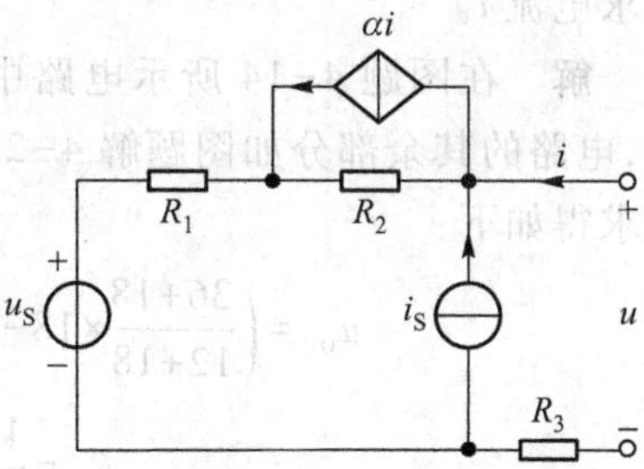

图题解 4-20

$$u_t=(i_t-\alpha i_t)R_2+i_t R_1+i_t R_3$$
$$=i_t(1-\alpha)R_2+i_t R_1+i_t R_3$$

$$R_0=\frac{u_t}{i_t}=R_1+R_3+(1-\alpha)R_2 \quad ②$$

（3）根据戴维南定理及所设端口的 u 和 i 的参考方向，可得

$$u=u_{OC}+R_0 i$$

以①、②两式代入上式，可得所求结果。

注：注意区别本题和例 4-2 解题的不同思路，本题用二步法，例 4-2 用一步法（基本方法）。

4-21　在用电压表测量电路的电压时，由于电压表要从被测电路分取电流，对被测电路有影响，故测得的数值不是实际的电压值。如果用两个不同内阻的电压表进行测量，则从两次测得的数据及电压表的内阻就可知道被测电

压的实际值。设对某电路用内阻为 $10^5\ \Omega$ 的电压表测量，测得的电压为 45 V；若用内阻为 $5\times10^4\ \Omega$ 的电压表测量，测得电压为 30 V。问实际的电压应为多少？

解　将被测电路作为一含源二端网络，其开路电压 u_{OC}，等效内阻 R_o，则有

$$\begin{cases}\dfrac{u_{\mathrm{OC}}}{R_0+10^5}\times10^5=45\\[2ex]\dfrac{u_{\mathrm{OC}}}{R_0+5\times10^4}\times5\times10^4=30\end{cases},\quad\begin{cases}45R_0=10^5u_{\mathrm{OC}}-45\times10^5\\30R_0=5\times10^4u_{\mathrm{OC}}-15\times10^5\end{cases}$$

解得

$$u_{\mathrm{OC}}=(180-90)\ \mathrm{V}=90\ \mathrm{V}$$

注:由本题开始至习题 4-25 表明戴维南定理的几个应用，请充分体会。

4-22　在分析含理想二极管电路时，需先确定二极管是否导通，运用戴维南定理可很方便地解决这一问题。理想二极管导通时，其电阻可视为零；当截止时，其电阻可视为无限大。设含理想二极管电路如图题 4-14 所示，试求电流 i。

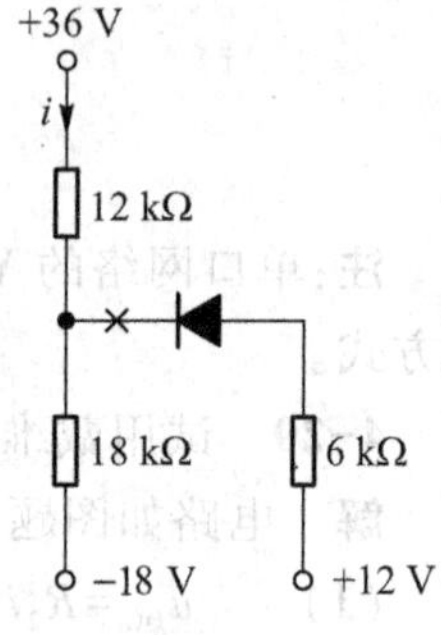

图题 4-14

解　在图题 4-14 所示电路中除理想二极管支路以外，电路的其余部分如图题解 4-22(a)所示，其等效电路可求得如下：

$$u_{\mathrm{OC}}=\left(\frac{36+18}{12+18}\times18-18\right)\ \mathrm{V}=(32.4-18)\ \mathrm{V}=14.4\ \mathrm{V}$$

$$R_0=\frac{18\times12}{18+12}\ \mathrm{k\Omega}=7.2\ \mathrm{k\Omega}$$

等效电路如图题解 4-22(b)所示，把理想二极管支路与这等效电路接上后，即得图题解 4-22(c)。可知二极管阴极电位比阳极电位高 2.4 V，故知二极管不导通。

由图题解 4-22(a)可求得流过 12 kΩ 的电流为

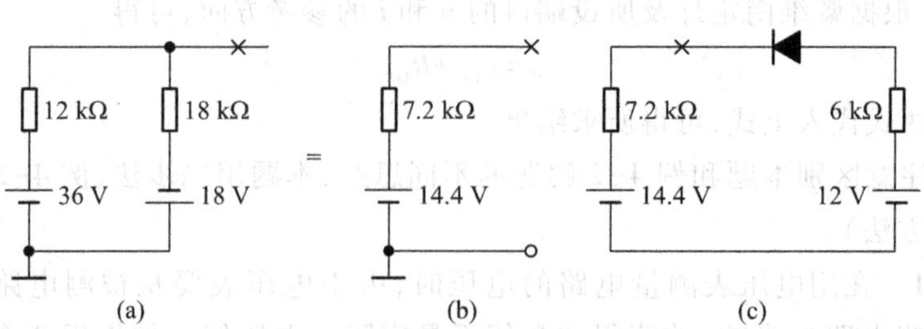

图题解 4-22

$$i=\frac{36+18}{(12+18)\times10^3}\text{ A}=1.8\text{ mA}$$

注:慎勿以为二极管阳极处于正电位 12 V,得出导通的不正确结果。

4-23 电路如图题 4-15 所示,已知非线性元件 A 的 VCR 为 $u=i^2$,试求 u,i 和 i_1。

解 断开 A,求 ab 端左侧的等效电路,则

$$R_0=1\ \Omega$$

$$(1+1)u_c-1\times u_a=2$$

$$-1\times u_c+\left(1+\frac{1}{2}\right)u_a=\frac{2}{2}$$

解得

$$u_a=2\text{ V}$$

将 A 接到等效电源上,如图题解 4-23 所示,得联立方程组

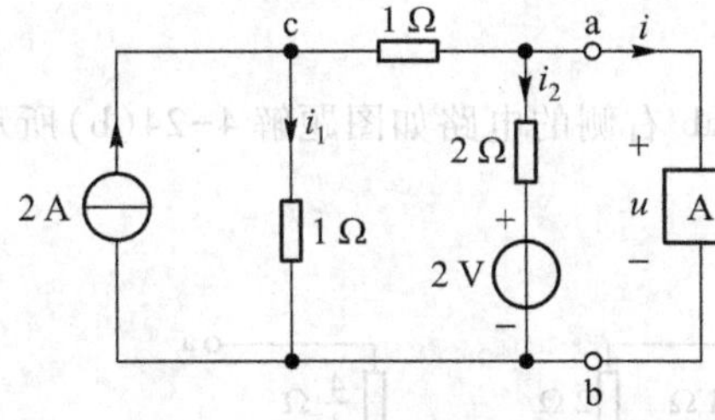

图题 4-15

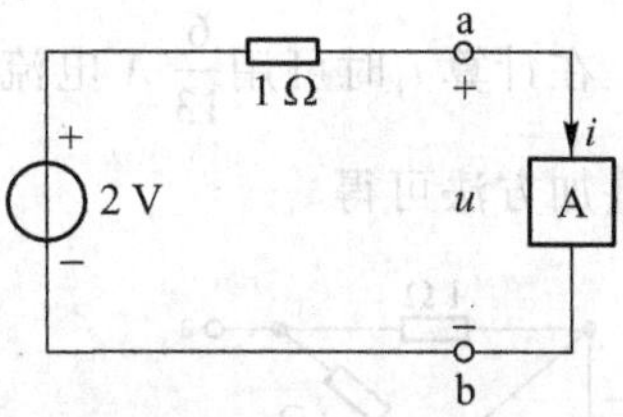

图题解 4-23

$$\begin{cases}u=2-i\\u=i^2\end{cases}$$

解得

$$i=\begin{cases}1\text{ A}\\-2\text{ A}\end{cases},\quad u=\begin{cases}1\text{ V}\\4\text{ V}\end{cases}$$

当 $u=1$ V 时,$i=1$ A,$i_2=\frac{1-2}{2}$ A$=-0.5$ A,$i_1=[2-(-0.5)-1]$ A$=1.5$ A;

当 $u=4$ V 时,$i=-2$ A,$i_2=\frac{4-2}{2}$ A$=1$ A,$i_1=(2-1+2)$ A$=3$ A。

注:本题及上题均属非线性电阻电路,但只含一个非线性电阻元件,运用戴维南定理都能方便地得到解决。如两题的非线性元件均用曲线表明其特性,则在求戴维南等效电路后,可用图解法求解。读者对本题至少应定性地试一试。电子电路课程常用到图解法。

相关题:习题 4-7

4-24　试求图题 4-16 所示电路中流过两电压源的电流。可从虚线处分解为两个单口网络后做。(如不用分解的办法,你将如何做?)

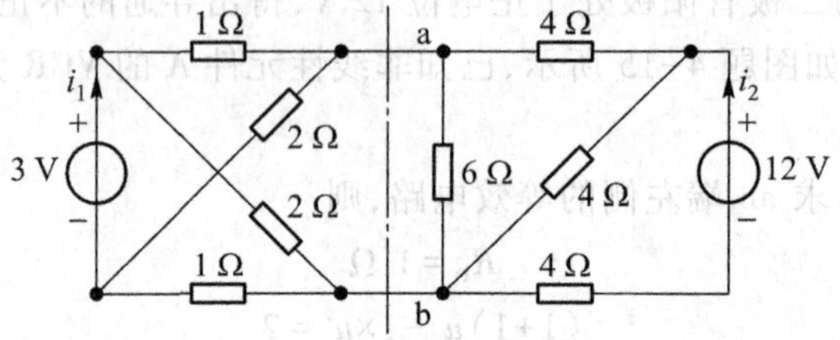

图题 4-16

解　从虚线处划分为两个单口网络,如图题解 4-24(a)所示。分别求得其等效电路(可用戴维南定理),然后再相连接,求出 i。

$$i=\frac{3-1}{\frac{4}{3}+3}\text{ A}=\frac{6}{13}\text{ A}$$

在计算 i_1 时可用 $\frac{6}{13}$ A 电流源来置换 ab 右侧的电路如图题解 4-24(b)所示,用叠加方法可得

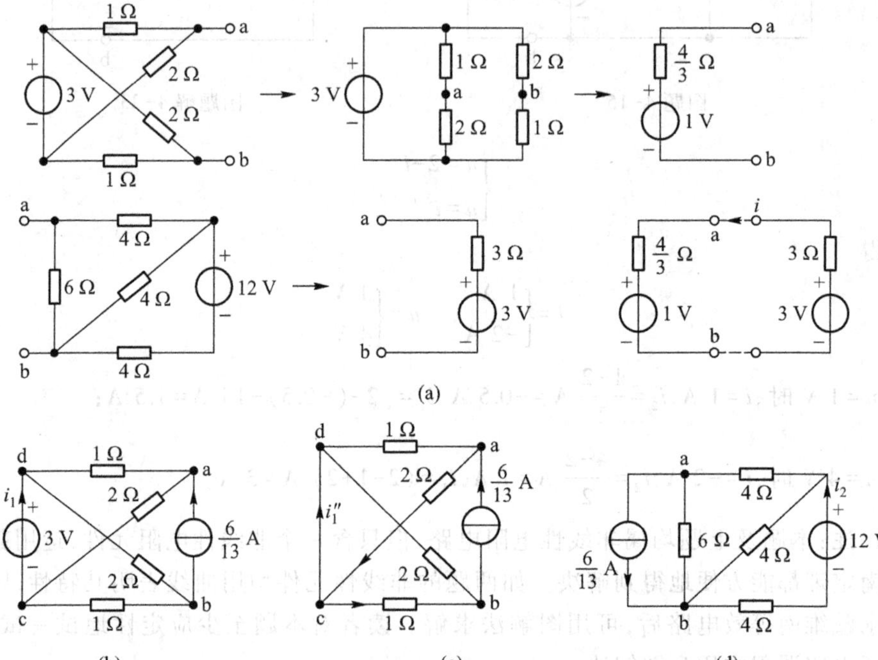

图题解 4-24

$$i_1=\left[\left(\frac{1}{1+2}+\frac{1}{1+2}\right)\times 3+\left(\frac{1}{3}-\frac{2}{3}\right)\times\frac{6}{13}\right]\ \text{A}=\frac{24}{13}\ \text{A}=1.846\ \text{A}$$

其中求$\frac{6}{13}$ A 电流源单独作用时电流 i_1''的电路如图题解 4-24(c)所示。

在计算 i_2时可根据如图题解 4-24(d)所示电路进行。图中的$\frac{6}{13}$ A 电流源是用来置换 ab 左侧部分电路的。用叠加方法可以求得

$$i_2=\left(\frac{12}{4+\dfrac{4\times 10}{4+10}}+\frac{6}{13}\times\frac{1}{2}\times\frac{1}{2}\right)\ \text{A}=\frac{97}{52}\ \text{A}=1.865\ \text{A}$$

4-25 试求图题 4-17 所示电路中流过两电压源的电流。

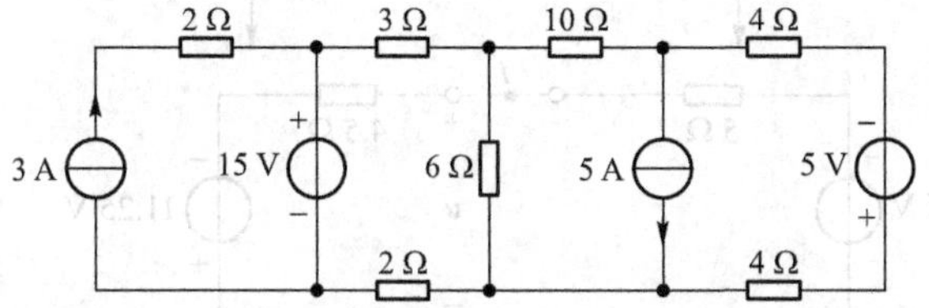

图题 4-17

解 用分解法求解。

(1) 将电路划分为两部分,如图题解 4-25(1)(a)所示。

(2) 分别将两部分等效化简成图题解 4-25(1)(b)所示电路。

(3) 将两部分连接求出 i 和 u。

$$i=\frac{15+11.25}{5+4.5}\ \text{A}=2.763\ \text{A}$$

$$u=15-5i=-1.184\ \text{V}$$

(4) 用 2.763 A 电流源置换右侧电路后计算 15 V 电压源的电流 i_1,如图题解 4-25(2)(a)所示。

$$i_1=3-i=0.237\ \text{A}$$

(5) 用 2.763 A 电流源置换左侧电路后,计算 5 V 电压源的电流 i_2,如图题解 4-25(2)(b)所示。先将图题解 4-25(2)(b)简化成图题解 4-25(2)(c)。列节点 1 的方程

$$\left(\frac{1}{16}+\frac{1}{8}\right)u_1=\frac{5}{8}-\frac{16.58}{16}+5$$

$$u_1=24.47\ \text{V}$$

$$i_2=\frac{u_1-5}{8}=2.434\ \text{A}$$

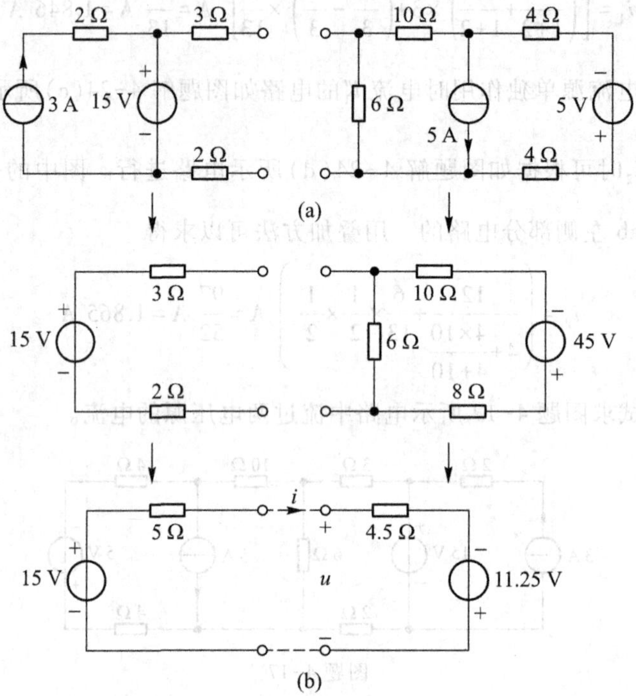

图题解 4-25(1)

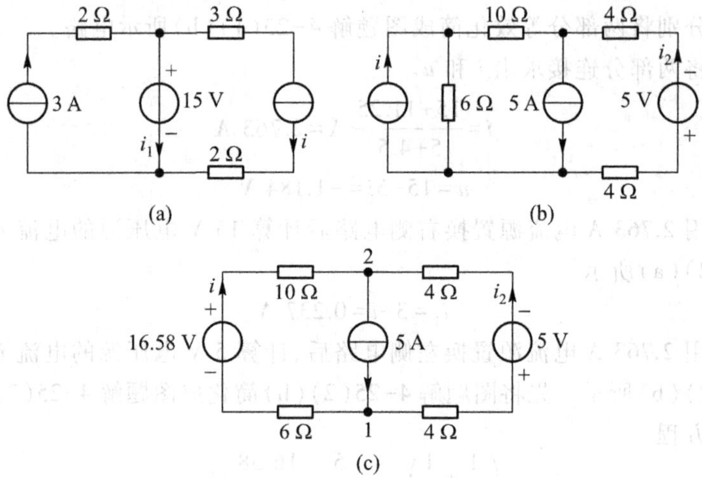

图题解 4-25(2)

4-26　试求图题 4-18 所示电路 ab 端的开路电压和短路电流，并由此确定戴维南等效电阻 R_0。

解 (1) 求开路电压 u_{ab}:根据叠加原理,可得

$$u_{ab}=(30\ \text{V})\left(\frac{60}{20+60+40}\right)+(1.5\ \text{A})\left(\frac{40}{40+20+60}\right)(60\ \Omega)$$

$$=45\ \text{V}$$

(2) 求 ab 端的短路电流 i_{SC}:

根据叠加原理,可得

$$i_{SC}=\frac{30\ \text{V}}{(40+20)\ \Omega}+(1.5\ \text{A})\left(\frac{40}{40+20}\right)=1.5\ \text{A}$$

(3) $R_0=\dfrac{u_{ab}}{i_{SC}}=30\ \Omega$

注:当电路中只含一个电压源和一个电流源时,一般利用叠加原理解题比较方便。

4-27 (1) 求图题 4-19 电路 ab 端的戴维南等效电路,求等效电阻指定用(4-29)式。

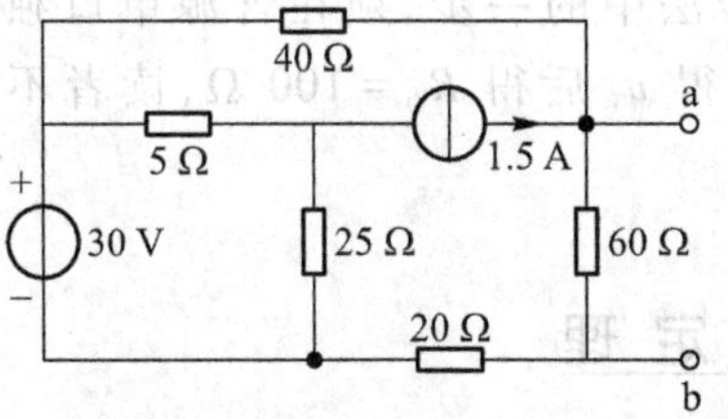

图题 4-18

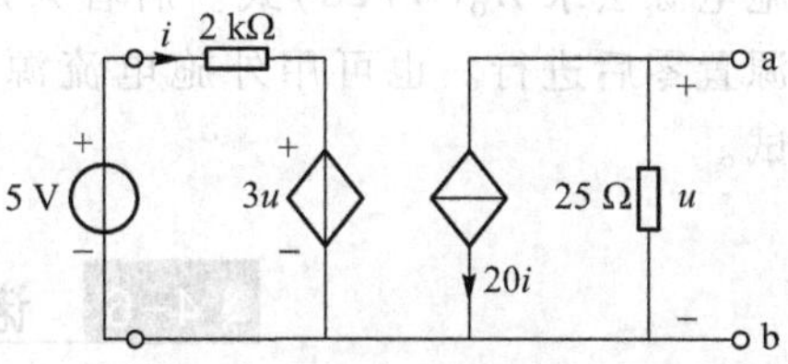

图题 4-19

(2) 求等效电阻指定用外施电源法。

解 (1) $u_{OC}=(-20i)(25)$

$$=-500i=u$$

$$i=\frac{5-3u}{2\ \text{k}\Omega}=\frac{5+1\ 500i}{2\ 000}$$

由以上两式,可解得

$$u_{OC}=-5\ \text{V}$$

ab 端短路电流

$$i_{SC}=-20i$$

此时

$$i=\frac{5\ \text{V}}{2\ \text{k}\Omega}=2.5\ \text{mA}$$

$$i_{SC}=-20i=-50\ \text{mA}$$

∴

$$R_0=\frac{u_{OC}}{i_{SC}}=\frac{-5\ \text{V}}{-50\ \text{mA}}=100\ \Omega$$

(2) 外施电源法求 R_0。外施电压源 u_t，原 5 V 电压源置零，求流经 u_t 的电流 i_t，如图题解 4-27 所示。

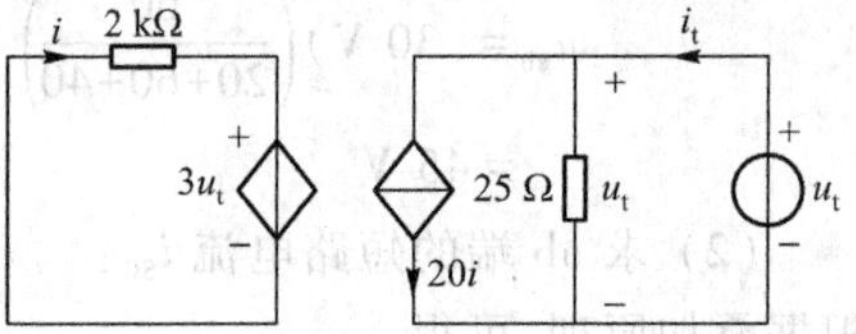

图题解 4-27

$$i_t=\frac{u_t}{25\ \Omega}+20i$$

$$=\frac{u_t}{25\ \Omega}+20\left(-\frac{3u_t}{2\ \text{k}\Omega}\right)$$

$$\frac{i_t}{u_t}=\frac{1}{25}-\frac{60}{2\ 000}$$

$$=\frac{1}{100}\ \text{S}$$

$$R_0=100\ \Omega$$

注：(1) u_{OC} 和 i_{SC} 分别为含源单口 VCR 特性曲线 u 轴和 i 轴的两个截距，确定了截距，也就确定了 VCR，由该直线的斜率即可求得等效电导或电阻，构成戴维南等效电路或诺顿等效电路。(2) 注意区别外施电源法求 VCR(§4-2) 和外施电源法求 H_0(4-28) 式。后者只是两步法中的一步，须在含源单口独立电源置零后进行。也可用外施电流源 i_t，求得 u_t 后得 $R_0=100\ \Omega$，读者不妨一试。

§4-6　诺顿定理

4-28　用诺顿定理求图题 4-20 所示电路的电流 i。

解　(1) 求短路电流 i_{SC}。将 ab 短路，除 40 Ω 外，所有电阻均被短路，故得

$$i_{SC}=\frac{120}{40}\ \text{A}=3\ \text{A}$$

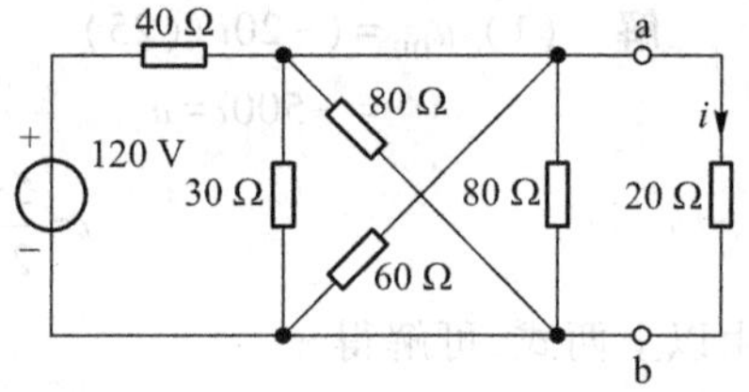

图题 4-20

(2) 将 120 V 电压源用短路线代替，求等效内阻 R_0。

由电路图可知，各电阻并联，得

$$R_0=10\ \Omega$$

(3) 将 20 Ω 电阻接到等效电路上，得

$$i=\left(\frac{10}{20+10}\times3\right)\ \text{A}=1\ \text{A}$$

注：本题如用戴维南定理做，如何？体会一下，诺顿定理并非多余。

4-29　试求图题 4-21 所示单口网络的诺顿等效电路。

解　利用叠加原理，

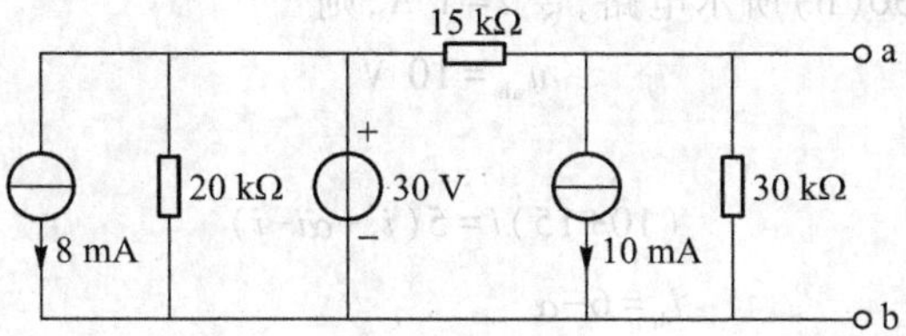

图题 4-21

求 ab 端的短路电流。

由 30 V 电压源：

$$\frac{30\ \text{V}}{15\ \text{k}\Omega}=2\ \text{mA}$$

由 10 mA 电流源：10 mA

由 8 mA 电流源：0

∴ $i_{\text{SC}}=(10-2)\ \text{mA}=8\ \text{mA}$

求 R_0。各电源置零后得：

$$R_0=\frac{15\times30}{15+30}\ \text{k}\Omega=10\ \text{k}\Omega$$

诺顿等效电路：8 mA 电流源（电流方向 a→b）和 10 kΩ 电阻并联。

4-30 求图题 4-22 所示电路的诺顿等效电路。已知：$R_1=15\ \Omega$、$R_2=5\ \Omega$、$R_3=10\ \Omega$、$u_S=10\ \text{V}$ 及 $i_S=1\ \text{A}$。

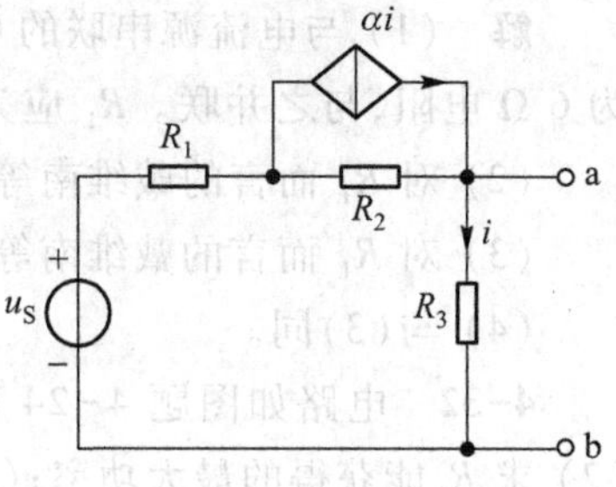

图题 4-22

解 对图题4-22所示电路，画出求短路电流 i_{SC} 和等效内阻的电路，如图题解4-30所示。

对图题解 4-30(a)所示电路，因 ab 间短路，所以 $i=0,\alpha i=0$。

$$i_{\text{SC}}=\frac{10}{15+5}\ \text{A}=0.5\ \text{A}$$

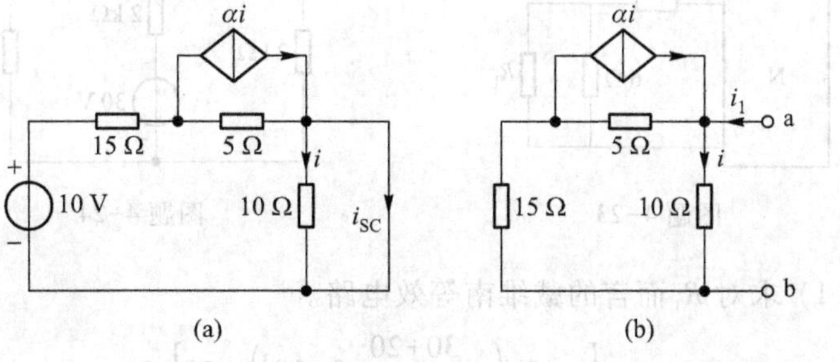

图题解 4-30

对图题解 4-30(b)所示电路，令 $i=1\ \text{A}$，则

$$u_{ab}=10\ \text{V}$$

由 KVL 方程

$$(10+15)i=5(i_1+\alpha i-i)$$

$$i_1=6-\alpha$$

$$R=\frac{u_{ab}}{i_1}=\frac{10}{6-\alpha}\ \Omega$$

注：本题所用求 R 的方法，请参看习题 4-9。

§4-7　最大功率传递定理

4-31　试求图题 4-23 所示电路中，在下列几种情况下，R_L 获得最大功率时应取的数值：

(1) N 为一电流源。

(2) N 为一电压源。

(3) N 的戴维南等效电阻为 6 Ω。

(4) N 的诺顿等效电阻为 6 Ω。

解　(1) 与电流源串联的 6 Ω 电阻为多余元件。对 R_L 而言，电流源的内阻为 6 Ω 电阻，与之并联。R_L 应为 6 Ω。

(2) 对 R_L 而言的戴维南等效电阻为 6/2 Ω，R_L 应为 3 Ω。

(3) 对 R_L 而言的戴维南等效电阻为(6+6) Ω//6 Ω，其值为 4 Ω。

(4) 与(3)同。

4-32　电路如图题 4-24 所示。(1) 若 $R_L=3\ \text{k}\Omega$，试求 R_L 获得的功率；(2) 求 R_L 能获得的最大功率；(3) 试求 R_L 获得 20 mW 功率时的电阻值。

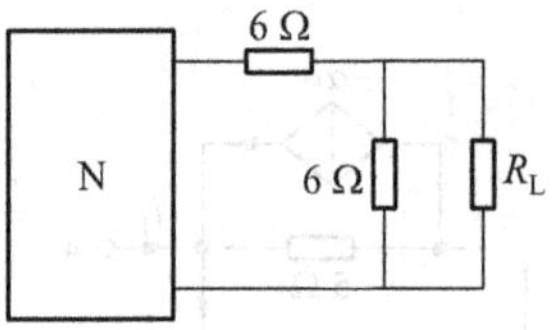

图题 4-23

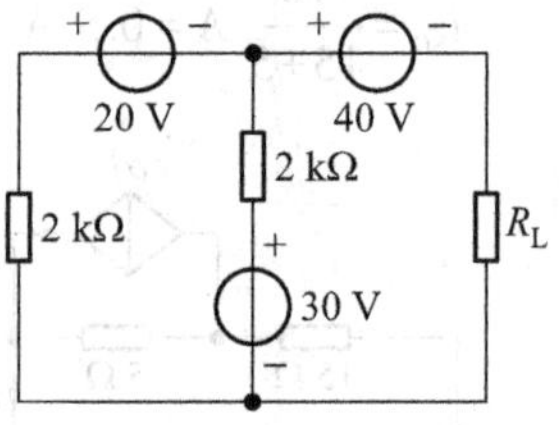

图题 4-24

解　(1) 求对 R_L 而言的戴维南等效电路。

$$u_{OC}=\left[-40+\left(-\frac{30+20}{4\times10^3}\times2\times10^3\right)+30\right]\ \text{V}$$

$$=(-40-25+30)\ \text{V}=-35\ \text{V}$$

$$R_0=\frac{1}{2}\times 2\times 10^3\ \Omega=1\ \text{k}\Omega$$

$$p_L=\left(\frac{35}{1+3}\times 10^{-3}\right)^2(3\times 10^3)\ \text{W}$$

$$=(8.75\times 10^{-3})^2(3\times 10^3)\ \text{W}$$

$$=230\ \text{mW}$$

（2）当 $R_L=R_0=1\ \text{k}\Omega$ 时，R_L 获最大功率，其值为

$$p_{L\max}=\left(\frac{35}{1+1}\times 10^{-3}\right)^2\times 1\times 10^3\ \text{W}=306\ \text{mW}$$

（3）
$$p_L=\left(\frac{35}{10^3+R_L}\right)^2R_L=20\times 10^{-3}\ \text{W}$$

得方程

$$R_L^2-59.25\times 10^3R_L+10^6=0$$

解得

$$R_L=59.2\ \text{k}\Omega\quad 或\quad 16.88\ \Omega$$

4-33 电路如图题 4-25 所示。

（1）求 R 获得最大功率时的数值；

（2）求在此情况下，R 获得的功率；

（3）求 100 V 电源对电路提供的功率；

（4）求受控源的功率；

（5）R 所得功率占电路内电源产生功率的百分比。

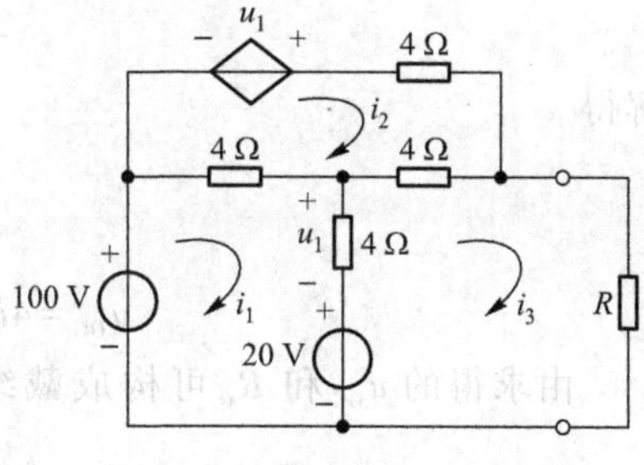

图题 4-25

解 （1）断开 R，求出戴维南等效电路，如图题解 4-33(a)所示。在该电路中，令控制量 $u_1=1\ \text{V}$，则

$$i_{cb}=i_{cd}=\frac{1}{4}\ \text{A}$$

$$i_{ac}=\frac{1}{2}\ \text{A},u_{ac}=2\ \text{V},u_{ab}=(2+1)\ \text{V}=3\ \text{V}$$

$$i_1=\frac{u_{ab}-u_1}{4}=\frac{1}{2}\ \text{A},i=i_1+i_{ac}=1\ \text{A}$$

$$R_0=R_{ab}=\frac{u_{ab}}{i}=3\ \Omega$$

即 $R=3\ \Omega$ 时可获最大功率。

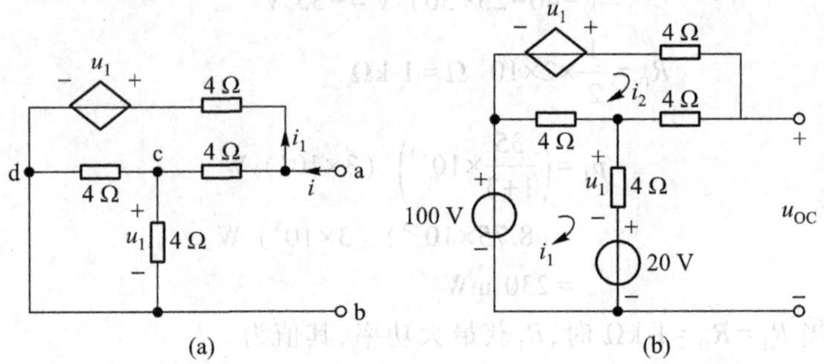

图题解 4-33

(2) 求开路电压,对图题解 4-33(b)所示电路列出网孔方程

$$(4+4)i_1-4i_2=100-20$$

$$-4i_1+(4+4+4)i_2=u_1$$

$$u_1=4i_1$$

整理得

$$2i_1-i_2=20$$

$$-2i_1+3i_2=0$$

解得

$$i_1=15\ \text{A}$$

$$i_2=10\ \text{A}$$

$$u_{OC}=4i_2+4i_1+20=120\ \text{V}$$

由求得的 u_{OC} 和 R_0 可构成戴维南等效电路,并由最大功率传递定理可知 $R=3\ \Omega$ 时,可获最大功率。故得 $i=\dfrac{120}{2\times3}\ \text{A}=20\ \text{A}$,$R$ 获得功率

$$p_R=i^2R=1\ 200\ \text{W}$$

(3) 对图题 4-25 所示电路,列网孔方程,$R=3\ \Omega$。

设网孔电流为 i_1、i_2、i_3,其中 i_3 即为流过 R 的电流。得

$$(4+4)i_1-4i_2-4i_3=100-20$$

$$-4i_1+(4+4+4)i_2-4i_3=u_1$$

$$u_1=4(i_1-i_3)$$

$$i_3=20\ \text{A}$$

整理得

$$2i_1-i_2=40$$

$$-2i_1+3i_2=0$$

解得

$$i_1 = 30\ \text{A}$$

$$i_2 = 20\ \text{A}$$

$$p_{100\ \text{V}} = -100 i_1 = -3\ 000\ \text{W}(\text{提供 } 3\ 000\ \text{W})$$

(4) $p_{\text{受控源}} = -u_1 i_2 = -4(i_1 - 20) \times 20 = -800\ \text{W}$(提供 800 W)

(5) $p_{20\ \text{V}} = 20(i_1 - i_3) = 20(30-20)\ \text{W} = 200\ \text{W}$(消耗)

$$\eta = \frac{1\ 200}{3\ 000+800} \times 100\% = 31.58\%$$

§ 4-8　T 形网络和∏形网络的等效变换

4-34　电阻阵列组件内部结构如图题 4-26 所示,对外有 4 个端钮,试求下列端钮间的电阻值:1 和 2;2 和 3;3 和 4;4 和 1。

解　需把由 10 Ω、40 Ω 和 10 Ω 组成的∏形结构化为 T 形结构,才能利用串、并联等效电阻公式,见图题解 4-34,其中

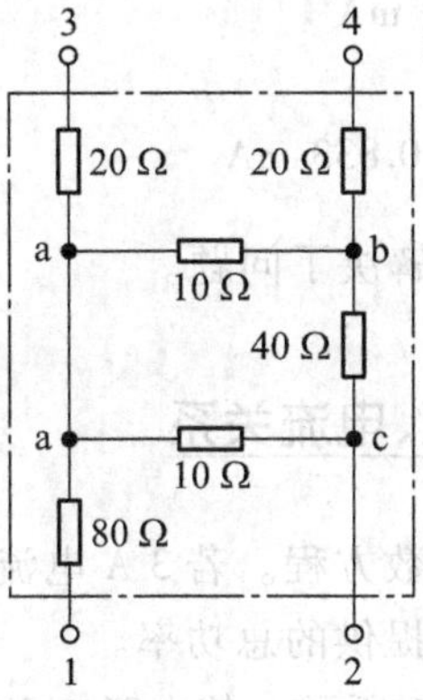

图题 4-26

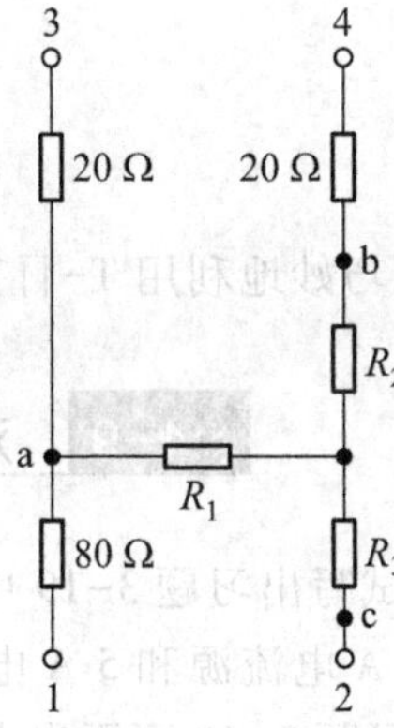

图题解 4-34

$$R_1 = \frac{10 \times 10}{10+10+40}\ \Omega = \frac{5}{3}\ \Omega$$

$$R_2 = \frac{10 \times 40}{60}\ \Omega = \frac{20}{3}\ \Omega$$

$$R_3 = \frac{40 \times 10}{60}\ \Omega = \frac{20}{3}\ \Omega$$

故得

$$R_{12} = 80\ \Omega + R_1 + R_3 = 88.33\ \Omega$$

$$R_{23} = 20\ \Omega + R_1 + R_3 = 28.33\ \Omega$$

$$R_{34}=20\ \Omega+20\ \Omega+R_1+R_2=48.33\ \Omega$$

$$R_{41}=20\ \Omega+80\ \Omega+R_1+R_3=108.33\ \Omega$$

注:本题如用外施电源法,需 4 次利用网孔电流法。T-∏变换多了一种解题思路。

4-35　试利用 T-∏变换求解图题 4-27 所示电路中 10 V 电压源的电流 i。

解　T 形电阻网络化为∏形网络后得如图题解 4-35 所示电路。图中

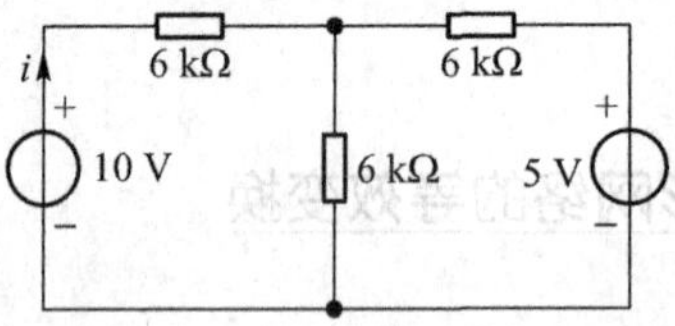

图题 4-27

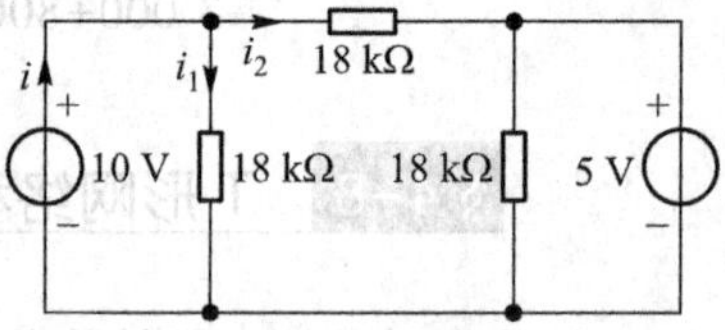

图题解 4-35

$$i_1=\frac{10\ \text{V}}{18\ \text{k}\Omega}=\frac{10}{18}\ \text{mA}$$

$$i_2=\frac{10\ \text{V}-5\ \text{V}}{18\ \text{k}\Omega}=\frac{5}{18}\ \text{mA}$$

$$i=i_1+i_2=\frac{15}{18}\ \text{mA}=0.833\ \text{mA}$$

注:本题巧妙地利用 T-∏变换,从而简便地解决了问题。

§4-9　双口网络的电压、电流关系

4-36　试写出习题 3-19 中双口网络的 r 参数方程。若 3 A 电流源改为 5 A 电流源,求 2 A 电流源和 5 A 电流源对双口网络提供的总功率。

解　依习题 3-19 可画出电路如图题解 4-36 所示。其中双口 N 的方程为

$$u_1=r_{11}i_1+r_{12}i_2$$

$$u_2=r_{21}i_1+r_{22}i_2$$

由图(a),$p_1=28$ W,故 $u_1=14$ V

$$r_{11}=\left.\frac{u_1}{i_1}\right|_{i_2=0}=\frac{14}{2}\ \Omega=7\ \Omega$$

$$r_{21}=\left.\frac{u_2}{i_1}\right|_{i_2=0}=\frac{8}{2}\ \Omega=4\ \Omega$$

由图(b),

$$r_{12}=\left.\frac{u_1}{i_2}\right|_{i_1=0}=\frac{12}{3}\ \Omega=4\ \Omega$$

$$r_{22}=\left.\frac{u_2}{i_2}\right|_{i_1=0}=\frac{18}{3}\ \Omega=6\ \Omega$$

故得 r 参数方程

$$u_1=7i_1+4i_2$$
$$u_2=4i_1+6i_2$$

在图(c)情况下,可得 $u_1=34$ V、$u_2=38$ V。

由此,可得

$$p_{2\text{ A}}+p_{5\text{ A}}=(2\times34+5\times38)\text{ W}=258\text{ W}$$

4-37 对某电阻双口网络测试结果如下:端口 22′短路时,以 20 V 施加于端口 11′,测得 $i_1=2$ A,$i_2=-0.8$ A;端口 11′短路时,以 25 V 电压施加于端口 22′,测得 $i_1=-1$ A,$i_2=1.4$ A。试求该双口网络的 g 参数。

解 依题意画出电路如图题解 4-37 所示。g 参数方程为

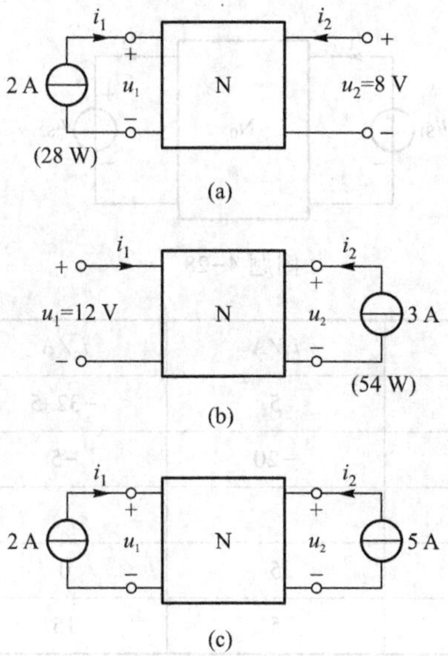

图题解 4-36

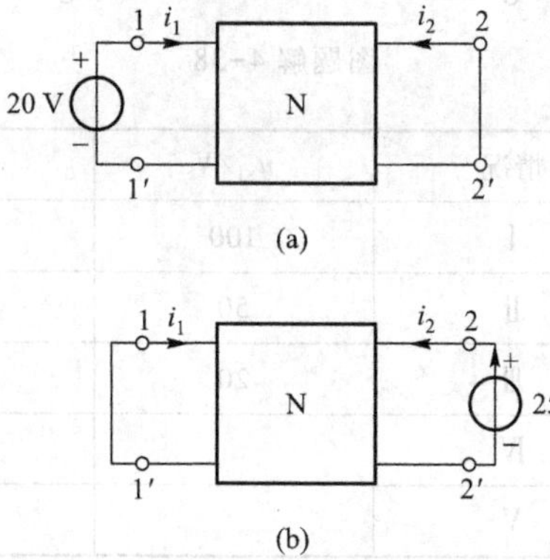

图题解 4-37

$$i_1=g_{11}u_1+g_{12}u_2$$
$$i_2=g_{21}u_1+g_{22}u_2$$

由图(a),$u_2=0$,得

$$g_{11}=\left.\frac{i_1}{u_1}\right|_{u_2=0}=\frac{2}{20}\text{ S}=0.1\text{ S}$$

$$g_{21}=\left.\frac{i_2}{u_1}\right|_{u_2=0}=\frac{-0.8}{20}\text{ S}=-0.04\text{ S}$$

由图(b),$u_1=0$,得

$$g_{12}=\frac{i_1}{u_2}\bigg|_{u_1=0}=\frac{-1}{25}\ \text{S}=-0.04\ \text{S}$$

$$g_{22}=\frac{i_2}{u_2}\bigg|_{u_1=0}=\frac{1.4}{25}\ \text{S}=0.056\ \text{S}$$

4-38 已知某电阻双口的 g 参数为:

$$g_{11}=10\quad g_{12}=0\quad g_{21}=5\quad g_{22}=20$$

单位为 S,试求该双口的等效电路。

解

$$i_1=10u_1$$
$$i_2=5u_1+20u_2$$

可得等效电路如图题解 4-38 所示。

4-39 线性不含源双口 N_0 如图题 4-28 所示,试填写附表中的空白处。

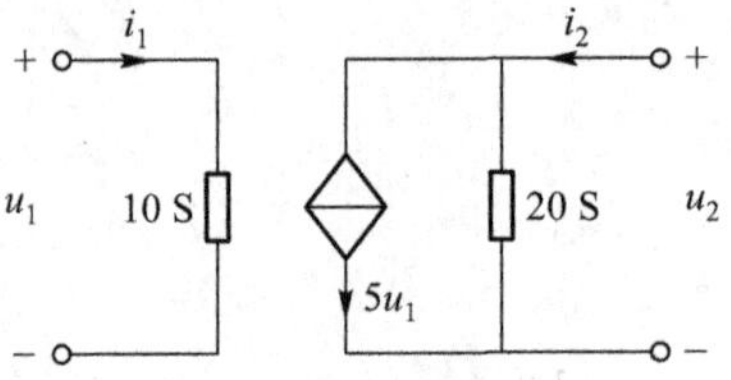

图题解 4-38

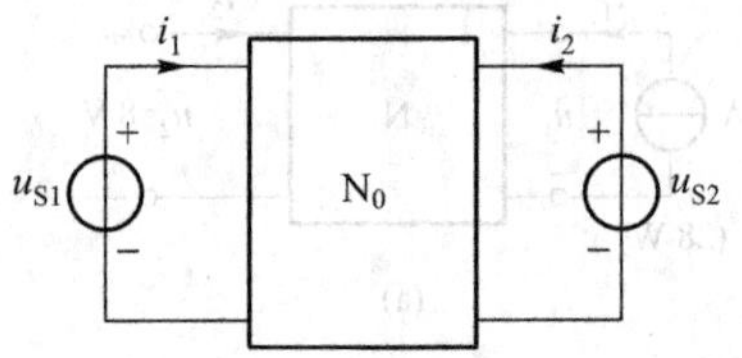

图题 4-28

情况	u_{S1}/V	u_{S2}/V	i_1/A	i_2/A
Ⅰ	100	50	5	-32.5
Ⅱ	50	100	-20	-5
Ⅲ	20	0		
Ⅳ			5	0
Ⅴ			5	15

解 根据情况Ⅰ、Ⅱ,可建立任一类型 VCR 方程。选用 g 参数,由Ⅰ得

$$100g_{11}+50g_{12}=5 \qquad ①$$
$$100g_{21}+50g_{22}=-32.5 \qquad ②$$

由Ⅱ得

$$50g_{11}+100g_{12}=-20 \qquad ③$$
$$50g_{21}+100g_{22}=-5 \qquad ④$$

解此 4 个联立方程,可求得 4 个 g 参数。

2×①-③得 $\qquad 150g_{11}=30$

$$g_{11}=\frac{1}{5}\ \mathrm{S}$$

①-②×③得
$$-150g_{12}=45$$
$$g_{12}=-\frac{45}{150}=-\frac{3}{10}\ \mathrm{S}$$

2×②-④得
$$-60=150g_{21}$$
$$g_{21}=-\frac{60}{150}=-\frac{2}{5}\ \mathrm{S}$$

②-2×④得
$$-22.5=-150g_{22}$$
$$g_{22}=\frac{22.5}{150}=\frac{3}{20}\ \mathrm{S}$$

故得该双口的 g 参数方程为

$$i_1=\frac{1}{5}u_1-\frac{3}{10}u_2=0.2u_1-0.3u_2 \qquad ⑤$$

$$i_2=-\frac{2}{5}u_1+\frac{3}{20}u_2=-0.4u_1+0.15u_2 \qquad ⑥$$

u_1、u_2 即图题中的 u_{S1}、u_{S2}。

情况Ⅲ：根据⑤，可得 $i_1=4$ A

根据⑥，可得 $i_2=-8$ A

情况Ⅳ：

2×⑤+⑥得
$$-0.45u_2=2i_1+i_2=10$$
$$u_2=-\frac{10}{0.45}=-22.2\ \mathrm{V}$$

$\frac{1}{2}$×⑤+⑥得
$$-0.3u_1=\frac{1}{2}i_1+i_2=2.5$$
$$u_1=-\frac{2.5}{0.3}=-8.3\ \mathrm{V}$$

情况Ⅴ：

2×⑤+⑥得
$$-0.45u_2=2i_1+i_2=25$$
$$u_2=-\frac{25}{0.45}\ \mathrm{V}=-55.6\ \mathrm{V}$$

⑤+2×⑥得
$$-0.6u_1=i_1+2i_2=35$$
$$u_1=-\frac{35}{0.6}\ \mathrm{V}=-58.3\ \mathrm{V}$$

注：此题带有§4-10的小结性质。四个端口变量皆知，任一类型参数均可求得，读者试用 r 参数如何？

4-40　试求图题4-29(a)、(b)两双口的 h 参数。

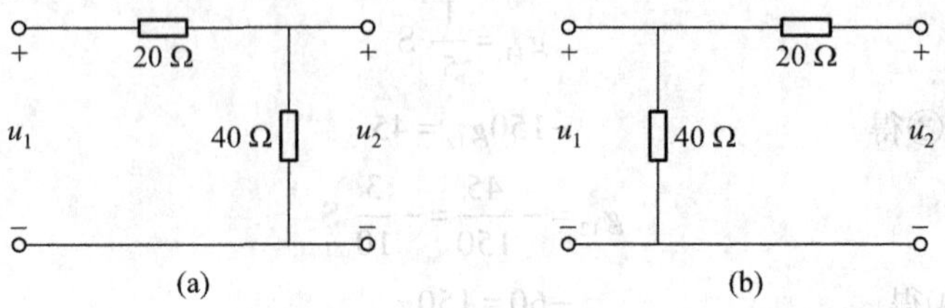

图题 4-29

解

$$u_1 = h_{11}i_1 + h_{12}u_2$$
$$i_2 = h_{21}i_1 + h_{22}u_2$$

图(a):

$$h_{11} = \left.\frac{u_1}{i_1}\right|_{u_2=0}$$

$u_2=0$ 即端口 2 短路,故得此时

$$h_{11} = \frac{u_1}{i_1} = 20\ \Omega$$

$$h_{12} = \left.\frac{u_1}{u_2}\right|_{i_1=0}$$

$i_1=0$ 即端口 1 开路,此时 $u_1=u_2$,得

$$h_{12} = \frac{u_1}{u_2} = 1$$

$$h_{21} = \left.\frac{i_2}{i_1}\right|_{u_2=0}$$

$u_2=0$ 即端口 2 短路,此时 $i_1=-i_2$,得

$$h_{21} = \frac{i_2}{i_1} = -1$$

$$h_{22} = \left.\frac{i_2}{u_2}\right|_{i_1=0}$$

$i_1=0$ 即端口 1 开路,此时 $u_1=u_2$,得

$$h_{22} = \frac{i_2}{u_2} = \frac{1}{40}\ \text{S} = 25\ \text{mS}$$

图(b):

$$h_{11} = \left.\frac{u_1}{i_1}\right|_{u_2=0} = 40\ \Omega // 20\ \Omega = \frac{40}{3}\ \Omega$$

$$h_{12} = \left.\frac{u_1}{u_2}\right|_{i_1=0} = 40\ \Omega / 60\ \Omega = \frac{2}{3}$$

$$h_{21}=\left.\frac{i_2}{i_1}\right|_{u_2=0}=-\frac{40\ \Omega}{60\ \Omega}=-\frac{2}{3}$$

$$h_{22}=\left.\frac{i_2}{u_2}\right|_{i_1=0}=\frac{1}{60}\ \text{S}$$

4-41 试求图题 4-30 所示双口的 h_{12}。由此利用表 4-2 查得 r_{12} 和 g_{12}。

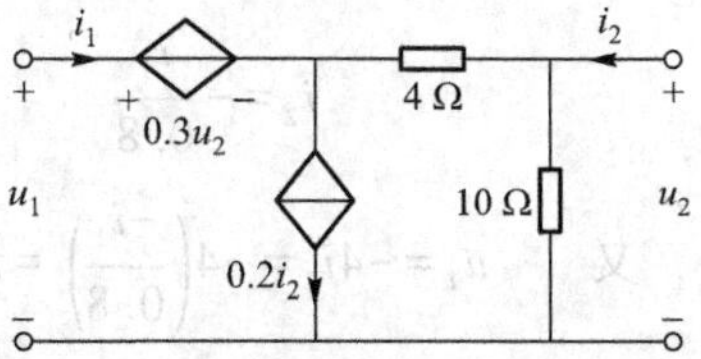

图题 4-30

解

(1) $h_{12}=\left.\frac{u_1}{u_2}\right|_{i_1=0}$

∵ $i_1=0$

∴ 流经 4 Ω 电阻的电流为 $0.2i_2$，流经 10 Ω 电阻的电流为 $0.8i_2$。

$$u_2=(10\ \Omega)(0.8i_2) \quad ①$$

$$u_1=0.3u_2-(4\ \Omega)(0.2i_2)+u_2 \quad ②$$

设 $u_2=1\ \text{V}$

由①得 $i_2=\frac{1}{8}\ \text{A}$

代入②得

$$u_1=1.3u_2-0.8i_2=1.3\ \text{V}-0.8\left(\frac{1}{8}\right)\ \text{V}$$

$$=1.3\ \text{V}-0.1\ \text{V}=1.2\ \text{V}$$

因此

$$h_{12}=\left.\frac{u_1}{u_2}\right|_{i_1=0}=\frac{1.2\ \text{V}}{1\ \text{V}}=1.2$$

(2) 由表 4-2 可知

$$r_{12}=\frac{h_{12}}{h_{22}}\quad g_{12}=\frac{-h_{12}}{h_{11}}$$

需求 h_{22}、h_{11}

$$h_{22}=\left.\frac{i_2}{u_2}\right|_{i_1=0}$$

在 $i_1=0$ 的条件下，且设 $u_2=1\ \text{V}$，由①式得

$$i_2=\frac{1}{8}\ \text{A}$$

故得

$$h_{22}=\left.\frac{i_2}{u_2}\right|_{i_1=0}=\frac{1}{8}\ \text{S}$$

$$r_{12}=\frac{h_{12}}{h_{22}}=(1.2\times 8)\ \Omega=9.6\ \Omega$$

又
$$h_{11}=\frac{u_1}{i_1}\bigg|_{u_2=0}$$

$u_2=0$ 时，电路如图题 4-41 所示，可知

$$i_1+i_2=0.2i_2$$

$$i_2=-\frac{i_1}{0.8}$$

又
$$u_1=-4i_2=-4\left(\frac{-i_1}{0.8}\right)=5i_1$$

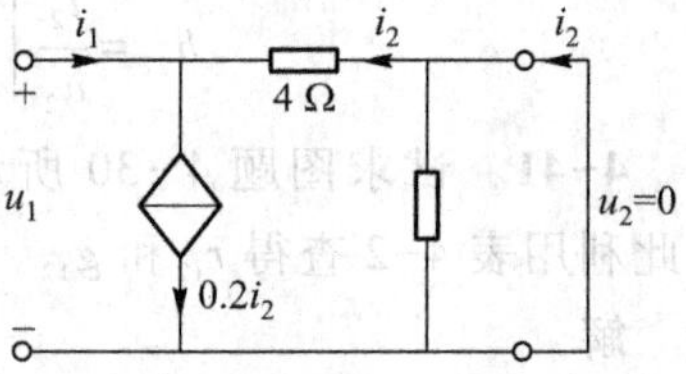

图题解 4-41

故得
$$h_{11}=5\ \Omega$$

$$g_{12}=\frac{-h_{12}}{h_{11}}=\frac{-1.2}{5\ \Omega}=-0.24\ \text{S}$$

4-42 试求图题 4-31 所示双口的传输 I 型参数，已知 $\mu=1/60$。

解
$$u_1=Au_2+B(-i_2)$$
$$i_1=Cu_2+D(-i_2)$$
$$A=\frac{u_1}{u_2}\bigg|_{i_2=0}$$

$i_2=0$ 时，并设 $u_2=1$ V，则由图题解 4-42(1)可得

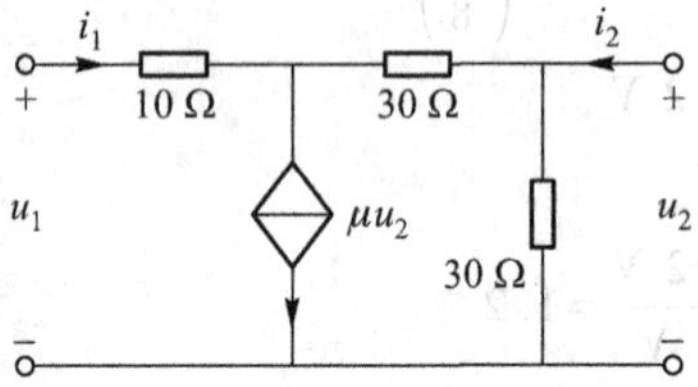

图题 4-31

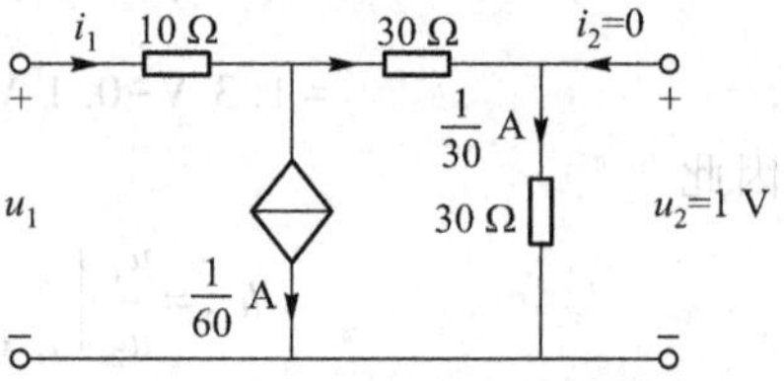

图题解 4-42(1)

$$i_1=\frac{1}{60}\ \text{A}+\frac{1}{30}\ \text{A}=\frac{1}{20}\ \text{A}$$

$$\begin{aligned}u_1&=i_1(10\ \Omega)+\left(\frac{1}{30}\ \text{A}\right)(30\ \Omega)+u_2\\&=\frac{1}{2}\ \text{V}+1\ \text{V}+1\ \text{V}\\&=2.5\ \text{V}\end{aligned}$$

$$A=\frac{u_1}{u_2}\bigg|_{i_2=0}=\frac{2.5\ \text{V}}{1\ \text{V}}=2.5$$

$$B=\frac{u_1}{-i_2}\bigg|_{u_2=0}$$

$u_2=0$ 时，并设 $i_2=1$ A，则由图题解 4-42(2) 可得

$$i_1=-i_2=-1\ \text{A}$$

$$u_1=(40\ \Omega)(-1\ \text{A})=-40\ \text{V}$$

$$B=\frac{u_1}{-i_2}\bigg|_{u_2=0}=\frac{40\ \text{V}}{1\ \text{A}}=40\ \Omega$$

$$C=\frac{i_1}{u_2}\bigg|_{i_2=0}$$

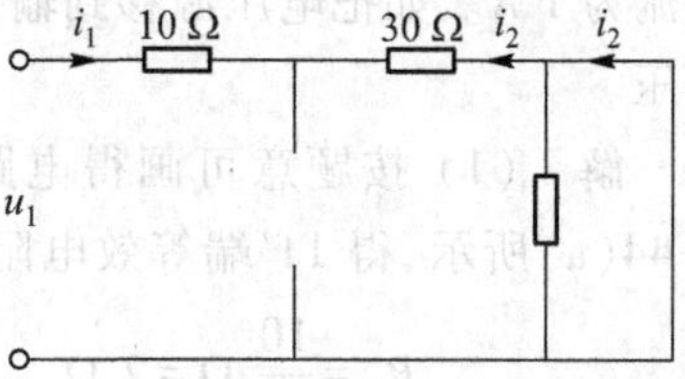

图题解 4-42(2)

由图题解 4-42(a)，当 $i_2=0$ 时

$$i_1=\mu u_2+\frac{u_2}{30\ \Omega}$$

设 $u_2=1$ V，则

$$i_1=\mu+\frac{1}{30}=\left(\frac{1}{60}+\frac{1}{30}\right)\ \text{A}=\frac{1}{20}\ \text{A}$$

$$C=\frac{1/20\ \text{A}}{1\ \text{V}}=\frac{1}{20}\ \text{S}$$

由图题解 4-42(b)，当 $u_2=0$ 时，并设 $i_2=1$ A

$$i_1=-i_2=-1\ \text{A}$$

$$D=\frac{i_1}{-i_2}\bigg|_{u_2=0}=\frac{-1\ \text{A}}{-1\ \text{A}}=1$$

注：只需记住六种类型双口 VCR，即可知悉相应双口参数的定义。以上两题解答，均是先列写 VCR，即此意。在求参数时，结合工作状态，根据相应的电路图，就是一个一般的电路求解问题。考虑到参数都是根据有关变量的比值来定义的，有时，设定一个变量为一单位，可能更容易找到另一变量的对应值。类似题 4-9 的思路。

§4-10 互易双口 对称双口

4-43 互易双口的输入电流为 2 A 时，输入端电压为 10 V 而输出端电压为 5 V。如把电流源移到输出端，同时在输入端跨接 5 Ω 电阻，求 5 Ω 电阻中的电流。(提示：应用互易定理推论和戴维南定理。)

解 (1) 按题意可画得电路如图题解 4-43(a)所示。该网络从 11′端求得的等效电阻为

$$R_0=\frac{10}{2}\ \Omega=5\ \Omega$$

(2) 用互易定理可得图题解 5-8(b)，则 11′端的开路电压 $u_{OC}=5$ V。

(3) 在 11′端接 5 Ω 电阻后，$i=\dfrac{u_{OC}}{5+5}=0.5$ A。

4-44　互易双口的输入电压为 10 V 时，输入端电流为 5 A，而输出端的短路电流为 1 A。如把电压源移到输出端同时在输入端跨接 2 Ω 电阻，求 2 Ω 电阻的电压。

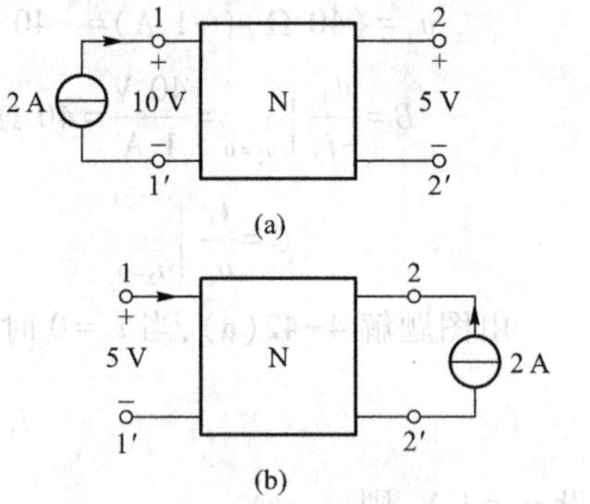

图题解 4-43

解　(1) 按题意可画得电路如图题解 4-44(a)所示，得 11′端等效电阻为

$$R_0=\frac{10}{5}\ \Omega=2\ \Omega$$

(2) 用互易定理可得图题解 4-44(b)，则 11′端的短路电流 $i_{SC}=1$ A。

(3) 在 11′端接 2 Ω 电阻后，

$$u_{11'}=\left(\frac{2\times2}{2+2}\times1\right)\ \text{V}=1\ \text{V}$$

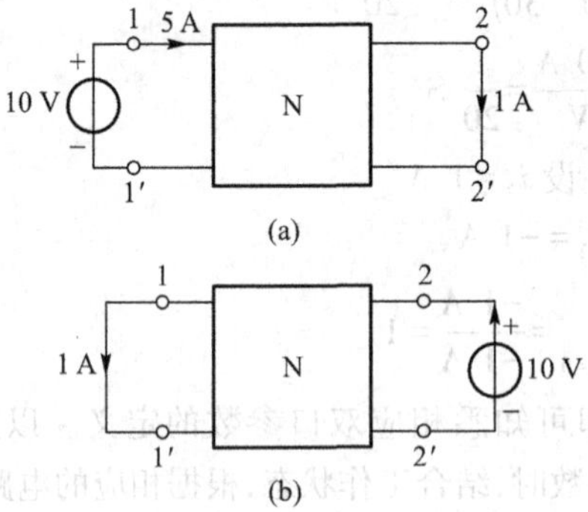

图题解 4-44

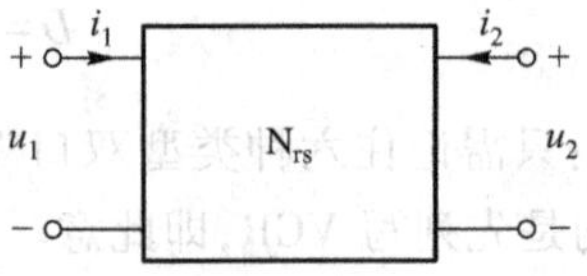

图题 4-32

4-45　互易、对称双口 N_{rs} 如图题 4-32，试填写附表中空白处。至少选用两种参数。

情况	i_1/A	u_1/V	i_2/A	u_2/V
Ⅰ	5	20	−1	0
Ⅱ	0		9.6	40
Ⅲ	−3			10
Ⅳ		50	5	

解　(1) 选用 h 参数 VCR 解题

$$u_1=h_{11}i_1+h_{12}u_2$$
$$i_2=h_{21}i_1+h_{22}u_2$$

由情况Ⅰ，可得 $u_2=0$ 时

$$h_{11}=\frac{u_1}{i_1}\bigg|_{u_2=0}=\frac{20\ \text{V}}{5\ \text{A}}=4\ \Omega$$

$$h_{21}=\frac{i_2}{i_1}\bigg|_{u_2=0}=\frac{-1\ \text{A}}{5\ \text{A}}=-\frac{1}{5}$$

互易网络

$$h_{12}=-h_1=\frac{1}{5}$$

对称网络

$$\Delta_h=1$$

即
$$h_{11}h_{22}-h_{21}h_{12}=4h_{22}+\frac{1}{25}=1$$

得
$$h_{22}=\frac{1}{4}\left(\frac{24}{25}\right)\ \text{S}=\frac{6}{25}\ \text{S}$$

情况Ⅱ

$$u_1=h_{11}i_1+h_{12}u_2=h_{12}u_2=\frac{1}{5}（40）\ \text{V}=8\ \text{V}$$

情况Ⅲ

$$u_1=h_{11}i_1+h_{12}u_2=(4\ \Omega)(-3\ \text{A})+\left(\frac{1}{5}\right)(10\ \text{V})$$
$$=-10\ \text{V}$$

$$i_2=h_{21}i_1+h_{22}u_2=\left(-\frac{1}{5}\right)(-3\ \text{A})+\left(\frac{6}{25}\ \text{S}\right)(10\ \text{V})$$
$$=3\ \text{A}$$

情况Ⅳ

$$u_1=(4\ \Omega)i_1+\frac{1}{5}u_2=50$$

即
$$0.4i_1+0.02u_2=5 \qquad ①$$

$$i_2=-\frac{1}{5}i_1+\frac{6}{25}u_2=5$$

即
$$-0.4i_1+0.48u_2=10 \qquad ②$$

①+②得
$$0.5u_2=15$$
$$u_2=30\ \text{V}$$

以 u_2 代入①得

$$i_1=11\ \text{A}$$

（2）选用 g 参数 VCR 解题

$$i_1=g_{11}u_1+g_{12}u_2$$

$$i_2=g_{21}u_1+g_{22}u_2$$

由情况Ⅰ，可得 $u_2=0$ 时

$$g_{11}=\frac{5\ \text{A}}{20\ \text{V}}=\frac{1}{4}\ \text{S}$$

$$g_{21}=\frac{-1\ \text{A}}{20\ \text{V}}=-\frac{1}{20}\ \text{S}$$

互易网络

$$g_{12}=g_{21}=-\frac{1}{20}\ \text{S}$$

对称网络

$$g_{22}=g_{11}=\frac{1}{4}\ \text{S}$$

情况Ⅱ

$$\left(\frac{1}{4}\ \text{S}\right)u_1-\left(\frac{1}{20}\ \text{S}\right)(40)=0$$

$$u_1=8\ \text{V}$$

情况Ⅲ

$$\left(\frac{1}{4}\ \text{S}\right)u_1-\left(\frac{1}{20}\ \text{S}\right)(10\ \text{V})=-3$$

$$u_1=-10\ \text{V}$$

$$i_2=-\left(\frac{1}{20}\ \text{S}\right)(-10\ \text{V})+\left(\frac{1}{4}\ \text{S}\right)(10\ \text{V})$$

$$=3\ \text{A}$$

情况Ⅳ

$$i_1=\left(\frac{1}{4}\ \text{S}\right)(50\ \text{V})-\left(\frac{1}{20}\ \text{S}\right)u_2 \qquad ③$$

$$i_2=-\left(\frac{1}{20}\ \text{S}\right)(50\ \text{V})+\left(\frac{1}{4}\ \text{S}\right)u_2=5 \qquad ④$$

由④得　　$u_2=30\ \text{V}$

代入①得　　$i_1=11\ \text{A}$

注：注意与题 4-39 的差别。

§4-11　端接双口

4-46　已知图题 4-33 双口 N 的 g 参数：$g_{11}=0.4\ \text{S}$、$g_{12}=-0.002\ \text{S}$、$g_{21}=-5\ \text{S}$、$g_{22}=0.04\ \text{S}$。试求 A_i、A_u、R_i 和对负载而言的戴维南等效电路。

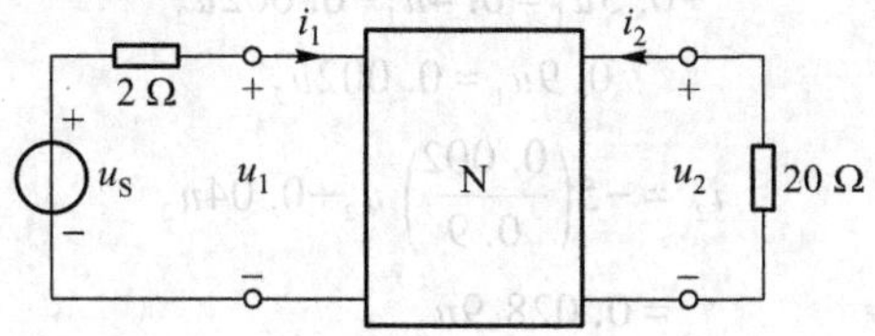

图题 4-33

解 列出 g 参数方程

$$i_1 = 0.4u_1 - 0.002u_2 \quad ①$$

$$i_2 = -5u_1 + 0.04u_2 \quad ②$$

端口方程：

$$u_1 = u_S - 2i_1 \quad ③$$

$$u_2 = -20i_2 \quad ④$$

（1）100×①+8×②得

$$100i_1 + 8i_2 = 0.12u_2 \quad ⑤$$

④代入⑤ $$100i_1 = -2.4i_2 - 8i_2$$

$$A_i = \frac{i_2}{i_1} = -\frac{100}{10.4} = -9.62$$

（2）由④得

$$i_2 = -\frac{u_2}{20}$$

代入②得

$$-\frac{u_2}{20} = -5u_1 + 0.04u_2 \quad ⑥$$

由此可得

$$A_u = \frac{u_2}{u_1} = \frac{5}{0.09} = 55.6$$

（3）由①得

$$i_1 = 0.4u_1 - 0.002(A_u u_1)$$
$$= (0.4 - 0.111)u_1 = 0.289u_1$$

输入电阻 $$R_i = \frac{u_1}{i_1} = \frac{1}{0.289} = 3.46\ \Omega$$

（4）戴维南等效电阻 R_0

即求 $u_S = 0$ 时 u_2/i_2：

由③ $$u_1 = -2i_1,\quad 即\ i_1 = -0.5u_1$$

代入①
$$-0.5u_1=0.4u_1-0.002u_2$$
即
$$0.9u_1=0.002u_2$$
代入②
$$i_2=-5\left(\frac{0.002}{0.9}\right)u_2+0.04u_2$$
$$=0.0289u_2$$
$$R_0=\frac{u_2}{i_2}=\frac{1}{0.0289}\ \Omega=34.6\ \Omega$$

(5) u_{OC}

即求移去 20 Ω 时端口电压 u_2，此时 $i_2=0$

由③
$$u_1=u_S-2i_1,\text{即 } i_1=0.5u_S-0.5u_1$$
代入①
$$0.5u_S=0.9u_1-0.00u_{OC}$$
由②
$$-5u_1+0.04u_{OC}=0$$
上两式消去 u_1 得
$$2.5u_S=0.026u_{OC}$$
$$u_{OC}=\frac{2.5u_S}{0.026}=96.2u_S\ \text{V}$$

注：如例 4-25 和本题所示，求解端接双口问题，在列出双口方程和端口方程（共 4 个方程）后，无非是消去不需要的端口变量，保留需要的端口变量，代数作业而已！条件允许，可利用表 4-4！例如，求 u_{OC}，在表中查得
$$u_{OC}=-g_{21}u_S/g_{22}+\Delta_g R_S$$
$$=5u_S/0.04+(0.006)(2)=96.2u_S$$
式中 $\Delta_g=g_{11}g_{22}-g_{12}g_{21}=0.006$。

4-47　试求图题 4-34 所示双口的 h 参数。若该双口的 11′端口外接电压源，其内阻 $R_S=200\ \Omega$，试求 22′端口的输出电阻 R_0。

解
$$u_1=h_{11}i_1+h_{12}u_2$$
$$i_2=h_{21}i_1+h_{22}u_2$$
$$h_{11}=\frac{u_1}{i_1}\bigg|_{u_2=0}=1\ \text{k}\Omega$$

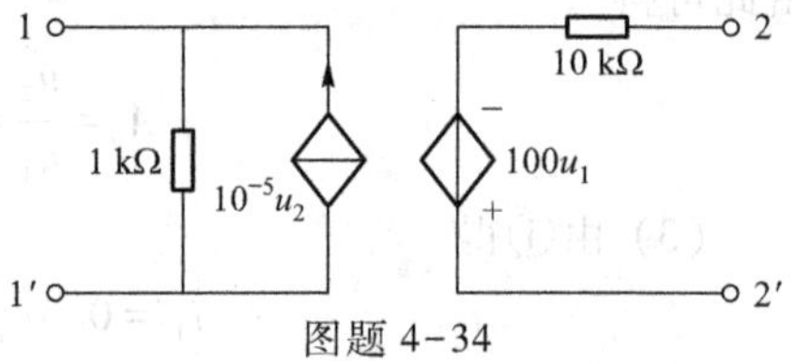

图题 4-34

$$h_{12}=\frac{u_1}{u_2}\bigg|_{i_1=0}=\frac{10^{-5}u_2(10^3)}{u_2}=10^{-2}$$
$$h_{21}=\frac{i_2}{i_1}\bigg|_{u_2=0}=\frac{100u_1/10^4}{u_1/10^3}=\frac{10^{-2}}{10^{-3}}=10$$
$$h_{22}=\frac{i_2}{u_2}\bigg|_{i_1=0}$$
图题 4-34 中，若 $i_1=0$，则

$$u_1=(10^{-5}u_2)(10^3\ \Omega)=10^{-2}u_2 \qquad ①$$

$$u_2=10^4 i_2-100u_1 \qquad ②$$

①代入②

$$u_2=10^4 i_2-100(10^{-2}u_2)$$
$$=10^4 i_2-u_2$$

即

$$2u_2=10^4 i_2 \qquad i_2=2\times10^{-4}u_2$$

$$h_{22}=\frac{2\times10^{-4}u_2}{u_2}=2\times10^{-4}\ \mathrm{S}$$

由表 4-4

$$R_O=\frac{h_{11}+R_S}{h_{22}R_S+\Delta_h}$$

$$\Delta_h=h_{11}h_{22}-h_{12}h_{21}=10^3\times2\times10^{-4}-10^{-2}\times10$$
$$=2\times10^{-1}-10^{-1}=10^{-1}$$
$$h_{22}R_S=2\times10^{-4}\times2\times10^2=4\times10^{-2}$$
$$h_{22}R_S+\Delta_h=4\times10^{-2}+10^{-1}=14\times10^{-2}$$
$$h_{11}+R_S=10^3+2\times10^2=1.2\times10^3$$

$$R_O=\frac{1.2\times10^3}{14\times10^{-2}}\ \Omega=8.57\ \mathrm{k\Omega}$$

4-48　双口输入端口接电流源,其电流为 70.7 μA,并联的内阻为 1 kΩ,输出端口接电阻负载,其电阻值为 10 kΩ。已知双口网络的传输参数为 $A=5\times10^{-4}$,$B=-10\ \Omega$,$C=-10^{-6}\ \mathrm{S}$,$D=-10^{-2}$。

(1) 求负载的功率;

(2) 求为获得最大功率,负载电阻应多大?

(3) 求满足(2)的条件时,负载的功率。

解　电路如图题解 4-48 所示。

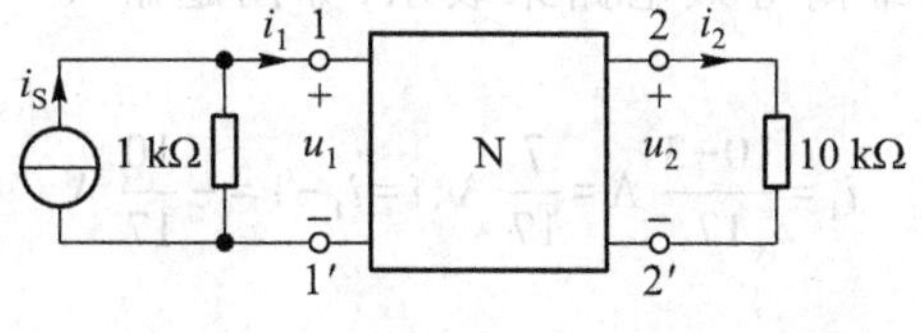

图题解 4-48

(1) 传输参数方程为

$$u_1=5\times10^{-4}u_2-10i_2 \qquad ①$$

$$i_1=-10^{-6}u_2-10^{-2}i_2 \qquad ②$$

端口方程为

$$u_1=(i_S-i_1)\times 10^3 \quad ③$$

$$u_2=10^4 i_2 \quad ④$$

解出 $u_2=-4\times 10^5 i_S$

$$p_L=\frac{u_2^2}{R_L}=[(-4\times 10^5\times 70.7\times 10^{-6})^2\times 10^{-4}]\ \text{W}=80\ \text{mW}$$

(2) 断开负载并置 i_S 为零值，在 22′端施加电压源 u_2，求输出电阻 R_0，方程为

$$u_1=5\times 10^{-4}u_2-10i_2$$

$$i_1=-10^{-6}u_2-10^{-2}i_2$$

$$u_1=-10^3 i_1$$

得 $u_2=-4\times 10^4 i_2$

$$R_0=\frac{u_2}{-i_2}=40\ \text{k}\Omega,$$

当 $R_L=40\ \text{k}\Omega$ 时能获得最大功率。

(3) 将④式改为 $u_2=40\times 10^3 i_2$

解出

$$u_2=-10^6 i_S$$

$$p_{L\max}=\frac{u_2^2}{40\times 10^3}=125\ \text{mW}$$

综　合

4-49 图题 4-35 所示网络 N 中含电源及线性电阻，试根据图(a)、(b)中的电压、电流数据确定图(c)中的电压 u。

解 将 N 用戴维南等效电路来表示，如图题解 4-49 所示。对图题解 4-35(a)所示电路

$$i_1=\frac{10-3}{17}\ \text{A}=\frac{7}{17}\ \text{A},\ i=i_1-1=-\frac{10}{17}\ \text{A}$$

则有

$$u_S+\frac{10}{17}R_0=10\ \text{V} \quad ①$$

对图题解 4-49(b)所示电路

$$i_1=\frac{4-3}{17}\ \text{A}=\frac{1}{17}\ \text{A},\quad i=i_1+4=\frac{69}{17}\ \text{A}$$

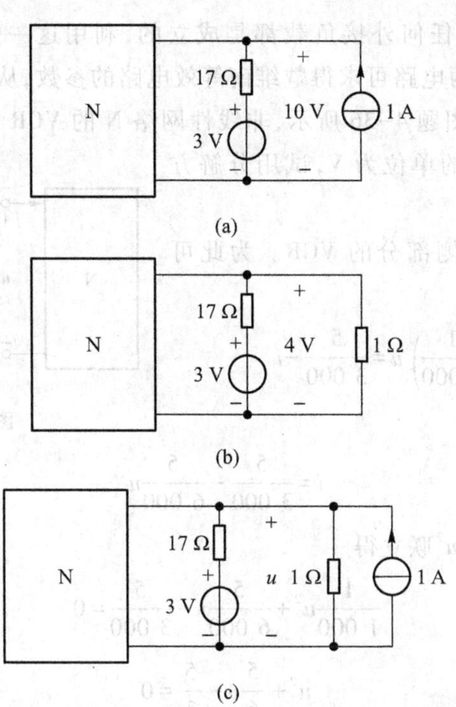

图题 4-35

则有

$$u_S - \frac{69}{17}R_0 = 4 \qquad ②$$

由①、②两式解得

$$R_0 = 1.29\ \Omega, u_S = 9.24\ \text{V}$$

对图题解 4-49(c)所示电路可列出节点方程

$$\left(\frac{1}{R_0}+\frac{1}{17}+1\right)u = \frac{u_S}{R_0}+\frac{3}{17}+1$$

$$u = 4.547\ \text{V}$$

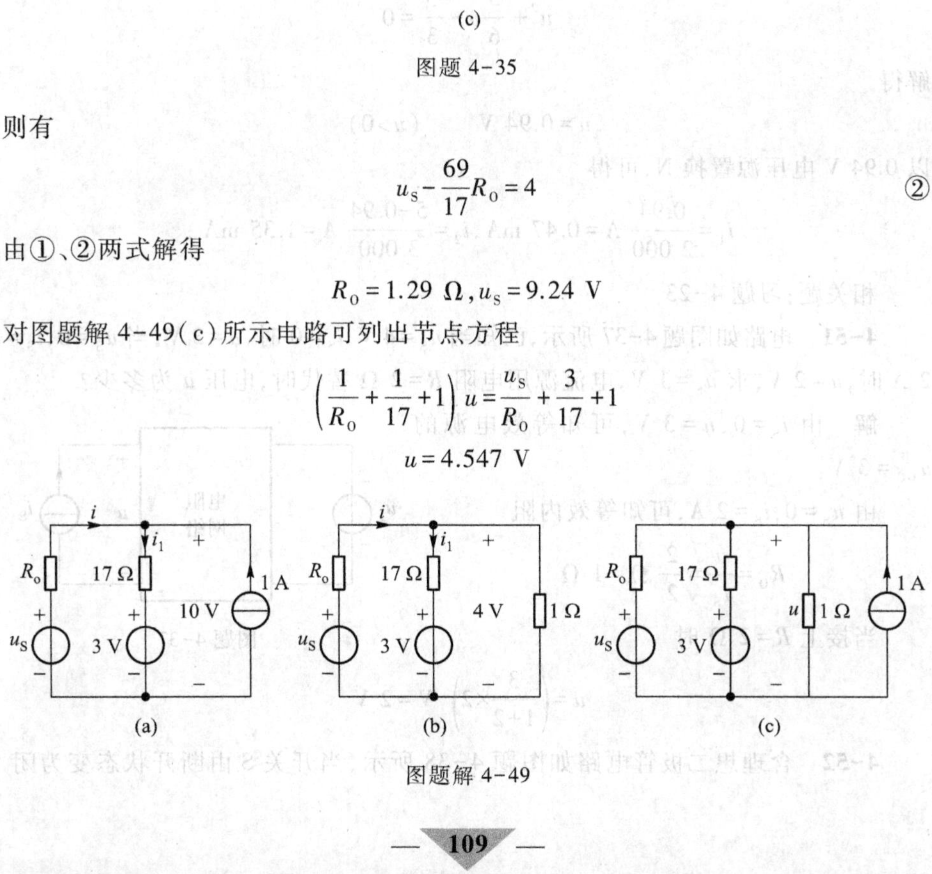

图题解 4-49

注:等效电路对任何外接负载都是成立的,利用这一重要概念,从图题解4-49(a)、(b)所示两电路可求得戴维南等效电路的参数,从而解出本题。

4-50　电路如图题4-36所示,非线性网络N的VCR为$i=10^{-3}u^2$、$u>0$,式中i的单位为A,u的单位为V,试用分解方法求u和i_1、i_2。

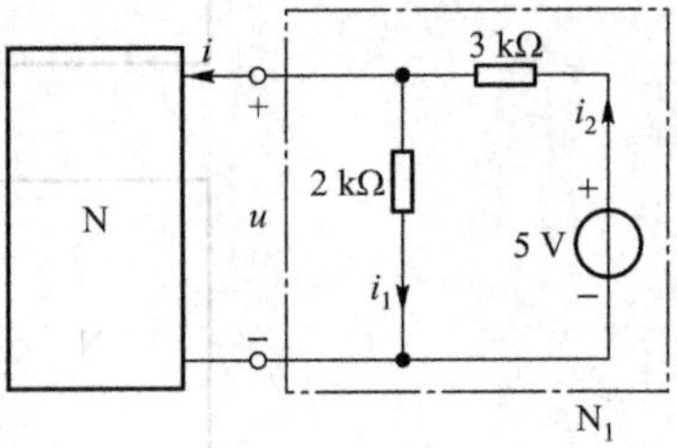

图题 4-36

解　求电路右侧部分的VCR。为此可列出节点方程

$$\left(\frac{1}{2\ 000}+\frac{1}{3\ 000}\right)u=\frac{5}{3\ 000}-i$$

得

$$i=\frac{5}{3\ 000}-\frac{5}{6\ 000}u$$

与N的VCR $i=10^{-3}u^2$联立得

$$\frac{1}{1\ 000}u^2+\frac{5}{6\ 000}u-\frac{5}{3\ 000}=0$$

$$u^2+\frac{5}{6}u-\frac{5}{3}=0$$

解得

$$u=0.94\ \text{V}\qquad (u>0)$$

以0.94 V电压源置换N,可得

$$i_1=\frac{0.94}{2\ 000}\ \text{A}=0.47\ \text{mA},\ i_2=\frac{5-0.94}{3\ 000}\ \text{A}=1.35\ \text{mA}$$

相关题:习题4-23

4-51　电路如图题4-37所示,已知当$u_S=4$ V,$i_S=0$时,$u=3$ V;当$u_S=0$,$i_S=2$ A时,$u=2$ V,求$u_S=1$ V,电流源用电阻$R=2\ \Omega$替代时,电压u为多少?

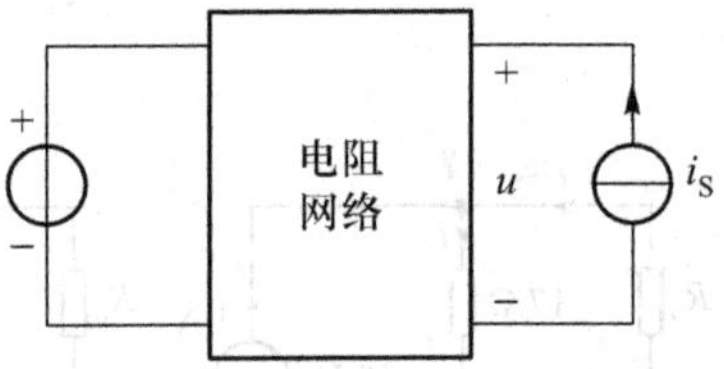

图题 4-37

解　由$i_S=0$,$u=3$ V,可知等效电源的$u_{OC}=3$ V。

由$u_S=0$,$i_S=2$ A,可知等效内阻

$$R_0=\frac{u}{i_S}=\frac{2}{2}\ \Omega=1\ \Omega$$

当接上$R=2\ \Omega$时

$$u=\left(\frac{3}{1+2}\times 2\right)\ \text{V}=2\ \text{V}$$

4-52　含理想二极管电路如图题4-38所示,当开关S由断开状态变为闭

合状态时二极管将

(1) 由截止变为导通

(2) 由导通变为截止

(3) 保持导通

(4) 保持截止

你将选择哪一答案？计算二极管电流。

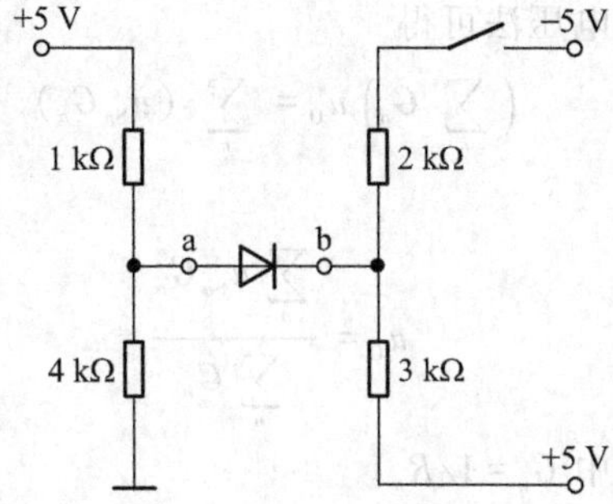

图题 4-38

解　断开二极管支路,分别求得开关断开时和闭合时的戴维南等效电压源,主要是它的极性。

开关断开时:

$$U_a=(5\ \text{V})\left(\frac{4}{4+1}\right)=4\ \text{V}$$

$$U_b=5\ \text{V}$$

$$U_{ab}=U_a-U_b=-1\ \text{V}$$

二极管处于截止状态,因为它的正极处于负电位。

开关闭合时

$$U_a=4\ \text{V}$$

$$U_b=-(5\ \text{V}+5\ \text{V})\left(\frac{3}{3+2}\right)+5\ \text{V}=-1\ \text{V}$$

$$U_{ab}=U_a-U_b=4\ \text{V}-(-1\ \text{V})=5\ \text{V}$$

二极管处于导通状态,因为它的正极处于正电位。

选择(1)。如果要求出流过二极管的电流,则必须求得戴维南等效电阻 R_o。以 kΩ 计,R_o可求得如下

$$R_o=\left(\frac{4\times1}{4+1}+\frac{3\times2}{3+2}\right)\ \text{k}\Omega=2\ \text{k}\Omega$$

导通时二极管电流为

$$\frac{5\ \text{V}}{2\ \text{k}\Omega}=2.5\ \text{mA}$$

相关题:习题 4-22

4-53　弥尔曼(Millman)定理　试表明图题 4-39 所示电路中

$$u_O=\frac{\sum_n u_{Sn}G_n}{\sum_n G_n}$$

式中 $G_n=1/R_n$。

解　把每条电压源与电阻串联的支路化为电流源与电阻并联的组合,例如

支路 1 可化为由电流源 u_{S1}/R_1（电流箭头向上）与电阻 R_1 并联组成。然后，由节点电压法可得

$$\left(\sum_n G_n\right)u_O=\sum_n\left(u_{Sn}G_n\right)$$

即

$$u_O=\frac{\sum_n u_{Sn}G_n}{\sum_n G_n}$$

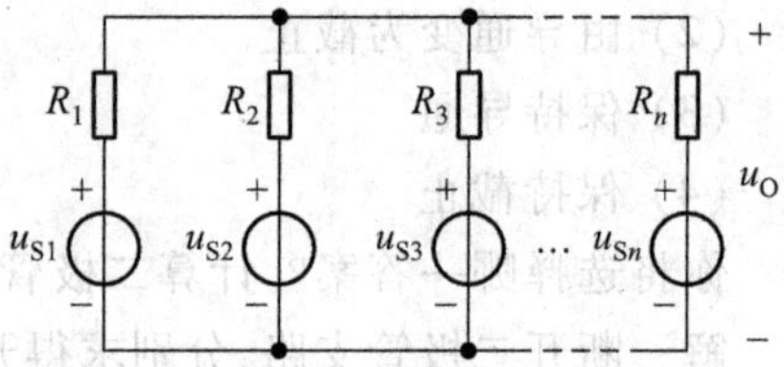

图题 4-39

式中 $G_n=1/R_n$。

注：对含有伴电压源的电路，在运用节点电压法时均可在化为电流源后再做。本式可作为公式直接使用。参看 § 2-2 脚注。

相关题：习题 2-11

第五章

电容元件与电感元件

本章要点

1. 电容元件与电感元件属动态元件。它们的一个显著特征是:一般来说,元件的电压波形与电流波形是不一致的。因此,研究它们的波形关系成为习题一个重要内容。

对电阻元件,除非是非线性或时变元件,电压波形与电流波形是一致的。因此,对线性、时不变元件,毋需研究波形问题。但在基础性质的电路分析课程中,对线性、时不变动态元件却不然。波形变换和形成是电工、电子技术中的一项重要任务。

对线性、时不变动态元件,在正弦波情况下,电压、电流波形是一致的,但又带出了新的问题:振幅关系和相位关系,这是正弦稳态分析的基本命题,这在电路分析课程中都是要被专门讨论的(教材第八章)。

2. 动态元件具有两个重要性质,即连续性质和记忆性质。对电容元件,这两个性质体现在电压上;对电感元件体现在电流上,不能混淆。亦即,对电容元件,除非在冲激电流作用下,电压波形是连续的;对电感元件,除非在冲激电压作用下,电流波形是连续的。有些教材,用“换路定律”来说明这一性质。对电容元件,任一时刻 t 的电压,是 t 以前所有电流作用的结果;对电感元件,任一时刻 t 的电流,是 t 以前所有电压作用的结果。这就是记忆性质,可以用图 5-7、5-15 所示的 $t \geqslant t_0$ 的等效电路来表明,t_0 是研究问题的起始时刻。

教材图 5-7 是根据电容的 VCR 得来的,即

$$u_C(t)=u_C(t_0)+\frac{1}{C}\int_{t_0}^{t} i\,\mathrm{d}\xi=U_0+\frac{1}{C}\int_{t_0}^{t} i\mathrm{d}\xi$$

$u_C(t_0)$ 为 t_0 以前所有电流作用的结果,用电压源 $u_C(t_0)=U_0$ 表示,有自己的正、负号,后一项积分表示在 i 和 u_C 为关联参考方向时,零初始电压电容的 VCR。类似地,图 5-15 是根据电感的 VCR 得来的,即

$$i_L(t)=i_L(t_0)+\frac{1}{L}\int_{t_0}^{t} u\,\mathrm{d}\xi=I_0+\frac{1}{L}\int_{t_0}^{t} u\mathrm{d}\xi$$

不论是在本章的习题解答中,或在随后的动态电路习题解答中,图 5-7、5-15是很有用的。

3. 动态元件这两个重要性质来自它们的储能本质。在集总参数电路中,电场集总于电容元件,磁场集总于电感元件,而电场和磁场均可储藏能量。在 u_C(或 i_L)的变化过程中,储能亦随之变化,但储能是非负的。储能增长时,功率 p 为正,储能减少时,功率 p 为负,储能不变时,功率 p 为零,因此 p 是可正、可负,也可为零的。

4. 电容电压 u_C、电感电流 i_L 分别反映电路内电场储能、磁场储能的即时状况,称为状态变量。

习题解答

§5-1　电容的 VCR

5-1　(1) 1 μF 电容的端电压为 $100\cos(1\,000t)$ V,试求 $i(t)$。u 与 i 波形是否相同?最大值、最小值是否发生在同一时刻?

(2) 10 μF 电容的电流为 $10\mathrm{e}^{-100t}$ mA,若 $u(0)=-10$ V,试求 $u(t)$,$t>0$。

解　(1) $i_C=C\dfrac{\mathrm{d}u_C}{\mathrm{d}t}=10^{-6}\times100[-\sin(1\,000t)]\times1\,000\ \mathrm{A}=-0.1\sin(1\,000t)\,\mathrm{A}$,

u 和 i 波形相同,但最大值、最小值并不同时发生。

(2) $$u_C=\frac{1}{C}\int_0^t i_C\mathrm{d}t+u_C(0)=\left[10^5\int_0^t 10^{-2}\mathrm{e}^{-100t}\mathrm{d}t+(-10)\right]\ \mathrm{V}$$

$$=\left(-10\mathrm{e}^{-100t}\Big|_0^t-10\right)\ \mathrm{V}=-10\mathrm{e}^{-100t}\ \mathrm{V}$$

5-2　考虑漏电现象,电容器可以用一个电容 C 与漏电阻 R 并联的电路作为模型。若某电容器的模型中 $C=0.1$ μF,$R=150$ kΩ,外施电压如图题5-1所示,试绘出电容器电流的波形。

解

$$u=\begin{cases}50t\ \mathrm{V} & 0\leqslant t\leqslant 2\ \mathrm{ms}\\ 100\ \mathrm{V} & 2\ \mathrm{ms}\leqslant t\leqslant 3\ \mathrm{ms}\\ -100(t-4)\ \mathrm{V} & 3\ \mathrm{ms}\leqslant t\leqslant 4\ \mathrm{ms}\\ 0 & t\geqslant 4\ \mathrm{ms}\end{cases}$$

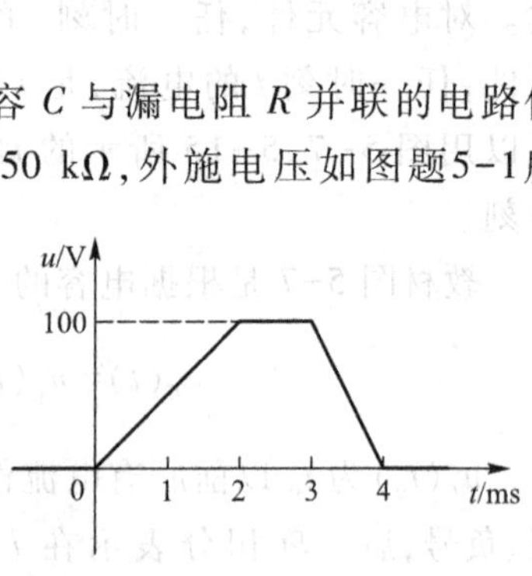

图题 5-1

$$i_C=C\frac{\mathrm{d}u_C}{\mathrm{d}t}=\begin{cases}(10^{-7}\times 50\times 10^{3})\ \mathrm{A}=5\ \mathrm{mA}\\ 10^{-7}\times 0=0\\ [10^{-7}\times(-100\times 10^{3})]\ \mathrm{A}=-10\ \mathrm{mA}\\ 10^{-7}\times 0=0\end{cases}$$

波形如图题解 5-2 所示。注意:u 和 i 波形不同。

注:一般来说,动态元件 u 和 i 波形不同,这与电阻元件全然不同。习题5-1是例外,这两种情况,分别将在下一章和第八章遇到。

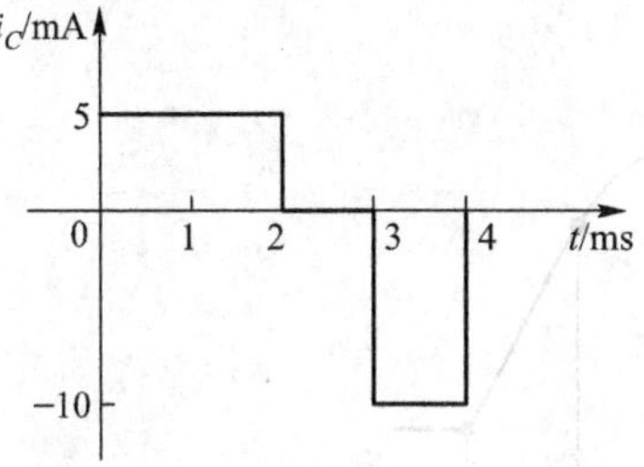

图题解 5-2

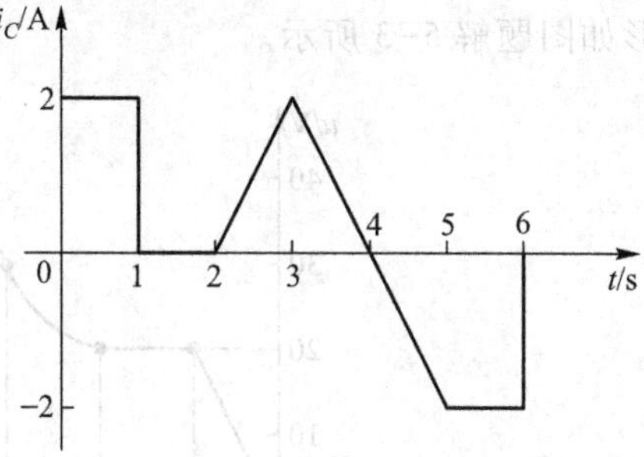

图题 5-2

5-3 0.1 F 电容的电流如图题 5-2 所示,若 $u(0)=0$,试绘出电容电压的波形。

解

$$u_C=\frac{1}{C}\int_0^t i_C\mathrm{d}t+u_C(0)$$

$$i_C(t)=\begin{cases}2\ \mathrm{A} & 0<t<1\ \mathrm{s}\\ 0 & 1\ \mathrm{s}<t<2\ \mathrm{s}\\ 2(t-2)\ \mathrm{A} & 2\ \mathrm{s}<t<3\ \mathrm{s}\\ -2(t-4)\ \mathrm{A} & 3\ \mathrm{s}<t<5\ \mathrm{s}\\ -2\ \mathrm{A} & 5\ \mathrm{s}<t<6\ \mathrm{s}\\ 0 & t>6\ \mathrm{s}\end{cases}$$

$0<t<1$ s　　$u_C=\frac{1}{0.1}\int_0^t 2\mathrm{d}t+0=20t$ V,　　$u_C(1)=20$ V

1 s$<t<$2 s　　$u_C=10\int_1^t 0\mathrm{d}t+20=20$ V,　　$u_C(2)=20$ V

2 s$<t<$3 s　　$u_C=10\int_2^t(2t-4)\mathrm{d}t+20=10\int_2^t\mathrm{d}t^2-10\int_2^t 4\mathrm{d}t+20$

$$=(10t^2-40t+60)\ \text{V},\quad u_C(3)=30\ \text{V}$$

$3\ \text{s}<t<5\ \text{s}$ $\quad u_C=-10\int_3^t 2(t-4)\,dt+30=-10\int_3^t dt^2+10\int_3^t 8dt+30$

$$=(-10t^2+80t-120)\ \text{V},\quad u_C(5)=30\ \text{V}$$

$5\ \text{s}<t<6\ \text{s}$ $\quad u_C=10\int_5^t(-2)\,dt+30=(-20t+130)\ \text{V},\quad u_C(6)=10\ \text{V}$

$t>6\ \text{s}$ $\quad u_C=(0+10)\ \text{V}=10\ \text{V}$

波形如图题解 5-3 所示。

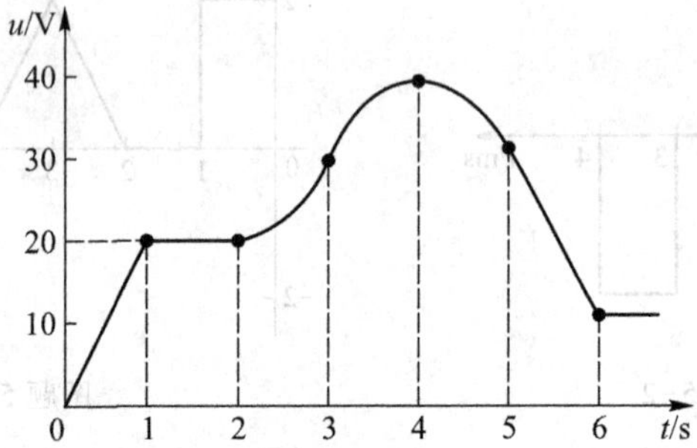

图题解 5-3

§5-2　电容电压的连续性质和记忆性质

5-4　流过 1.25 μF 电容的电流波形（对所有 t），如图题 5-3 所示，求 $t>-1$，$t>0$ 和 $t>2$ 时电容的等效电路。又，$t=0_+$时等效电路如何？

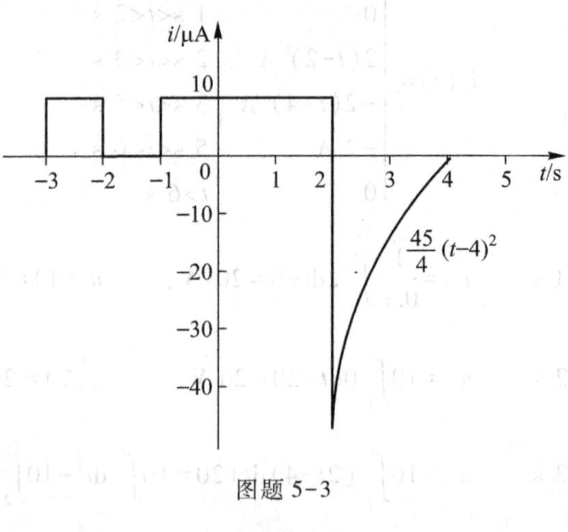

图题 5-3

解　(1) $t>-1$ 时,

$$u_C(t)=\frac{1}{C}\int_{-\infty}^{t} i\mathrm{d}t$$

$$=u_C(-1)+\frac{1}{C}\int_{-1}^{t} i\mathrm{d}t$$

其中

$$u_C(-1)=\frac{1}{C}\int_{-\infty}^{-1} i\mathrm{d}t=\frac{1}{C}\int_{-3}^{-2} 10\mathrm{d}t$$

$$=\frac{10}{1.25}\ \mathrm{V}=8\ \mathrm{V}$$

得 $t>-1$ 时的等效电路如图题解 5-4(a)所示。

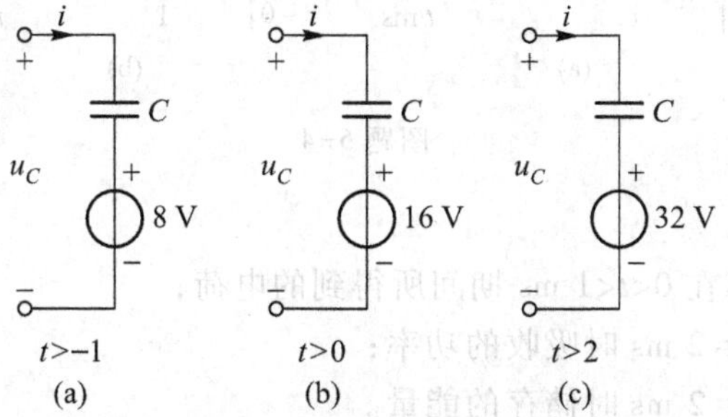

图题解 5-4

(2) $t>0$ 时,

$$u_C(0)=u_C(-1)+\frac{1}{C}\int_{-1}^{0} i\mathrm{d}t$$

$$=(8+8)\ \mathrm{V}=16\ \mathrm{V}$$

$$u_C(t)=u_C(0)+\frac{1}{C}\int_{0}^{t} i\mathrm{d}t$$

得 $t>0$ 时的等效电路如图题解 5-4(b)所示。

(3) $t>2$ 时,

$$u_C(2)=u_C(0)+\frac{1}{C}\int_{0}^{2} i\mathrm{d}t=(16+16)\ \mathrm{V}=32\ \mathrm{V}$$

$$u_C(t)=u_C(2)+\frac{1}{C}\int_{2}^{t} i\mathrm{d}t$$

得 $t>2$ 时的等效电路如图题解 5-4(c)所示。各等效电路中 C 均为1.25 μF,所流经的 i 分别为图题 5-3 中 $t>-1$、$t>0$ 和 $t>2$ 时的电流,其余时刻 i 均分别为零。C 的初始电压均为零。

(4) $t=0_+$时,等效电路为 16 V 电压源。

注:希望能很好体会本题内容,对学习下一章是很重要的。这是本章最重要

的一道题。初始时刻选择不同,等效电路不同,$t>5$ 如何?

§5-3 电容的储能

5-5 图题 5-4 所示为一电容的电压和电流波形。

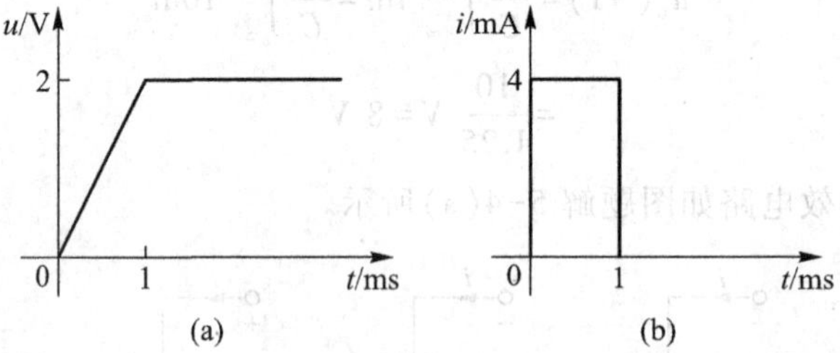

图题 5-4

(1) 求 C;

(2) 计算电容在 $0<t<1$ ms 期间所得到的电荷;

(3) 计算在 $t=2$ ms 时吸收的功率;

(4) 计算在 $t=2$ ms 时储存的能量。

解 (1) $i=C\dfrac{du}{dt}$

由图题 5-4(a)可得

$$0<t\leqslant 1\text{ ms},\quad u(t)=2\times10^3t\quad \frac{du}{dt}=2\times10^3$$

所以
$$C=i\Big/\frac{du}{dt}=\frac{4\times10^{-3}}{2\times10^3}\text{ F}=2\ \mu\text{F}$$

(2)
$$q=\int_{-\infty}^{t}i\mathrm{d}t$$

由图题 5-4(b)可得

$$q=\int_0^{10^{-3}}4\times10^{-3}\mathrm{d}t=4\times10^{-3}t\Big|_0^{10^{-3}}=4\times10^{-6}\text{ C}=4\ \mu\text{C}$$

或,由于已算得 $C=2\ \mu$F,可用 $q=Cu$,算得

$$q=(2\times10^{-6}\times2)\text{ C}=(4\times10^{-6})\text{ C}=4\ \mu\text{C}$$

此处 q、u 均为 $t=1$ ms 时的值。

(3) $p=ui$,$t=2$ ms 时, $u=2$ V,$i=0$

所以 $t=2$ ms 时,$p=0$。表明此时储能没有变化。

(4) $u=\dfrac{dw}{dq}$,$w=\int u\mathrm{d}q$。在 $0\leqslant t\leqslant 1$ ms 时,$u=2\times10^3t$

$$q=4\times10^{-3}t,\mathrm{d}q=4\times10^{-3}\mathrm{d}t,$$

$$w=\int_0^{10^{-3}}u\mathrm{d}q=4t^2\Big|_0^{10^{-3}}=4\times10^{-6}\ \mathrm{J}=4\ \mu\mathrm{J}$$

在 1 ms 后 q 值不再变化，所以所求 2 ms 时的储能即为 4 μJ。

或，代用公式 $w=\dfrac{1}{2}Cu^2$，可得　$w=4\ \mu\mathrm{J}$

注：仅根据图题 5-4(a)、(b)和 $i=\dfrac{\mathrm{d}q}{\mathrm{d}t}$，$u=\dfrac{\mathrm{d}w}{\mathrm{d}q}$，即可求得结果。但在肯定 C 值后，利用仅适用于电容的有关公式，可十分方便地求得结果。电容的个性寓于共性之中。

5-6　作用于 25 μF 电容的电流如图题 5-5 所示。若 $u(0)=0$，试确定：(1) $t=17$ ms 及(2) $t=40$ ms 时的电压，吸收功率以及储能各为多少？

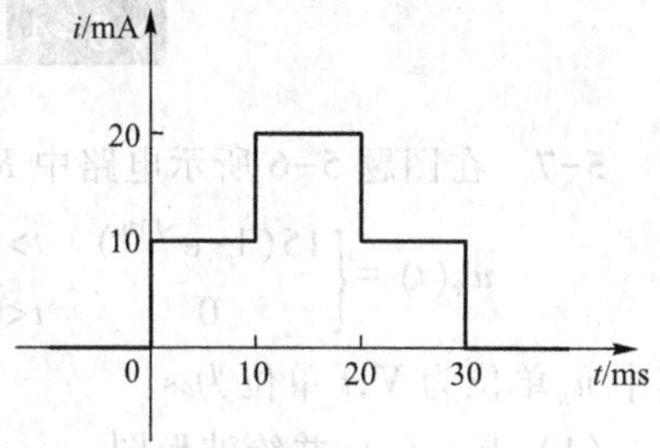

图题 5-5

解　(1)　$u_C=\dfrac{1}{C}\displaystyle\int_0^t i\mathrm{d}t+u_C(0)$

$$i=\begin{cases}10\ \mathrm{mA} & 0<t<10\ \mathrm{ms}\\ 20\ \mathrm{mA} & 10\ \mathrm{ms}<t<20\ \mathrm{ms}\\ 10\ \mathrm{mA} & 20\ \mathrm{ms}<t<30\ \mathrm{ms}\\ 0\ \mathrm{mA} & t>30\ \mathrm{ms}\end{cases}$$

$0<t<10$ ms

$$u_C=\frac{1}{25\times10^{-6}}\int_0^t 10\times10^{-3}\mathrm{d}t+0=\left(\frac{2}{5}\times10^3t\right)\ \mathrm{V}$$

$$u(10)=4\ \mathrm{V}$$

10 ms$<t<$20 ms

$$u_C=\frac{1}{25\times10^{-6}}\int_{10}^t 20\times10^{-3}\mathrm{d}t+4=\left(\frac{4}{5}\times10^3t-4\right)\ \mathrm{V}$$

$$u(20)=(16-4)\ \mathrm{V}=12\ \mathrm{V}$$

20 ms$<t<$30 ms

$$u_C=\frac{1}{25\times10^{-6}}\int_{20}^t 10\times10^{-3}\mathrm{d}t+12=\left(\frac{2}{5}\times10^3t+4\right)\ \mathrm{V}$$

$$u(30)=(12+4)\ \mathrm{V}=16\ \mathrm{V}$$

$t>30$ ms

$$u_C=(0+16)\ \mathrm{V}=16\ \mathrm{V}$$

当 $t=17$ ms 时，$u_C=\left(\dfrac{4}{5}\times10^3\times17\times10^{-3}-4\right)\ \mathrm{V}=9.6\ \mathrm{V}$

$$w_C=\frac{1}{2}Cu_C^2=\left(\frac{1}{2}\times25\times10^{-6}\times9.6^2\right)\ \text{J}=1.152\ \text{mJ}$$

$$p=ui=(9.6\times20\times10^{-3})\ \text{W}=192\ \text{mW}$$

（2）$t=40$ ms 时

$$u_C=16\ \text{V}$$

$$p=ui=0$$

$$w=\left(\frac{1}{2}\times25\times10^{-6}\times16^2\right)\ \text{J}=3.2\ \text{mJ}$$

§5-4 电感的 VCR

5-7 在图题 5-6 所示电路中 $R=1\ \text{k}\Omega$，$L=100$ mH，若

$$u_R(t)=\begin{cases}15(1-\text{e}^{-10^4t}) & t>0\\ 0 & t<0\end{cases}$$

其中 u_R 单位为 V，t 单位为 s。

（1）求 $u_L(t)$，并绘波形图；

（2）求电源电压 $u_S(t)$。

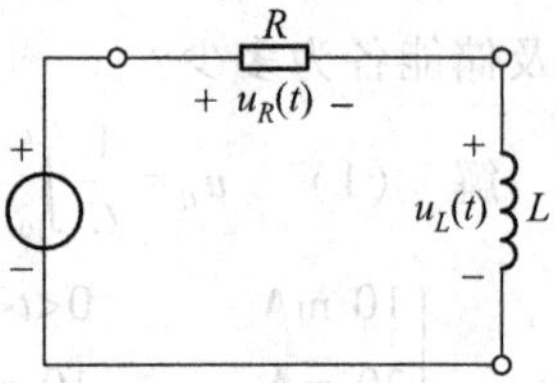

图题 5-6

解 （1） $i_L=\frac{u_R}{R}=15(1-\text{e}^{-10^4t})$ mA

$$u_L=L\frac{\text{d}i}{\text{d}t}=(100\times10^{-3}\times15\times10^4\times\text{e}^{-10^4t}\times10^{-3})\ \text{V}$$

$$=15\text{e}^{-10^4t}\ \text{V}$$

（2） $u_S=u_R+u_L=(15-15\text{e}^{-10^4t}+15\text{e}^{-10^4t})\ \text{V}=15\ \text{V}$

§5-5 电容与电感的对偶性 状态变量

5-8 在关联参考方向下某电感的电流及电压波形如图题 5-7 所示。

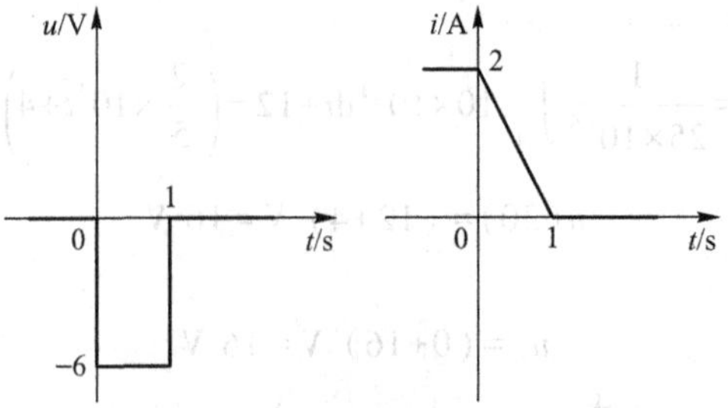

图题 5-7

（1）试求电感 L；

（2）试求在 $0<t<1$ s 期间的 $w_L(t)$；

（3）如果所示波形图时间轴的单位由秒改变为毫秒，重复（1）、（2）所求内容。[§2-2(4)]

解 （1）$u=L\dfrac{\mathrm{d}i}{\mathrm{d}t}$，当 $0<t<1$ s 时，

$$i=(2-2t)\ \mathrm{A},\qquad u_L=-6\ \mathrm{V}$$

$$L=\frac{u}{\dfrac{\mathrm{d}i}{\mathrm{d}t}}=\frac{-6}{-2}\ \mathrm{H}=3\ \mathrm{H}$$

（2）
$$w=\frac{1}{2}Li^2=\left[\frac{1}{2}\times3\times(2-2t)^2\right]\ \mathrm{J}$$
$$=(6t^2-12t+6)\ \mathrm{J}\qquad(0<t<1\ \mathrm{s})$$

（3）如 t 单位改为 ms 则

$$L=\frac{u}{\dfrac{\mathrm{d}i}{\mathrm{d}t\times10^{-3}}}=\left(\frac{-6}{-2}\times10^{-3}\right)\ \mathrm{H}=3\ \mathrm{mH}$$

$$w=\frac{1}{2}Li^2=\left[\frac{1}{2}\times3\times10^{-3}\times(2-2t)^2\right]\ \mathrm{J}$$
$$=(6t^2-12t+6)\ \mathrm{mJ}$$

5-9 2 mH 电感的电压如图题5-8所示，已知：$i=0$、$t<-5$ ms

（1）试绘出 $-5\ \mathrm{ms}<t<20\ \mathrm{ms}$ 期间电感电流波形（设电流、电压为关联参考方向）；

（2）在什么时刻电感中的储能为最大？储能的最大值是多少？

（3）绘 $t\geqslant0$ 时该电感的等效电路。

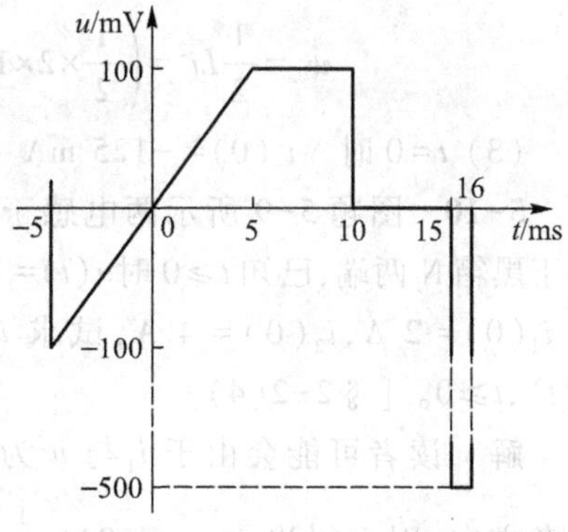

图题 5-8

解 （1）
$$u_L=\begin{cases}20t\ \mathrm{mV} & -5\ \mathrm{ms}<t<5\ \mathrm{ms}\\ 100\ \mathrm{mV} & 5\ \mathrm{ms}<t<10\ \mathrm{ms}\\ 0 & 10\ \mathrm{ms}<t<15\ \mathrm{ms}\\ -500\ \mathrm{mV} & 15\ \mathrm{ms}<t<16\ \mathrm{ms}\\ 0 & t>16\ \mathrm{ms}\end{cases}$$

$$i_L=\frac{1}{L}\int_0^t u_L\mathrm{d}t+i(0)$$

当 -5 ms$<t<5$ ms 时，

$$i_L=\frac{1}{2\times10^{-3}}\int_{-5}^{t}20t\times10^{-3}\mathrm{d}t\times10^{-3}+i(-5)=(5t^2-125)\ \mathrm{mA}$$

$$i(5)=0\ \mathrm{mA}$$

当 5 ms$<t<10$ ms

$$i_L=\frac{1}{2\times10^{-3}}\int_{5}^{t}100\times10^{-3}\mathrm{d}t\times10^{-3}+i(5)=(50t-250)\ \mathrm{mA}$$

$$i(10)=250\ \mathrm{mA}$$

当 10 ms$<t<15$ ms

$$i_L=0+i(10)=250\ \mathrm{mA}$$

$$i(15)=250\ \mathrm{mA}$$

当 15 ms$<t<16$ ms

$$i_L=\frac{1}{2\times10^{-3}}\int_{15}^{t}-500\times10^{-3}\mathrm{d}t\times10^{-3}+250$$

$$=[250(16-t)]\ \mathrm{mA}$$

$$i(16)=0$$

得 i_L 波形如图题解 5-9 所示。

（2）在 10~15 ms 期间电感电流最大，电感储能也最大，

$$w_L=\frac{1}{2}Li^2=\left(\frac{1}{2}\times2\times10^{-3}\times250^2\times10^{-6}\right)\ \mathrm{J}=62.5\ \mu\mathrm{J}$$

（3）$t=0$ 时 $i_L(0)=-125$ mA

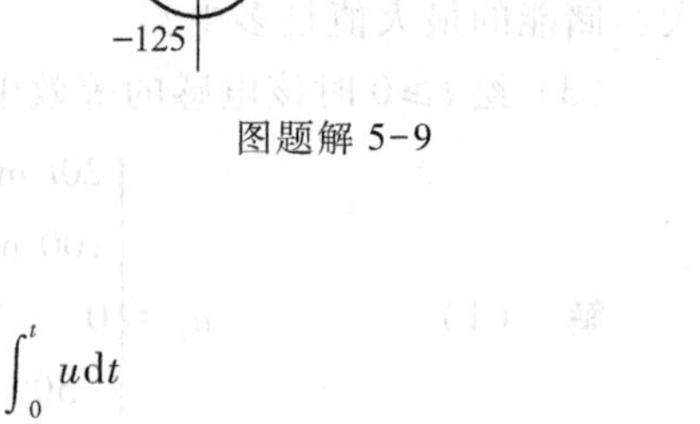

图题解 5-9

5-10 图题 5-9 所示两电感于 $t=0$ 时接于黑箱 N 两端，已知 $t\geqslant0$ 时 $u(t)=12e^{-t}$ V，且 $i_1(0)=2$ A，$i_2(0)=4$ A，试求 $i_1(t)$ 和 $i_2(t)$，$t\geqslant0$。[§2-2(4)]

解 读者可能会由于 i_1 与 u 为非关联参考方向，因而得出 $i_1=-i_1(0)-\frac{1}{3}\int_0^t u\mathrm{d}t$，这是错误的！$i_1(0)$ 为常量，方向如图题解 5-10所示，与 $u(t)$ 极性无关。应为

$$i_1(t)=i_1(0)-\frac{1}{3}\int_0^t u\mathrm{d}t$$

如用 $t\geqslant0$ 的等效电路（教材图 5-17），则更为明显。由图题解 5-10 可得

$$i_1(t)=2+i=2-\frac{1}{3}\int_0^t u\mathrm{d}t$$

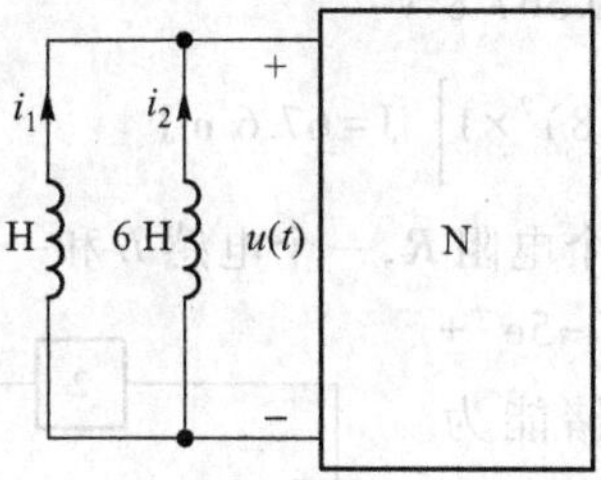

图题 5-9

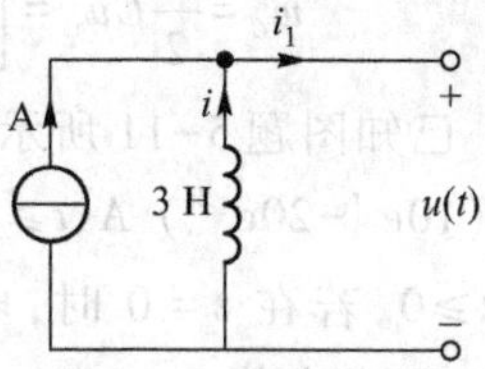

图题解 5-10

其中 i 与 u 为非关联参考方向,故取负号。故得

$$i_1(t)=2-\frac{12}{3}\int_0^t \mathrm{e}^{-\xi}\mathrm{d}\xi=2+4\mathrm{e}^{-\xi}\Big|_0^t=[2+4(\mathrm{e}^{-t}-1)]\ \mathrm{A}$$

$$=(-2+4\mathrm{e}^{-t})\ \mathrm{A}\quad t\geqslant 0$$

同理 $$i_2(t)=(2+2\mathrm{e}^{-t})\ \mathrm{A}\quad t\geqslant 0$$

综　合

5-11　图题 5-10 所示电路中,已知 $u_C(t)=t\mathrm{e}^{-t}$ V。(1) 求 $i(t)$ 及 $u_L(t)$,求 $u_L(t)$ 要求用两种不同方法。(2) 求电容储能达最大值的时刻,并求最大储能是多少?

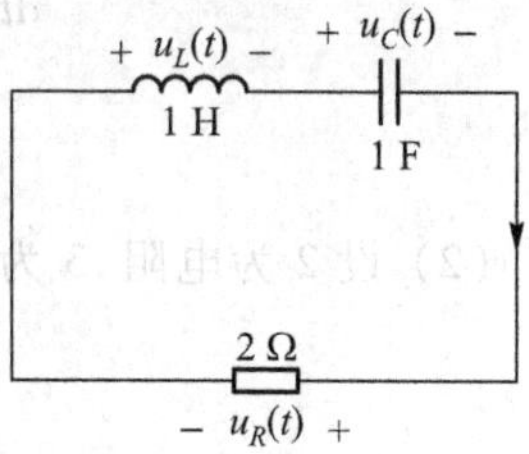

图题 5-10

解　(1)　$$i=C\frac{\mathrm{d}u_C}{\mathrm{d}t}=\frac{\mathrm{d}}{\mathrm{d}t}(t\cdot \mathrm{e}^{-t})=(1-t)\mathrm{e}^{-t}\ \mathrm{A}$$

方法一:$u_R=Ri=2(1-t)\mathrm{e}^{-t}$ V

由 KVL

$$u_L=-(u_C+u_R)=-(t\mathrm{e}^{-t}+2\mathrm{e}^{-t}-2t\mathrm{e}^{-t})$$

$$=(t-2)\mathrm{e}^{-t}\ \mathrm{V}$$

方法二:$$u_L=L\frac{\mathrm{d}i}{\mathrm{d}t}=\frac{\mathrm{d}}{\mathrm{d}t}(1-t)\mathrm{e}^{-t}=-\mathrm{e}^{-t}-(1-t)\mathrm{e}^{-t}$$

$$=(t-2)\mathrm{e}^{-t}\ \mathrm{V}$$

(2)　$$w_C=\frac{1}{2}Cu_C^2=\frac{1}{2}Ct^2\cdot \mathrm{e}^{-2t}$$

当 $\frac{\mathrm{d}w_C}{\mathrm{d}t}=0$ 时,储能达最大值,即

$$\frac{\mathrm{d}w_C}{\mathrm{d}t}=\frac{\mathrm{d}}{\mathrm{d}t}\left(\frac{t^2}{2}\mathrm{e}^{-2t}\right)=t\mathrm{e}^{-2t}-t^2\mathrm{e}^{-2t}=t(1-t)\mathrm{e}^{-2t}=0$$

w_C 为极大值时 $1-t=0$,即当 $t=1$ s 时,w_C 有最大值

$$u_C(1)=\mathrm{e}^{-1}=0.367\ 8\ \mathrm{V}$$

此时
$$w_C=\frac{1}{2}Cu_C^2=\left[\frac{1}{2}(0.367\ 8)^2\times1\right]\ \mathrm{J}=67.6\ \mathrm{mJ}$$

5-12　已知图题 5-11 所示电路由一个电阻 R，一个电感 L 和一个电容 C 组成。$i(t)=(10\mathrm{e}^{-t}-20\mathrm{e}^{-2t})$ A，$t\geqslant0$；$u_1(t)=(-5\mathrm{e}^{-t}+20\mathrm{e}^{-2t})$ V，$t\geqslant0$。若在 $t=0$ 时，电路的总储能为 25 J，试求 R、L、C 之值。

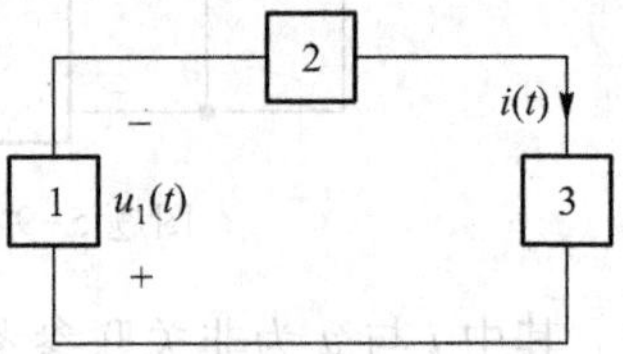

图题 5-11

解　(1) 先确定 1 中的元件，若是电阻 R，则

$$R=\frac{u_1(t)}{i(t)}=\frac{-5\mathrm{e}^{-t}(1-4\mathrm{e}^{-t})}{10\mathrm{e}^{-t}(1-2\mathrm{e}^{-t})}\ \Omega$$

从表示式可知为一时变电阻，不合题意。

若是电容 C，则

$$i_C(t)=C\frac{\mathrm{d}u_1(t)}{\mathrm{d}t}=C(5\mathrm{e}^{-t}-40\mathrm{e}^{-2t})=(10\mathrm{e}^{-t}-20\mathrm{e}^{-2t})\ \mathrm{A}$$

$$C=\frac{10\mathrm{e}^{-t}(1-2\mathrm{e}^{-t})}{5\mathrm{e}^{-t}(1-8\mathrm{e}^{-t})}\ \mathrm{F}$$

从表示式可知为一时变元件，也不合题意。

若是电感 L，则

$$u_1(t)=L\frac{\mathrm{d}i(t)}{\mathrm{d}t}=L(-10\mathrm{e}^{-t}+40\mathrm{e}^{-2t})=(-5\mathrm{e}^{-t}+20\mathrm{e}^{-2t})\ \mathrm{V}$$

则

$$L=0.5\ \mathrm{H}$$

(2) 设 2 为电阻，3 为电容，则有 $t=0$ 时，

$$i(0)=(10-20)\ \mathrm{A}=-10\ \mathrm{A}$$
$$u(0)=(-5+20)\ \mathrm{V}=15\ \mathrm{V}$$

电感储能
$$w_L=\frac{1}{2}Li^2(0)=\left(\frac{1}{2}\times\frac{1}{2}\times100\right)\ \mathrm{J}=25\ \mathrm{J}$$

据题意电容在 $t=0$ 时储能应为零，即　$u_C(0)=0$

所以
$$R=\frac{15}{10}\ \Omega=1.5\ \Omega$$

(3)
$$u_C(t)=\frac{1}{C}\int_0^t i\mathrm{d}t+u_C(0)=\frac{1}{C}\int_0^t(10\mathrm{e}^{-t}-20\mathrm{e}^{-2t})\mathrm{d}t$$
$$=\frac{1}{C}(10\mathrm{e}^{-2t}-10\mathrm{e}^{-t})$$
$$u_R(t)=Ri(t)=R(10\mathrm{e}^{-t}-20\mathrm{e}^{-2t})$$

$$u_1(t)=-u_R(t)-u_C(t)=\frac{1}{C}(10e^{-t}-10e^{-2t})+R(20e^{-2t}-10e^{-t})$$

$$=(-5e^{-t}+20e^{-2t})\ \text{V}$$

$$\frac{1}{C}(10e^{-t}-10e^{-2t})=-5e^{-t}+20e^{-2t}-30e^{-2t}+15e^{-t}$$

$$=-10e^{-2t}+10e^{-t}$$

所以

$$C=1\ \text{F}$$

第六章

一阶电路

本章要点

求解一阶线性常系数微分方程,本章用了两种方法——直接积分法和猜试法。后一方法应称为经典法,由于其解答中的特解部分常常是根据方程式右端几种常见输入函数的形式加以设定(猜试!),如表 6-4 所示,为突出这一特点,故又名猜试。

§6-2 至§6-5 都采用直接积分法,并结合上章提出的电容、电感等效电路引入动态电路叠加原理。为求严密,在§6-5 最后以选读方式提供了证明,并表明求零状态响应将涉及积分问题(例 6-13)。但§6-2 至§6-5 的习题,只涉及直流或阶跃激励,直接利用教材分析结果即可。这里,须注意两个要点:(1)以 u_C、i_L 为主要求解对象,再运用分解方法求得其他需求对象(§6-1);(2)零输入响应是储能从有到无按指数律衰减的过程;零状态响应是储能从无到有按指数律增长的过程。据此可直接写出 u_C、i_L 的零输入响应和直流、阶跃激励下的零状态响应,进而确定其他电路变量。以此为基础,§6-6 归纳出求解直流一阶电路的简便实用的“三要素法”——抓两头,带中间。“两头”即 $f(0)$ 和 $f(\infty)$,根据“两头”谁大谁小,“带”出“中间”是按指数律衰减、还是增长,从而使问题得到解决。注意到在§6-6 中图 6-47 或(6-38)式中均显示出直流过渡过程的迹象,教材顺势转入宜于分析过渡过程的经典法部分。三要素法本身只是一种很实用的解题技巧,(6-38)式虽能显示瞬态分量和稳态分量,但除状态变量外,并不能分解出零状态分量和零输入分量。教材只讨论了直流和方波的过渡过程。正弦情况留待第八章。其实用方波激励下动态电路的表现来说明过渡过程更加简便、实用,(本版暂作为选读内容)教师不妨一试!打破常规!

从本书第一版起从未提过 20 世纪 50 年代流行于电工类教材的“换路定律”,而只着重强调 u_C、i_L 的连续性质。因为只要没有冲激介入,任何时刻这一性质一直存在,岂只“换路”时刻!号称“定律”,且又突出换路,易使人产生误解！

另外，本章习题利用教材结论即可解决，不必从列写微分方程做起。但表 6-3仍然以求解微分方程的经典法为主体，总结了补解、特解和零输入响应、零状态响应之间的关系，便于查阅，也为下章作准备。但须注意：在该表或(6-38)式中，$x(t)$ 称作“输入函数”，不一定就是电路的激励——电源电压 U_S 或电流 I_S，例如(6-41)式，其中 $x(t)=U_S/\tau$；例 19、其中 $x(t)=U_S/L$ 等。这是由于根据 KVL 或 KCL 列出的一阶微分方程，令其一阶导数的系数为 1 的结果。又如(6-5)式或(6-6)式，等式右端并非就是 U_S 或 I_S，但一定是与 U_S 或 I_S 有关的一项动态电路输入。本书所称“激励”的含义见教材(上)P107。

习题解答

§6-1 分解方法在动态电路分析中的运用

6-1 图题 6-1 两电路中，$R_1=100\ \Omega$，$R_2=200\ \Omega$，$R_3=300\ \Omega$，$L=2\ \text{mH}$，$C=1\ \mu\text{F}$。

(1) 把各电路中除动态元件以外的部分化简为戴维南或诺顿等效电路；

(2) 利用化简后的电路列出图中所注明输出量 u 或 i 的微分方程。

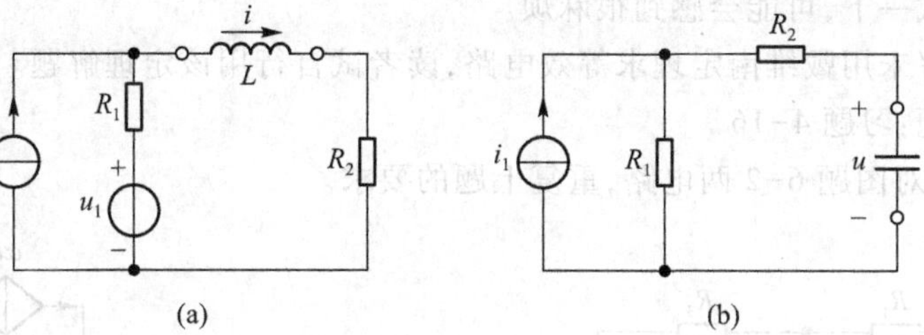

图题 6-1

解 (1) 对图题 6-1(a)所示电路，见图题解 6-1(1)。题解利用了有伴电压源与有伴电流源的等效变换，可视为 §4-5 的一次复习。

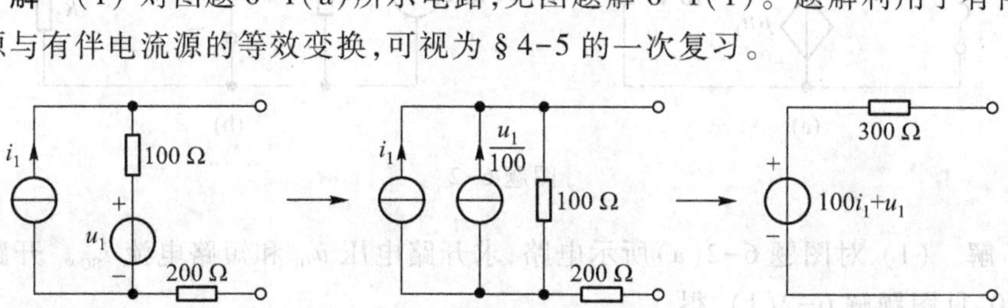

图题解 6-1(1)

对图题 6-1(b)所示电路,见图题解 6-1(2)。

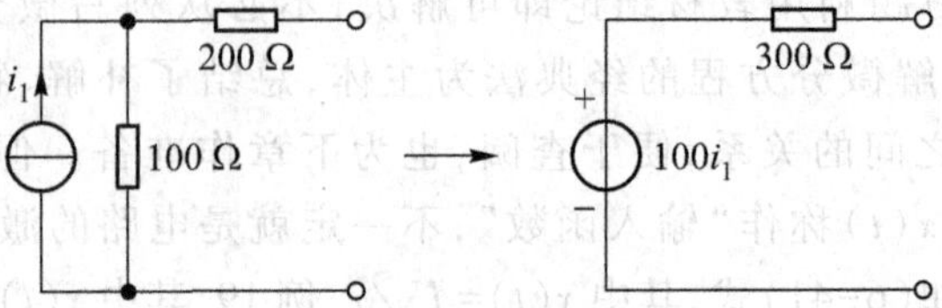

图题解 6-1(2)

(2) 列出各电路的微分方程。

图题 6-1(a)有

$$2\times10^{-3}\frac{\mathrm{d}i}{\mathrm{d}t}+300i=100i_1+u_1$$

$$\frac{\mathrm{d}i}{\mathrm{d}t}+1.5\times10^5 i=500(100i_1+u_1)$$

图题 6-1(b)有

$$300C\frac{\mathrm{d}u}{\mathrm{d}t}+u=100i_1$$

$$3\times10^{-4}\frac{\mathrm{d}u}{\mathrm{d}t}+u=100i_1$$

注:如果不利用分解方法,而是就原电路列写所需方程,读者不妨利用两类约束关系试一下,可能会感到很麻烦。

本题解未用戴维南定理求等效电路,读者试自行用该定理解题。

相关题:习题 4-16

6-2 对图题 6-2 两电路,重复上题的要求。

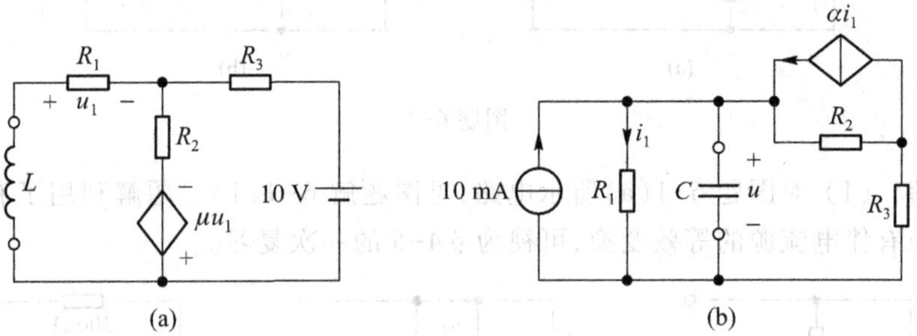

图题 6-2

解 (1) 对图题 6-2(a)所示电路,求开路电压 u_{OC} 和短路电流 i_{SC}。开路时 $u_1=0$,见图题解 6-2(1),得

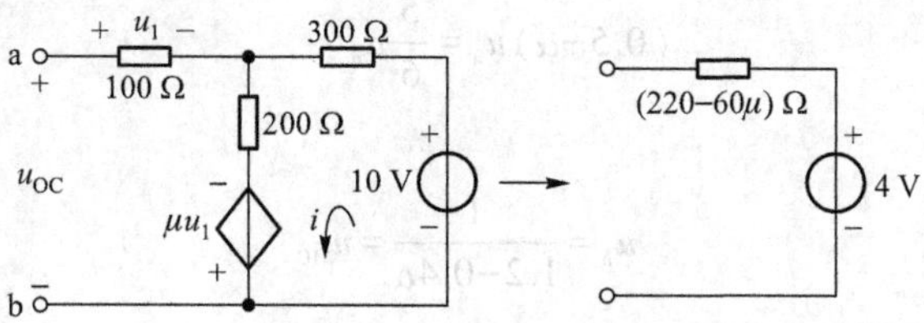

图题解 6-2(1)

$$u_{OC}=\left(\frac{10}{300+200}\times200\right)\ \text{V}=4\ \text{V}$$

将 ab 短路，短路电流为 i_{SC}，可列出网孔方程

$$500i-200i_{SC}=10+\mu u_1$$

$$-200i+300i_{SC}=-\mu u_1$$

$$u_1=-100i_{SC}$$

解得

$$i_{SC}=\frac{0.2}{11-3\mu}$$

$$R_{ab}=\frac{u_{OC}}{i_{SC}}=\frac{4}{\dfrac{0.2}{11-3\mu}}=(220-60\mu)\ \Omega$$

对图题 6-2(b)所示电路，见图题解 6-2(2)，求 u_{ab} 即开路电压。以 b 为参考节点，列节点方程

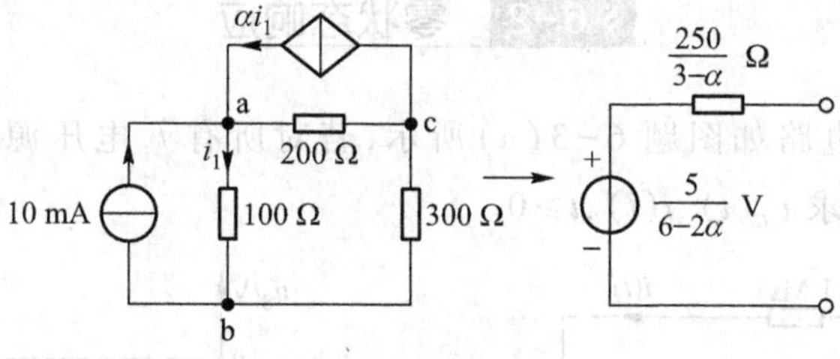

图题解 6-2(2)

$$\left(\frac{1}{100}+\frac{1}{200}\right)u_a-\frac{1}{200}u_c=10^{-2}+\alpha i_1$$

$$-\frac{1}{200}u_a+\left(\frac{1}{200}+\frac{1}{300}\right)u_c=-\alpha i_1$$

$$u_a=100i_1$$

即

$$(1.5-\alpha)u_a-0.5u_c=1$$

$$(0.5-\alpha)u_a=\frac{5}{6}u_c$$

解得

$$u_a=\frac{1}{1.2-0.4\alpha}=u_{OC}$$

将 ab 短路得短路电流 $i_{SC}=10\ \text{mA}$

得

$$R_{ab}=\frac{u_{OC}}{i_{SC}}=\frac{10^2}{1.2-0.4\alpha}=\frac{250}{3-\alpha}$$

(2) 列出各电路微分方程。

对图题 6-2(a)有

$$-L\frac{di}{dt}-(220-60\mu)i=4$$

$$\frac{di}{dt}+(1.1-0.3\mu)\times10^5 i=-2\times10^3$$

对图题 6-2(b)有

$$\frac{250}{3-\alpha}\times C\frac{du_C}{dt}+u_C=\frac{5}{6-2\alpha}$$

$$\frac{du_C}{dt}+(12-4\alpha)\times10^3 u_C=10^4$$

§6-2 零状态响应

6-3 RC 电路如图题 6-3(a)所示,若对所有 t,电压源 u_S 波形如图题 6-3(b)所示,试求 $u_C(t)$、$i(t)$,$t\geqslant0$。

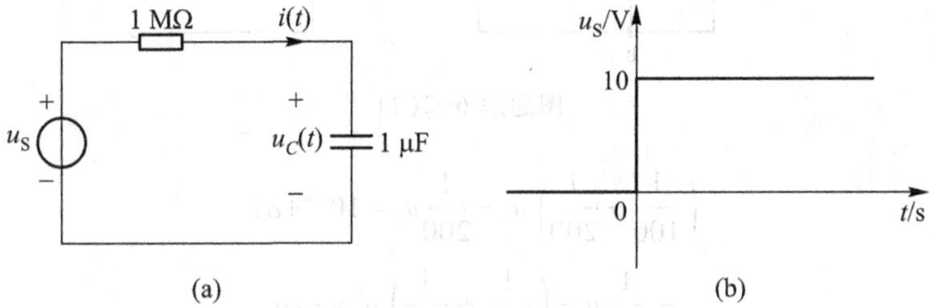

图题 6-3

解 $t\geqslant0$ 时,电路如图题解 6-3 所示。由于 $t\leqslant0$ 时 $u_S=0$,故知

$$u_C(0_+)=u_C(0_-)=0$$

$t\geqslant0$ 时,属零状态响应

$$\tau=RC=(10^6\times10^{-6})\ \mathrm{s}=1\ \mathrm{s}$$

得

$$u_C=10(1-\mathrm{e}^{-t})\ \mathrm{V}\quad t\geqslant0$$

又

$$i=C\frac{\mathrm{d}u_C}{\mathrm{d}t}=(10^{-6}\times10\times\mathrm{e}^{-t})\ \mathrm{A}$$

$$=10^{-5}\mathrm{e}^{-t}\ \mathrm{A}\quad(t\geqslant0)$$

6-4　图题 6-4 所示电路中,各电源均在 $t=0$ 时开始作用于电路,求 $i(t)$。已知电容电压初始值为零。

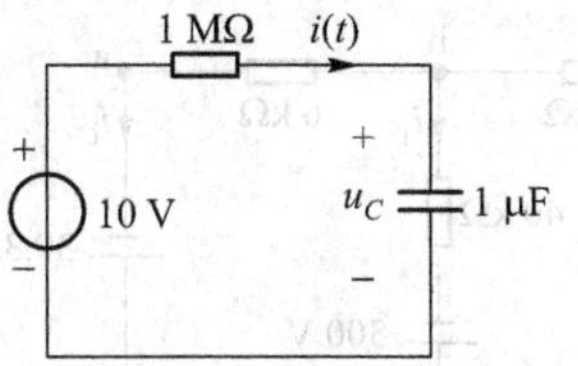

图题解 6-3

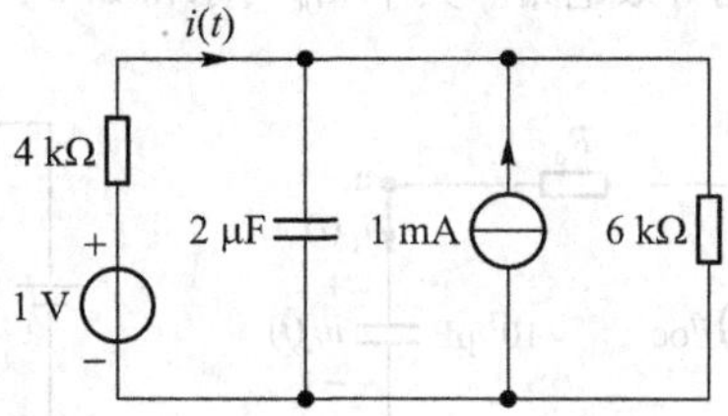

图题 6-4

解　断开电容求戴维南等效电路

$$R_o=\frac{4\times6}{4+6}\ \mathrm{k\Omega}=2.4\ \mathrm{k\Omega}$$

$$\left(\frac{1}{4}+\frac{1}{6}\right)u_{\mathrm{OC}}=\frac{1}{4}+1$$

$$u_{\mathrm{OC}}=3\ \mathrm{V}$$

$$\tau=R_oC=2.4\times10^3\times2\times10^{-6}=4.8\times10^{-3}\ \mathrm{s}$$

$$u_C=u_{\mathrm{OC}}(1-\mathrm{e}^{-\frac{t}{\tau}})\ \mathrm{V}\quad t\geqslant0$$

又

$$1-u_C=4i(t)$$

得

$$i(t)=\frac{1-3+3\mathrm{e}^{-\frac{t}{\tau}}}{4}=\left(\frac{3}{4}\mathrm{e}^{-208.3t}-\frac{1}{2}\right)\ \mathrm{mA}\quad t\geqslant0$$

注:本题声明 $t=0$ 时电源才作用于电路,这就表示 $t\leqslant0$ 时电容电压为零,$t\geqslant0$时属零状态响应。分析动态电路问题时,时间概念特别重要,开始学习时就要注意。题中所称已知电容电压初始值为零,只是一个提醒,以后自己应能判断。

本题和上题都是先求 $u_C(t)$。$u_C(t)$ 必然是从零开始按指数规律增长至

稳态值的，可直接运用正文中 $u_C(t)$ 的公式。其余的变量未必都是按指数规律增长的，在求得 $u_C(t)$ 后再根据两类约束求解。请注意两题中 $i(t)$ 的变化规律。

6-5 电路如图题 6-5 所示，开关在 $t=0$ 时闭合，求 $t=15\ \mu s$ 时 u_a 及各支路电流。

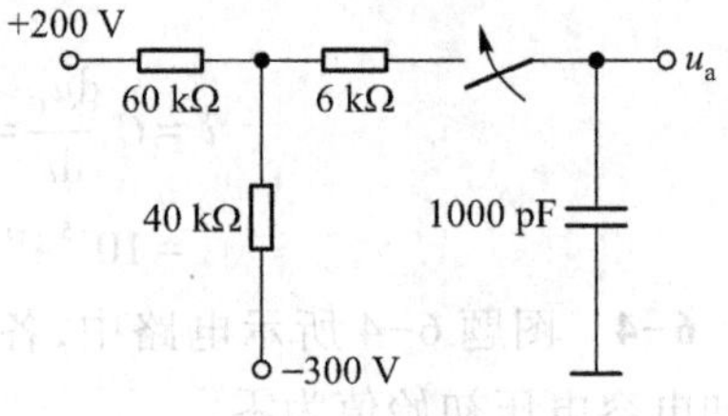

图题 6-5

解 $t<0$ 时开关未闭合，闭合时电容初始电压为零。

运用戴维南定理可得如图题解 6-5(a)所示的等效电路。其中 u_{OC} 可求得如下：

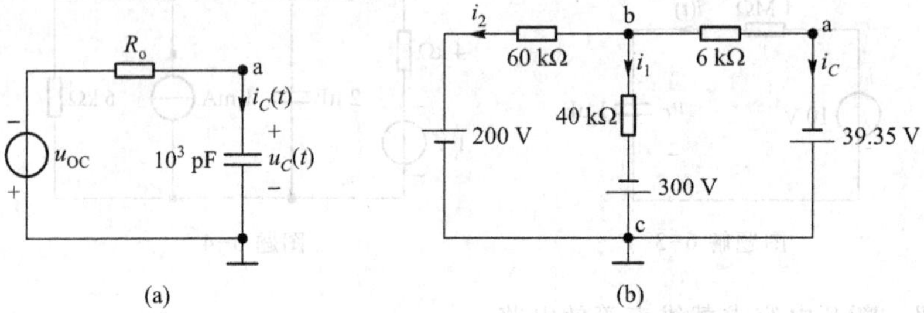

图题解 6-5

电容断开后，6 kΩ 电阻无电流，设剩下的回路中电流为 i_0，则

$$i_0=\frac{(300+200)\ \text{V}}{(60+40)\ \text{k}\Omega}=5\ \text{mA}$$

$$u_{OC}=(40\ \text{k}\Omega)i_0-300\ \text{V}=(200-300)\ \text{V}=-100\ \text{V}$$

$$R_o=6\ \text{k}\Omega+\left(\frac{40\times60}{40+60}\right)\ \text{k}\Omega=30\ \text{k}\Omega$$

$$u_C(t)=u_{OC}(1-e^{-\frac{t}{\tau}})=-100(1-e^{-\frac{t}{\tau}})\ \text{V}$$

其中

$$\tau=R_oC=30\times10^3\times10^3\times10^{-12}\ \text{s}=30\times10^{-6}\ \text{s}$$

$$u_a(t)=u_C(t)$$

$t=15\ \mu s$ 时

$$u_a=-100(1-e^{-\frac{15}{30}})\ \text{V}=-100(1-e^{-0.5})\ \text{V}$$
$$=-100(1-0.606\ 5)\ \text{V}=-39.35\ \text{V}$$

又

$$i_C(t)=C\frac{du}{dt}=10^{-9}\frac{d}{dt}[-100(1-e^{-\frac{t}{\tau}})]$$

$t=15\ \mu s$ 时

$$i_C=10^{-9}\times10^{2}\left(-\frac{10^{6}}{30}\right)(0.606\ 5)\ \text{A}=-\frac{0.606\ 5}{300}\ \text{A}$$
$$=-2.02\ \text{mA}$$

$t=15\ \mu s$ 时,置换电路图如图题解 6-5(b)所示。

$$u_b=[6(-2.02)-39.35]\ \text{V}$$
$$=-51.47\ \text{V}$$

对 i_1 支路:

$$u_b=40\times10^{3}i_1-300\ \text{V}$$

$$i_1=\frac{300-51.47}{40\times10^{3}}\ \text{A}=6.21\ \text{mA}$$

又

$$i_2=-i_C-i_1=[-(-2.02)-6.21]\ \text{mA}=-4.19\ \text{mA}$$

注:本题显示了第四章 §4-6、§4-3 等节的重要性。

6-6 电路如图题 6-6 所示。(1) $t=0$ 时 S_1 闭合(S_2 不闭合),求 $i,t\geqslant0$;(2) 若 $t=0$ 时 S_2 闭合(S_1 不闭合),求 $i,t\geqslant0$。

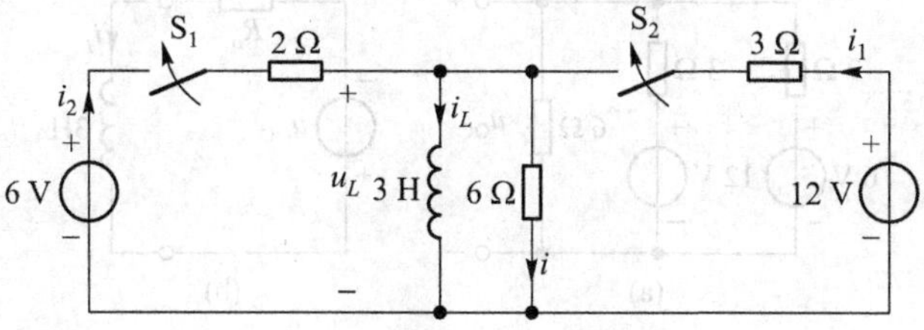

图题 6-6

解 (1) S_1 闭合,断开电感,得戴维南等效电路,其中

$$R_o=\frac{2\times6}{2+6}\ \Omega=1.5\ \Omega$$

$$u_{OC}=\left(\frac{6}{6+2}\times6\right)\ \text{V}=4.5\ \text{V}$$

$$\tau=\frac{L}{R}=\frac{3}{1.5}\ \text{s}=2\ \text{s}$$

$$i_L=\frac{4.5}{1.5}(1-e^{-0.5t})\ \text{A}=3(1-e^{-0.5t})\ \text{A}\quad t\geqslant0$$

$$u_L=L\frac{di_L}{dt}=(3\times3\times0.5e^{-0.5t})\ \text{V}=4.5e^{-0.5t}\ \text{V}\quad t\geqslant0$$

$$i=\frac{u_L}{6}=\frac{3}{4}e^{-0.5t}\ \text{A}\quad t\geqslant 0$$

(2) S_2闭合,断开电感,得戴维南等效电路。

$$R_o=\frac{3\times 6}{3+6}\ \Omega=2\ \Omega,\qquad \tau=\frac{L}{R}=\frac{3}{2}\ \text{s}$$

$$u_{OC}=\left(\frac{6}{6+3}\times 12\right)\ \text{V}=8\ \text{V}$$

$$i_L=\frac{8}{2}(1-e^{-\frac{2}{3}t})\ \text{A}=4(1-e^{-\frac{2}{3}t})\ \text{A}\quad t\geqslant 0$$

$$u_L=L\frac{di_L}{dt}=\left(3\times 4\times\frac{2}{3}\times e^{-\frac{2}{3}t}\right)\ \text{V}=8e^{-\frac{2}{3}t}\ \text{V}\quad t\geqslant 0$$

$$i=\frac{u_L}{6}=\frac{4}{3}e^{-\frac{2}{3}t}\ \text{A}\quad t\geqslant 0$$

6-7 图题 6-6 所示电路 $t=0$ 时,S_1、S_2同时闭合,求 i_1 和 i_2,$t\geqslant 0$。

解 S_1、S_2同时闭合后,断开电感所得戴维南等效电路如图题解 6-7 所示。由图题解 6-7(a)求开路电压 u_{OC},可得

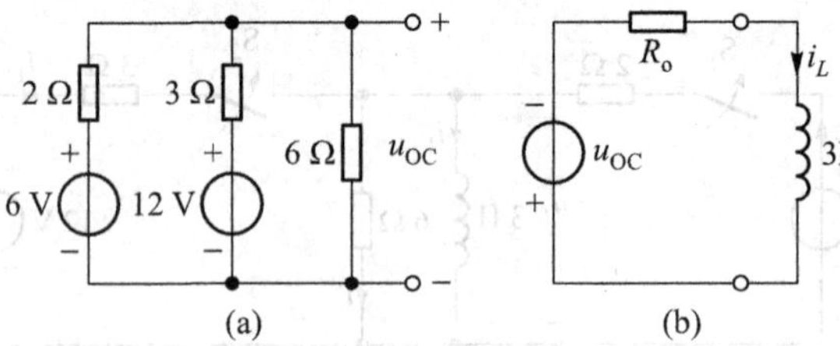

图题解 6-7

$$\left(\frac{1}{2}+\frac{1}{3}+\frac{1}{6}\right)u_{OC}=\frac{6}{2}+\frac{12}{3}$$

解出

$$u_{OC}=7\ \text{V}$$

$$R_o=\frac{1}{\frac{1}{2}+\frac{1}{3}+\frac{1}{6}}\ \Omega=1\ \Omega$$

$$i_L=\frac{u_{OC}}{R_o}(1-e^{-\frac{t}{3}})=7(1-e^{-\frac{t}{3}})\ \text{A}\quad t\geqslant 0$$

$$u_L=L\frac{di_L}{dt}=\left(3\times 7\times\frac{1}{3}e^{-\frac{t}{3}}\right)\ \text{V}=7e^{-\frac{t}{3}}\ \text{V}\quad t\geqslant 0$$

$$i_1=\frac{12-u_L}{3}=4-\frac{7}{3}e^{-\frac{t}{3}}\ \text{A}\quad t\geqslant 0$$

$$i_2=\frac{6-u_L}{2}=3-\left(\frac{7}{2}e^{-\frac{t}{3}}\right)\ \text{A}\quad t\geqslant 0$$

注:从图题解 6-7(a)→(b)是否可利用§4-5所述内容?

相关题:习题 6-1,图题解 6-1(1)

6-8 电路如图题 6-7 所示,电压源于 $t=0$ 时开始作用于电路,试求 $i_1(t)$,$t\geqslant 0$。已知受控源参数 $r=2\ \Omega$。

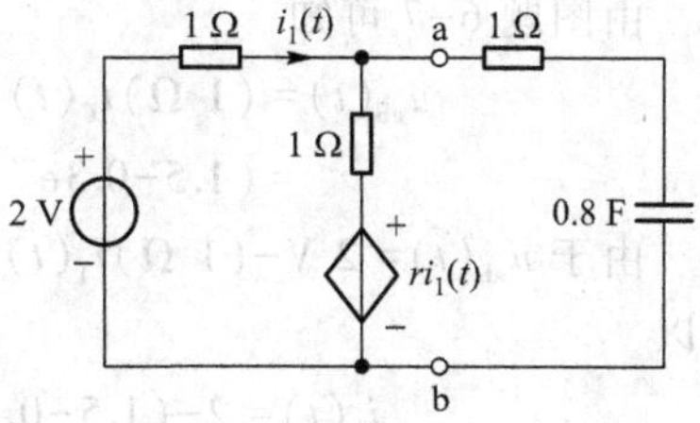

图题 6-7

解 从 ab 处断开 1 Ω 和 0.8 F 串联支路,求出开路电压 u_{OC},如图题解6-8(a)所示。

$$(1+1)i_1+2i_1=2,\quad i_1=\frac{1}{2}\ \text{A},\quad u_{ab}=u_{OC}=\frac{3}{2}\ \text{V}$$

求短路电流 i_{SC},如图题解 6-8(b)所示。

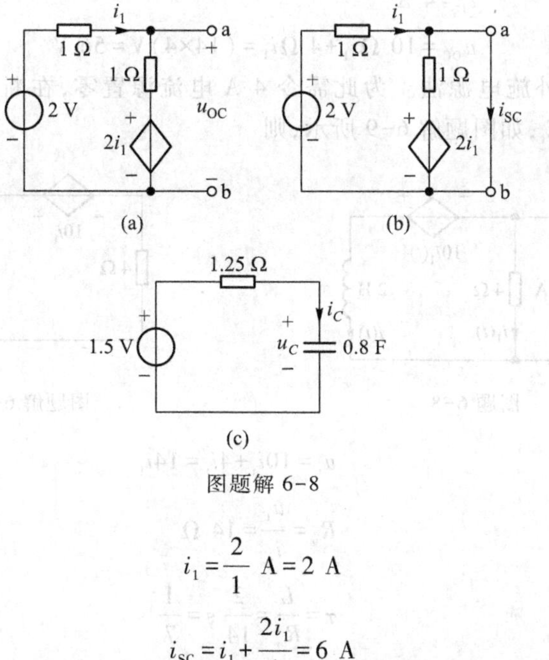

图题解 6-8

$$i_1=\frac{2}{1}\ \text{A}=2\ \text{A}$$

$$i_{SC}=i_1+\frac{2i_1}{1}=6\ \text{A}$$

$$R_{ab}=\frac{u_{OC}}{i_{SC}}=\frac{1}{4}\ \Omega$$

$$\tau=(1+R_{ab})C=1\ \text{s}$$

$$u_C=\frac{3}{2}(1-e^{-t})\ \text{V}\quad t\geqslant 0$$

$$i_C=C\frac{du_C}{dt}=\left(0.8\times\frac{3}{2}e^{-t}\right)\ \text{A}=1.2e^{-t}\ \text{A}\quad t\geqslant 0$$

等效电路如图题解 6-8(c)所示。

由图题 6-7 可知

$$u_{ab}(t)=(1\ \Omega)i_C(t)+u_C(t)=(1.5-1.5e^{-t}+1.2e^{-t})\ \text{V}$$
$$=(1.5-0.3e^{-t})\ \text{V}\quad t\geqslant 0$$

由于 $u_{ab}(t)=2\ \text{V}-(1\ \Omega)i_1(t)$

所以

$$i_1(t)=2-(1.5-0.3e^{-t})=(0.5+0.3e^{-t})\ \text{A}\quad t\geqslant 0$$

相关题：习题 6-2(解答用同样方法求 R_o，处理含受控源电路时常用此法)

6-9 电路如图题 6-8 所示，电源于 $t=0$ 时开始作用于电路，试求 $i(t)$，$t\geqslant 0$。

解 断开电感支路，对断开支路后的电路求其戴维南等效电路。断开后

$$i_1=4\ \text{A}$$

$$u_{OC}=10\ \Omega i_1+4\ \Omega i_1=(14\times 4)\text{V}=56\ \text{V}$$

求 R_o 可用外施电源法。为此需令 4 A 电流源置零，在断开的支路处外施(测试)电流源 i_t，如图题解 6-9 所示，则

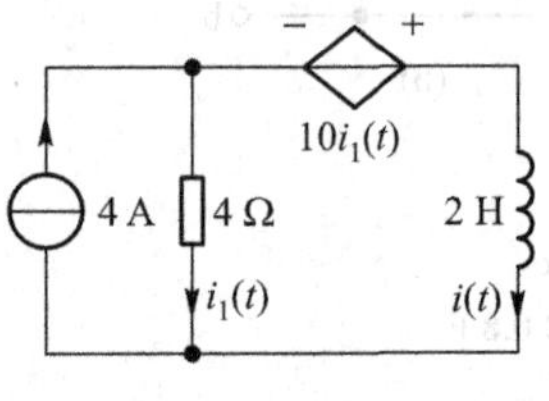

图题 6-8

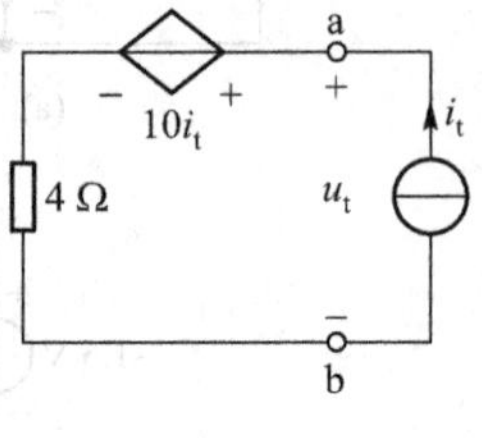

图题解 6-9

$$u_t=10i_t+4i_t=14i_t$$

$$R_o=\frac{u_t}{i_t}=14\ \Omega$$

$$\tau=\frac{L}{R_o}=\frac{2}{14}\ \text{s}=\frac{1}{7}\ \text{s}$$

电源于 $t=0$ 时作用于电路，故电感电流 i 的初始值为零，所求 $i(t)$、$t\geqslant 0$ 属零状态响应。稳态时，电感相当于短路，由戴维南等效电路可得稳态时电流为 56 V/14 Ω=4 A，故得

$$i(t)=4(1-e^{-7t})\ \text{A}\quad t\geqslant 0$$

注：注意防止得出 $R_o=4\ \Omega$ 的错误结果。在求等效电阻 R_o 时电源置零，受控源仍需保留。本题是否能用开路电压、短路电流法求解？

相关题：习题 4-20 求 R_o

6-10　电路如图题 6-9(a)所示，已知 N_1 仅含直流电源及电阻，电容 $C=5\ \mu F$，初始电压为零。在 $t=0$ 时开关闭合，闭合后的电流波形如图题6-9(b)所示。

(1) 试确定 N_1 的一种可能结构；

(2) 若 C 改为 1 μF，是否可能通过改变 N_1 而保持电流波形仍如图题 6-9(b)所示，若能，试确定 N_1 的新结构形式。

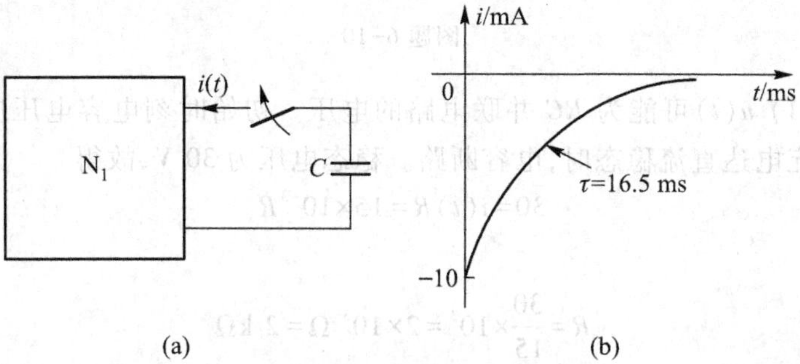

图题 6-9

解　(1)

$$\tau=RC=16.5\ \text{ms}$$

$$R=\frac{16.5\ \text{ms}}{C}=\frac{16.5\times10^{-3}\ \text{s}}{5\times10^{-6}\ \text{F}}=3.3\times10^{3}\ \Omega$$

N_1 内部可能为 3.3 kΩ 与电压源的串联组合。由于电容初始电压为零，充电电流的初始值为

$$\frac{U_S}{R}=\frac{U_S}{3.3\times10^{3}\ \Omega}=10\times10^{-3}\ \text{A}$$

由此可知电压源电压

$$U_S=(10\times10^{-3}\ \text{A})(3.3\times10^{3}\ \Omega)=33\ \text{V}$$

由于初始电流为负值，可知电压源的正极应处于图中所标 $i(t)$ 流入 N_1 的位置。

(2) C 缩小为原有值的 1/5，为保持 τ 不变，R 应增为原值的 5 倍，即

$$R=5\times3.3\times10^{3}\ \Omega=16.5\times10^{3}\ \Omega$$

为保持初始电流仍为 10 mA，电压源电压应增大为 5×33 V=165 V。

参数值作如上改变后，N_1 可仍保持原有结构。

6-11　图题 6-10(a)所示电路中，N_1 原无储能，在 $t=0$ 时电流 $i(t)=15$ mA

开始作用于电路。

（1）若电压 $u(t)$ 的波形如图题 6-10(b) 所示，试确定 N_1 可能的结构；

（2）若电压 $u(t)$ 的波形如图题 6-10(c) 所示，试确定 N_1 可能的结构。

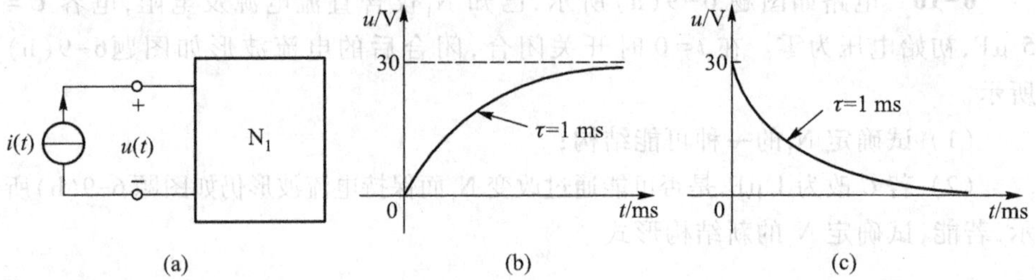

图题 6-10

解 （1）$u(t)$ 可能为 RC 并联电路的电压。初始时刻电容电压应为零（已知条件），充电达直流稳态时，电容断路。稳态电压为 30 V，故得

$$30=i(t)R=15\times10^{-3}R$$

可得

$$R=\frac{30}{15}\times10^{3}=2\times10^{3}\ \Omega=2\ \text{k}\Omega$$

又

$$\tau=RC=1\times10^{-3}\ \text{s}$$

$$C=\frac{10^{-3}}{2\times10^{3}}\ \text{F}=0.5\times10^{-6}\ \text{F}=0.5\ \mu\text{F}$$

N_1 可能为 RC 并联电路，R、C 算得如上。

（2）$u(t)$ 可能为 RL 并联电路的电压。初始时刻电感电流为零，相当于断开，电流源电流全部流过电阻，形成 30 V 电压。故得

$$30=i(t)R=15\times10^{-3}R$$
$$R=2\ \text{k}\Omega$$

又

$$\tau=L/R=1\times10^{-3}\ \text{s}$$
$$L=2\times10^{3}\times1\times10^{-3}\ \text{H}=2\ \text{H}$$

§6-3 阶跃响应 冲激响应

6-12 试用阶跃函数表示图题 6-11 所示波形。

解 $f(t)=3\varepsilon(t-1)-5\varepsilon(t-3)+2\varepsilon(t-4)$

其分解阶跃波形如图题解 6-12 所示。

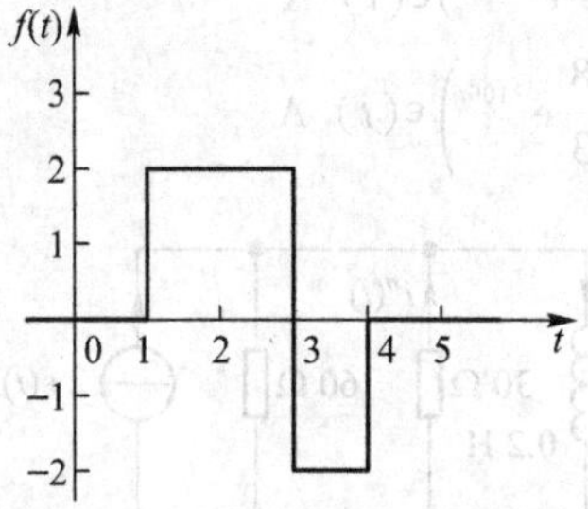

图题 6-11

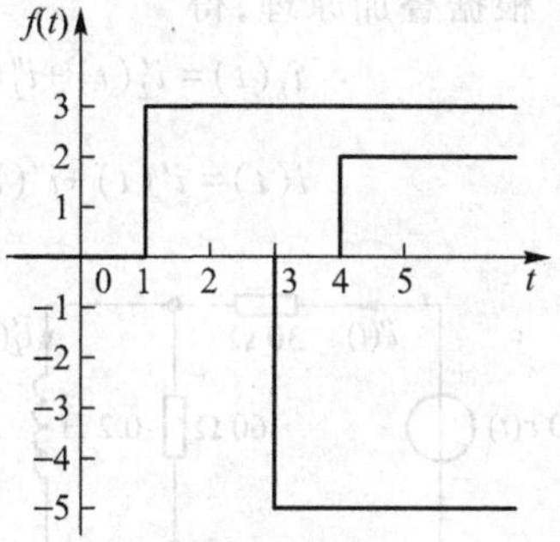

图题解 6-12

6-13　试求图题 6-12 所示电路中阶跃响应 $i(t)$ 和 $i_L(t)$。

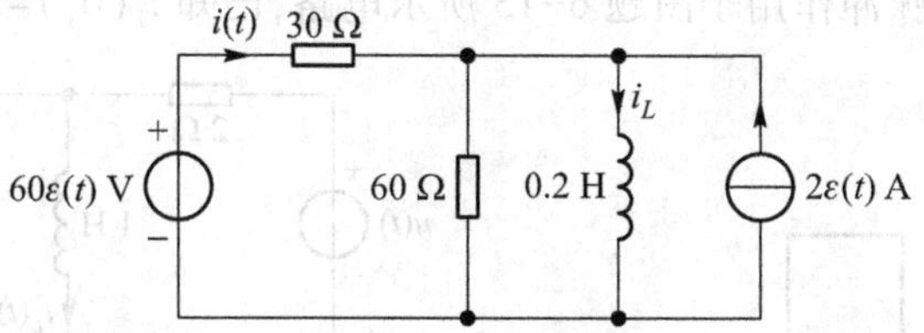

图题 6-12

解　(1) $60\varepsilon(t)$ V 单独作用时电路如图题解 6-13(a)所示，得

$$i_L(\infty)=\frac{60}{30}\text{ A}=2\text{ A}$$

$$\tau=\frac{0.2}{\dfrac{30\times60}{30+60}}\text{ s}=\frac{1}{100}\text{ s}$$

$$i'_L(t)=2(1-\mathrm{e}^{-100t})\text{ A}$$

$$u'_L(t)=L\frac{\mathrm{d}i'_L(t)}{\mathrm{d}t}=(0.2\times2\times100\mathrm{e}^{-100t})\text{ V}=40\mathrm{e}^{-100t}$$

所以

$$i'(t)=\frac{60-40\mathrm{e}^{-100t}}{30}\text{ A}=\left(2-\frac{4}{3}\mathrm{e}^{-100t}\right)\varepsilon(t)\text{ A}$$

(2) $2\varepsilon(t)$ A 单独作用时电路如图题解 6-13(b)所示，可得

$$i(\infty)=2\text{ A}$$

$$i''_L(t)=2(1-\mathrm{e}^{-100t})\text{ A}$$

$$u''_L(t)=(0.2\times2\times100\mathrm{e}^{-100t})\text{ V}=40\mathrm{e}^{-100t}\text{ V}$$

$$i''(t)=-\frac{40}{30}\mathrm{e}^{-100t}\text{ A}=-\frac{4}{3}\mathrm{e}^{-100t}\varepsilon(t)\text{ A}$$

(3) 根据叠加原理,得

$$i_L(t)=i'_L(t)+i''_L(t)=4(1-e^{-100t})\varepsilon(t)\ \text{A}$$

$$i(t)=i'(t)+i''(t)=\left(2-\frac{8}{3}e^{-100t}\right)\varepsilon(t)\ \text{A}$$

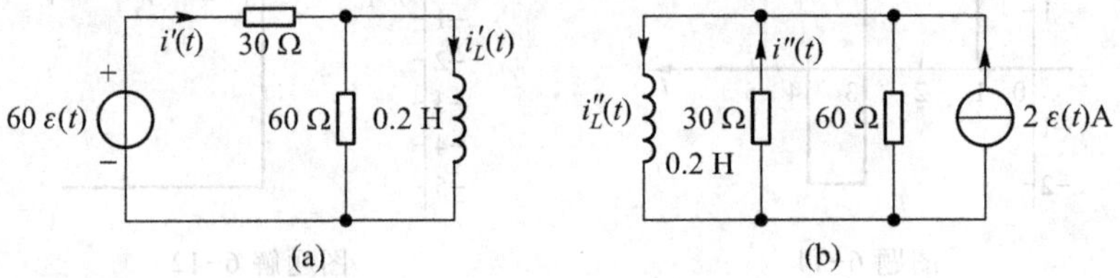

图题解 6-13

6-14　延时脉冲作用于图题 6-13 所示电路,已知 $i_L(0_+)=0$,求 $i(t)$。

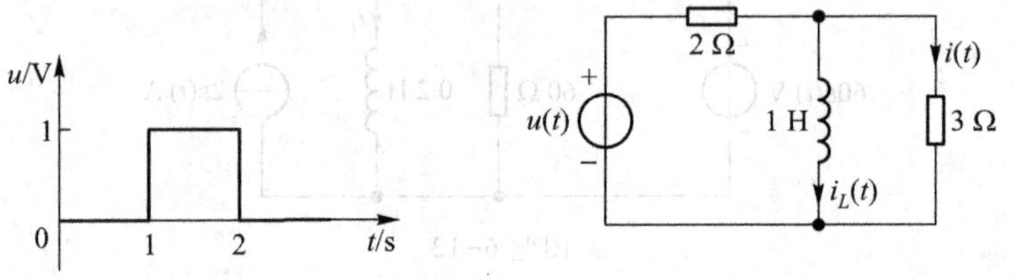

图题 6-13

解　图题 6-13 所示延时脉冲可视为由两电压分量组成,即

$$u(t)=\varepsilon(t-1)-\varepsilon(t-2)$$

可运用叠加原理求解。但两电压不是同时作用于电路的。

先求时间常数 τ:

$$R_o=\frac{2\times3}{2+3}\ \Omega=\frac{6}{5}\ \Omega$$

$$\tau=\frac{L}{R_o}=\frac{5}{6}\ \text{s}$$

$$\frac{1}{\tau}=\frac{6}{5}\ \text{s}^{-1}=1.2\ \text{s}^{-1}$$

(1) $\varepsilon(t-1)$ V 单独作用时的零状态响应 $i'_L(t)$:到达直流稳态时,L 相当于短路,其稳态值为

$$i'_L(\infty)=\frac{1\ \text{V}}{2\ \Omega}=0.5\ \text{A}$$

$$i'_L(t)=0.5[1-e^{-1.2(t-1)}]\ \text{A}\quad t\geqslant1\ \text{s}$$

$$u'_L(t)=L\frac{\mathrm{d}i'_L(t)}{\mathrm{d}t}=0.6\mathrm{e}^{-1.2(t-1)}\ \mathrm{V}\quad t\geqslant 1\ \mathrm{s}$$

$$i'(t)=\frac{u'_L(t)}{3\ \Omega}=0.2\mathrm{e}^{-1.2(t-1)}\ \mathrm{A}\quad t\geqslant 1\ \mathrm{s}$$

(2) $-\varepsilon(t-2)$ V 单独作用时

$$i''_L(\infty)=-\frac{1\ \mathrm{V}}{2\ \Omega}=-0.5\ \mathrm{A}$$

$$i''_L(t)=-0.5[1-\mathrm{e}^{-1.2(t-2)}]\ \mathrm{A}\quad t\geqslant 2\ \mathrm{s}$$

$$u''_L(t)=-0.6\mathrm{e}^{-1.2(t-2)}\ \mathrm{V}\quad t\geqslant 2\ \mathrm{s}$$

$$i''(t)=\frac{u''_L(t)}{3\ \Omega}=-0.2\mathrm{e}^{-1.2(t-2)}\ \mathrm{A}\quad t\geqslant 2\ \mathrm{s}$$

(3) 采用阶跃函数表示叠加结果，得

$$i(t)=i'(t)+i''(t)=0.2\mathrm{e}^{-1.2(t-1)}\varepsilon(t-1)$$
$$-0.2\mathrm{e}^{-1.2(t-2)}\varepsilon(t-2)\ \mathrm{A}$$

如不采用阶跃函数，则只能分时间段表示为

$$i(t)=0.2\mathrm{e}^{-1.2(t-1)}\ \mathrm{A}\quad 1\ \mathrm{s}\leqslant t\leqslant 2\ \mathrm{s}$$
$$i(t)=0.2\mathrm{e}^{-1.2(t-1)}-0.2\mathrm{e}^{-1.2(t-2)}\ \mathrm{A}\quad t\geqslant 2\ \mathrm{s}$$

注：注意(1)、(2)计算结果必须标明时间的有效范围，例如 $t\geqslant 1$ s，并且，相应的表示式中时间要写作 $t-1$ 而不能写作 t。初学者常易忽视。

注意，对状态变量，本题的 i_L 来说，零状态响应 $i_L(t)$ 是按指数规律增长的，表明储能从无到有的增长过程。而 $i(t)$ 并非如此，也毋需如此，因为它并不直接反映储能的变化过程。本题 $i(t)$ 是按指数规律衰减的。电路中所有非状态变量均受制于状态变量。

状态变量 i_L 在 $t=2$ s 时是连续的，如图题解 6-14(1) 中虚线所示，i'_L、i''_L 分别为 $\varepsilon(t-1)$ V、$-\varepsilon(t-2)$ V 单独作用的波形（实线所示）。实际观测到的是 i_L（虚线所示）。i 在 $t=2$ s 时则是不连续的，i 的波形如图题解 6-14(2) 中虚线所示。

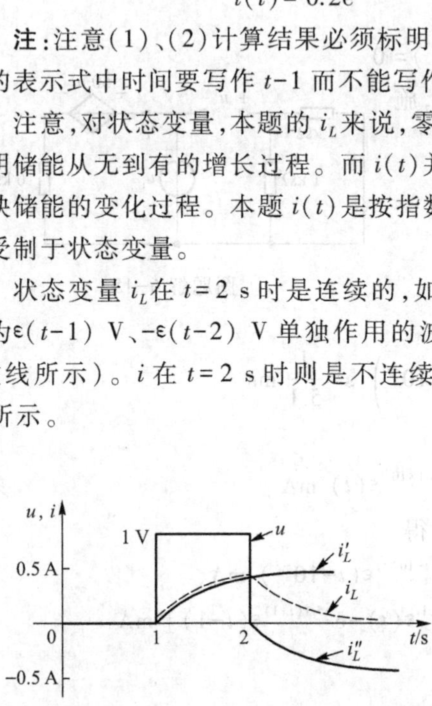

图题解 6-14(1)

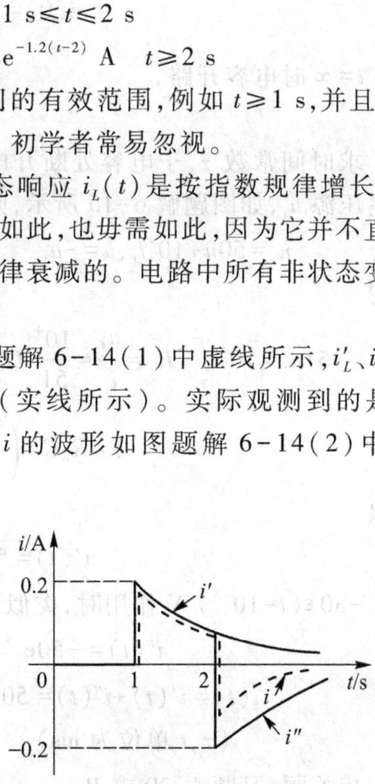

图题解 6-14(2)

相关题:习题 6-13

6-15　图题 6-14 所示电路中电源 $u_S(t)$ 系一脉冲电压,该电压于 $t=0$ 时作用于电路,持续 1 ms,在持续期间脉冲幅度为 30 V,试求 $i(t)$。

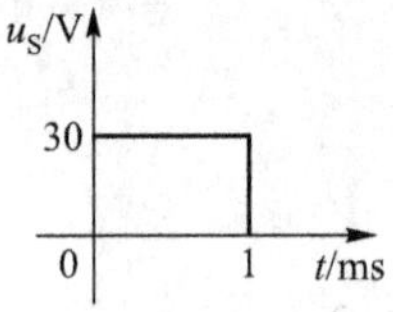

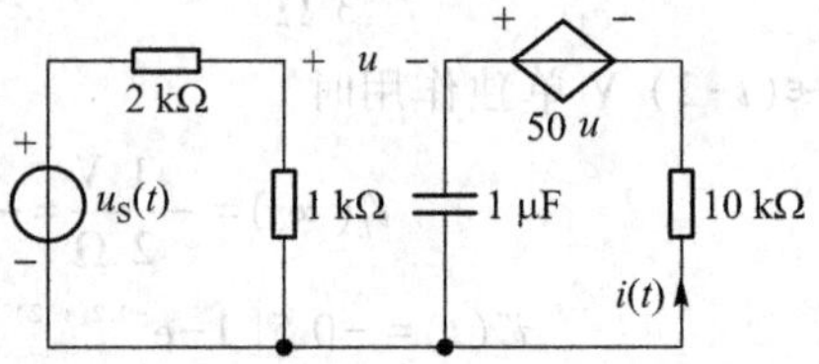

图题 6-14

解　$u_S(t)$ 可视为 $30\,\varepsilon(t)$ 和 $-30\,\varepsilon(t-10^{-3})$ 两个阶跃信号之和。

$30\,\varepsilon(t)$ V 单独作用时:

$t=0$ 时电容短路,

$$u(0)=\left(30\times\frac{1}{3}\right)\ \text{V}=10\ \text{V}$$

$$i(0)=\frac{50u(0)}{10\times10^3}=50\ \text{mA}$$

$t=\infty$ 时电容开路,

$$i(\infty)=0$$

求时间常数 τ,于电容处断开电容,施加电压源 u_t,如图题解 6-15 所示,则

$$u_t=50u+10^4 i_t,\ u=-u_t$$

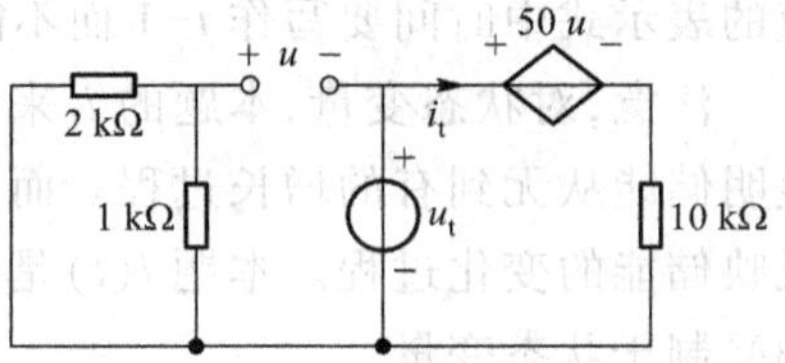

图题解 6-15

解得

$$51u_t=10^4 i_t\qquad R_o=\frac{u_t}{i_t}=\frac{10^4}{51}\ \Omega$$

$$\tau=R_oC=\left(\frac{10^4}{51}\times10^{-6}\right)\ \text{s}=\frac{1}{5.1}\ \text{ms}$$

所以

$$i'(t)=50\text{e}^{-5.1\times10^3 t}\varepsilon(t)\ \text{mA}$$

$-30\,\varepsilon(t-10^{-3})$ V 作用时,类似地可得

$$i''(t)=-50\text{e}^{-5.1\times10^3(t-10^{-3})}\varepsilon(t-10^{-3})\ \text{mA}$$

$$i(t)=i'(t)+i''(t)=50\left[\text{e}^{-5.1t}\varepsilon(t)-\text{e}^{-5.1(t-1)}\varepsilon(t-1)\right]\ \text{mA}$$

(τ, t 单位为 ms)

相关题:习题 4-20 求 R_o

6-16　图题 6-15 所示电路,已知受控源参数 $r=10\ \Omega$,求阶跃响应 $i(t)$、

$i_1(t)$。

解　(1) $t=\infty$ 时电路如图题解 6-16(a)所示。

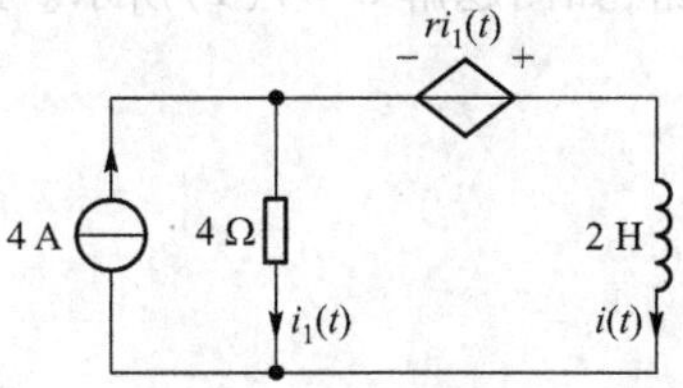

图题 6-15

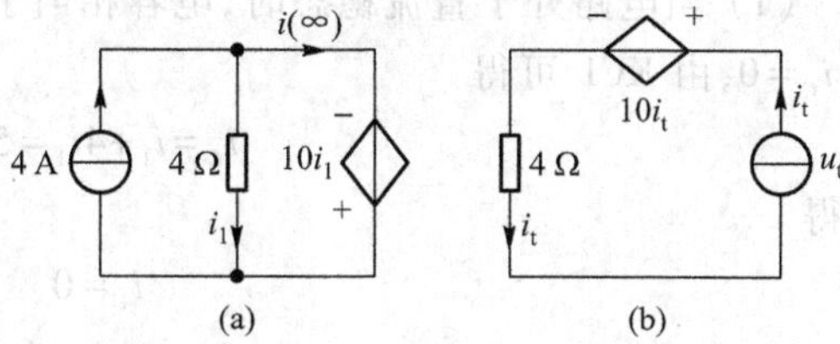

图题解 6-16

$$10i_1=-4i_1$$

$$14i_1=0$$

由此可得

$$i_1=0$$

所以,直流稳态时

$$i(\infty)=4\ \text{A}$$

(2) 求等效电阻的电路如图题解 6-16(b)所示。施加电流源 i_t,则电流源两端电压

$$u_t=10i_t+4i_t$$

得

$$R=\frac{u_t}{i_t}=14\ \Omega$$

$$\tau=\frac{L}{R}=\frac{1}{7}\ \text{s}$$

(3)　　$$i(t)=4(1-e^{-7t})\ \text{A}\quad t\geqslant 0$$

注:本题出现受控电压源与电阻并联、电压似不能相等的情况,注意解答中的处理。类似的情况在含受控源电路问题中常有出现。习题 6-9 如用开路电压、短路电流法也会出现这一情况。

相关题:习题 4-20

6-17　试求图题 6-16 所示电路的阶跃响应 $u_C(t)$ 和 $i_1(t)$。

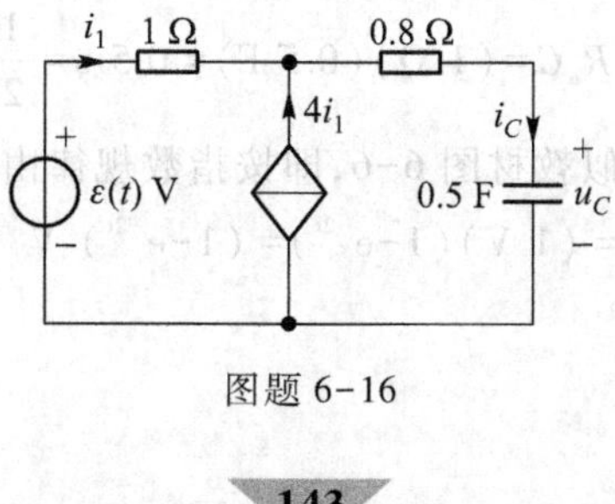

图题 6-16

解　本题电路的电压源电压为$\varepsilon(t)$ V,表示 1 V 电压源于 $t=0$ 时开始作用于电路。电路为零初始状态。

(1) 当电路处于直流稳态时,电容相当于断路,如图题解 6-17(1)所示。此时 $i_C=0$,由 KCL 可得

$$i_C=i_1+4i_1=5i_1$$

故得

$$i_1=0$$

$$u_C(\infty)=1\ \text{V}$$

(2) 用外施电压源 u_t求戴维南等效电阻 R_o。为计算简便,电源施加于受控源两侧,如图题解 6-17(2)所示。在该电压源作用下,电流 i_t可求得如下:

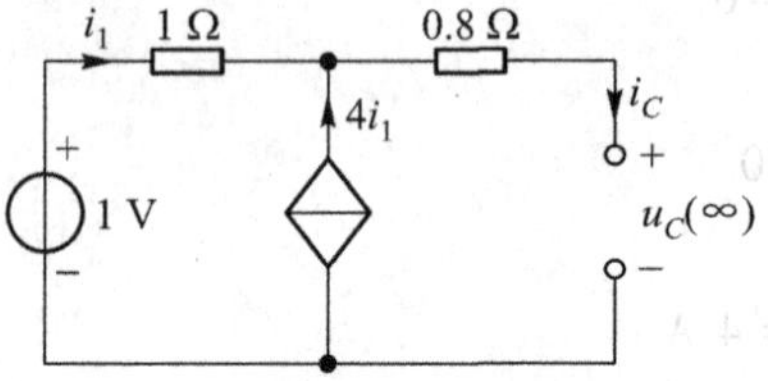

图题解 6-17(1)

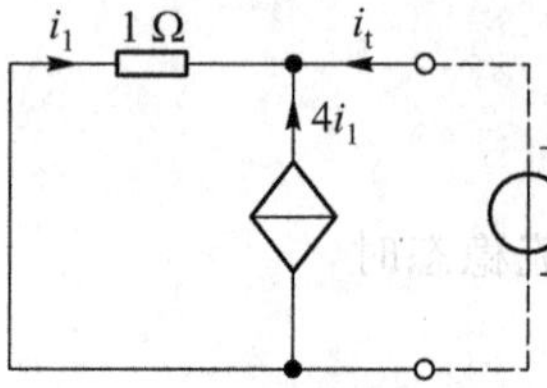

图题解 6-17(2)

$$i_t=-i_1-4i_1=-5i_1$$

其中

$$i_1=-\frac{u_t}{1\ \Omega}=-u_t$$

故得

$$i_t=-5i_1=5u_t$$

求得

$$\frac{u_t}{i_t}=\frac{1}{5}\ \Omega=0.2\ \Omega$$

再考虑到 0.8 Ω 电阻,得

$$R_o=(0.8+0.2)\ \Omega=1\ \Omega$$

时间常数

$$\tau=R_oC=(1\ \Omega)(0.5\ \text{F})=0.5\ \text{s}=\frac{1}{2}\ \text{s}$$

(3) $u_C(t)$的波形类似教材图 6-6,即按指数规律由零增长到 1 V,表示为

$$u_C(t)=(1\ \text{V})(1-e^{-2t})=(1-e^{-2t})\ \text{V}\quad t\geqslant0$$

或

又

$$i_C(t)=C\frac{\mathrm{d}u_C}{\mathrm{d}t}=\mathrm{e}^{-2t}\ \mathrm{A}\quad t\geqslant 0$$

而

$$i_C(t)=i_1(t)+4i_1(t)$$

故得

$$i_1(t)=\frac{1}{5}\mathrm{e}^{-2t}\ \mathrm{A}\quad t\geqslant 0$$

6-18　求 RC 串联电路在冲激电压源 $\delta(t)$ 作用下电流的冲激响应。

解

(1) 单位阶跃响应为

$$s(t)=i_C=\frac{1}{R}\mathrm{e}^{-\frac{t}{RC}}\varepsilon(t)\ \mathrm{A}$$

(2)

$$h(t)=\frac{\mathrm{d}}{\mathrm{d}t}s(t)=\left[\frac{1}{R}\left(-\frac{1}{RC}\right)\mathrm{e}^{-\frac{t}{RC}}\varepsilon(t)+\frac{1}{R}\mathrm{e}^{-\frac{t}{RC}}\delta(t)\right]\ \mathrm{A}$$

$$=\left[-\frac{1}{R^2C}\mathrm{e}^{-\frac{t}{RC}}\varepsilon(t)+\frac{1}{R}\delta(t)\right]\ \mathrm{A}$$

6-19　求 RL 并联电路在冲激电流源 $\delta(t)$ 作用下电压的冲激响应。

解

(1) 求单位阶跃响应。

$$i_L=(1-\mathrm{e}^{-\frac{R}{L}t})\ \mathrm{A},s(t)=u_L=L\frac{\mathrm{d}i_L}{\mathrm{d}t}=R\mathrm{e}^{-\frac{R}{L}t}\varepsilon(t)\ \mathrm{V}$$

(2)

$$h(t)=\frac{\mathrm{d}}{\mathrm{d}t}s(t)=\left[R\left(-\frac{R}{L}\right)\mathrm{e}^{-\frac{R}{L}t}\varepsilon(t)+R\mathrm{e}^{-\frac{R}{L}t}\delta(t)\right]\ \mathrm{V}$$

$$=\left[-\frac{R^2}{L}\mathrm{e}^{-\frac{R}{L}t}\varepsilon(t)+R\delta(t)\right]\ \mathrm{V}$$

§ 6-4　零输入响应

6-20　电路如图题 6-3(a)所示，对所有 t，电压源 u_S 波形如图题 6-17 所示，求 $u_C(t)$、$i(t)$，$t\geqslant 0$。

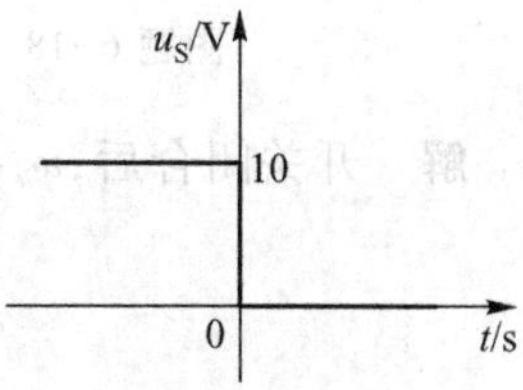

图题 6-17

解　利用教材所述求解零输入响应的结论。本题求解 $u_C(t)$、$t\geqslant 0$，系求解零输入响应问题。已知

$$u_C(0)=10\ \mathrm{V},\qquad \tau=RC=(10^6\times10^{-6})\ \mathrm{s}=1\ \mathrm{s}$$

故得

$$u_C(t)=u_C(0)\mathrm{e}^{-\frac{t}{\tau}}=10\mathrm{e}^{-t}\ \mathrm{V}\quad t\geqslant 0$$

又

$$i(t)=C\frac{\mathrm{d}u_C(t)}{\mathrm{d}t}=-10^{-5}\mathrm{e}^{-t}\ \mathrm{A}\quad t\geqslant 0$$

注:本题表明 $t\geqslant 0$ 时的零输入响应,实际上是 $t<0$ 时的输入 u_S 所形成的。如能给定 $u_C(0)$,可以不必了解 $t<0$ 时的输入情况,如下题所示。再次提醒:求解动态电路,必须注意时间概念!

6-21 电路如图题 6-18 所示,已知 $u_C(0)=-2$ V,求 $u_C(t)$ 及 $u_R(t)$,$t\geqslant 0$。

解

$$u_C(0)=-2\ \mathrm{V}$$

$$\tau=R_o C=\left(\frac{1\times 1}{1+1}+1.5\right)0.5\ \mathrm{s}$$

$$=1\ \mathrm{s}$$

R_o 为对电容而言的等效电阻。

$$u_C(t)=u_C(0)\mathrm{e}^{-\frac{t}{\tau}}=-2\mathrm{e}^{-t}\ \mathrm{V}\quad t\geqslant 0$$

以电压为 $u_C(t)$ 的电压源置换电容后,由所得的电阻电路可得

$$u_R(t)=u_C(t)\times\frac{\dfrac{1\times 1}{1+1}}{\dfrac{1\times 1}{1+1}+1.5}$$

$$=-2\mathrm{e}^{-t}\times\frac{0.5}{2}=-0.5\mathrm{e}^{-t}\ \mathrm{V}\quad t\geqslant 0$$

6-22 电路如图题 6-19 所示,在 $t=0$ 时开关闭合。已知在 $t=1$ s 及 $t=2$ s时,$u_R(1)=10$ V,$u_R(2)=5.25$ V;$C=20\ \mu\mathrm{F}$。试求电路的时间常数 τ 以及 R、$u_R(0_+)$。

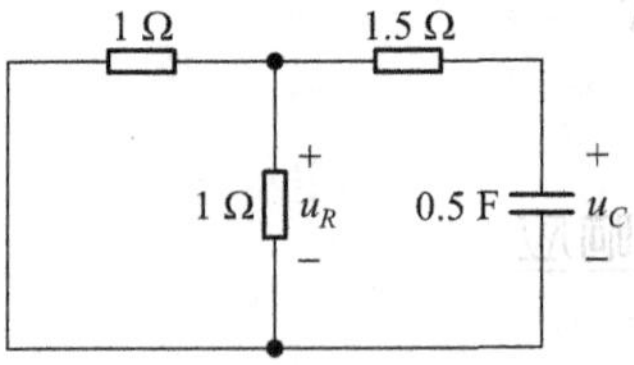

图题 6-18

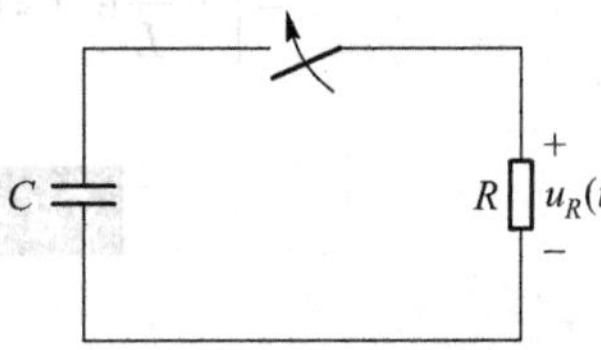

图题 6-19

解 开关闭合后,$u_R=u_C$,属零输入响应,解答形式为

$$u_R=u_R(0)\mathrm{e}^{-\frac{t}{\tau}}\quad t\geqslant 0$$

因

$$u_R(1)=u_R(0)\mathrm{e}^{-\frac{1}{\tau}}=10\ \mathrm{V}$$

$$u_R(2)=u_R(0)\mathrm{e}^{-\frac{2}{\tau}}=5.25\ \mathrm{V}$$

解得

$$u_R(0)=19.05\ \mathrm{V},\quad \tau=1.55\ \mathrm{s}$$

$$R=\frac{\tau}{C}=\frac{1.55}{20\times10^{-6}}\ \Omega=77.5\ \mathrm{k}\Omega$$

注:注意 $t=0$ 时初始条件的表述方式。习题 6-20 给出 $t\leqslant0$ 时的输入,由此确定 $u_C(0)$;习题 6-21 给出 $u_C(0)$,最常见的命题方式;习题 6-22 由电路图判定。本题电容在开关闭合前处于开路而题目中又未表明 $u_C(0)$ 的状态,可认为电容为零初始状态。

6-23　图题 6-20 所示电路中,已知电感电压 $u_{cd}(0_+)=18\ \mathrm{V}$,求 $u_{ab}(t)$,$t\geqslant0$。

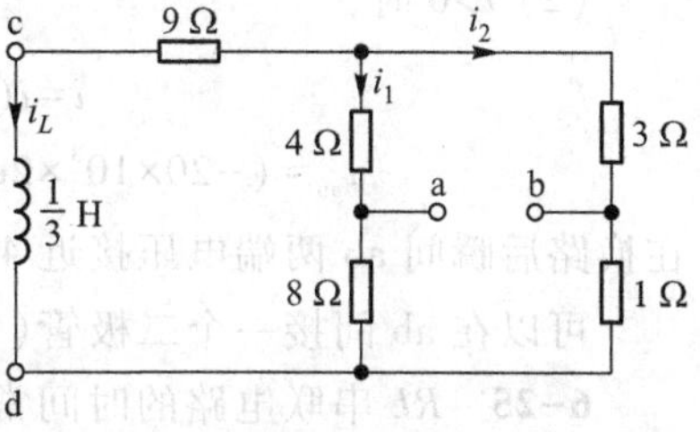

图题 6-20

解　断开电感得 cd 两端等效电阻

$$R_{cd}=\left(9+\frac{12\times4}{12+4}\right)\ \Omega=12\ \Omega$$

$$i_L(0_+)=-\frac{18}{12}\ \mathrm{A}=-1.5\ \mathrm{A}$$

$$\tau=\frac{L}{R}=\frac{1/3}{12}\ \mathrm{s}=\frac{1}{36}\ \mathrm{s}$$

$$i_L=-1.5\mathrm{e}^{-36t}\ \mathrm{A}\quad t\geqslant0$$

以电流源 i_L 置换 L 后,由电阻电路得

$$i_1=\left(\frac{4}{12+4}\times1.5\mathrm{e}^{-36t}\right)\ \mathrm{A}=\frac{3}{8}\mathrm{e}^{-36t}\ \mathrm{A},\quad u_{ad}=3\mathrm{e}^{-36t}\ \mathrm{V}$$

$$i_2=\left(\frac{12}{12+4}\times1.5\mathrm{e}^{-36t}\right)\ \mathrm{A}=\frac{9}{8}\mathrm{e}^{-36t}\ \mathrm{A},\quad u_{bd}=\frac{9}{8}\mathrm{e}^{-36t}\ \mathrm{V}$$

$$u_{ab}=\left(3-\frac{9}{8}\right)\mathrm{e}^{-36t}\ \mathrm{V}=1.875\mathrm{e}^{-36t}\ \mathrm{V}\quad t\geqslant0$$

注:另解,由 $u_{cd}(0_+)$ 求得 $u_{ab}(0_+)$,求得 τ 后,可得 $u_{ab}(t)$。因为 $u_{ab}(t)$ 为零输入响应,也按指数律衰减。

6-24　(1) 如图题 6-21(a)所示 RL 电路,开关断开切断电源瞬间开关将出现电弧,试加以解释。

(2) 图题 6-21(b)所示电路,在 $t=0$ 时开关断开,试求 $u_{ab}(t)$,$t>0$,$i(0)=2\ \mathrm{A}$;若图中 20 kΩ 电阻系一用以测量 $t<0$ 时 u_{ab} 的电压表的内阻,电压表量程为 300 V,试说明开关断开的瞬间,电压表将有什么危险,并设计一种方案来防止这种情况的出现。

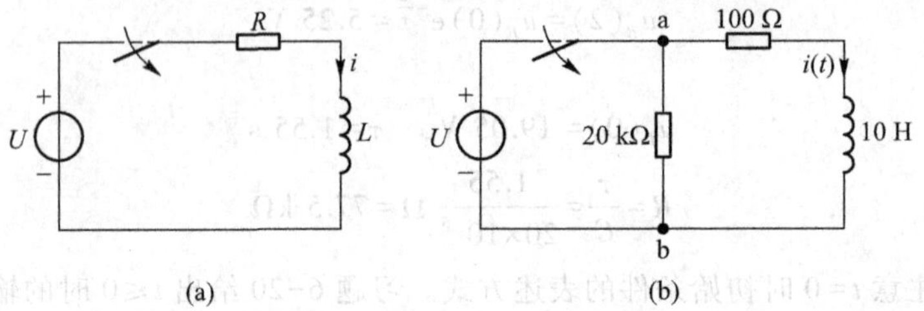

图题 6-21

解　(1) 当开关断开瞬间,电流强迫下降为零,电感两端电压 $L\dfrac{\mathrm{d}i_L}{\mathrm{d}t}\to\infty$。该电压出现在开关两端,导致空气放电,形成电弧。

(2) $t>0$ 时,

$$i=i(0)\mathrm{e}^{-\frac{t}{\tau}}=2\mathrm{e}^{-0.5\times10^{-3}t}$$

$$u_{\mathrm{ab}}=(-20\times10^3\times2\mathrm{e}^{-0.5\times10^{-3}t})\ \mathrm{V}=-40\ 000\mathrm{e}^{-0.5\times10^{-3}t}\ \mathrm{V}$$

在换路后瞬间 ab 两端电压接近 4×10^4 V,会使量程为 300 V 的电压表损坏。

可以在 ab 间接一个二极管(负极接 a,正极接 b),以保护表头。

6-25　*RL* 串联电路的时间常数为 1 ms,电感为 1 H。若要求在零输入时的电感电压响应减半而电流响应不改变,求 L、R 应改为何值?

解　设电路的原有时间常数为 τ,则由于

$$\tau=\frac{L}{R}=10^{-3}\ \mathrm{s}$$

已知 $L=1$ H,故得 $R=10^3\ \Omega$。设电路原有电感电流、电感电压的零输入响应为

$$i_L(t)=i_L(0)\mathrm{e}^{-\frac{t}{\tau}}$$

$$u_L(t)=L\frac{\mathrm{d}i_L}{\mathrm{d}t}=-Li_L(0)\left(\frac{R}{L}\right)\mathrm{e}^{-\frac{t}{\tau}}=-i_L(0)R\mathrm{e}^{-\frac{t}{\tau}}$$

如电路参数改为 L'、R',而要求电流 $i_L(t)$ 不变,则应有 $i_L(0)$ 不变,时间常数 $\tau'=L'/R'$ 仍为 1 ms。由此可得

$$L'=10^{-3}R'$$

又

$$u_L'(t)=-i_L(0)R'\mathrm{e}^{-\frac{t}{\tau'}}$$

要求

$$u_L'(t)=\frac{1}{2}u_L(t)$$

故得

$$R' = \frac{1}{2}R$$

即

$$R' = \frac{1}{2} \times 10^3\ \Omega = 500\ \Omega$$

又

$$L' = 10^{-3}R' = 10^{-3} \times 500\ \text{H} = 0.5\ \text{H}$$

因此，L 应改为 0.5 H，R 应改为 500 Ω。

注：本题涉及零输入响应，所有零输入响应都是由其初始值按指数规律衰减的。不论是状态变量的响应还是非状态变量的响应。零状态响应呢？

相关题：习题 6-5、6-14

6-26　电路如图题 6-22 所示，$u_S = [8-8\varepsilon(t)]$ V，试求对所有 t 的 $i_L(t)$、$u_L(t)$ 及 $i(t)$。

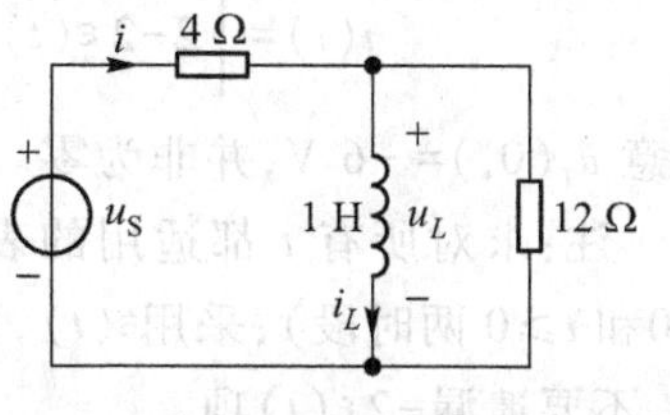

图题 6-22

解　u_S 的波形图如图题解 6-26(a) 所示。$t<0$ 时作用于电路的电压为 8 V，此时电路可绘如图题解 6-26(b) 所示，其中电感可视为短路，按直流稳态考虑。故得 $t<0$ 时

$$i_L = i = \frac{8\ \text{V}}{4\ \Omega} = 2\ \text{A}$$

$$u_L = 0$$

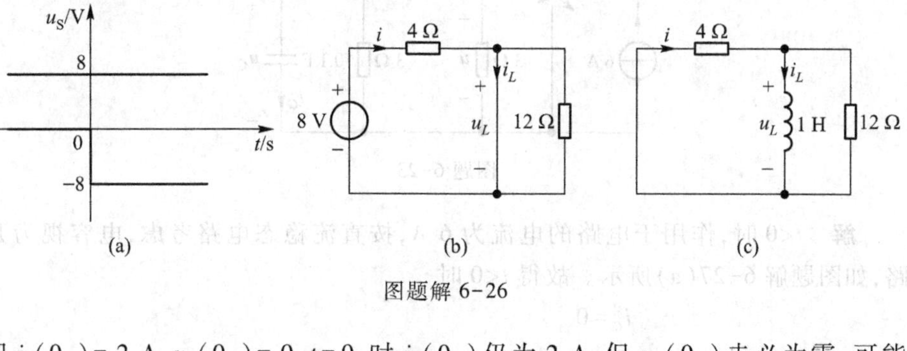

图题解 6-26

即 $i_L(0_-) = 2$ A，$u_L(0_-) = 0$，$t = 0_+$ 时 $i_L(0_+)$ 仍为 2 A，但 $u_L(0_+)$ 未必为零，可能跃变。

$t \geqslant 0$ 时作用于电路的电压为 $(8-8)$ V $= 0$，$i_L(0_+) = 2$ A，属零输入情况，如图题解 6-26(c) 所示。得 $t \geqslant 0$ 时

$$i_L(t) = 2e^{-\frac{t}{\tau}}\ \text{A}$$

$$\tau=\frac{L}{R_o}=\frac{L}{\frac{12\times4}{12+4}\ \Omega}=\frac{1\ \text{H}}{3\ \Omega}=\frac{1}{3}\ \text{s}$$

$$i_L(t)=2\text{e}^{-3t}\ \text{A}$$

$$u_L=L\frac{\text{d}i_L}{\text{d}t}=-6\text{e}^{-3t}\ \text{V}$$

$$i(t)=i_L(t)+\frac{u_L(t)}{12\ \Omega}=\left(2\text{e}^{-3t}-\frac{1}{2}\text{e}^{-3t}\right)\ \text{A}=\frac{3}{2}\text{e}^{-3t}\ \text{A}$$

以上解答合并成适用所有 t 的表示式应为

$$i_L(t)=2-2\varepsilon(t)+2\text{e}^{-3t}\varepsilon(t)=[2-2(1-\text{e}^{-3t})\varepsilon(t)]\ \text{A}$$

$$u_L(t)=-6\text{e}^{-3t}\varepsilon(t)\ \text{V}$$

$$i(t)=\left[2-2\varepsilon(t)+\frac{3}{2}\text{e}^{-3t}\varepsilon(t)\right]\ \text{A}$$

注意 $u_L(0_+)=-6$ V,并非为零。

注:求对所有 t 都适用的表示式,有两种方式:分时间段表示(如本题分为 $t<0$ 和 $t\geqslant0$ 两时段);采用 $\varepsilon(t)$,可用一个式子表示,注意本题 $i_L(t)$ 和 $i(t)$ 的表示式,不要遗漏 $-2\varepsilon(t)$ 项。

本题含零状态响应问题和零输入响应问题。

相关题:习题 6-25

6-27 电路如图题 6-23 所示,试求对所有 t 的 $u_C(t)$,$i_C(t)$ 和 $u(t)$。

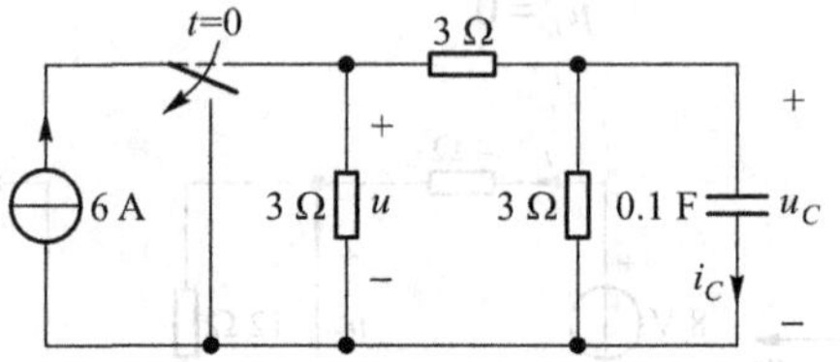

图题 6-23

解 $t<0$ 时,作用于电路的电流为 6 A,按直流稳态电路考虑,电容视为开路,如图题解 6-27(a)所示。故得 $t<0$ 时

$$i_C=0$$

$$u_C=(6\ \text{A})\left(\frac{3}{3+3+3}\right)(3\ \Omega)=6\ \text{V}$$

$$u=(6\ \text{A})\left(\frac{3+3}{3+3+3}\right)(3\ \Omega)=12\ \text{V}$$

以上计算用到了并联电路的分流关系。

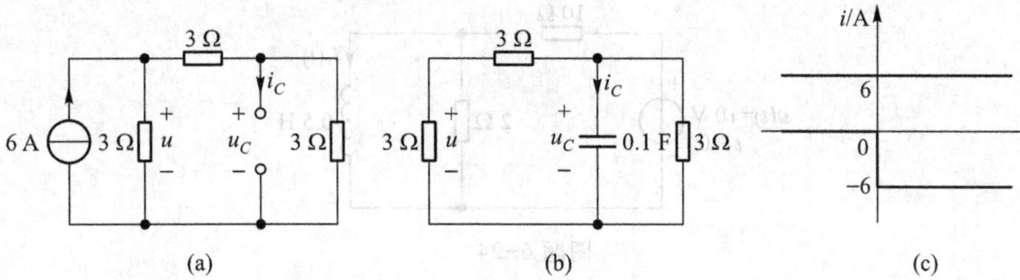

图题解 6-27

$t \geqslant 0$ 时，属零输入情况，如图题解 6-27(b)所示，此时电流源已与电路脱离，但 u_C 不能跃变，$u_C(0_+)=u_C(0_-)=6$ V。故得 $t \geqslant 0$ 时

$$u_C(t)=6\mathrm{e}^{-\frac{t}{\tau}}\ \mathrm{V}$$

$$\tau=R_\mathrm{o}C=\left(\frac{6\times3}{6+3}\ \Omega\right)C=(2\ \Omega)\left(\frac{1}{10}\ \mathrm{F}\right)=\frac{1}{5}\ \mathrm{s}$$

$$u_C(t)=6\mathrm{e}^{-5t}\ \mathrm{V}$$

$$i_C(t)=C\frac{\mathrm{d}u_C}{\mathrm{d}t}=\left(\frac{1}{10}\right)(6)(-5)\mathrm{e}^{-5t}\ \mathrm{A}=-3\mathrm{e}^{-5t}\ \mathrm{A}$$

$$u(t)=\left(\frac{3}{3+3}\right)u_C(t)=3\mathrm{e}^{-5t}\ \mathrm{V}$$

求 $u(t)$ 时用到了分压关系。并注意 $i_C(0_+)=-3$ A，并非为零。

以上解答合并成适用所有 t 的表示式应为

$$u_C(t)=6-6\varepsilon(t)+6\mathrm{e}^{-5t}\varepsilon(t)=[6-6(1-\mathrm{e}^{-5t})\varepsilon(t)]\ \mathrm{V}$$

$$i_C(t)=-3\mathrm{e}^{-5t}\varepsilon(t)\ \mathrm{A}$$

$$u(t)=[12-12\varepsilon(t)+3\mathrm{e}^{-5t}]\ \mathrm{V}$$

注：本题对输入的表述也可不用开关而改为

$$i(t)=[6-6\varepsilon(t)]\ \mathrm{A}$$

如图题解 6-27(c)所示。

相关题：习题 6-22、6-20、6-26

§6-5 线性动态电路的叠加原理

6-28 电路如图题 6-24 所示，试求 $i_L(t)$ 的零状态响应；若 $i_L(0_-)=1$ A，试求 $i_L(t)$ 的零输入响应。如果 $i_L(0_-)=-1$ A，求 $i_L(t)$ 的全响应。

解 (1) i_L 的零状态响应为

$$i_L''=i_L(\infty)(1-\mathrm{e}^{-\frac{t}{\tau}})$$

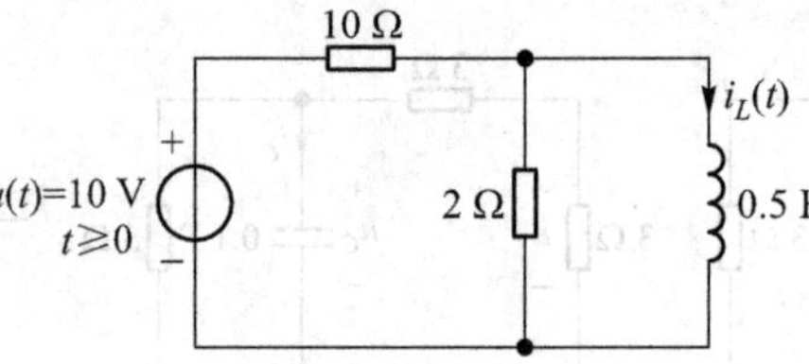

图题 6-24

由于

$$i_L(\infty)=\frac{10}{10}\ \mathrm{A}=1\ \mathrm{A}$$

$$\tau=\frac{L}{R_o}=\frac{0.5}{\dfrac{10\times2}{10+2}}\ \mathrm{s}=\frac{3}{10}\ \mathrm{s}$$

$$i''_L=(1-\mathrm{e}^{-3.33t})\ \mathrm{A}\quad t\geqslant0$$

（2）i_L的零输入响应为 $i'_L=i_L(0_+)\mathrm{e}^{-\frac{t}{\tau}}$

$$i_L(0_+)=i_L(0_-)=1\ \mathrm{A}$$

$$i'_L=\mathrm{e}^{-3.33t}\ \mathrm{A}\quad t\geqslant0$$

（3）如 $i_L(0_-)=-1$ A，则 $i'_L=-\mathrm{e}^{-3.33t}$ A

得

$$i_L=i'_L+i''_L=1-2\mathrm{e}^{-3.33t}\ \mathrm{A}\quad t\geqslant0$$

注：由给定的电路不能说明何以 $i_L(0_-)=1$ A 或 $i_L(0_-)=-1$ A，不必追究$t<0$时的电路状态，按给定的条件解题即可。一般，电路问题常如此命题。

相关题：习题 6-42

6-29　电路如图题 6-25 所示，求 $i_L(t)$，$t\geqslant0$。假定开关闭合前电路已处于稳态。（指定用叠加原理。）

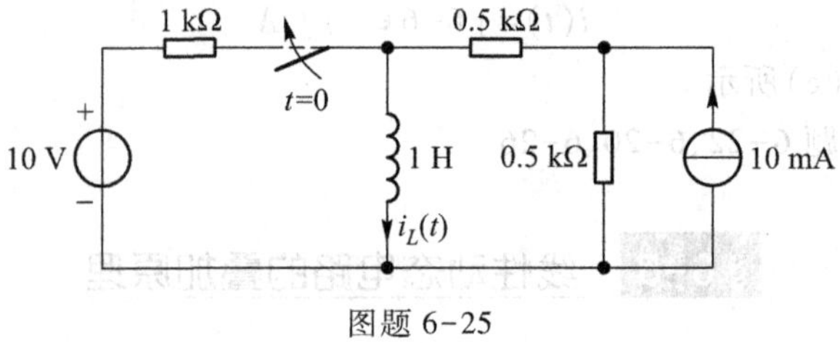

图题 6-25

解　$t\geqslant0$ 时全响应 $i_L(t)$ 含三个部分：由电流源引起的零输入响应 i' 和零状态响应 i''；由电压源引起的零状态响应 i'''。

（1）求 i'_L：10 mA 电流源引起的初始状态 $i_L(0_+)$ 为

$$i_L(0_+)=i_L(0)=\left(\frac{0.5}{0.5+0.5}\times 10\right)\ \text{mA}=5\ \text{mA}$$

$t\geqslant 0$ 的等效电阻 R_o 为

$$R_o=\frac{1\ 000}{2}\ \Omega=500\ \Omega\quad 则\ \tau=\frac{L}{R}=\frac{1}{500}\ \text{s}$$

故零输入响应为

$$i'_L=i_L(0)\,\text{e}^{-\frac{t}{\tau}}=5\text{e}^{-500t}\ \text{mA}\quad t\geqslant 0$$

（2）10 mA 单独作用的零状态响应为

$$i''_L=5(1-\text{e}^{-500t})\ \text{mA}\quad t\geqslant 0$$

（3）10 V 单独作用的零状态响应为

$$i'''_L=\frac{10}{1\ 000}(1-\text{e}^{-500t})\ \text{A}=10(1-\text{e}^{-500t})\ \text{mA}$$

（4）全响应为

$$i_L(t)=i'_L+i''_L+i'''_L=(15-10\text{e}^{-500t})\ \text{mA}\quad t\geqslant 0$$

6-30　RC 电路如图题 6-3(a)所示。若对所有 t,电压源 u_S 的波形如图题 6-26(a)所示,试求 $u_C(t)$、$i(t)$,$t\geqslant 0$ 并绘波形图;若对所有 t,u_S 的波形如图题 6-26(b)所示,重复以上要求。

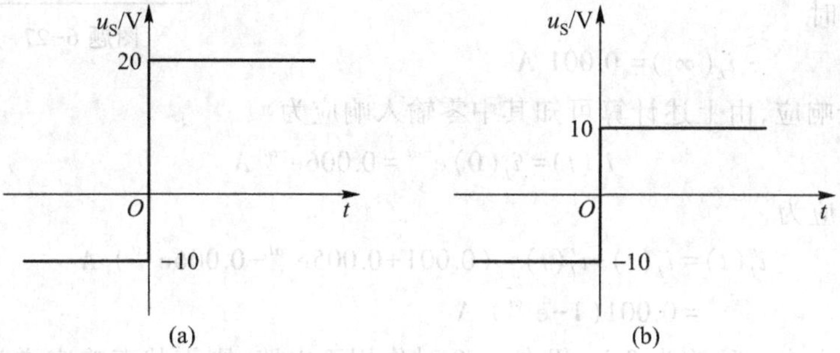

图题 6-26

解　（1）根据所示 u_S 波形图可知

$$u_C(0)=-10\ \text{V}$$

又

$$\tau=RC=(10^6\times 10^{-6})\ \text{s}=1\ \text{s}$$

$t\geqslant 0$ 时零输入响应为

$$u'_C(t)=u_C(0)\,\text{e}^{-\frac{t}{\tau}}=-10\text{e}^{-t}\ \text{V}$$

$t\geqslant 0$ 时零状态响应为

$$u''_C(t)=u_S(1-\text{e}^{-\frac{t}{\tau}})=20(1-\text{e}^{-t})\ \text{V}$$

$t\geqslant 0$ 时全响应为

$$u_C(t)=u'_C(t)+u''_C(t)=(20-30e^{-t})\ V$$

$$i(t)=C\frac{du_C}{dt}=(10^{-6}\times 30e^{-t})\ A=30e^{-t}\ \mu A\quad t\geqslant 0$$

(2) 由图题 6-26(b)所示波形可知,仅 $t\geqslant 0$ 时作用于电路的电压 u_S 减半,故知 $t\geqslant 0$ 时

$$u'_C(t)=-10e^{-t}\ V\quad u''_C(t)=10(1-e^{-t})\ V$$

$$u_C(t)=u'_C(t)+u''_C(t)=(10-20e^{-t})\ V$$

$$i(t)=(10^{-6}\times 20e^{-t})\ A=20e^{-t}\ \mu A\quad t\geqslant 0$$

注:由本题可看到全响应与外施电源并不存在线性关系。又,请回顾习题 6-20注中所提问题。

6-31 图题 6-27 所示电路中,1 V 电压源在 $t=0$ 时作用于电路,已知 $i_L(t)=(0.001+0.005e^{-\alpha t})\ A$,$t\geqslant 0$。问若电源为 2 V,$i_L(t)$是多少?

解 由

$$i_L(t)=(0.001+0.005e^{-\alpha t})\ A$$

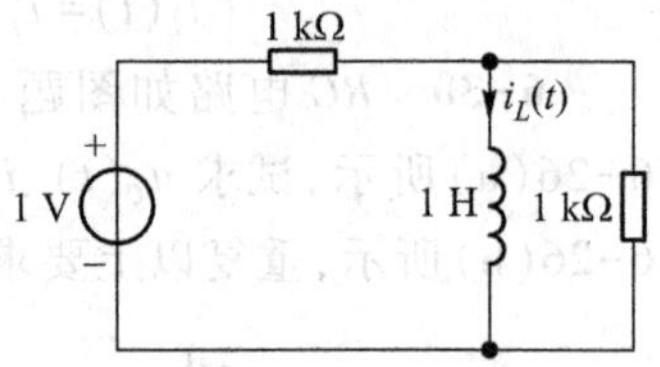

图题 6-27

可知

$$i_L(0)=(0.001+0.005)\ A=0.006\ A$$

直流稳态时

$$i_L(\infty)=0.001\ A$$

$i_L(t)$为全响应,由上述计算可知其中零输入响应为

$$i'_L(t)=i_L(0)e^{-\alpha t}=0.006e^{-\alpha t}\ A$$

零状态响应为

$$i''_L(t)=i_L(t)-i'_L(t)=(0.001+0.005e^{-\alpha t}-0.006e^{-\alpha t})\ A$$
$$=0.001(1-e^{-\alpha t})\ A$$

若输入由 1 V 改为 2 V,仍在 $t=0$ 时作用于电路,则零状态响应增为$2i''_L(t)$,故得全响应为

$$i_L(t)=[0.006e^{-\alpha t}+0.002(1-e^{-\alpha t})]\ A=(0.002+0.004e^{-\alpha t})\ A\quad t\geqslant 0$$

注:全响应与输入不存在线性关系,零状态响应与输入才存在线性关系,解题时必须先从给定的全响应中分出零状态响应,利用它的线性(比例性)解题。

相关题:习题 6-30

6-32 图题 6-28 所示电路中,已知当 $u_S(t)=1$ V,$i_S(t)=0$ 时,$u_C(t)=\left(2e^{-2t}+\frac{1}{2}\right)$ V,$t\geqslant 0$;当 $i_S(t)=1$ A,$u_S(t)=0$ 时,$u_C(t)=\left(\frac{1}{2}e^{-2t}+2\right)$ V,$t\geqslant 0$。电源在 $t=0$ 时开始作用于电路。

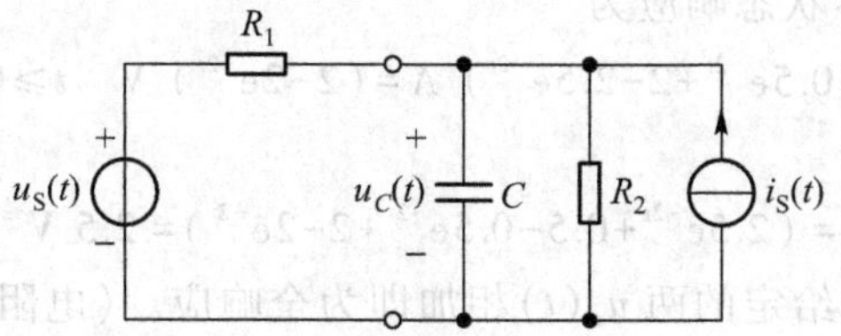

图题 6-28

（1）求 R_1、R_2 和 C；

（2）求电路的全响应。

解　（1）当 $u_S=1$ V，$i_S=0$ 时，断开电容 C 可求得戴维南等效电路参数

$$u_{OC}=\left(\frac{R_2}{R_1+R_2}\right)u_S,\quad R_o=\frac{R_1R_2}{R_1+R_2}$$

又从给出的 $u_C(t)$ 表示式可知

$$u_C(0)=2.5\text{ V},u_C(\infty)=0.5\text{ V},\tau=0.5\text{ s}$$

稳态时（$t=\infty$），C 为断路，故知 $u_{OC}=u_C(\infty)$，即

$$\left(\frac{R_2}{R_1+R_2}\right)u_S=\frac{R_2}{R_1+R_2}=0.5 \qquad ①$$

又 $\tau=R_oC=0.5$，即

$$\left(\frac{R_1R_2}{R_1+R_2}\right)C=0.5 \qquad ②$$

当 $u_S=0$，$i_S=1$ A 时，戴维南等效电路参数

$$u_{OC}=\left(\frac{R_1R_2}{R_1+R_2}\right)i_S,\quad R_o=\frac{R_1R_2}{R_1+R_2}$$

又从给出的 $u_C(t)$ 表示式可知

$$u_C(0)=2.5\text{ V},\quad u_C(\infty)=2\text{ V}$$

稳态时 C 为断路，故知

$$u_{OC}=u_C(\infty),\quad 即\quad \frac{R_1R_2}{R_1+R_2}=2 \qquad ③$$

解①、②、③三式得

$$C=0.25\text{ F},\quad R_1=R_2=4\ \Omega$$

（2）由以上计算所得的 $u_C(0)$，可知：

两种外施激励单独作用时，零输入响应均为

$$u_C(0)\mathrm{e}^{-2t}=2.5\mathrm{e}^{-2t}\text{ V}$$

u_S 单独作用时零状态响应为

$$(2\mathrm{e}^{-2t}+0.5-2.5\mathrm{e}^{-2t})\text{ V}=(0.5-0.5\mathrm{e}^{-2t})\text{ V}\quad t\geqslant0$$

i_S单独作用时零状态响应为

$$(0.5e^{-2t}+2-2.5e^{-2t})\ \text{A}=(2-2e^{-2t})\ \text{V}\quad t\geqslant 0$$

全响应

$$u_C(t)=(2.5e^{-2t}+0.5-0.5e^{-2t}+2-2e^{-2t})=2.5\ \text{V}\quad t\geqslant 0$$

注:切勿误认为给定的两 $u_C(t)$ 相加即为全响应。(电阻电路和动态电路的叠加原理表述有何不同?)

本题属动态电路问题,但输入为直流、输出也为直流。见教材第 4 版序言。

6-33　电路如图题 6-29 所示,若电路初始状态为零,$i_S(t)=4\varepsilon(t)$ A 时,$i_L(t)=(2-2e^{-t})\varepsilon(t)$ A,$u_R(t)=\left(2-\dfrac{1}{2}e^{-t}\right)\varepsilon(t)$ V。试求 $i_L(0)=2$ A,$i_S(t)=2\varepsilon(t)$ A 时,$i_L(t)$ 和 $u_R(t)$,$t>0$。

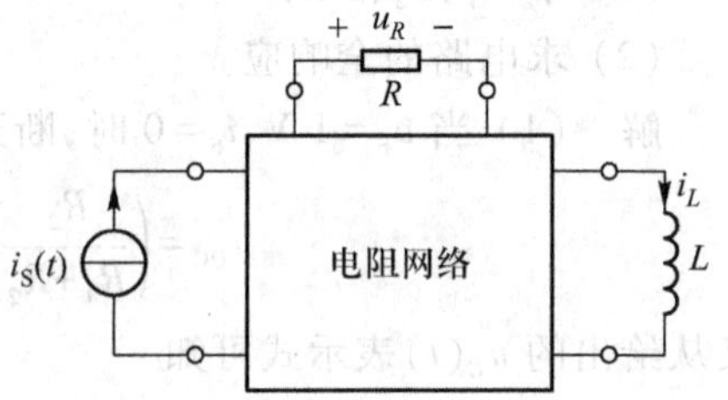

图题 6-29

解　(1) 求 $i_L(t)$:当激励为 $2\varepsilon(t)$ A,$i_L(0)=0$ 时,由零状态响应线性可得

$$i_L'(t)=\frac{1}{2}(2-2e^{-t})\varepsilon(t)=(1-e^{-1})\varepsilon(t)\ \text{A}$$

当激励为零、$i_L(0)=2$ A 时,零输入响应为

$$i_L''(t)=i_L(0)e^{-t}\varepsilon(t)=2e^{-t}\varepsilon(t)\ \text{A}$$

所求 $i_L(t)$ 应为

$$i_L(t)=i_L'(t)+i_L''(t)=(1+e^{-t})\varepsilon(t)\ \text{A}$$

(2) 求 $u_R(t)$:

当激励为 $2\varepsilon(t)$ A,$i_L(0)=0$ 时,

零状态响应

$$u_R'(t)=\frac{1}{2}\left(2-\frac{1}{2}e^{-t}\right)\varepsilon(t)=\left(1-\frac{1}{4}e^{-t}\right)\varepsilon(t)\ \text{V}$$

根据置换定理,零输入时电路如图题解 6-33 所示。其中

$$u_R''(t)=H_1(2e^{-t})\varepsilon(t)\ \text{V}$$

可利用已知条件,求得 H_1。为此在图题解 6-33 中,设激励为 $4\varepsilon(t)$(取代断开),初始电流由 $2e^{-t}$ A 改为 $(2-2e^{-t})$ A,u_R'' 改为 u_R',则

$$u_R'(t)=H_1(2-2e^{-t})\varepsilon(t)+H_2\times 4\varepsilon(t)$$

即 $2-\dfrac{1}{2}e^{-t}=2H_1+4H_2-2H_1e^{-t}$

比较系数得

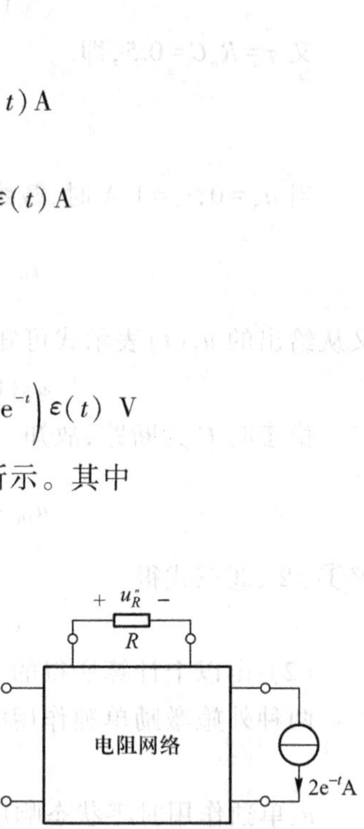

图题解 6-33

$$2H_1+4H_2=2$$

$$2H_1=\frac{1}{2}$$

所以
$$H_1=\frac{1}{4},H_2=\frac{3}{8}(\text{本题无用})$$

得
$$u''_R(t)=H_1(2e^{-t})\varepsilon(t)=\frac{1}{2}e^{-t}\varepsilon(t)\text{ V}$$

所求全响应 u_R 为

$$u_R(t)=u'_R(t)+u''_R(t)=\left(1+\frac{1}{4}e^{-t}\right)\varepsilon(t)\text{ V}$$

6-34　电路如图题 6-30 所示，若电路初始状态为零，单位阶跃电源激励下，电容和电阻的响应为

$$u_C(t)=(1-e^{-t})\varepsilon(t)\text{ V}$$

$$u_R(t)=\left(1-\frac{1}{4}e^{-t}\right)\varepsilon(t)\text{ V}$$

若激励不变，但 $u_C(0)=2\text{V}$，求 $t\geqslant0$ 时的 $u_C(t)$ 和 $u_R(t)$。

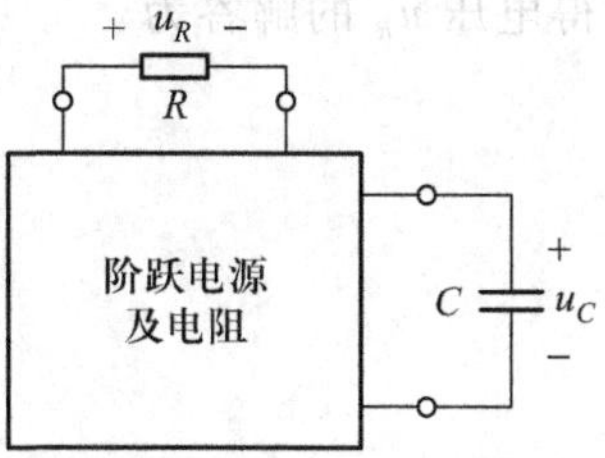

图题 6-30

解　所求解答为全响应，其中零状态响应即为给定的 $u_C(t)$ 和 $u_R(t)$，为避免混淆，可表为

$$u'_C(t)=(1-e^{-t})\varepsilon(t)\text{ V}$$

$$u'_R(t)=\left(1-\frac{1}{4}e^{-t}\right)\varepsilon(t)\text{ V}$$

现在需要求解零输入响应部分。显然，$u_C(t)$ 的零输入响应为

$$u''_C(t)=u_C(0)e^{-t}\varepsilon(t)=2e^{-t}\varepsilon(t)\text{ V}$$

因此，$u_C(t)$ 的解答为

$$u_C(t)=u'_C(t)+u''_C(t)$$
$$=(1+e^{-t})\varepsilon(t)\text{ V}$$

$u_R(t)$ 的零输入响应 $u''_R(t)$，可求得如下：

根据置换定理，电路图中的电容 C 可以用电压源置换，在零状态时，其电压即为 $u'_C(t)$。根据叠加原理，零状态时，应有

$$u'_R(t)=H_1u'_C(t)+H_2\,\varepsilon(t)$$

以已知的 $u'_R(t)$ 代入，得

$$1-\frac{1}{4}e^{-t}=H_1(1-e^{-t})+H_2\quad t\geqslant0$$

比较系数得

$$H_1+H_2=1$$

$$H_1=\frac{1}{4}$$

尚可得　　$$H_2=\frac{3}{4}\text{(本题无用)}$$

在零输入时，仅有电压为 $u''_C(t)$ 的电压源作用于电路，此时

$$u''_R(t)=H_1u''_C(t)$$

即　　$$u''_R(t)=\frac{1}{4}(2\mathrm{e}^{-t})\varepsilon(t)=\frac{1}{2}\mathrm{e}^{-t}\varepsilon(t)\ \mathrm{V}$$

故得电压 u_R 的解答为

$$\begin{aligned}u_R(t)&=u'_R(t)+u''_R(t)\\&=\left(1-\frac{1}{4}\mathrm{e}^{-t}\right)\varepsilon(t)+\frac{1}{2}\mathrm{e}^{-t}\varepsilon(t)\\&=\left(1+\frac{1}{4}\mathrm{e}^{-t}\right)\varepsilon(t)\ \mathrm{V}\end{aligned}$$

§6-6　三要素法

6-35　图题 6-31 所示电路求 $u(0_+)$ 和 $i(0_+)$。开关闭合前电路已达稳定状态。

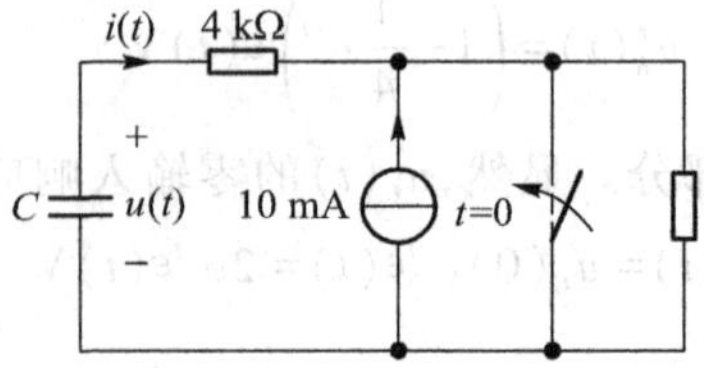

图题 6-31

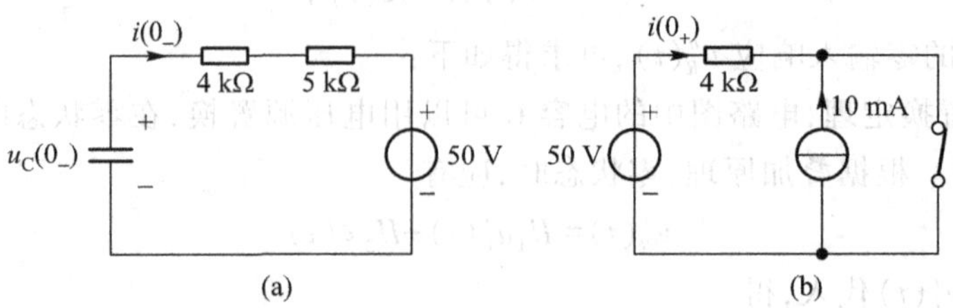

图题解 6-35

解　(1) 作 $t=0_-$ 时电路如图题解 6-35(a)所示。此时电容相当于开路，$i(0_-)=0$，故得

$$u(0_-)=50\ \text{V}$$

得

$$u(0_+)=u(0_-)=50\ \text{V}$$

(2) 作 $t=0_+$ 电路如图题解 6-35(b)，电容用 50 V 电压源置换。由此可得

$$i(0_+)=\frac{50}{4\ 000}\ \text{A}=12.5\ \text{mA}$$

注：注意易错误之处，由图题解 6-35(a)得 $i(0_-)=0$，从而误认为 $i(0_+)=i(0_-)=0$。三要素法的难点在求初始值，解决这一难点的关键在于会正确作出 $t=0_-$ 和 $t=0_+$ 的电路。

6-36　图题 6-32 所示电路求 $u(0_+)$ 和 $i(0_+)$。开关闭合前电路已达稳定状态。

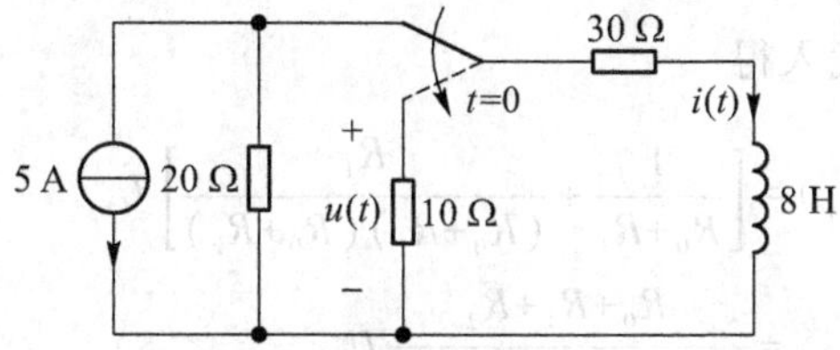

图题 6-32

解　(1) 作 $t=0_-$ 的电路如图题解 6-36(a)所示，得

$$i(0_-)=\left(-\frac{20}{20+30}\times 5\right)\ \text{A}=-2\ \text{A}$$

$$i(0_+)=i(0_-)=-2\ \text{A}$$

(2) 作 $t=0_+$ 的电路如图题解 6-36(b)所示。可得

$$u(0_+)=[-10\times(-2)]\ \text{V}=20\ \text{V}$$

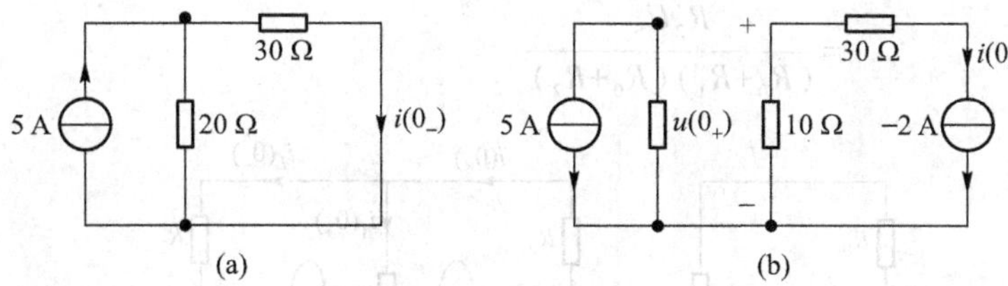

图题解 6-36

注：注意不可认为 $u(0_+)=u(0_-)$。

事实上，在图题解 6-36(a)中不必去求 $u(0_-)$，求 $u(0_-)$ 不仅毫无用处，反而容易导致错误。

6-37　电路如图题 6-33 所示，求 $i_L(0_-)$、$i(0_-)$、$i_1(0_-)$；$i_L(0_+)$、$i(0_+)$、$i_1(0_+)$、$u_L(0_+)$。已知开关在 $t=0$ 时闭合，闭合前电路已处于稳态。

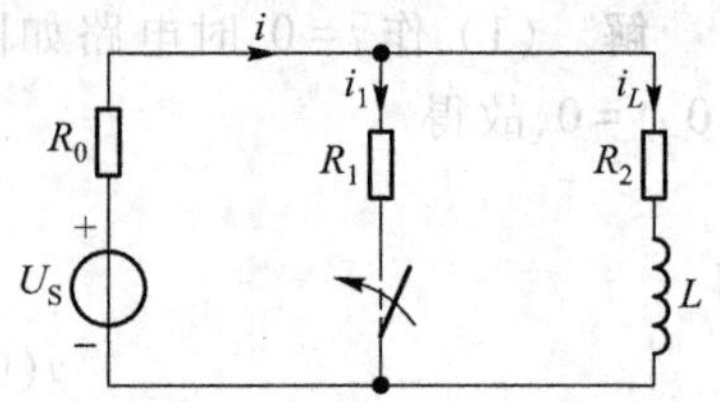

图题 6-33

解　$t=0_-$ 时电路如图题解 6-37(a) 所示。

$$i_1(0_-)=0$$

$$i(0_-)=i_L(0_-)=\frac{U_S}{R_0+R_2}$$

$t=0_+$ 时电路如图题解 6-37(b) 所示。可列出网孔方程

$$(R_0+R_1)i(0_+)-R_1 i_L(0_+)=U_S$$

$$-R_1 i(0_+)+(R_1+R_2)i_L(0_+)=-u_L(0_+)$$

因 $i_L(0_+)=\dfrac{U_S}{R_0+R_2}$，代入得

$$i(0_+)=\left[\frac{1}{R_0+R_1}+\frac{R_1}{(R_0+R_1)(R_0+R_2)}\right]U_S$$

$$=\frac{R_0+R_1+R_2}{(R_0+R_1)(R_0+R_2)}U_S$$

$$u_L(0_+)=i(0_+)R_1-i_L(0_+)(R_1+R_2)$$

$$=R_1\frac{R_0+R_1+R_2}{(R_0+R_1)(R_0+R_2)}U_S-\frac{R_1+R_2}{R_0+R_2}U_S$$

$$=-\frac{R_0R_2}{(R_0+R_1)(R_0+R_2)}U_S$$

$$i_1(0_+)=i(0_+)-i_L(0_+)=\frac{R_0+R_1+R_2}{(R_0+R_1)(R_0+R_2)}U_S-\frac{U_S}{R_0+R_2}$$

$$=\frac{R_2U_S}{(R_0+R_1)(R_0+R_2)}$$

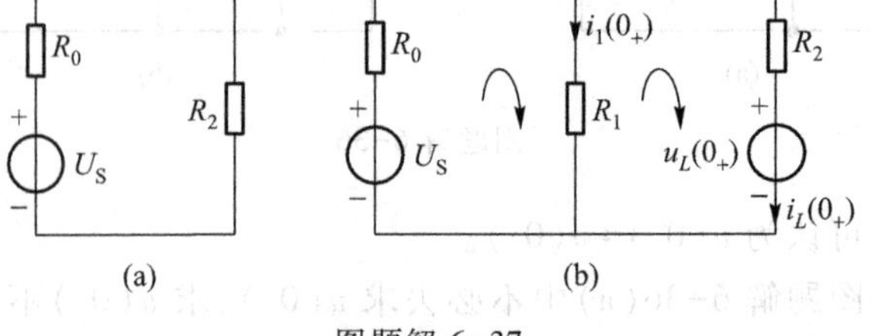

图题解 6-37

6-38　电路如图题 6-34 所示，在 $t=0$ 时 10 V 电压源作用于电路，且已知 $i_1(0)=2$ A、$u_4(0)=4$ V，试求 $t=0$ 及 $t=\infty$ 时，各电压、电流是多少？

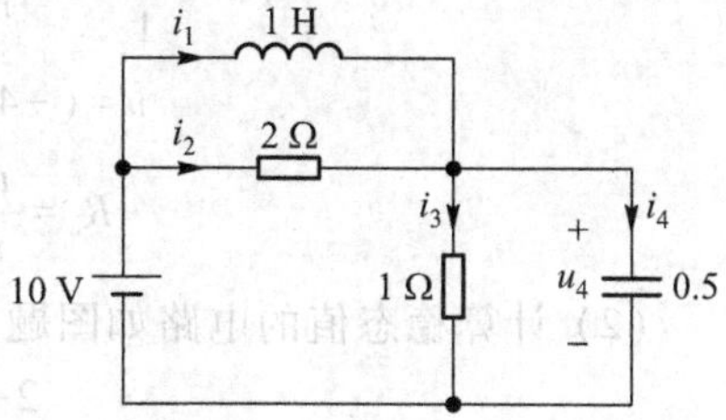

图题 6-34

解　$t=0_+$时，电路如图题解 6-38(a)所示，各电压电流取关联方向，则有

$$u_2(0_+)=(10-4)\ \text{V}=6\ \text{V}$$

$$i_2(0_+)=\frac{u_2(0_+)}{2\ \Omega}=3\ \text{A}$$

$$i_3(0_+)=\frac{u_4(0_+)}{1\ \Omega}=4\ \text{A}$$

$$i_4(0_+)=i_1(0_+)+i_2(0_+)-i_3(0_+)$$
$$=(2+3-4)\ \text{A}=1\ \text{A}$$

$t=\infty$ 时，电路如图题解 6-38(b)所示，得 $u_2(\infty)=0$，$u_4(\infty)=10$ V，$i_1(\infty)=i_3(\infty)=\dfrac{10}{1}$ A$=10$ A，$i_2(\infty)=i_4(\infty)=0$。

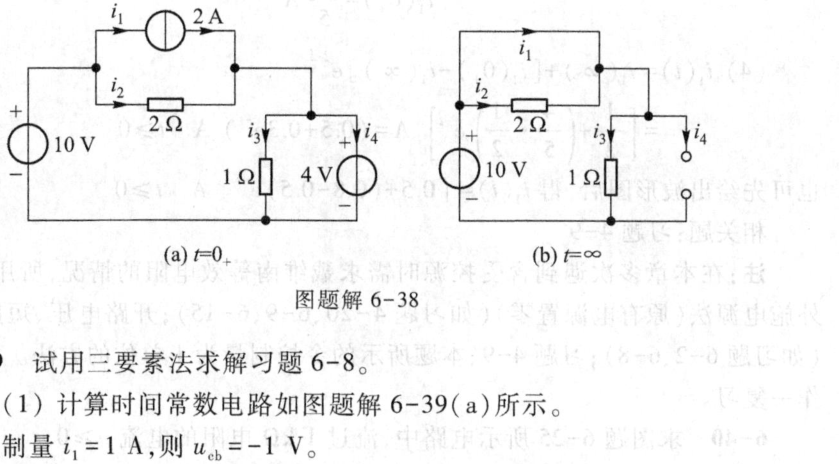

(a) $t=0_+$　　(b) $t=\infty$

图题解 6-38

6-39　试用三要素法求解习题 6-8。

解　(1) 计算时间常数电路如图题解 6-39(a)所示。

设控制量 $i_1=1$ A，则 $u_{eb}=-1$ V。

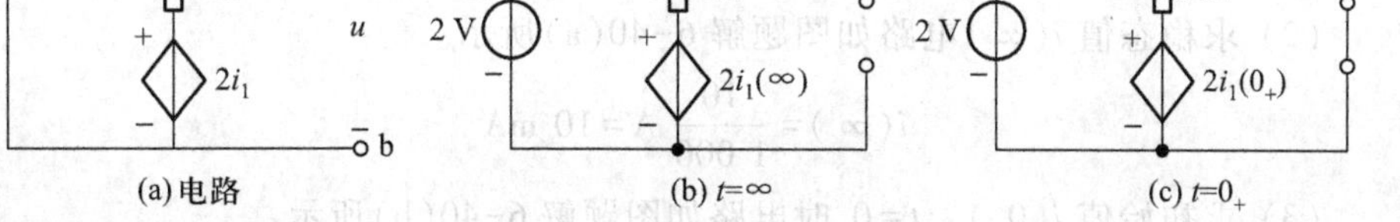

(a) 电路　　(b) $t=\infty$　　(c) $t=0_+$

图题解 6-39

$$i=\frac{u_{cb}-2i_1}{1}-i_1=(-1-2-1)\ \text{A}=-4\ \text{A}$$

$$u=(-4\times1-1)\ \text{V}=-5\ \text{V}$$

$$R_o=\frac{u}{i}=\frac{-5}{-4}=1.25\ \Omega$$

(2) 计算稳态值的电路如图题解 6-39(b)所示。

$$i_1(\infty)=\frac{2-2i_1(\infty)}{1+1}=1-i_1(\infty)$$

得

$$i_1(\infty)=\frac{1}{2}\ \text{A}$$

(3) 计算 $i_1(0_+)$ 的电路如图题解 6-39(c)所示。

$$2i_1(0_+)-i_S=2-2i_1(0_+)$$
$$-i_1(0_+)+2i_S=2i_1(0_+)$$

得

$$i_1(0_+)=\frac{4}{5}\ \text{A}$$

(4) $i_1(t)=i_1(\infty)+[i_1(0_+)-i_1(\infty)]e^{-\frac{t}{\tau}}$

$$=\left[\frac{1}{2}+\left(\frac{4}{5}-\frac{1}{2}\right)e^{-t}\right]\ \text{A}=(0.5+0.3e^{-t})\ \text{A}\quad t\geqslant0$$

也可先绘出波形图后,得 $i_1(t)=[0.5+(0.8-0.5)e^{-t}]$ A $t\geqslant0$

相关题:习题 4-9

注:在本章多次遇到含受控源时需求戴维南等效电阻的情况,所用方法有:外施电源法(原有电源置零)(如习题 4-20、6-9、6-15);开路电压、短路电流法(如习题 6-2、6-8);习题 4-9、本题所示的令控制量为 1 单位的方法。借此机会作一复习。

6-40 求图题 6-25 所示电路中,流过 1 kΩ 电阻的电流,$t\geqslant0$。

解 (1) 求 $t\geqslant0$ 时的等效电阻 R_o。

$$R_o=\frac{1\ 000}{2}\ \Omega=500\ \Omega\quad 则\ \tau=\frac{L}{R}=\frac{1}{500}\ \text{s}$$

(2) 求稳态值 $i(\infty)$ 电路如图题解 6-40(a)所示。

$$i(\infty)=\frac{10}{1\ 000}\ \text{A}=10\ \text{mA}$$

(3) 求初始值 $i(0_+)$。$t=0_-$ 时电路如图题解 6-40(b)所示。

$$i_L(0_-)=\frac{10}{2}\ \text{mA}=5\ \text{mA}=i_L(0_+)$$

$t=0_+$时电路如图题解 6-40(c)所示,列出节点方程

$$(1+2)u_1-2u_2=\frac{10}{1}-5$$

$$-2u_1+(2+2)u_2=10$$

解得

$$u_1=5\ \text{V}$$

所以

$$i(0_+)=\frac{10-5}{1\ 000}\ \text{A}=5\ \text{mA}$$

(4) $i(t)=i(\infty)+[i(0_+)-i(\infty)]\text{e}^{-\frac{t}{\tau}}=[10+(5-10)\text{e}^{-500t}]\ \text{mA}$

$=(10-5\text{e}^{-500t})\ \text{mA}\quad t\geqslant 0$

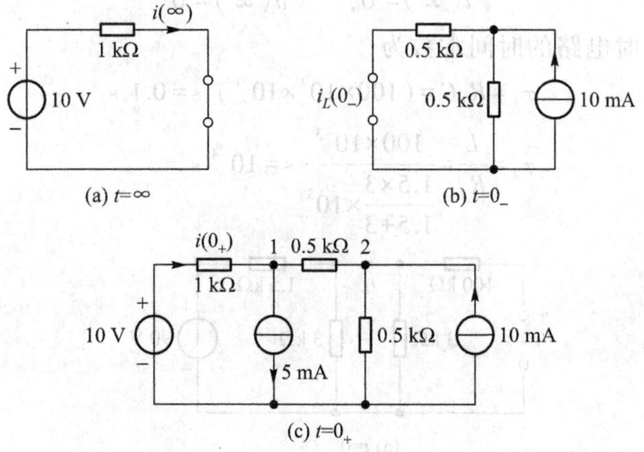

图题解 6-40

6-41　图题 6-35 所示电路,求 $i(t)$和 $u(t)$,$t\geqslant 0$。已知 $t=0_-$时电路已处于直流稳态。

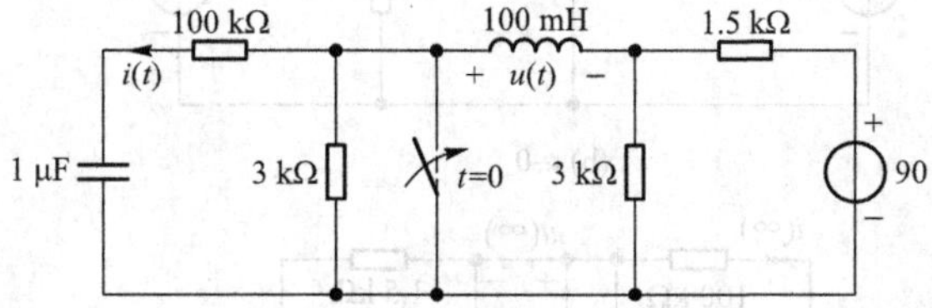

图题 6-35

解　(1) $t=0_-$时电路如图题解 6-41(a)所示,得

$$u_C(0_-)=\left(90\times\frac{1}{2}\right)\ \text{V}=45\ \text{V}$$

$$i_L(0_-)=\left(-\frac{90\times10^{-3}}{1.5+1.5}\times\frac{1}{2}\right)\ \mathrm{A}=-15\ \mathrm{mA}$$

$$u_C(0_+)=u_C(0_-)=45\ \mathrm{V}$$

$$i_L(0_+)=i_L(0_-)=-15\ \mathrm{mA}$$

根据 $u_C(0_+)$ 和 $i_L(0_+)$ 作 $t=0_+$ 时的电路如图题解 6-41(b)所示。解得

$$i(0_+)=-\frac{45}{100\times10^3}\ \mathrm{A}=-0.45\ \mathrm{mA}$$

又,用叠加方法得

$$u(0_+)=\left(-90\times\frac{2}{3}+\frac{3\times1.5}{3+1.5}\times15\right)\ \mathrm{V}=-45\ \mathrm{V}$$

(2) $t=\infty$ 时电路如图题解 6-41(c)所示,得

$$i(\infty)=0,\qquad u(\infty)=0$$

(3) $t\geqslant0$ 时电路的时间常数为

$$\tau_1=R_1C=(100\times10^3\times10^{-6})\ \mathrm{s}=0.1\ \mathrm{s}$$

$$\tau_2=\frac{L}{R_2}=\frac{100\times10^{-3}}{\dfrac{1.5\times3}{1.5+3}\times10^3}\ \mathrm{s}=10^{-4}\ \mathrm{s}$$

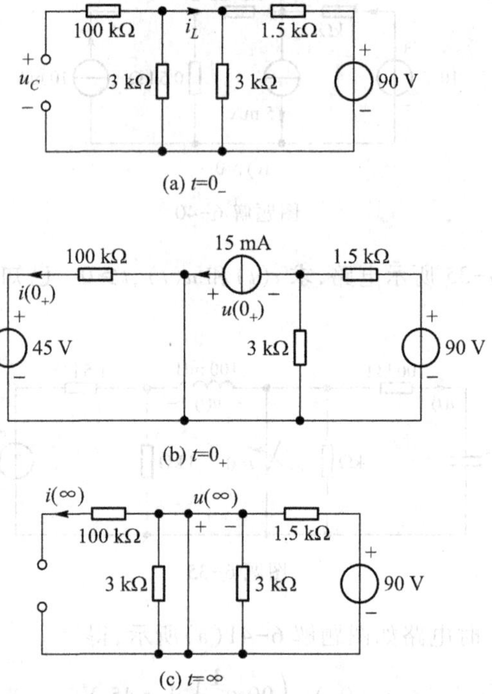

图题解 6-41

（4）
$$i(t)=-0.45\mathrm{e}^{-10t}\ \mathrm{mA}\quad t\geqslant 0$$
$$u(t)=-45\mathrm{e}^{-10^4 t}\ \mathrm{V}\quad t\geqslant 0$$

6-42　图题 6-36 所示电路中，N 内部只含电源及电阻，若输出端所得阶跃响应为

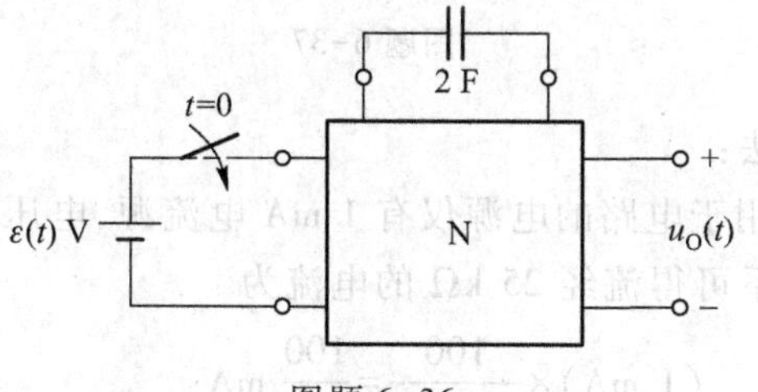

图题 6-36

$$u_0(t)=\left(\frac{1}{2}+\frac{1}{8}\mathrm{e}^{-0.25t}\right)\varepsilon(t)\ \mathrm{V}$$

若把电路中的电容换以 2 H 的电感，输出端的零状态响应 $u_0(t)$ 将如何？

解　(1) 断开电容，从断开两点看得戴维南等效电阻为

$$R_o=\frac{\tau}{C}=\frac{4}{2}\ \Omega=2\ \Omega$$

又从给定的 $u_0(t)$ 可知

$$u_0(0)=\frac{5}{8}\ \mathrm{V}\quad u_0(\infty)=\frac{1}{2}\ \mathrm{V}$$

（2）换成电感后，u_0 的初始值应与接 C 时的稳态值相等。这是因为 C 在直流稳态时相当于开路，而 L 在初始时刻也相当于开路。故得

$$u_0(0)=\frac{1}{2}\ \mathrm{V}$$

同理，可得

$$u_0(\infty)=\frac{5}{8}\ \mathrm{V}$$

又

$$\tau=\frac{L}{R_o}=1\ \mathrm{s}$$

由此可知，接电感时 u_0 由 $\frac{1}{2}$ V 增长至 $\frac{5}{8}$ V，得

$$u_0(t)=\left[\frac{1}{2}+\left(\frac{5}{8}-\frac{1}{2}\right)(1-\mathrm{e}^{-t})\right]\ \mathrm{V}=\left(\frac{5}{8}-\frac{1}{8}\mathrm{e}^{-t}\right)\ \mathrm{V}\quad t\geqslant 0$$

6-43　电路如图题 6-37 所示，试求下列各时刻的 $u_C(t)$：0_-、0_+、∞、0.08 s。

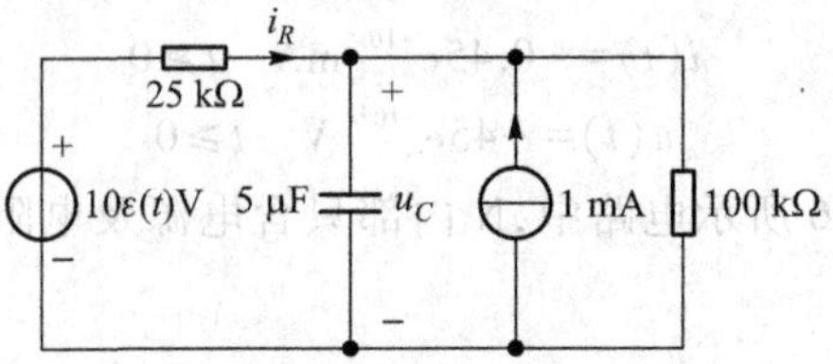

图题 6-37

解　用三要素法：

(1) $t=0_-$时作用于电路的电源仅有 1 mA 电流源,电压源视为短路,电容视为开路。由分流关系可得流经 25 kΩ 的电流为

$$(1\ \mathrm{mA})\times\frac{100}{100+25}=\frac{100}{125}\ \mathrm{mA}$$

$$u_C(0_-)=\left(\frac{100}{125}\ \mathrm{mA}\right)(25\ \mathrm{k\Omega})=20\ \mathrm{V}$$

$$u_C(0_+)=u_C(0_-)=20\ \mathrm{V}$$

(2) 求 τ,先求戴维南等效电阻 R_o。对电容而言

$$R_o=\frac{100\times25}{125}\ \mathrm{k\Omega}=20\ \mathrm{k\Omega}$$

$$\tau=R_oC=(20\ \mathrm{k\Omega})(5\times10^{-6}\ \mathrm{F})=10^{-1}\ \mathrm{s}$$

(3) 求 $u_C(\infty)$,$t=\infty$ 时,两电源均作用,电容视为开路。可用叠加方法。电流单独作用时

$$u'_C(\infty)=20\ \mathrm{V}$$

电压源单独作用时,由分压关系可得

$$u''_C(\infty)=(10\ \mathrm{V})\left(\frac{100}{125}\right)=8\ \mathrm{V}$$

所以

$$u_C(\infty)=u'_C(\infty)+u''_C(\infty)=28\ \mathrm{V}$$

(4) $u_C(t)$是由 $u_C(0)=20$ V 按指数规律增长至 $u_C(\infty)=28$ V 的过程,得

$$u_C(t)=\left[20+(28-20)\left(1-\mathrm{e}^{-\frac{t}{\tau}}\right)\right]\ \mathrm{V}=(28-8\mathrm{e}^{-10t})\ \mathrm{V}\quad t\geqslant0$$

$$u_C(0.08)=(28-8\mathrm{e}^{-0.8})\ \mathrm{V}=(28-8\times0.45)\ \mathrm{V}$$

$$=24.4\ \mathrm{V}$$

6-44　(1) 图题 6-38 所示电路连同已知条件 $u_S(t)=\varepsilon(t)$ V,$i_L(0)=2$ A为通常要求 $t\geqslant0$ 时某一响应的命题方式,并不说明 $i_L(0)$ 为什么是 2 A 而不是其他数值,从给定电路也无法确认,但并不妨碍做题。试修改 $u_S(t)$,使之能产生 $i_L(0)=2$ A,且在 $t\geqslant0$ 时仍为 1 V,从而不影响 $t\geqslant0$ 时响应的求解。

（2）试求 $t\geqslant 0$ 时的 $i_L(t)$、$i(t)$。已知电感 $L=1$ H。

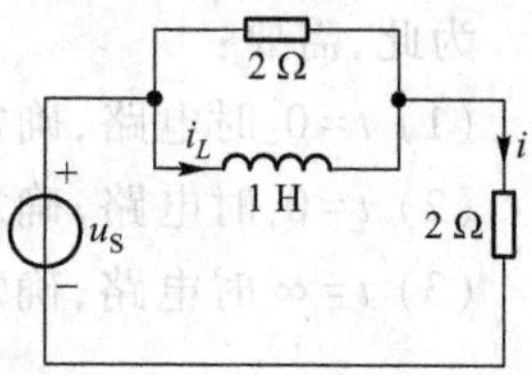

图题 6-38

解　（1）若 $u_S(t)=[4-3\,\varepsilon(t)]$ V，则在 $t\leqslant 0$ 时 $u_S(t)=4$ V，此时电感视为短路，$i_L(0_-)=\dfrac{4\text{ V}}{2\ \Omega}=2\text{ A}=i_L(0)$。当 $t\geqslant 0$ 时 $u_S(t)=(4-3)\text{ V}=1\text{ V}$，或记作 $u_S(t)=\varepsilon(t)$ V。

若 $u_S(t)=[4\,\varepsilon(-t)+\varepsilon(t)]$ V 亦能满足命题中要求的情况。

（2）用三要素法。$i_L(0)=2$ A 为已知。

$$\tau=\frac{L}{R_0}=\frac{1\text{ H}}{1\ \Omega}=1\text{ s}$$

$$i_L(\infty)=\frac{1\text{ V}}{2\Omega}=0.5\text{ A}$$

$i_L(t)$ 为由 2 A 衰减至 0.5 A 的过程，绘出波形图后可得

$$i_L(t)=[0.5+(2-0.5)\mathrm{e}^{-t}]\text{ A}=(0.5+1.5\mathrm{e}^{-t})\text{ A}\quad t\geqslant 0$$

设电感电压 $u_L(t)$ 与 $i_L(t)$ 为关联参考方向，得

$$u_L(t)=L\frac{\mathrm{d}i_L}{\mathrm{d}t}=-1.5\mathrm{e}^{-t}\text{ V}\quad t\geqslant 0$$

$i(t)$ 流过的 2 Ω 电阻，其电压为

$$-u_L(t)+u_S(t)=(1.5\mathrm{e}^{-t}+1)\text{ V}\quad t\geqslant 0$$

故得

$$i(t)=\frac{(1.5\mathrm{e}^{-t}+1)\text{ V}}{2\ \Omega}=(0.75\mathrm{e}^{-t}+0.5)\text{ A}\quad t\geqslant 0$$

注：也可由三要素法求得 $i(t)$。求 $i(0_+)$ 时，L 视为 2 A 的电流源，连同 $t=0_+$ 时已存在的 1 V 电压源可算得 $i(0_+)=\dfrac{5}{4}\text{ A}=1.25\text{ A}$。

求 $i(\infty)$ 时，L 视为短路，可算得 $i(\infty)=\dfrac{1\text{ V}}{2\ \Omega}=0.5$ A。τ 仍为 1 s。

$i(t)$ 为由 1.25 A 衰减至 0.5 A 的过程，绘出波形图后，得

$$i(t)=[0.5+(1.25-0.5)\mathrm{e}^{-t}]\text{ A}=(0.5+0.75\mathrm{e}^{-t})\text{ A}\quad t\geqslant 0$$

得到 $i_L(t)$、$i(t)$ 的三要素后，也可代入教材中的公式得出答案。

6-45　电路如图题 6-39 所示，若 $t<0$ 时，$u_S(t)=10$ V，$t\geqslant 0$ 时 $u_S(t)=-10$ V，试求 $u(t)$。若要求 $u(t)$ 在 $t=1$ s 时达到其稳态值的 90%，试求 C。

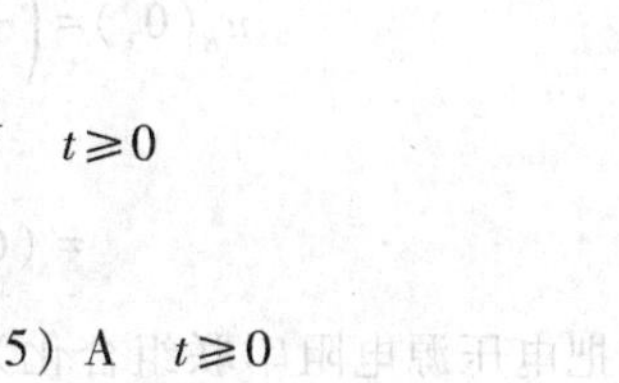

图题 6-39

解　　$u=u_R+u_C\quad t\geqslant 0$

为此,需要:

(1) $t=0_-$时电路,确定 $u_C(0_-)$从而确定 $u_C(0_+)$,见图题解 6-45(1)(a);

(2) $t=0_+$时电路,确定 $u_R(0_+)$,见图题解 6-45(1)(b);

(3) $t=\infty$ 时电路,确定 $u_C(\infty)$,$u_R(\infty)$,见图题解 6-45(1)(c);

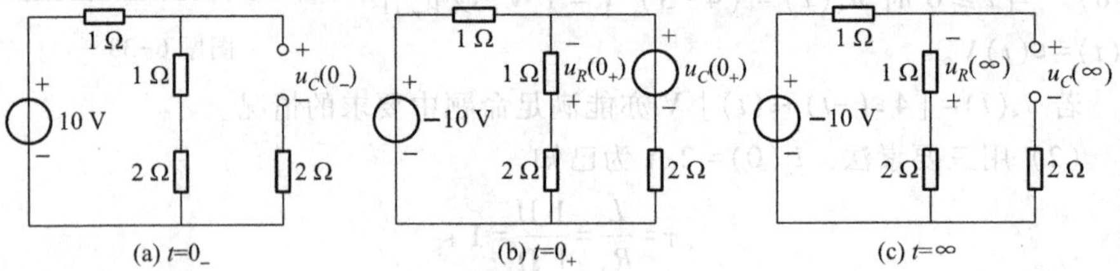

图题解 6-45(1)

由图(a)得

$$u_C(0_-)=(10\ \text{V})\left(\frac{1+2}{1+1+2}\right)=7.5\ \text{V}=u_C(0_+)$$

由图(b)得

$$u_R(0_+)=\left(\frac{10\ \text{V}}{1\ \Omega}-\frac{7.5\ \text{V}}{2\ \Omega}\right)\left(\frac{\frac{1}{3}}{1+\frac{1}{3}+\frac{1}{2}}\right)(1\ \Omega)$$

$$=(6.25\ \text{A})\left(\frac{2}{11}\right)(1\ \Omega)=1.14\ \text{V}$$

即把电压源电阻串联组合化为电流源电阻并联组合,再用分流关系求得(1+2)Ω支路的电流,乘以(1 Ω),得 $u_R(0_+)$。

由图(c)得

$$u_C(\infty)=-(10\ \text{V})\left(\frac{1+2}{1+1+2}\right)=-7.5\ \text{V}$$

$$u_R(\infty)=\frac{10\ \text{V}}{(1+1+2)\ \Omega}\times 1\ \Omega=2.5\ \text{V}$$

由 $u_C(0_+)$、$u_C(\infty)$和 $u_R(0_+)$、$u_R(\infty)$可得图题解 6-45(2)所示 $u_C(t)$、$u_R(t)$曲线。

由波形图可知

$$u_C(t)=-7.5+15\text{e}^{-t/\tau}\quad t>0$$

$$u_R(t)=1.14+(2.5-1.14)(1-\text{e}^{-t/\tau})$$

$$=2.5-1.36\text{e}^{-t/\tau}\quad t>0$$

所以 $$u(t)=u_C(t)+u_R(t)=-5+13.64\text{e}^{-t/\tau}\quad t>0$$

$$u(\infty)=-5\ \text{V}$$

由题意 $$-5\times 0.9=-5+13.64\text{e}^{-1/\tau}$$

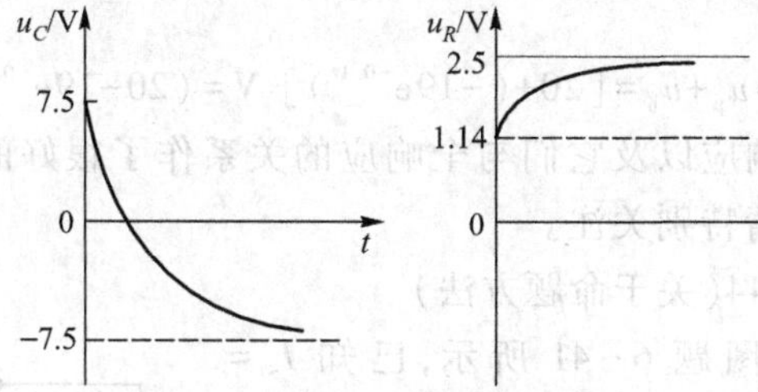

图题解 6-45(2)

即

$$e^{-1/\tau}=0.5/13.64=0.0367$$

$$1/\tau=3.305$$

$$\tau=0.3025\ \text{s}$$

又由图题解 6-45(1)(a)可知,戴维南等效电阻

$$R=[1\ \Omega//(1+2)\ \Omega]+2\ \Omega=\frac{3}{4}\ \Omega+2\ \Omega=\frac{11}{4}\ \Omega$$

$$\tau=RC$$

$$C=\tau/R=0.11\ \text{F}$$

§ 6-7 瞬态和稳态

6-46 电路如图题 6-40 所示,已知 $i(t)=10\ \text{A}, t\geqslant 0; u(0)=1\ \text{V}$。求电压 $u(t)$ 的零输入响应和零状态响应,稳态响应和瞬态响应。

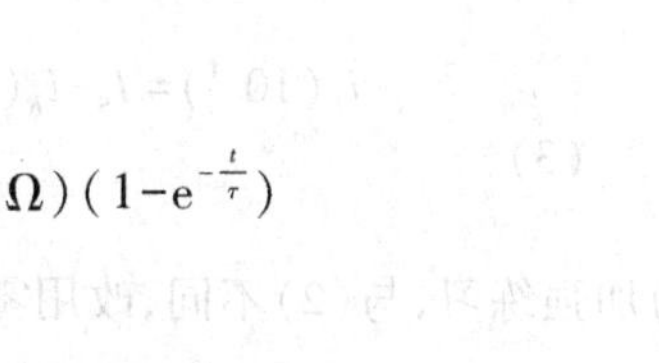

图题 6-40

解 时间常数

$$\tau=(2\ \Omega)(5\ \text{F})=10\ \text{s}$$

零输入响应

$$u_{zi}=u(0)e^{-\frac{t}{\tau}}=e^{-0.1t}\ \text{V}$$

零状态响应

$$u_{zs}=u(\infty)(1-e^{-\frac{t}{\tau}})=(10\ \text{A})(2\ \Omega)(1-e^{-\frac{t}{\tau}})$$

$$=20(1-e^{-0.1t})\ \text{V}$$

稳态响应

$$u_p=(10\ \text{A})(2\ \Omega)=20\ \text{V}$$

瞬态响应

$$u_h=[u(0)-u_p]e^{-\frac{t}{\tau}}=-19e^{-0.1t}\ \text{V}$$

$$\text{全响应}=u_{zi}+u_{zs}=[e^{-0.1t}+20(1-e^{-0.1t})]\ \text{V}$$

$$=(20-19e^{-0.1t})\ \text{V}$$

或

$$全响应=u_p+u_h=[20+(-19e^{-0.1t})]\ V=(20-19e^{-0.1t})\ V$$

注:本题对四种响应以及它们与全响应的关系作了很好的复习。本题体现了本章的核心内容,请特别关注。

相关题:习题 6-44(关于命题方法)

6-47　电路如图题 6-41 所示,已知 $I_S=100\ mA$,$R=1\ k\Omega$。(1) 求使固有响应为零的电容电压初始值;(2) 若 $C=1\ \mu F$,$u_C(0)=50\ V$,求 $t=10^{-4}\ s$ 时的 i_C 值;(3) 若 $u_C(0)=-50\ V$,为使 $t=10^{-3}\ s$时的 u_C为零,问 C 应为多少?

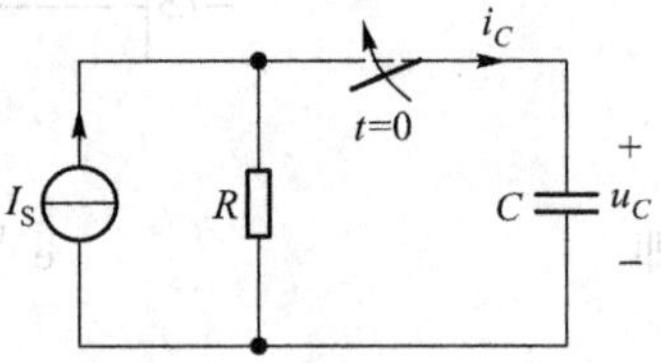

图题 6-41

解　(1) 若电容初始电压为 $u_C(0)$,则 $u_C(t)$的瞬态响应应为$[u_C(0)-I_SR]e^{-\frac{t}{\tau}}$。如欲使该响应为零,应有

$$u_C(0)=I_SR=100\times10^{-3}\times10^3\ V=100\ V$$

(2)

$$\tau=RC=10^3\times10^{-6}\ s=10^{-3}\ s$$

$$稳态响应=I_SR=100\times10^{-3}\times10^3\ V=100\ V$$

$$固有响应即瞬态响应=[u_C(0)-I_SR]e^{-\frac{t}{\tau}}=-50e^{-\frac{t}{\tau}}\ V$$

$$u_C(t)=[100+(-50e^{-\frac{t}{\tau}})]V\quad t\geqslant0$$

$$i_R(t)=\frac{u_C(t)}{R}=[0.1-0.05e^{-\frac{t}{\tau}}]A\quad t\geqslant0$$

所以

$$i_C(t)=I_S-i_R(t)=0.05e^{-\frac{t}{\tau}}\ A\quad t\geqslant0$$

$$i_C(10^{-4})=0.05e^{-0.1}\ A=45.2\ mA$$

或

$$u_C(10^{-4})=54.75\ V$$

$$i_C(10^{-4})=I_S-i_R(10^{-4})=(100-54.75)\ mA=45.25\ mA$$

(3)

$$\tau=RC=10^3C$$

为加强练习,与(2)不同,改用零输入响应和零状态响应表示全响应。即

$$u_C(t)=u_C(0)e^{-\frac{t}{\tau}}+I_SR(1-e^{-\frac{t}{\tau}})\quad t\geqslant0$$

若

$$u_C(10^{-3})=-50e^{-\frac{10^{-3}}{10^3C}}+100(1-e^{-\frac{10^{-3}}{10^3C}})=0$$

则

$$100=150e^{-\frac{10^{-6}}{C}}$$

$$e^{\frac{10^{-6}}{C}}=1.5$$

$$\frac{10^{-6}}{C}=0.405$$

所以

$$C=\frac{1}{0.405}\times 10^{-6}\ \mathrm{F}=2.466\ \mu\mathrm{F}$$

相关题:习题 6-46

6-48 电路如图题 6-42 所示,试求:(1) $t\geqslant 0$ 时,$i_L(t)$ 和 $i(t)$ 的瞬态响应;(2) $i_L(t)$ 和 $i(t)$ 的稳态响应;(3) 对所有 t,$i_L(t)$ 和 $i(t)$;(4) 对所有 t,$i_L(t)$ 和 $i(t)$ 的波形图。

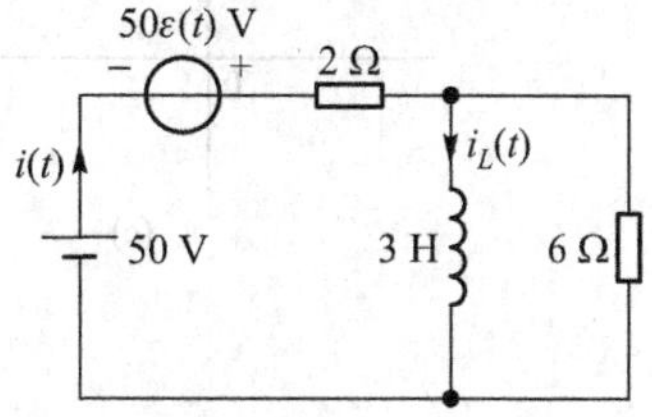

图题 6-42

解 (1) $t<0$ 时,电压源 $50\varepsilon(t)$ V 尚未作用于电路,电路中仅有 50 V 电压源作用,稳态时电感相当于短路,故得

$$i_L(t)=\frac{50\ \mathrm{V}}{2\ \Omega}=25\ \mathrm{A}$$

此即 $i_L(0_-)$ 值,亦即 $i(0_-)$ 值。

$t=0_+$ 时,由于 i_L 不能跃变,得

$$i_L(0_+)=25\ \mathrm{A}$$

$t=0_+$ 时,电路如图题解 6-48(a)所示,由图可算得

$$i(0_+)=\frac{(50+50+25\times 6)\ \mathrm{V}}{(2+6)\ \Omega}=\frac{250}{8}\ \mathrm{A}=31.25\ \mathrm{A}$$

计算时已将 25 A 电流源与 6 Ω 电阻并联部分等效为 25×6 V,即 150 V 电压源与 6 Ω电阻串联电路。

$t=\infty$ 时电路如图题解 6-48(b)所示,电感再次看作短路,可得稳态响应

$$i_{Lp}=i_p=\frac{(50+50)\ \mathrm{V}}{2\ \Omega}=50\ \mathrm{A}$$

故得 $t\geqslant 0$ 时 i_L 和 i 的瞬态响应分别为

$$i_{Lh}(t)=[i_L(0)-i_{Lp}]e^{-\frac{t}{\tau}}=(25-50)e^{-\frac{t}{\tau}}\ \mathrm{A}$$

$$=-25e^{-\frac{t}{\tau}}\ \mathrm{A}\quad t\geqslant 0$$

$$i_h(t)=[i(0_+)-i_p]e^{-\frac{t}{\tau}}=(31.25-50)e^{-\frac{t}{\tau}}\ \mathrm{A}$$

$$=-18.75e^{-\frac{t}{\tau}}\ \mathrm{A}\quad t\geqslant 0$$

式中,时间常数

$$\tau=\frac{L}{R_0}=\frac{L}{\frac{2\times 6}{2+6}\ \Omega}=\frac{3\ \mathrm{H}}{1.5\ \Omega}=2\ \mathrm{s}$$

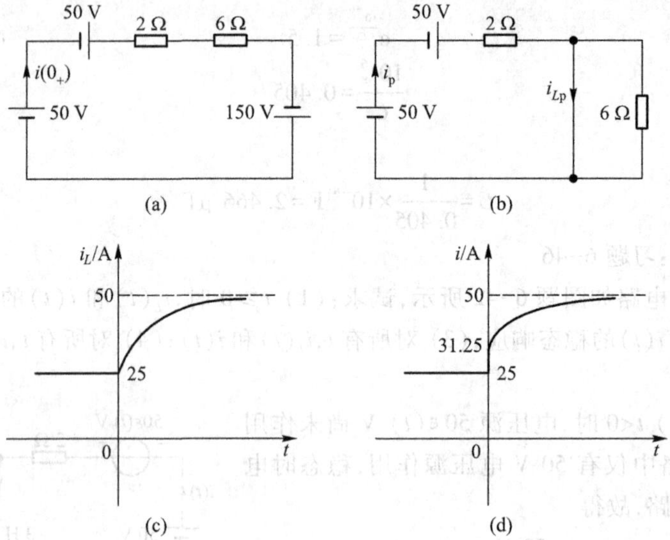

图题解 6-48

（2）见解（1）。

（3）$t \geqslant 0$ 时

$$i_L(t)=\left[50+\left(-25\mathrm{e}^{-\frac{t}{\tau}}\right)\right]\ \mathrm{A}$$

$$i(t)=\left[50+\left(-18.75\mathrm{e}^{-\frac{t}{\tau}}\right)\right]\ \mathrm{A}$$

$t<0$ 时

$$i_L(t)=25\ \mathrm{A}$$

$$i(t)=25\ \mathrm{A}$$

对所有 t

$$i_L(t)=\left[25+25\left(1-\mathrm{e}^{-\frac{t}{\tau}}\right)\varepsilon(t)\right]\ \mathrm{A}$$

$$i(t)=\left[25+\left(25-18.75\mathrm{e}^{-\frac{t}{\tau}}\right)\varepsilon(t)\right]\ \mathrm{A}$$

$$=\left\{25+\left[6.25+18.75\left(1-\mathrm{e}^{-\frac{t}{\tau}}\right)\right]\varepsilon(t)\right\}\ \mathrm{A}$$

（4）所求 $i_L(t)$ 和 $i(t)$ 波形示意图如图题解 6-48(c)、(d)所示。

注意：$t=0_-$ 时，i_L 和 i 均为 25 A；$t=0_+$ 时 i_L 仍为 25 A 而 $i(0_+)$ 跃变为31.25 A，见解(1)。

注：在 $t=-\infty$ 至 $t=0$ 事实上也有过渡过程，一般而言，由于未给 $t=-\infty$ 或任何 $t<0$ 时刻的情况，无法计算，通常均按 $t=0_-$ 时电路已进入稳态考虑。

6-49　电路如图题 6-43 所示，$t=0$ 时，开关闭合，试求 $i_1(t)$、$i_2(t)$，$t \geqslant 0$。i_1 和 i_2 的稳态响应、瞬态响应各是多少？波形图如何？零输入响应、零状态响应各是多少？波形图如何？

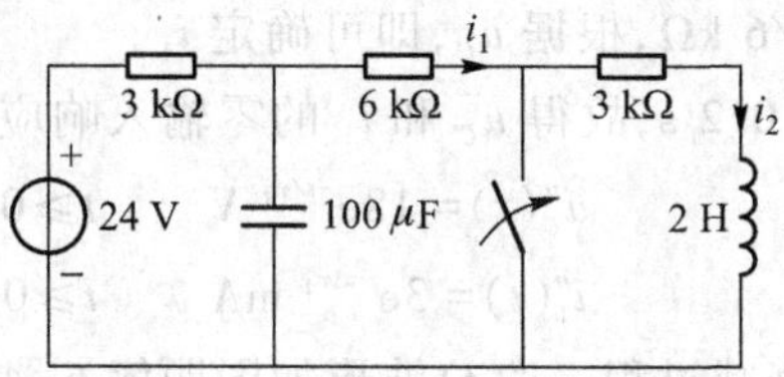

图题 6-43

解 (1) 求 $i_1(0_+)$、$i_2(0_+)$：

$$i_1(0_-)=i_2(0_-)$$
$$=24\ \text{V}/(3+6+3)\,\text{k}\Omega$$
$$=2\ \text{mA}$$
$$i_2(0_+)=i_2(0_-)=2\ \text{mA}$$
$$u_C(0_+)=u_C(0_-)=(24\ \text{V})\left(\frac{6+3}{6+3+3}\right)=18\ \text{V}$$
$$i_1(0_+)=u_C(0_+)/6\ \text{k}\Omega=3\ \text{mA}$$

(2) 求 $i_1(\infty)$、$i_2(\infty)$：

$$i_2(\infty)=0$$
$$i_1(\infty)=24\ \text{V}/(3+6)\,\text{k}\Omega=8/3\ \text{mA}$$

(3) 求 τ_1、τ_2：

$$\tau_1=R_0C=\frac{3\times6}{3+6}\times10^3\times100\times10^{-6}=0.2\ \text{s}$$
$$\tau_2=L/3\times10^3=\frac{2}{3}\times10^{-3}\ \text{s}$$

(4) 由三要素法可得

$$i_1(t)=\left[\frac{8}{3}+\left(3-\frac{8}{3}\right)e^{-t/\tau_1}\right]\ \text{mA}$$
$$=\left(\frac{8}{3}+\frac{1}{3}e^{-t/\tau_1}\right)\text{mA}\quad t\geqslant0 \qquad ①$$
$$i_2(t)=2e^{-t/\tau_2}\text{mA}\qquad t\geqslant0 \qquad ②$$

(5) 由①式可知 $i_1(t)$ 的稳态响应为 8/3 mA，波形如图题解 6-49 中曲线①所示；瞬态响应为 $1/3e^{-t/\tau_1}$ mA，波形如图中曲线②所示。

由②式可知 $i_2(t)$ 的稳态响应为零，瞬态响应为 $2e^{-t/\tau_2}$ mA。i_2 波形：

起始值为 2 mA、按指数律衰减。

(6) 开关闭合后，6 kΩ 电阻与电容并

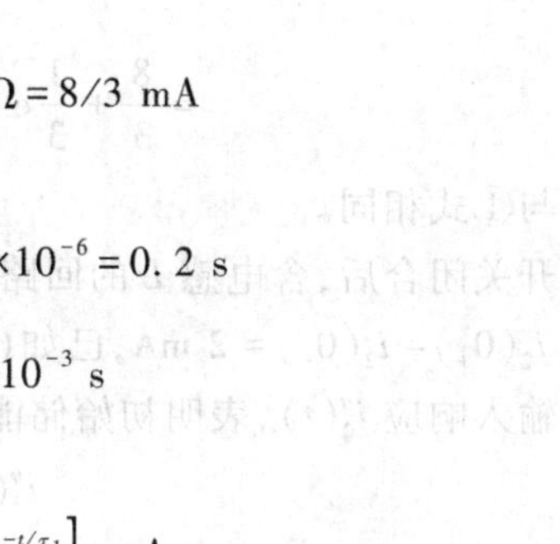

图题解 6-49

联，因而 $t \geqslant 0$ 时，$i_1 = u_C/6\ \text{k}\Omega$，根据 u_C，即可确定 i_1。

$u_C(0_+) = 18\ \text{V}$、$\tau_1 = 0.2\ \text{s}$，故得 u_C 和 i_1 的零输入响应为

$$u''_C(t) = 18\text{e}^{-t/\tau_1}\ \text{V} \qquad t \geqslant 0$$

$$i''_1(t) = 3\text{e}^{-t/\tau_1}\ \text{mA} \qquad t \geqslant 0$$

$u''_C(t)$ 表明初始储能的衰减过程。$i''_1(t)$ 波形如图题解 6-49 中曲线③所示。

零状态响应 $u'_C(t)$ 表明储能从无到有的增长过程，$u'_C(t)$ 最终数值应为 $24 \times \dfrac{6}{9}\ \text{V} = 16\ \text{V}$，故得 u_C 和 i_1 的零状态响应分别为

$$u'_C(t) = 16(1-\text{e}^{-t/\tau_1})\ \text{V} \qquad t \geqslant 0$$

$$i'_1(t) = \frac{16}{6}(1-\text{e}^{-t/\tau_1})\ \text{mA}$$

$$= \frac{8}{3}(1-\text{e}^{-t/\tau_1})\ \text{mA} \qquad t \geqslant 0$$

$i'_1(t)$ 波形如图题解 6-49 中④所示。

$$i_1(t) = i'_1(t) + i''_1(t) = \frac{8}{3}(1-\text{e}^{-t/\tau_1}) + 3\text{e}^{-t/\tau_1}\text{mA}$$

$$= \frac{8}{3} + \frac{1}{3}\text{e}^{-t/\tau_1}\ \text{mA} \qquad t \geqslant 0$$

与①式相同。

开关闭合后，含电感 L 的回路，并无外施电源，只有初始储能，其对应的电感电流 $i_2(0_+) = i_2(0_-) = 2\ \text{mA}$，已如(1)中所示。故 i_2 的零状态响应 $i'_2(t)$ 为零。i_2 的零输入响应 $i''_2(t)$，表明初始储能的衰减过程，应为

$$i''_2(t) = 2\text{e}^{-t/\tau_2}\ \text{mA} \qquad t \geqslant 0$$

$$i_2(t) = i'_2(t) + i''_2(t) = 2\text{e}^{-t/\tau_2}\ \text{mA} \qquad t \geqslant 0$$

与②式相同。

注：三要素法公式(6-40)对求解直流一阶电路内的任一变量都是适用的，且其包含的稳态响应和瞬态响应的分解方式也是如此。

如把(6-40)式写作

$$g(t) = g(0_+)\text{e}^{-t/\tau} + g(\infty)(1-\text{e}^{-t/\tau})$$

且 $g(t)$ 为状态变量，则上式第一项为零输入响应，另一项为零状态响应。若 $g(t)$ 为非状态变量，则不一定能作上述的理解。参看教材例 6-1。

因此，如教材本章前言中所称“§6-6 起着承前启后的作用”，引入外施激励、内部储能共同作用下过渡过程的概念。(6-40)式表明瞬态分量和稳态分量；但仅对状态变量来说，才能表明零状态分量和零输入分量。

6-50　图题 6-44 所示两电路均于 $t=0$ 时开关闭合，试求电流 i 的稳态响应

和瞬态响应。

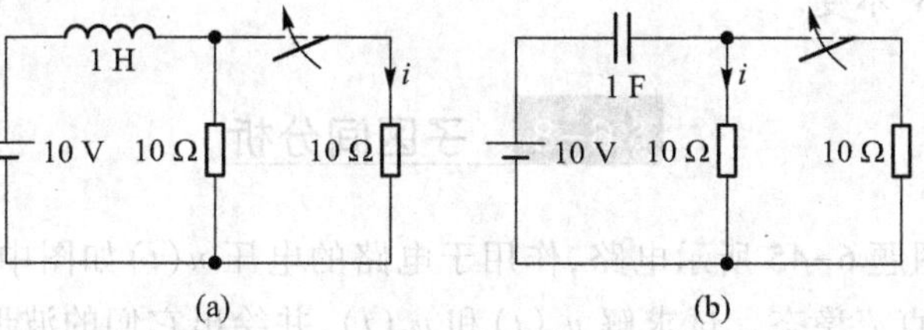

图题 6-44

解　图(a)电路：设电感电流为 i_L，由 10 V 电源流出，则

$$i_L(0_+)=i_L(0_-)=\frac{10\ \text{V}}{10\ \Omega}=1\ \text{A}$$

作 $t=0_+$ 电路，L 以 1 A 电流源置换，由分流关系可得

$$i(0_+)=\frac{1}{2}(1\ \text{A})=0.5\ \text{A}$$

注意：$i(0_-)=0$，但不能认为 $i(0_+)=i(0_-)$，初学者常易犯此错误。

$$i(\infty)=\frac{10\ \text{V}}{10\ \Omega}=1\ \text{A}=i_p$$

因为此时 L 相当于短路。此即 i 的稳态响应 i_p。

i 的瞬态响应

$$i_h(t)=[i(0_+)-i_p]\text{e}^{-\frac{t}{\tau}}=-0.5\text{e}^{-\frac{t}{\tau}}\ \text{A}\quad t\geqslant 0$$

其中

$$\tau=\frac{L}{\frac{1}{2}(10\ \Omega)}=\frac{1}{5}\ \text{s}$$

瞬态响应的出现，使 i 在初始时刻保持为 0.5 A，以后按指数规律上升至稳态值 1 A。读者试自绘出波形图。

图(b)电路：设电容电流为 i_C，参考方向由电源流出，其电压参考方向一致。则

$$u_C(0_+)=u_C(0_-)=10\ \text{V}$$

由 $t=0_+$ 电路可知

$$i(0_+)=0$$

该电路恰巧 $i(0_-)$ 也为零。又

$$i(\infty)=0$$

因为此时 C 相当于开路。此即 i 的稳态响应 i_p。

$t\geqslant 0$ 时 i 的瞬态响应为零。

开关闭合后，电阻参数发生变化但电路中无过渡过程，电容电压仍保持开关闭合前的 10 V 不变。

§6-8　子区间分析

6-51　图题 6-45 所示电路，作用于电路的电压 $u(t)$ 如图中所示，设在 $t<0$ 时，电路已达直流稳态。试求解 $u_1(t)$ 和 $u_2(t)$，并绘出它们的波形图。

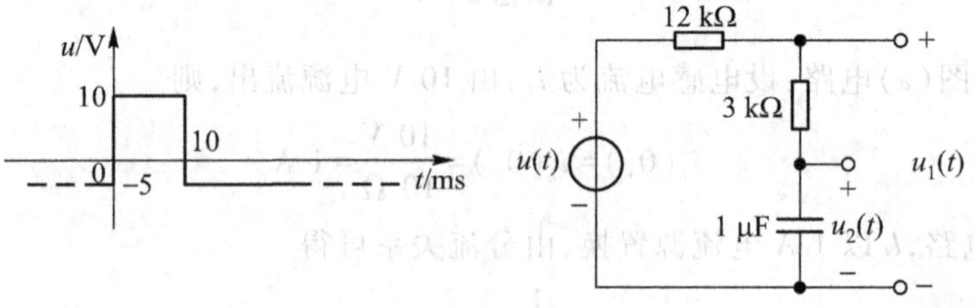

图题 6-45

解　（1）由 $t<0$ 的 $u(t)$ 波形可以求出初始值

$$u_2(0_+)=u_2(0_-)=-5\ \text{V}$$

$$\tau=RC=[(12+3)\times10^3\times10^{-6}]\ \text{s}=15\times10^{-3}\ \text{s}$$

（2）$0<t<10$ ms

$$u_2(\infty)=10\ \text{V}$$

$$u_2(t)=u_2(\infty)+[u_2(0_+)-u_2(\infty)]\text{e}^{-\frac{t}{\tau}}=(10-15\text{e}^{-66.7t})\ \text{V}\quad 0<t<10\ \text{ms}$$

$$i_C=C\frac{\text{d}u_2}{\text{d}t}=(10^{-6}\times15\times66.7\text{e}^{-66.7t})\ \text{A}=\text{e}^{-66.7t}\ \text{mA}$$

$$u_1(t)=3\times10^3\times i_C+u_2(t)=(10-12\text{e}^{-66.7t})\ \text{V}\quad 0<t<10\ \text{ms}$$

（3）$t>10$ ms

$$u_2(10)=(10-15\text{e}^{-0.667})\ \text{V}=(10-15\times0.513)\ \text{V}=2.3\ \text{V}$$

$$u_2(\infty)=-5\ \text{V}$$

所以

$$u_2(t)=\{-5+[2.3-(-5)]\text{e}^{-66.7(t-0.01)}\}\ \text{V}$$

$$=[-5+7.3\text{e}^{-66.7(t-0.01)}]\ \text{V}\quad t\geqslant10\ \text{ms}$$

u_2 波形如图题解 6-51 所示。

$$i_C=C\frac{\text{d}u_2}{\text{d}t}=[10^{-6}\times7.3(-66.7)\text{e}^{-66.7(t-0.01)}]\ \text{A}=-0.487\text{e}^{-66.7(t-0.01)}\ \text{mA}$$

$$u_1=[-5+7.3\text{e}^{-66.7(t-0.01)}-1.46\text{e}^{-66.7(t-0.01)}]\ \text{V}$$

$$=[-5+5.84\text{e}^{-66.7(t-0.01)}]\ \text{V}\quad t\geqslant10\ \text{ms}$$

6-52　图题 6-46 所示脉冲宽度 $T=RC$，施加于 RC 串联电路，电路为零状态。试求使 $u_C(t)$ 在 $t=2T$ 时仍能回到零状态所需负脉冲的幅度 U_S。

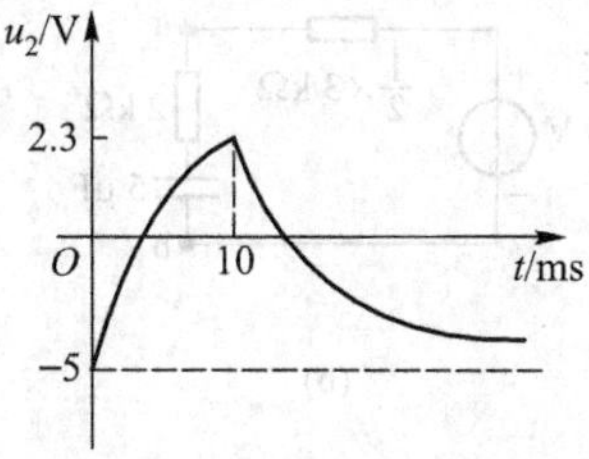

图题解 6-51

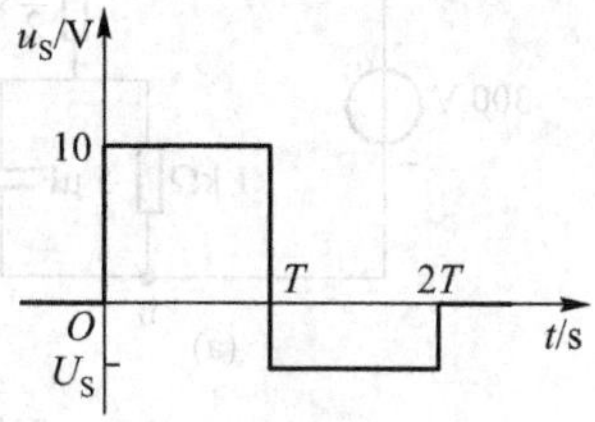

图题 6-46

解　$0\to T$ 区间：

$$u_C(t)=10(1-e^{-t/\tau})=10(1-e^{-t/T})$$

$t=T$ 时，

$$u_C(T)=10(1-e^{-1})\ \text{V}=(10\times0.632)\ \text{V}$$
$$=6.32\ \text{V}$$

$T\to2T$ 区间：

$$u_C(t)=-U_S+(6.32+U_S)e^{-(t-T)/T}$$

$t=2T$ 时，由 $u_C=0$ 得

$$U_S=(6.32+U_S)e^{-T/T}$$

即

$$U_S=(6.32+U_S)\times0.368$$

解得

$$U_S=3.68\ \text{V}$$

6-53　图题 6-47 所示电路开关在 $t=0$ 时闭合，且设 $t=0_-$ 时电路已处于稳态，在 $t=100$ ms 时又打开，求 $u_{ab}(t)$，并绘波形图。

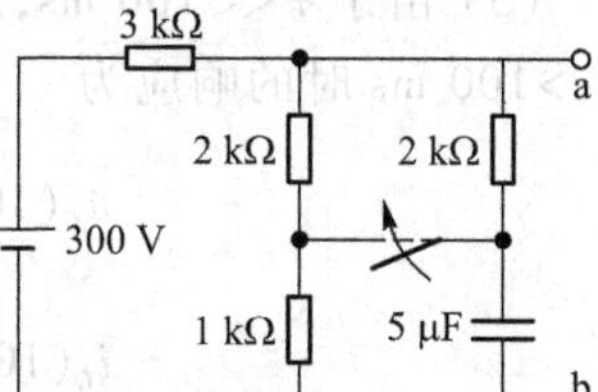

图题 6-47

解　(1) 求初始值，电路如图题解 6-53(a) 所示。

$$u_C(0_+)=u_C(0_-)=\left(300\times\frac{2+1}{2+1+3}\right)\ \text{V}=150\ \text{V}$$

$$i(0_+)=\frac{300-150}{(3+1)\times10^3}\ \text{A}=37.5\times10^{-3}\ \text{A}$$

$$u_{ab}(0_+)=i(0_+)\times1\,000+u_C(0_+)=(37.5+150)\ \text{V}=187.5\ \text{V}$$

(2) 求稳态值，开关闭合后

$$u_{ab}(\infty)=\left(300\times\frac{1+1}{3+1+1}\right)\ \text{V}=120\ \text{V}$$

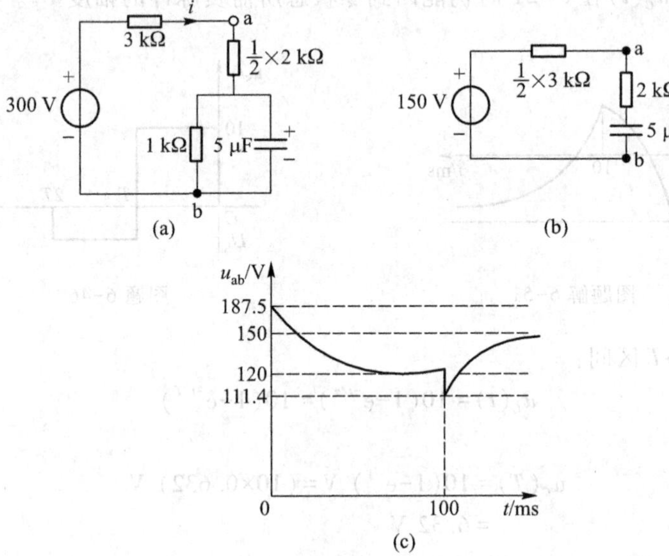

图题解 6-53

(3) 求时间常数。

$$R_o=\frac{4\times1}{4+1}\ \mathrm{k\Omega}=\frac{4}{5}\ \mathrm{k\Omega}$$

$$\tau=R_oC=\left(\frac{4}{5}\times10^3\times5\times10^{-6}\right)\ \mathrm{s}=4\ \mathrm{ms}$$

(4) $0<t<100$ ms 区间的响应为

$$u_{ab}(t)=120+(187.5-120)\mathrm{e}^{-\frac{t}{\tau}}=(120+67.5\mathrm{e}^{-\frac{t}{\tau}})\ \mathrm{V}\quad 0<t<100\ \mathrm{ms}$$

(5) 由于 $\tau\ll100$ ms,所以电路此时已处于稳态。由图题解 6-53(b),可知 $t>100$ ms 时的响应为

$$u_C(100)=\left(300\times\frac{1}{3+1+1}\right)\ \mathrm{V}=60\ \mathrm{V}$$

$$i_C(100)=\frac{150-60}{3.5\times10^3}\ \mathrm{A}=\frac{90}{3.5}\times10^{-3}\ \mathrm{A}$$

$$u_{ab}(100)=2\times10^3\times i_C(100)+u_C(100)$$
$$=(51.4+60)\ \mathrm{V}=111.4\ \mathrm{V}$$

$$u_{ab}(\infty)=150\ \mathrm{V}$$

$$\tau'=(3.5\times10^3\times5\times10^{-6})\ \mathrm{s}=17.5\ \mathrm{ms}$$

所以

$$u_{ab}=111.4+(150-111.4)(1-\mathrm{e}^{-\frac{t-100}{\tau'}})$$
$$=(150-38.6\mathrm{e}^{-\frac{t-100}{\tau'}})\ \mathrm{V}\quad t\geqslant100\ \mathrm{ms}$$

以上各式中 t、τ、τ' 均用 ms 为单位，波形如图题解 6-53(c)所示。

注：解题易错之处是误认为在 $t=100$ ms 换路时 u_{ab} 不跃变，因而认为换路时 $u_{ab}(100)=120$ V。实际上，此时只能认为 u_C 不能跃变，换路前后均为 60 V。

6-54　图题 6-48RL 串联电路步进电动机的模型，已知 $R=10\ \Omega$，$L=5$ mH。在启动时加入一频率为 2 000 Hz 的脉冲电压，波形如图中所示，$U_s=24$ V。

(1) 试定性画出启动后电流 i 的变化过程；

(2) 当电流变化已达稳态过程后，试求出电流 i 的变化过程。

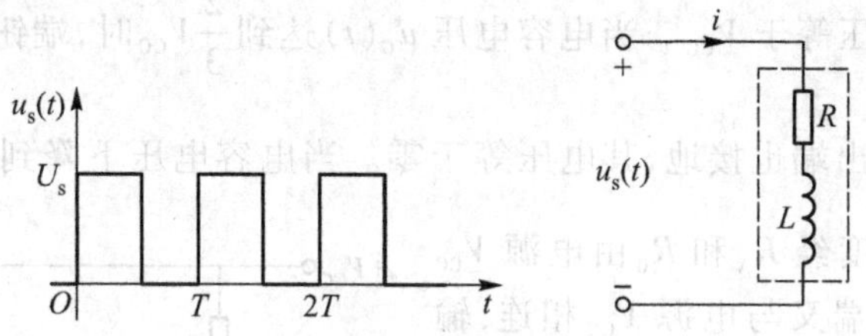

图题 6-48

解　(1) $T=\dfrac{1}{f}=\dfrac{1}{2\ 000}\ \text{s}=0.5\times10^{-3}\ \text{s}$

每个脉冲持续时间为　$\dfrac{T}{2}=0.25\times10^{-3}\ \text{s}$

电路时间常数为　$\tau=\dfrac{L}{R}=\dfrac{5\times10^{-3}}{10}\ \text{s}=0.5\times10^{-3}\ \text{s}$

电流经历 4 τ，即 4 T 后进入稳态，变化过程如图题解 6-54 所示。其中 $i(T/2)=2.4(1-e^{-0.25/0.5})=0.944$ A；$i(T)=0.944e^{-0.5}=0.572$ A 等。

(2) 进入稳态后，

$$I_1=\frac{U_S}{R}\frac{e^{-\frac{T}{2\tau}}}{1+e^{-\frac{T}{2\tau}}}=2.4\frac{e^{-0.5}}{1+e^{-0.5}}\ \text{A}=2.4\frac{0.606\ 5}{1.606\ 5}\ \text{A}=0.906\ 1\ \text{A}$$

$$I_2=\frac{U_S}{R}\frac{1}{1+e^{-\frac{T}{2\tau}}}=2.4\frac{1}{1+e^{-0.5}}\ \text{A}=2.4\frac{1}{1.606\ 5}\ \text{A}=1.494\ \text{A}$$

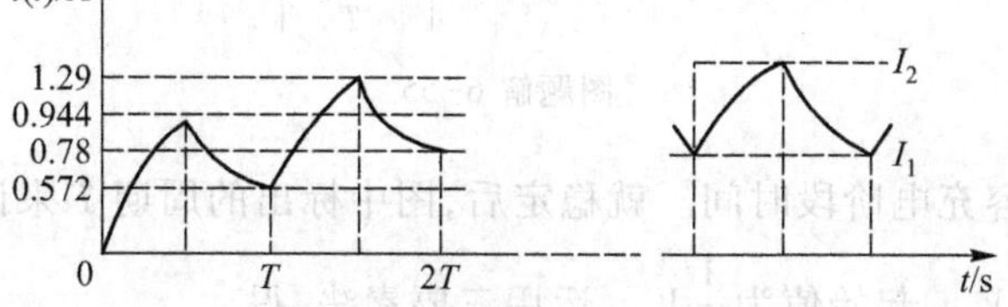

图题解 6-54

综 合

6-55 555 型定时器(timer)是一个具有多种用途的集成电路,对外有八个端钮。在图题 6-49 中是将 555(方框部分)与 R_A、R_B、C 连接成一个自由间歇振荡器(不必追究其含义),在此情况下,555 的性能如同一个电压控制开关。当电压 V_{CC}加上后,电流由电源 V_{CC}经 R_A和 R_B使电容 C 充电,此时输出端与电源 V_{CC}相连,使输出电压等于 V_{CC}。当电容电压 $u_C(t)$达到$\frac{2}{3}V_{CC}$时,端钮 7 接地,电容经 R_B放电,此时输出端也接地,其电压等于零。当电容电压下降到$\frac{1}{3}V_{CC}$时,端钮 7 断开,使电容再度经 R_A和 R_B由电源 V_{CC}充电,且使输出端又与电源 V_{CC}相连,输出电压为 V_{CC}。当 $u_C(t)$达到$\frac{2}{3}V_{CC}$时,电容再次放电,依次重复。

(1) 假定加上电源 V_{CC}时,u_C初始值为零,试画出电容电压 $u_C(t)$及输出电压波形图;

(2) 试证明振荡器的周期为

$$T=0.693(R_A+2R_B)C$$

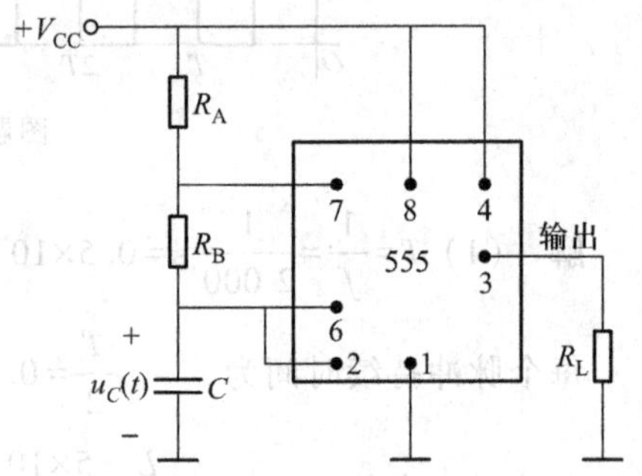

图题 6-49

解 (1) u_C和 u_O的波形如图题解 6-55 所示,经若干周期后稳定。

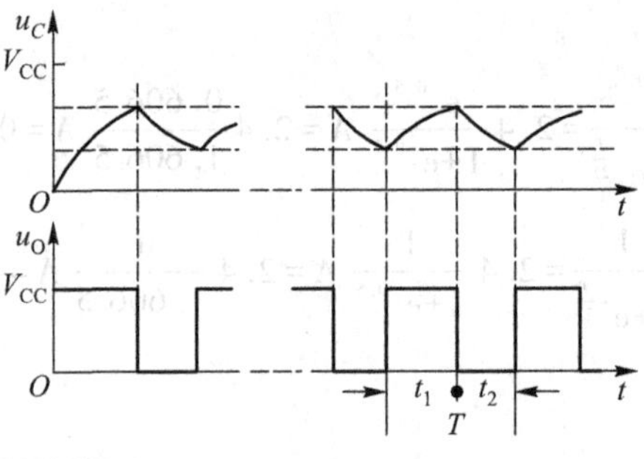

图题解 6-55

(2) 求电容充电阶段时间。就稳定后,图中标出的周期 T 来说,充电的目标(即稳态值)为 V_{CC},起始值为$\frac{1}{3}V_{CC}$,运用三要素法,得

$$u_C = V_{CC} + \left[\frac{1}{3}V_{CC} - V_{CC}\right] e^{-\frac{t}{\tau_1}} \quad \tau_1 = (R_A + R_B)C$$

求出 $u_C = \frac{2}{3}V_{CC}$ 所需时间 t_1 即

$$V_{CC} - \frac{2}{3}V_{CC} e^{-\frac{t_1}{(R_A+R_B)C}} = \frac{2}{3}V_{CC}$$

$$e^{-\frac{t_1}{(R_A+R_B)C}} = \frac{1}{2}$$

$$-\frac{t_1}{(R_A+R_B)C} = -0.693, \text{得 } t_1 = 0.693(R_A+R_B)C$$

(3) 求电容放电阶段时间。

$$\tau_2 = R_B C, \quad u_C = \frac{2}{3}V_{CC} e^{-\frac{t}{\tau_2}}$$

$$\frac{2}{3}V_{CC} e^{-\frac{t_2}{R_B C}} = \frac{1}{3}V_{CC}$$

$$e^{-\frac{t_2}{R_B C}} = \frac{1}{2}, \quad t_2 = 0.693 R_B C$$

$$T = t_1 + t_2 = 0.693(R_A + 2R_B)C$$

证毕。

6-56 图题 6-50 所示电路,开关打开已久,在 $t=1$ s 时开关闭合,在 $t=2$ s 时再度打开,求输出电压 $u_0(t)$ 及波形图,$t \geq 0$。

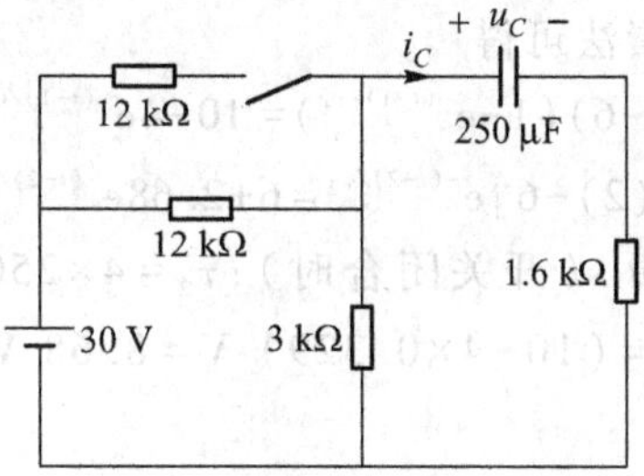

图题 6-50

解 开关打开时,对电容 C 的戴维南等效电路如图题解 6-56(a)所示。其中

$$u_{OC} = \left(30 \times \frac{3}{12+3}\right) \text{ V} = 6 \text{ V}$$

$$R_0 = \left(\frac{12 \times 3}{15} + 1.6\right) = 4 \text{ k}\Omega$$

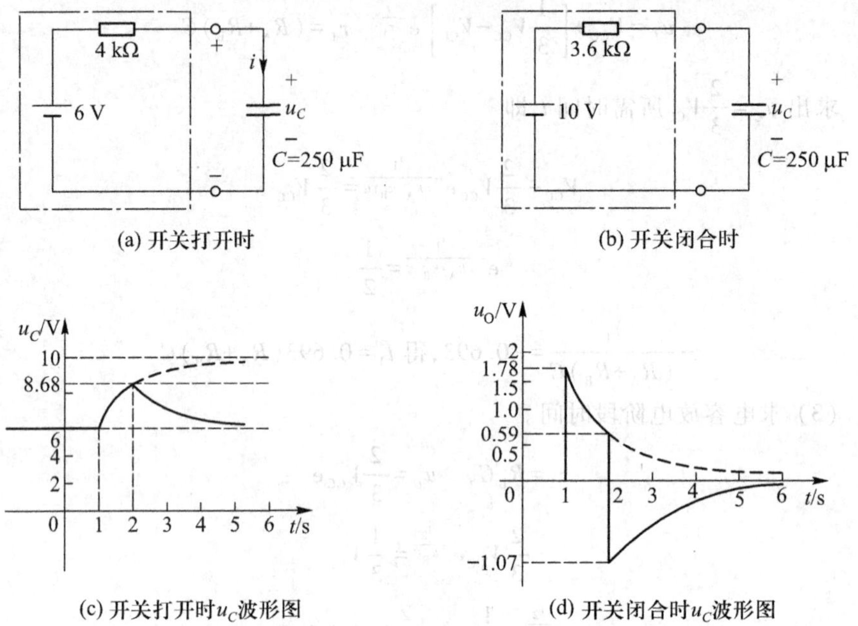

(a) 开关打开时　(b) 开关闭合时

(c) 开关打开时u_C波形图　(d) 开关闭合时u_C波形图

图题解 6-56

开关闭合时的等效电路则如图(b)所示,其中

$$u_{OC}=\left(30\times\frac{3}{6+3}\right)\text{ V}=10\text{ V}$$

$$R_0=(12//12//3)+1.6=3.6\text{ k}\Omega$$

对所有 $t\geqslant 0$,由三要素法可得

$$u_C(t)=\begin{cases}6+(10-6)(1-e^{-(t-1)/\tau_1})=10-4e^{-(t-1)/0.9}\text{V} & 1\leqslant t<2\\ 6+[u_C(2)-6]e^{-(t-2)/\tau_2}=6+2.68e^{-(t-2)/1}\text{V} & 2\leqslant t<\infty\end{cases}$$

其中 $\tau_1=3.6\times250\text{ s}=0.9\text{ s}$(开关闭合时);$\tau_2=4\times250=1\text{ s}$(开关打开时),$u_C(2)=(10-4e^{-1/0.9})\text{ V}=(10-4\times0.329)\text{ V}=8.68\text{ V}$。相应的 u_C 波形图如图题解(c)、(d)所示。

求 u_0,需回到原电路(图题 6-50),

$$u_0(t)=(1.6\text{ k}\Omega)i_C=(1.6\text{ k}\Omega)(250\mu\text{F})\frac{\mathrm{d}u_C}{\mathrm{d}t}=0.4\frac{\mathrm{d}u_C}{\mathrm{d}t}$$

故得

$$u_0(t)=\begin{cases}1.78e^{-(t-1)/0.9}\text{V} & 1\leqslant t<2\\ -1.07e^{-(t-2)/1.0}\text{V} & 2\leqslant t<\infty\end{cases}$$

注:(1) 求解直流一阶电路的全响应、零输入响应、零状态响应,不论电路如何复杂,首先应想起教材 §6-1 所述的分解方法,可先运用三要素法求出状态变

量，如本题的 $u_C(t)$。求 $u_C(t)$ 时，可先定性地作出图(c)、(d)，以确定需要计算的 τ_1、τ_2、$u_C(2)$ 等。随即可写出各子区域的 $u_C(t)$ 进而求得 $u_0(t)$。也可直接用三要素法求得 $u_0(t)$，读者不妨一试，以资比较。

(2) 三要素法使用条件是：$0<|\tau|<\infty$，τ 为负值也可使用，参看《简明电路分析基础》题 7-39。$\tau=0$：例如单个 C 与直流电压源 U_S 接通，阶跃电压、冲激电流。$\tau=\infty$：例如 C 与电流源 I_S 接通，$u_C=\dfrac{I_S}{C}t$、$i=I_S$。均不能用三要素法。

6-57 图题 6-51 所示为汽车点火系统的简化模型。点火线圈的电感 L 为 0.6H，10 kΩ 电阻表示火花塞的间隙电阻。$t=0$ 时，开关闭合，$t=0.1$ s 时开关打开，求 $u_L(0.1)$。

解 开关闭合时，对电感而言的戴维南等效电路

$$u_{OC}\approx 12\ \text{V}$$

$$R_0\approx 6\ \Omega$$

$$i_L(0_-)=i(0_+)=0$$

$$i_L(\infty)=12/6=2\ \text{A}$$

所以

$$i_L(t)=2(1-e^{-10t})\ \text{A}$$

$$\tau_1=L/R_0=0.6/6\ \text{s}=1/10\ \text{s}$$

$t=0.1$ 时，开关打开

$$i_L(0.1)=2(1-e^{-1})=1.26\ \text{A}$$

$$u_L(0.1_+)=-(1.26\ \text{A})(10\ \text{k}\Omega)=-12.6\ \text{kV}$$

$$u_L(t)=-12\ 600e^{-(t-0.1)/\tau_2}\text{V}\quad t\geqslant 0.1$$

$$\tau_2=0.6\text{H}/10\ \text{k}\Omega=60\times 10^{-6}\ \text{s}$$

u_L 波形如图题解 6-57 所示。

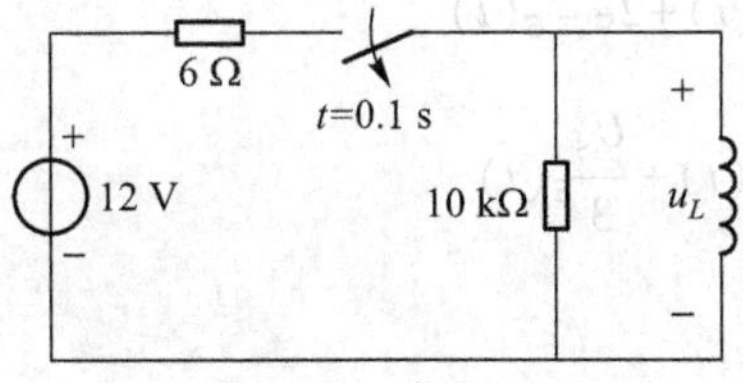

图题 6-51

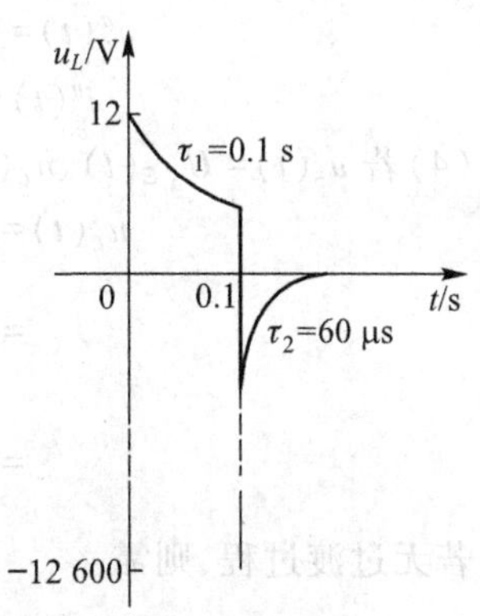

图题解 6-57

6-58　电路如图 6-52 所示，i 为响应：

(1) 求单位阶跃响应；

(2) 求单位冲激响应；

(3) 若 $u_C(0)=2\ \text{V}$，求零输入响应；

(4) 若 $u_S=U_S\varepsilon(t)$，$u_C(0)=2\ \text{V}$，试求 i 无过渡过程时 U_S 值。

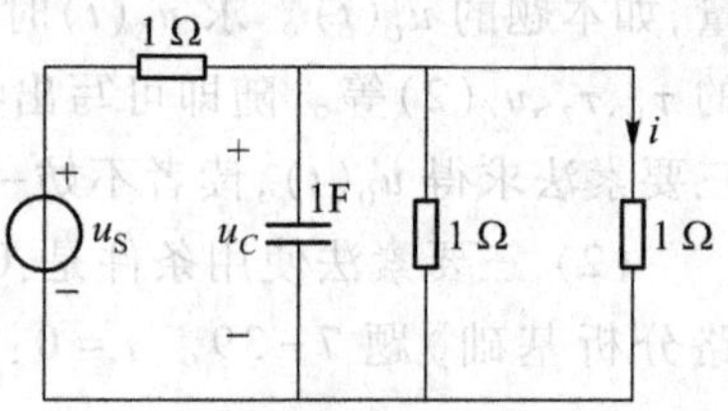

图题 6-52

解　对电容的戴维南等效电路

$$u_{OC}=\frac{1}{3}u_S\quad R_0=\frac{1}{3}\ \Omega\quad \tau=\frac{1}{3}\ \text{s}$$

(1) 当 u_S 为单位阶跃激励时

$$u_S(t)=1\quad t\geqslant 0$$
$$u_S(t)=0\quad t<0$$

令 $u_C(0)=0$，

$$u_C(t)=\frac{1}{3}(1-e^{-t/\tau})\varepsilon(t)$$

$u_C(t)$亦可记作 $s(t)$。由图题 6-52 可得

$$i(t)=u_C(t)/1\ \Omega=\frac{1}{3}(1-e^{-3t})\varepsilon(t)\ \text{A}$$

(2) 当 u_S 为单位冲激激励时，根据教材(6-29)式，即冲激响应应是阶跃响应的导数，可得

$$u_C(t)=\frac{1}{C}e^{-t/\tau}\varepsilon(t)=e^{-3t}\varepsilon(t)$$

此时 $u_C(t)$亦可记作 $h(t)$。参看教材例 6-8。由图题 6-52 可得

$$i(t)=u_C(t)/1\ \Omega=e^{-3t}\varepsilon(t)\ \text{A}$$

(3) 零输入响应：　　$u_S=0,u_C(0)=2\ \text{V}$

$$u''_C(t)=u_C(0)e^{-t/\tau}\varepsilon(t)=2e^{-3t}\varepsilon(t)\ \text{V}$$
$$i''(t)=u''_C(t)/1\ \Omega=2e^{-3t}\varepsilon(t)\ \text{A}$$

(4)若 $u_S(t)=U_S\varepsilon(t)$、$u_C(0)=2\ \text{V}$ 则

$$\begin{aligned}u_C(t)&=u'_C(t)+u''_C(t)\\&=\frac{U_S}{3}(1-e^{-3t})\varepsilon(t)+2e^{-3t}\varepsilon(t)\\&=(2-\frac{U_S}{3})e^{-3t}\varepsilon(t)+\frac{U_S}{3}\varepsilon(t)\end{aligned}$$

若无过渡过程，则需

$$2-\frac{U_S}{3}=0$$

即 $$U_S = 6\ \text{V}$$

注：由(2)可知，在冲激激励作用瞬间电容电压由零跃变为 $1/C = 1\ \text{V}$，$t=0$ 时，u_C 不连续。$u_C(0_-) = 0$ 而 $u_C(0_+) = 1\ \text{V}$。

6-59 图题 6-53(a)所示方波，$T = 10\ \mu\text{s}$，施加于图(b)所示黑箱，若要求输出电压 u_O 波形如图(c)所示，即 $0 \to T$ 期间，u_O 由 4 V 按指数律上升至 10 V，在 $t=T$ 时，由 10 V 突然下降至 6 V，随后按指数律下降至零；以后，以 $2T$ 为周期重复上述变化。求图(b)黑箱内应有的最简单电路。

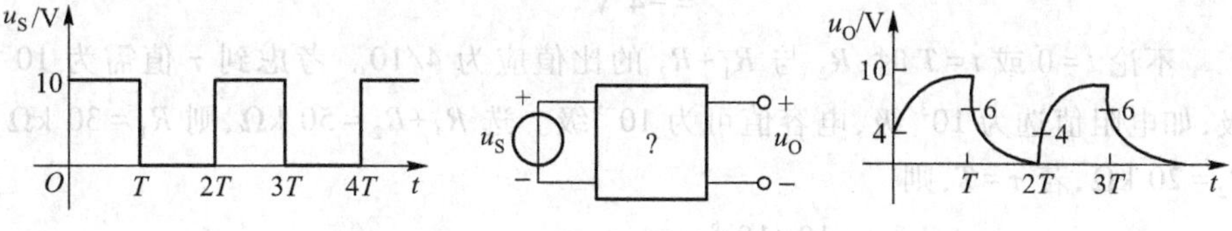

(a) (b) (c)

图题 6-53

解 如采用教材图 6-64 所示 RC 电路，输出电压 $u_O(t)$ 取自电容，则 $u_O(t)$ 当如图 6-65(b)所示，不符合本题要求，充电并非从零开始，而是跃变到 4 V 后开始。在输出端若以电阻 R_2 与电容串联如图题解 6-59(1)所示，即可符合要求。在 $0 \to T$ 期间，电容充电，$t=0$ 时，$u_C(0) = 0$，但随之而来的充电电流在 R_2 形成压降，其值可由选用 R_1、R_2 值而定为 4 V，这样就可使 $u_O(0) = u_C(0) + 4\ \text{V} = 4\ \text{V}$。电容充电至 $t=T$ 时，根据要求，充电应已达 10 V，并开始放电。由于放电电流，在 R_2 形成 4 V 压降，致使 $u_O(T) = (10-4)\ \text{V} = 6\ \text{V}$，并随即放电。至 $t = 2\ T$ 电容放电殆尽，并在 $u_S(t)$ 激励下重复上述过程。

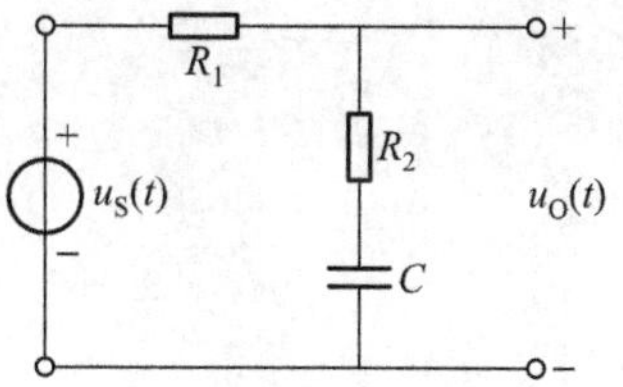

图题解 6-59(1)

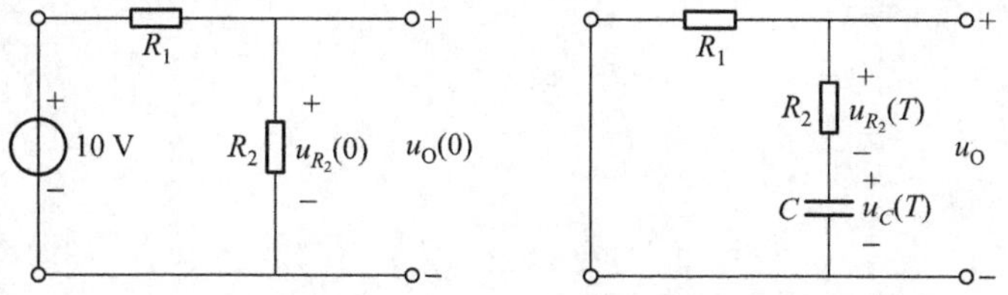

$t=0$ $t=T$

图题解 6-59(2)

本题关键之处在于必须保证时间常数 τ 足够小，以使在 $t=T$ 时早已完成充电，$t = 2\ T$ 时早已完成放电。在图题 6-53(c)中并无具体时间上的要求。若

$$T = 10\ \mu\text{s};\tau = (R_1 + R_2)C, \tau \text{ 应为 } \mu\text{s 级。}$$

$t=0$ 时，　　$u_C(0)=0, u_S(0)=10\ \text{V}$

$$u_{R_2}(0)=10\times\frac{R_2}{R_1+R_2}$$

$$=4\ \text{V}$$

$t=T$ 时，　　$u_C(T)=10\ \text{V}, u_S(T)=0$

$$u_{R_2}(T)=-u_C(T)\times\frac{R_2}{R_1+R_2}$$

$$=-4\ \text{V}$$

不论 $t=0$ 或 $t=T$ 时，R_2 与 R_1+R_2 的比值应为 4/10。考虑到 τ 值需为 10^{-6} 级，如电阻值选为 10^3 级，电容值可为 10^{-9} 级。选 $R_1+R_2=50\ \text{k}\Omega$，则 $R_1=30\ \text{k}\Omega$，$R_2=20\ \text{k}\Omega$，若 $\tau=T$，则

$$C=\frac{10\times10^{-6}}{50\times10^{3}}\text{F}=0.2\times10^{-9}\text{F}=200\ \text{pF}$$

现要求 $\tau \ll T$，可选

$$C \ll 200\ \text{pF}$$

第七章

二 阶 电 路

本章要点

本章用经典法求解二阶电路——零输入响应、零状态响应、全响应，在同一电路中、三者均可单独出现，并具有叠加性质。在列出电路的二阶微分方程后，求解可分为四个步骤(参看教材表 6-3)：(1) 由微分方程列出特征方程，得特征根(习题 7-4、7-9)。(2) 由特征根确定齐次方程解(补解)，其中含待定常数 K_1 和 K_2(教材 P.242)。如在此时根据初始条件确定 K_1、K_2，可得零输入响应(习题 7-5、7-8)。(3) 求特解，利用表 6-4。(4) 由补解、特解之和，根据初始条件确定 K_1、K_2，可得全响应。若初始状态为零，所得为零状态响应。(习题 7-10、7-6)。经典法的难点：根据初始条件确定常数 K_1、K_2。

教材正文和习题似乎很少涉及直流激励下二阶电路的过渡过程。其实，过渡过程期间全响应中的瞬态响应分量和零输入响应(§7-2)都来自齐次方程解(补解)。同一电路，同一形式(教材 P.242)。只是作为瞬态响应分量，式中 K_1、K_2 需待特解(稳态响应分量)求得后才能使用初始条件确定(参看教材表 6-3)。教材例 7-6、u_C 的解答式中含有的补解和特解两分量，即分别为过渡过程期间全响应的瞬态响应分量和稳态响应分量。例 7-7 也显示同样情况，且起着全章的总结作用。过渡过程问题融合在相关的各处。

也可用状态变量分析法求解二阶电路。有兴趣者可参阅本书第一版 §7-7、§7-8；《简明电路分析基础》§8-5。本书第十二章拉氏变换法也可求解二阶电路问题。

习题解答

§7-1 LC 电路中的正弦振荡

7-1 无电源的 LC 电路中，电感的初始储能 $w_L(0_+)=W_L$，电容的初始储能

$w_C(0_+)=W_C$。试根据能量守恒表明该电路中电流的最大值 $i_{\max}=[2(W_L+W_C)/L]^{\frac{1}{2}}$,电压的最大值 $u_{\max}=[2(W_L+W_C)/C]^{\frac{1}{2}}$。

解　电路中任一瞬间储能总是 w_L+w_C。当储能全部转入磁场的瞬间,磁场储能达到最大值,其值为

$$w_L+w_C=\left(\frac{1}{2}Li^2\right)_{\max}=\frac{1}{2}Li_{\max}^2$$

而任一瞬间的储能 w_L+w_C,必等于初始时刻的储能,见教材(7-8)式,即

$$w_L+w_C=W_L+W_C$$

故得电路中电流的最大值

$$i_{\max}=\left[\frac{2(W_L+W_C)}{L}\right]^{\frac{1}{2}}$$

类似地可知,电压的最大值出现在储能全部转入电场的瞬间,由此求得

$$u_{\max}=\left[\frac{2(W_L+W_C)}{C}\right]^{\frac{1}{2}}$$

7-2　电路如图题 7-1 所示,开关在 $t=0$ 时打开,打开前电路已处于稳态。求 $i_L(t)$、$u_C(t)$,$t\geqslant 0$。

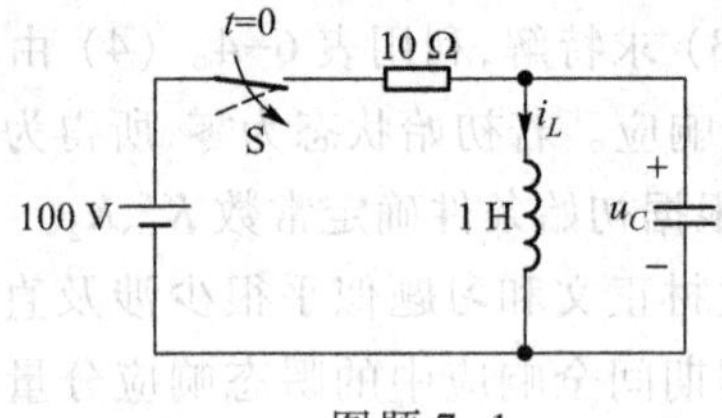

图题 7-1

解

$$i_L(0_+)=i_L(0_-)=\frac{100}{10}\text{ A}=10\text{ A}$$

$$u_C(0_+)=u_C(0_-)=0$$

开关打开后 i_L、u_C 的方向如图题 7-1 所示。

由于

$$R=0,\omega_0=\frac{1}{\sqrt{LC}}=\frac{1}{\sqrt{10^{-5}}}\text{ rad/s}=316\text{ rad/s}$$

所以

$$i_L(t)=I_0\cos(\omega_0 t)=10\cos(316t)\text{ A}\quad t\geqslant 0$$

$$u_C(t)=\frac{I_0}{\omega C}\sin(\omega_0 t)=3\ 160\sin(316t)\text{ V}\quad t\geqslant 0$$

均属无阻尼正弦振荡。L、C 电路内没有损耗元件,依靠初始储能,可产生无阻尼振荡,永不消失。

7-3　电路如图题 7-2 所示,若 $i(t)=5\sin(3t)$,$t\geqslant 0$;$i(t)=0$,$t<0$。试确定 $i(0)$、

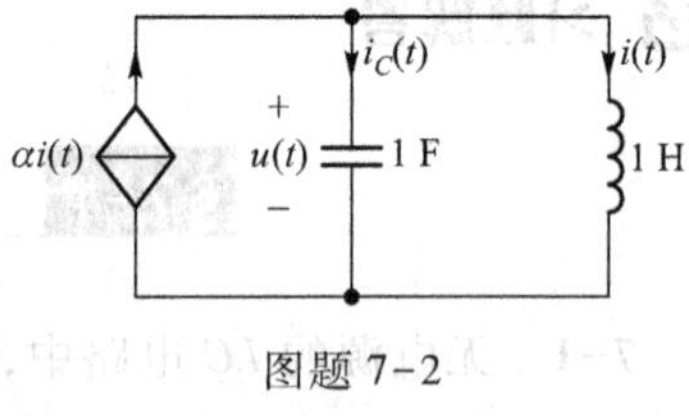

图题 7-2

$u(0)$ 以及 α 值。

解 $i_C(t)$ 取关联参考方向，则有

$$i_C(t)=\alpha i(t)-i(t)$$

将 $i(t)=5\sin(3t)$ 代入上式得

$$i_C(t)=(\alpha-1)5\sin(3t) \quad ①$$

因

$$u(t)=u_L(t)=L\frac{\mathrm{d}i(t)}{\mathrm{d}t}=1\times5\times3\cos(3t)=15\cos(3t)$$

$$i_C(t)=C\frac{\mathrm{d}u(t)}{\mathrm{d}t}=-15\times3\sin(3t)=-45\sin(3t) \quad ②$$

①、②两式相等，

$$5(\alpha-1)\sin(3t)=-45\sin(3t)$$

解得

$$\alpha=-8$$

$$i(0)=5\sin0°\ \mathrm{A}=0\ \mathrm{A},\quad u(0)=15\cos0°\ \mathrm{V}=15\ \mathrm{V}$$

§7-2 *RLC* 串联电路的零输入响应

7-4 已知 *RLC* 串联电路中 $R=2\ \Omega$。$L=2\ \mathrm{H}$，试求下列三种情况响应的形式：(a) $C=\frac{1}{2}\ \mathrm{F}$；(b) $C=1\ \mathrm{F}$；(c) $C=2\ \mathrm{F}$。

解 *RLC* 串联电路方程为

$$LC\frac{\mathrm{d}u_C(t)}{\mathrm{d}t^2}+RC\frac{\mathrm{d}u_C(t)}{\mathrm{d}t}+u_C(t)=u_S(t)$$

$$\downarrow \qquad\qquad \downarrow \qquad\qquad \downarrow$$

特征方程为 $\quad LC\ s^2 \quad +RC \quad s \quad + \quad 1 \quad =0$

特征根(固有频率)为

$$s_{1,2}=-\frac{R}{2L}\pm\sqrt{\left(\frac{R}{2L}\right)^2-\frac{1}{LC}}$$

(a) 当 $C=\frac{1}{2}\ \mathrm{F}$ 时，$R_\mathrm{d}=2\sqrt{\frac{L}{C}}=4\ \Omega$，$R=2\ \Omega$，$R<R_\mathrm{d}$，电路为欠阻尼响应。

$$s_{1,2}=-\frac{1}{2}\pm\mathrm{j}\frac{\sqrt{3}}{2}$$

补解形式

$$u_C(t)=\mathrm{e}^{-\frac{1}{2}t}\left[K_1\cos\left(\frac{\sqrt{3}}{2}t\right)+K_2\sin\left(\frac{\sqrt{3}}{2}t\right)\right]$$

(b) $C=1$ F 时，$R_\mathrm{d}=2\sqrt{\frac{L}{C}}=2\sqrt{2}\ \Omega$，$R=2\ \Omega$，$R<R_\mathrm{d}$，仍为欠阻尼响应。

$$s_{1,2}=-\frac{1}{2}\pm\mathrm{j}\ \frac{1}{2}$$

补解形式

$$u_C(t)=\mathrm{e}^{-\frac{1}{2}t}\left[K_1\cos\left(\frac{1}{2}t\right)+K_2\sin\left(\frac{1}{2}t\right)\right]$$

(c) $C=2$ F 时，$R_\mathrm{d}=\sqrt{\frac{L}{C}}=2\ \Omega$，$R=2\ \Omega$，$R=R_\mathrm{d}$，为临界阻尼响应。

$$s_{1,2}=-\frac{1}{2}$$

补解形式

$$u_C(t)=\mathrm{e}^{-\frac{1}{2}t}(K_1+K_2t)$$

若 $u_\mathrm{S}=0$，所得即为零输入响应。K_1、K_2 可根据初始条件确定，如下题所示。

7-5 已知 RLC 串联电路中 $R=6\ \Omega$，$L=1$ H，$C=0.04$ F，$i(0)=4$ A 和 $u_C(0)=-4$ V（u_C与 i 关联参考方向）。试求 $i(t)$、$u_C(t)$，$t\geqslant 0$。

解 本题未给 u_s，默认为求零输入响应问题。RLC 串联电路方程为

$$LC\frac{\mathrm{d}u_C^2}{\mathrm{d}t}+RC\frac{\mathrm{d}u_C}{\mathrm{d}t}+u_C=0$$

$$0.04\frac{\mathrm{d}^2u_C}{\mathrm{d}t^2}+0.24\frac{\mathrm{d}u_C}{\mathrm{d}t}+u_C=0$$

特征方程为

$$0.04s^2+0.24\ s+1=0$$

$$s_{1,2}=\frac{-0.24\pm\sqrt{(0.24)^2-4\times0.04}}{2\times0.04}=-3\pm\mathrm{j}4\quad（欠阻尼响应）$$

补解的形式为

$$u_C(t)=\mathrm{e}^{-3t}[K_1\cos(4t)+K_2\sin(4t)]\qquad ①$$

K_1、K_2可由给定的初始条件确定如下：由①式可得 $u_C(0)=K_1$，又已知 $u_C(0)=-4$ V，所以 $K_1=-4$。

因系串联电路，

$$i_L=i_C=C\frac{\mathrm{d}u_C}{\mathrm{d}t}$$

$$i_L(0)=C\frac{\mathrm{d}u_C}{\mathrm{d}t}\bigg|_{t=0}\qquad ②$$

由①式可得

$$\frac{\mathrm{d}u_C}{\mathrm{d}t}=\mathrm{e}^{-3t}[-4K_1\sin(4t)+4K_2\cos(4t)]-3\mathrm{e}^{-3t}[K_1\cos(4t)+K_2\sin(4t)]$$

$$\left.\frac{\mathrm{d}u_C}{\mathrm{d}t}\right|_{t=0}=4K_2-3K_1=4K_2+12$$

由②式可得 $\qquad i_L(0)=0.04(4K_2+12)=4$

$$K_2=\frac{4-0.48}{0.16}=22$$

所以

$$u_C(t)=\mathrm{e}^{-3t}[22\sin(4t)-4\cos(4t)]\ \mathrm{V}\quad t\geqslant 0$$

$$i_C(t)=C\frac{\mathrm{d}u_C}{\mathrm{d}t}=\mathrm{e}^{-3t}[4\cos(4t)-2\sin(4t)]\ \mathrm{A}\quad t\geqslant 0$$

注:由初始条件求补解中的两个常数 K_1、K_2,从而求得电路的零输入响应。L、C 二阶电路通常给定 $u_C(0)$ 和 $i_L(0)$。如求解 u_C,所需初始条件为 $u_C(0)$ 和 $u_C'(0)$,需由 $i_L(0)$ 导出 $u_C'(0)$,如本题所示。如求解 i_L,则需知 $i_L(0)$ 和 $i_L'(0)$,需由 $u_C(0)$ 导出 $i'(0)$,如题 7-12(2)所示。

§7-3 *RLC* 串联电路的零状态响应和全响应

7-6 教材图 7-3(b)所示电路中 $L=1\ \mathrm{H}$,$C=1\ \mathrm{F}$,$R=1\ \Omega$,求电容电压的阶跃响应 $s(t)$。第一个上冲发生在什么时刻,此时 u_C 是多少?

解 (1) 列电路方程,以 u_C 为求解量,由两类约束

$$\mathrm{VCR}: i=C\frac{\mathrm{d}u_C}{\mathrm{d}t},\ u_R=Ri=RC\frac{\mathrm{d}u_C}{\mathrm{d}t},\ u_L=L\frac{\mathrm{d}i}{\mathrm{d}t}=LC\frac{\mathrm{d}^2u_C}{\mathrm{d}t^2}$$

$$\mathrm{KVL}: u_L+u_R+u_C=u_\mathrm{S}$$

得方程式

$$LC\frac{\mathrm{d}^2u_C}{\mathrm{d}t^2}+RC\frac{\mathrm{d}u_C}{\mathrm{d}t}+u_C=u_\mathrm{S} \qquad ①$$

$$\downarrow \qquad \downarrow \qquad \downarrow$$

(2) 特征方程为 $\qquad LCs^2+RCs+1=0 \qquad ②$

特征根

$$s_{1,2}=\frac{-RC\pm\sqrt{R^2C^2-4LC}}{2LC}$$

$$=-\frac{R}{2L}\pm\sqrt{\left(\frac{R}{2L}\right)^2-\frac{1}{LC}}$$

代入数据 $s_{1,2}=-\frac{1}{2}\pm \mathrm{j}\frac{\sqrt{3}}{2}=-\alpha\pm \mathrm{j}\omega_{\mathrm{d}}$（欠阻尼响应）

所以补解（齐次方程解答）的形式为

$$u_{C\mathrm{h}}=\mathrm{e}^{-\alpha t}[K_1\cos(\omega_{\mathrm{d}}t)+K_2\sin(\omega_{\mathrm{d}}t)]$$

$$=\mathrm{e}^{-0.5t}\left[K_1\cos\left(\frac{\sqrt{3}}{2}t\right)+K_2\sin\left(\frac{\sqrt{3}}{2}t\right)\right] \quad ③$$

（3）阶跃电压作用下①式的特解（表 6.4）可设为常数 $u_{C\mathrm{p}}$。以 $u_C=u_{C\mathrm{p}}$ 代入微分方程①式，由于常数的导数为零，且由题意可知 $u_{\mathrm{S}}=1\ \mathrm{V}$（外施电压为阶跃电压），得

$$u_{C\mathrm{p}}=1 \quad ④$$

故得全响应（通解）

$$u_C=u_{C\mathrm{h}}+u_{C\mathrm{p}}$$

其中 $u_{C\mathrm{h}}$ 和 $u_{C\mathrm{p}}$ 分别如③、④两式所示。

（4）由初始条件确定 K_1、K_2。根据阶跃响应的定义，可知 $u_C(0)=0$、$i(0)=i_L(0)=0$，而 $i_L=C\frac{\mathrm{d}u_C}{\mathrm{d}t}$，故知 $\left.\frac{\mathrm{d}u_C}{\mathrm{d}t}\right|_{t=0}=0$。

由 $u_C(0)=0$，得 $K_1+1=0, K_1=-1$

由 $\left.\frac{\mathrm{d}u_C}{\mathrm{d}t}\right|_{t=0}=0$，得 $\frac{\sqrt{3}}{2}K_2-\frac{1}{2}K_1=0, K_2=-\frac{1}{\sqrt{3}}$（参看习题 7-5 解答）。

所以

$$s(t)=u_C(t)=\left\{1-\mathrm{e}^{-0.5t}\left[\cos\left(\frac{\sqrt{3}}{2}t\right)+\frac{1}{\sqrt{3}}\sin\left(\frac{\sqrt{3}}{2}t\right)\right]\right\}\varepsilon(t)$$

$$=\left[1-\frac{2}{\sqrt{3}}\mathrm{e}^{-0.5t}\cos\left(\frac{\sqrt{3}}{2}t-30^\circ\right)\right]\varepsilon(t)\ \mathrm{V} \quad ⑤$$

波形如图题解 7-6 所示。式中 1 V 为稳态响应、cos 项为瞬态响应，图中未表示这两分量。

（5）求上冲，即求 $u_C(t)$ 的最大值。可令 u_C 对 t 的导数为零，得

$$\frac{\mathrm{d}u_C}{\mathrm{d}t}=\mathrm{e}^{-0.5t}\left(\frac{\sqrt{3}}{2}+\frac{1}{2\sqrt{3}}\right)\sin\left(\frac{\sqrt{3}}{2}t\right)=0$$

故知最大值发生时

$$\sin\left(\frac{\sqrt{3}}{2}t\right)=0$$

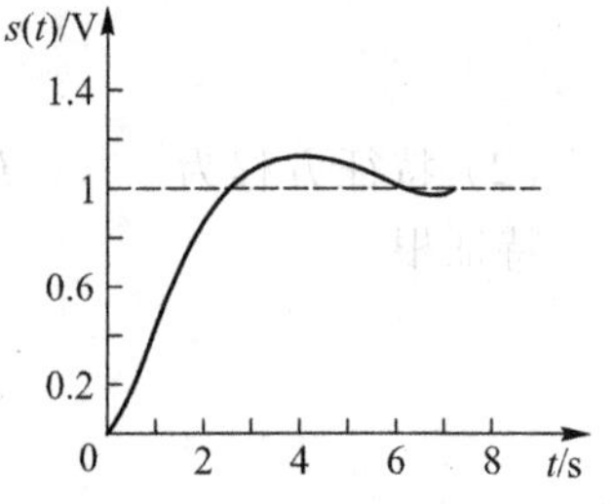

图题解 7-6

第一上冲发生时

$$\frac{\sqrt{3}}{2}t=\pi \quad 即 \quad t_{m}=\frac{2\pi}{\sqrt{3}}=3.63\ \text{s}$$

上冲值为

$$u_C(t_m)=\left[1-\frac{2}{\sqrt{3}}e^{-0.5t_m}\cos\left(\frac{\sqrt{3}}{2}t_m-30°\right)\right]\ \text{V}$$

$$=\left[1-\frac{2}{\sqrt{3}}(0.163)\cos(\pi-30°)\right]\ \text{V}$$

$$=(1+0.163)\ \text{V}$$

$$=1.163\ \text{V}$$

7-7　电路如图题 7-3 所示，当 $t<0$ 时，$u_S(t)=-1$ V。在 $t=0$ 时，$u_S(t)$ 突然增至 1 V，以后即一直保持为此值。试求电路中各元件的电压和电流，并绘波形图。

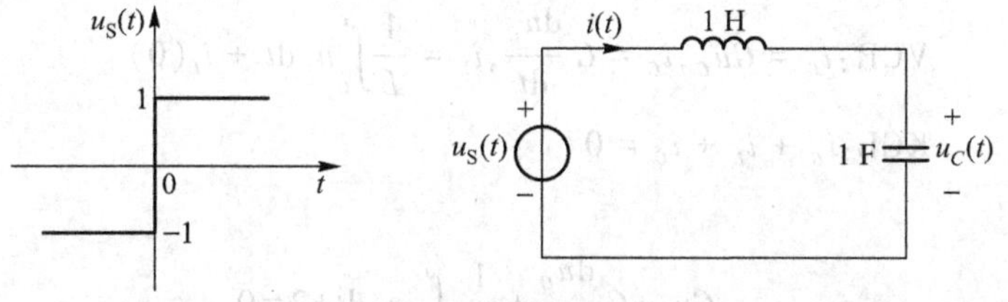

图题 7-3

解　$t<0$ 时，电容相当于开路，得 $i_L(0_-)=0$，$u_C(0_-)=-1$ V

当 $t\geqslant 0$ 时，电路如图题解 7-7 所示，可得特征根为

$$s_{1,2}=\pm j1 \quad （无阻尼响应）$$

补解为
$$u_{Ch}(t)=K_1\cos t+K_2\sin t$$

特解为
$$u_{Cp}(t)=1\ \text{V}$$

得
$$u_C(t)=u_{Ch}(t)+u_{Cp}(t)=K_1\cos t+K_2\sin t+1 \qquad ①$$

确定 K_1、K_2：
$$u_C(0)=K_1+1=-1$$

得
$$K_1=-2$$

又
$$\left.\frac{du_C(t)}{dt}\right|_{t=0}=K_2=0$$

K_1、K_2 值代入①，得全响应

$$u_C(t)=(1-2\cos t)\ \text{V} \quad t\geqslant 0$$

$$i(t)=i_C(t)=C\frac{du_C(t)}{dt}=2\sin t\ \text{A} \quad t\geqslant 0$$

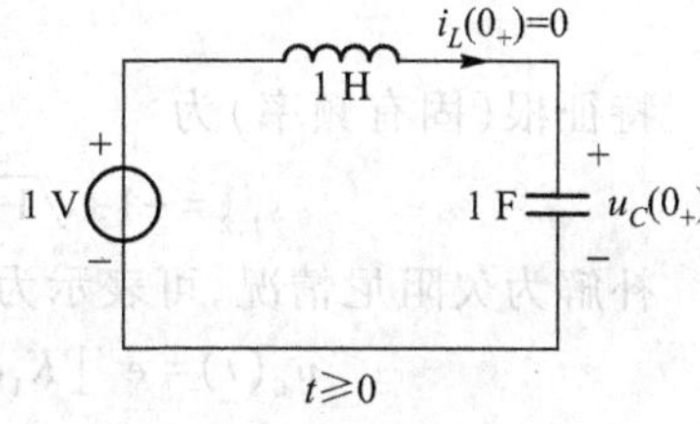

图题解 7-7

$u_C(t)$和$i(t)$均属正弦振荡。

注:读者不难求得$u_L(t)=L\dfrac{di}{dt}=2\cos t$ V,$u_L(t)$与$u_C(t)$之和始终为 1 V,满足 KVL。但在 1 V 电压源作用下,电路响应却始终是按正弦变化的。直流激励下电路响应未必也是直流,关键在于内因。本电路为无损耗的动态电路,这是响应的内因,参看第 4 版教材序言(三)。

本题也可看作无直流稳态的一例(§6-2)。

§7-4 *GLC* 并联电路的分析

7-8 *GCL* 并联电路中$C=1/2$ F、$L=1/50$ H、$G=1$ S,$u_C(0)=1$ V、$i_L(0)=2$ A。求$u_C(t)$的零输入响应。

解 (1) 列电路方程,以u_C为求解量。注意到u_C即并联电路端电压,由两类约束

$$\text{VCR}:i_G=Gu_C,i_C=C\frac{du_C}{dt},i_L=\frac{1}{L}\int_0^t u_C dt+i_L(0)$$

$$\text{KCL}:i_G+i_L+i_C=0$$

可得

$$Gu_C+C\frac{du_C}{dt}+\frac{1}{L}\int_0^t u_C dt+2=0$$

对t微分,得

$$G\frac{du_C}{dt}+C\frac{d^2u_C}{dt^2}+\frac{1}{L}u_C=0$$

代入数据

$$\frac{1}{2}\frac{d^2u_C}{dt^2}+\frac{du_C}{dt}+50u_C=0$$

(2) 特征方程为

$$\frac{1}{2}s^2+s+50=0$$

特征根(固有频率)为

$$s_{1,2}=-1\pm\sqrt{1-100}=-1\pm j9.95=-\alpha\pm j\omega_d$$

补解为欠阻尼情况,可表示为

$$u_C(t)=e^{-t}[K_1\cos(9.95t)+K_2\sin(9.95t)]$$

(3) 确定K_1和K_2。初始条件为$u_C(0)=1$ V,尚需知晓$\left.\dfrac{du_C}{dt}\right|_{t=0}$之值。由已

知的 $i_L(0)=2$ A 确定该值，可利用如图题解 7-8 所示 $t=0_+$时的置换电路。

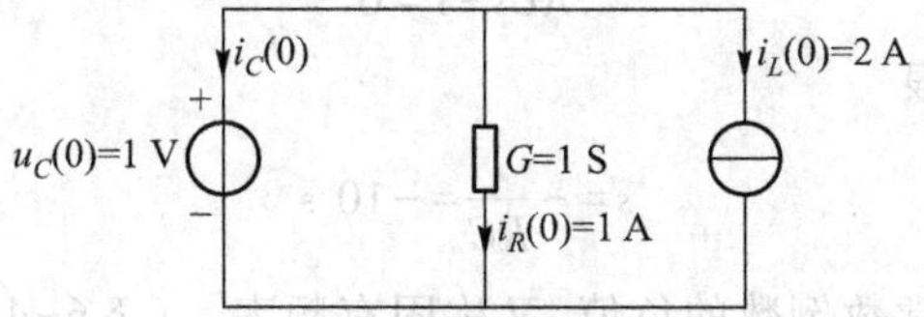

图题解 7-8

由图可知

$$i_C(0)=(-2-1)\ \text{A}=-3\ \text{A}$$

$$C\left.\frac{\mathrm{d}u_C}{\mathrm{d}t}\right|_{t=0}=i_C(0)=-3\ \text{A}$$

所以

$$\left.\frac{\mathrm{d}u_C}{\mathrm{d}t}\right|_{t=0}=-6\ \text{V/s}$$

故得

$$u_C(0)=K_1=1$$

$$\left.\frac{\mathrm{d}u_C}{\mathrm{d}t}\right|_{t=0}=9.95K_2-K_1=-6, K_2=-0.5$$

$$u_C(t)=\mathrm{e}^{-t}[\cos(9.95t)-0.5\sin(9.95t)]\ \text{V}$$

综　合

7-9　动态电路(a)、(b)、(c)、(d)如图题 7-4 所示，试求各电路的特征根和零输入响应的形式。

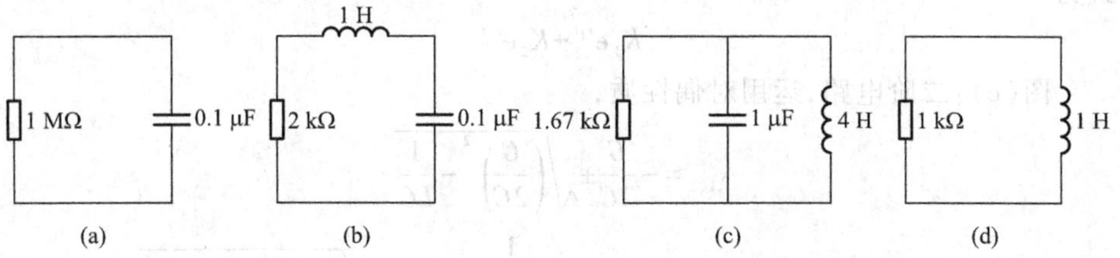

图题 7-4

解　图(a)：一阶电路，其微分方程为

$$RC\frac{\mathrm{d}u_C}{\mathrm{d}t}+u_C=0$$

特征方程

$$RCs+1=0$$

参阅例 7-1。特征根

$$s=-\frac{1}{RC}=-10\ \text{s}$$

特征根即电路时间常数倒数的负值,又称固有频率。(§6-4)

零输入响应的形式为

$$Ke^{st}=Ke^{-t/\tau}\quad \tau=RC=0.1\ \text{s}$$

K 由初始条件确定,见表 6-3。对一阶电路,记住 $Ke^{-t/\tau}$ 这一普遍形式即可,它显示初始储能的衰减过程。各个电路变量均按这一形式衰减,起始值 K 各不相同,但均受 $u_C(0)$ 或 $i_L(0)$ 的控制。

图(b):LC 二阶电路,参阅例 7-1,特征方程为

$$s^2+\frac{R}{L}s+\frac{1}{LC}=0$$

$$s_{1,2}=-\frac{R}{2L}\pm\sqrt{\left(\frac{R}{2L}\right)^2-\frac{1}{LC}}$$

视电路参数值不同,特征根有三种可能形式,从而零输入响应有三种形式。若 $R=2\ \text{k}\Omega, L=1\text{H}, C=1\text{F}$,

$$s_{1,2}=-10^3$$

$s_{1,2}$ 为重根,零输入响应的形式为

$$K_1e^{s_1t}+K_2te^{s_2t}=K_1e^{-10^3t}+K_2te^{-10^3t}$$

K_1、K_2 由初始条件决定。(教材中的答案)

若 $C=0.1\ \mu\text{F}$,R、L 仍为原值,$\left(\frac{R}{2L}\right)^2>\frac{1}{LC}$,$s_{1,2}$ 为两不相等实数,零输入响应形式为

$$K_1e^{s_1t}+K_2e^{s_2t}$$

图(c):二阶电路,运用对偶性质,

$$s_{1,2}=-\frac{G}{2C}\pm\sqrt{\left(\frac{G}{2C}\right)^2-\frac{1}{LC}}$$

$$=-\frac{1}{2\times1.67\times10^3\times10^{-6}}\pm\sqrt{9\times10^4-25\times10^4}$$

$$=-300\pm j400$$

零输入响应的形式为

$$e^{-300t}(K_1\cos 400t+K_2\sin 400t)$$

K_1、K_2 由初始条件确定。上式也可写作

$$e^{-300t}K\cos(400t+\varphi)$$

K、φ 由初始条件确定。

图(d):一阶电路。特征根为 $s=-\dfrac{R}{L}$,即 $s=-\dfrac{1}{\tau}$,$s=-10^3\Omega/1\text{H}=-10^3\text{s}$。

零输入响应形式为 Ke^{-10^3t}

注:一阶电路的特征根只有一种情况,一般为负实数;LC 二阶电路有三种可能形式;双 C、双 L 二阶电路特征根只有负实数一种情况,参看《简明电路分析基础》例 8-10,如含受控源又当别论,见例 8-11。

7-10 含流控电压源电路如图题 7-5 所示。$t=0$ 时,开关闭合,初始状态为零。试分别求解控制系数 r 为 5 Ω 和 7 Ω 时的电流 $i(t)$,$t\geqslant 0$。

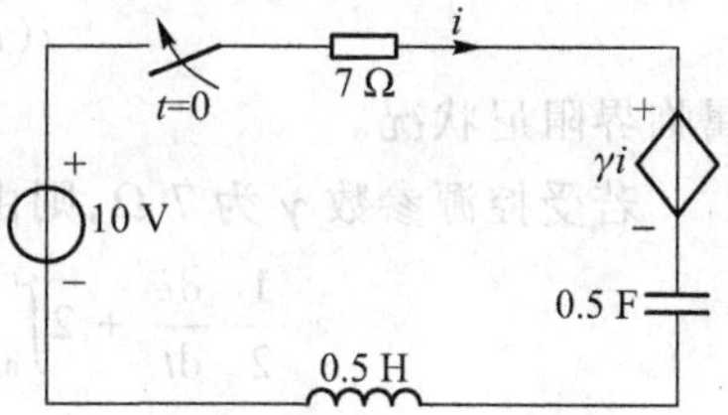

图题 7-5

解 由 KVL 得 $t\geqslant 0$ 时的电路方程:

$$7i+\frac{1}{2}\frac{di}{dt}-\gamma i+2\int_0^t i dt+u_C(0)=10$$

这是一个积微分方程,微分一次,且令 $\gamma=5\ \Omega$,可得二阶齐次微分方程

$$\frac{d^2i}{dt^2}+4\frac{di}{dt}+4i=0 \qquad ①$$

其特征方程为

$$s^2+4s+4=0$$

即

$$(s+2)^2=0$$

$s_1=s_2=-2$,属重根情况,故得齐次方程①的解答为

$$i(t)=K_1e^{-2t}+K_2te^{-2t} \qquad ②$$

求 K_1 和 K_2:已知 $i(0)=0$,而由解答②式可得

$$i(0)=K_1e^0+K_2(0)e^0=K_1$$

故得

$$K_1=0$$

为确定另一常数 K_2,需利用另一初始条件 $u_C(0)=0$。由图题 7-5 可知,$t=0$ 时 $i=0$,

$$\left.\frac{1}{2}\frac{di}{dt}\right|_0=10 \qquad ③$$

而由解答②式,可知

$$\frac{di}{dt}=-2K_2te^{-2t}+K_2e^{-2t}$$

其中已考虑到 $K_1=0$。故 $t=0$ 时

$$\left.\frac{\mathrm{d}i}{\mathrm{d}t}\right|_0=-2K_2(0)\mathrm{e}^0+K_2\mathrm{e}^0=K_2$$

结合③式,可得

$$K_2=20$$

最后得到

$$i(t)=20t\mathrm{e}^{-2t}\,\mathrm{A},t\geqslant 0$$

属临界阻尼状况。

若受控源参数 γ 为 7 Ω,则由 KVL 可得

$$\frac{1}{2}\frac{\mathrm{d}i}{\mathrm{d}t}+2\int_0^t i\mathrm{d}t+u_C(0)+7i-7i=10$$

微分一次得

$$\frac{1}{2}\frac{\mathrm{d}^2i}{\mathrm{d}t^2}+2i=0$$

$$\frac{\mathrm{d}^2i}{\mathrm{d}t^2}+4i=0$$

特征方程

$$s^2+4=0$$

特征根

$$s=\pm\mathrm{j}2$$

属复根情况,是共轭复根的实部为零的情况,故得

$$i(t)=K_1\cos 2t+K_2\sin 2t \tag{④}$$

$t=0$ 时　$K_1=0$

$t=0$ 时,由③式

$$\left.\frac{1}{2}\frac{\mathrm{d}i}{\mathrm{d}t}\right|_0=10 \tag{⑤}$$

由解答④式可知

$$\frac{\mathrm{d}i}{\mathrm{d}t}=2K_2\cos 2t$$

其中已考虑到 $K_1=0$,$t=0$ 时

$$\left.\frac{\mathrm{d}i}{\mathrm{d}t}\right|_0=2K_2$$

结合⑤式,可得

$$K_2=10$$

最后得到

$$i(t)=10\sin 2t\ \text{A}\quad t\geqslant 0$$

属无阻尼振荡情况。直流激励产生正弦交流响应，构成一个振荡器。

注意本题表明的主要概念：

受控源是一种有源电阻元件，它可以改变电路的固有频率（特征根），从而改变电路响应变化的方式。在只含一个独立电源电路中，它可以等效为一个电阻元件，在本例中当 γ 为 5 和 7 时，它分别等效为 $-5\ \Omega$ 和 $-7\ \Omega$ 的电阻。正是由于 $-7\ \Omega$ 电阻与电路中原有的 $7\ \Omega$ 电阻相抵消，才能产生无休止的振荡，当 $\gamma=-5$ 或其他数值时就不能产生这一效果。

7-11　图题 7-6 所示为一老式（非电子式）汽车自动点火系统的原理性电路图。电路的电源为 12 V 蓄电池，点火线圈的电感为 1 H，其电阻归入镇流电阻中，合计为 3 Ω，与电容并联的开关在 $t<0$ 时闭合，$t\geqslant 0$ 时打开（实际上是作周期性的启闭），线圈产生的高电压施加于点火塞，产生火花引燃燃料。试求线圈电压 u_L，$t\geqslant 0$。

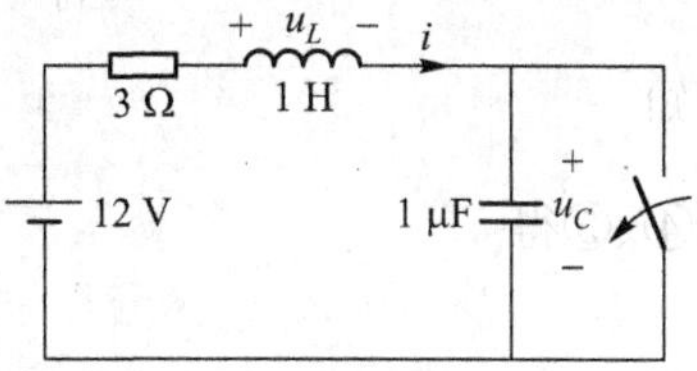

图题 7-6

解　$t<0$ 时，开关闭合，$u_L(t)=0$，$i(0_-)=12\ \text{V}/3\ \Omega=4\ \text{A}$，$u_C(0_-)=0$，由此可知 $i(0_+)=4\ \text{A}$，$u_C(0_+)=0$。$t\geqslant 0$ 时，由 KVL 得

$$3i+\frac{\mathrm{d}i}{\mathrm{d}t}+10^6\int_0^t i\mathrm{d}t+u_C(0)=12 \qquad ①$$

微分一次得

$$\frac{\mathrm{d}^2 i}{\mathrm{d}t^2}+3\frac{\mathrm{d}i}{\mathrm{d}t}+10^6 i=0 \qquad ②$$

特征方程为

$$s^2+3s+10^6=0$$

特征根为

$$s_{1,2}=\frac{-3\pm\sqrt{9-4\times 10^6}}{2}\approx -1.5\pm \mathrm{j}10^3$$

方程②的解答：

$$i(t)=\mathrm{e}^{-1.5t}(K_1\cos 10^3 t+K_2\sin 10^{3t}) \qquad ③$$

根据初始条件确定 K_1、K_2：

$$i(0)=K_1$$

已知初始条件 $i(0)=4$，得

$$K_1=4$$

由③式且 K_1 以 4 代入，可得

$$\frac{\mathrm{d}i}{\mathrm{d}t}=-1.5\times4\mathrm{e}^{-1.5t}\cos 10^3t-4\times10^3\mathrm{e}^{-1.5t}\sin 10^3t+(-1.5)K_2\mathrm{e}^{-1.5t}\sin 10^3t+$$
$$10^3K_2\mathrm{e}^{-1.5t}\cos 10^3t$$

所以

$$\left.\frac{\mathrm{d}i}{\mathrm{d}t}\right|_0=-6-0-0+10^3K_2 \qquad ④$$

又由①式得

$$3i(0)+\left.\frac{\mathrm{d}i}{\mathrm{d}t}\right|_0+u_C(0)=12 \text{ 即} 3\times4+\left.\frac{\mathrm{d}i}{\mathrm{d}t}\right|_0+0=12$$

可知

$$\left.\frac{\mathrm{d}i}{\mathrm{d}t}\right|_0=0 \qquad ⑤$$

由④、⑤得

$$K_2=6\times10^{-3}$$

故得

$$i(t)=4\mathrm{e}^{-1.5t}\cos 10^3t+6\times10^{-3}\mathrm{e}^{-1.5t}\sin 10^{3t}\text{ A}\quad t\geqslant0$$

电感电压

$$u_L(t)=L\frac{\mathrm{d}i}{\mathrm{d}t}=-4\times10^3\mathrm{e}^{-1.5t}\sin 10^3t\text{ V}\quad t\geqslant0$$

当 $t=\left(\frac{\pi}{2}\right)$ ms 时，$\sin 10^3t=1$，此时

$$u_L=-4\times10^3\mathrm{e}^{-1.5\times(\pi/2)\times10^{-3}}\text{ V}\approx4\ 000\text{ V}$$

注：如以 u_L 为求解量，也可列出积微分方程，但需微分两次，才能得到微分方程。特征方程不变。特征方程反映电路的固有特性，即电路响应的内因，内因既不因外施激励不同而不同，也不因所择求解量不同而不同。

7-12　如教材图 7-3(b)所示的 RLC 串联电路，若电压源电压$\frac{1}{3}t$ V 于 $t=0$ 时施加于电路，已知 $R=6\ \Omega, L=1\text{ H}, C=\frac{1}{5}\text{F}$。(1) 试求零状态响应 $u_C(t)$，$t\geqslant0$，(提示：特解可设为 Q_0+Q_1t)；(2) 试求零状态响应 $i(t)$，$t\geqslant0$。

解　电路的微分方程已如教材(7-10)式所示，此处以另一方式推导出该式。

由 KVL 得

$$L\frac{\mathrm{d}i}{\mathrm{d}t}+Ri+\frac{1}{C}\int_{-\infty}^{t}i(\tau)\mathrm{d}\tau=u_S \qquad ①$$

化积微分方程为微分方程。方法之一便是更换变量。考虑到上式中等号左侧第三项即 u_C，而

$$i(t)=C\frac{\mathrm{d}u_C}{\mathrm{d}t}\qquad \frac{\mathrm{d}i}{\mathrm{d}t}=C\frac{\mathrm{d}^2u_C}{\mathrm{d}t^2}$$

把变量 $i(t)$ 更换为 $u_C(t)$，也可得(7-10)式。即

$$LC\frac{\mathrm{d}^2u_C}{\mathrm{d}t^2}+RC\frac{\mathrm{d}u_C}{\mathrm{d}t}+u_C=u_\mathrm{S}$$

$$\frac{\mathrm{d}^2u_C}{\mathrm{d}t^2}+\frac{R}{L}\frac{\mathrm{d}u_C}{\mathrm{d}t}+\frac{1}{LC}u_C=\frac{1}{LC}u_\mathrm{S}$$

以元件参数代入

$$\frac{\mathrm{d}^2u_C}{\mathrm{d}t^2}+6\frac{\mathrm{d}u_C}{\mathrm{d}t}+5u_C=5\times\frac{t}{3}\quad t\geqslant 0 \qquad ②$$

特征方程

$$s^2+6s+5=(s+1)(s+5)=0$$

得补解

$$u_{C\mathrm{h}}=K_1\mathrm{e}^{-t}+K_2\mathrm{e}^{-5t} \qquad ③$$

求特解。参考表 6-4，设

$$u_{C\mathrm{p}}=Q_0+Q_1t$$

代入②式，得

$$0+6Q_1+5(Q_0+Q_1t)=(5Q_0+6Q_1)+5Q_1t=\frac{5}{3}t$$

比较系数得

$$Q_1=\frac{1}{3}\quad Q_0=-\frac{2}{5}$$

所以

$$u_{C\mathrm{p}}=-\frac{2}{5}+\frac{1}{3}t \qquad ④$$

③+④得

$$u_C=u_{C\mathrm{h}}+u_{C\mathrm{p}}=K_1\mathrm{e}^{-t}+K_2\mathrm{e}^{-5t}-\frac{2}{5}+\frac{t}{3}\ \mathrm{V}\quad t\geqslant 0 \qquad ⑤$$

在零初始状态，即在 $u_C(0)$ 和 $i(0)$ 均为零的条件下，确定⑤式的常数 K_1、K_2，便可得零状态响应。

求解 K_1、K_2 过程如下：

由⑤式得

$$u_C(0)=K_1+K_2-\frac{2}{5}=0$$

由于 LC 串联，可知 $i(0)=\left.\frac{\mathrm{d}u_C}{\mathrm{d}t}\right|_0$（参看题 7-5②式），已知 $i(0)=0$，故得

$$\left.\frac{\mathrm{d}u_C}{\mathrm{d}t}\right|_0=-K_1-5K_2+\frac{1}{3}=0$$

从上列两式可解得 $K_1=\frac{5}{12},K_2=-\frac{1}{60}$。得零状态响应

$$u_C(t)=\frac{5}{12}\mathrm{e}^{-t}-\frac{1}{60}\mathrm{e}^{-5t}-\frac{2}{5}+\frac{t}{3}\mathrm{V}\quad t\geqslant 0 \tag{⑥}$$

（2）①式对 t 微分一次得

$$L\frac{\mathrm{d}^2i}{\mathrm{d}t^2}+R\frac{\mathrm{d}i}{\mathrm{d}t}+\frac{1}{C}i=\frac{\mathrm{d}u_S}{\mathrm{d}t}$$

以电路参数值代入，得

$$\frac{\mathrm{d}^2i}{\mathrm{d}t^2}+6\frac{\mathrm{d}i}{\mathrm{d}t}+5i=\frac{1}{3}\quad t\geqslant 0 \tag{⑦}$$

$$s^2+6s+5=(s+1)(s+5)=0 \tag{⑧}$$

$$i_h=K_1\mathrm{e}^{-t}+K_2^{-5t}$$

$$i_p=1/15$$

$$i=i_h+i_p=K_1\mathrm{e}^{-t}+K_2^{-5t}+\frac{1}{15}$$

零状态时，$i(0)=0;\left.\frac{\mathrm{d}i}{\mathrm{d}t}\right|_0=0\left[\text{根据①式可知 } u_C(0)=0、i(0)=0、u_S(0)=0 \text{ 可得}\left.\frac{\mathrm{d}i}{\mathrm{d}t}\right|_0=0\right]$

$$i(0)=K_1+K_2+\frac{1}{15}=0$$

$$\left.\frac{\mathrm{d}i}{\mathrm{d}t}\right|_0=-K_1-5K_2=0$$

解得
$$K_1=-\frac{1}{12}\quad K_2=\frac{1}{60}$$

零状态响应
$$i(t)=-\frac{1}{12}\mathrm{e}^{-t}+\frac{1}{60}\mathrm{e}^{-5t}+\frac{1}{15}\mathrm{A}\quad t\geqslant 0 \tag{⑨}$$

校核：根据 $i(t)=C\frac{\mathrm{d}u_C}{\mathrm{d}t}$，对⑥式微分后，亦可得⑨式。

$$C\frac{\mathrm{d}u_C}{\mathrm{d}t}=\frac{1}{5}\left(-\frac{5}{12}\mathrm{e}^{-t}+\frac{5}{60}\mathrm{e}^{-5t}+\frac{1}{3}\right)$$

$$=-\frac{1}{12}\mathrm{e}^{-t}+\frac{1}{60}\mathrm{e}^{-5t}+\frac{1}{15}$$

结果与⑨完全相同。

补充：(1) 本题如再给定初始状态，例如 $u_C(0)=1\mathrm{V}$，$i(0)=0$，即可求零输入

响应以及该初始状态和外施电压共同作用下的全响应。根据初始条件 $u_C(0)=1\text{ V}, i(0)=0 \rightarrow \left.\frac{\mathrm{d}u_C}{\mathrm{d}t}\right|_0=0$，可求得③式中的 K_1 和 K_2。即

$$u_C(0)=K_1+K_2=1$$

$$\left.\frac{\mathrm{d}u_C}{\mathrm{d}t}\right|_0=-K_1-5K_2=0$$

解得

$$K_1=5/4 \quad K_2=-1/4$$

故得零输入响应

$$u_C=\frac{5}{4}\mathrm{e}^{-t}-\frac{1}{4}\mathrm{e}^{-5t}\text{V} \quad t\geqslant 0 \tag{⑩}$$

(2) 零状态响应⑥式和零输入响应⑩式相加，即得外施激励 $t/3$ V 和初始状态 $u_C(0)=1$ V 共同作用下的全响应、$t\geqslant 0$：

$$u_C=\underbrace{\frac{5}{12}\mathrm{e}^{-t}-\frac{1}{60}\mathrm{e}^{-5t}+\frac{t}{3}-\frac{2}{5}}_{\text{零状态响应}}+\underbrace{\frac{5}{4}\mathrm{e}^{-t}-\frac{1}{4}\mathrm{e}^{-5t}}_{\text{零输入响应}}\text{V} \tag{⑪}$$

对上式稍加整理，可得

$$u_C=\left(\frac{5}{12}+\frac{5}{4}\right)\mathrm{e}^{-t}+\left(-\frac{1}{60}-\frac{1}{4}\right)\mathrm{e}^{-5t}+\frac{t}{3}-\frac{2}{5}$$

$$=\underbrace{\frac{5}{3}\mathrm{e}^{-t}-\frac{4}{15}\mathrm{e}^{-5t}}_{\text{瞬态响应}}+\underbrace{\frac{t}{3}-\frac{2}{5}}_{\text{强迫响应}}\text{V} \tag{⑫}$$

注意：(1) 零输入响应与瞬态响应均具有②式所示补解形式，只是 K_1、K_2 值不同。前者由初始状态确定；后者由初始状态和输入共同确定。

(2) 瞬态响应的出现是为了在初始时刻保证 u_C 的连续性。强迫响应的初始值为 $-\frac{2}{5}$ V，瞬态响应的初始值应为 $\left(\frac{5}{3}-\frac{4}{15}\right)$ V $=\frac{7}{5}$ V，才能保证 $u_C(0)=\left(-\frac{2}{5}+\frac{7}{5}\right)$ V $=1$V。瞬态响应按指数律逐渐消失，留下强迫响应（教材上 P260）。

第八章

交流动态电路　相量法

本章要点

1. 交流动态电路分析一般可分为：过渡过程分析和稳态分析。过渡过程的基本概念见教材§6-7，本章将其引申到正弦激励，在第十二章还有正弦激励过渡过程内容。

2. 相量法是解决正弦稳态电路问题的主要方法，其他方法有经典法（解微分方程特解的方法）、拉普拉斯变换法等。相量法是一种变换方法，把已知的和待求的正弦量变换为一个称之为相量的复数，在复数域进行运算后，再反变换成待求的正弦量。

相量有振幅相量和有效值相量之分，按IEC（国际电工委员会）和我国国标（GB 8845-87）的规定，两种相量有同等地位，故不必拘泥于某一种，可以灵活使用。一般来说，在已知正弦激励的瞬时值表示式求解响应的瞬时值表示式时，即求解正弦（扩展为非正弦周期性激励的）稳态分析（典型问题）时，宜用振幅相量；在只求有效值或相位关系而用相量图法时，则常用有效值相量。

3. 相量法的优点在于可以类比电阻电路的分析方法，而要类比正确，必须作出相量模型。在相量模型中，不是用R、L、C来表征元件，而是用阻抗Z或导纳Y来表征元件。记住下列关系至关重要：

元件的参数	R	L	C	用于时域模型
元件的阻抗 Z	R	$\mathrm{j}\omega L$	$\dfrac{1}{\mathrm{j}\omega C}$	用于相量模型

导纳Y也可用于相量模型。记住上表并记住

$$Y=\frac{1}{Z}$$

即可得元件的导纳 Y,例如电感的导纳 $Y=\dfrac{1}{j\omega L}=-j\dfrac{1}{\omega L}$。

4. 在单一频率的正弦稳态电路中常有只求有效值或相位关系的问题,可视为正弦稳态分析的非典型问题,即正弦稳态分析的两类特殊问题。用相量图法较为便利、直观。其根据仍是两类约束。但元件的约束关系 $\dot{U}=Z\dot{I}$,需考虑为有效值(或振幅)关系和相位关系两个部分,以便作图。例如,电感元件,其有效值(或振幅)关系为 $U=\omega LI$,由此确定电感电压(流)相量的"长度",其相位关系则为电感电压相量超前其电流相量角 90°。由于相量图法常是先定性作图,再利用几何、三角关系寻求解答,往往并非真正意义上的"图解",因此,各相量间的相位关系在定性作图时特别重要。为此需特别注意元件电压、电流的参考方向。例如,电阻元件的电压、电流为非关联参考方向时,电压、电流并非同相关系而是180°的反相关系;电感元件电压、电流为非关联参考方向时,电压相量滞后(而非超前)其电流相量角 90°。

相量法可视为含相量解析法(即一般所称的相量法)和相量图法。它们的根据都是两类约束的相量形式。

习题解答

§8-1　正弦激励的过渡过程和稳态

8-1　RL 串联电路在 $t=0$ 时与正弦电压 $U_m\cos(\omega t)$ 接通,试表明电流的全响应为

$$i(t)=K\mathrm{e}^{-\frac{Rt}{L}}+Q_1\cos(\omega t)+Q_2\sin(\omega t)$$

其中

$$Q_1=\frac{RU_m}{R^2+\omega^2L^2},\quad Q_2=\frac{\omega LU_m}{R^2+\omega^2L^2}$$

及

$$K=i(0)-\frac{RU_m}{\omega^2L^2+R^2}$$

解　电路方程为

$$L\frac{\mathrm{d}i}{\mathrm{d}t}+Ri=U_m\cos(\omega t)$$

方程式的解答由特解(稳态解)i_p 和对应的齐次方程通解 i_h(瞬态解)组成。

方程右端为正弦函数时，特解可设为

$$i_p = I_m \cos(\omega t + \psi_u)$$

如教材中所示。也可设为

$$i_p = Q_1 \cos(\omega t) + Q_2 \sin(\omega t) \tag{1}$$

两者是等同的。根据题意，应采用后者。代入原方程后，得

$$-\omega L Q_1 \sin(\omega t) + \omega L Q_2 \cos(\omega t) + R Q_1 \cos(\omega t) + R Q_2 \sin(\omega t) = U_m \cos(\omega t)$$

即

$$(-\omega L Q_1 + R Q_2)\sin(\omega t) + (\omega L Q_2 + R Q_1)\cos(\omega t) = U_m \cos(\omega t)$$

要使两边相等应有

$$R Q_1 + \omega L Q_2 = U_m$$

$$-\omega L Q_1 + R Q_2 = 0$$

解得

$$Q_2 = \frac{\omega L}{R^2 + \omega^2 L^2} U_m \tag{2}$$

$$Q_1 = \frac{R}{R^2 + \omega^2 L^2} U_m \tag{3}$$

(2)、(3)两式代入(1)式即为该电路的正弦稳态响应。

瞬态响应，即瞬态解 i_h，设为

$$i_h = K e^{st} = K e^{-\frac{t}{\tau}}$$

s 为特征方程

$$Ls + R = 0$$

的根。解得

$$s = -\frac{R}{L} = \frac{1}{\tau}$$

$$K = [i(0) - i_p(0)] = [i(0) - Q_1] = \left[i(0) - \frac{R U_m}{\omega^2 L^2 + R^2}\right]$$

证毕。

注：在正弦激励下，响应本应为同频率的正弦响应，但该响应在初始时刻未必能满足初始条件，故在该响应（稳态响应）之外，尚需产生瞬态响应，以保证全响应在 $t=0$ 时满足初始条件。瞬态响应随时间按指数规律衰减，其初始值 K 应为 $[i(0) - i_p(0)]$，$i(0)$ 为初始条件，$i_p(0)$ 为稳态响应的初始值。本解答直接运用了教材中的讲述。

学习第八章后，运用相量法，可不必再列微分方程，并用如同本解答所述的待定系数法求得稳态响应（特解）。但在求过渡过程、即全响应中的瞬态响量时，对一阶电路来说仍可用本解答所用方法。

8-2 图题8-1所示电路中，$u_S(t)=17\cos(16t)$ V，在 $t=0$ 时接入电路，已知 $u(0)=0$。(1) 列出以电压 $u(t)$ 为求解量的微分方程，$t\geqslant 0$；(2) 求解 $u(t)$ 的稳态响应；(3) 求解 $u(t)$ 的瞬态响应；(4) 求解 $u(t)$，$t\geqslant 0$；(5) 求稳态电压的振幅、角频率、频率和初相角；(6) 列出稳态电压与外施电压的相位关系。

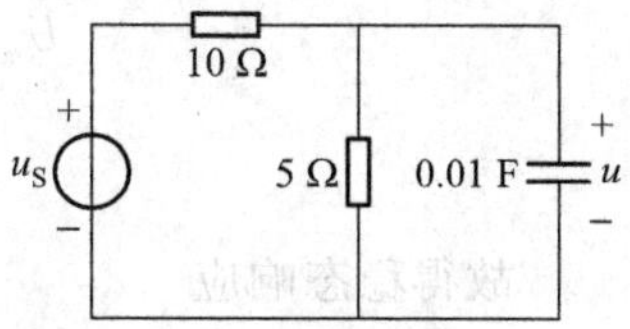

图题 8-1

解 (1) 求对电容而言的戴维南电路，得等效电源的参数 u_{OC} 和等效电阻 R_0 分别为

$$u_{OC}=u_S\times\frac{5}{10+5}=\frac{17}{3}\cos(16t)\ \text{V}$$

$$R_0=\frac{10\times 5}{10+5}\ \Omega=\frac{50}{15}\ \Omega=\frac{10}{3}\ \Omega$$

列微分方程

$$R_0 i+u=u_{OC}\quad t\geqslant 0$$

$$R_0C\frac{du}{dt}+u=u_{OC}\quad t\geqslant 0$$

$$\frac{1}{30}\frac{du}{dt}+u=\frac{17}{3}\cos(16t)\quad t\geqslant 0$$

$$\frac{du}{dt}+30u=170\cos(16t)\quad t\geqslant 0$$

(2) 令稳态响应为同频率的正弦波，表示为

$$u_p=U_m\cos(16t+\psi)$$

以之代入微分方程，得

$$-16U_m\sin(16t+\psi)+30U_m\cos(16t+\psi)=170\cos(16t)$$

即

$$-16U_m[\sin(16t)\cos\psi+\cos(16t)\sin\psi]+$$
$$30U_m[\cos(16t)\cos\psi-\sin(16t)\sin\psi]=170\cos(16t)$$

整理后，得

$$[-16U_m\cos\psi-30U_m\sin\psi]\sin(16t)+$$
$$[-16U_m\sin\psi+30U_m\cos\psi]\cos(16t)=170\cos(16t)$$

比较系数后得下列两式：

$$16\cos\psi+30\sin\psi=0 \qquad ①$$

$$U_m(-16\sin\psi+30\cos\psi)=170 \qquad ②$$

由①式得

$$\frac{\sin\psi}{\cos\psi}=-\frac{16}{30}$$

即

$$\tan\psi=-0.533$$

$$\psi=-28.1°$$

由②式，以 ψ 代入后得

$$U_{\mathrm{m}}(16\sin 28.1°+30\cos 28.1°)=170$$

$$U_{\mathrm{m}}(16\times0.471+30\times0.881)=170$$

$$U_{\mathrm{m}}=\frac{170}{34}\ \mathrm{V}=5\ \mathrm{V}$$

故得稳态响应

$$u_{\mathrm{p}}=5\cos(16t-28.1°)\ \mathrm{V}$$

（3）瞬态响应解可表示为

$$u_{\mathrm{h}}=K\mathrm{e}^{-\frac{t}{\tau}}$$

其中

$$\tau=R_0C=-\frac{1}{30}\ \mathrm{s}$$

$$\begin{aligned}K&=[u(0)-u_{\mathrm{p}}(0)]=-u_{\mathrm{p}}(0)=-5\cos(-28.1°)\\&=-5\times0.881\ \mathrm{V}=-4.41\ \mathrm{V}\end{aligned}$$

故得瞬态响应

$$u_{\mathrm{h}}=-4.41\mathrm{e}^{-30t}\ \mathrm{V}$$

（4）

$$\begin{aligned}u(t)&=u_{\mathrm{c}}(t)+u_{\mathrm{h}}(t)\\&=[5\cos(16t-28.1°)-4.41\mathrm{e}^{-30t}]\ \mathrm{V}\quad t\geqslant0\end{aligned}$$

（5）稳态电压 $u_{\mathrm{c}}(t)$ 的振幅为 5 V；角频率 $\omega=16$ rad/s；频率 $f=\dfrac{\omega}{2\pi}=\dfrac{8}{\pi}$ Hz=2.55 Hz

（6）稳态响应电压对外施电压的相位差

$$\begin{aligned}\varphi&=\text{稳态电压初相角}-\text{外施电压初相角}\\&=-28.1°-0°=-28.1°\end{aligned}$$

§8-2　复　　数

8-3　（1）计算以下各式：

（a）$6\angle 15°-4\angle 40°+7\angle -60°$；

（b）$\dfrac{(10+\mathrm{j}33)(4+\mathrm{j}5)(6-\mathrm{j}4)}{7+\mathrm{j}3}$；

(c) $(2+3\angle 60^\circ)(3\angle 150^\circ+3\angle 30^\circ)$；

(d) $\dfrac{-j17+\dfrac{4}{j}+5\angle 90^\circ}{2.5\angle 45^\circ+2.1\angle -30^\circ}$。

(2) 若 $100\angle 0^\circ+A\angle 60^\circ=173\angle\theta$，试求 A 和 θ。

解 (1) (a) $6\angle 15^\circ-4\angle 40^\circ+7\angle -60^\circ$

$$=5.8+j1.553-3.064-j2.571+3.5-j6.062$$

$$=5.8+3.5-3.064+j(1.553-2.571-6.062)$$

$$=6.236-j7.08=9.435\angle -48.63^\circ$$

(b) $\dfrac{(10-j33)(4+j5)(6-j4)}{7+j3}$

$$=\frac{34.48\angle 73.14^\circ\times 6.4\angle 51.34^\circ\times 7.21\angle -33.69^\circ}{7.62\angle 23.2^\circ}=208.8\angle 67.59^\circ$$

(c) $(2+3\angle 60^\circ)(3\angle 150^\circ+3\angle 30^\circ)=\left(2+\dfrac{3}{2}+j\dfrac{3\sqrt{3}}{2}\right)\left(-\dfrac{3\sqrt{3}}{2}+j\dfrac{3}{2}+\dfrac{3\sqrt{3}}{2}+j\dfrac{3}{2}\right)$

$$=\left(\frac{7}{2}+j\frac{3\sqrt{3}}{2}\right)(j3)=-\frac{9\sqrt{3}}{2}+j\frac{21}{2}=-7.79+j10.5$$

$$=\sqrt{60.68+110.25}\angle \arctan\left(\frac{10.5}{-7.79}\right)=13.07\angle 180^\circ-53.43^\circ$$

$$=13.07\angle 126.57^\circ$$

(d) $\dfrac{-j17+\dfrac{4}{j}+5\angle 90^\circ}{2.5\angle 45^\circ+2.1\angle -30^\circ}$

$$=\frac{-j17-j4+j5}{2.5\times\frac{\sqrt{2}}{2}+j2.5\frac{\sqrt{2}}{2}+2.1\times\frac{\sqrt{3}}{2}-j2.1\times\frac{1}{2}}$$

$$=\frac{-j16}{\frac{3.536+3.637}{2}+j\frac{3.536-2.1}{2}}=\frac{-j16}{3.59+j0.718}$$

$$=\frac{-j16}{\sqrt{12.86+0.516}\angle \arctan\left(\frac{0.718}{3.59}\right)}=\frac{-j16}{3.66\angle 11.3^\circ}$$

$$=4.37\angle -90^\circ-11.3^\circ=4.37\angle -101.3^\circ$$

注：使用具有复数两种形式转换功能的计算器即可。

(2) $100\angle 0^\circ+A\angle 60^\circ=173\angle\theta$

即 $100+A\cos 60°+\mathrm{j}A\sin 60°=173\cos\theta+\mathrm{j}173\sin\theta$

实部和虚部应分别相等，得

$$100+0.5A=173\cos\theta \quad ①$$

$$0.866A=17.3\sin\theta \quad ②$$

[①式]^2+[②式]^2，得

$$(100+0.5A)^2+\left(\frac{\sqrt{3}}{2}A\right)^2=173^2$$

$$A^2+100A-20\ 000=0$$

得

$$A_1=100,\quad A_2=-200$$

由②式得

$$\sin\theta_1=\frac{0.866A_1}{173}=\frac{86.6}{173}=0.5,\theta_1=30°$$

$$\sin\theta_2=\frac{0.866A_2}{173}=\frac{-173.2}{173}=-1,\theta_2=-90°$$

§8-3 振幅相量

8-4 (1) 求对应于下列正弦量的振幅相量：

(a) $4\cos(2t)+3\sin(2t)$； (b) $-6\sin(5t-75°)$。

(2) 求下列振幅相量对应的正弦量：

(a) $6-\mathrm{j}8$；(b) $-8+6\mathrm{j}$；(c) $-\mathrm{j}10$。

解 (1) (a) $4\cos(2t)+3\sin(2t)=5\left[\frac{4}{5}\cos(2t)+\frac{3}{5}\sin(2t)\right]$

$$=5[\cos 36.8°\cos(2t)+\sin 36.9°\sin(2t)]$$

$$=5\cos(2t-36.8°)$$

对应的相量 $\dot{A}=5\angle -36.8°$（注意：三角函数式和对应的相量不能用等号）

对应的振幅相量图如图题解 8-3(1) 中 $\dot{A}$ 所示。

(b) $-6\sin(5t-75°)=6\cos(5t-75°+90°)=6\cos(5t+15°)$

对应的相量

$$\dot{B}=6\angle 15°$$

对应的振幅相量图如图题解 8-4(1) 中 $\dot{B}$ 所示。

(2) (a) $6-\mathrm{j}8=\sqrt{36+64}\angle \arctan\left(\frac{-8}{6}\right)=10\angle -53.1°$

对应的正弦量

$$a=10\cos(\omega t-53.1^\circ)$$

(b) $-8+\text{j}6=10\angle \arctan\left(\frac{6}{-8}\right)=10\angle 180^\circ-36.9^\circ=10\angle 143.1^\circ$

对应的正弦量

$$10\cos(\omega t+143.1^\circ)$$

(c) $-\text{j}10=10\angle -90^\circ$

对应的正弦量

$$10\cos(\omega t-90^\circ)$$

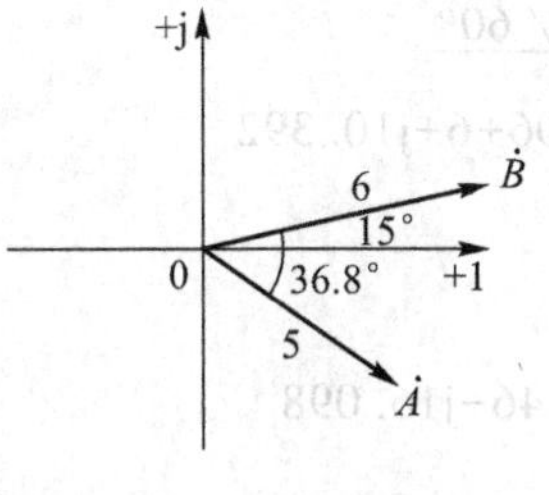

图题解 8-4(1)

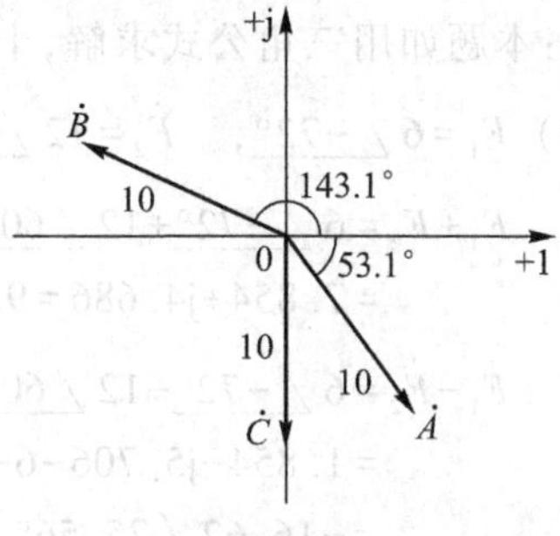

图题解 8-4(2)

三振幅相量分别如图题解 8-4(2) 中 $\dot{A}$、$\dot{B}$、$\dot{C}$ 所示。注意幅角的正负号。

§ 8-4　相量的线性性质和基尔霍夫定律的相量形式

8-5　若 $i_1(t)=\sqrt{2}\cos(\omega t)$ A, $i_2(t)=-\sqrt{6}\sin(\omega t)$ A, 求 $i_1(t)+i_2(t)$。

解　用相量法完成两正弦量的相加。

(a) 写出两正弦量的振幅相量

$$i_1(t)\Rightarrow \dot{I}_{1\text{m}}=\sqrt{2}\angle 0^\circ \text{ A}$$

$$i_2(t)=-\sqrt{6}\cos(\omega t-90^\circ)\Rightarrow \dot{I}_{2\text{m}}=-\sqrt{6}\angle -90^\circ \text{ A}$$

(b)

$$\begin{aligned}\dot{I}_{1\text{m}}+\dot{I}_{2\text{m}}&=(\sqrt{2}\angle 0^\circ-\sqrt{6}\angle -90^\circ)\text{ A}=[\sqrt{2}-(-\text{j}\sqrt{6})]\text{A}\\&=(\sqrt{2}+\text{j}\sqrt{6})\text{ A}=\sqrt{8}\angle 60^\circ\text{ A}=2\sqrt{2}\angle 60^\circ\text{A}\end{aligned}$$

(c)

$$i_1(t)+i_2(t)=2\sqrt{2}\cos(\omega t+60^\circ)\text{ A}$$

注:如拟利用三角公式解本题,在中学三角课程中即有此项内容。注意 i_2 应

表示为余弦函数。

8-6　(1) 若 $100\cos(\omega t)=f(t)+30\sin(\omega t)+150\sin(\omega t-210°)$，试利用相量求解 $f(t)$。

(2) 若 $f_1(t)=6\cos(\omega t-72°)$，$f_2(t)=12\sin(\omega t+150°)$，求 $f_1(t)+f_2(t)$ 及 $f_1(t)-f_2(t)$ 的最大值。

解　(1) $f(t)=100\cos(\omega t)-30\sin(\omega t)-150\sin(\omega t-210°)$

$$=100\cos(\omega t)-30\cos(\omega t-90°)-150\cos(\omega t+60°)$$

$$\dot{F}=100+j30-150\underline{/60°}=25+j100=103.08\underline{/-75.96°}$$

$$f(t)=103.08\cos(\omega t-75.96°)$$

注:本题如用三角公式求解，十分繁琐。用相量法十分简便。

(2) $\dot{F}_1=6\underline{/-72°}$，　$\dot{F}_2=12\underline{/150°-90°}=12\underline{/60°}$

$$\dot{F}_1+\dot{F}_2=6\underline{/-72°}+12\underline{/60°}=1.854-j5.706+6+j10.392$$

$$=7.854+j4.686=9.146\underline{/30.82°}$$

$$\dot{F}_1-\dot{F}_2=6\underline{/-72°}-12\underline{/60°}$$

$$=1.854-j5.706-6-j10.392=-4.146-j16.098$$

$$=-16.62\underline{/75.56°}$$

所以 f_1+f_2 的最大值为 9.146，f_1-f_2 的最大值为 16.62。

注:用相量法解决三角函数的运算是学好正弦稳态分析的计算基础。习题 8-5、8-6 涉及加减运算。

相关题:习题 8-3、8-4

8-7　(1) 已知图题 8-2(a) 中，$i_1(t)=10\cos(\omega t+36.86°)$ A，$i_2(t)=6\cos(\omega t+120°)$ A，求 $i(t)$ 并绘相量图。

(2) 已知图题 8-2(b) 中，$u_1(t)=80\cos(\omega t+36.86°)$ V，$u_2(t)=60\cos(\omega t+126.9°)$ V，$u_3(t)=120\cos(\omega t-53.13°)$ V，并 $u(t)$ 并绘相量图。

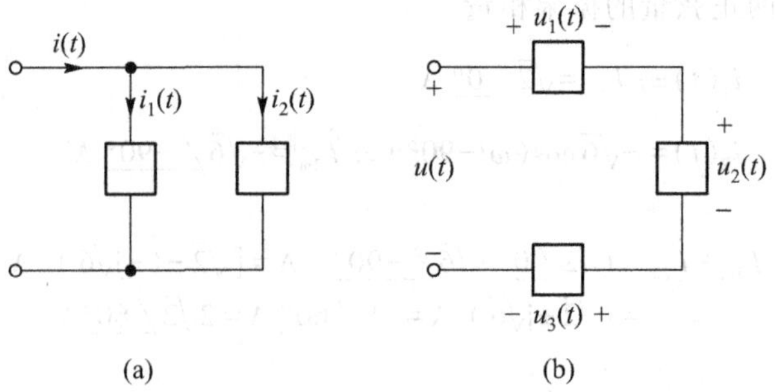

图题 8-2

解　(1) 变换为相量

$$\dot{I}_{1m}=10\angle 36.86^\circ\ \text{A}$$
$$\dot{I}_{2m}=6\angle 120^\circ\ \text{A}$$

由 KCL 相量形式可得

$$\dot{I}_m=\dot{I}_{1m}+\dot{I}_{2m}=(10\angle 36.86^\circ+6\angle 120^\circ)\ \text{A}$$
$$=(8+\text{j}6-3+\text{j}5.196)\ \text{A}=(5+\text{j}11.196)\ \text{A}=12.26\angle 65.94^\circ\ \text{A}$$

反变换得

$$i(t)=12.26\cos(\omega t+65.94^\circ)\ \text{A}$$

相量图如图题解 8-7(a)所示。

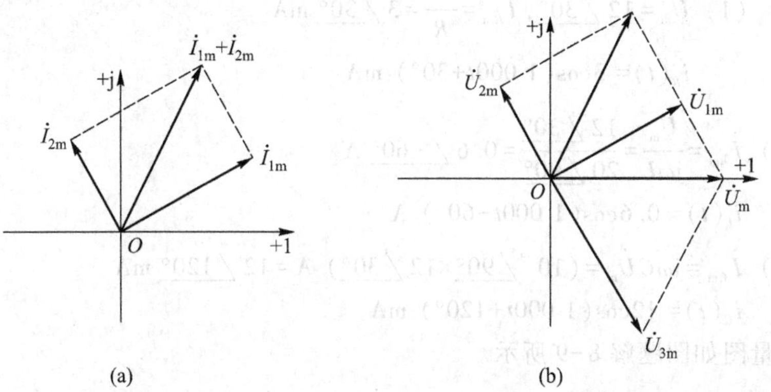

图题解 8-7

(2) $\dot{U}_{1m}=80\angle 36.9^\circ\ \text{V}$, $\dot{U}_{2m}=60\angle 126.9^\circ\ \text{V}$,

$\dot{U}_{3m}=120\angle -53.1^\circ\ \text{V}$

由 KVL 相量形式可得

$$\dot{U}_m=\dot{U}_{1m}+\dot{U}_{2m}+\dot{U}_{3m}$$
$$=(80\angle 36.9^\circ+60\angle 126.9^\circ+120\angle -53.1^\circ)\ \text{V}$$
$$=(64+\text{j}48-36+\text{j}48+72-\text{j}96)\ \text{V}=100\ \text{V}$$

即 $u(t)=100\cos(\omega t)$ V,相量图如图题解 8-7(b)所示。

8-8　已知电路有 4 个节点 1、2、3、4,$\dot{U}_{12}=(20+\text{j}50)$ V、$\dot{U}_{32}=(-40+\text{j}30)$ V、$\dot{U}_{34}=30\angle 45^\circ$ V,各相量均为振幅相量,省略下标 m。求在 $\omega t=30^\circ$时,u_{14}为多少?u_{14}的振幅是多少?

解　由已知得

$$\dot{U}_{14}=\dot{U}_{12}+\dot{U}_{23}+\dot{U}_{34}=(20+\text{j}50+40-\text{j}30+21.2+\text{j}21.2)\ \text{V}$$
$$=(81.2+\text{j}41.2)\ \text{V}=91.05\angle 26.9^\circ\ \text{V}$$

$$u_{14}=91.05\cos(\omega t+26.9°)\ \text{V}$$

当 $\omega t=30°$时

$$u_{14}=(91.05\cos 56.9°)\ \text{V}=49.72\ \text{V}$$

§8-5　三种基本电路元件 VCR 的相量形式

8-9　已知元件 A 的正弦电压 $u(t)=12\cos(1\,000t+30°)$ V,求流过元件 A 的正弦电流 $i(t)$,若 A 为:(1) 电阻,且 $R=4$ kΩ;(2) 电感,且 $L=20$ mH;(3) 电容,且 $C=1$ μF。绘三种情况的相量图。

解　(1) $\dot{U}_{\text{m}}=12\angle 30°$, $\dot{I}_{R\text{m}}=\dfrac{\dot{U}_{\text{m}}}{R}=3\angle 30°$ mA

$$i_R(t)=3\cos(1\,000t+30°)\ \text{mA}$$

(2) $\dot{I}_{L\text{m}}=\dfrac{\dot{U}_{\text{m}}}{\text{j}\omega L}=\dfrac{12\angle 30°}{20\angle 90°}=0.6\angle -60°$ A

$$i_L(t)=0.6\cos(1\,000t-60°)\ \text{A}$$

(3) $\dot{I}_{C\text{m}}=\text{j}\omega C\dot{U}_{\text{m}}=(10^{-3}\angle 90°\times 12\angle 30°)\ \text{A}=12\angle 120°$ mA

$$i_C(t)=12\cos(1\,000t+120°)\ \text{mA}$$

相量图如图题解 8-9 所示。

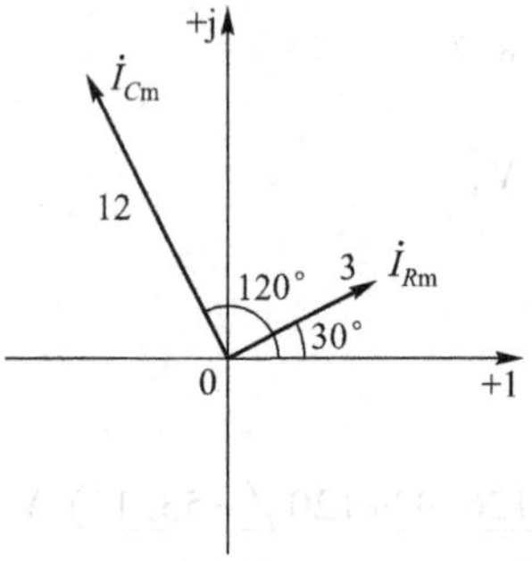

(a) $\dot{I}_{R\text{m}}$和$\dot{I}_{C\text{m}}$,单位: mA

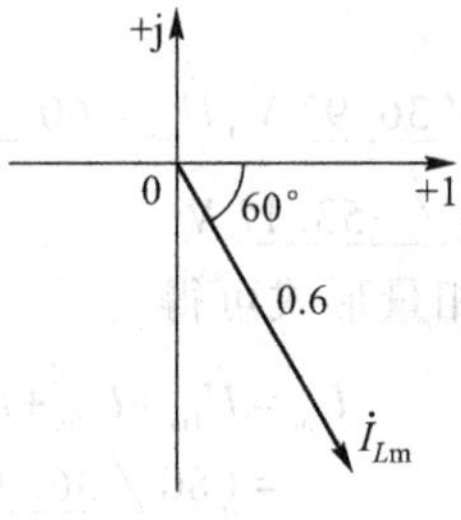

(b) $\dot{I}_{L\text{m}}$单位: A

图题解 8-9

8-10　已知元件 A 为电阻或电感或电容,若其两端电压、电流各如下列情况所示,试确定元件的参数 R、L、C。

(1) $u(t)=1\,600\cos(628t+20°)$ V, $i(t)=4\cos(628t-70°)$ A;

(2) $u(t)=70\cos(314t+30°)$ V, $i(t)=7\sin(314t+120°)$ A;

(3) $u(t)=300\cos\left(1\,000t+\dfrac{\pi}{4}\right)$ V, $i(t)=60\cos(1\,000t+45°)$ A;

(4) $u(t)=250\cos(200t+50°)$ V, $i(t)=0.5\cos(200t+140°)$ A;

(5) $u(t)=3\,800\sin(400t+60°)$ V, $i(t)=4\cos(400t+60°)$ A。

解　(1) $\dfrac{\dot{U}_m}{\dot{I}_m}=\dfrac{1\,600\angle 20°}{4\angle -70°}\ \Omega=400\angle 90°\ \Omega$ 由电流滞后电压角 90°可知为电感元件

$$L=\frac{400}{\omega}=\frac{400}{628}\ \text{H}=0.637\ \text{H}$$

(2) $\dfrac{\dot{U}_m}{\dot{I}_m}=\dfrac{70\angle 30°}{7\angle 120°}\ \Omega=10\angle -90°\ \Omega$ 为电容元件

$$C=\frac{1}{\omega\times 10}=\frac{1}{314\times 10}\ \text{F}=318.5\ \mu\text{F}$$

(3) $\dfrac{\dot{U}_m}{\dot{I}_m}=\dfrac{300\angle 45°}{60\angle 45°}\ \Omega=5\angle 0°\ \Omega$　为电阻元件

(4) $\dfrac{\dot{U}_m}{\dot{I}_m}=\dfrac{250\angle 50°}{0.5\angle 140°}\ \Omega=500\angle -90°\ \Omega$　为电容元件

$$C=\frac{1}{\omega\times 500}=\frac{1}{200\times 500}\ \text{F}=10\ \mu\text{F}$$

(5) $\dfrac{\dot{U}_m}{\dot{I}_m}=\dfrac{3\,800\angle 60°-90°}{4\angle 60°}\ \Omega=950\angle -90°\ \Omega$ 为电容元件

$$C=\frac{1}{\omega\times 950}=\frac{1}{400\times 950}\ \text{F}=2\,631\ \mu\text{F}$$

§ 8-6　VCR 相量形式的统一——阻抗和导纳的引入

8-11　已知图题 8-3 所示无源网络两端的电压 $u(t)$ 和电流 $i(t)$ 各如下式所示。试求每种情况时的阻抗及导纳。

(1) $u(t)=200\cos(314t)$ V,
$i(t)=10\cos(314t)$ A;

(2) $u(t)=10\cos(10t+45°)$ V,
$i(t)=2\cos(10t+35°)$ A;

(3) $u(t)=100\cos(2t+30°)$ V,
$i(t)=5\cos(2t-60°)$ A;

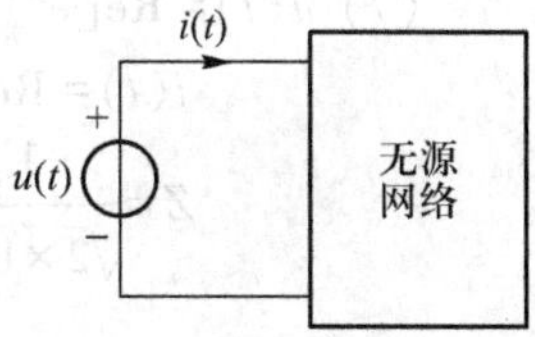

图题 8-3

(4) $u(t)=40\cos(100t+17°)$ V, $i(t)=8\cos(100t)$ A;

(5) $u(t)=100\cos(\pi t-15°)$ V, $i(t)=\sin(\pi t+45°)$ A;

(6) $u(t)=[-5\cos(2t)+12\sin(2t)]$ V, $i(t)=1.3\cos(2t+40°)$ A

(7) $u(t)=\text{Re}[\text{j}e^{\text{j}2t}]$ V, $i(t)=\text{Re}[(1+\text{j})e^{\text{j}(2t+30°)}]$ mA。

解 (1) $Z=\dfrac{200\angle 0°}{10\angle 0°}\ \Omega=20\angle 0°\ \Omega=20\ \Omega$

$$Y=\frac{1}{Z}=\frac{1}{20\angle 0°}\text{S}=0.05\ \text{S}$$

(2) $Z=\dfrac{10\angle 45°}{2\angle 35°}\ \Omega=5\angle 10°\ \Omega=(4.92+\text{j}0.87)\ \Omega$

$$Y=\frac{1}{Z}=\frac{1}{5\angle 10°}\ \text{S}=0.2\angle -10°\ \text{S}=(0.196-\text{j}0.035)\ \text{S}$$

(3) $Z=\dfrac{100\angle 30°}{5\angle -60°}\ \Omega=20\angle 90°\ \Omega=\text{j}20\ \Omega$

$$Y=\frac{1}{Z}=0.05\angle -90°\ \text{S}=-\text{j}0.05\ \text{S}$$

(4) $Z=\dfrac{40\angle 17°}{8\angle 0°}\ \Omega=5\angle 17°\ \Omega=(4.78+\text{j}1.46)\ \Omega$

$$Y=\frac{1}{Z}=0.2\angle -17°\ \text{S}=(0.191\ 3-\text{j}0.058\ 5)\ \text{S}$$

(5) $Z=\dfrac{100\angle -15°}{1\angle 45°-90°}\ \Omega=100\angle 30°\ \Omega=(86.6+\text{j}50)\ \Omega$　注意:化 sin 为 cos

$$Y=\frac{1}{Z}=0.01\angle -30°\ \text{S}=(0.008\ 6-\text{j}0.005)\ \text{S}$$

(6) $u(t)=[-5\cos(2t)+12\sin(2t)]\ \text{V}\to(-5\angle 0°+12\angle -90°)\ \text{V}=(-5-\text{j}12)\ \text{V}=-13\angle 67.38°\ \text{V}\to u(t)=-13\cos(2t+67.38°)\ \text{V}$

$Z=\dfrac{-13\angle 67.38°}{1.3\angle 40°}\ \Omega=-10\angle 27.38°\ \Omega=10\angle -152.62°\ \Omega$　注意:如何去掉负号的?

$$Y=\frac{1}{Z}=0.1\angle 152.62°\ \text{S}$$

(7) $u(t)=\text{Re}[e^{\text{j}90°}\cdot e^{\text{j}2t}]=\cos(2t+90°)\ \text{V}$

$$i(t)=\text{Re}[\sqrt{2}\angle 45°\cdot e^{\text{j}(2t+30°)}]=\sqrt{2}\cos(2t+75°)\ \text{mA}$$

$Z=\dfrac{1\angle 90°}{\sqrt{2}\times 10^{-3}\angle 75°}\ \Omega=707\angle 15°\ \Omega$　注意:电流单位

$$Y=\frac{1}{707\angle 15°}\ \text{S}=1.41\angle -15°\ \text{mS}$$

§8-7 正弦稳态电路与电阻电路分析方法的类比——相量模型的引入

8-12 正弦稳态电路如图题 8-4 所示，已知 $u(t)=200\cos\left(1\,000t+\dfrac{\pi}{4}\right)$ V。

(1) 求振幅相量 $\dot{U}_{abm}$、$\dot{U}_{bcm}$、$\dot{I}_m$，绘相量图；

(2) 求 u_{ab}、u_{bc}和 i；

(3) 计算 u_{ab}和 u_{bc}间的相位差。

解 先自行作出相量模型，其中电源电压振幅相量为

$$\dot{U}_m=200\angle 45°\ \text{V}$$

注意各元件必须用阻抗表示。图题 8-4 所示为时域模型，用元件参数，如 150 mH 来表示。相量模型中元件则是用阻抗或导纳表示的，两者切勿混淆。

(1) $Z=(200+\text{j}150\times10^{-3}\times10^{3})\ \Omega=250\angle 36.9°\ \Omega$

$$\dot{I}_m=\frac{\dot{U}_m}{Z}=\frac{200\angle 45°}{250\angle 36.9°}\ \text{A}=0.8\angle 8.1°\ \text{A}$$

$$\dot{U}_{abm}=200\dot{I}_m=160\angle 8.1°\ \text{V}$$

$$\dot{U}_{bcm}=\text{j}150\cdot\dot{I}_m=150\angle 90°\times0.8\angle 8.1°=120\angle 98.1°\ \text{V}$$

根据上列结果，可绘出相量图如图题解 8-12 所示。

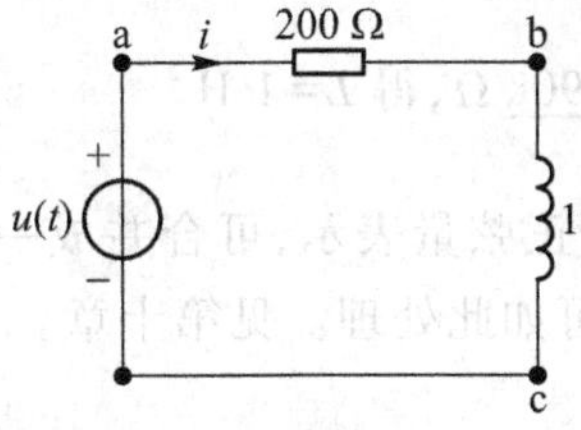

图题 8-4

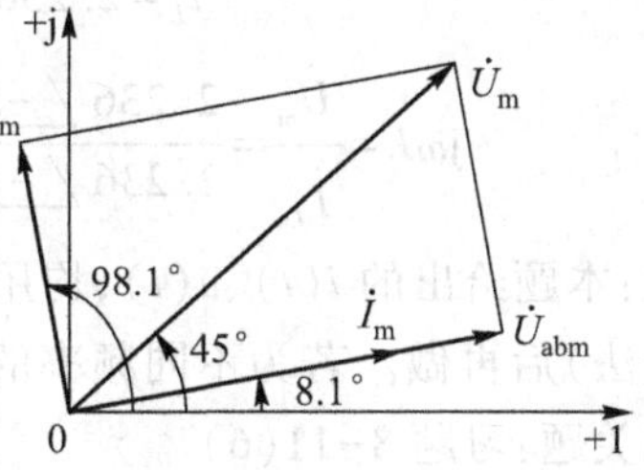

图题解 8-12

(2) 由以上所得各振幅相量，不难得出

$$u_{ab}=160\cos(1\,000t+8.1°)\ \text{V}$$

$$u_{bc}=120\cos(1\,000t+98.1°)\ \text{V}$$

$$i=0.8\cos(1\,000t+8.1°)\ \text{A}$$

(3) 相量图显示 u_{bc}超前 u_{ab}角 90°。

注：按逆时针方向考虑相量间的超前、滞后关系。用相量图表明相位关系，

直观、简便，以后，一般不再用波形图表明相位关系。

8-13　图题 8-5 所示电路中，施加于电路的电流源电流为 $i(t)=(8\cos t-11\sin t)$ A，已知电压 $u(t)=(\sin t+2\cos t)$ V。求 $i_R(t)$、$i_C(t)$、$i_L(t)$ 以及 L，并绘出相量图。

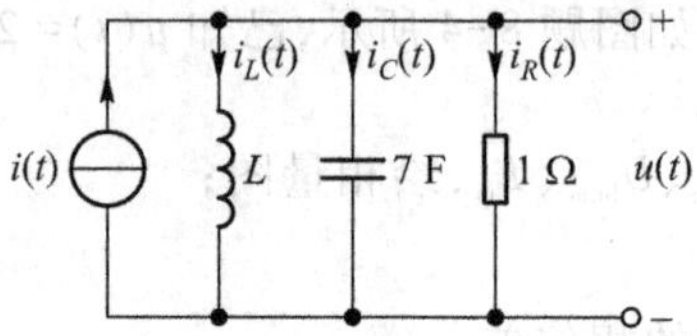

图题 8-5

解　$i(t)\Rightarrow(8\angle 0°-11\angle -90°)\ \text{A}=(8+\text{j}11)\ \text{A}=13.6\angle 53.97°\ \text{A}=\dot{I}_{\text{m}}$

$$u(t)\Rightarrow(1\angle -90°+2\angle 0°)\ \text{V}=(2-\text{j}1)\ \text{V}=\sqrt{5}\angle -26.56°\ \text{V}=\dot{U}_{\text{m}}$$

$$\dot{I}_{R\text{m}}=\frac{\dot{U}_{\text{m}}}{1\ \Omega}=\sqrt{5}\angle -26.56°\ \text{A}$$

$$i_R=\sqrt{5}\cos(t-26.56°)\ \text{A}=2.236\cos(t-26.56°)\ \text{A}$$

$$\dot{I}_{C\text{m}}=\text{j}\omega C\dot{U}_{\text{m}}=(7\angle 90°\times 2.236\angle -26.56°)\ \text{A}=15.68\angle 63.44°\ \text{A}$$

$$i_C=15.68\cos(t+63.44°)\ \text{A}$$

$$\dot{I}_{L\text{m}}=\dot{I}_{\text{m}}-\dot{I}_{C\text{m}}-\dot{I}_{R\text{m}}=(13.6\angle 53.97°-15.68\angle 63.44°-2.236\angle -26.56°)\ \text{A}$$
$$=(8+\text{j}11-7-\text{j}14-2+\text{j}1)\ \text{A}=(-1-\text{j}2)\ \text{A}=2.236\angle -116.56°\ \text{A}$$

$$i_L=2.236\cos(t-116.5°)\ \text{A}$$

$$\text{j}\omega L=\frac{\dot{U}_{\text{m}}}{\dot{I}_{L\text{m}}}=\frac{2.236\angle -26.56°}{2.236\angle -116.5°}=1\angle 90°\ \Omega，得\ L=1\ \text{H}$$

注：本题给出的 $i(t)$、$u(t)$，均用两同频率的正弦量表示，可合并成一项（采用相量法）后再做。若为不同频率的正弦量，不可如此处理。见第十章。

相关题：习题 8-11(6)

§8-8　正弦稳态混联电路的分析

8-14　电路的相量模型如图题 8-6 所示，已知 ab 端电压的振幅相量为 (100+j0) V。求振幅相量 $\dot{I}_{1\text{m}}$、$\dot{I}_{2\text{m}}$、$\dot{I}_{3\text{m}}$ 和 $\dot{I}_{0\text{m}}$，并绘相量图，应显示出 $\dot{U}_{\text{abm}}$ 和 $\dot{I}_{0\text{m}}$ 的相位关系以及 $\dot{I}_{0\text{m}}=\dot{I}_{1\text{m}}+\dot{I}_{2\text{m}}+\dot{I}_{3\text{m}}$ 的关系。

解　为简便计，省略下标 m。

$$\dot{I}_1=\frac{\dot{U}_{ab}}{5+j15}=\frac{100\angle 0^\circ}{15.81\angle 71.57^\circ}\ \text{A}$$
$$=6.325\angle -71.57^\circ\ \text{A}$$
$$=(2-j6)\ \text{A}$$

$$\dot{I}_2=\frac{\dot{U}_{ab}}{10}=\frac{100\angle 0^\circ}{10}\ \text{A}=10\ \text{A}$$

$$\dot{I}_3=\frac{\dot{U}_{ab}}{-j10}=\frac{100\angle 0^\circ}{10\angle -90^\circ}\ \text{A}=10\angle 90^\circ\ \text{A}=j10\ \text{A}$$

$$\dot{I}_0=\dot{I}_1+\dot{I}_2+\dot{I}_3=(2-j6+10+j10)\ \text{A}=(12+j4)\ \text{A}$$
$$=12.65\angle 18.43^\circ\ \text{A}$$

相量图如图题解 8-14 所示(省略下标 m)。相量图表明总电流 i_0 超前端电压 u_{ab} 角 18.4°,i_1 滞后 u_{ab} 角 71.6°,等。

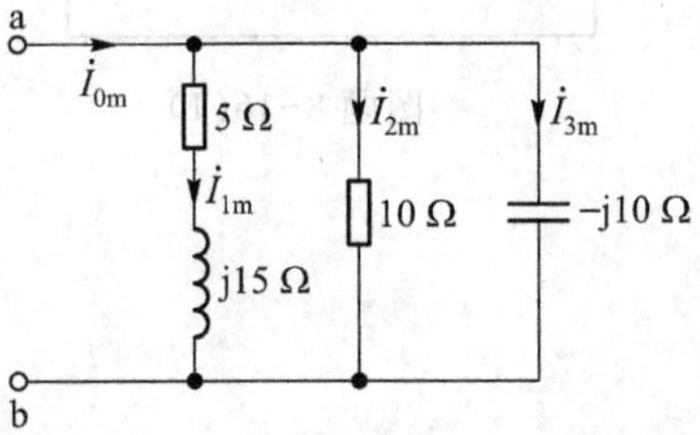

图题 8-6

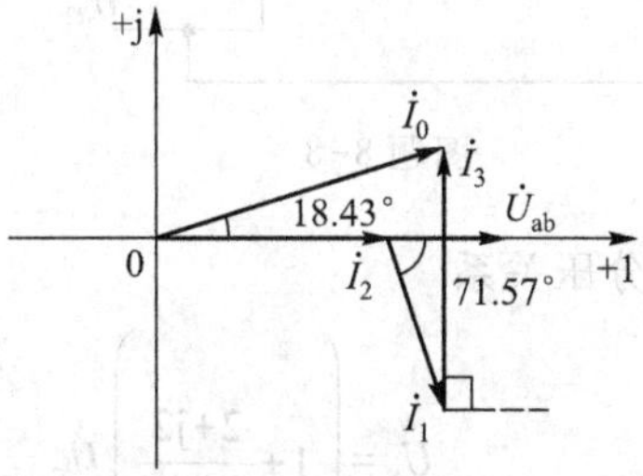

图题解 8-14

相关题:习题 8-13 及注

注:请特别注意,“省略下标 m”字样,以后会感到这一声明并非多余。

8-15　图题 8-7 所示电路中 $u_S(t)=U_{sm}\cos t$,求 $u_0(t)$。

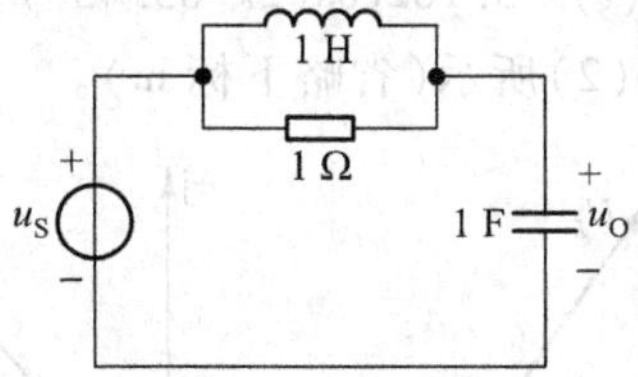

图题 8-7

解　作出相量模型,可得 R 与 L 并联部分阻抗为:$Z=\frac{j1}{1+j1}\ \Omega=(0.5+j0.5)\ \Omega$

分压关系:

$$\dot{U}_{om}=\dot{U}_{sm}\frac{-j}{0.5+j0.5-j1}=\frac{U_{sm}\angle 0°\times\angle -90°}{\frac{\sqrt{2}}{2}\angle -45°}$$

$$=\sqrt{2}\,U_{sm}\angle -45°$$

$$u_0(t)=\sqrt{2}\,U_{sm}\cos(t-45°)\ \text{V}$$

8-16 电路如图题 8-8 所示，已知 $u_C(t)=\sqrt{2}\cos(2t)$ V，试求电源电压 $u_S(t)$。绘所有电压、电流的相量图。

解 作出相量模型如图题解 8-16(1)所示（省略下标 m）。

$$\dot{U}_C=\sqrt{2}\angle 0°\ \text{V}$$

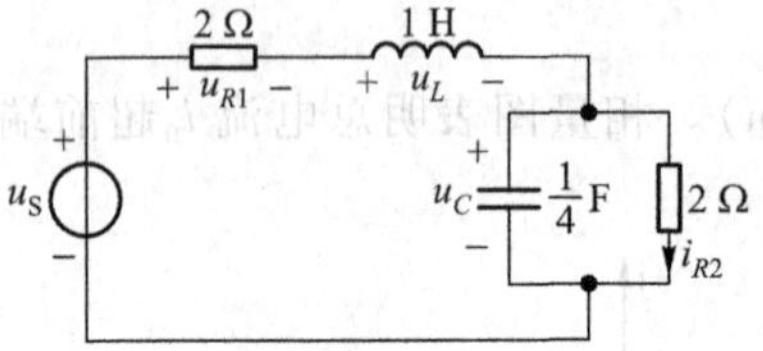

图题 8-8

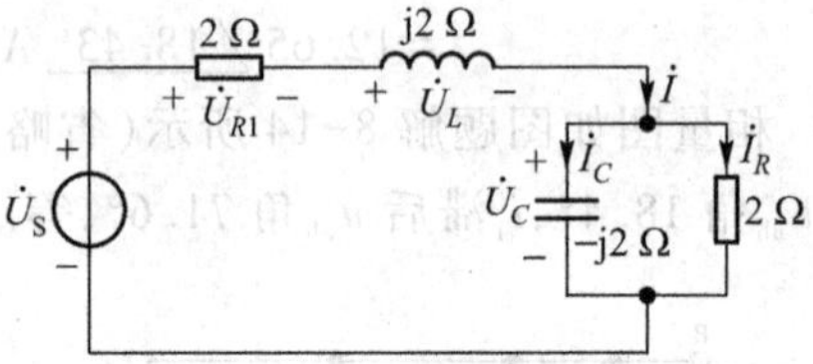

图题 8-16(1)

由分压关系

$$\dot{U}_S=\left(1+\frac{2+j2}{\frac{-j4}{2-j2}}\right)\dot{U}_C$$

$$=\left(1-\frac{8}{j4}\right)\dot{U}_C=(1+j2)\times\sqrt{2}\angle 0°\ \text{V}=3.162\angle 63.43°\ \text{V}$$

所以

$$u_S(t)=3.162\cos(2t+63.43°)\ \text{V}$$

相量图如图题解 8-16(2)所示（省略下标 m）。

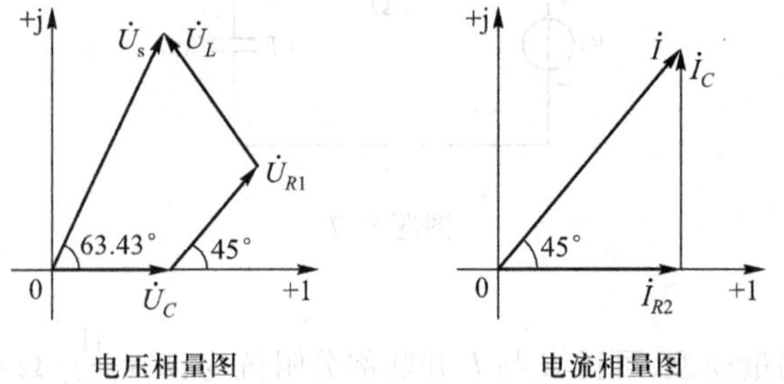

图题解 8-16(2)

注：再次提请注意时域模型（图题 8-8）和相量模型（图题解 8-16）的区别。只有对相量模型才能类比电阻电路进行分析。

8-17　电路相量模型如图题 8-9 所示，试求电压振幅相量 $\dot{U}_{abm}$、$\dot{U}_{bcm}$ 以及各支路的电流振幅相量。分别给出电压振幅相量图和电流振幅相量图。

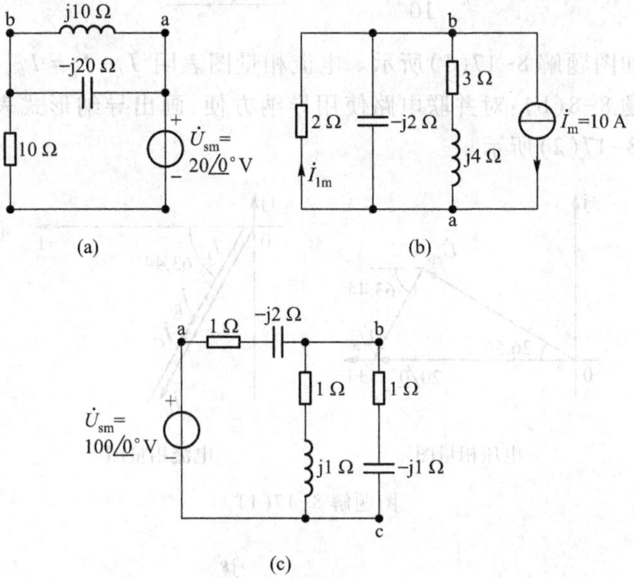

图题 8-9

解　解答中各相量均为振幅相量，省略下标 m。

（1）图题 8-9(a)：由分压关系得

$$\dot{U}_{ab}=\frac{\dfrac{200}{-\mathrm{j}10}}{10+\dfrac{200}{\mathrm{j}10-\mathrm{j}20}}\times 20\underline{/0^\circ}\ \mathrm{V}$$

$$=\frac{20}{1-\mathrm{j}0.5}\ \mathrm{V}=\frac{20}{1.12\underline{/-26.56^\circ}}\ \mathrm{V}$$

$$=17.86\underline{/26.56^\circ}\ \mathrm{V}$$

所以

$$\dot{I}_L=\frac{\dot{U}_{ab}}{\mathrm{j}10\ \Omega}=\frac{17.86\underline{/26.56^\circ}}{10\underline{/90^\circ}}\ \mathrm{A}=1.786\underline{/-63.44^\circ}\ \mathrm{A}$$

$$\dot{I}_C=\frac{\dot{U}_{ab}}{-\mathrm{j}20\ \Omega}=\frac{17.86\underline{/26.56^\circ}}{20\underline{/-90^\circ}}\ \mathrm{A}=0.893\underline{/116.56^\circ}\ \mathrm{A}$$

$$\dot{U}_R = 20\angle 0°\ \text{V} - \dot{U}_{ab} = (20 - 17.86\angle 26.56°)\ \text{V}$$
$$= (20 - 15.98 - \text{j}7.99)\ \text{V} = (4.02 - \text{j}7.99)\ \text{V}$$
$$= 8.944\angle -63.44°\ \text{V}$$
$$\dot{I}_R = \frac{\dot{U}_R}{10} = 0.894\ 4\angle -63.44°\ \text{A}$$

相量图如图题解 8-17(1)所示。电流相量图表明 $\dot{I}_L + \dot{I}_C = \dot{I}_R$。

(2) 图题 8-8(b):对并联电路使用导纳方便,画出导纳形式表示的相量模型如图题解 8-17(2)所示。

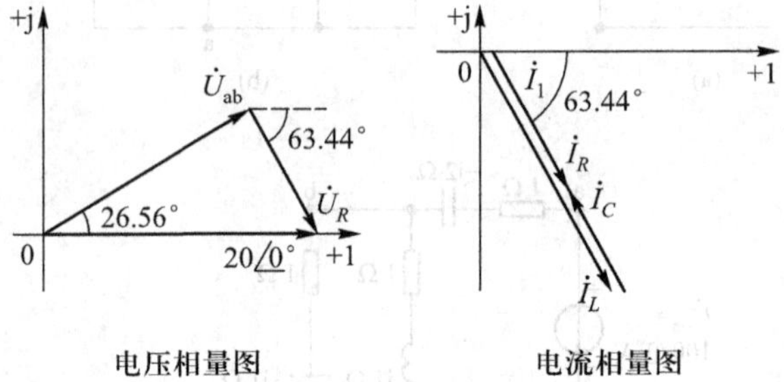

图题解 8-17(1)

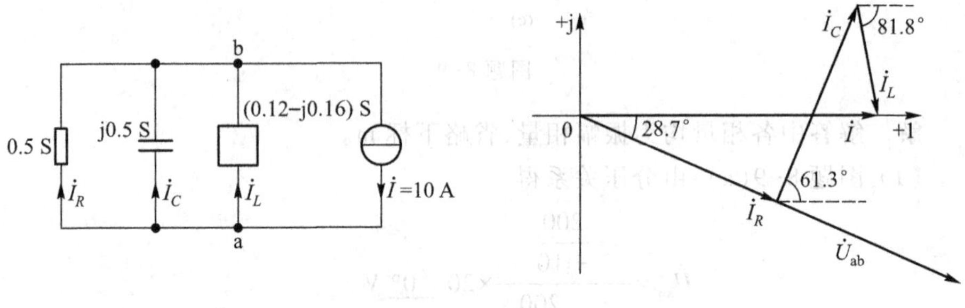

图题解 8-17(2)

$$\dot{U}_{ab} = \frac{10}{0.5 + \text{j}0.5 + 0.12 - \text{j}0.16}\ \text{V} = \frac{10}{0.62 + \text{j}0.34}\ \text{V}$$
$$= \frac{10}{0.707\angle 28.7°}\ \text{V} = 14.14\angle -28.7°\ \text{V}$$
$$\dot{I}_R = \dot{U}_{ab} \times (0.5\ \text{S}) = 7.07\angle -28.7°\ \text{A}$$
$$\dot{I}_C = \dot{U}_{ab} \times (\text{j}0.5\ \text{S}) = 7.07\angle 61.3°\ \text{A}$$
$$\dot{I}_L = \dot{U}_{ab} \times [(0.12 - \text{j}0.16)\ \text{S}] = (14.14\angle -28.7° \times 0.2\angle -53.1°)\ \text{A}$$
$$= 2.828\angle -81.8°\ \text{A}$$

相量图如图题解 8-17(2)所示。

(3) 图题 8-8(c)：改画成导纳形式的相量模型如图题解 8-17(3)所示。

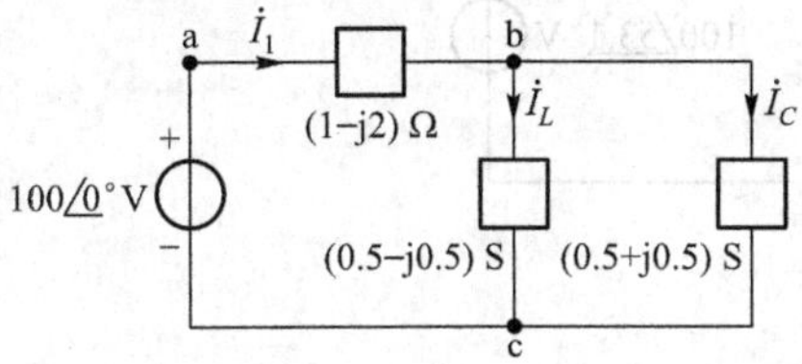

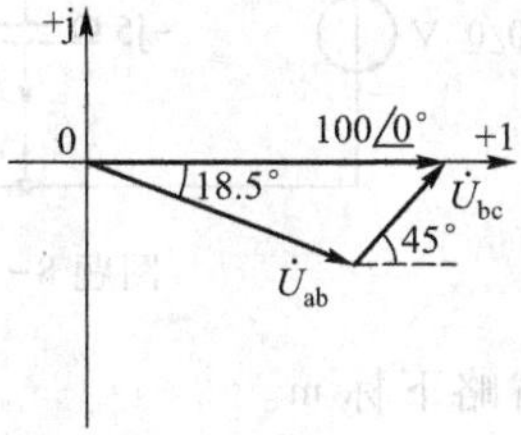

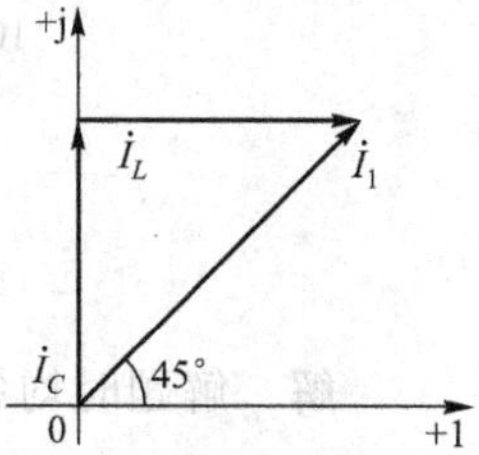

图题解 8-17(3)

$$\dot U_{bc}=\frac{100\angle 0^\circ\times 1}{1-j2+\dfrac{1}{0.5-j0.5+0.5+j0.5}}\ \text{V}=\frac{100}{2\sqrt{2}\angle -45^\circ}\ \text{V}$$

$$=35.36\angle 45^\circ\ \text{V}$$

$$\dot U_{ab}=100\ \text{V}-\dot U_{bc}=(100-35.36\angle 45^\circ)\ \text{V}$$

$$=(100-25-j25)\ \text{V}=(75-j25)\ \text{V}=79.06\angle -18.43^\circ\ \text{V}$$

所以

$$\dot I_1=\frac{\dot U_{ab}}{(1-j2)\ \Omega}=\frac{79.06\angle -18.43^\circ}{2.236\angle -63.43^\circ}\ \text{A}=35.36\angle 45^\circ\ \text{A}$$

$$\dot I_L=\dot U_{bc}[(0.5-j0.5)\ \text{S}]=(35.36\angle 45^\circ\times 0.5\sqrt{2}\angle -45^\circ)\ \text{A}=25\ \text{A}$$

$$\dot I_C=\dot U_{bc}[(0.5+j0.5)\ \text{S}]=(35.36\angle 45^\circ\times 0.5\sqrt{2}\angle 45^\circ)\ \text{A}=j25\ \text{A}$$

相量图如图题解 8-17(3)所示。

注：从习题 8-14→8-17 可知，作出相量模型后，一切计算均可仿照电阻电路分析进行。正因如此，就需时刻注意：你是否在用复数运算！一旦发现并非如此，可能你已在犯错误了。习题 8-15、8-16 需求瞬时值，应由求得的振幅相量反变换成瞬时值。习题 8-14、8-17 仅需求出振幅相量。注意这两类不同的习题。

§ 8-9　相量模型的网孔分析和节点分析

8-18　电路的相量模型如图题 8-10 所示，试分别用网孔分析和节点分析求解 $\dot I_{0m}$。(各电源电压相量均系振幅相量。)

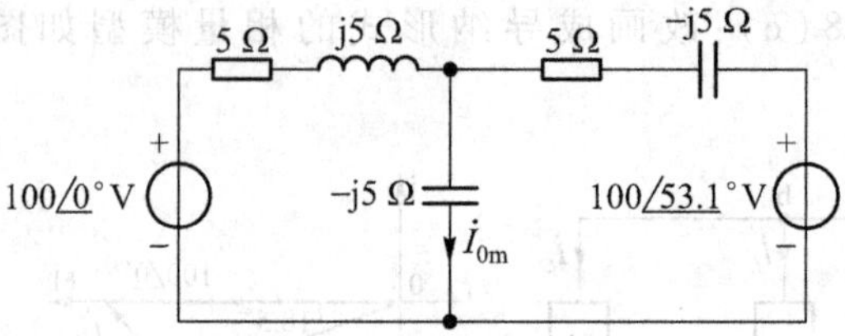

图题 8-10

解　解题时均省略下标 m。

(1) 网孔法：设网孔电流 $\dot{I}_1$ 和 $\dot{I}_2$ 为顺时针方向。得网孔方程

$$(5+j5-j5)\dot{I}_1-(-j5)\dot{I}_2=100$$

$$-(-j5)\dot{I}_1+(5-j5-j5)\dot{I}_2=-100\angle 53.1^\circ$$

化简为

$$\dot{I}_1+j\dot{I}_2=20$$

$$j\dot{I}_1+(1-j2)\dot{I}_2=-12-j16$$

解得

$$\dot{I}_1=\frac{2-j14}{1-j1}\ \text{A},\quad \dot{I}_2=\frac{-6-j18}{1-j1}\ \text{A}$$

$$\dot{I}_0=\dot{I}_1-\dot{I}_2=\frac{2-j14+6+j18}{1-j1}\ \text{A}=\frac{8+j4}{1-j1}\ \text{A}=\frac{8.94\angle 26.56^\circ}{\sqrt{2}\angle -45^\circ}\ \text{A}$$

$$=6.326\angle 71.57^\circ\ \text{A}$$

(2) 节点法：画成以导纳表示的模型如图题解 8-18 所示。

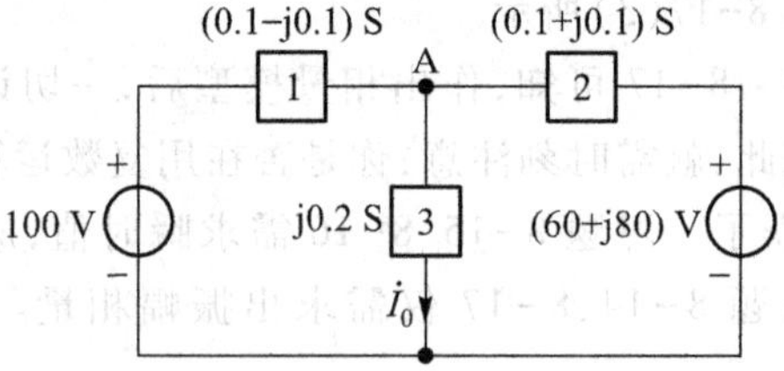

图题解 8-18

$$(0.1-j0.1+j0.2+0.1+j0.1)\dot{U}_A=100(0.1-j0.1)+(60+j80)(0.1+j0.1)$$

$$\dot{U}_A=\frac{8+j4}{0.2+j0.2}\ \text{V}=\frac{8.944\angle 26.57^\circ}{0.2824\angle 45^\circ}\ \text{V}=31.62\angle -18.43^\circ\ \text{V}$$

$$\dot{I}_0=j0.2\dot{U}_A=(0.2\angle 90^\circ\times 31.62\angle -18.43^\circ)\ \text{A}=6.325\angle 71.57^\circ\ \text{A}$$

注:方框 1 的导纳为$\frac{1}{5+j5}$ S $=\frac{5-j5}{(5+j5)(5-j5)}$ S $=(0.1-j0.1)$ S,慎勿误为$\left(\frac{1}{5}+j\frac{1}{5}\right)$ S!

8-19 试用网孔分析求解图题 8-11 所示电路中的正弦稳态电流 $i_1(t)$ 和 $i_2(t)$。已知 $u_S(t)=9\cos(5t)$ V。

解 相量模型如图题解 8-19 所示,电容阻抗为$-j\frac{15}{5}\ \Omega=-j3\ \Omega$。设网孔电流$\dot{I}_{1m}$和$\dot{I}_{2m}$。则可得网孔电流方程

$$(6-j3)\dot{I}_{1m}-(-j3)\dot{I}_{2m}=9$$

$$-(-j3)\dot{I}_{1m}+(3-j3)\dot{I}_{2m}=2\dot{U}_m$$

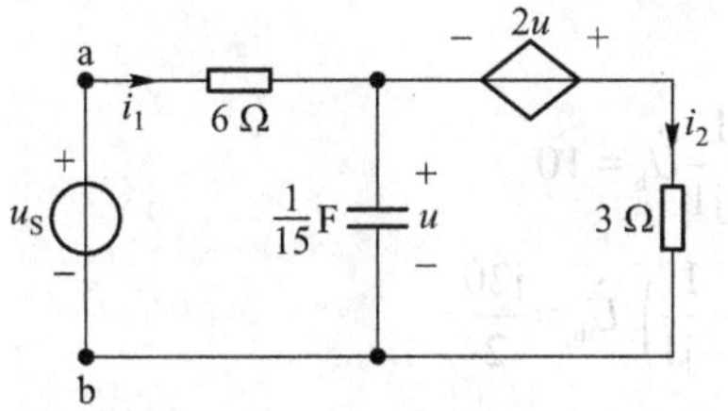

图题 8-11

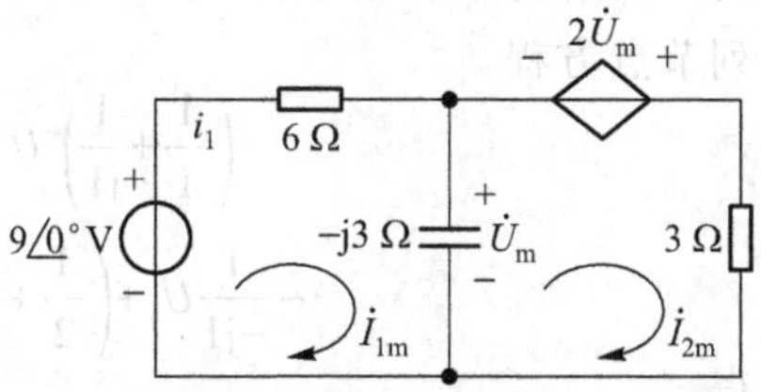

图题解 8-19

即

$$(2-j1)\dot{I}_{1m}+j\dot{I}_{2m}=3$$

$$j3\dot{I}_{1m}+(1-j3)\dot{I}_{2m}=0$$

其中用到 $\dot{U}_m=(-j3)(\dot{I}_{1m}-\dot{I}_{2m})$。运用克莱姆法则,解答如下:

$$\Delta=\begin{vmatrix}2-j & j\\ j3 & 1-j3\end{vmatrix}=(2-j)(1-j3)-j(j3)=2-j7$$

$$\Delta_1=\begin{vmatrix}3 & j\\ 0 & 1-j3\end{vmatrix}=3-j9$$

$$\Delta_2=\begin{vmatrix}2-j & 3\\ j3 & 0\end{vmatrix}=-j9$$

所以

$$\dot{I}_{1m}=\frac{\Delta_1}{\Delta}=\frac{3-j9}{2-j7}\text{ A}=\frac{3(1-j3)}{2-j7}\text{ A}=\frac{3\cdot 3.16\angle -71.56^\circ}{7.28\angle 74.05^\circ}\text{ A}=1.30\angle 2.49^\circ\text{ A}$$

$$\dot{I}_{2m}=\frac{\Delta_2}{\Delta}=\frac{-j9}{2-j7}\text{ A}=\frac{9\angle -90^\circ}{7.28\angle 74.05^\circ}\text{ A}=1.24\angle -15.95^\circ\text{ A}$$

可得

$$i_1 = 1.30\cos(5t+2.49°)\ \text{A}$$
$$i_2 = 1.24\cos(5t-15.95°)\ \text{A}$$

8-20　电路相量模型如图题 8-12 所示。用节点法求节点电压以及流过电容的电流。(各电源电压均用振幅相量表示。)

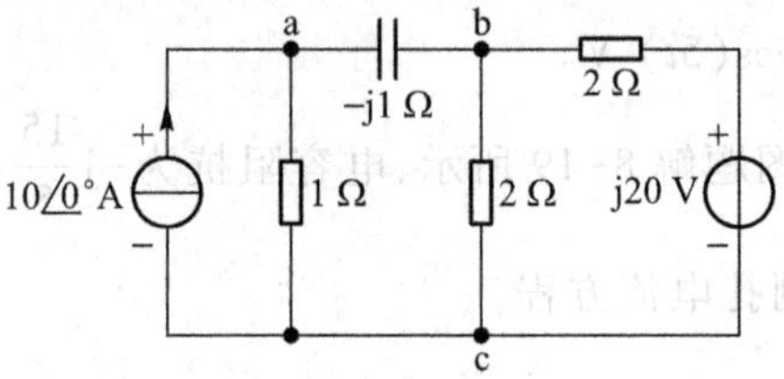

图题 8-12

解　在解答中省略下标 m。

列节点方程

$$\left(\frac{1}{1}+\frac{1}{\text{j}1}\right)\dot{U}_\text{a}-\frac{1}{-\text{j}1}\dot{U}_\text{b}=10$$

$$-\frac{1}{-\text{j}1}\dot{U}_\text{a}+\left(\frac{1}{2}+\frac{1}{2}+\frac{1}{-\text{j}1}\right)\dot{U}_\text{b}=\frac{\text{j}20}{2}$$

整理得

$$(1+\text{j}1)\dot{U}_\text{a}-\text{j}1\dot{U}_\text{b}=10$$
$$-\text{j}\dot{U}_\text{a}+(1+\text{j}1)\dot{U}_\text{b}=\text{j}10$$

解得
$$\dot{U}_\text{a}=\frac{\begin{vmatrix}10 & -\text{j}1\\ \text{j}10 & 1+\text{j}1\end{vmatrix}}{\begin{vmatrix}1+\text{j}1 & -\text{j}1\\ -\text{j}1 & 1+\text{j}1\end{vmatrix}}\ \text{V}=\frac{10+\text{j}10-10}{1-1+\text{j}2+1}\ \text{V}=\frac{\text{j}10}{1+\text{j}2}\ \text{V}=(4+\text{j}2)\ \text{V}$$
$$=4.46\angle 26.56°\ \text{V}$$

$$\dot{U}_\text{b}=\frac{\begin{vmatrix}1+\text{j}1 & 10\\ -\text{j}1 & \text{j}10\end{vmatrix}}{1+\text{j}2}\ \text{V}=\frac{-10+\text{j}20}{1+\text{j}2}\ \text{V}=(6+\text{j}8)\ \text{V}=10\angle 53.1°\ \text{V}$$

$$\dot{I}_\text{c}=(\dot{U}_\text{a}-\dot{U}_\text{b})\cdot\text{j}1=\text{j}1\left(\frac{\text{j}10}{1+\text{j}2}-\frac{-10+\text{j}20}{1+\text{j}2}\right)\ \text{A}=\frac{10+\text{j}10}{1+\text{j}2}\ \text{A}=6.313\angle -18.44°\ \text{A}$$

8-21　(1) 图题 8-13 所示为常用于测量电路参数的交流电桥,试证明:当电桥平衡时,亦即 $\dot{U}_{\text{om}}=0$ 时,$Z_1Z_2=Z_3Z_4$;(2) 若 L_4、R_4 为未知电感线圈的参数,试利用上述结果,导出电桥平衡时 L_4、R_4 分别与电路其他参数的关系为

$$L_4=R_1R_2C,\quad R_4=\frac{R_1R_2}{R_3}$$

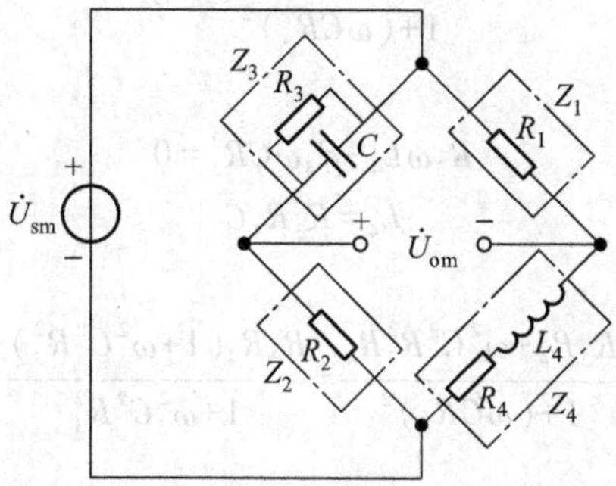

图题 8-13

因此，已知 R_1、R_2、R_3及 C 的数值，便可算出未知量 L_4和 R_4（Maxwell 电桥）。

证明　为简便计振幅相量略去下标 m。

(1) 当 $\dot{U}_o=0$ 时有

$$\dot{U}_o=\frac{Z_2}{Z_2+Z_3}\dot{U}_s-\frac{Z_4}{Z_1+Z_4}\dot{U}_s=0$$

所以

$$\frac{Z_2}{Z_2+Z_3}\dot{U}_s=\frac{Z_4}{Z_1+Z_4}\dot{U}_s$$

$$Z_1Z_2+Z_2Z_4=Z_2Z_4+Z_3Z_4$$

所以 $Z_1Z_2=Z_3Z_4$，证毕。

(2) 由于

$$Z_1=R_1,\quad Z_2=R_2$$

$$Z_3=\frac{R_3}{1+j\omega R_3C}=\frac{R_3-j\omega CR_3^2}{1+(\omega CR_3)^2},\quad Z_4=R_4+j\omega L_4$$

在电桥平衡时　　$Z_1Z_2=Z_3Z_4$

即

$$R_1R_2=\frac{R_3-j\omega CR_3^2}{1+(\omega CR_3)^2}(R_4+j\omega L_4)$$

$$=\frac{R_3R_4+\omega^2CR_3^2L_4}{1+(\omega CR_3)^2}+j\frac{R_3\omega L_4-R_4\omega CR_3^2}{1+(\omega CR_3)^2}$$

实部、虚部分别相等，则

$$R_1R_2=\frac{R_3R_4+\omega^2CR_3^2L_4}{1+(\omega CR_3)^2}\qquad①$$

$$\frac{R_3\omega L_4-R_4\omega CR_3^2}{1+(\omega CR_3)^2}=0 \qquad ②$$

由②式得

$$R_3\omega L_4-R_4\omega CR_3^2=0$$

$$L_4=R_3R_4C$$

代入①式得

$$R_1R_2=\frac{R_3R_4+\omega^2C^2R_3^3R_4}{1+(\omega CR_3)^2}=\frac{R_3R_4(1+\omega^2C^2R_3^2)}{1+\omega^2C^2R_3^2}=R_3R_4$$

所以 $R_4=\dfrac{R_1R_2}{R_3}$,证毕。

8-22　求图题 8-14 所示正弦稳态电路的输入阻抗。

解　作出相量模型后,可得

$$Z=\frac{R_2\cdot\dfrac{1}{\text{j}\omega C_1}}{R_2+\dfrac{1}{\text{j}\omega C_1}}=\frac{R_2}{1+\text{j}\omega R_2C_1}=\frac{R_2-\text{j}\omega C_1R_2^2}{1+\omega^2C_1^2R_2^2}$$

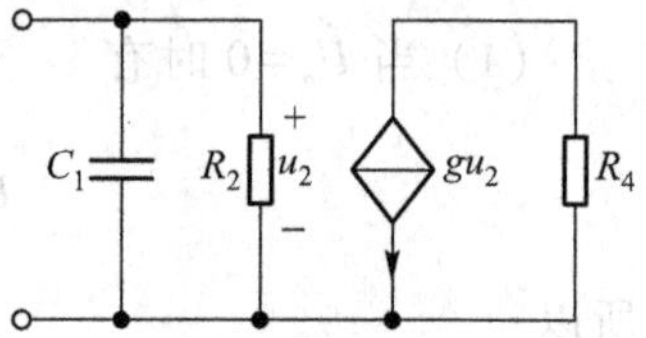

图题 8-14

注:本题为一典型晶体管电路模型。受控源是单向性元件,在该模型中,作为控制量的电压 u_2 可影响另一回路(含 R_4 的输出回路),但该回路不能影响输入回路。在求输入端的输入阻抗时,只需计及 C_1 和 R_2。另外,既然是求输入阻抗,必须画出相量模型才能解决,阻抗这一概念是与相量模型相联系的。

§8-10　相量模型的等效

8-23　电路如图题 8-15 所示,试确定方框内最简单串联组合的元件值。

解　作出各电路的相量模型

(a) $\dot{U}=100\angle 0°\ \text{V}$

$\dot{I}=10\angle 60°\ \text{A}$

均为振幅相量,省略下标 m。以下仿此。

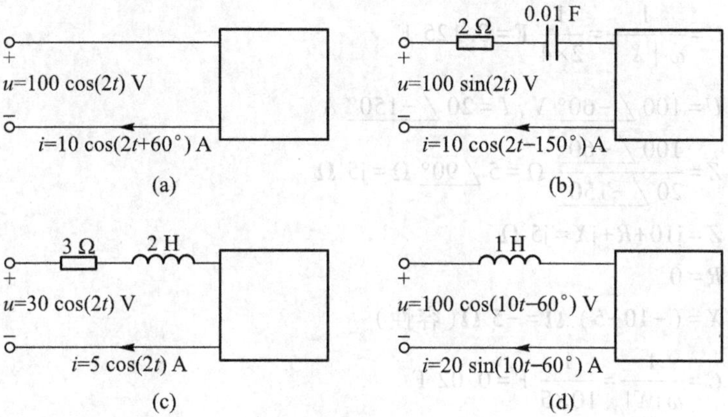

图题 8-15

$$Z=\frac{\dot{U}}{\dot{I}}=\frac{100\angle 0^\circ}{10\angle 60^\circ}\ \Omega=10\angle -60^\circ\ \Omega$$

$$=(5-\mathrm{j}8.66)\ \Omega$$

得 $R=5\ \Omega$

$|X|=8.66\ \Omega$

$$C=\frac{1}{\omega|X|}=\frac{1}{2\times 8.66}\ \text{F}=0.057\ 7\ \text{F}$$

阻抗的虚部为负,表明方框为电容性的。

(b) $\dot{U}=100\angle -90^\circ\ \text{V}$

$\dot{I}=10\angle -150^\circ\ \text{A}$

$$Z=\frac{100\angle -90^\circ}{10\angle -150^\circ}\ \Omega=10\angle 60^\circ\ \Omega=(5+\mathrm{j}8.66)\ \Omega$$

$Z=2-\mathrm{j}50+R+\mathrm{j}X=(5+\mathrm{j}8.66)\ \Omega$

得 $R=(5-2)\ \Omega=3\ \Omega$

$X=8.66+50=58.66=\omega L$

$$L=\frac{58.66}{2}\ \text{H}=29.33\ \text{H}$$

(c) $\dot{U}=30\angle 0^\circ\ \text{V}$, $\dot{I}=5\angle 0^\circ\ \text{A}$

$$Z=\frac{30}{5}\ \Omega=6\ \Omega$$

$Z=3+\mathrm{j}4+R+\mathrm{j}X=6\ \Omega$

得 $R=(6-3)\ \Omega=3\ \Omega$

$X=-4\ \Omega$(容性)

$$C=\frac{1}{\omega|X|}=\frac{1}{2\times4}\ \text{F}=0.125\ \text{F}$$

(d) $\dot{U}=100\angle-60°\ \text{V},\ \dot{I}=20\angle-150°\ \text{A}$

$$Z=\frac{100\angle-60°}{20\angle-150°}\ \Omega=5\angle90°\ \Omega=\text{j}5\ \Omega$$

$$Z=\text{j}10+R+\text{j}X=\text{j}5\ \Omega$$

得 $R=0$

$X=(-10+5)\ \Omega=-5\ \Omega$(容性)

$$C=\frac{1}{\omega|X|}=\frac{1}{10\times5}\ \text{F}=0.02\ \text{F}$$

8-24 根据图题 8-16 所示电路的输入阻抗 Z_{ab},把原电路表示为:(1) 两元件串联的相量模型;(2) 两元件并联的相量模型。给定 $\omega=2$ rad/s。

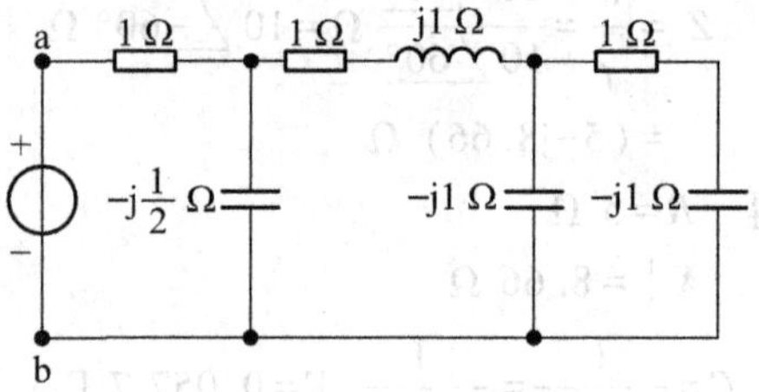

图题 8-16

解 以下解答中省略振幅相量的下标 m。

施加电压源 $\dot{U}_{ab}$,设网孔电流 $\dot{I}_1$、$\dot{I}_2$、$\dot{I}_3$,列网孔方程

$$\left(1-\text{j}\frac{1}{2}\right)\dot{I}_1-\left(-\text{j}\frac{1}{2}\right)\dot{I}_2=\dot{U}_{ab}$$

$$-\left(-\text{j}\frac{1}{2}\right)\dot{I}_1+\left(-\text{j}\frac{1}{2}+1+\text{j}1-\text{j}1\right)\dot{I}_2-(-\text{j}1)\dot{I}_3=0$$

$$-(-\text{j}1)\dot{I}_2+(-\text{j}1+1-\text{j}1)\dot{I}_3=0$$

$$\dot{I}_1=\frac{\begin{vmatrix}\dot{U}_{ab} & \text{j}0.5 & 0\\ 0 & 1-\text{j}0.5 & \text{j}1\\ 0 & \text{j}1 & 1-\text{j}2\end{vmatrix}}{\begin{vmatrix}1-\text{j}0.5 & \text{j}0.5 & 0\\ \text{j}0.5 & 1-\text{j}0.5 & \text{j}1\\ 0 & \text{j}1 & 1-\text{j}2\end{vmatrix}}$$

$$=\frac{\dot{U}_{ab}(1-j0.5)(1-j2)+\dot{U}_{ab}}{(1-j0.5)[(1-j0.5)(1-j2)+1]-j0.5[j0.5(1-j2)]}$$

$$=\frac{(1-j2.5)\dot{U}_{ab}}{(1-j0.5)(1-j2.5)+0.25-j0.5}=\frac{(1-j2.5)\dot{U}_{ab}}{1-1.25-j3+0.25-j0.5}$$

$$=\frac{1-j2.5}{-j3.5}\dot{U}_{ab}$$

$$Z_{ab}=\frac{\dot{U}_{ab}}{\dot{I}_1}=\frac{-j3.5}{1-j2.5}\ \Omega=\left(\frac{35}{29}-j\frac{14}{29}\right)\ \Omega$$

$$R=\frac{35}{29}\ \Omega=1.206\ \Omega$$

虚部为负值，为电容的电抗，即　$X_C=-\frac{14}{29}\ \Omega$

$$C=\frac{1}{2\times\frac{14}{29}}\ \text{F}=\frac{29}{28}\ \text{F}=1.035\ \text{F}\quad（串联）$$

等效电路如图题解 8-24(a)(串联等效电路)。又

$$Y_{ab}=\frac{1}{Z_{ab}}=\frac{1-j2.5}{-j3.5}\ \text{S}=\left(\frac{5}{7}+j\frac{2}{7}\right)\ \text{S}$$

$$G=\frac{5}{7}\ \text{S}$$

虚部为正值，为电容的电纳，即　$B_C=\frac{2}{7}\ \text{S}$

$$C=\frac{B}{\omega}=\frac{\frac{2}{7}}{2}\ \text{F}=\frac{1}{7}\ \text{F}=0.143\ \text{F}\quad（并联）$$

并联等效电路如图题解 8-24(b)所示。

8-25　10 μF 电容与 25 Ω 电阻并联，问当 $\omega=$ 8 000 rad/s 时，需用多大的电感与这一并联组合串联，使整个电路的电抗分量为零？

解　$$Z=j\omega L+\frac{1}{\frac{1}{25}+j8\ 000\times10^{-5}}$$

$$=j\omega L+\frac{25}{1+j2}$$

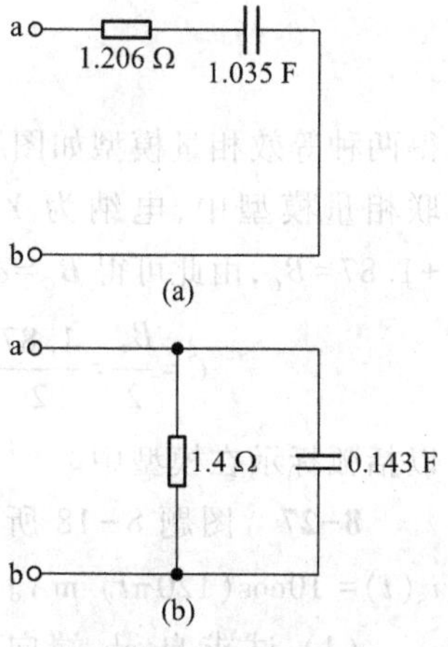

图题解 8-24

$$=\frac{\mathrm{j}5\omega L+25-\mathrm{j}50}{5}=5+\mathrm{j}(\omega L-10)$$

当 $\omega L-10=0$ 时，$L=\frac{10}{\omega}=\frac{1}{800}\ \mathrm{H}=1.25\ \mathrm{mH}$

8-26 求图题 8-17 所示电路 $Y(\mathrm{j}\omega)$ 的表示式。若 $\omega=2\ \mathrm{rad/s}$，求它的等效相量模型（两种形式）。

解 画出相量模型如图题解 8-26(1) 所示。模型元件用阻抗表示。

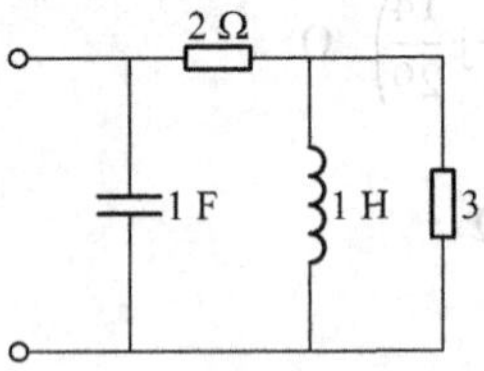

图题 8-17

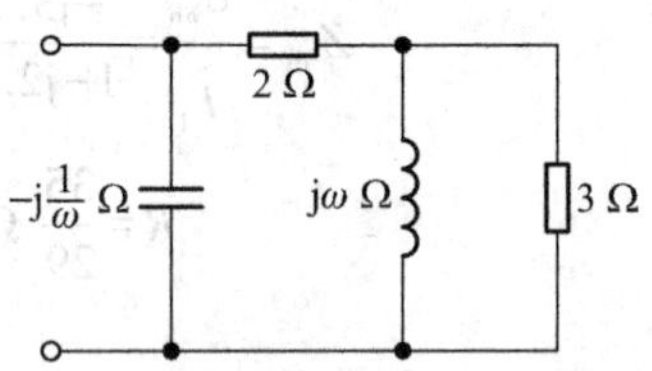

图题解 8-26(1)

$$Y(\mathrm{j}\omega)=\mathrm{j}\omega+\frac{1}{2+\dfrac{\mathrm{j}3\omega}{3+\mathrm{j}\omega}}=\mathrm{j}\omega+\frac{3+\mathrm{j}\omega}{6+\mathrm{j}5\omega}$$

$$=\frac{3-5\omega^2+\mathrm{j}7\omega}{6+\mathrm{j}5\omega}$$

当 $\omega=2\ \mathrm{rad/s}$ 时

$$Y=\frac{-17+\mathrm{j}14}{6+\mathrm{j}10}\ \mathrm{S}=\frac{38+\mathrm{j}254}{136}\ \mathrm{S}$$

$$=(0.265+\mathrm{j}1.87)\ \mathrm{S}$$

$$Z=\frac{6+\mathrm{j}10}{-17+\mathrm{j}14}\ \Omega=\frac{38-\mathrm{j}254}{485}\ \Omega$$

$$=(0.078-\mathrm{j}0.524)\ \Omega$$

得两种等效相量模型如图题解 8-26(2) 所示。在并联相量模型中，电纳为 Y 的虚部，即 $B=\mathrm{Im}[Y]=+1.87=B_C$，由此可得 $B_C=\omega C$，可知时域并联模型中

$$C=\frac{B_C}{2}=\frac{1.87}{2}\ \mathrm{F}=0.935\ \mathrm{F}$$

以括弧标示在模型中。

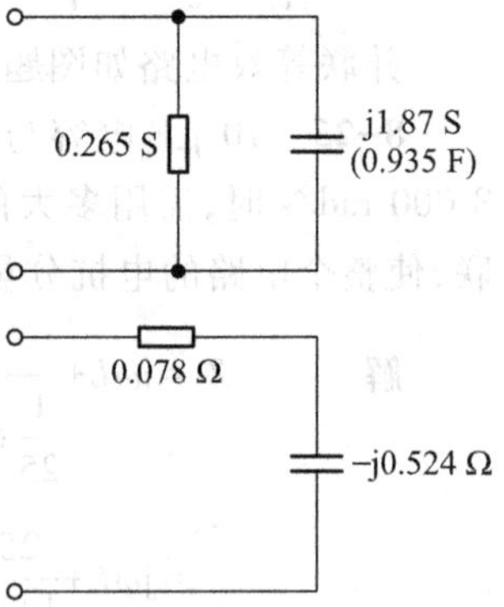

图题解 8-26(2)

8-27 图题 8-18 所示为正弦稳态电路，已知 $i_S(t)=10\cos(120\pi t)\ \mathrm{mA}$。

(1) 试求自 ab 端向左看的戴维南等效时域模型；

(2) 如果电流源的频率加倍,对上述等效电路有何影响?

(3) 如果负载 A 是一个 1 μF 的电容,试求它两端的电压 $u(t)$。

解 (1) 画出相量模型如图题解 8-27 所示。戴维南等效阻抗为

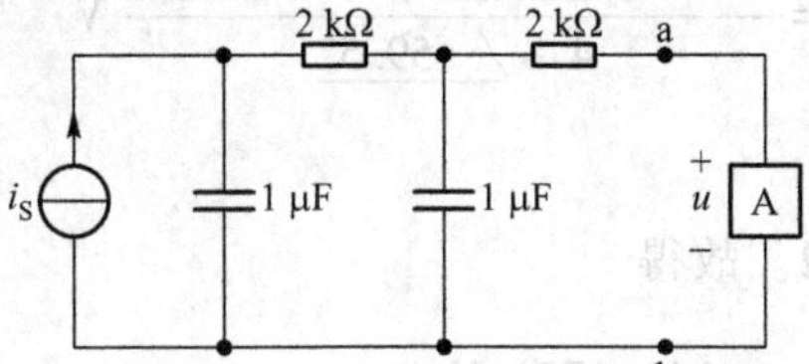

图题 8-18

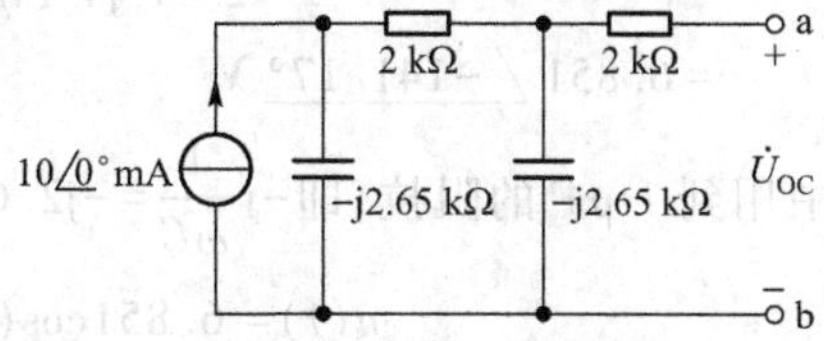

图题解 8-27

$$Z_0=\left(2+\frac{1}{\frac{1}{-\text{j}2.65}+\frac{1}{2-\text{j}2.65}}\right)\ \text{k}\Omega$$

$$=\left(2+\frac{2.65}{2}\times\frac{2.65-\text{j}9.023}{8.023}\right)\ \text{k}\Omega$$

$$=(2.44-\text{j}1.49)\ \text{k}\Omega$$

$$\frac{1}{\omega C}=1.49\times10^3,C=1.78\ \mu\text{F}$$

戴维南等效时域模型中的无源部分为 2.44 kΩ 电阻和 1.78 μF 电容串联。使用振幅相量,省略下标 m,得

$$\dot{U}_{\text{OC}}=\left[10\times\frac{-\text{j}2.65}{2-\text{j}2\times2.65}(-\text{j}2.65)\right]\ \text{V}=12.41\underline{/-110.67^\circ}\ \text{V}$$

$$u_{\text{OC}}(t)=12.41\cos(120\pi t-110.67^\circ)\ \text{V}$$

(2) 当 $\omega=240\pi$ rad/s 时, $-\text{j}\dfrac{1}{\omega C}=-\text{j}1.33\ \text{k}\Omega$

$$Z_0=\left(2+\frac{1}{\frac{1}{-\text{j}1.33}+\frac{1}{2-\text{j}1.33}}\right)\ \text{k}\Omega=\left(2+\frac{-1.77-\text{j}2.65}{2-\text{j}2.65}\right)\ \text{k}\Omega=\left(2+\frac{3.48-\text{j}9.99}{11.023}\right)\ \text{k}\Omega$$

$$=(2.315-\text{j}0.906)\ \text{k}\Omega$$

$$\frac{1}{\omega C}=0.906\times10^3,C=1.46\ \mu\text{F}$$

无源部分为 2.315 kΩ 电阻和 1.46 μF 电容串联,与(1)中不同。

$$\dot{U}_{\text{OC}}=\left[10\times\frac{-\text{j}1.33}{2-\text{j}2\times1.33}\times(-\text{j}1.33)\right]\ \text{V}=5.315\underline{/-126.9^\circ}\ \text{V}$$

$$u_{OC}(t)=5.32\cos(240\pi t-127°)\ \text{V}$$

(3) 将 1 μF 电容与 ab 间的戴维南等效电路相接，则由(1)，运用分压关系可得

$$\dot{U}=\left(12.41\angle -110.67°\times\frac{-\text{j}2.65}{2.44-\text{j}4.14}\right)\ \text{V}=\frac{12.41\angle -110.67°\times 2.65\angle -90°}{4.8\angle -59.5°}\ \text{V}$$
$$=6.851\angle -141.17°\ \text{V}$$

式中用到 1 μF 的阻抗，即$-\text{j}\dfrac{1}{\omega C}=-\text{j}2.65\ \Omega$。故得

$$u(t)=6.851\cos(120\pi t-141.17°)\ \text{V}$$

8-28　求图题 8-19 所示正弦稳态电路的戴维南和诺顿相量模型，已知 $u_S(t)=2\cos(0.5t+120°)$ V，$r=1\ \Omega$。

解　求开路电压和短路电流的电路如图题解 8-28 所示。使用振幅相量，省略下标 m。

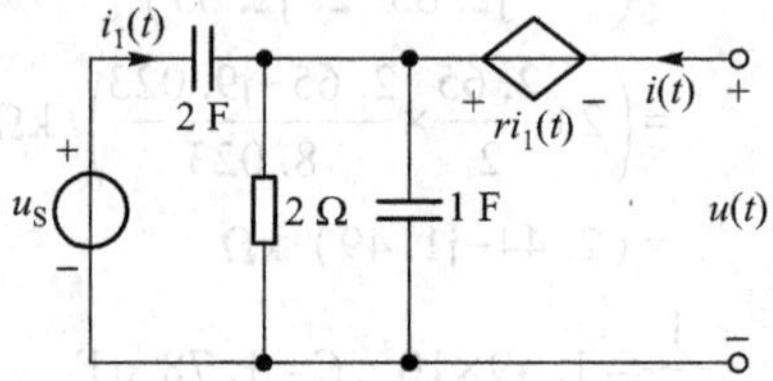

图题 8-19

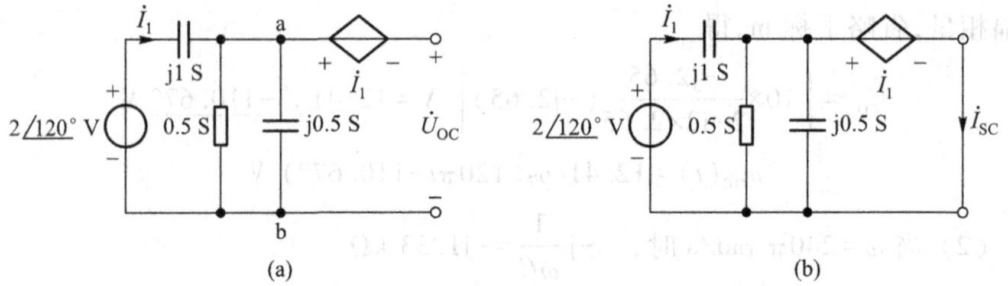

图题解 8-28

(1) 求 $\dot{U}_{OC}$。

$$\dot{U}_{ab}=\frac{\text{j}\dot{U}_s}{0.5+\text{j}1.5}$$

$$\dot{I}_1=\text{j}(\dot{U}_S-\dot{U}_{ab})$$

$$\begin{aligned}\dot{U}_{OC}&=-\dot{I}_1+\dot{U}_{ab}\\&=-\text{j}(\dot{U}_S-\dot{U}_{ab})+\dot{U}_{ab}\\&=(1+\text{j})\dot{U}_{ab}-\text{j}\dot{U}_S\end{aligned}$$

$$=(1+\mathrm{j})\frac{\mathrm{j}\dot{U}_{\mathrm{s}}}{0.5+\mathrm{j}1.5}-\mathrm{j}\dot{U}_{\mathrm{S}}$$

$$=\mathrm{j}\dot{U}_{\mathrm{S}}\left(\frac{1+\mathrm{j}}{0.5+\mathrm{j}1.5}-1\right)=\mathrm{j}\dot{U}_{\mathrm{S}}\frac{0.5-\mathrm{j}0.5}{0.5+\mathrm{j}1.5}$$

$$=\mathrm{j}\dot{U}_{\mathrm{S}}\frac{1-\mathrm{j}}{1+\mathrm{j}3}=\frac{1+\mathrm{j}}{1+\mathrm{j}3}\dot{U}_{\mathrm{S}}=\frac{1.414\angle 45^{\circ}}{3.162\angle 71.56^{\circ}}\times 2\angle 120^{\circ}\ \mathrm{V}$$

$$=0.8944\angle 93.44^{\circ}\ \mathrm{V}$$

（2）求 $\dot{I}_{\mathrm{SC}}$。由图(b)可知：0.5S 支路电流为 $r\dot{I}_1\times 0.5=0.5\dot{I}_1$；j0.5S 支路电流为 $\mathrm{j}0.5\dot{I}_1$，得

$$\dot{I}_{\mathrm{SC}}=\dot{I}_1-0.5\dot{I}_1-\mathrm{j}0.5\dot{I}_1=(0.5-\mathrm{j}0.5)\dot{I}_1$$

控制量 $\dot{I}_1$ 为流过 j1S 的电流，即

$$\mathrm{j}1(\dot{U}_{\mathrm{s}}-\dot{I}_1)=\dot{I}_1$$

$$(1+\mathrm{j}1)\dot{I}_1=\mathrm{j}1\dot{U}_{\mathrm{S}}$$

$$\dot{I}_1=\frac{\mathrm{j}1}{1+\mathrm{j}1}\dot{U}_{\mathrm{S}}$$

所以

$$\dot{I}_{\mathrm{SC}}=(0.5-\mathrm{j}0.5)\frac{\mathrm{j}1}{1+\mathrm{j}1}\dot{U}_{\mathrm{S}}=0.5\dot{U}_{\mathrm{S}}$$

（3）求等效内阻。

$$Z_0=\frac{\dot{U}_{\mathrm{OC}}}{\dot{I}_{\mathrm{SC}}}=\frac{1+\mathrm{j}1}{1+\mathrm{j}3}\dot{U}_{\mathrm{S}}\times\frac{1}{0.5\dot{U}_{\mathrm{S}}}=\left(2\times\frac{1+\mathrm{j}1}{1+\mathrm{j}3}\right)\ \Omega=0.8944\angle -26.56^{\circ}\ \Omega$$

电压源 $\dot{U}_{\mathrm{OC}}$ 与 Z_0 串联得戴维南相量模型；电流源 $\dot{I}_{\mathrm{SC}}$ 与 Z_0 并联得诺顿相量模型。

8-29 含受控源的正弦稳态电路如图题 8-20 所示，已知：$R_1=1\ \mathrm{k\Omega}$、$R_2=10\ \mathrm{k\Omega}$、$L=10\ \mathrm{mH}$、$C=0.1\ \mathrm{\mu F}$、$\mu=99$、$u_{\mathrm{S}}(t)=\cos(\omega t)\ \mathrm{V}$、$\omega=10^4\ \mathrm{rad/s}$。求 ab 端戴维南相量模型的 $\dot{U}_{\mathrm{OCm}}$ 和 Z_0。

解 画出相量模型如图题解 8-29(a)所示，用振幅相量，省略下标 m。

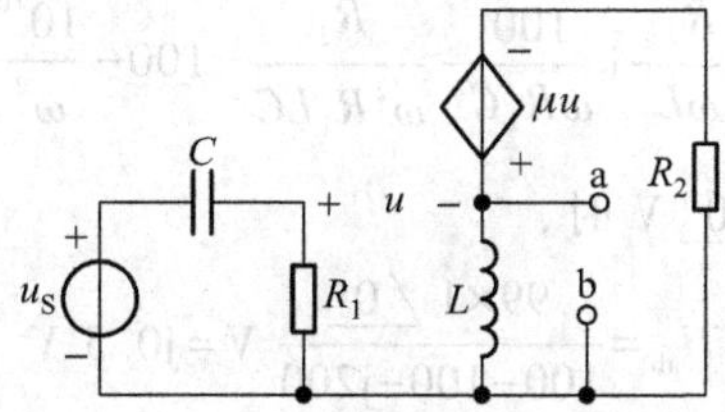

图题 8-20

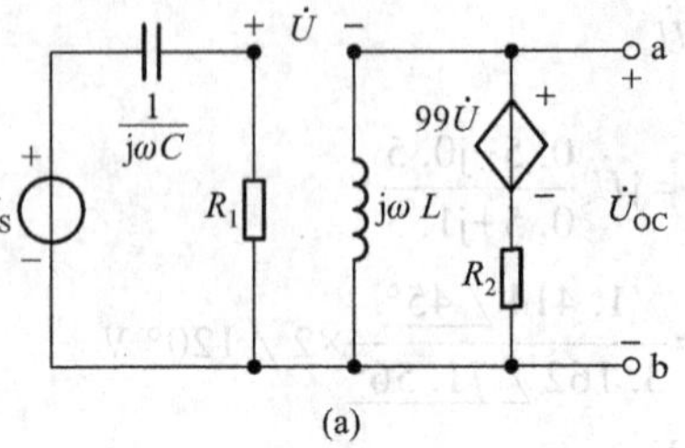

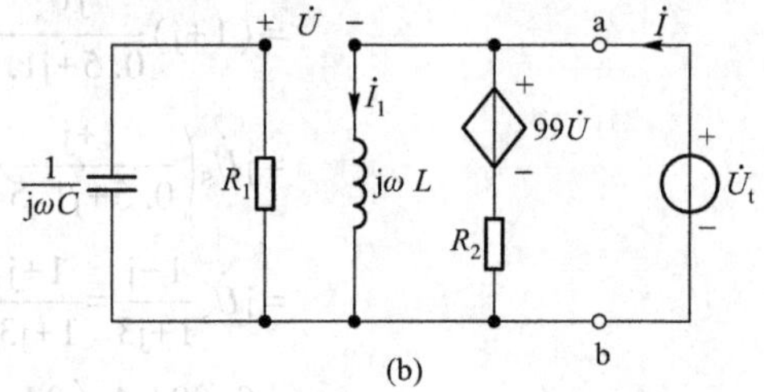

图题解 8-29

（1）求开路电压 $\dot{U}_{OC}$。

$$\dot{U}_{OC}=\frac{99\dot{U}}{R_2+j\omega L}\times j\omega L=\frac{99\dot{U}}{1-j\dfrac{R_2}{\omega L}}$$

$$\dot{U}=\dot{U}_S\frac{R_1}{R_1-j\dfrac{1}{\omega C}}-\dot{U}_{OC}$$

$$\dot{U}_{OC}=\frac{99}{1-j\dfrac{R_2}{\omega L}}\left(\frac{\dot{U}_S}{1-j\dfrac{1}{\omega R_1 C}}-\dot{U}_{OC}\right)$$

$$\left(1+\frac{99}{1-j\dfrac{R_2}{\omega L}}\right)\dot{U}_{ab}=\frac{99}{1-j\dfrac{R_2}{\omega L}}\times\frac{\dot{U}_S}{1-j\dfrac{1}{\omega R_1 C}}$$

$$\left(100-j\frac{R_2}{\omega L}\right)\dot{U}_{ab}=\frac{99\dot{U}_S}{1-j\dfrac{1}{\omega R_1 C}}$$

$$\dot{U}_{ab}=\frac{99\dot{U}_S}{100-j\dfrac{R_2}{\omega L}-j\dfrac{100}{\omega R_1 C}-\dfrac{R_2}{\omega^2 R_1 LC}}=\frac{99\dot{U}_S}{100-\dfrac{10^{10}}{\omega^2}-j\dfrac{2}{\omega}\times 10^6}$$

若 $\omega=10^4$ rad/s、$\dot{U}_S=1\angle 0^\circ$ V 时，

$$\dot{U}_{ab}=\frac{99\times 1\angle 0^\circ}{100-100-j200}\ \text{V}=j0.5\ \text{V}$$

（2）求等效内阻 Z_o，电路如图题解 8-29(b)所示，施加电压 $\dot{U}_t$ 于 ab 两端。

列网孔方程

$$R_2\dot{I}-R_2\dot{I}_1=\dot{U}_t-99\dot{U}$$

$$-R_2\dot{I}+(R_2+j\omega L)\dot{I}_1=99\dot{U}$$

$$\dot{U}=-j\omega L\dot{I}_1$$

整理得

$$R_2\dot{I}-(R_2+j99\omega L)\dot{I}_1=\dot{U}_t$$

$$-R_2\dot{I}+(R_2+j100\omega L)\dot{I}_1=0$$

$$\dot{I}=\frac{\begin{vmatrix}\dot{U}_t & -R_2-j99\omega L\\ 0 & R_2+j100\omega L\end{vmatrix}}{\begin{vmatrix}R_2 & -R_2-j99\omega L\\ -R_2 & R_2+j100L\end{vmatrix}}=\frac{R_2+j100\omega L}{j\omega R_2 L}\dot{U}_t$$

$$Z_{ab}=\frac{\dot{U}_t}{\dot{I}}=\frac{j\omega R_2 L}{R_2+j100\omega L}=\frac{1}{\frac{100}{R_2}-j\frac{1}{\omega L}}=\frac{1}{10^{-2}-j\frac{10^2}{\omega}}=Z_0$$

若 $\omega=10^4$ rad/s 时，

$$Z_0=\frac{1}{10^{-2}-j10^{-2}}\ \Omega=(50+j50)\ \Omega$$

§ 8-11　有效值　有效值相量

8-30　求下列电流的有效值：(1) $i=10\sin(\omega t)$ A；(2) $i=[10\sin(\omega t)+20\cos(\omega t+30°)]$ A；(3) $i=[\cos(2t)+\sin(2t)]$ A。

解　(1) $I=\frac{10}{\sqrt{2}}$ A $=7.07$ A

(2) $\dot{I}=\left(\frac{10}{\sqrt{2}}\angle -90°+\frac{20}{\sqrt{2}}\angle 30°\right)$ A $=\left(-j\frac{10}{\sqrt{2}}+12.25+j7.07\right)$ A $=12.25$ A

$I=12.25$ A

(3) $\dot{I}=\left(\frac{1}{\sqrt{2}}-j\frac{1}{\sqrt{2}}\right)$ A $=1\angle -45°$

$I=1$ A

8-31　求上题各正弦电流的相量(即有效值相量)。

解　有效值相量为

(1) $\dot{I}=7.07\angle -90°$ A

（2）$\dot{I}=12.25\angle 0^\circ$ A

（3）$\dot{I}=1\angle -45^\circ$ A

8-32　若周期信号 $f(t)$ 可表示为

$$f(t)=f_1(t)+f_2(t)$$

其中

$$f_1(t)=A_1\cos(n\omega_0 t)$$
$$f_2(t)=A_2\cos(m\omega_0 t+\theta)$$

m,n 为整数。设 $f(t)$ 的有效值为 F。

（1）试表明 $F=\sqrt{\frac{1}{2}(A_1^2+A_2^2)}$　（若 $m\neq n$）；

（2）试表明 $F=\sqrt{\frac{1}{2}(A_1^2+2A_1A_2\cos\theta+A_2^2)}$　（若 $m=n$）。

解　（1）$f(t)=A_1\cos(n\omega_0 t)+A_2\cos(m\omega_0 t+\theta)$

有效值

$$F=\sqrt{\frac{1}{T}\int_0^T f^2(t)\,\mathrm{d}t}$$

$$F=\sqrt{\frac{1}{T}\int_0^T[A_1^2\cos^2(n\omega_0 t)+2A_1A_2\cos(n\omega_0 t)\cdot\cos(m\omega_0 t+\theta)+A_2^2\cos^2(m\omega_0 t+\theta)]\mathrm{d}t}$$

$$=\sqrt{\frac{1}{T}A_1^2\cdot\frac{T}{2}+0+\frac{1}{T}A_2^2\cdot\frac{T}{2}}=\sqrt{\frac{1}{2}(A_1^2+A_2^2)}\quad(m\neq n)$$

（2）当 $m=n$ 时

$$F=\sqrt{\frac{1}{T}\int_0^T[A_1^2\cos^2(n\omega_0 t)+2A_1A_2\cos(n\omega_0 t)\cdot\cos(n\omega_0 t+\theta)+A_2^2\cos^2(n\omega_0 t+\theta)]\mathrm{d}t}$$

$$=\sqrt{\frac{1}{T}A_1^2\cdot\frac{T}{2}+\frac{1}{T}2A_1A_2\cdot\frac{1}{2}\cos\theta+\frac{1}{T}A_2^2\frac{T}{2}}$$

$$=\sqrt{\frac{1}{2}(A_1^2+2A_1A_2\cos\theta+A_2^2)}$$

或，由于 f_1 和 f_2 为同频率的正弦波，其和仍为一同频率的正弦波（称为正弦稳态电路的主定理），可用相量法求解本题。

$$A_1\angle 0^\circ+A_2\angle\theta=A_1+A_2\cos\theta+\mathrm{j}A_2\sin\theta=A\angle\varphi$$

振幅

$$A=\sqrt{(A_1+A_2\cos\theta)^2+A_2^2\sin^2\theta}=\sqrt{A_1^2+A_1A_2\cos\theta+A_2^2}$$

设该正弦波的有效值为 F，则 $F=\frac{A}{\sqrt{2}}$，故得此题所需表明之式。

注：本题的结果，在第十、十一章中将用到。

§8-12 两类特殊问题 相量图法

（以下除特别声明，一律采用有效值相量。）

8-33 图题 8-21 所示正弦稳态电路中，若电容支路电流有效值 I_C 为8 A，电感电阻支路电流 I_L 为 10 A，电路端电压 u 和总电流 i 同相，试求总电流 i 的有效值 I。

解 作相量图如图题解 8-33 所示。为并联电路作相量图，宜先作电压相量 $\dot{U}$，如图中①所示。电容支路电流相量 $\dot{I}_C$ 应超前 $\dot{U}$ 角 90°，其有效值为 8 A，如图中②所示。电感电阻支路电流相量 $\dot{I}_L$ 应滞后 $\dot{U}$ 某一小于 90°的角度，其有效值为 10 A，如图中③所示。总电流 $\dot{I}$ 应为 $\dot{I}_C$ 与 $\dot{I}_L$ 的相量和，按题意应与相量 $\dot{U}$ 同相，如图中④所示。把相量 $\dot{I}_L$ 平移至图中虚线位置，由它与 $\dot{I}_C$、$\dot{I}$ 所构成的直角三角形可知

$$I=\sqrt{I_L^2-I_C^2}=\sqrt{10^2-8^2}\ \text{A}=6\ \text{A}$$

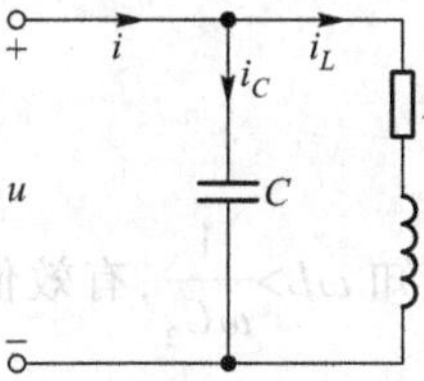

图题 8-21

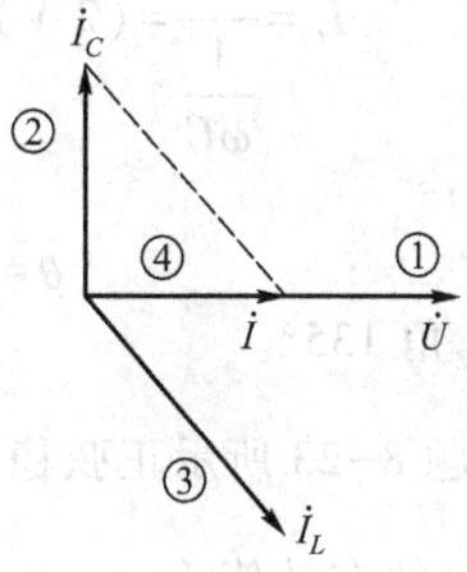

图题解 8-33

注：本题虽只求有效值，但涉及相位关系；下题虽只求相位，但涉及有效值关系。这是初学者需特别注意的。用相量图法求解两类特殊问题有利于避免像把有效值直接代数相加、减的错误。

作相量图时，仍是根据两类约束关系，特别要注意正确运用相位关系，如本例 RL 支路电流应滞后电压，但并非 90°，定性作图时，只需绘出滞后某一角度即可。通常，相量图中，相量长度，除非特别声明，均代表有效值。

作相量图时，如果严格按比例画，可由图解方法得出答案。但通常只需定性绘出，再利用几何、三角关系算出结果，如本题利用勾股定理得出答案。

相关题：习题 8-12 注

8-34 图题 8-22 所示正弦稳态电路中，u_S 的有效值为 2 V，$\omega=2$ rad/s，试求电感电压 u_L 与电阻电压 u_2 的相位关系。

解　串、并联电路宜先画并联电路部分的电压相量，本题即 $\dot{U}_2$，各元件的电压、电流均设为关联参考方向。电阻电流 $\dot{I}_R$与 $\dot{U}_2$同相，电容电流 $\dot{I}_C$应超前 $\dot{U}_2$角 90°，两电流相量和 $\dot{I}$ 即为电感电流，电感电压 $\dot{U}_L$应超前 $\dot{I}$ 角 90°，故知 $\dot{U}_L$超前电压 $\dot{U}_2$的角度为 90°+θ。相量图如图题解 8-34 所示，由图可知

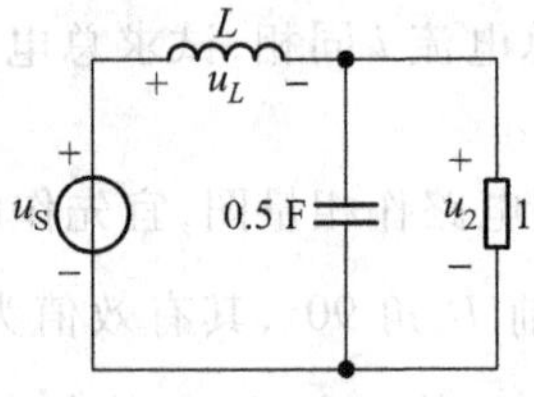

图题 8-22

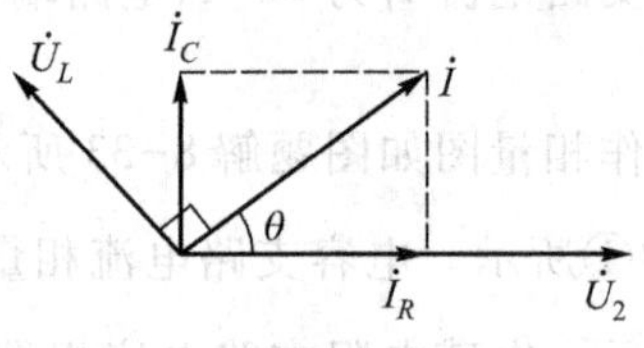

图题解 8-34

$$\theta=\arctan\left(\frac{I_C}{I_R}\right)$$

$$I_R=\frac{2\ \text{V}}{1\ \Omega}=2\ \text{A}$$

$$I_C=\frac{2\ \text{V}}{\dfrac{1}{\omega C}}=(2\ \text{V})(2\ \text{rad/s}\times 0.5\ \text{F})=2\ \text{A}$$

故知

$$\theta=\arctan 1=45°$$

所以，u_L超前 u_2角 135°。

8-35　图题 8-23 所示正弦稳态电路中，已知 $\omega L>\dfrac{1}{\omega C_2}$，有效值 $I_1=4$ A、$I_2=3$ A，求总电流 i 的有效值 I。

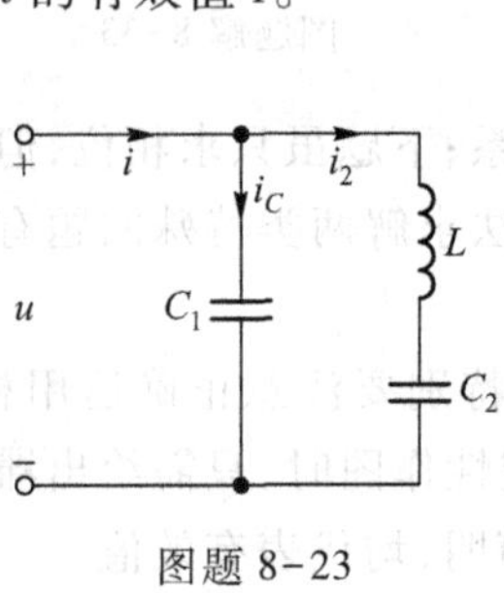

图题 8-23

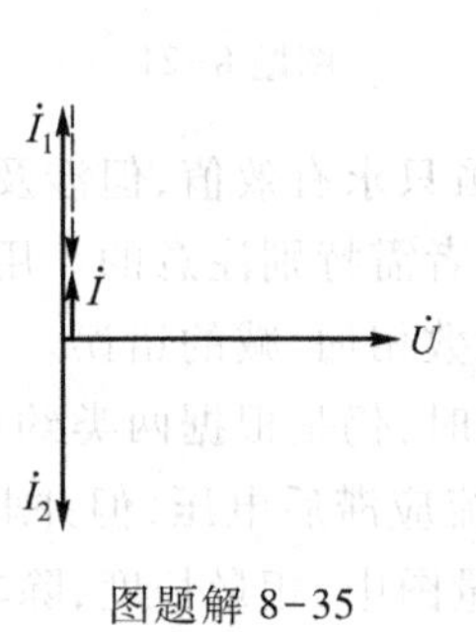

图题解 8-35

解　作相量图时，关键在于利用 $\omega L>\dfrac{1}{\omega C_2}$这一条件，由此可知该支路是电感性的，电流 $\dot{I}_2$应处于滞后 $\dot{U}$ 角 90°。$\dot{I}_1$与 $\dot{I}_2$反相 180°。若将 $\dot{I}_2$上移，使其矢尾与 $\dot{I}_1$的矢尖相重合，如图题解 8-35 中虚线所示，则

$$I = I_1 - I_2 = (4-3)\ \text{A} = 1\ \text{A}$$

注：若 $\omega L < \dfrac{1}{\omega C_2}$，答案应为 7 A；若 $\omega L = \dfrac{1}{\omega C_2}$，该支路相当于短路，整个电路相当于短路，学习第十章时请关注 § 10-6 中的思考题 10-5。

8-36　图题 8-24 所示正弦稳态电路中，已知 $\omega = 1$ rad/s，有效值 $U_{ab} = 10$ V、$I_2 = 10$ A，试求有效值 I_1 和 U。

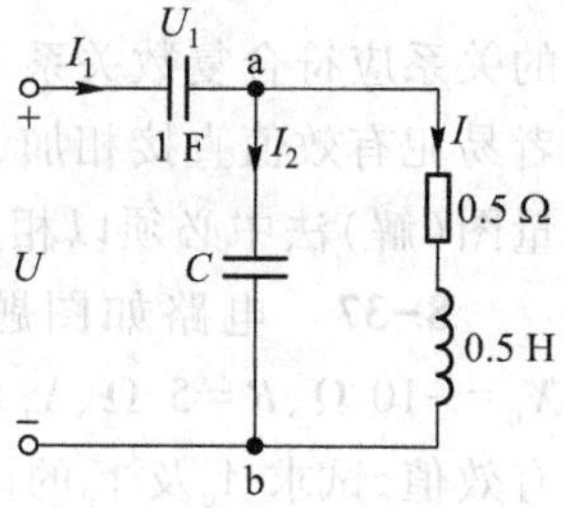

图题 8-24

解　为清楚起见，分别作出有关的相量图。先求出 I，其相量图如图题解 8-36(a) 所示，由于 $\omega L = (1\ \text{rad/s})(0.5\ \text{H}) = 0.5\ \Omega$，故知 $R = \omega L$，因此，电流 I 滞后 U_{ab} 角 45°，图中并表明 RI 和 ωLI 相等，且电感电压超前 I 角 90°，电阻电压与 I 同相。由相量图可得

$$\frac{RI}{U_{ab}} = \cos 45^\circ$$

$$I = \left(\frac{U_{ab}}{R}\right)\cos 45^\circ = \left(\frac{10\ \text{V}}{0.5\ \Omega}\right)\left(\frac{\sqrt{2}}{2}\right) = 10\sqrt{2}\ \text{A}$$

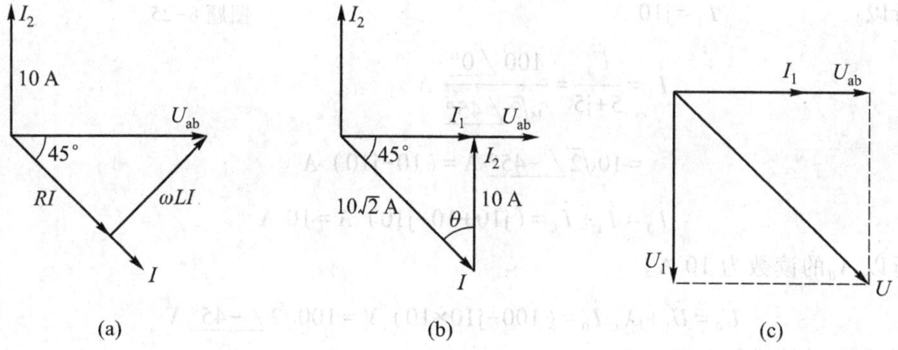

图题解 8-36

求 I_1 的相量图如图题解 8-36(b) 所示，在已绘出 U_{ab} 及 I 的相量图中，将 $I_2 = 10$ A［参看图题解 8-36(a)］平移至其矢尾与 I 矢尖相重合的位置，如图中所示，则由平行线的性质可知 $\theta = 45^\circ$，$I_1 = I_2 = 10$ A，且 I_1 与 U_{ab} 同相。

求 U 的相量图如图题解 8-36(c) 所示，由于 I_1 是电容电流，电压 U_1 应滞后它角 90°。又由于

$$U_1 = \left(\frac{1}{\omega C}\right) I_1 = (1\ \Omega)(10\ \text{A}) = 10\ \text{V}$$

故得

$$U = \sqrt{U_{ab}^2 + U_1^2} = \sqrt{10^2 + 10^2}\ \text{V} = 10\sqrt{2}\ \text{V}$$

注:相量图原是反映各相量间关系的,图中涉及的应是相量,如 $\dot{U}_{ab}$、$\dot{I}_1$等。但在正确表明了各相量间的相位关系后,各相量也可用其“长度”(有效值或振幅)表示,如本题中的 $I_2=10$ A 等。另外,注意本题的命题方式,在图题 8-23 所示时域模型中,所注电流、电压均为有效值,在声明为正弦稳态电路的前提下,这样做是可以的,不致引起误解。

还请注意,本题总电流 $I_1=10$ A,小于分支电流 $I=10\sqrt{2}$ A,这是因为各电流的关系应符合复数关系 $\dot{I}_1=\dot{I}+\dot{I}_2$,并非 $I_1=I+I_2$。在只求有效值的问题中,初学者易犯有效值直接相加、减的错误。在相量解析法中必须按复数处理问题;在相量图(解)法中必须以相量为依据按几何或三角法则处理问题。

8-37　电路如图题 8-25 所示,已知 $X_C=-10\ \Omega$、$R=5\ \Omega$、$X_L=5\ \Omega$,各仪表指示有效值,试求 A_0及 V_0的读数。

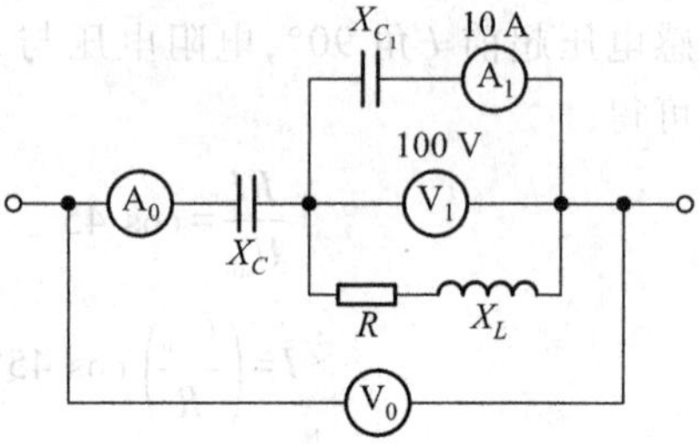

图题 8-25

解一　画出相量模型如图题解8-37(a)所示。

设 $\dot{U}_1$为参考相量,则 $\dot{U}_1=100\underline{/0°}$ V

所以　　$\dot{I}_1=\text{j}10$ A

$$\dot{I}_L=\frac{\dot{U}_1}{5+\text{j}5}=\frac{100\underline{/0°}}{5\sqrt{2}\underline{/45°}}\ \text{A}$$

$$=10\sqrt{2}\underline{/-45°}\ \text{A}=(10-\text{j}10)\ \text{A}$$

$$\dot{I}_0=\dot{I}_1+\dot{I}_L=(\text{j}10+10-\text{j}10)\ \text{A}=10\ \text{A}$$

所以 A_0的读数为 10 A。

$$\dot{U}_0=\dot{U}_1+\text{j}X_C\dot{I}_0=(100-\text{j}10\times10)\ \text{V}=100\sqrt{2}\underline{/-45°}\ \text{V}$$

所以 V_0的读数为 141. 4 V。

解二　相量图法。

定性地作出相量图。串并联电路宜以并联部分的电压 $\dot{U}_1$作为参考相量,首先画出[图题解 8-37(b)],电容支路电流 $\dot{I}_1$应超前 $\dot{U}_1$角 90°,其值 $I_1=10$ A 为已知,电感支路(并非纯电感)电流 $\dot{I}_L$应滞后电压 $\dot{U}_1$角 45°(因为 $R=X_L$)。总电流 $\dot{I}_0$应为 $\dot{I}_L$和 $\dot{I}_1$的相量和,在相量图中应为 $\dot{I}_L$和 $\dot{I}_1$构成的平行四边形的对角线,$\dot{I}_0$与 $\dot{U}_1$的相位差角假定为 θ。由相量图可得

$$I_L\sin 45°=I_1=10$$

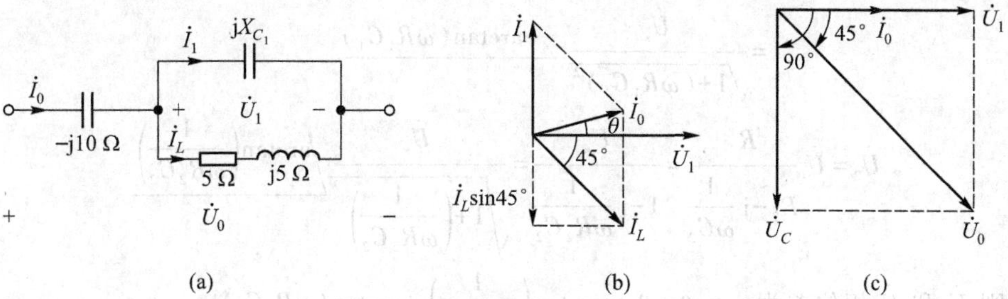

图题解 8-37

故得
$$I_L=10\sqrt{2}\ \text{A}$$
又
$$I_0\sin\theta=I_1-I_L\sin 45°=10-10=0$$
可见
$$\theta=0°$$
即总电流 $\dot I_0$应与 $\dot U_1$同相。相量图中的 θ 应为 0°，故得
$$I_0=I_L\cos 45°=\left(10\sqrt{2}\times\frac{\sqrt{2}}{2}\right)\ \text{A}=10\ \text{A}(\text{A}_0\text{的读数})$$

为求解 U_0，可进一步作如图题解 8-37(c)所示的电压相量图[图题解 8-37(b)可称为电流相量图]，由于 $\dot I_0$与 $\dot U_1$同相，由于 X_C的电容电压 $\dot U_C$应超前其电流 $\dot I_0$角 90°，故得 $\dot U_C$滞后 $\dot U_1$角 90°，电压 $\dot U_0$与 $\dot U_1$、$\dot U_C$构成等边直角三角形，得
$$U_0=\sqrt{U_1^2+U_C^2}=\sqrt{100^2+100^2}\ \text{V}=141.4\ \text{V}$$
其中
$$U_C=I_1X_C=(10\times10)\ \text{V}=100\ \text{V}$$

注：本题虽未标明系正弦稳态电路，但命题中以 X_C、X_L表明元件，即含此义。

相关题：习题 8-36 及注

8-38　电路如图题 8-26 所示，u_S为正弦电压。

(1) 求 u_1与 u_2的相位差；

(2) 如要求相位差为 90°，应满足什么条件？

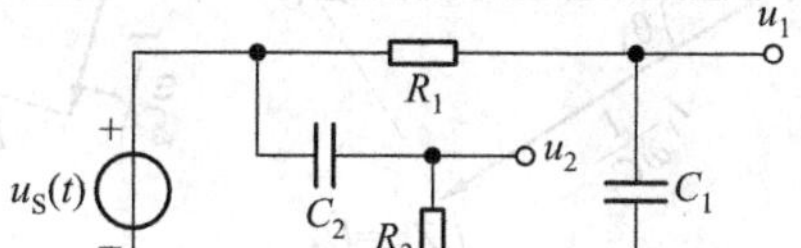

图题 8-26

解一　(1) $$\dot U_1=\dot U_s\frac{-j\dfrac{1}{\omega C_1}}{R_1-j\dfrac{1}{\omega C_1}}$$
$$=\dot U_s\frac{1}{1+j\omega R_1C_1}$$

$$=\frac{\dot{U}_s}{\sqrt{1+(\omega R_1 C_1)^2}}\angle -\arctan(\omega R_1 C_1)$$

$$\dot{U}_2=\dot{U}_s\frac{R_2}{R_2-\mathrm{j}\frac{1}{\omega C_2}}=\frac{\dot{U}_s}{1-\mathrm{j}\frac{1}{\omega R_2 C_2}}=\frac{\dot{U}_s}{\sqrt{1+\left(\frac{1}{\omega R_2 C_2}\right)^2}}\angle \arctan\left(\frac{1}{\omega R_2 C_2}\right)$$

则 $\dot{U}_1$和 $\dot{U}_2$相位差为 $\theta_2-\theta_1=\arctan\left(\frac{1}{\omega R_2 C_2}\right)+\arctan(\omega R_1 C_1)$

则 $$\theta_2-\theta_1=\frac{\pi}{2}-\arctan(\omega R_2 C_2)+\arctan(\omega R_1 C_1)$$

（2）只要满足 $R_1C_1=R_2C_2$，则 $\theta_2-\theta_1=\frac{\pi}{2}$。

解二 相量图法。为简明计，可分别作出三个相量图，如图题解 8-38 所示。图题解 8-38(a)为支路 1 的相量图，设电流为 $\dot{I}_1$。由图可知，设 $\dot{U}_1$对 $\dot{U}_s$的相位差角为 θ_1，则由图可得

$$\tan\theta_1=\frac{I_1R_1}{I_1\frac{1}{\omega C_1}}=R_1\omega C_1$$

即 $$\theta_1=\arctan(\omega R_1 C_1)$$

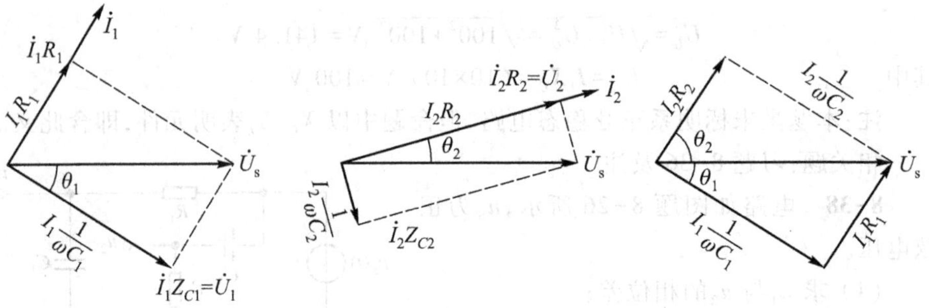

图题解 8-38

同理，由图题解 8-38(b)所示支路 2 的相量图，设 $\dot{U}_2$对 $\dot{U}_s$的相位差角为 θ_2，可得

$$\theta_2=\arctan\left(\frac{\frac{1}{\omega C_2}}{R_2}\right)=\arctan\left(\frac{1}{\omega R_2 C_2}\right)$$

因此，$\dot{U}_1$与 $\dot{U}_2$的相位差角为

$$\theta_1+\theta_2=\arctan(\omega R_1 C_1)+\arctan\left(\frac{1}{\omega R_2 C_2}\right)$$

$\theta_1+\theta_2$为 90°时的相量图如图题解 8-38(c)所示，此时图中所示四个相量构成矩形，因此

$$I_2 R_2=I_1 R_1$$

$$I_2\frac{1}{\omega C_2}=I_1\frac{1}{\omega C_1}$$

由以上两式可得

$$\frac{R_2}{\dfrac{1}{\omega C_2}}=\frac{R_1}{\dfrac{1}{\omega C_1}}$$

即

$$R_2 C_2=R_1 C_1$$

此为 u_1对 u_2的相位差角为 90°时，各参数间应满足的条件。

注：本题用相量图法较简便。

8-39　图题 8-27 所示移相电路常用于晶闸管(thyristor)触发电路中。(1) 试证明：若 $R=\dfrac{1}{\omega C}$，则电压 u_{ab}的有效值为外施电压 u_S有效值的一半，且 u_{ab}超前 u_S的角度为 90°。(2) 试证明：改变 R 值，可改变 u_{ab}对 u_S的相位差角，且其有效值不变。

解　用相量图法。

设 $\dot{U}_s$为参考相量，如图题解 8-39 所示，则 $\dot{I}$ 超前 $\dot{U}_s$某一个角度 θ，而$\dot{U}_{bc}$则滞后 $\dot{I}$ 角 90°，$\dot{U}_{db}$与 $\dot{I}$ 同相，但 $\dot{U}_{db}+\dot{U}_{bc}=\dot{U}_s$，这三个电压成直角三角形关系。当 R 变化时，θ 角也变，但这个直角关系不变，而 $\dot{U}_{ab}$刚好是这个直角三角形斜边中点至顶点的相量(因为 $\dot{U}_{ab}=\dot{U}_{ac}-\dot{U}_{bc}$)。当 R 从 0 变到∞时，相量图上的 b 点从 d 点沿着半圆的圆周移到 c 点。因此，$\dot{U}_{ab}=\dfrac{1}{2}\dot{U}_s$，大小不变，相位 φ 相对 $\dot{U}_s$来说，变化范围在 180°～0°之间。

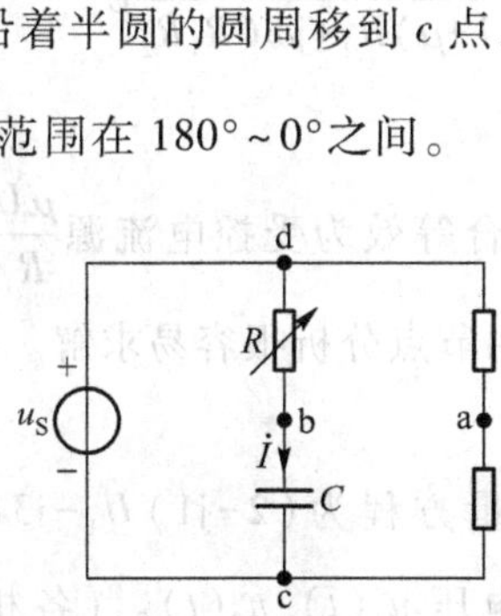

图题 8-27

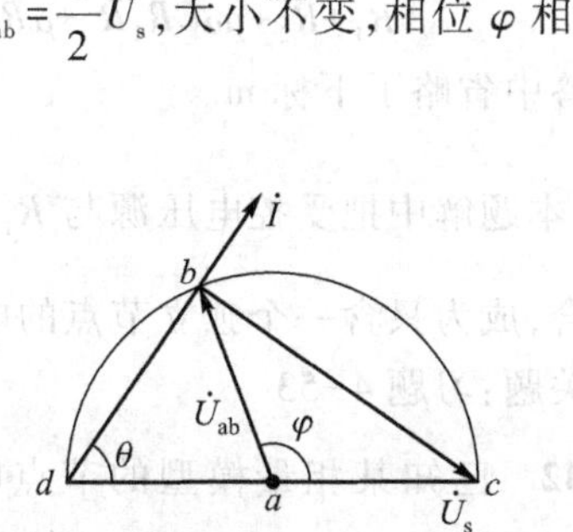

图题解 8-39

注: 本题宜用相量图法。

综 合

8-40 解答安排在 8-45 题后,8-45 至 8-47 均为正弦过渡过程题。

8-41 求图题 8-28 所示电路输出电压 $\dot{U}_{om}$ 的表示式。

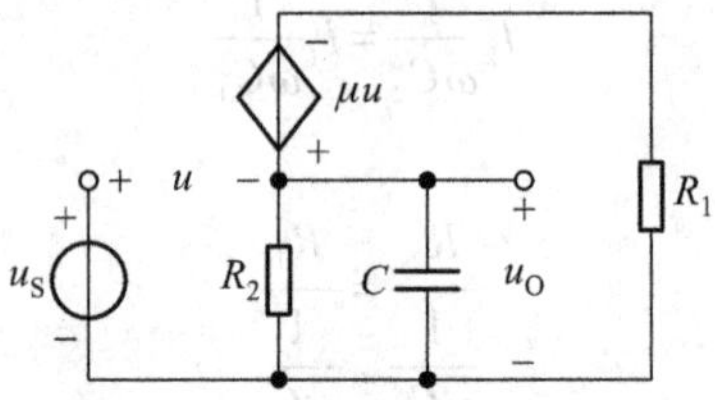

图题 8-28

解 自行作出相量模型。

由节点电压方程可得

$$\dot{U}_o=\frac{\frac{1}{R_1}\mu\dot{U}}{\frac{1}{R_2}+\frac{1}{R_1}+j\omega C}=\frac{R_2\mu\dot{U}}{R_1+R_2+j\omega CR_1R_2}$$

因为
$$\dot{U}=\dot{U}_s-\dot{U}_o$$

所以
$$\dot{U}_o=\frac{R\mu(\dot{U}_s-\dot{U}_o)}{R_1+R_2+j\omega CR_1R_2}=\frac{R_2\mu\dot{U}_s}{R_1+R_2+j\omega CR_1R_2}-\frac{R_2\mu\dot{U}_o}{R_1+R_2+j\omega CR_1R_2}$$

$$\left(1+\frac{\mu R_2}{R_1+R_2+j\omega CR_1R_2}\right)\dot{U}_o=\frac{\mu R_2}{R_1+R_2+j\omega CR_1R_2}\dot{U}_s$$

得
$$\dot{U}_o=\frac{\mu R_2}{R_1+R_2+j\omega CR_1R_2+\mu R_2}\dot{U}_s=\frac{\mu R_2}{R_1+(1+\mu)R_2+j\omega CR_1R_2}\dot{U}_s$$

以上解答中省略了下标 m。

注: 本题解中把受控电压源与 R_1 的串联组合等效为受控电流源 $\frac{\mu\dot{U}}{R_1}$ 与 R_1 的并联组合,成为只含一个独立节点的电路。利用节点分析很容易求解。

相关题:习题 4-53

8-42 已知某相量模型的节点电压法相量方程为 $(2-j1)\dot{U}_1-j3\dot{U}_2=10$,$-j3\dot{U}_1+4\dot{U}_2=-6$ 以及 $\omega=1\,000$ rad/s。求节点电压 $u_1(t)$、$u_2(t)$。(各相量均为振幅相量,省略下标 m。)

解

$$\dot{U}_1=\frac{\begin{vmatrix}10 & -j3\\ -6 & 4\end{vmatrix}}{\begin{vmatrix}2-j1 & -j3\\ -j3 & 4\end{vmatrix}}=\frac{40-j18}{17-j4}\ \mathrm{V}=\frac{43.86\angle -24.23^\circ}{17.46\angle -13.24^\circ}\ \mathrm{V}=2.51\angle -11^\circ\ \mathrm{V}$$

$$\dot{U}_2=\frac{\begin{vmatrix}2-j1 & 10\\ -j3 & -6\end{vmatrix}}{17.46\angle -13.24^\circ}=\frac{-12+j36}{17.46\angle -13.24^\circ}\ \mathrm{V}=\frac{37.95\angle 108.43^\circ}{17.46\angle -13.24^\circ}\ \mathrm{V}$$
$$=2.17\angle 121.67^\circ\ \mathrm{V}$$

$$u_1(t)=2.51\cos(1\,000t-11^\circ)\ \mathrm{V}$$
$$u_2(t)=2.11\cos(1\,000t+121.67^\circ)\ \mathrm{V}$$

注:由于本题已声明各相量为振幅相量,故由 $\dot{U}_1\to u_1(t)$,$\dot{U}_2\to u_2(t)$时,不必乘以$\sqrt{2}$。如无此声明,依照国内习惯,所得 $\dot{U}_1$、$\dot{U}_2$均为有效值相量,在求 $u_1(t)$、$u_2(t)$时均需乘以$\sqrt{2}$。

8-43 试作出上题可能的相量模型,并作出该角频率的时域模型。

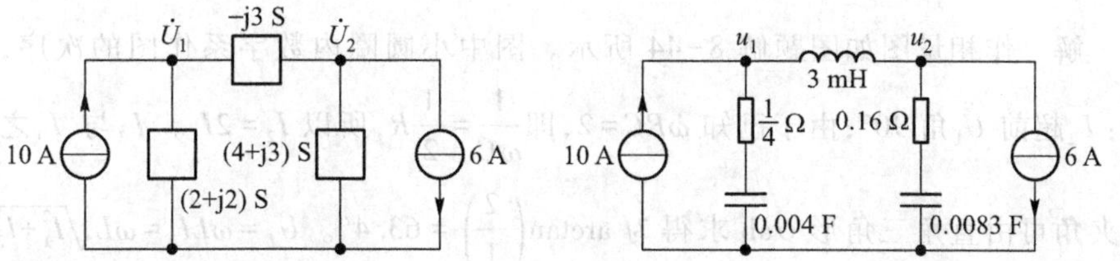

(a) 相量模型　　(b) 时域模型

图题解 8-43

解　(1) 相量模型如图题解 8-43(a)所示(用导纳表示元件)。

(2) $Z_1=\dfrac{1}{2+j2}\ \Omega=\dfrac{2-j2}{8}\ \Omega=(0.25-j0.25)\ \Omega$

电容 $C=\dfrac{1}{0.25\omega}=\dfrac{1}{0.25\times 1\,000}\ \mathrm{F}=0.004\ \mathrm{F}$

$Z_2=\dfrac{1}{-j3}\ \Omega=j3\ \Omega$

电感 $L=\dfrac{3}{\omega}=3\ \mathrm{mH}$

$Z_3=\dfrac{1}{4+j3}\ \Omega=\dfrac{4-j3}{25}\ \Omega=\left(\dfrac{4}{25}-j\,\dfrac{3}{25}\right)\ \Omega$

电容 $C=\dfrac{1}{\dfrac{3}{25}\times 1\ 000}\ \text{F}=\dfrac{1}{120}\ \text{F}=0.008\ 3\ \text{F}$

故得 $\omega=1\ 000\ \text{rad/s}$ 时的时域模型如图题解 8-43(b) 所示。

注:原相量模型可能已经过在该 ω 下的等效变换,故本题作出的时域模型只能认为适用于该频率。

8-44　相量模型如图题 8-29 所示,已知 $R=1\ \text{k}\Omega$、$\omega RC=2$,试以 $\dot{U}_1$ 为参考相量,用相量图法求满足 $\varphi=\psi_2-\psi_1=45°$ 所需的 ωL 值,ψ_1、ψ_2 分别为 $\dot{U}_1$、$\dot{U}_2$ 的初相角。

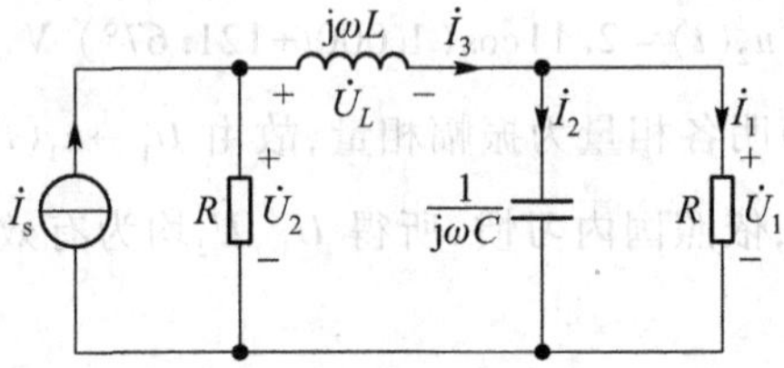

图题 8-29

解　作相量图如图题解 8-44 所示。图中小圆圈内数字系作图的次序,其中:$\dot{I}_2$ 超前 $\dot{U}_1$ 角 90°;由于已知 $\omega RC=2$,即 $\dfrac{1}{\omega C}=\dfrac{1}{2}R$,所以 $I_2=2I_1$。$\dot{I}_3$ 与 $\dot{I}_1$ 之间的夹角可由直角三角形 Oab 求得为 $\arctan\left(\dfrac{2}{1}\right)=63.4°$。$U_L=\omega LI_3=\omega L\sqrt{I_1^2+I_2^2}=\omega L\sqrt{I_1^2+(2I_1)^2}=\sqrt{5}\,\omega LI_1$。

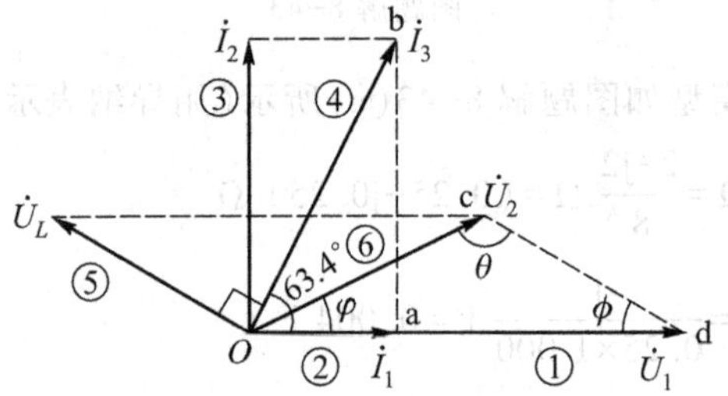

图题解 8-44

在 $\triangle Ocd$ 中,$\phi=180°-(90°+63.4°)=26.6°$,题意要求 $\varphi=45°$,于是 $\theta=180°-(45°+26.6°)=108.4°$。由正弦定理可得

$$\frac{U_L}{\sin\varphi}=\frac{U_1}{\sin\theta}$$

即
$$\frac{\sqrt{5}\,\omega L I_1}{\sin 45^\circ}=\frac{R I_1}{\sin 108.4^\circ}$$

得
$$\omega L=\frac{\sin 45^\circ}{\sin 108.4^\circ}\times\frac{R}{\sqrt{5}}=333\ \Omega$$

注:本题用相量图法较简便。

8-45 图题 8-30 所示电路在所示开关位置已工作于稳态。当 $u(t)$ 达到正的最大值时,开关投向 b,并以此为计算起点($t=0$),求 $u_0(t)$,$t\geqslant 0$。

解 (1) 开关在 a 位置,$\frac{1}{12}$ F 电容上稳态电压为 $u_{C\mathrm{m}}$。

$$\dot{U}_{C\mathrm{m}}=\frac{-\mathrm{j}6}{6-\mathrm{j}6}\cdot 1\angle 0^\circ\ \mathrm{V}=\frac{6\angle -90^\circ}{6\sqrt{2}\angle -45^\circ}\ \mathrm{V}=0.707\angle -45^\circ\ \mathrm{V}$$
$$u_C=0.707\cos(2t-45^\circ)\ \mathrm{V}$$

注:若已知量为瞬时值,求解量也为瞬时值,则在用相量法时,宜用振幅相量。否则,可能涉及先除以$\sqrt{2}$,最后又需乘以$\sqrt{2}$的运算过程。

(2) 开关合向 b 位置,电路如图题解 8-45 所示。由于开关在 $u(t)$ 达正最大值,即 $t=0$ 时合上,所以 $u_C(0)=[0.707\times\cos(-45^\circ)]\ \mathrm{V}=0.5\ \mathrm{V}$。

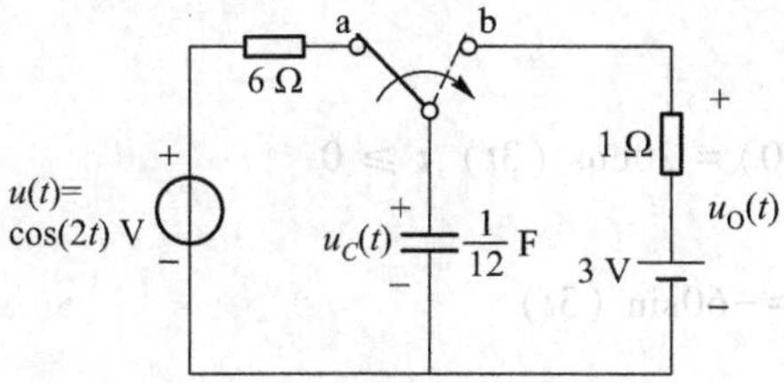

图题 8-30

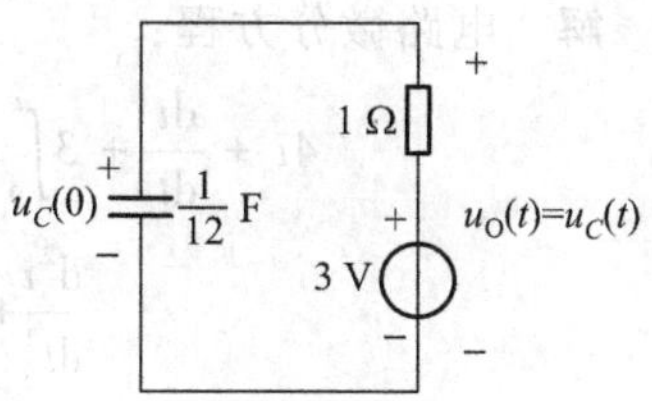

图题解 8-45

用三要素法。

$$u_C(0_+)=u_C(0_-)=0.5\ \mathrm{V}$$
$$u_C(\infty)=3\ \mathrm{V}$$
$$\tau=RC=\frac{1}{12}\ \mathrm{s}$$

$$u_C(t)=u_C(\infty)+[u_C(0_+)-u_C(\infty)]\mathrm{e}^{-\frac{t}{\tau}}=[3+(0.5-3)\mathrm{e}^{-12t}]\ \mathrm{V}$$
$$=(3-2.5\mathrm{e}^{-12t})\ \mathrm{V}=u_0(t)\quad t\geqslant 0$$

注:本题为求过渡过程问题(§8-1)。在求初始电压 $u_C(0)$ 时利用了相量法。

相关题:习题 6-36

8-40 再次求解图 8-3 所示 RC 电路的正弦响应,求稳态解须用相量法。

解　作出正弦稳态相量模型后，可得

$$\dot{U}_{\mathrm{Cm}}=\dot{U}_{\mathrm{Sm}}\frac{-j\dfrac{1}{\omega C}}{R-j\dfrac{1}{\omega C}}=\dot{U}_{\mathrm{Sm}}\frac{\mathrm{j}\left(-j\dfrac{1}{\omega C}\right)}{\mathrm{j}\left(R-j\dfrac{1}{\omega C}\right)}$$

$$=\dot{U}_{\mathrm{Sm}}\frac{\dfrac{1}{\omega C}}{\mathrm{j}R+\dfrac{1}{\omega C}}=\dot{U}_{\mathrm{Sm}}\frac{1}{\mathrm{j}R\omega C+1}$$

即
$$U_{\mathrm{Cm}}\angle\psi_u=\frac{U_{\mathrm{Sm}}\angle\psi}{\sqrt{1+R^2\omega^2C^2}\angle\arctan(\omega RC)}$$

由此可得教材(8-11a)和(8-11b)两式。

8-46　RLC 串联电路，$R=4\ \Omega$，$L=1\ \mathrm{H}$，$C=\dfrac{1}{3}\ \mathrm{F}$，外施电压 $u_{\mathrm{S}}(t)=20\cos(3t)\ \mathrm{V}$ 于 $t=0$ 时作用于电路，试确定使电路立即进入正弦稳态所需的初始条件 $u_{\mathrm{C}}(0)$ 和 $i(0)$。(试自行绘出电路图)

解　电路微分方程：

$$4i+\frac{\mathrm{d}i}{\mathrm{d}t}+3\int_0^t i\mathrm{d}t+u_{\mathrm{C}}(0)=20\cos(3t),t\geqslant 0 \qquad ①$$

$$\frac{\mathrm{d}^2i}{\mathrm{d}t^2}+4\frac{\mathrm{d}i}{\mathrm{d}t}+3i=-60\sin(3t)$$

特征方程：

$$s^2+4s+3=0$$

特征根：

$$s_1=-1,\quad s_2=-3$$

暂态响应

$$i_{\mathrm{h}}(t)=K_1\mathrm{e}^{-t}+K_2\mathrm{e}^{-3t}$$

用相量法求特解，振幅相量省去下标 m：

$$Z=4+\mathrm{j}3\times1-\mathrm{j}\frac{3}{3}=4+\mathrm{j}2=4.47\angle 26.6^\circ$$

$$\dot{U}_{\mathrm{S}}=20\angle 0^\circ$$

$$\dot{I}=\frac{\dot{U}_{\mathrm{S}}}{Z}=\frac{20\ \mathrm{V}}{4.47\angle 26.6^\circ\ \Omega}=4.47\angle -26.6^\circ\ \mathrm{A}$$

$$i_p = 4.47\cos(3t-26.6°)\ \text{A}$$

所以

$$i(t) = i_h(t) + i_p(t)$$
$$= K_1 e^{-t} + K_2 e^{-3t} + 4.47\cos(3t-26.6°)$$
$$i(0) = K_1 + K_2 + 4.47\cos(26.6°)$$
$$= K_1 + K_2 + 4 \quad ②$$

又

$$\left.\frac{di}{dt}\right|_0 = -K_1 - 3K_2 - |3.4|\sin(-26.6°)$$
$$= -K_1 - 3K_2 + 6 \quad ③$$

由①式可得 $t=0$ 时

$$4i(0) + \left.\frac{di}{dt}\right|_0 + u_C(0) = 20$$

$$\left.\frac{di}{dt}\right|_0 = 20 - 4i(0) - u_C(0) \quad ④$$

由③、④可得

$$-K_1 - 3K_2 = 14 - 4i(0) - u_C(0) \quad ⑤$$

为使暂态响应项为零，应使 K_1、K_2 均为零，根据②、⑤两式可求得

$$i(0) = 4\ \text{A}, \quad u_C(0) = -2\ \text{V}$$

8-47 LC 串联电路中，$L=0.5$ H、$C=0.5$ F，正弦电源 $u_S(t)=\sin 2t$ V，已知 $u_C(0)=1$ V、$i(0)=2$ A，$u_S(t)$ 在 $t=0$ 时接入电路。求 $u_C(t)$，$t\geqslant 0$。

解 见图题解 8-47，(1) 列微分方程，由 KVL 得

$$u_L + u_C = u_S, \quad t \geqslant 0$$

$$\text{VCR} \quad u_L = L\frac{di}{dt} = LC\frac{d^2u_C}{dt^2}$$

所以

$$LC\frac{d^2u_C}{dt^2} + u_C = \sin 2t$$

$$0.25\frac{d^2u_C}{dt^2} + u_C = \sin 2t$$

$$\frac{d^2u_C}{dt^2} + 4u_C = 4\sin 2t$$

$$u_C(0) = 1\ \text{V}、\left.\frac{du_C}{dt}\right|_0 = \frac{1}{C}i(0) = 4\ \text{V/s}$$

(2) 求齐次方程解（补解）：

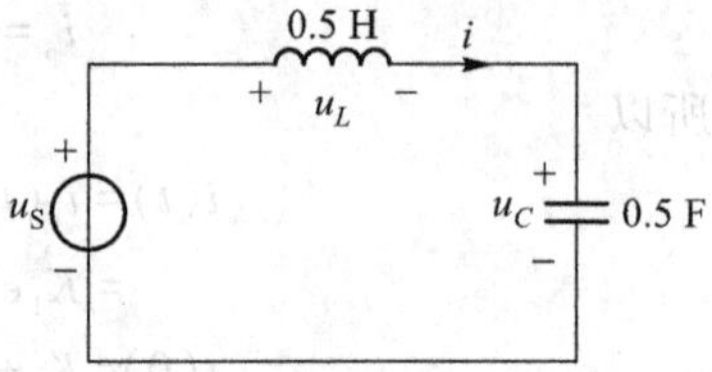

图题解 8-47

特征方程为

$$s^2+4=0$$

特征根

$$s=\pm j2$$

补解形式

$$u_{Ch}(t)=K_1\cos 2t+K_2\sin 2t \qquad ①$$

K_1、K_2 留待求得特解、从而得到微分方程解答后再行确定。①式所示的解答并不能随着 t 的增长而消去,可称为固有响应解而非瞬态响应解。

(3) 求特解。

这是本题特别要注意之处。由于微分方程右端正弦激励的角频率为 2 rad/s,而特征根恰好为 j2,故特解的形式应为

$$Q_1t\cos 2t+Q_2t\sin 2t$$

此解答形式可视作教材表 6-4 的一项补充。求解答需用待定系数法确定常数 Q_1 和 Q_2。代入微分方程得

$$\frac{d^2}{dt^2}(Q_1t\cos 2t+Q_2t\sin 2t)+4\frac{d}{dt}(Q_1t\cos 2t+Q_2t\sin 2t)=4\sin 2t$$

可解得

$$Q_1=-1,\quad Q_2=0$$

即

$$u_{Cp}(t)=-t\cos 2t$$

这一解答为强迫响应解而非稳态响应解,无法用相量法求得。

(4) 微分方程解为

$$u_C(t)=u_{Ch}(t)+u_{Cp}(t)=K_1\cos 2t+K_2\sin 2t-t\cos 2t \qquad ②$$

由初始条件 $u_C(0)=1$ V 可得 $K_1=1$。

又由②式可得

$$\left.\frac{du_C}{dt}\right|_0=2K_2-1$$

由初始条件 $\left.\frac{du_C}{dt}\right|_0=4$ V/s,可得

$$2K_2-1=4$$

$$K_2=2.5$$

因此,所求响应为

$$u_C(t)=\cos 2t+2.5\sin 2t-t\cos 2t \text{ V}$$

本电路无正弦稳态响应。

注:本题不能用相量法求特解(可自行一试)。本题电路特征根为纯虚数

$j\omega$，且 ω 恰与外施正弦电压 u_S 的角频率一致，均为 2 rad/s。参阅教材（下）p.116 或《简明电路分析基础》p.504 的脚注，即使用相量法的条件。还可参阅：葛守仁著，林争辉译《电路基本理论》人民教育出版社、1979，第七章，3.2 节。

第九章

正弦稳态功率和能量　三相电路

本章要点

1. 按照教材的安排，正弦稳态部分的教学，分为三个阶段进行。第一阶段：引入相量模型，强调类比运用（已熟悉的）电阻电路的解法。此时，可明确正弦稳态电路分析问题的一般特征，建立起既要求解振幅（有效值）又要求解初相的概念，认识到使用复数的必要性——“一个顶俩”。重点在求解电压、电流的瞬时值问题，目标单纯。这样，也能起到为电子信息技术所需的多频正弦稳态电路（含非正弦同期性激励情况）分析奠定基础的作用。涉及第八章大部分内容。在全面认识正弦稳态分析特征的基础上，进入第二阶段。学习有一定应用价值的只求有效值和只求相位的两类特殊问题，由此引入相量法中除解析法外的另一“子方法”——相量图法。有了第一阶段中得到的体会，就能正确处理这两类问题。求解的对象虽只是有效值，却不能脱离相位关系；求解的对象虽只是相位关系，却也离不开有效值大小的影响。有效值代数相加是初学者易犯的错误！

2. 单一频率正弦稳态功率、能量的分析，多频正弦稳电路的分析和含互感电压电路的分析则是在第三阶段所应解决的三个问题，问题的关键在于如何继续使用相量法。还能继续类比电阻电路解法么？这便是本章和下两章要解决的问题，见教材（下）P262 § B-5-6。

3. 电阻电路中电压与电流的乘积是功率，在正弦稳态电路中电压相量与电流相量的乘积则没有任何物理意义！但复功率 $\tilde{S}$ 的提出却部分地解决了功率问题在相量法中的延伸。复功率

$$\tilde{S}=\dot{U}\dot{I}^{*}=P+\mathrm{j}Q$$

引用电流共轭相量 $\dot{I}^{*}$，巧妙地得出了平均功率 P 和无功功率 Q。然而，它的“反变换”却不是瞬时功率。虽然也存在复功率守恒这一重要规律，但它只是一个计算工具，有些教材并不提它。因此

$$P=UI\cos(\psi_u-\psi_i)$$

在功率问题中成为天字第一号的重要公式。通常,通过相量模型算得电压、电流有效值相量 $\dot{U}=U\angle\psi_u$, $\dot{I}=I\angle\psi_i$ 后,再提取 U、I、ψ_u 和 ψ_i,就可完成功率 P 的计算,无功功率 Q、视在功率 S 和功率因数 λ 的计算也可得到解决。

4. 对于教材正弦稳态部分的安排,可参看《电子电气课程报告论坛论文集2009》(杭州)李瀚荪:教材·讲稿——实例之二"正弦稳态电路分析"的一种教学方案。

习题解答

除非特别声明,本章习题中所给相量均为有效值相量。

§9-1　电阻的平均功率

9-1　流过 100 Ω 的电流为 $10\,|\cos(10t)|$ mA。求平均功率 P。

解
$$P=I^2R=\left[\left(\frac{10\times10^{-3}}{\sqrt{2}}\right)^2\times100\right]\ \text{W}=5\ \text{mW}$$

9-2　电压 $u(t)=10\cos(100t)-20\cos(100t+30^\circ)$ V 施加于 10 Ω 电阻,求电阻的平均功率。

解
$$\dot{U}_m=(10\angle0^\circ-20\angle30^\circ)\ \text{V}=(10-17.32-\text{j}10)\ \text{V}$$
$$=(-7.32-\text{j}10)\ \text{V}=12.39\angle-126.2^\circ\ \text{V}$$
$$U=\frac{U_m}{\sqrt{2}}=\frac{12.39}{\sqrt{2}}\ \text{V}=8.76\ \text{V}$$
$$P=\frac{U^2}{R}=\frac{76.78}{10}\ \text{W}=7.68\ \text{W}$$

或　$\dot{U}=\left(\dfrac{10}{\sqrt{2}}-\dfrac{20}{\sqrt{2}}\angle30^\circ\right)\ \text{V}=8.76\angle-126.2^\circ\ \text{V}$,　$P=\dfrac{8.76^2}{10}\ \text{W}=7.68\ \text{W}$

注:本题已知正弦电压的瞬时值表示式,需求其有效值,而瞬时值由两项同频率的正弦量表示,需先合并成一项后再做。合并时用振幅相量或有效值相量进行运算均可。解答中两种合并方式并列。

注意不要误解作 $U=\dfrac{10}{\sqrt{2}}+\dfrac{20}{\sqrt{2}}$ 或 $U=\dfrac{10}{\sqrt{2}}-\dfrac{20}{\sqrt{2}}$ 或 $\sqrt{\left(\dfrac{10}{\sqrt{2}}\right)^2+\left(\dfrac{20}{\sqrt{2}}\right)^2}$。

相关题:习题 8-3(a)、8-6

§9-2 电感、电容的平均储能

9-3　正弦波 $f(t)$ 及其供给元件的能量 $w(t)$ 如图题 9-1 所示。试确定元件的性质及参数，若：(1) $f(t)=u(t)$，单位为 V；(2) $f(t)=i(t)$，单位为 A。

解　(1) 若 $f(t)=u(t)$，从图中 $w(t)$ 波形看出该元件的能量曲线按 $2w$ 规律周期变化，是一个储能元件。由 $w(t)$ 与 $u(t)$ 的关系看出，该元件是电容元件，得

$$w(t)=\frac{1}{2}Cu^2(t)$$

而平均储能　$$W=\frac{1}{2}CU^2$$

则　$$C=\frac{2\times\frac{1}{2}\times10^{-3}}{\left(\frac{5}{\sqrt{2}}\right)^2}\ \text{F}=80\ \mu\text{F}$$

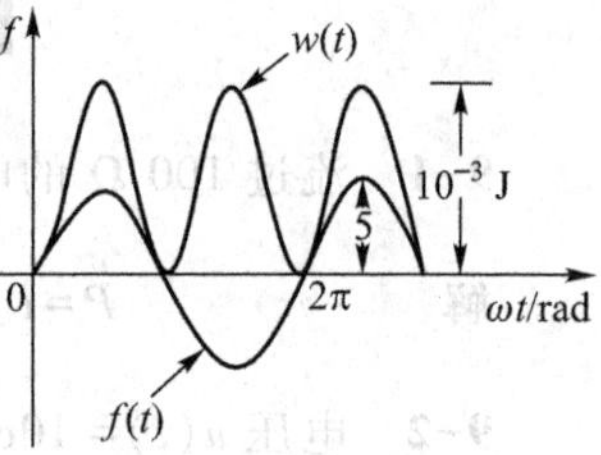

图题 9-1

(2) 若 $f(t)=i(t)$，同理可知该元件应是电感，得 $w(t)=\frac{1}{2}Li^2(t)$。

而平均储能　$$W=\frac{1}{2}LI^2$$

$$L=\frac{2\times\frac{1}{2}\times10^{-3}}{\left(\frac{5}{\sqrt{2}}\right)^2}\ \text{H}=80\ \mu\text{H}。$$

9-4　电路如图题 9-2 所示，已知 $i_S(t)=\cos t$ A，试计算稳态时：(1) 电感储能的平均值；(2) 电容储能的平均值；(3) 在一循环内电阻消耗的能量（$t=0$ 到 $t=2\pi$）。

解　采用振幅相量，$\dot{I}_{sm}=1\angle 0°$ A。

画出相量模型如图题解 9-4 所示，由分流关系得

$$\dot{I}_{1m}=\left(\frac{-j1}{0.1+j1-j1}\times1\angle 0°\right)\ \text{A}=10\angle -90°\ \text{A}$$

$$\dot{I}_{2m}=\left(\frac{0.1+j1}{0.1+j1-j1}\times1\angle 0°\right)\ \text{A}=10.06\angle 84.3°\ \text{A}$$

$$\dot{U}_m=-j\dot{I}_{2m}=10.06\angle -5.7°\ \text{V}$$

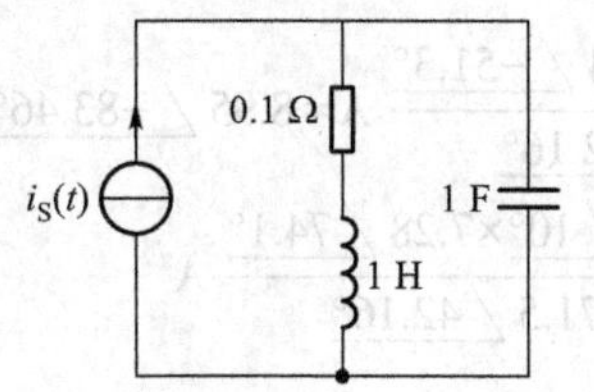

图题 9-2

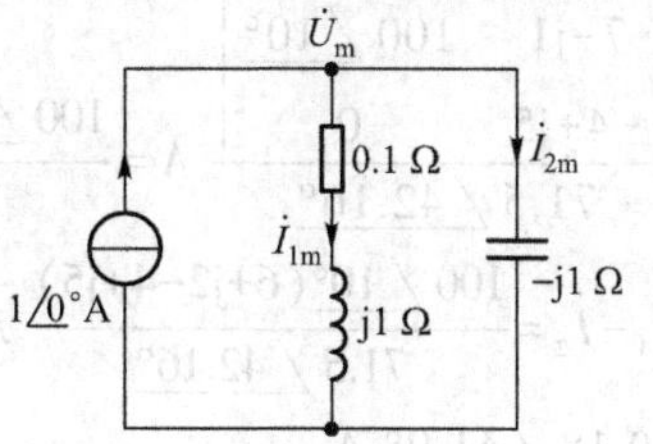

图题解 9-4

所以 $W_L=\frac{1}{2}LI_1^2=\left[\frac{1}{2}\times1\times(10/\sqrt{2})^2\right]\text{ J}=25\text{ J}$

$$W_C=\frac{1}{2}CU^2=\left[\frac{1}{2}\times1\times(10.06/\sqrt{2})^2\right]\text{ J}=25.25\text{ J}$$

$$W_R=Pt=I_1^2R\times2\pi=\left[(10/\sqrt{2})^2\times0.1\times2\pi\right]\text{ J}=31.41\text{ J}$$

注:本题采用振幅相量运算,最后再除以$\sqrt{2}$得出有效值,似可避免过早除以$\sqrt{2}$(无理数)带来的运算误差积累。在运算过程复杂时尤其如此。

9-5　电路如图题 9-3 所示,试求两电感的无功功率 Q_{L1} 和 Q_{L2},电容的无功功率,并求电路总的磁场储能平均值,电场储能平均值。已知 $\omega=1$ rad/s,电源电压有效值相量 $\dot{U}_s$ 为 $100\underline{/10^\circ}$ V。

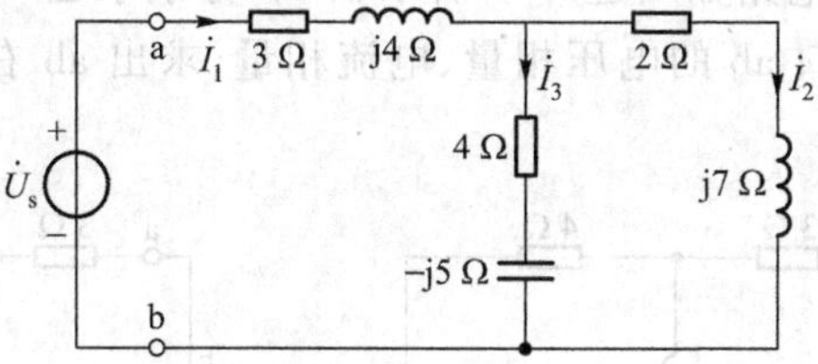

图题 9-3

解　用网孔法。

$$(3+j4+4-j5)\dot{I}_1-(4-j5)\dot{I}_2=100\underline{/10^\circ}$$

$$-(4-j5)\dot{I}_1+(4-j5+2+j7)\dot{I}_2=0$$

整理得

$$(7-j1)\dot{I}_1-(4-j5)\dot{I}_2=100\underline{/10^\circ}$$

$$-(4-j5)\dot{I}_1+(6+j2)\dot{I}_2=0$$

$$\dot{I}_1=\frac{\begin{vmatrix}100\underline{/10^\circ} & -4+j5\\ 0 & 6+j2\end{vmatrix}}{\begin{vmatrix}7-j1 & -4+j5\\ -4+j5 & 6+j2\end{vmatrix}}\text{ A}=\frac{100\underline{/10^\circ}\times6.32\underline{/18.3^\circ}}{71.5\underline{/42.16^\circ}}\text{ A}=8.84\underline{/-13.86^\circ}\text{ A}$$

$$\dot{I}_2=\frac{\begin{vmatrix}7-j1 & 100\angle 10^\circ\\ -4+j5 & 0\end{vmatrix}}{71.5\angle 42.16^\circ}\ \text{A}=\frac{100\angle 10^\circ\times 6.4\angle -51.3^\circ}{71.5\angle 42.16^\circ}\ \text{A}=8.95\angle -83.46^\circ\ \text{A}$$

$$\dot{I}_3=\dot{I}_1-\dot{I}_2=\frac{100\angle 10^\circ(6+j2-4+j5)}{71.5\angle 42.16^\circ}\ \text{A}=\frac{100\angle 10^\circ\times 7.28\angle 74.1^\circ}{71.5\angle 42.16^\circ}\ \text{A}$$

$$=10.18\angle 41.9^\circ\ \text{A}$$

$$Q_{L1}=I_1^2X_{L_1}=(8.84^2\times 4)\ \text{var}=312.6\ \text{var}$$

$$Q_{L2}=I_2^2X_{L_2}=(8.95^2\times 7)\ \text{var}=560.7\ \text{var}$$

$$Q_C=-I_3^2X_C=(10.18^2\times 5)\ \text{var}=-518\ \text{var}$$

$$W_L=\frac{1}{2}L_1I_1^2+\frac{1}{2}L_2I_2^2=\left(\frac{1}{2}\times 4\times 8.84^2+\frac{1}{2}\times 7\times 8.95^2\right)\ \text{J}=436.6\ \text{J}$$

$$\dot{U}_C=\dot{I}_3(-j5\ \Omega)=(10.18\angle 41.9^\circ\times 5\angle -90^\circ)\ \text{V}=50.9\angle -48.1^\circ\ \text{V}$$

$$W_C=\frac{1}{2}CU_C^2=\left(\frac{1}{2}\times 0.2\times 50.9^2\right)\ \text{J}=259.1\ \text{J}$$

§9-3 单口网络的平均功率

9-6 正弦稳态电路如图题 9-4 所示，(1) 分别求出 4 Ω 和 3 Ω 电阻的平均功率；(2) 试由端口 ab 的电压相量、电流相量，求出 ab 右侧单口网络的平均功率。

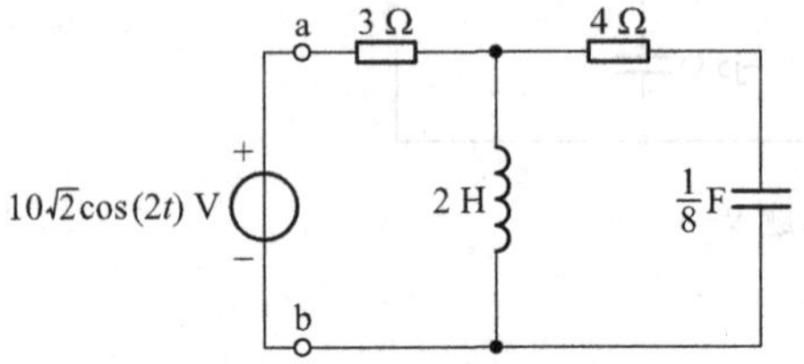

图题 9-4

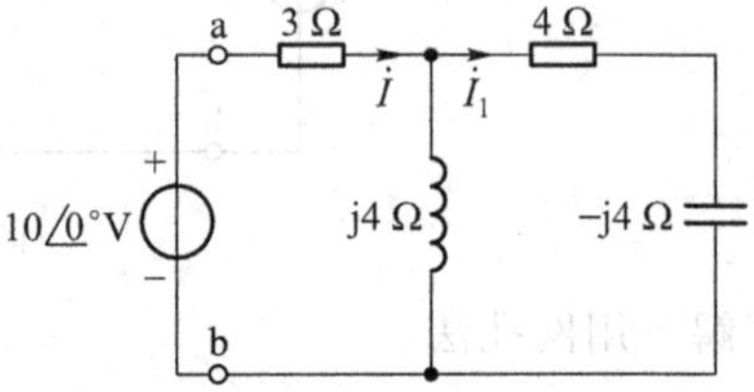

图题解 9-6(1)

解 (1) 作相量模型如图题解 9-6(1)所示。

单口网络的阻抗 Z_{ab} 为

$$\left[3+\frac{j4(4-j4)}{j4+4-j4}\right]\ \Omega=(3+4+j4)\ \Omega=(7+j4)\ \Omega=8.062\angle 29.74^\circ\ \Omega$$

可求得电流为

$$\dot{I}=\frac{10\angle 0^\circ}{8.062\angle 29.74^\circ}\ \text{A}=1.24\angle -29.74^\circ\ \text{A}$$

$$I=1.24\ \text{A}$$

根据分流规律

$$\dot{I}_1=\dot{I}\left(\frac{\mathrm{j}4}{4-\mathrm{j}4+\mathrm{j}4}\right)=\mathrm{j}\,\dot{I}$$

故知

$$I_1=I=1.24\ \mathrm{A}$$

$$4\ \Omega\ 电阻的平均功率=I_1^2\times 3\ \Omega=(1.24)^2\times 3\ \mathrm{W}=4.61\ \mathrm{W}$$

$$3\ \Omega\ 电阻的平均功率=I^2\times 4\ \Omega=(1.24)^2\times 4\ \mathrm{W}=6.15\ \mathrm{W}$$

故得

$$P=(4.61+6.15)\ \mathrm{W}=10.76\ \mathrm{W}$$

此即单口网络消耗的平均功率。

(2) 该单口网络端口电压和端口电流的有效值分别为 10 V 和 1.24 A,两者数值的乘积为 12.4,大于平均功率的正确结果的瓦特数 10.76!

如果作出该单口网络的等效相量模型,便可解释何以乘积 UI 并非平均功率。

由 $Z_{ab}=(7+\mathrm{j}4)\ \Omega$ 可知,图题解 9-6(2)(a)所示单口网络的等效相量模型是由阻抗 $Z_R=7\ \Omega$ 和阻抗 $Z_L=\mathrm{j}4\ \Omega$ 串联组成的。因此,在计算时,如果采用整个电路的电压,就会把对平均功率并无贡献的电感电压包含在内,其结果显然会大于正确数值。

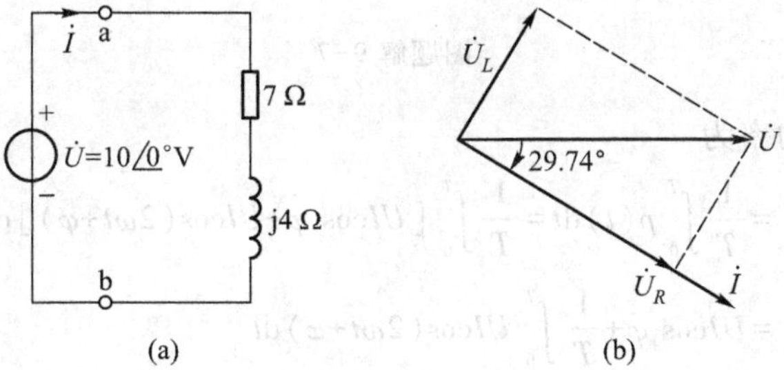

图题解 9-6(2)

正确算法应为

$$P=IU\cos\varphi=1.24\times 10\cos 29.74°\ \mathrm{W}=10.76\ \mathrm{W}$$

其中 10cos 29.76°为电阻电压 U_R,见图题解 9-6(2)(b)。

注:本题可从物理概念上说明 $P=UI\cos\varphi$ 这一重要公式。下题则从数学推理上说明这一公式。

9-7 已知图题 9-5 所示电路中无源单口网络 N_0 由电源 G 供电,已知

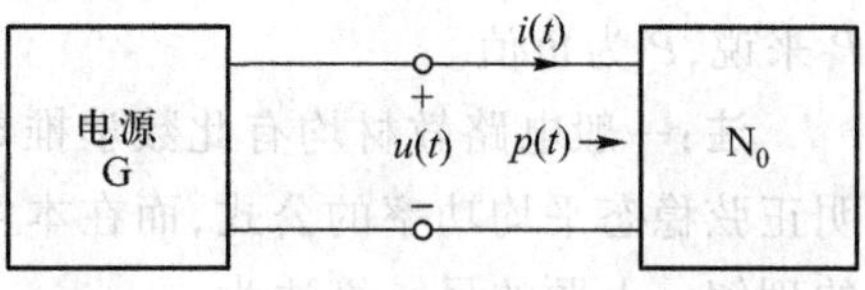

图题 9-5

$u(t)=U_m\cos(\omega t+\varphi)$，$i(t)=I_m\cos(\omega t)$，试求瞬时功率 $p(t)$；$p(t)$ 的周期与 $u(t)$、$i(t)$ 周期的关系；绘 $p(t)$ 波形图；平均功率 P。

在什么情况下，功率波形图，在一整个循环内 $p<0$ 部分可能大于 $p>0$ 部分？

解 （1）$p(t)=u(t)i(t)=U_m\cos(\omega t+\varphi)I_m\cos(\omega t)$

$$=\frac{1}{2}U_mI_m[\cos(2\omega t+\varphi)+\cos\varphi]$$

$$=UI[\cos(2\omega t+\varphi)+\cos\varphi]$$

（2）由 $p(t)$ 的表示式可知，$p(t)$ 由两部分组成，其一为常数项 $UI\cos\varphi$，另一为以 2ω 波动的余弦项。且知，$p(t)$ 的周期为 u 或 i 周期的一半。其波形图如图题解 9-7 所示，$p(t)$ 的余弦项在常数项 $UI\cos\varphi$ 处上下波动，其波动幅度为 UI。

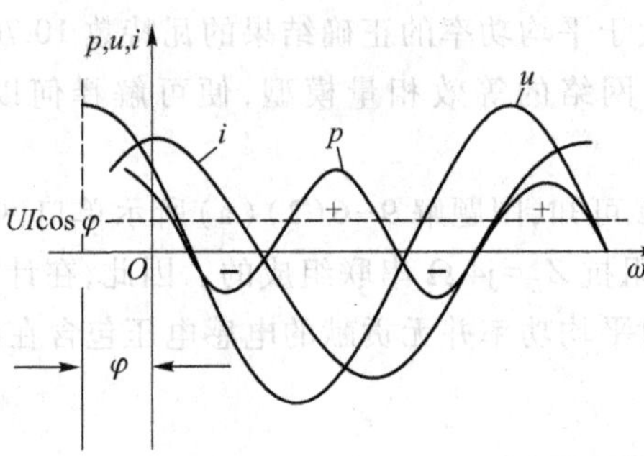

图题解 9-7

（3）平均功率为

$$P=\frac{1}{T}\int_0^T p(t)\,\mathrm{d}t=\frac{1}{T}\int_0^T[UI\cos\varphi+UI\cos(2\omega t+\varphi)]\,\mathrm{d}t$$

$$=UI\cos\varphi+\frac{1}{T}\int_0^T UI\cos(2\omega t+\varphi)\,\mathrm{d}t$$

$$=UI\cos\varphi$$

（4）当 $UI\cos\varphi$ 为负值，即在波形图上，$UI\cos\varphi$ 在纵坐标下方时，$p<0$ 的部分可以大于 $p>0$ 的部分。因为计算 $p(t)$ 时，系按 $u(t)$、$i(t)$ 为关联参考方向计算，若 $p(t)<0$ 部分大于 $p(t)>0$ 部分，表示产生的功率多于吸收的功率。当单口网络 N_0 内部含有受控源或负电阻，即 N_0 为有源网络时，有此情况。从平均功率 P 来说，P 为负值。

注：一般电路教材均有此数学推导内容，本教材通过习题 9-6 的具体例子说明正弦稳态平均功率的公式，而在本习题作数学推导。这样，也许能加强对该式的理解。上题的另一算法为

$$P=UI\cos\varphi=(10\ \text{V})(1.24\ \text{A})\cos 29.74°=10.76\ \text{W}。$$

9-8 求图题 9-6 所示电路的功率：(1) 由两电阻的功率求得；(2) 由电源提供的功率求得。已知 $\dot{U}_s=12\underline{/60^\circ}$ V。

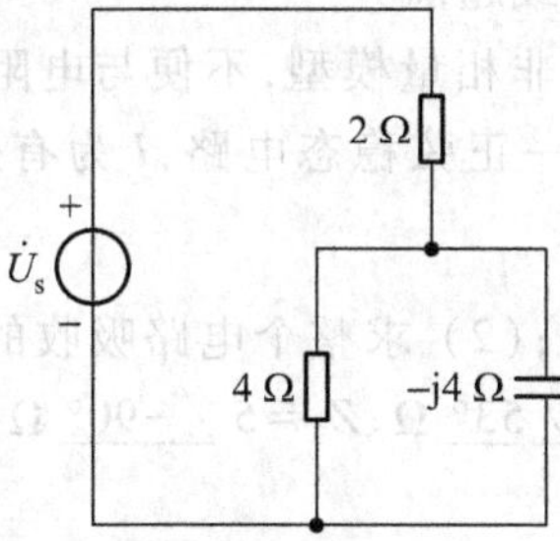

图题 9-6

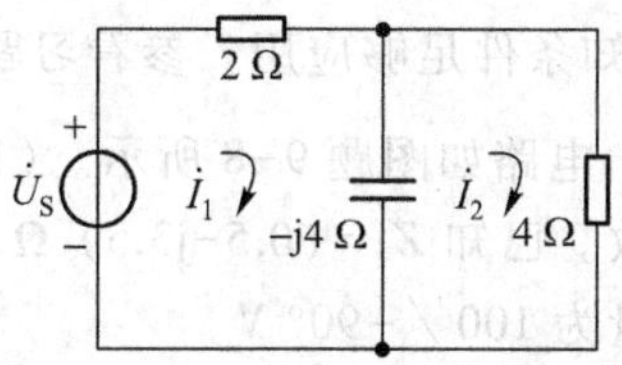

图题解 9-8

解 将电路改画成图题解 9-8；列网孔方程

$$(2-j4)\dot{I}_1-(-j4)\dot{I}_2=12\underline{/60^\circ}$$

$$-(-j4)\dot{I}_1+(4-j4)\dot{I}_2=0$$

得

$$\dot{I}_1=(1+j1)\dot{I}_2$$

$$[(2-j4)(1+j1)+j4]\dot{I}_2=12\underline{/60^\circ}$$

$$\dot{I}_2=\frac{12\underline{/60^\circ}}{6+j2}\text{ A}=\frac{12\underline{/60^\circ}}{6.32\underline{/18.4^\circ}}\text{ A}$$

$$=1.9\underline{/41.6^\circ}\text{ A}$$

$$\dot{I}_1=(1+j1)\dot{I}_2=(\sqrt{2}\underline{/45^\circ}\times1.9\underline{/41.6^\circ})\text{ A}=2.69\underline{/86.6^\circ}\text{ A}$$

$$P_{2\,\Omega}=I_1^2\times2=(2.69^2\times2)\text{ W}=14.44\text{ W}$$

$$P_{4\,\Omega}=I_2^2\times4=(1.9^2\times4)\text{ W}=14.44\text{ W}$$

电容功率为零。

所以电路的功率为 $P=P_{2\,\Omega}+P_{4\,\Omega}=28.88\text{ W}$

电源提供的功率为

$$P_u=UI_1\cos\varphi=[12\times2.69\cos(60^\circ-86.6^\circ)]\text{ W}=28.86\text{ W}$$

此即为电路的功率，与各电阻的功率和一致。

注：如所给电源的 $12\underline{/60^\circ}$ V 为振幅相量则答案为以上结果的 $\frac{1}{2}$。按我国惯例，所给相量均指有效值相量。

相关题：习题 9-6

9-9 电路如图题 9-7 所示，电流 $I=5$ A，求电路的 P，S 和 λ。

解 $P=I^2R=[5^2\times(6+3)]\text{ W}=225\text{ W}$

$$Q=I^2X=[5^2\times(-6-3+4)]\ \text{var}=-125\ \text{var}$$

$$S=P-\text{j}Q=(225-\text{j}125)\ \text{V}\cdot\text{A}=257\angle -29^\circ\ \text{V}\cdot\text{A}$$

$$\lambda=\cos(-29^\circ)=0.875(\text{电容性或超前})$$

注:本题给出的电路图既非时域模型,也非相量模型,不便与电阻电路作类比(§8-8)。但由使用 X_C 参数,可知系表示一正弦稳态电路,I 为有效值,就所求各项,已知条件足够应用。参看习题 8-37。

9-10　电路如图题 9-8 所示。(1) 求 $\dot{I}$;(2) 求整个电路吸收的平均功率和功率因数。已知 $Z_1=(0.5-\text{j}3.5)\ \Omega$、$Z_2=5\angle 53^\circ\ \Omega$、$Z_3=5\angle -90^\circ\ \Omega$,电源电压有效值相量为 $100\angle -90^\circ$ V。

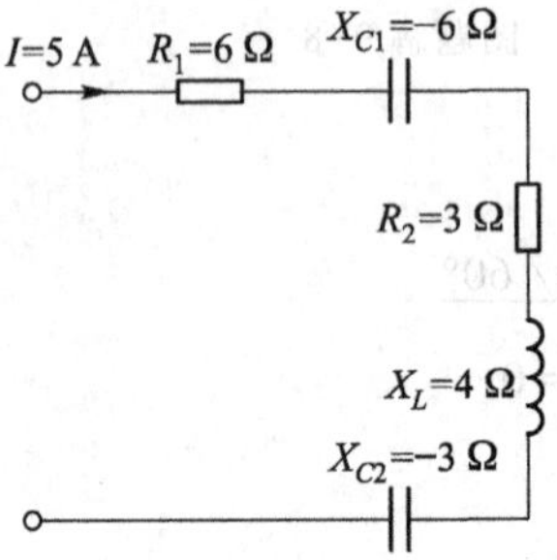

图题 9-7

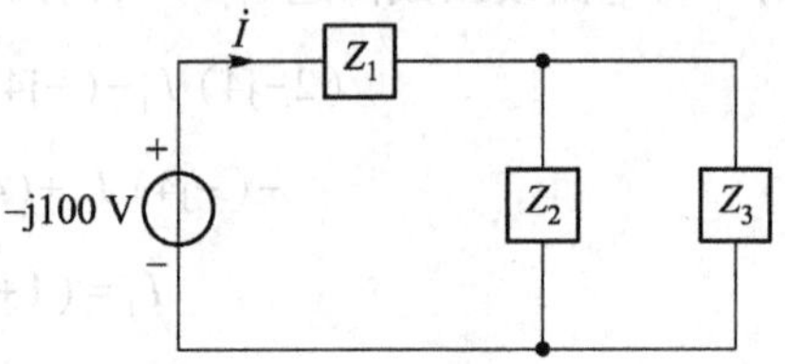

图题 9-8

解　(1)

$$Z_2/\!/Z_3=\frac{Z_2Z_3}{Z_2+Z_3}=\frac{5\angle 53^\circ\times 5\angle -90^\circ}{5\angle 53^\circ+5\angle -90^\circ}\ \Omega$$

$$=\frac{25\angle -37^\circ}{3+\text{j}4-\text{j}5}\ \Omega=\frac{20-\text{j}15}{3-\text{j}}\ \Omega=(7.5-\text{j}2.5)\ \Omega$$

$$Z=Z_1+Z_2/\!/Z_3=(0.5-\text{j}3.5+7.5-\text{j}2.5)\ \Omega$$

$$=(8-\text{j}6)\ \Omega=10\angle -36.9^\circ\ \Omega$$

$$\dot{I}=\frac{100\angle -90^\circ}{Z}=\frac{100\angle -90^\circ}{10\angle -36.9^\circ}=10\angle -53.1^\circ\ \text{A}$$

(2) $P=I^2R=(10^2\times 8)\ \text{W}=800\ \text{W}$

$$\lambda=\cos\varphi_Z=\cos(-36.9^\circ)=0.8(\text{电容性})$$

9-11　电路如图题 9-9 所示,试求每个电源的功率,并指出每一电源对电路是提供功率还是吸收功率?已知:$\dot{U}_1=100\angle 60^\circ$ V,$\dot{U}_2=100\angle 0^\circ$ V。

解　在网孔中设网孔电流 $\dot{I}_1$和 $\dot{I}_2$均为顺时针方向(请自己注明),列网孔方程

$$(\text{j}5-\text{j}10)\dot{I}_1+\text{j}10\dot{I}_2=100\angle 60^\circ$$

$$\text{j}10\dot{I}_1+(\text{j}5-\text{j}10)\dot{I}_2=-100\angle 0^\circ$$

整理得

$$-\mathrm{j}5\dot{I}_1+\mathrm{j}10\dot{I}_2=100\angle 60^\circ$$

$$\dot{I}_1=\frac{\begin{vmatrix}100\angle 60^\circ & \mathrm{j}10\\ -100 & -\mathrm{j}5\end{vmatrix}}{\begin{vmatrix}-\mathrm{j}5 & \mathrm{j}10\\ \mathrm{j}10 & -\mathrm{j}5\end{vmatrix}}\ \mathrm{A}=\frac{500\angle -30^\circ+\mathrm{j}1\ 000}{-25+100}\ \mathrm{A}=\frac{433-\mathrm{j}250+\mathrm{j}1\ 000}{75}\ \mathrm{A}$$

$$=\frac{433+\mathrm{j}750}{75}\ \mathrm{A}=\frac{866\angle 60^\circ}{75}\ \mathrm{A}=11.55\angle 60^\circ\ \mathrm{A}$$

$$\dot{I}_2=\frac{\begin{vmatrix}-\mathrm{j}5 & 100\angle 60^\circ\\ \mathrm{j}10 & -100\end{vmatrix}}{75}\ \mathrm{A}=\frac{\mathrm{j}500-1\ 000\angle 150^\circ}{75}\ \mathrm{A}=\frac{\mathrm{j}500+866-\mathrm{j}500}{75}\ \mathrm{A}$$

$$=11.55\angle 0^\circ\ \mathrm{A}$$

$$P_{U_1}=-U_1I_1\cos(\varphi_u-\varphi_i)=[-100\times 11.55\cos(60^\circ-60^\circ)]\ \mathrm{W}$$

$$=-1\ 155\ \mathrm{W}(\text{提供})$$

$$P_{U_2}=U_2I_2\cos(\varphi_u-\varphi_i)=(100\times 11.55\cos 0^\circ)\ \mathrm{W}=1\ 155\ \mathrm{W}(\text{吸收})$$

注:计算 P 的符号规律与电阻电路相同。U、I 参考方向一致时,计算结果的正、负也分别表明吸收(接受)或提供(产生)。(上册 P9,下册 P68)

相关题:习题 1-3

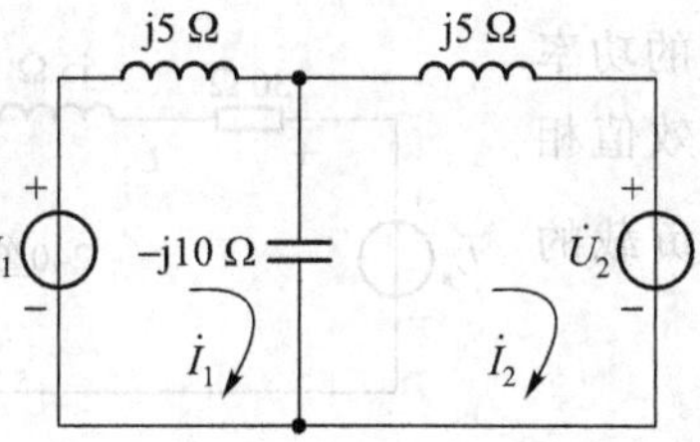

图题 9-9

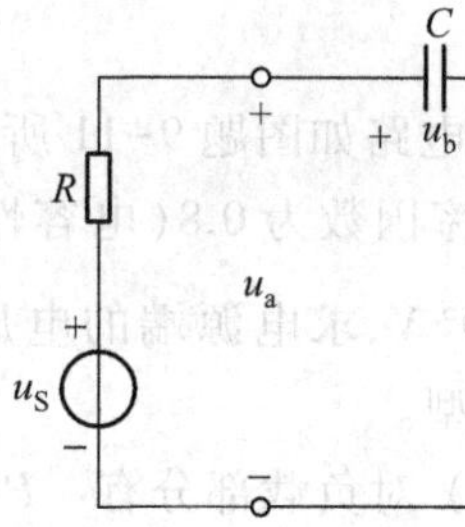

图题 9-10

9-12　电路如图题 9-10 所示。已知

$$u_a(t)=10\sin(1\ 000t+60^\circ)\ \mathrm{V},\quad u_b(t)=5\sin(1\ 000t-30^\circ)\ \mathrm{V}$$

电容的阻抗为-j10 Ω。试计算单口网络 N_0 的阻抗及吸收的功率。

解　网络 N 的阻抗为 Z,则

$$Z=\frac{\dot{U}_a-\dot{U}_b}{\dot{I}}=\frac{\dot{U}_a-\dot{U}_b}{\dfrac{\dot{U}_b}{-\mathrm{j}10}}=-\mathrm{j}10\left(\frac{\dot{U}_a}{\dot{U}_b}-1\right)=-\mathrm{j}10\left(\frac{10\angle 60^\circ}{5\angle -30^\circ}-1\right)\ \Omega$$

$$=(20+\mathrm{j}10)\ \Omega$$

采用有效值相量

$$\dot{I}=\frac{\dot{U}_b}{-j10\ \Omega}=\frac{\frac{5}{\sqrt{2}}\angle -30^\circ}{10\angle -90^\circ}\ A=\frac{0.5}{\sqrt{2}}\angle 60^\circ\ A$$

$$P=I^2R=\left[\left(\frac{0.5}{\sqrt{2}}\right)^2\times 20\right]\ W=2.5\ W$$

注：本题给定的是电压瞬时值。用相量法时可用有效值相量（如题解），也可用振幅相量。这是一个先除以$\sqrt{2}$还是后除以$\sqrt{2}$的问题。参看习题 9-5 注。

9-13　输电线的阻抗为（0.08+j0.25）Ω，用它来传送功率给负载。负载为电感性，其电压有效值相量为 220$\angle 0^\circ$ V，功率为 12 kW。已知输电线的功率损失为 560 W，试求负载的功率因数角。

解　设电路中电流为 $\dot{I}$，对输电线部分有 $P_1=I^2R_1$，则

$$I=\sqrt{\frac{560}{0.08}}\ A=83.67\ A$$

对负载部分有

$$P_2=U_2I\cos\varphi$$

$$\cos\varphi=\frac{12\times10^3}{220\times83.67}=0.652$$

所以

$$\varphi=49.31^\circ$$

9-14　电路如图题 9-11 所示，负载 Z_L的功率为 2 kW，功率因数为 0.8（电容性），电压有效值相量为 240$\angle 0^\circ$ V，求电源端的电压 $\dot{U}_s$，并求负载的等效相量模型。

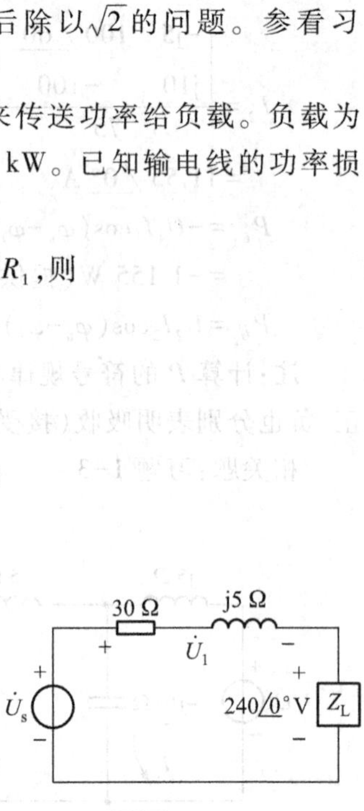

图题 9-11

解　（1）对负载部分有　$P=UI\cos\varphi$

所以　$I=\frac{P}{U\cos\varphi}=\frac{2\times10^3}{240\times0.8}\ A=10.42\ A$

$\varphi=36.87^\circ$

$\dot{I}=10.42\angle 36.87^\circ\ A=(8.34+j6.25)\ A$

（2）$\dot{U}_1=(30+j5)\dot{I}=(30+j5)(8.34+j6.25)\ V=(218.94+j229.2)\ V$

$\dot{U}_s=\dot{U}_1+240\angle 0^\circ\ V=(218.94+240+j229.2)\ V=513\angle 26.54^\circ\ V$

（3）$Z_L=\frac{\dot{U}}{\dot{I}}=\frac{240\angle 0^\circ}{10.42\angle 36.87^\circ}\ \Omega=23.03\angle -36.87^\circ\ \Omega=(18.42-j13.82)\ \Omega$

负载相量模型为 18.42 Ω 与-j13.82 Ω 串联，其时域模型为 R 与 C 串联。

9-15　RC 串联电路，已知电容电压有效值 $U_C=6$ V，电阻消耗功率 $P=18$ W，外施电压 $u_S(t)=12\cos(4t)$ V，求 R 和 C。

解一　相量分析法。作相量模型如图题解 9-15(1) 所示，采用振幅相量。由分压关系可得

$$\dot{U}_{Cm}=\frac{-\frac{j}{4C}}{R-\frac{j}{4C}}(12\angle 0^\circ)=\frac{-j}{4RC-j}(12\angle 0^\circ)$$

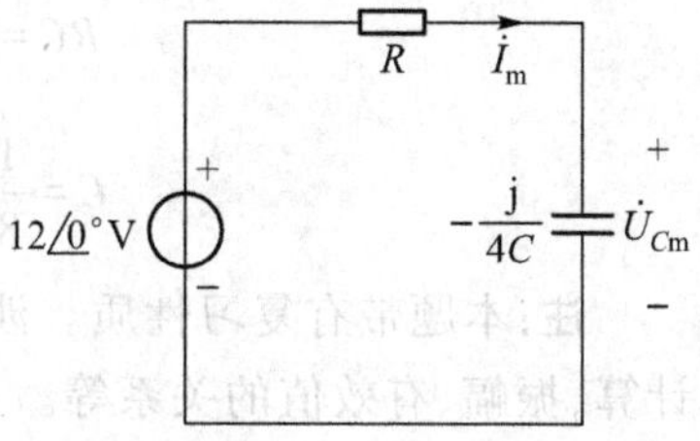

图题解 9-15(1)

由于 $U_{Cm}=\sqrt{2}U_C=6\sqrt{2}$ V，由上式得

$$6\sqrt{2}=\left|\frac{-j12}{4RC-j}\right|=\frac{|-j12|}{|4RC-j|}$$

即

$$6\sqrt{2}=\frac{12}{\sqrt{16R^2C^2+1}}$$

得

$$RC=\frac{1}{4} \qquad ①$$

又由相量模型可得

$$\dot{I}_m=\frac{\dot{U}_{sm}}{R-\frac{j}{4C}}=\frac{4C\cdot 12\angle 0^\circ}{4RC-j}=\frac{48C}{4RC-j}$$

电阻功率 P 为 I^2R，即

$$P=\left(\frac{I_m}{\sqrt{2}}\right)^2R=\frac{1}{2}RI_m^2=\frac{1}{2}R\left[\frac{48C}{\sqrt{(4RC)^2+1}}\right]^2$$

$$=\frac{1}{2}R\frac{48^2C^2}{16R^2C^2+1}=18 \qquad ②$$

以①式代入②式可得

$$C=\frac{1}{8}\text{ F}$$

由①式可得

$$R=\frac{1}{4C}=2\ \Omega$$

解二　相量图分析法。作相量图如图题解 9-15(2) 所示。由图可知

$$U_R=\sqrt{U_s^2-U_C^2}=\sqrt{\left(\frac{12}{\sqrt{2}}\right)^2-6^2}\text{ V}=6\text{ V}$$

$$P=\frac{U_R^2}{R}=\frac{6^2}{R}=18\text{ W}$$

解得　　　　　　　$R=2\ \Omega$

又由 $U_R=U_C$,可知

$$R=\frac{1}{\omega C}$$

$$RC=\frac{1}{4}$$

$$C=\frac{1}{8}\ \mathrm{F}$$

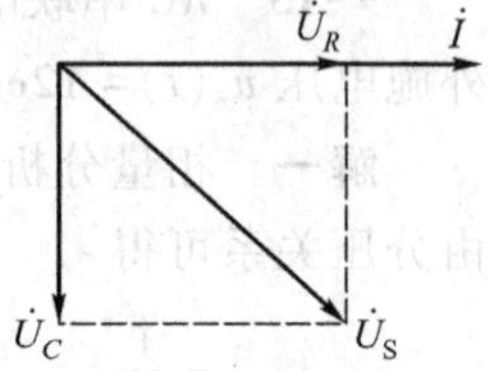

图题解 9-15(2)

注:本题带有复习性质。涉及上章相量解析法和相量图法,本章电阻功率的计算,振幅、有效值的关系等。

本题电路简单,且由于题型特点,用相量图法解题较简。请详细比较两种解法。

相关题:习题 8-33

§9-4　单口网络的无功功率

9-16　电路如图题 9-12 所示,已知电流 i 的有效值 $I=10\ \mathrm{A}$,$\omega=1\ 000\ \mathrm{rad/s}$。试求电路的 P、Q 和 S。

解　电路的相量模型如图题解 9-16 所示。

$$Z=\frac{20(10+\mathrm{j}100)}{20+10+\mathrm{j}100}\ \Omega=\frac{20+\mathrm{j}200}{3+\mathrm{j}10}\ \Omega$$

$$=(18.9+\mathrm{j}3.67)\ \Omega$$

$$P=I^2R=10^2\times 18.9\ \mathrm{W}=1\ 890\ \mathrm{W}$$

$$Q=I^2X=10^2\times 3.67\ \mathrm{var}=367\ \mathrm{var}$$

$$S=\sqrt{P^2+Q^2}=\sqrt{1\ 890^2+367^2}\ \mathrm{V\cdot A}=1\ 925.3\ \mathrm{V\cdot A}$$

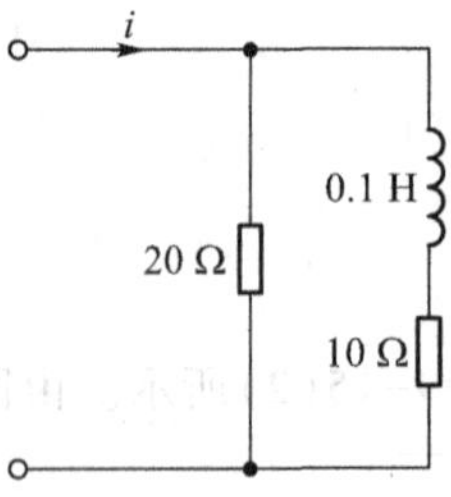

图题 9-12

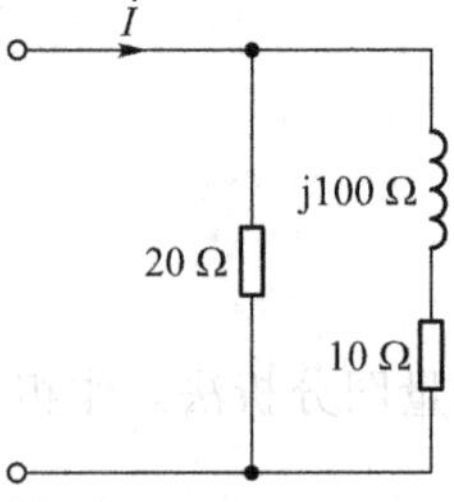

图题解 9-16

9-17　某负载需功率 40 kW,功率因数为 0.84(电感性),负载电压有效值相量为 $220\angle 0°\ \mathrm{V}$。已知输电线的阻抗为$(0.1+\mathrm{j}0.25)\ \Omega$。(1) 试求输电线的功

率和无功功率；(2) 试求电源提供的功率和无功功率。

解　(1) 对负载部分有　$P=UI\cos\varphi$

所以　$I=\dfrac{P}{U\cos\varphi}=\dfrac{40\times10^3}{220\times0.84}\ \text{A}=216.45\ \text{A}$

$\varphi=32.86°$

$\dot{I}=216.45\angle-32.86°$(电感性)

$P_l=I^2R_l=(216.45^2\times0.1)\ \text{W}=4.685\ \text{kW}$

$Q_l=I^2X_l=(216.45^2\times0.25)\ \text{var}=11.713\ \text{kvar}$

(2)　$P_s=(40\times10^3+4.685\times10^3)\ \text{W}=44.685\ \text{kW}$

$Q_s=(11.713\times10^3+220\times216.45\times\sin32.86°)\ \text{var}$

$=37.55\ \text{kvar}$

9-18　某负载的平均功率及无功功率为 6 W 及 8 var，已知负载电压 $u(t)=100\cos(100t)$ V，如要求负载功率因数为 1，应并联多大的电容？

解　若要使 $\lambda=1$ 应使　$Q=Q_L+Q_C=0$

所以　$Q_C=-Q_L=-8\ \text{var}$

由于　$Q_C=-\omega CU^2$

所以　$C=-\dfrac{Q_C}{\omega U^2}=\dfrac{8}{100\times\left(\dfrac{100}{\sqrt{2}}\right)^2}\ \text{F}=16\ \mu\text{F}$

9-19　60 kW 的负载，功率因数为 0.5(电感性)，负载电压为 220 V，由电阻为 0.1 Ω 的输电线供电。若要使负载功率因数提高到 0.9(电感性)，求并联电容应为多大？问并联前后，输电线的功率损失有何变化？

解　$P=UI_1\cos\varphi_1$

$I_1=\dfrac{P}{U\cos\varphi_1}=\dfrac{60\times10^3}{220\times0.5}\ \text{A}=545.45\ \text{A}$

$P_{l_1}=I_1^2R=545.45^2\times0.1\ \text{W}=29.75\ \text{kW}$

(并联电容前供电线损失)

并联电容后各电流的相量关系如图题解 9-19 所示。

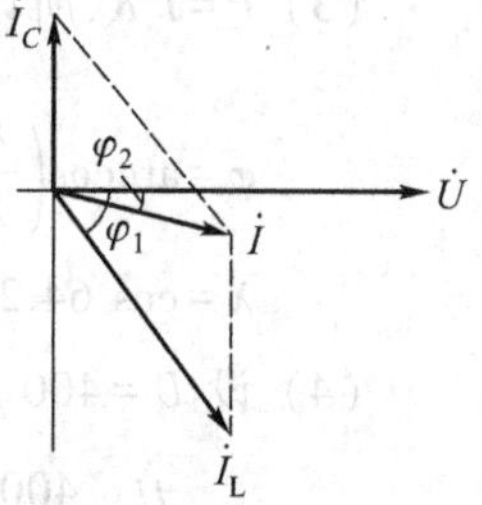

图题解 9-19

因　$I\cos\varphi_2=I_L\cos\varphi_1$

所以　$I=\dfrac{545.45\times0.5}{0.9}\ \text{A}=303.03\ \text{A}$

$I_C=I_L\sin\varphi_1-I\sin\varphi_2$

$=(545.45\times\sin66.67°-303.03\sin25.84°)\ \text{A}$

$=(500.85-132.09)\ \text{A}=368.76\ \text{A}$

因 $$\frac{U}{I_C}=\frac{1}{\omega C}\left(\frac{\dot{U}}{\dot{I}_C}=Z_C=-\mathrm{j}\frac{1}{\omega C}=\frac{1}{\omega C}\angle -90^\circ,\frac{U}{I_C}=\frac{1}{\omega C}\right)$$

所以 $$C=\frac{I_C}{\omega U}=\frac{368.76}{314\times 220}\ \mathrm{F}=5\ 338\ \mu\mathrm{F}$$

$$P_{l_2}=I^2R=(303.03^2\times 0.1)\ \mathrm{W}=9.18\ \mathrm{kW}(\text{并联电容后供电线损失})$$

§9-5 复功率　复功率守恒

9-20　试求具有下列特点负载的功率因数：

（1）$\tilde{S}=(5\ 000+\mathrm{j}4\ 000)\ \mathrm{V\cdot A}$

（2）$I=5.2\ \mathrm{A},U=220\ \mathrm{V},Q=400\ \mathrm{var}$

（3）$|Z|=500\ \Omega,I=4.8\ \mathrm{A},P=5\ 000\ \mathrm{W},Q<0$

（4）$\dot{I}=10\angle 40^\circ\ \mathrm{V},U=400\ \mathrm{V},\mathrm{Re}[Z]=25\ \Omega,\varphi>0$

解　（1）$\tilde{S}=(5\ 000+\mathrm{j}4\ 000)\ \mathrm{V\cdot A}$

$$\varphi=\arctan\left(\frac{4\ 000}{5\ 000}\right)=38.66^\circ$$

$$\lambda=\cos 38.66^\circ=0.781(\text{电感性})$$

（2）$Q=UI\sin\varphi=S\sin\varphi$

$$\varphi=\arcsin\left(\frac{Q}{S}\right)=\arcsin\left(\frac{400}{220\times 5.2}\right)=20.47^\circ$$

$$\lambda=\cos 20.47^\circ=0.937\quad(\text{电感性})$$

（3）$P=I^2R$，所以 $R=\frac{P}{I^2}=\frac{5\ 000}{4.8^2}\ \Omega=217.01\ \Omega$

$$\varphi=\arccos\left(\frac{R}{Z}\right)=\arccos\left(\frac{217.01}{500}\right)=64.28^\circ$$

$$\lambda=\cos 64.28^\circ=0.434\quad(Q<0\ \text{所以是电容性})$$

（4）设 $\dot{U}=400\angle\varphi_u\ \mathrm{V}$

则 $$Z=\frac{\dot{U}}{\dot{I}}=\frac{400\angle\varphi_u}{10\angle 40^\circ}\ \Omega=40\angle\varphi_u-40^\circ\ \Omega$$

$$R=Z\cos(\varphi_u-40^\circ)=25\ \Omega$$

$$\lambda=\cos\varphi=\cos(\varphi_u-40^\circ)=\frac{25}{40}=0.625(\text{电感性})$$

9-21　接续习题 9-13，试求输入输电线的复功率 $\tilde{S}$，并由此确定输入端的电压和功率因数。

解　　　　$P=(12\ 000+560)\ \text{W}=12\ 560\ \text{W}$

$$Q=U_2I_2\sin\varphi+I_2^2\times0.25=(220\times83.67\times\sin 49.31°+83.67^2\times0.25)\ \text{var}$$
$$=(13\ 957+1\ 750)\ \text{var}=15\ 707\ \text{var}$$

$$\tilde{S}=(12.56+\text{j}15.71)\ \text{kV}\cdot\text{A}=20.1\angle 51.36°\ \text{kV}\cdot\text{A}$$

$$\lambda=\cos 51.36°=0.624\ 4$$

$$U_s=\frac{S}{I}=\frac{20.1\times10^3}{83.67}\ \text{V}=240.23\ \text{V}$$

9-22　图题 9-13 所示电路中 $\dot{I}_s=10\angle 0°\ \text{A}$, $r=7\ \Omega$,试分别求三条支路吸收的复功率。

解　将电路改画成图题解 9-22,由 KVL 得

$$-(-\text{j}5)\dot{I}_s+(6+\text{j}4-\text{j}5)\dot{I}_3=7\dot{I}_3$$

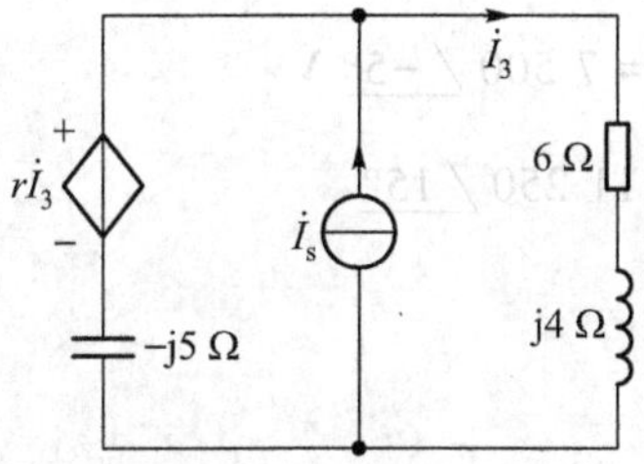

图题 9-13

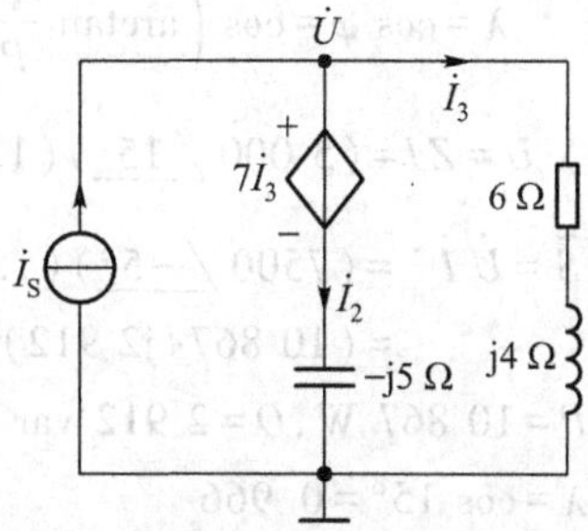

图题解 9-22

整理得　　　　$\text{j}5\dot{I}_s=(1+\text{j}1)\dot{I}_3$

$$\dot{I}_3=\frac{\text{j}5}{1+\text{j}1}\dot{I}_s=\frac{5\times10\angle 90°}{\sqrt{2}\angle 45°}\ \text{A}=25\sqrt{2}\angle 45°\ \text{A}$$

$$\dot{I}_2=\dot{I}_s-\dot{I}_3=(10-25-\text{j}25)\ \text{A}=(-15-\text{j}25)\ \text{A}$$
$$=29.15\angle -121°\ \text{A}$$

$$\dot{U}=(6+\text{j}4)\dot{I}_3=(7.21\angle 33.7°\times25\sqrt{2}\angle 45°)\ \text{V}$$
$$=255\angle 78.7°\ \text{V}$$

$$\tilde{S}_1=-\dot{U}\dot{I}_s^*=(-10\times255\angle 78.7°)\ \text{V}\cdot\text{A}=2\ 550\angle -101.3°\ \text{V}\cdot\text{A}$$
$$=(-500-\text{j}2\ 500)\ \text{V}\cdot\text{A}$$

$$\tilde{S}_2=\dot{U}\dot{I}_2^*=(255\angle 78.7°\times29.15\angle 121°)\ \text{V}\cdot\text{A}=7\ 433\angle -160.3°\ \text{V}\cdot\text{A}$$
$$=(-7\ 000-\text{j}2\ 500)\ \text{V}\cdot\text{A}$$

$$\tilde{S}_3=\dot{U}\dot{I}_3^*=(255\angle 78.7°\times25\sqrt{2}\angle -45°)\ \text{V}\cdot\text{A}=9\ 017\angle 33.7°\ \text{V}\cdot\text{A}$$
$$=(7\ 500+\text{j}5\ 000)\ \text{V}\cdot\text{A}$$

注：$\tilde{S}$ 的计算公式的正、负号仍与习题 9-11 所注相同。

9-23 试求具有下列特点负载的 P、Q 和 λ。

（1）$\dot{I}=2\underline{/40^\circ}$ A，$\dot{U}=450\underline{/70^\circ}$ V

（2）$\dot{I}=1.5\underline{/-20^\circ}$ A，$Z=5\ 000\underline{/15^\circ}\ \Omega$

（3）$\dot{U}=200\underline{/35^\circ}$ V，$Z=1\ 500\underline{/-15^\circ}\ \Omega$

（4）$I=5.2$ A，$U=220$ V，$Q=400$ var

（5）$\dot{I}=10\underline{/40^\circ}$ A，$U=400$ V，$\mathrm{Re}[Z]=25\ \Omega$，$\varphi_2>0$

各电压、电流相量均为有效值相量。

解：（1）复功率 $\tilde{S}=\dot{U}\dot{I}^*=(450\underline{/70^\circ})(2\underline{/-40^\circ})=900\underline{/30^\circ}$

$=(800+\mathrm{j}450)$ V·A

$P=780\mathrm{W}$，$Q=450\mathrm{var}$

$$\lambda=\cos\varphi=\cos\left(\arctan\frac{Q}{P}\right)=\cos 30^\circ=0.866$$

（2）$\dot{U}=Z\dot{I}=(5\ 000\underline{/15^\circ})(1.5\underline{/-20^\circ})=7\ 500\underline{/-5^\circ}$ V

$\tilde{S}=\dot{U}\dot{I}^*=(7500\underline{/-5^\circ})(1.5\underline{/20^\circ})=11\ 250\underline{/15^\circ}$

$=(10\ 867+\mathrm{j}2\ 912)$ V·A

$P=10\ 867$ W，$Q=2\ 912$ var

$\lambda=\cos 15^\circ=0.966$

（3）$\dot{I}=\dot{U}/Z=200\underline{/35^\circ}/1\ 500\underline{/-15^\circ}=0.133\underline{/50^\circ}$A

$\tilde{S}=\dot{U}\dot{I}^*=(200\underline{/35^\circ})(0.133\underline{/-50^\circ})=26.6\underline{/-15^\circ}$

$=(25.7-\mathrm{j}6.88)$ V·A

$P=25.7$ W，$Q=-6.88$ var（容性）

$\lambda=\cos(-15^\circ)=0.966$（容性）

（4）本题仅知电压、电流的有效值；而非有效值相量，可由

$$Q=UI\sin\varphi$$

得

$$\sin\varphi=\frac{400}{220\times5.2}=0.35$$

$$\lambda=\cos\varphi=\sqrt{1-0.35^2}=0.937$$

$$P=UI\cos\varphi=1\ 072\ \mathrm{W}$$

（5）本题已知电流有效值相量和电压的有效值，可计算如下：

$$P=I^2\mathrm{Re}[Z]=10^2\times25=2\ 500\ \mathrm{W}$$

$$S=UI=(400\ \text{V})(10\ \text{A})=4\,000\text{V}\cdot\text{A}$$

$$\cos\varphi_z=\frac{2\,500}{4\,000}=0.625(\text{感性,因已知 }\varphi_z>0)$$

所以
$$\varphi_z=51.3°,\quad \sin\varphi_z=0.781$$

$$Q=UI\sin\varphi_z=(400\ \text{V})(10\ \text{A})(0.781)=3\,124\ \text{var}$$

或
$$Q=\sqrt{S^2-P^2}=3\,123\ \text{var}$$

注意:本题不能无根据地设定 $\dot{U}=400\angle 0°$。事实上,由上述解答过程可知,电流滞后电压 51.3°,电压的初相角应为 $51.3°+40°=91.3°$,亦即 $\dot{U}=400\angle 91.3°$。

注:复功率 $\tilde{S}=\dot{U}\dot{I}^*$ 的引入,丰富了相量法的内容,且具有守恒的性质,但不能由它"反变换"得到功率瞬时值(其变化频率为 2 ω)。对计算单个元件、单口网络的 P、Q、S、λ 足敷应用。

R:$\dot{U}=U\angle\psi$,$\dot{I}=I\angle\psi$,可得 $\dot{U}\dot{I}^*=U\angle\psi\cdot I\angle-\psi=UI=P$;

L:$\dot{U}=U\angle\psi$,$\dot{I}=I\angle\psi-90°$,可得 $\dot{U}\dot{I}^*=U\angle\psi\cdot I\angle-\psi+90°=\text{j}UI=\text{j}Q$;

C:$\dot{U}=U\angle\psi$,$\dot{I}=I\angle\psi+90°$,可得 $\dot{U}\dot{I}^*=U\angle\psi\cdot I\angle-\psi-90°=-\text{j}UI=-\text{j}Q$。

§ 9-6　正弦稳态最大功率传递定理

9-24　电路如图题 9-14 所示,若 Z_L 的实部、虚部均能变动,若使 Z_L 获得最大功率,Z_L 应为何值,最大功率是多少?已知 $\dot{U}_s=14.1\angle 0°$ V。

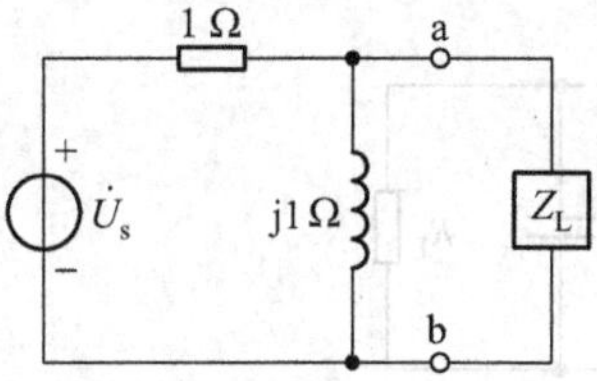

图题 9-14

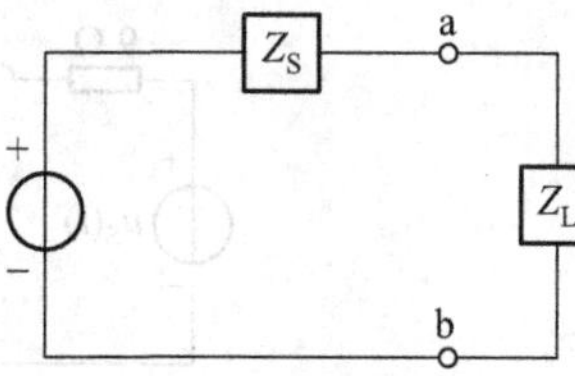

图题解 9-24

解　先用戴维南定理求出从 ab 端向左看的等效电路如图题解 9-24 所示,其中:

$$\dot{U}_{oc}=14.1\angle 0°\frac{\text{j}1}{1+\text{j}1}\ \text{V}=14.1\angle 0°\frac{\angle 90°}{\sqrt{2}\angle 45°}\ \text{V}=10\angle 45°\ \text{V}$$

$$Z_s=\frac{\text{j}1}{1+\text{j}1}\ \Omega=\frac{\angle 90°}{\sqrt{2}\angle 45°}\ \Omega=\frac{1}{\sqrt{2}}\angle 45°\ \Omega=(0.5+\text{j}0.5)\ \Omega$$

共轭匹配时，Z_L获得最大功率，故 Z_L应为(0.5−j0.5) Ω，此时

$$P_{\text{Lmax}}=\frac{10^2}{4\times0.5}\ \text{W}=50\ \text{W}$$

9−25　电路如图题 9−15 所示，试求获得最大功率时负载的阻抗 Z_L，并求所获得的功率 P。(两电源电压、电流系有效值相量。)

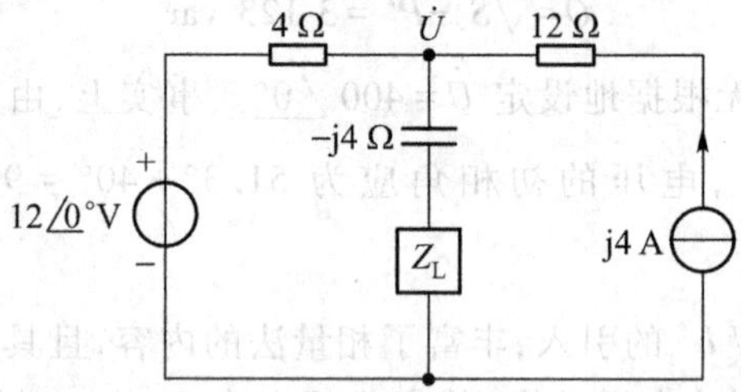

图题 9−15

解　(1) 求出断开 Z_L后的戴维南等效电路，得等效内阻抗 Z_o = (4−j4) Ω。

开路电压　　$\dot{U}_{oc}=\dot{U}=(12+4\times \text{j}4)\ \text{V}$

$$=(12+\text{j}16)\ \text{V}=20\angle 53.1^\circ\ \text{V}$$

(2) 达共轭匹配时能获最大功率。

所以　　$Z_L=(4+\text{j}4)\ \Omega$

$$P=\left[\left(\frac{20}{4+4}\right)^2\times4\right]\ \text{W}=25\ \text{W}$$

9−26　电路如图题 9−16 所示，试求获得最大功率时的负载电阻 R_L，并求所获得的功率 P。已知 $u_S(t)=36\sin(3t-60^\circ)$ V。

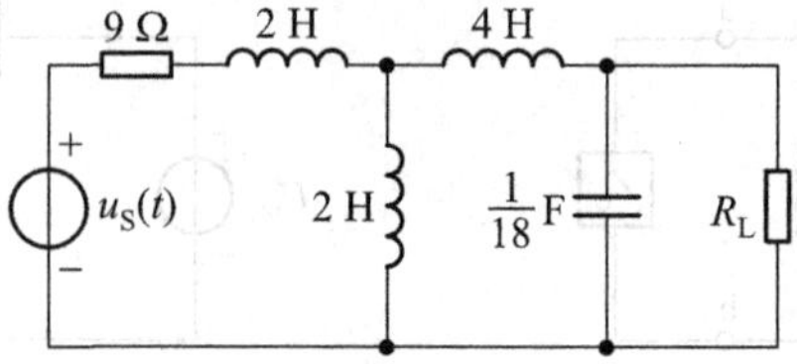

图题 9−16

解　画出电路的相量模型如图题解 9−26(a)所示，采用有效值相量。

(1) 断开 R_L求等效内阻抗 Z_o，即 Z_{bc}，见图题解 9−26(b)。

$$Z_{ac}=\frac{(9+\text{j}6)\times\text{j}6}{9+\text{j}6+\text{j}6}\ \Omega=\frac{-36+\text{j}54}{9+\text{j}12}\ \Omega$$

$$=(1.44+\text{j}4.08)\ \Omega$$

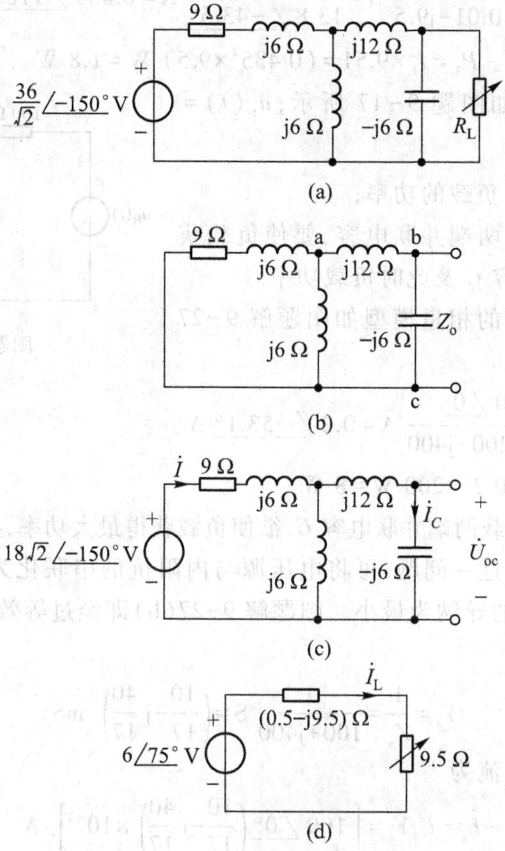

图题解 9-26

$$Z_{bc}=\frac{(1.44+j4.08+j12)(-j6)}{1.44+j4.08+j12-j6}\ \Omega=(0.5-j9.5)\ \Omega$$

$$=9.51\ \angle 87^\circ\ \Omega$$

R_L获最大功率应取模匹配 $R_L=9.51\ \Omega$。

（2）求开路电压 $\dot{U}_{oc}$，见图题解 9-26（c）。

$$\dot{I}=\frac{18\sqrt{2}\angle -150^\circ}{9+j6+j3}\ A=\frac{18\sqrt{2}\angle -150^\circ}{9\sqrt{2}\angle 45^\circ}\ A$$

$$=2\ \angle -195^\circ\ A$$

$$\dot{U}_{oc}=-j6\times \dot{I}_C=\left(6\angle -90^\circ\times\frac{2\angle 165^\circ}{2}\right)\ V=6\ \angle 75^\circ\ V$$

（3）求负载功率，见图题解 9-26（d）。

$$\dot{I}_{L}=\frac{6\angle 75^\circ}{10.01-j9.5}\ A=\frac{6\angle 75^\circ}{13.8\angle -43.5^\circ}\ A=0.435\angle 118.5^\circ\ A$$

$$P_{L}=I_{L}^{2}\times 9.51=(0.435^{2}\times 9.5)\ W=1.8\ W$$

9-27　电路如图题 9-17 所示，$u_S(t)=100\sqrt{2}\cos(200t)$ V，

(1) 求 200 Ω 负载的功率；

(2) 如在负载两端并联电容，要使负载获得最大功率，求电容 C 及此时负载功率。

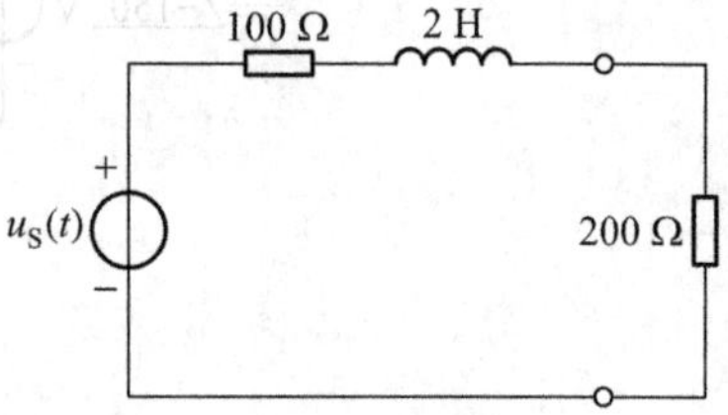

图题 9-17

解　画出电路的相量模型如图题解 9-27(a)所示。

(1) $\dot{I}=\dfrac{100\angle 0^\circ}{100+200+j400}\ A=0.2\angle -53.1^\circ\ A$

$$P=I^{2}R=0.2^{2}\times 200\ W=8\ W$$

(2) 如果在负载两端并联电容 C，欲使负载获得最大功率，必须使负载两端的电压最大。为解决这一问题，可将电压源与内阻抗的串联化为电流源与内导纳的并联，而使电路的导纳为最小。图题解 9-27(b)即经过等效变换的电路，其中

等效内导纳为

$$Y_s=\frac{1}{Z_s}=\frac{1}{100+j400}\ S=\left(\frac{10}{17}-j\frac{40}{17}\right)\ mS$$

等效电流源电流为

$$\dot{I}_s=\dot{U}_sY_s=\left[100\angle 0^\circ\left(\frac{10}{17}-j\frac{40}{17}\right)\times 10^{-3}\right]\ A$$

$$=\frac{1}{\sqrt{17}}\angle -76.0^\circ\ A$$

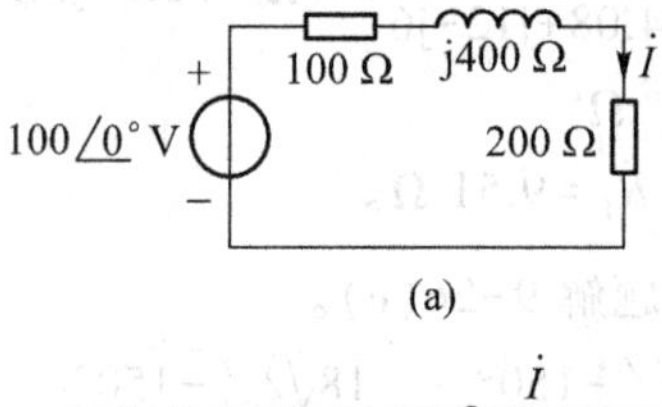

(a)

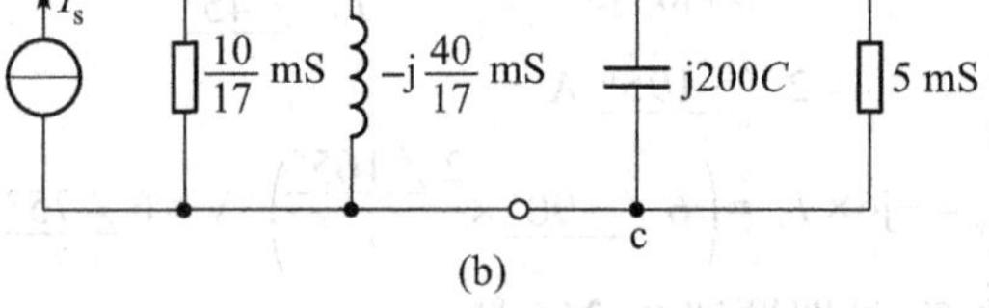

(b)

图题解 9-27

为使电路的总导纳最小,应使其虚部为零,即

$$\mathrm{j}200C-\mathrm{j}\frac{40}{17}=0$$

解得

$$C=11.76\ \mu\mathrm{F}$$

此时,负载电压

$$\dot{U}=\left[\frac{1}{\sqrt{17}}\angle -76.0^\circ\times\frac{1}{\left(\frac{10}{17}+5\right)\times10^{-3}}\right]\ \mathrm{V}=43.4\angle -76.0^\circ\ \mathrm{V}$$

负载功率为

$$P=(43.4^2\times5\times10^{-3})\ \mathrm{W}=9.42\ \mathrm{W}$$

注:本题负载 200 Ω 为定值,不能套用最大功率传递定理。

§9-7 三相电路

9-28 设三个理想电源如图题 9-18 所示,它们的电压相量为 $\dot{U}_{ab}=U\angle 0^\circ$,$\dot{U}_{cd}=U\angle 60^\circ$,$\dot{U}_{ef}=U\angle -60^\circ$,问这些电源应如何连接以组成:(1) Y 形联结对称三相电源;(2) Δ 形联结对称三相电源。

解 如以 b、d、f 相接,相量图如图题解 9-28 所示,不能得到 Y 形联结对称三相电源。但由该图可以看出:若以 b、c、e 相接,或以 a、d、f 相接可以达到目的。

以 b 与 d、c 与 f、e 与 a 相接或 a 与 c、d 与 e、f 与 b 相接可构成 Δ 形联结对称三相电源。

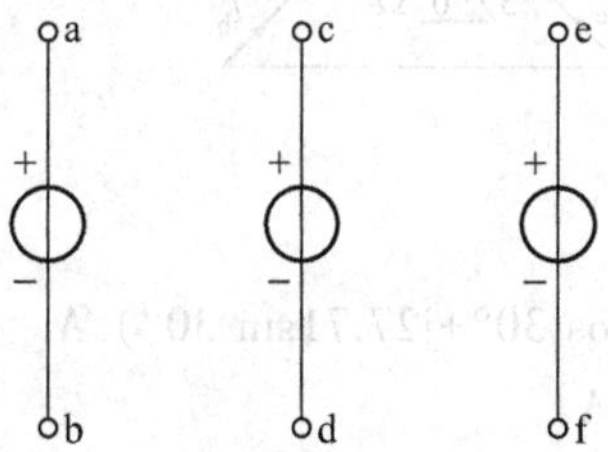

图题 9-18

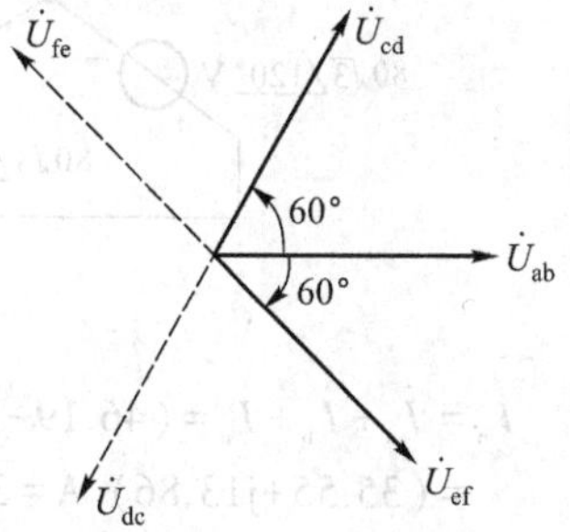

图题解 9-28

9-29 对称 Y-Y 三相电路,已知 $\dot{U}_c=240\angle 0^\circ$ V,各相负载阻抗为 $100\angle 20^\circ$ Ω,相序为 a—b—c,求各线电流。

解 孤立一相,得

$$\dot{I}_c=\frac{\dot{U}_c}{100\angle 20^\circ}=2.4\angle -20^\circ\ \text{A}$$

推知其他两相电流为

$$\dot{I}_b=2.4\angle 120^\circ-20^\circ\ \text{A}=2.4\angle 100^\circ\ \text{A}$$

$$\dot{I}_a=2.4\angle -120^\circ-20^\circ\ \text{A}=2.4\angle -140^\circ\ \text{A}$$

相量图如图题解 9-29 所示。

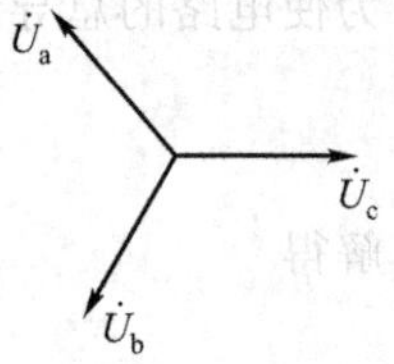

图题解 9-29

9-30　Y-Y 三相四线电路，电源对称、正序，线电压有效值为 240 V，a 相负载阻抗 $Z_a=3\angle 0^\circ\ \Omega$、其他两相阻抗为 $Z_b=4\angle 60^\circ\ \Omega$、$Z_c=5\angle 90^\circ\ \Omega$，试求每相电流以及中性线电流。

解　电路如图题解 9-30 所示。

$$\text{相电压}=\frac{240}{\sqrt{3}}\ \text{V}=80\sqrt{3}\ \text{V}$$

$$\dot{I}_a=\frac{80\sqrt{3}\angle 0^\circ}{3}\ \text{A}=46.19\angle 0^\circ\ \text{A}$$

$$\dot{I}_b=\frac{80\sqrt{3}\angle -120^\circ}{4\angle 60^\circ}\ \text{A}=34.64\angle -180^\circ\ \text{A}$$

$$\dot{I}_c=\frac{80\sqrt{3}\angle 120^\circ}{5\angle 90^\circ}\ \text{A}=27.71\angle 30^\circ\ \text{A}$$

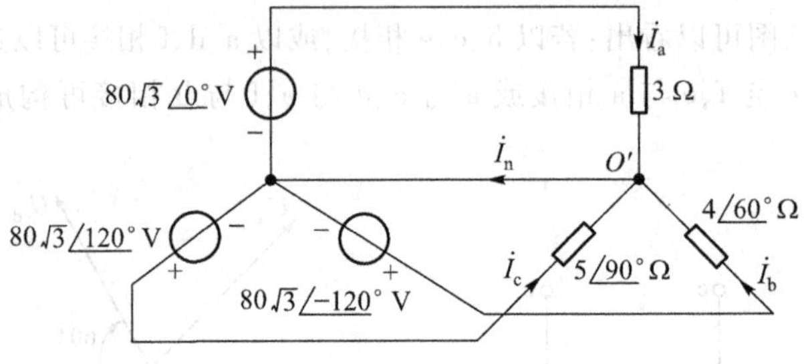

图题解 9-30

$$\dot{I}_n=\dot{I}_a+\dot{I}_b+\dot{I}_c=(46.19-34.64+27.71\cos 30^\circ+\text{j}27.71\sin 30^\circ)\ \text{A}$$
$$=(35.55+\text{j}13.86)\ \text{A}=38.15\angle 21.3^\circ\ \text{A}$$

注：由于未指定线电压初相，解答以 a 相相电压 $\dot{U}_a$ 的初相为零。如令 $\dot{U}_a=80\sqrt{3}\angle -30^\circ$，则各答案中的初相均有 -30° 的差别，如教材答案所示。二者均为正确答案。

9-31　教材图 9-28 所示 Δ 形联结对称负载，相序为负，若已知 $\dot{I}_a=$

$35\angle -20^\circ$ A，求 $\dot{I}_{ab}$、$\dot{I}_{bc}$、$\dot{I}_{ca}$。

解
$$\dot{I}_{ab}=\frac{\dot{I}_a}{\sqrt{3}}\angle -30^\circ=\frac{35}{\sqrt{3}}\angle -20^\circ-30^\circ\ \text{A}=20.2\angle -50^\circ\ \text{A}$$

（参看教材下 P102 脚注）

由于负相序，则

$$\dot{I}_{bc}=20.2\angle -50^\circ+120^\circ\ \text{A}=20.2\angle 70^\circ\ \text{A}$$
$$\dot{I}_{ca}=20.2\angle -50^\circ-120^\circ\ \text{A}=20.2\angle -170^\circ\ \text{A}$$

9-32 三相电动机的输出功率为 3.7 kW，效率 80%，$\lambda=0.8$，线电压为 220 V，求电流。

解
$$P=\frac{P_o}{\eta}=\left(\frac{3.7}{0.8}\times 10^3\right)\ \text{W}=4.625\ \text{kW}$$
$$P=\sqrt{3}\,U_L I_L\cos\varphi=\sqrt{3}\,220 I_L\times 0.8=302.2 I_L$$
$$I_L=\frac{4.625\times 10^3}{302.2}\ \text{A}$$
$$=15.3\ \text{A}$$

注：三相电路，电流指线电流。

9-33 对称 Y-Y 三相电路，线电压为 208 V，负载吸收的平均功率为 12 kW，$\lambda=0.8$（电感性），试求负载每相的阻抗。

解
$$\cos\varphi=0.8,\quad \varphi=36.9^\circ$$
$$P=\sqrt{3}\,U_L I_L\cos\varphi=\sqrt{3}\times 220\times 0.8 I_L=285.7 I_L$$
$$I_L=\frac{12\times 10^3}{285.7}\ \text{A}=42\ \text{A}$$
$$|Z|=\frac{\dfrac{208}{\sqrt{3}}}{42}\ \Omega=2.88\ \Omega$$
$$Z=2.88\angle 36.9^\circ\ \Omega$$

注：本题为 Y 形负载，负载电压为相电压，故需由线电压除以$\sqrt{3}$得相电压，而线电流即相电流，故得 $|Z|$ 如解答中所示。

综　合

9-34 10 Ω 电阻与一未知电路串联，串联后电路的视在功率为 500 V · A，功率因数为 0.6（电容性）。若电路电流为 4 A，试求未知电路的阻抗。

解 $\cos\varphi=0.6$，所以 $\varphi=-53.1^\circ$（电容性）

$$Q=S\sin\varphi=500\times\sin(-53.1°)\ \text{var}=-400\ \text{var}$$

$$P=S\cos\varphi=500\times0.6\ \text{W}=300\ \text{W}$$

$$R'=\frac{P}{I^2}=\frac{300}{4^2}\ \Omega=18.75\ \Omega,\text{所以}\ R=(18.75-10)\ \Omega=8.75\ \Omega$$

$$X_C=\frac{Q}{I^2}=\frac{-400}{4^2}\ \Omega=-25\ \Omega$$

所以未知阻抗为　$Z=R+jX_C=(8.75-j25)\ \Omega=26.49\angle -70.71°\ \Omega$

9-35　接续习题 9-7，试表明瞬时功率 $p(t)$ 可分为两个分量 $p_a(t)$ 和 $p_r(t)$，$p_a(t)$ 为非负的，以 2ω 波动，其平均值即平均功率 P；$p_r(t)$ 以 2ω 波动，其平均值为零，其振幅即为无功功率 Q。

解
$$p=UI[\cos\varphi+\cos(2\omega t+\varphi)]$$

因
$$\cos(2\omega+\varphi)=\cos\varphi\cos(2\omega t)-\sin\varphi\sin(2\omega t)$$

所以
$$p=\underbrace{UI\cos\varphi[1+\cos(2\omega t)]}_{p_a(t)}-\underbrace{UI\sin\varphi\sin(2\omega t)}_{p_r(t)}$$

$p_a(t)\geqslant0$，对任一时刻 t，其一周期的平均值为

$$\frac{1}{T}\int_0^T p_a(t)\,dt=UI\cos\varphi=P$$

而$\dfrac{1}{T}\displaystyle\int_0^T p_r(t)\,dt=0$，$Q=UI\sin\varphi$ 即 $p_r(t)$ 的振幅。

9-36　某负载由一感应电动机和一同步电动机（属电容性负载）并联组成，功率因数为 0.9（电感性）。已知感应电动机输出机械功率为 1 500 W，效率为 80%；同步电动机视在功率为 1 kV · A，功率因数为 0.95（电容性），试求感应电动机的功率因数。（感应电动机的电功率等于输出机械功率除以效率。）

解　按题意画出电路如图题解 9-36 所示。

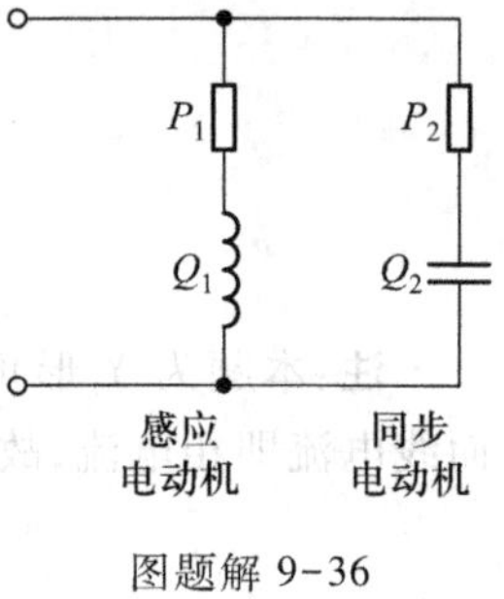

图题解 9-36

$$P_1=\frac{1\ 500}{\eta}=\frac{1\ 500}{0.8}\ \text{W}=1\ 875\ \text{W}$$

$$P_2=S_2\cos\varphi_2=(1\ 000\times0.95)\ \text{W}=950\ \text{W}$$

$$Q_2=S_2\sin\varphi_2=(1\ 000\times0.312)\ \text{var}=-312\ \text{var}$$

则两者并联后
$$P=P_1+P_2=2\ 825\ \text{W}$$
$$Q=Q_1+Q_2=Q_1-312$$

因
$$\cos\varphi=0.9,\quad \varphi=25.84°$$

$$\tan\varphi=\frac{Q}{P}=\frac{Q_1-312}{2\ 825}=\tan 25.84°=0.484$$

所以　$Q_1=(2\ 825\times0.484+312)\ \text{var}=1\ 680\ \text{var}$

感应电动机的功率因数角 φ_1 为

$$\tan\varphi_1=\frac{Q_1}{P_1}=\frac{1\ 680}{1\ 875}=0.896$$

$$\varphi_1=41.86°$$

$$\lambda=\cos\varphi_1=0.745(\text{电感性})$$

9-37 2.5 kV · A 的负载，功率因数为 0.6（电感性），为使功率因数提高到 0.9（电感性），求并联电容的无功功率。

解 $\cos\varphi_1=0.6,\quad \varphi_1=53.1°;\quad \cos\varphi_2=0.9,\quad \varphi_2=25.84°$

$P_1=S_1\cos\varphi_1=(2.5\times10^3\times0.6)\ \text{W}=1.5\ \text{kW}$

$Q_1=S_1\sin\varphi_1=(2.5\times10^3\times\sin 53.1°)\ \text{var}=2\ \text{kvar}$

并联电容后，负载功率应保持不变，即 $P_2=P_1=S_2\cos\varphi_2$

所以 $S_2=\frac{1.5\times10^3}{0.9}\ \text{V}\cdot\text{A}=1\ 666.67\ \text{V}\cdot\text{A},\quad Q_2=S\sin 25.84°=726\ \text{var}$

$$Q_C=-(Q_1-Q_2)=-(2\ 000-726)\ \text{var}=-1\ 274\ \text{var}$$

9-38 Δ 形联结不对称负载的阻抗为 $Z_1=10\angle 25°\ \Omega$、$Z_2=20\angle 60°\ \Omega$、$Z_3=15\angle 0°\ \Omega$，三相电源的有效值为 300 V、abc 相序。（1）试求图题 9-19（a）电流有效值 I_a、I_b、I_c；（2）交换 a、b 两线，使在负载端的三相电压成 acb 相序，试求 I_a、I_b、I_c。

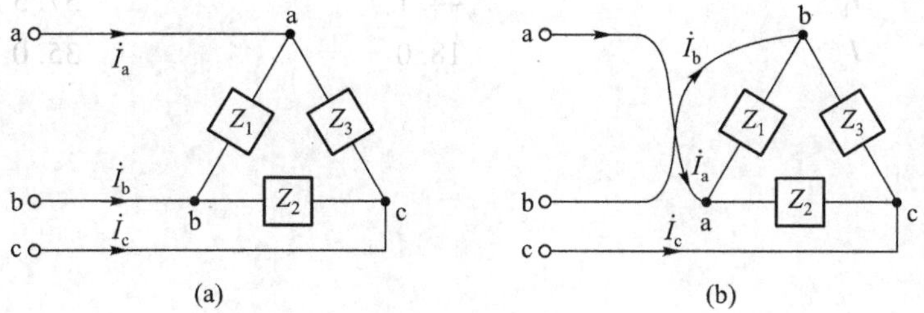

图题 9-19

解 （1）$\dot I_a=\frac{\dot U_{ab}}{Z_1}+\frac{\dot U_{ac}}{Z_3}=\frac{\dot U_{ab}}{Z_1}-\frac{\dot U_{ca}}{Z_3}=\left(\frac{300\angle 0°}{10\angle 25°}-\frac{300\angle 120°}{15\angle 0°}\right)\text{A}$

$=47.78\angle -38.89°\text{A}$

$\dot I_b=\frac{\dot U_{ba}}{Z_1}+\frac{\dot U_{bc}}{Z_2}=-\frac{\dot U_{ab}}{Z_1}+\frac{\dot U_{bc}}{Z_2}=\left(\frac{300\angle 0°}{10\angle 25°}+\frac{300\angle -120°}{20\angle 60°}\right)\text{A}$

$=44.05\angle 168.27°\text{A}$

$\dot I_c=\frac{\dot U_{ca}}{Z_3}+\frac{\dot U_{cb}}{Z_2}=\frac{\dot U_{ca}}{Z_3}-\frac{\dot U_{bc}}{Z_2}=\left(\frac{300\angle 120°}{15\angle 0°}-\frac{300\angle -120°}{20\angle 60°}\right)\text{A}$

$=18.03\angle 73.90°\text{A}$

I_a、I_b、I_c 分别为 47.8 A、44.1 A、18 A。

(2) 交换 a、b 两线(可能是接通负载时有误),使对负载电源成负序,则

$$\dot{I}_a=\frac{\dot{U}_{ab}}{Z_1}+\frac{\dot{U}_{ac}}{Z_2}=\frac{\dot{U}_{ab}}{Z_1}-\frac{\dot{U}_{ca}}{Z_2}=\left(\frac{300\angle 0^\circ}{10\angle 25^\circ}-\frac{300\angle 120^\circ}{20\angle 60^\circ}\right)\text{ A}$$

$$=32.35\angle -52.51^\circ\text{ A}$$

$$\dot{I}_b=\frac{\dot{U}_{ba}}{Z_1}+\frac{\dot{U}_{bc}}{Z_3}=-\frac{\dot{U}_{ab}}{Z_1}+\frac{\dot{U}_{bc}}{Z_3}=-\left(\frac{300\angle 0^\circ}{10\angle 25^\circ}+\frac{300\angle -120^\circ}{15\angle 0^\circ}\right)\text{ A}$$

$$=37.48\angle -172.80^\circ\text{ A}$$

$$\dot{I}_c=\frac{\dot{U}_{cb}}{Z_3}+\frac{\dot{U}_{ca}}{Z_2}=-\frac{\dot{U}_{bc}}{Z_3}+\frac{\dot{U}_{ca}}{Z_2}=-\left(\frac{300\angle -120^\circ}{15\angle 0^\circ}+\frac{300\angle 120^\circ}{20\angle 60^\circ}\right)\text{ A}$$

$$=35.00\angle 60^\circ\text{ A}$$

I_a、I_b、I_c 分别为 32.4 A、37.5 A、35 A。

改变施加于不对称负载的对称三相电源相序,可能引起线电流和相角的较大变化。兹将本题相序改变对线电流有效值的改变列表如下,以资比较。

线电流/A	abc 相序	acb 相序
I_a	47.8	32.4
I_b	44.1	37.5
I_c	18.0	35.0

第十章

频率响应　多频正弦稳态电路

本章要点

多频正弦激励（含非正弦周期性激励）的稳态分析可借助单一频率正弦稳态分析。然而，由于相量本身并不反映频率，除了要认清相量所代表正弦波的频率外，尚需注意：

（1）用来类比电阻电路分析的相量模型只适用于某一指定频率，除非模型中元件的 Z 或 Y 表为 $j\omega$ 的函数。

（2）非正弦周期波（如方波）根据傅里叶级数可分解为频率成整数倍的谐波，反之亦然。但多个频率并不成整数倍，而成任何有理数倍的正弦波，也可合成为周期性非正弦波，其周期为各正弦波的公周期。

（3）代表不同频率正弦波的相量，复数相加，所得结果，毫无意义，需防止进入这一误区。周期性非正弦波在一周期内的有效值可由其不同频率正弦波分量的有效值平方相加再开方求得，不论它们的频率是否呈整数倍。不同频率正弦波的平均功率可以叠加得出周期性非正弦波在一周期内的平均功率。

习题解答

§10-1　基本概念

10-1　如教材图 10-1(a)所示方波电压的峰谷值为 20 V，周期为 2π s。若滤去其三次谐波，试绘出波形图。问所得波形的峰谷值是多少？［非正弦周期波的峰值（最大值）与谷值（最小值）之差称为该周期波的"峰谷值"（peak-to-valley value），旧称"峰峰值"（peak-to-peak value）。］

解　教材图 10-1(a)所示方波的傅里叶级数

$$f(t)=\frac{4A}{\pi}\left[\sin(\omega t)+\frac{1}{3}\sin(3\omega t)+\frac{1}{5}\sin(5\omega t)+\cdots\right]\ \text{V}。$$

三次谐波为　$\frac{4A}{3\pi}\sin(3\omega t)\ \text{V}=\frac{4\times10}{3\pi}\sin(3\omega t)\ \text{V}=4.24\sin(3\omega t)\ \text{V}$。

所求波形如图题解 10-1 所示，峰谷值 $U_{\text{P-P}}=(20+4.24\times2)\ \text{V}=28.48\ \text{V}$。

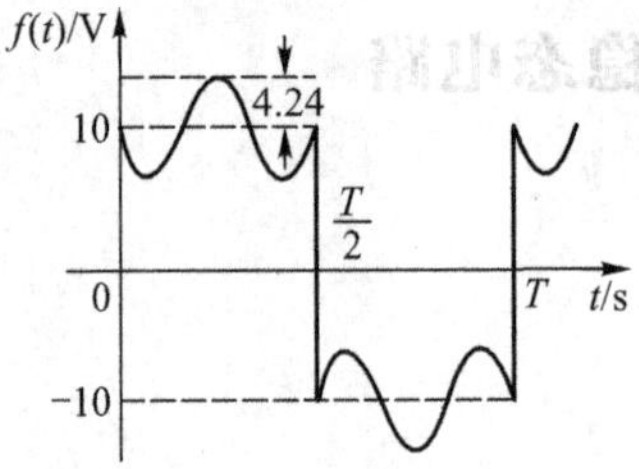

图题解 10-1

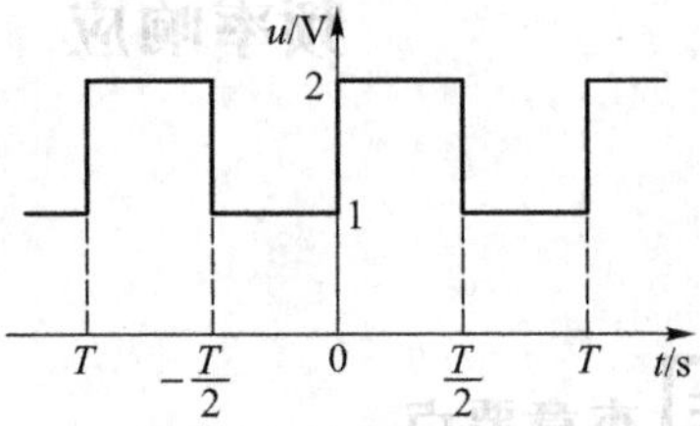

图题 10-1

10-2　试写出图题 10-1 所示方波的傅里叶级数。

解　图题 10-1 所示方波是振幅为 0.5 V 的方波和 1.5 V 直流电压相加的结果。

所以

$$f(t)=1.5+\frac{2}{\pi}\left[\sin\left(\frac{2\pi}{T}t\right)+\frac{1}{3}\sin\left(\frac{6\pi}{T}t\right)+\frac{1}{5}\sin\left(\frac{10\pi}{T}t\right)+\cdots\right]\ \text{V}$$

§10-2　再论阻抗和导纳

10-3　电路如图题 10-2 所示，已知网络 N 的输入阻抗

$$Z(\mathrm{j}\omega)=\frac{\mathrm{j}\omega[(\mathrm{j}\omega)^2+4]}{(\mathrm{j}\omega)^2+1}$$

(1) 当电流源 $i_S(t)=2\cos(2t)$ A 经过 RL 并联电路作用于网络 N 时，求 N 两端的电压，已知 $R=2\ \Omega$、$L=1$ H；(2) 当 RL 并联组合换以 1 Ω 的电阻，且电流源改为电压源 $u_S(t)=2\cos(2t)$ V 时，求流入网络 N 的电流。

解　(1) 当 $\omega=2$ rad/s 时，

$$Z(\mathrm{j}2)=\frac{\mathrm{j}2[(\mathrm{j}2)^2+4]}{(\mathrm{j}2)^2+1}=0$$

所以，当电流源 $i_S(t)=2\cos(2t)$ A 作用时，N 两端的电压

$$\dot{U}_{\text{Nm}}=\dot{I}_{\text{sm}}Z(\mathrm{j}2)=0$$

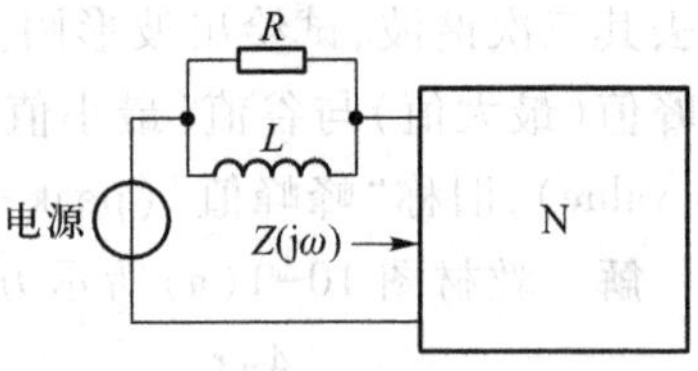

图题 10-2

(2) $\dot{I}_{\text{Nm}}=\frac{\dot{U}_{\text{sm}}}{1}=2\angle 0^\circ\ \text{A}$，　$i_N=2\cos(2t)$ A

注:本题给出 $u_S(t)$,需求电流 $i(t)$,以用振幅相量为宜。

10-4　电路如图题 10-3 所示。

(1) 在 $\omega\neq 0$ 时,是否存在能使 $Z(j\omega)$ 为实数的 R、L 值? a、b 端开路,C 未接入。

(2) 如果在 a、b 端接电容 C,求 $Z(j\omega)$;

(3) 使 $Z(j\omega)=\dfrac{L}{RC}$,频率应为多少?

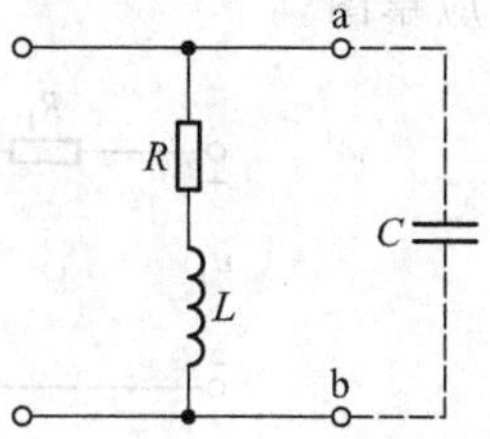

图题 10-3

解　(1) $Z=R+j\omega L$,$\omega\neq 0$ 时只有 $L=0$ 才可能。

(2) $$Z(j\omega)=\frac{(R+j\omega L)\dfrac{1}{j\omega C}}{R+j\omega L+\dfrac{1}{j\omega C}}=\frac{R+j\omega L}{1-\omega^2LC+j\omega RC}$$

(3) 由(2)可得

$$Z(j\omega)=\frac{(R+j\omega L)[(1-\omega^2LC)-j\omega RC]}{(1-\omega^2LC)^2+(\omega RC)^2}$$
$$=\frac{R(1-\omega^2LC)+\omega^2RLC+j\omega[L(1-\omega^2LC)-R^2C]}{(1-\omega^2LC)^2+(\omega RC)^2}$$

虚部为零,$Z(j\omega)$才可能为实数,即

$$L(1-\omega_0^2LC)-R^2C=0$$

所以
$$\omega_0=\sqrt{\frac{1}{LC}-\frac{R^2}{L^2}}$$

当 $\omega=\omega_0$时

$$Z(j\omega_0)=\frac{R(1-\omega_0^2LC)+\omega_0^2RLC}{(1-\omega_0^2LC)^2+(\omega_0RC)^2}$$

因
$$1-\omega_0^2LC=\frac{R^2C}{L}$$

所以
$$Z(j\omega_0)=\frac{R\left(\dfrac{R^2C}{L}\right)+\omega_0^2RLC}{\left(\dfrac{R^2C}{L}\right)^2+(\omega_0RC)^2}=\frac{RLC\left(\dfrac{R^2}{L^2}+\omega_0^2\right)}{R^2C^2\left(\dfrac{R^2}{L^2}+\omega_0^2\right)}=\frac{L}{RC}$$

注:本题可与后面的习题 10-24 相联系。本题与 § 10-6 所述谐振概念有关。题中(1)表明单一动态元件不能出现谐振现象。题中(3)说明谐振的定义。

§ 10-3　正弦稳态网络函数

10-5　你能总结出一阶低通电路和一阶高通电路电压转移函数 H_u 的一般

形式吗？试求图题 10-4 所示两电路的 H_u，确定它们是低通还是高通，并绘频率响应草图。

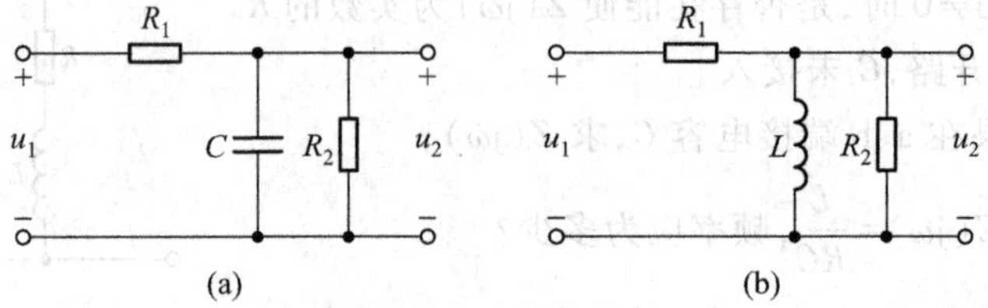

图题 10-4

解　(1) 一阶网络函数的一般形式为

$$H(\mathrm{j}\omega)=\frac{a_1(\mathrm{j}\omega)+a_0}{\mathrm{j}\omega+b_0}$$

当 $a_1=0$ 时，$H(\mathrm{j}\omega)=\dfrac{a_0}{\mathrm{j}\omega+b_0}$为一阶低通函数。

当 $a_0=0$ 时，$H(\mathrm{j}\omega)=\dfrac{a_1(\mathrm{j}\omega)}{\mathrm{j}\omega+b_0}$为一阶高通函数。

(2) 图题 10-4(a) 所示电路 R_2C 并联支路的阻抗 Z 为

$$Z=\frac{-\mathrm{j}\dfrac{R_2}{\omega C}}{R_2-\mathrm{j}\dfrac{1}{\omega C}}=\frac{R_2}{1+\mathrm{j}\omega R_2 C}$$

由分压关系可得

$$\dot{U}_2=\frac{\dfrac{R_2}{1+\mathrm{j}\omega R_2C}\dot{U}_1}{R_1+\dfrac{R_2}{1+\mathrm{j}\omega R_2C}}=\frac{R_2}{R_1+R_2+\mathrm{j}\omega R_1R_2C}\dot{U}_1=\frac{\dfrac{R_2}{R_1+R_2}}{1+\mathrm{j}\omega\dfrac{R_1R_2}{R_1+R_2}C}\dot{U}_1$$

令
$$K=\frac{R_2}{R_1+R_2},\quad \omega_c=\frac{R_1+R_2}{R_1R_2C}$$

则 $$\frac{\dot{U}_2}{\dot{U}_1}=\frac{K}{1+\mathrm{j}\dfrac{\omega}{\omega_c}}=\frac{1}{\sqrt{1+\left(\dfrac{\omega}{\omega_c}\right)^2}}\angle{-\arctan\left(\frac{\omega}{\omega_c}\right)}$$ 为一阶低通函数。

画出频率特性如图题解 10-5(a) 所示。

(3) 图题 10-4(b) 所示电路 R_2L 并联支路的阻抗 Z 为

$$Z=\frac{j\omega R_2 L}{R_2+j\omega L}=\frac{j\omega L}{1+j\omega\frac{L}{R_2}}$$

$$\dot{U}_2=\frac{\dfrac{j\omega L}{1+j\omega\frac{L}{R_2}}}{R_1+\dfrac{j\omega L}{1+j\omega\frac{L}{R_2}}}\dot{U}_1$$

$$\frac{\dot{U}_2}{\dot{U}_1}=\frac{j\omega L}{R_1+j\omega L\dfrac{R_1}{R_2}+j\omega L}=\frac{R_2}{R_1+R_2}\frac{j\omega L}{\dfrac{R_1R_2}{R_1+R_2}+j\omega L}$$

令
$$K=\frac{R_2}{R_1+R_2}\qquad \omega_c=\frac{R_1R_2}{(R_1+R_2)L}$$

则 $\dfrac{\dot{U}_2}{\dot{U}_1}=\dfrac{K}{1-j\dfrac{\omega_c}{\omega}}=\dfrac{1}{\sqrt{1+\left(\dfrac{\omega_c}{\omega}\right)^2}}\angle{-\arctan\left(-\dfrac{\omega_c}{\omega}\right)}$ 为一阶高通函数。

画出频率特性如图题解 10-5(b)所示。

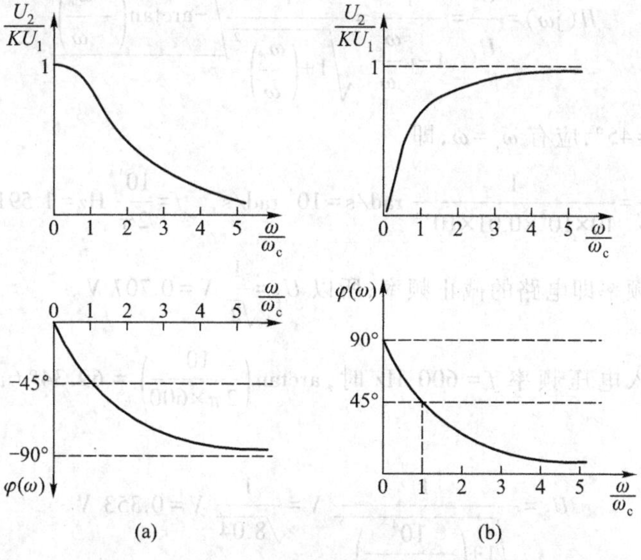

图题解 10-5

10-6　多级放大器常用教材图 10-10 所示电路来进行级间耦合。若 $C=10\ \mu F$、$R=1.5\ k\Omega$，求该电路的通频带是多少？若增大电容，对通频带有何影响？（在电子电路中 C 称为耦合电容。）

解　图题解 10-6 为教材图 10-10 所示电路的相量模型。可得

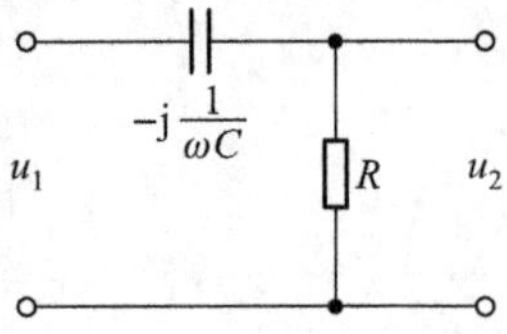

图题解 10-6

$$\frac{\dot{U}_2}{\dot{U}_1}=\frac{R}{R-j\dfrac{1}{\omega C}}=\frac{1}{1-j\dfrac{\omega_c}{\omega}}\text{（一阶高通）}$$

其中 $\omega_c=\dfrac{1}{RC}=\dfrac{1}{1.5\times10^3\times10\times10^{-6}}\ \text{rad/s}=\dfrac{200}{3}\ \text{rad/s}$，通带为$\dfrac{200}{3}\ \text{rad/s}\sim\infty$。

当 C 增大，ω_c降低，通带变宽。

10-7　在教材图 10-10 所示 RC 电路中，若 $R=10\ k\Omega$，$C=0.01\ \mu F$，问输入电压 u_1的频率应为多少，才能使输出电压 u_2的相移恰好超前于输入电压 45°？如输入电压振幅为 1 V，求输出电压的振幅。

如果输入电压的频率 $f=600$ Hz，振幅为 1 V，问输出与输入的相位差是多少度？输出电压振幅是多少？

解　（1）图题解 10-6 所示电路的 $H(j\omega)$为

$$H(j\omega)=\frac{\dot{U}_2}{\dot{U}_1}=\frac{1}{1-j\dfrac{\omega_c}{\omega}}=\frac{1}{\sqrt{1+\left(\dfrac{\omega_c}{\omega}\right)^2}}\angle{-\arctan\left(-\frac{\omega_c}{\omega}\right)}$$

要求 $\psi_2-\psi_1=45°$，应有 $\omega_c=\omega$，即

$$\omega=\frac{1}{RC}=\frac{1}{10\times10^3\times0.01\times10^{-6}}\ \text{rad/s}=10^4\ \text{rad/s},\quad f=\frac{10^4}{2\pi}\ \text{Hz}=1\ 591.6\ \text{Hz}$$

（2）该频率即电路的截止频率，所以 $U_2=\dfrac{1}{\sqrt{2}}\ \text{V}=0.707\ \text{V}$。

（3）输入电压频率 $f=600$ Hz 时，$\arctan\left(\dfrac{10^4}{2\pi\times600}\right)=69.34°$（$u_2$超前 u_1的角度）。

$$U_2=\frac{1}{\sqrt{1+\left(\dfrac{10^4}{2\pi\times600}\right)^2}}\ \text{V}=\frac{1}{\sqrt{8.04}}\ \text{V}=0.353\ \text{V}$$

相关题：习题 10-6

§10-4 正弦稳态的叠加

10-8 已知作用于 RLC 串联电路的电压为 $u(t)=[50\cos(\omega t)+25\cos(3\omega t+60°)]$ V，且已知基波频率时的输入阻抗为 $Z(j\omega)=R+j\left(\omega L-\dfrac{1}{\omega C}\right)=[8+j(2-8)]$ Ω。求电流 $i(t)$。

解 本题已知 $u(t)$，需求 $i(t)$，用相量法时，宜用振幅相量。由输入阻抗可知

在 ω 时，$$R=8\ \Omega,\omega L=2\ \Omega,\frac{1}{\omega C}=8\ \Omega$$

在 3ω 时，$$R=8\ \Omega,3\omega L=6\ \Omega,\frac{1}{3\omega C}=\frac{8}{3}\ \Omega$$

当 $50\cos(\omega t)$ V 作用时，

$$\dot{I}_{1m}=\frac{50\angle 0°}{8-j6}\ \text{A}=\frac{50}{10\angle -36.9°}\text{A}=5\angle 36.9°\ \text{A}$$

当 $25\cos(3\omega t+60°)$ V 作用时，

$$\dot{I}_{2m}=\frac{25\angle 60°}{8+j\dfrac{10}{3}}\ \text{A}=\frac{25\angle 60°}{8.67\angle 22.64°}\ \text{A}=2.88\angle 37.4°\ \text{A}$$

$$i=[5\cos(\omega t+36.9°)+2.88\cos(3\omega t+37.4°)]\ \text{A}$$

注：注意切勿把 $\dot{I}_{1m}$ 和 $\dot{I}_{2m}$ 相加！它们是代表不同频率正弦的相量，相加后的复数没有任何物理意义。

10-9 试用叠加原理求图题 10-5 所示电路中的电流 $i(t)$。已知 $i_S(t)=10\sin(100t)$ mA，$u_S(t)=5\cos(100t)$ V。

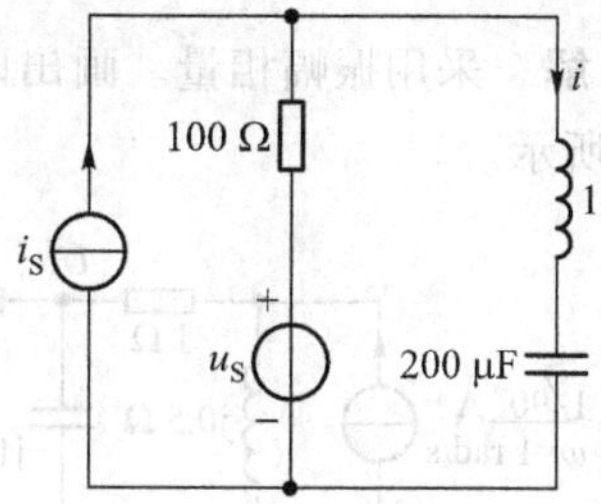

图题 10-5

解 画出两电源单独作用时的相量模型如图题解 10-9 所示。

(1) $i_S(t)$ 单独作用时电流为

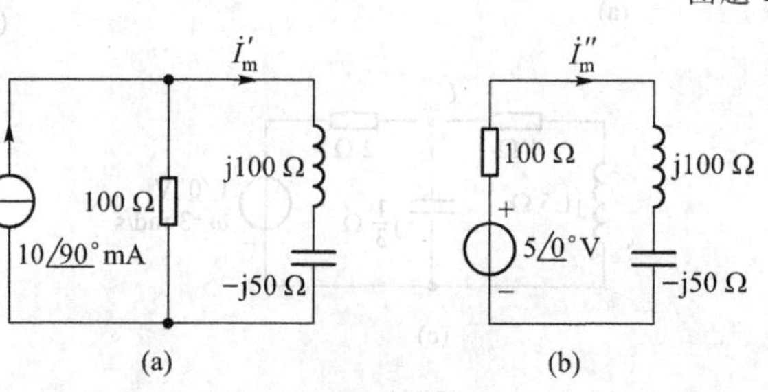

图题解 10-9

$$\dot{I}'_{m}=\left[\frac{100}{100+j(100-50)}\times 10\angle -90^\circ\right]\ mA=\frac{1\ 000\angle -90^\circ}{111.8\angle 26.56^\circ}\ mA$$
$$=8.945\angle -116.56^\circ\ mA$$

（2）$u_S(t)$单独作用时电流为

$$\dot{I}''_{m}=\frac{5\angle 0^\circ}{100+j100-j50}\ A=\frac{5\angle 0^\circ}{111.8\angle 26.56^\circ}\ A=0.044\ 7\angle -26.56^\circ\ A$$

（3）两者叠加，结果为

$$i=[8.945\cos(100t-116.56^\circ)+44.7\cos(100t-26.56^\circ)]\ mA$$
$$=45.6\cos(100t-37.9^\circ)\ mA$$

注：本题两正弦激励为同频率，也可以不用叠加方法。例如，作出 $\omega=100$ rad/s 时的相量模型后用网孔分析即可求得答案。

10-10　电路如图题 10-6 所示，已知 $i_S(t)=\sin t$ A，$u_S(t)=\cos(3t)$ V，试求 $u(t)$。

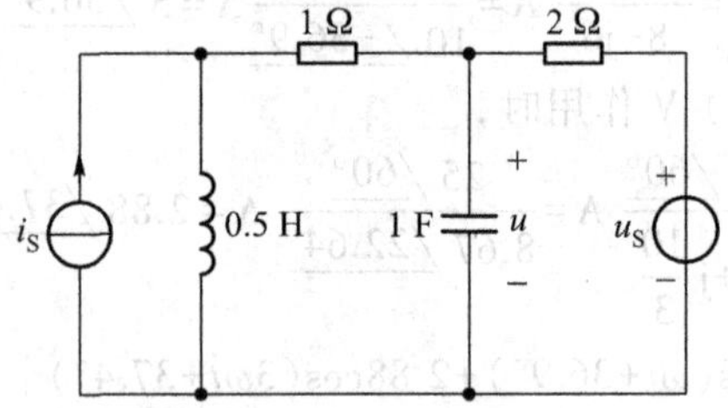

图题 10-6

解　采用振幅相量。画出两电源单独作用时的相量模型如图题解 10-10(a)、(c)所示。

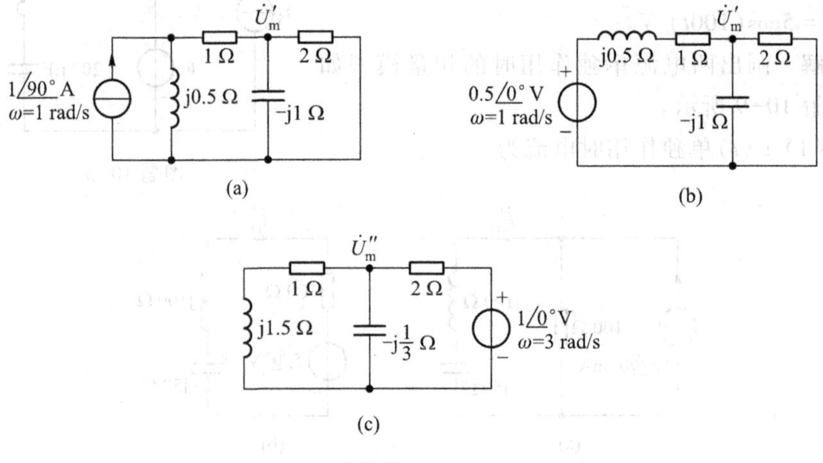

图题解 10-10

（1）$i_S(t)$单独作用时可将图题解 10-10(a)电路改画成图题解 10-10(b)，以便使用节点电压法。节点电压方程为

$$\left(\frac{1}{1+\mathrm{j}0.5}+\frac{1}{2}+\mathrm{j}1\right)\dot{U}'_{\mathrm{m}}=\frac{0.5}{1+\mathrm{j}0.5}$$

$$(0.8-\mathrm{j}0.4+0.5+\mathrm{j})\dot{U}'_{\mathrm{m}}=0.4-\mathrm{j}0.2$$

$$\dot{U}'_{\mathrm{m}}=\frac{0.4-\mathrm{j}0.2}{1.3+\mathrm{j}0.6}\ \mathrm{V}=\frac{0.447\angle -26.56^\circ}{1.43\angle 24.77^\circ}\ \mathrm{V}=0.312\angle -51.33^\circ\ \mathrm{V}$$

（2）$u_S(t)$单独作用时方程为

$$\left(\frac{1}{1+\mathrm{j}1.5}+\frac{1}{2}+\mathrm{j}3\right)\dot{U}''_{\mathrm{m}}=0.5\angle 0^\circ$$

$$\dot{U}''_{\mathrm{m}}=\frac{1}{2(0.81+\mathrm{j}2.54)}\ \mathrm{V}=\frac{1}{2\times 2.66\angle 72.3^\circ}\ \mathrm{V}=0.188\angle -72.3^\circ\ \mathrm{V}$$

（3）两者叠加，结果为

$$u=[0.312\cos(t-51.33^\circ)+0.188\cos(3t-72.3^\circ)]\ \mathrm{V}$$

注：本题如用有效值相量，计算更繁。$\sqrt{2}$为无理数，先除后又乘，易累积误差。注意，图(a)→图(b)，电流源化为电压源；在列节点方程时，又由电压源化为电流源。两次变换，内阻抗不同。

10-11　图题 10-7 所示电路的输入 $u_S(t)$为非正弦波，其中含有 $\omega=3$ rad/s 及 $\omega=7$ rad/s的谐波分量。如果要求在输出电压 $u(t)$中不含这两个谐波分量，问 L 和 C 应为多少？

解　（1）对 $\omega=3$ rad/s 的谐波分量，如并联支路导纳为零或串联支路阻抗为零时，$u(t)$均为零。对并联支路

$$Y=\mathrm{j}\omega C-\mathrm{j}\frac{1}{\omega L}$$

$Y=0$ 时，

$$\omega=\frac{1}{\sqrt{LC}}$$

$\omega=3$ rad/s，$C=1$ F，则 $L=\frac{1}{9}$ H

对串联支路

$$Z=\mathrm{j}\omega L-\mathrm{j}\frac{1}{\omega C}$$

$Z=0$ 时，

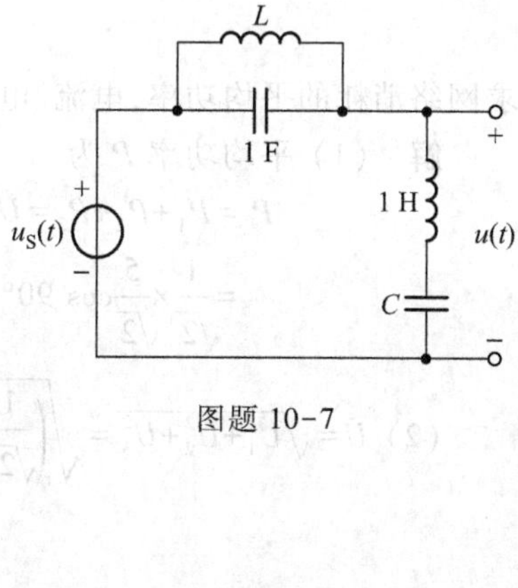

图题 10-7

$$\omega=\frac{1}{\sqrt{LC}}$$

$$\omega=3\ \text{rad/s}, L=1\ \text{H}, 则\ C=\frac{1}{9}\ \text{F}$$

（2）$\omega=7$ rad/s 时，同理可知对并联支路

$$\omega=\frac{1}{\sqrt{LC}}=\frac{1}{\sqrt{L}}=7, 则\ L=\frac{1}{49}\ \text{H}$$

对串联支路

$$\omega_0=\frac{1}{\sqrt{LC}}=\frac{1}{\sqrt{C}}=7, 则\ C=\frac{1}{49}\ \text{F}$$

因此取 $L=\frac{1}{9}$ H、$C=\frac{1}{49}$ F 或 $L=\frac{1}{49}$ H、$C=\frac{1}{9}$ F 时，$u(t)$ 中不含 $\omega=3$ rad/s 和 7 rad/s 的分量。

§10-5 平均功率的叠加

10-12 图题 10-8 所示单口网络 N 端口电压、电流为

$$u(t)=\left[\cos\left(t+\frac{\pi}{2}\right)+\cos\left(2t-\frac{\pi}{4}\right)+\cos\left(3t-\frac{\pi}{3}\right)\right]\ \text{V}$$

$$i(t)=\left[5\cos t+2\cos\left(2t+\frac{\pi}{4}\right)\right]\ \text{A}$$

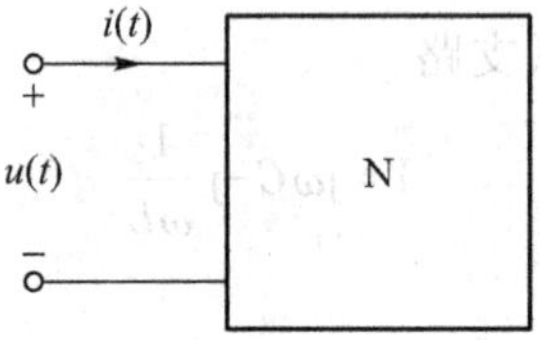

图题 10-8

求网络消耗的平均功率，电流、电压的有效值。

解 （1）平均功率 P 为

$$\begin{aligned}P&=P_1+P_2+P_3=U_1I_1\cos\varphi_1+U_2I_2\cos\varphi_2+U_3I_3\cos\varphi_3\\&=\frac{1}{\sqrt{2}}\times\frac{5}{\sqrt{2}}\cos 90^\circ+\frac{1}{\sqrt{2}}\times\frac{2}{\sqrt{2}}\cos(-90^\circ)+0=0\end{aligned}$$

（2）$U=\sqrt{U_1^2+U_2^2+U_3^2}=\sqrt{\left(\frac{1}{\sqrt{2}}\right)^2+\left(\frac{1}{\sqrt{2}}\right)^2+\left(\frac{1}{\sqrt{2}}\right)^2}\ \text{V}=1.22\ \text{V}$

(3) $I=\sqrt{I_1^2+I_2^2}=\sqrt{\left(\frac{5}{\sqrt{2}}\right)^2+\left(\frac{2}{\sqrt{2}}\right)^2}\ \text{V}=3.81\ \text{A}$

注:一般来说,功率不满足叠加原理,但有些重要的特殊情况例外,如本章和 §3-3 所示,试自己总结一下,参看教材下册附录 §B-3-5(P258)。

10-13 施加于 15 Ω 电阻的电压为

$$u(t)=[100+22.4\cos(\omega t-45°)+4.11\cos(3\omega t-67°)]\ \text{V}$$

试求电压的有效值和电阻消耗的平均功率。

解 $U=\sqrt{100^2+\left(\frac{22.4}{\sqrt{2}}\right)^2+\left(\frac{4.11}{\sqrt{2}}\right)^2}\ \text{V}=\sqrt{10\ 000+250.9+8.45}\ \text{V}$

$=101.3\ \text{V}$

$$P=P_1+P_2+P_3=\left(\frac{10\ 000}{15}+\frac{22.4^2}{2\times15}+\frac{4.11^2}{2\times15}\right)\ \text{W}$$

$=(666.67+16.7+0.56)\ \text{W}=683.93\ \text{W}$

注:计算非正弦波的有效值有两种方法,(1) 根据分解为傅里叶级数,按各次谐波的有效值,根据公式计算,如本题及上题所示;(2) 按波形图对应的解析表示式,根据有效值的定义式计算,如下题所示。

10-14 非正弦周期波的有效值也可以根据定义式(8-81)或(8-82)由波形来计算,试计算教材图 10-1 所示各周期波的有效值。

解 教材图 10-1 重绘为图题解 10-14。以 F 表示有效值。

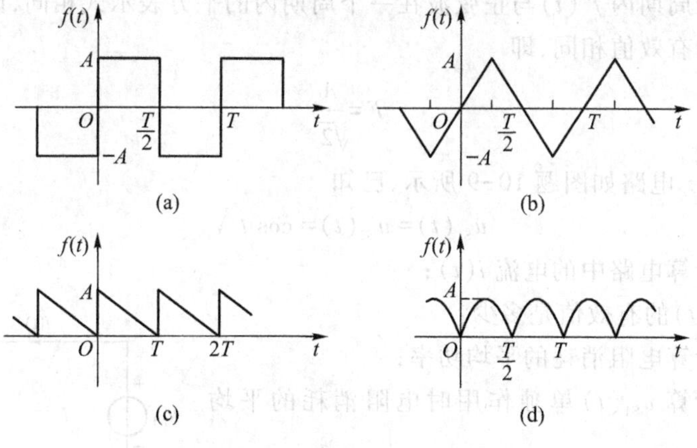

图题解 10-14

图(a)方波:

$$F=\sqrt{\frac{1}{T}\int_0^T f^2(t)\,\mathrm{d}t}=\sqrt{\frac{2}{T}\int_0^{\frac{T}{2}} A^2\,\mathrm{d}t}=A$$

图(b)三角波：

$$F=\sqrt{\frac{1}{T}\int_0^T f^2(t)\,\mathrm{d}t}=\sqrt{\frac{4}{T}\int_0^{\frac{T}{4}} f^2(t)\,\mathrm{d}t}$$

$$f(t)=\frac{4A}{T}t\quad\left(0<t<\frac{T}{4}\right)$$

$$\int_0^{\frac{T}{4}} f^2(t)\,\mathrm{d}t=16\int_0^{\frac{T}{4}}\frac{A^2}{T^2}t^2\,\mathrm{d}t=\frac{A^2T}{12}$$

$$F=\sqrt{\frac{4}{T}\times\frac{A^2T}{12}}=\frac{A}{\sqrt{3}}$$

图(c)锯齿波：

$$F=\sqrt{\frac{1}{T}\int_0^T f^2(t)\,\mathrm{d}t}$$

$$f(t)=A-\frac{A}{T}t=A\left(1-\frac{t}{T}\right)\qquad(0<t<T)$$

$$\frac{1}{T}\int_0^T f^2(t)\,\mathrm{d}t=\frac{A^2}{T}\int_0^T\left(1-\frac{2t}{T}+\frac{t^2}{T^2}\right)\mathrm{d}t=\frac{A^2}{T}\frac{t^3}{3T^3}\Bigg|_0^T=\frac{A^2}{3}$$

则

$$F=\frac{A}{\sqrt{3}}$$

图(d)全波整流正弦波：

在一个周期内 $f^2(t)$ 与正弦波在一个周期内的平方表示式相同，因此有效值与正弦波的有效值相同，即

$$F=\frac{A}{\sqrt{2}}$$

10-15　电路如图题 10-9 所示，已知

$$u_{S1}(t)=u_{S2}(t)=\cos t\ \mathrm{V}$$

(1) 计算电路中的电流 $i(t)$；

(2) $i(t)$ 的有效值是多少？

(3) 计算电阻消耗的平均功率；

(4) 计算 $u_{S1}(t)$ 单独作用时电阻消耗的平均功率；

(5) 计算 $u_{S2}(t)$ 单独作用时电阻消耗的平均功率；

(6) 由(3)、(4)、(5)的计算结果，你能得出什么结论？

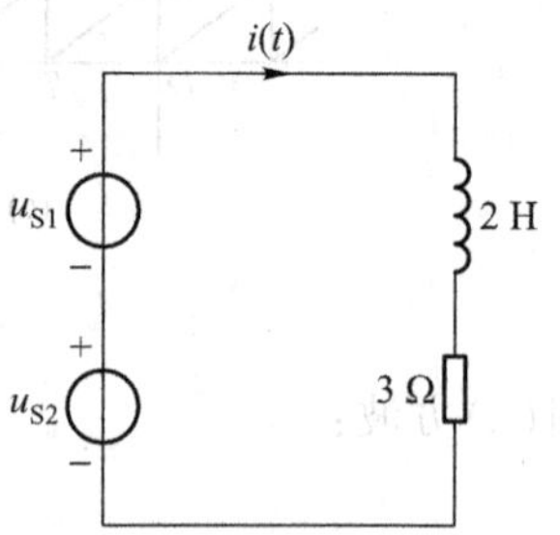

图题 10-9

解 （1）$Z=(3+\mathrm{j}2)\ \Omega=3.605\ \underline{/33.69^\circ}\ \Omega$；

$$\dot{I}_{\mathrm{m}}=\frac{1\ \underline{/0^\circ}+1\ \underline{/0^\circ}}{3.605\ \underline{/33.69^\circ}}\ \mathrm{A}=0.554\ 8\ \underline{/-33.69^\circ}\ \mathrm{A};$$

$$i=0.554\ 8\cos(t-33.69^\circ)\ \mathrm{A}。$$

（2）$I=\dfrac{0.554\ 8}{\sqrt{2}}\ \mathrm{A}=0.392\ 4\ \mathrm{A}$。

（3）$P=I^2R=0.392\ 4^2\times 3\ \mathrm{W}=0.461\ 8\ \mathrm{W}$。

（4）$\dot{I}_{1\mathrm{m}}=\dfrac{1\ \underline{/0^\circ}}{3.605\ \underline{/33.69^\circ}}\ \mathrm{A}=0.277\ 4\ \underline{/-33.69^\circ}\ \mathrm{A}$；

$$P_1=\frac{0.277\ 4^2}{2}\times 3\ \mathrm{W}=0.115\ 4\ \mathrm{W}。$$

（5）同（4），$P_2=0.115\ 4\ \mathrm{W}$。

（6）$P\neq P_1+P_2$，表明同频率正弦波的平均功率不符合叠加原理。

10-16 接续上题，当 $u_{\mathrm{S1}}(t)=\cos t\ \mathrm{V}$，$u_{\mathrm{S2}}(t)=\cos(2t)\ \mathrm{V}$ 时，重复求解各项，并讨论所得结果。

解 （1）当 $\omega=1\ \mathrm{rad/s}$ 时，

$$\dot{I}_{1\mathrm{m}}=\frac{1\ \underline{/0^\circ}}{3.605\ \underline{/33.69^\circ}}\ \mathrm{A}=0.277\ 4\ \underline{/-33.69^\circ}\ \mathrm{A}$$

$$i_1(t)=0.277\ 4\cos(t-33.69^\circ)\ \mathrm{A}$$

当 $\omega=2\ \mathrm{rad/s}$ 时，

$$\dot{I}_{2\mathrm{m}}=\frac{1\ \underline{/0^\circ}}{3+\mathrm{j}2\times 2}\ \mathrm{A}=\frac{1\ \underline{/0^\circ}}{3+\mathrm{j}4}\ \mathrm{A}=\frac{1\ \underline{/0^\circ}}{5\ \underline{/53.1^\circ}}\ \mathrm{A}=0.2\ \underline{/-53.1^\circ}\mathrm{A}$$

$$i_2=0.2\cos(2t-53.13^\circ)\ \mathrm{A}$$

所以 $i(t)=i_1+i_2=[0.277\ 4\cos(t-33.69^\circ)+0.2\cos(2t-53.13^\circ)]\ \mathrm{A}$。

（2）$I=\sqrt{\left(\dfrac{0.277\ 4}{\sqrt{2}}\right)^2+\left(\dfrac{0.2}{\sqrt{2}}\right)^2}\ \mathrm{A}=\sqrt{0.038\ 48+0.02}\ \mathrm{A}=0.241\ 8\ \mathrm{A}$。

（3）$P=I^2R=(0.241\ 8^2\times 3)\ \mathrm{W}=0.175\ 4\ \mathrm{W}$。

（4）$P_1=I_1^2R=(0.038\ 48\times 3)\ \mathrm{W}=0.115\ 4\ \mathrm{W}$。

（5）$P_2=I_2^2R=(0.02\times 3)\ \mathrm{W}=0.06\ \mathrm{W}$。

（6）$P=P_1+P_2$，说明非正弦波的总平均功率等于各次谐波平均功率之和，计算周期性非正弦波的平均功率，可运用叠加原理。

相关题：习题 10-13 注

10-17 图题 10-10 所示电路,求其中每一电阻及电源吸收的平均功率。

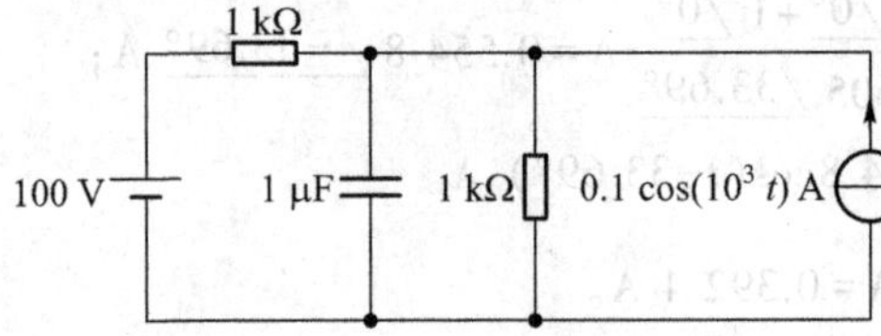

图题 10-10

解 画出两电源单独作用时的电路如图题解 10-17 所示。

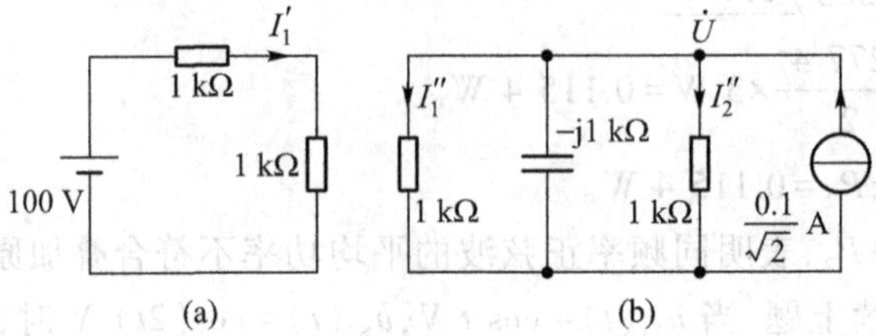

图题解 10-17

(1) 100 V 作用时的电流和功率为

$$I_1'=\frac{100}{1\ 000+1\ 000}\ \text{A}=0.05\ \text{A}$$

$$P_1'=P_2'=(0.05^2\times1\ 000)\ \text{W}=2.5\ \text{W}$$

100 V 电源的功率为

$$P_{100\ \text{V}}=(-100\times0.05)\ \text{W}=-5\ \text{W}\quad（产生 5 W）$$

(2) 电流源作用

$$\left(\frac{1}{1\ 000}+\frac{1}{1\ 000}+\text{j}\frac{1}{1\ 000}\right)\dot U=\frac{0.1}{\sqrt2}$$

$$\dot U=\frac{\frac{0.1}{\sqrt2}\times1\ 000}{2+\text{j}1}\ \text{V}=\frac{100/\sqrt2}{2.24\ \underline{/26.57^\circ}}\ \text{V}=\frac{44.64}{\sqrt2}\underline{/-26.57^\circ}\ \text{V}$$

$$P_1''=P_2''=\frac{U^2}{R}=\frac{44.64^2}{2\times1\ 000}\ \text{W}=1\ \text{W}$$

电流源的功率为

$$P_i=\left[-\frac{44.64}{\sqrt2}\times\frac{0.1}{\sqrt2}\cos(-26.57^\circ)\right]\ \text{W}$$

$$=(-2.23\times0.894\ 4)\ \text{W}=-2\ \text{W}\quad（提供 2 W）$$

(3) $P_1=P_2=(2.5+1)\ \text{W}=3.5\ \text{W}$ （吸收 3.5 W）

注:本题给定电源的时间函数,需求功率。采用有效值相量或振幅相量均可。本题解在计算过程中始终保留$\sqrt{2}$,不去触动,有些累赘。读者试用振幅相量计算。

§ 10-6 RLC 电路的谐振

10-18 *RLC* 串联电路的谐振频率为$\dfrac{1\ 000}{2\pi}$ Hz,通频带为$\dfrac{100}{2\pi}$ Hz。谐振时阻抗为 100 Ω。求 *R*、*L*、*C*。

解 (1) 在谐振时 $Z=R=100\ \Omega$。

(2) $Q=\dfrac{f_0}{BW}=\dfrac{\dfrac{1\ 000}{2\pi}}{\dfrac{100}{2\pi}}=10$

$$L=\frac{QR}{\omega_0}=\frac{10\times100}{1\ 000}\ \text{F}=1\ \text{H}$$

$$C=\frac{1}{\omega_0 RQ}=\frac{1}{1\ 000\times10\times100}\ \text{F}=1\ \mu\text{F}$$

10-19 *RLC* 串联电路的谐振频率为 876 Hz,通频带为 750 Hz 到 1 kHz,已知 $L=0.32$ H。

(1) 求 *R*、*C* 及 *Q*;

(2) 若电源电压有效值 $U_1=23.2$ V,在各频率时保持不变,试求在 $\omega=\omega_0$ 以及在通频带两端的频率(即 750 Hz 及 1 kHz)处电路的平均功率;

(3) 试求在 $\omega=\omega_0$时电感及电容电压的有效值。

解 (1)

$$Q=\frac{f_0}{BW}=\frac{876}{1\ 000-750}=3.5$$

$$C=\frac{1}{\omega_0^2 L}=\frac{1}{(2\pi\times876)^2\times0.32}\ \text{F}=0.103\ \mu\text{F}$$

$$R=\frac{\omega_0 L}{Q}=\frac{2\pi\times876\times0.32}{3.5}\ \Omega=503\ \Omega$$

(2) 在 $\omega=\omega_0$时,$P_0=\dfrac{U_1^2}{R}=\dfrac{(23.2)^2}{503}=1.07$ W。

当 $\omega=750$ Hz 及 1 kHz 时为半功率点频率,即

$$P_1=\frac{P_0}{2}=\frac{1.07}{2}\ \text{W}=0.535\ \text{W}$$

(3) 在谐振时，$U_L=U_C=QU_1=(3.5\times23.2)\ \text{V}=81.2\ \text{V}$。

10-20　RLC 并联电路的谐振频率为$\dfrac{1\ 000}{2\pi}$ Hz。谐振时阻抗为 $10^5\ \Omega$，通频带为$\dfrac{100}{2\pi}$ Hz。求 R、L、C。

解　并联电路在谐振时感纳与容纳相等，谐振阻抗即并联电阻 R，所以

$$R=10^5\ \Omega$$

$$Q=\frac{f_0}{BW}=\frac{\dfrac{1\ 000}{2\pi}}{\dfrac{100}{2\pi}}=10$$

$$C=\frac{Q}{\omega_0 R}=\frac{10}{1\ 000\times10^5}\ \text{F}=10^{-7}\ \text{F}$$

$$L=\frac{R}{\omega_0 Q}=\frac{10^5}{1\ 000\times10}\ \text{H}=10\ \text{H}$$

综　合

10-21　图题 10-11 所示为全波整流器的输出电压波形，与想得到的直流波形相距较远，为减少负载 R 所得电压中的纹波，使波形更接近直流，在整流器的输出端与负载间接入 LC 滤波器。已知整流器输出电压的波形为

$$u_1(t)=\frac{2}{\pi}U_m\left[1+\frac{2}{3}\cos(\omega t)-\frac{2}{15}\cos(2\omega t)+\frac{2}{35}\cos(3\omega t)-\cdots\right]\ \text{V}$$

图题 10-11

其中 $\omega=2\times314\ \text{rad/s}=628\ \text{rad/s}$。已知 $R=3\ \text{k}\Omega$，求输出波形 $u_2(t)$ 中的直流分量、基波及二次谐波，并计算基波分量、二次谐波分别对原有分量的百分比。

解　(1) 直流分量作用时电感相当于短路，即

$$U'_{2m}=\frac{2}{\pi}U_m$$

$$\text{占原有分量的百分比为}\frac{\frac{2}{\pi}U_m}{\frac{2}{\pi}U_m}\times 100\% = 100\%$$

（2）基波分量作用时相量模型如图题解 10-21(a)所示（采用振幅相量）。

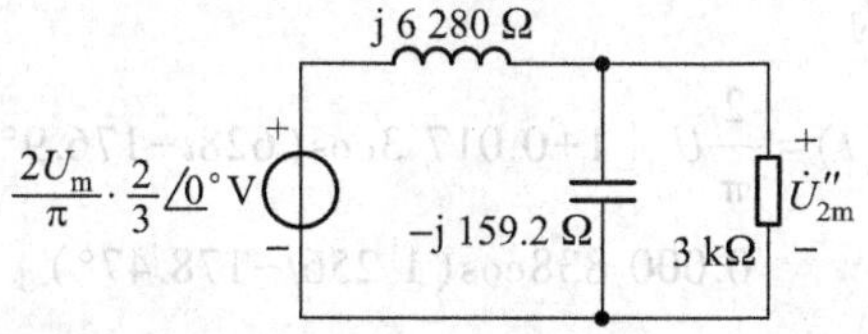

(a)

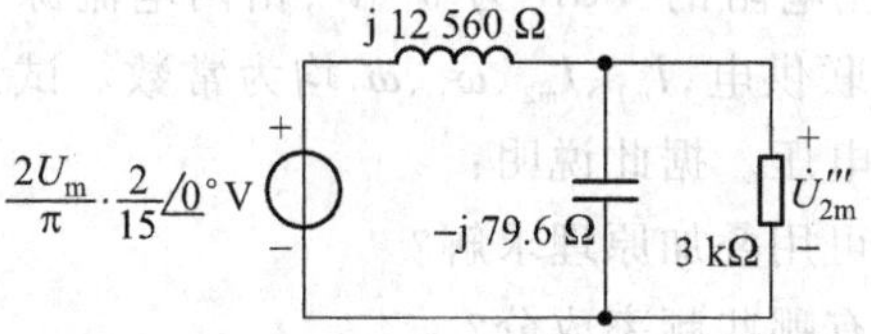

(b)

图题解 10-21

$$\left(\frac{1}{\mathrm{j}6\,280}+\frac{1}{3\,000}+\mathrm{j}\frac{1}{159.2}\right)\dot{U}''_{2m}=\frac{\left(\frac{2U_m}{\pi}\right)2\,\underline{/0^\circ}}{\mathrm{j}6\,280\times 3}$$

$$(-\mathrm{j}1.59\times 10^{-4}+3.33\times 10^{-4}+\mathrm{j}6.28\times 10^{3})\dot{U}''_{2m}=\left(\frac{2U_m}{\pi}\right)\times 1.06\times 10^{-4}\,\underline{/-90^\circ}$$

$$(3.33+\mathrm{j}61.23)\dot{U}''_{2m}=\left(\frac{2U_m}{\pi}\right)\times 1.06\,\underline{/-90^\circ}$$

$$\dot{U}''_{2m}=\frac{2U_m}{\pi}\frac{1.06\,\underline{/-90^\circ}}{61.32\,\underline{/86.9^\circ}}\ \mathrm{V}=\frac{2U_m}{\pi}\times 0.017\,3\,\underline{/-176.9^\circ}\ \mathrm{V}$$

$$\text{占原有分量的百分比为}\quad\frac{0.017\,3}{\frac{2}{3}}\times 100\% = 2.6\%$$

（3）二次谐波分量作用时相量模型如图题解 10-21(b)所示。

$$\left(\frac{1}{\mathrm{j}12\,560}+\frac{1}{3\,000}+\mathrm{j}\frac{1}{79.6}\right)\dot{U}'''_{2m}=\frac{2U_m}{\pi}\times\frac{2}{15}\times\frac{1}{\mathrm{j}12\,560}$$

$$(3.33+\mathrm{j}126.4)\dot{U}'''_{2m}=\frac{2U_m}{\pi}\times 0.106\,\underline{/-90^\circ}$$

$$\dot{U}'''_{2m}=\frac{2U_m}{\pi}\frac{0.106\angle -90^\circ}{126.4\angle 88.47^\circ}\text{ V}=\frac{2U_m}{\pi}\times 8.38\times 10^{-4}\angle -178.47^\circ\text{ V}$$

占原有分量的百分比为 $\dfrac{8.5\times 10^{-4}}{\dfrac{2}{15}}\times 100\%=0.637\%$

(4) 输出 $u_2(t)$ 为

$$u_2(t)=\frac{2}{\pi}U_m[1+0.017\,3\cos(628t-176.9^\circ)-0.000\,838\cos(1\,256t-178.47^\circ)]\text{ V}$$

注:见习题 10-10 注。

10-22 某非线性电阻的 VCR 为 $u=i^3$,由两电流源 $i_1(t)=I_{m1}\cos(\omega_1 t)$ 和 $i_2(t)=I_{m2}\cos(\omega_2 t)$ 并联供电,I_{m1}、I_{m2}、ω_1、ω_2 均为常数。试计算当两电流源分别作用和一起作用时的电压。据此说明:

(1) 此电路是否可用叠加原理求解?

(2) 输出电压中有哪些频率成分?

解 当 $i(t)=i_1(t)=I_{m1}\cos(\omega_1 t)$ 时,

$$u_1(t)=I_{m1}^3\cos^3(\omega_1 t)=I_{m1}^3\left[\frac{3}{4}\cos(\omega_1 t)+\frac{1}{4}\cos(3\omega_1 t)\right]$$

当 $i(t)=i_2(t)=I_{m2}\cos(\omega_2 t)$ 时,

$$u_2(t)=I_{m2}^3\cos^3(\omega_2 t)=I_{m2}^3\left[\frac{3}{4}\cos(\omega_2 t)+\frac{1}{4}\cos(3\omega_1 t)\right]$$

当 $i(t)=I_{m1}\cos(\omega_1 t)+I_{m2}\cos(\omega_2 t)$ 时,

$$\begin{aligned}u_3(t)&=I_{m1}^3\cos^3(\omega_1 t)+I_{m2}^3\cos^3(\omega_2 t)+3I_{m1}^2I_{m2}\cos^2(\omega_1 t)\cos(\omega_2 t)+3I_{m2}^2I_{m1}\cos(\omega_1 t)\cos^2(\omega_2 t)\\&=u_1(t)+u_2(t)+3I_{m1}^2I_{m2}\left\{\frac{1}{2}\cos(\omega_2 t)+\frac{1}{4}\cos[(\omega_2+2\omega_1)t]+\frac{1}{4}\cos[(2\omega_1-\omega_2)t]\right\}+3I_{m2}^2I_{m1}\left\{\frac{1}{2}\cos(\omega_1 t)+\frac{1}{4}\cos[(\omega_1+2\omega_2)t]+\frac{1}{4}\cos[(2\omega_2-\omega_1)t]\right\}\end{aligned}$$

(1) 从以上运算结果可知

$$u_3(t)\neq u_1(t)+u_2(t)$$

叠加原理不适用。

（2）输出电压中的频率成分为

$u_1(t)$含　ω_1、$3\omega_1$

$u_2(t)$含　ω_2、$3\omega_2$

$u_3(t)$含　ω_1、$3\omega_1$、ω_2、$3\omega_2$、$\omega_2+2\omega_1$、$2\omega_1-\omega_2$、$\omega_1+2\omega_2$、$2\omega_2-\omega_1$

均产生了新的频率成分。

注：非线性导致新频率的产生，这是一个极其重要的概念。一方面，某些方法的使用受到限制，如叠加方法、相量法；另一方面，技术上可利用这一特点产生新的频率，线性电路不可能做到这点。这是电路分析课程中一个基本概念。

10-23　在电子仪器中，经过放大后的电压如在相位上比原来的电压超前而引起误差时，可以设法加以补偿。其办法是加一个滞后网络，使相位落后一些。图题 10-12 所示是一种滞后网络，求当 $f=50$ Hz 时，输出对输入的相移是多少？

解　电路的相量模型如图题解 10-23 所示。

$$\dot{U}_2=\frac{\dfrac{1}{R}+\mathrm{j}\omega C_1}{\dfrac{1}{R}+\mathrm{j}\omega C_1+\mathrm{j}\omega C_2}\dot{U}_1$$

$$H(\mathrm{j}\omega)=\frac{\dot{U}_2}{\dot{U}_1}=\frac{\dfrac{1}{4}\times10^{-3}+\mathrm{j}\omega5\times10^{-7}}{\dfrac{1}{4}\times10^{-3}+\mathrm{j}\omega7\times10^{-7}}=\left|\frac{\dot{U}_2}{\dot{U}_1}\right|\underline{/\varphi}$$

$$\varphi=\arctan\left(\frac{5\times10^{-7}\omega}{\dfrac{1}{4}\times10^{-3}}\right)-\arctan\left(\frac{7\times10^{-7}\omega}{\dfrac{1}{4}\times10^{-3}}\right)$$

$$=\arctan(2\times10^{-3}\omega)-\arctan(2.8\times10^{-3}\omega)$$

当 $f=50$ Hz 时，$\omega=2\pi\times50$ rad/s $=314$ rad/s

$$\varphi=\arctan 0.628-\arctan 0.8\ 792=32.1^\circ-41.3^\circ=-9.2^\circ$$

相关题：习题 10-7

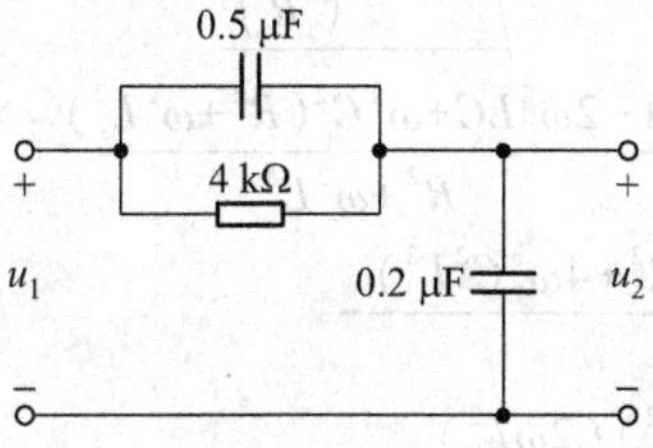

图题 10-12

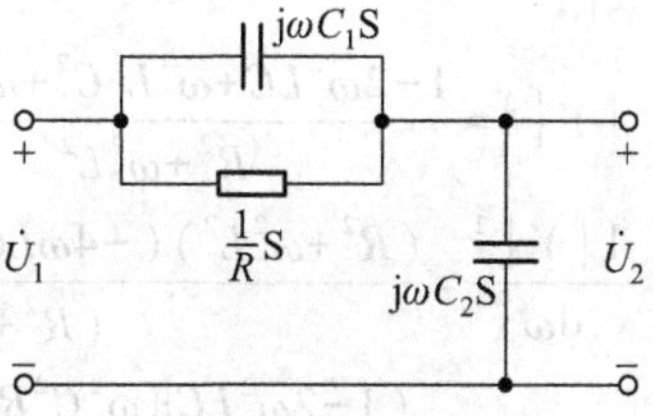

图题解 10-23

10-24　实际的并联谐振电路如图题 10-13 所示,R 为电感线圈的电阻。

(1) 该电路的谐振频率是否仍为 $\omega_0=\dfrac{1}{\sqrt{LC}}$? 试计算之。

(2) 谐振时阻抗是否为 R? 试计算之。

(3) 并联电路两端电压的最大值是否出现在谐振时? 试计算之。

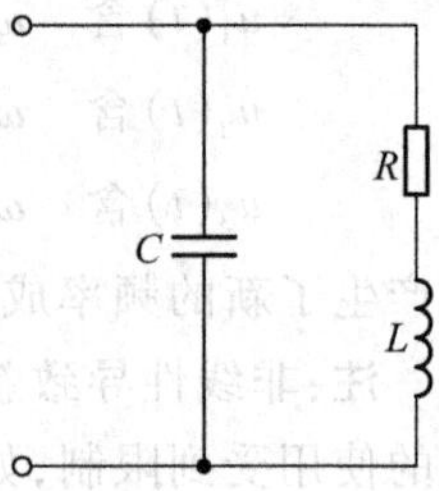

图题 10-13

解　(1) $Y(\omega)=\mathrm{j}\omega C+\dfrac{1}{R+\mathrm{j}\omega L}$

$$=\mathrm{j}\omega C+\frac{R}{R^2+(\omega L)^2}-\mathrm{j}\frac{\omega L}{R^2+(\omega L)^2}$$

$$=\frac{R}{R^2+(\omega L)^2}+\mathrm{j}\left[\omega C-\frac{\omega L}{R^2+(\omega L)^2}\right]$$

在谐振时虚部为零,即

$$\omega_0 C-\frac{\omega_0 L}{R^2+(\omega_0 L)^2}=0$$

$$\omega_0=\sqrt{\frac{1}{LC}-\frac{R^2}{L^2}}$$

当 $R=0$ 时　$$\omega_0=\frac{1}{\sqrt{LC}}$$

(2) $$Z(\omega_0)=\frac{1}{Y(\omega_0)}=\frac{R^2+(\omega_0 L)^2}{R}=\frac{R^2+\left(\dfrac{1}{LC}-\dfrac{R^2}{L^2}\right)L^2}{R}=\frac{L}{CR}$$

(3) 并联电路与电流源相接,只要 $Z(\omega)$ 达最大或 $Y(\omega)$ 达最小,电路两端电压即达最大,为计算方便可取其模值 $|Y|$ 的平方后对 ω 求导。

$$Y(\omega)=\frac{\mathrm{j}\omega RC-\omega^2 LC+1}{R+\mathrm{j}\omega L}=\frac{\sqrt{(1-\omega^2 LC)^2+\omega^2R^2C^2}\ \Big/\arctan\left(\dfrac{\omega RC}{1-\omega^2 LC}\right)}{\sqrt{R^2+\omega^2L^2}\ \Big/\arctan\left(\dfrac{\omega L}{R}\right)}$$

$$|Y|^2=\frac{1-2\omega^2LC+\omega^4L^2C^2+\omega^2R^2C^2}{R^2+\omega^2L^2}=\frac{1-2\omega^2LC+\omega^2C^2(R^2+\omega^2L^2)}{R^2+\omega^2L^2}$$

$$\frac{\mathrm{d}|Y|^2}{\mathrm{d}\omega}=\frac{(R^2+\omega^2L^2)(-4\omega LC+2\omega C^2R^2+4\omega^3C^2L^2)}{(R^2+\omega^2L^2)^2}-\frac{(1-2\omega^2LC+\omega^2C^2R^2+\omega^4C^2L^2)(2\omega L^2)}{(R^2+\omega^2L^2)^2}$$

令
$$\frac{\mathrm{d}|Y|^2}{\mathrm{d}\omega}=0$$

可得
$$-4\omega R^2LC+2\omega C^2R^4+4\omega^3C^2L^2R^2+2\omega^5C^2L^4-2\omega L^2=0$$

由于 $\omega\neq0$,故
$$C^2L^4\omega^4+2C^2L^2R^2\omega^2+(C^2R^4-2R^2LC-L^2)=0$$

解得
$$\omega^2=-\frac{R^2}{L^2}\pm\sqrt{\frac{R^4}{L^4}-\left(\frac{R^4}{L^4}-2\frac{R^2}{CL^3}-\frac{1}{C^2L^2}\right)}$$

取+号后得
$$\omega=\sqrt{\frac{1}{LC}\sqrt{1+\frac{2R^2C}{L}}-\left(\frac{R}{L}\right)^2}$$

$R\to0$ 时
$$\omega\to\sqrt{\frac{1}{LC}}$$

注:本题表明图题 10-13 所示并联电路中,谐振时,两端电压并非达到最大值。串联谐振电路中,谐振时电流达最大值。

相关题:习题 10-4

10-25 图题 10-14 所示电路中,锗二极管的 VCR 为
$$i=I_S(e^{u/U_T}-1)$$
$I_S=0.05$ mA、$U_T=26$ mV,信号
$$u_i=\cos t\ \text{mV}$$
试求 U_I 为 0.1 V 时的小信号模型。

解 工作点 $U_I=0.1$ V 处二极管对小信号 u_i 的电导为
$$\frac{\mathrm{d}i}{\mathrm{d}u}=\frac{\mathrm{d}}{\mathrm{d}u}[0.05\times10^{-3}(e^{u/0.026}-1)]$$
$$=0.05\times10^{-3}\times\frac{1}{0.026}e^{u/0.026}$$
$$=1.92\times10^{-3}e^{u/0.026}\ \text{S}$$

当 $u=U_I=0.1$ V 时
$$\frac{\mathrm{d}i}{\mathrm{d}u}=1.92\times10^{-3}e^{0.1/0.026}\ \text{S}=1.92\times10^{-3}\times47\ \text{S}$$
$$=90.2\times10^{-3}\ \text{S}$$

在工作点 0.1 V 处、对小信号 u_i 的模型为 90.2 mS 的电导。

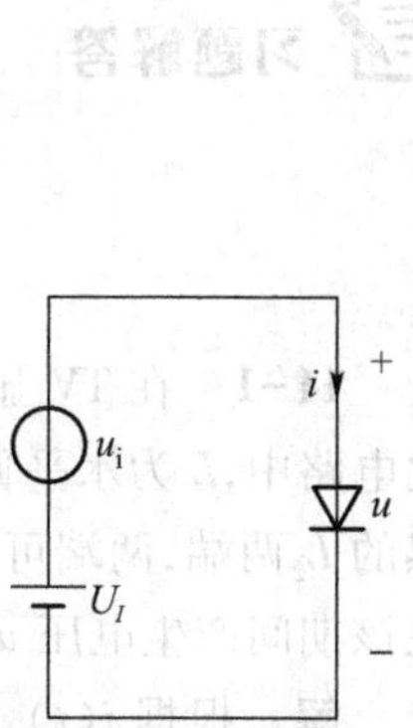

图题 10-14

第十一章

耦合电感和理想变压器

本章要点

互感电压的出现使我们在应用相量法时需倍加小心！例如，两电感 L_1 和 L_2 的串联，如果它们之间存在互感关系，就不能类比电阻电路得出它们的串联等效阻抗为 $Z_1+Z_1=\mathrm{j}\omega L_1+\mathrm{j}\omega L_2$。其实，只要能在相量模型中，正确计及这些互感电压，类比电阻电路的分析方法仍能适用。这些互感电压可以电压源的形式，包含在相量模型中。教材图 11-4 说明了处理方法。

有些含互感的电路并不复杂，例如电子技术中用的空心变压器。可引用反映阻抗公式简化计算（例 11-5）。

值得注意的是理想变压器，它是电阻（性）元件。由于历史原因和在实际变压器模型中充当主要元件的缘故，它常和耦合电感一起出现。它的 *VCR* 只是简单的代数关系，如果电路中无其他动态元件，不必使用相量法。要注意区别理想变压器折合阻抗（11-39 式）和耦合电感反映阻抗（11-28 式）。

习题解答

§11-1 基本概念

11-1 在 TV 显像管中需用高电压来加速电子束，在如图题 11-1(a)所示简化电路中，L 为水平偏转线圈，其电流波形如图题 11-1(b)所示。高压取自耦合电感的 L_2 两端，两端可视为开路，已知图题 11-1(b)电流波形中 $t_b-t_a=1\ \mu\text{s}$，若要求在该期间产生电压 u 的峰值为 15 000 V，求所需 M。绘 t_a 与 t_b 期间 u 的波形。

解 根据 $i(t)$，$u(t)$ 的参考方向对同名端“·”一致（即 i 指向“·”，u 的正极在“·”），可用

$$u=M\frac{\mathrm{d}i}{\mathrm{d}t}$$

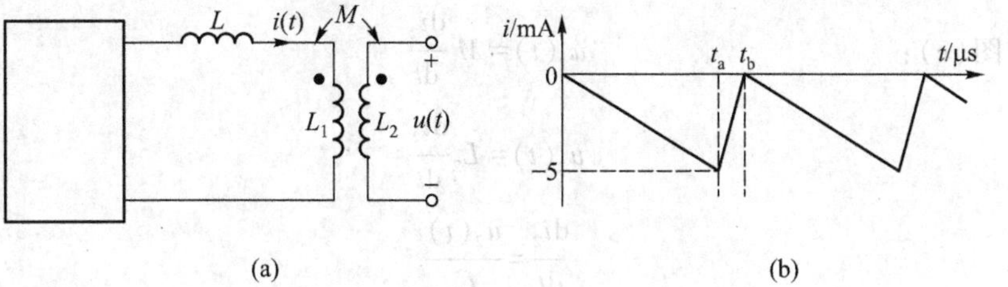

图题 11-1

得　　$u=M\frac{\mathrm{d}}{\mathrm{d}t}\left(\frac{5\times10^{-3}}{10^{-6}}t\right)=5\ 000M$

$$M=\frac{15\ 000}{5\ 000}\ \mathrm{H}=3\ \mathrm{H}$$

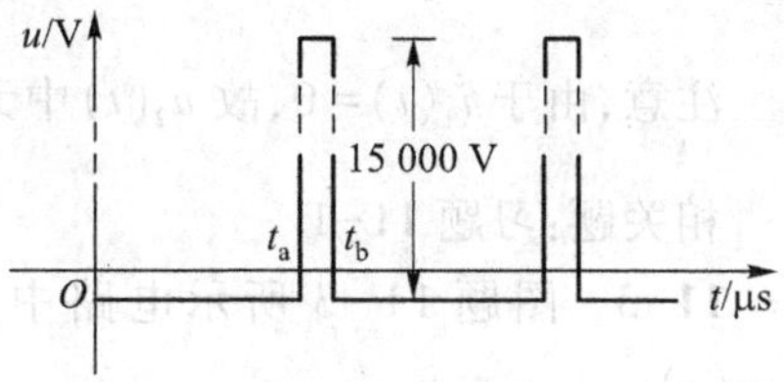

图题解 11-1

t_a与 t_b间的波形如图题解 11-1 中所示（$0\to t_a$因时间未给定，相应的电压值不能确定）。

注：务请注意，正确使用 $u=M\frac{\mathrm{d}i}{\mathrm{d}t}$是学好本章的要点。

§11-2　耦合电感的 VCR　耦合系数

11-2　求图题 11-2 所示各电路中标有问号的电压的表示式。

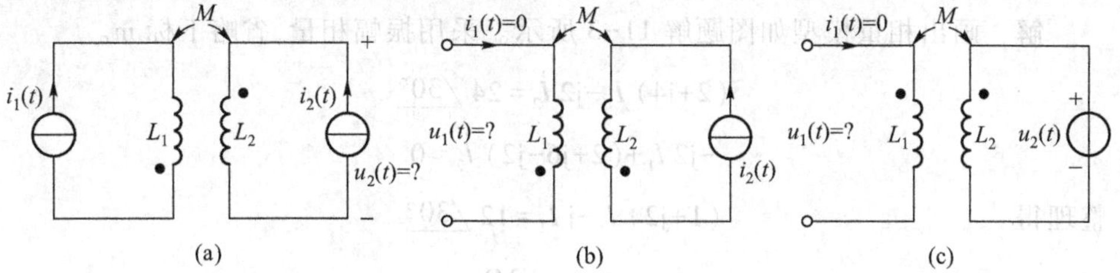

图题 11-2

解　图(a)(见教材 P191 图题 11-2(a))：$u_2(t)=-M\frac{\mathrm{d}i_1}{\mathrm{d}t}+L_2\frac{\mathrm{d}i_2}{\mathrm{d}t}$

图(b)：

$$u_1(t)=M\frac{\mathrm{d}i_2}{\mathrm{d}t}$$

由于 $i_1(t)=0$，$u_1(t)$中无 $L_1\frac{\mathrm{d}i_1}{\mathrm{d}t}$项。

图(c)：
$$u_1(t)=M\frac{\mathrm{d}i_2}{\mathrm{d}t}$$

但
$$u_2(t)=L_2\frac{\mathrm{d}i_2}{\mathrm{d}t}$$

因此
$$\frac{\mathrm{d}i_2}{\mathrm{d}t}=\frac{u_2(t)}{L_2}$$

故得
$$u_1(t)=\frac{M}{L_2}u_2(t)$$

注意，由于 $i_1(t)=0$，故 $u_2(t)$ 中无 $M\frac{\mathrm{d}i_1}{\mathrm{d}t}$项，仅有自感电压 $L_2\frac{\mathrm{d}i_2}{\mathrm{d}t}$。

相关题：习题 11-1

11-3　图题 11-3 所示电路中，已知 $u_S=24\cos(t+30°)$ V，试求输出电压 $u(t)$。

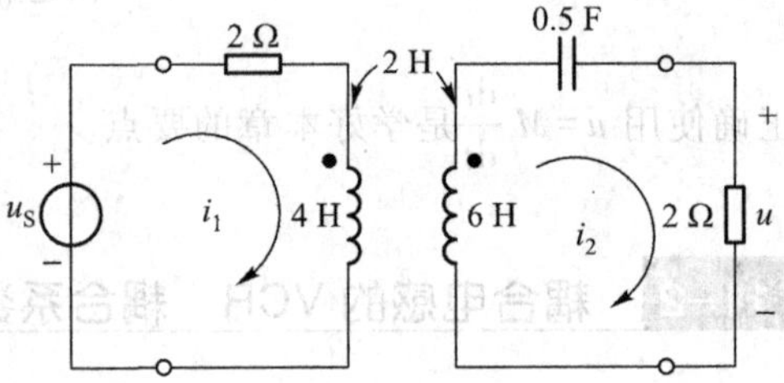

图题 11-3

解　画出相量模型如图题解 11-3 所示。采用振幅相量，省略下标 m。

$$(2+\mathrm{j}4)\dot{I}_1-\mathrm{j}2\dot{I}_2=24\angle 30°$$
$$-\mathrm{j}2\dot{I}_1+(2+\mathrm{j}6-\mathrm{j}2)\dot{I}_2=0$$

整理得
$$(1+\mathrm{j}2)\dot{I}_1-\mathrm{j}\dot{I}_2=12\angle 30°$$

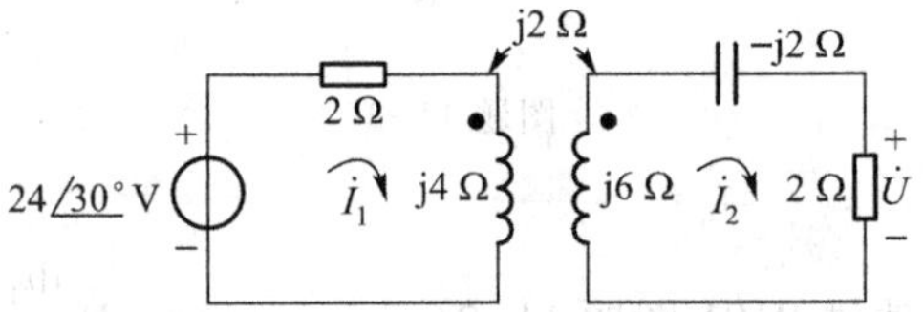

图题解 11-3

$$-\mathrm{j}\dot{I}_1+(1+\mathrm{j}2)\dot{I}_2=0$$

所以
$$\dot{I}_2+(1+\mathrm{j}2)^2\dot{I}_2=12\angle 30°+90°$$

$$\dot{I}_2=\frac{12\angle 120^\circ}{-2+\mathrm{j}4}\ \mathrm{A}=\frac{12\angle 120^\circ}{4.47\angle 116.6^\circ}\ \mathrm{A}$$

$$=2.68\angle 3.4^\circ\ \mathrm{A}$$

$$\dot{U}=2\dot{I}_2=5.36\angle 3.4^\circ\ \mathrm{V}$$

$$u=5.36\cos(t+3.4^\circ)\ \mathrm{V}$$

11-4　图题 11-4 所示电路，耦合系数 $k=\frac{1}{2}$，求输出电压 $\dot{U}$。

解

$$K=\frac{M}{\sqrt{L_1L_L}}=\frac{\mathrm{j}\omega M}{\sqrt{\mathrm{j}16\times\mathrm{j}4}}=\frac{1}{2}$$

所以

$$\mathrm{j}\omega M=\frac{\mathrm{j}4\times 2}{2}=\mathrm{j}4$$

采用网孔电流法，网孔电流为 $\dot{I}_1$、$\dot{I}_2$。互感电压 $\mathrm{j}\omega M\dot{I}_1$ 和 $\mathrm{j}\omega M\dot{I}_2$ 作为附加电压源后的相量模型如图题解 11-4 所示。

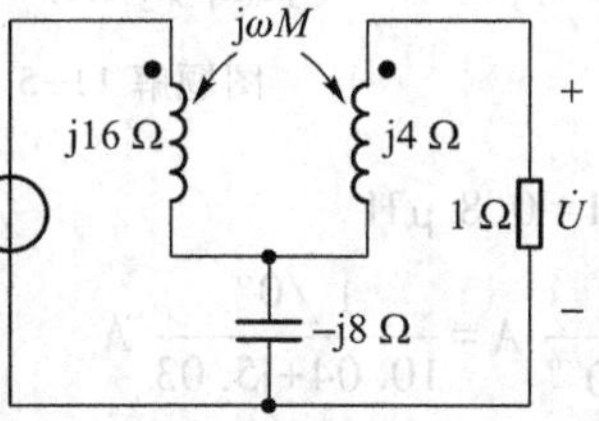

图题 11-4

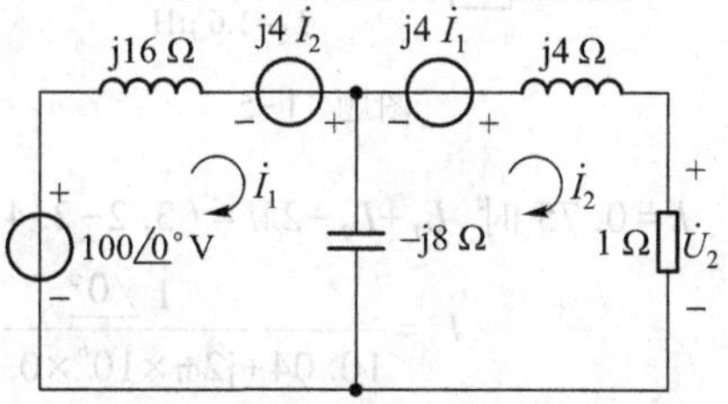

图题解 11-4

网孔电流方程为

$$(\mathrm{j}16-\mathrm{j}8)\dot{I}_1-\mathrm{j}8\dot{I}_2=100-\mathrm{j}4\dot{I}_2$$

$$-\mathrm{j}8\dot{I}_1+(1+\mathrm{j}4-\mathrm{j}8)\dot{I}_2=\mathrm{j}4\dot{I}_1$$

整理得

$$\mathrm{j}8\dot{I}_1+\mathrm{j}4\dot{I}_2=100$$

$$\mathrm{j}4\dot{I}_1+(1-\mathrm{j}4)\dot{I}_2=0$$

$$\dot{I}_2=\frac{\begin{vmatrix}\mathrm{j}8 & 100\\ \mathrm{j}4 & 0\end{vmatrix}}{\begin{vmatrix}\mathrm{j}8 & \mathrm{j}4\\ \mathrm{j}4 & 1-\mathrm{j}4\end{vmatrix}}\ \mathrm{A}=\frac{\mathrm{j}100}{12+\mathrm{j}12}\ \mathrm{A}=8.22\angle -99.46^\circ\ \mathrm{A}$$

$$\dot{U}_2=8.22\angle -99.46^\circ\ \mathrm{V}$$

11-5　同轴电缆的外导体与内导体之间总存在一些互感，图题 11-5 所示电缆用来传送 1 MHz 信号至负载 R_L，试计算耦合系数 k 为 0.75 和 1 时传送给负载的功率。已知 $\dot{U}_s=1\angle 0^\circ$ V。

解　(1) 求不同耦合系数时的 M 值。

$$\frac{M}{\sqrt{L_1L_2}}=\frac{M}{\sqrt{1.6^2\times10^{-12}}}=k$$

$k=0.75$ 时，$M=(0.75\times1.6\times10^{-6})\ \text{H}=1.2\ \mu\text{H}$。

$k=1$ 时，$M=1.6\times10^{-6}\ \text{H}=1.6\ \mu\text{H}$。

(2) 相量模型如图题解 11－5 所示，L_1 和 L_2 应为反向串联，等效电感为 L_1+L_2-2M。

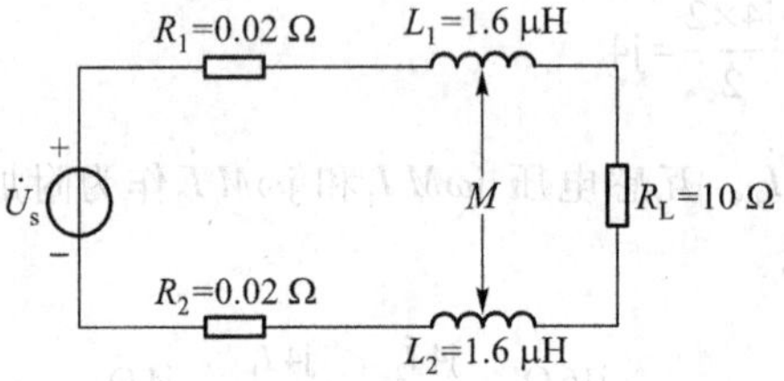

图题 11－5

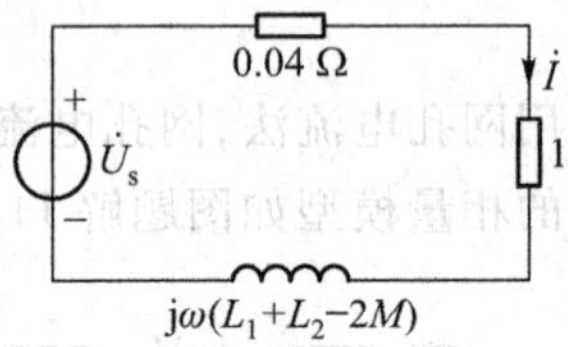

图题解 11－5

$k=0.75$ 时，$L_1+L_2-2M=(3.2-2.4)\ \mu\text{H}=0.8\ \mu\text{H}$

$$\dot{I}=\frac{1\angle 0^\circ}{10.04+\text{j}2\pi\times10^6\times0.8\times10^{-6}}\ \text{A}=\frac{1\angle 0^\circ}{10.04+\text{j}5.03}\ \text{A}$$

$$=\frac{1\angle 0^\circ}{11.23\angle 26.61^\circ}\ \text{A}=0.089\angle -26.61^\circ\ \text{A}$$

$$P_L=I^2R_L=0.089^2\times10\ \text{W}=79.3\ \text{mW}$$

$k=1$ 时，$L_1+L_2-2M=0$

$$\dot{I}=\frac{1\angle 0^\circ}{10.04}\ \text{A}=0.0996\angle 0^\circ\ \text{A}$$

$$P_L=I^2R_L=0.0996^2\times10\ \text{W}=99.2\ \text{mW}$$

11－6　求图题 11－6 所示电路中的 i_1 和 i_2，已知 $u_S(t)=100\cos(10^3t+30^\circ)$ V。

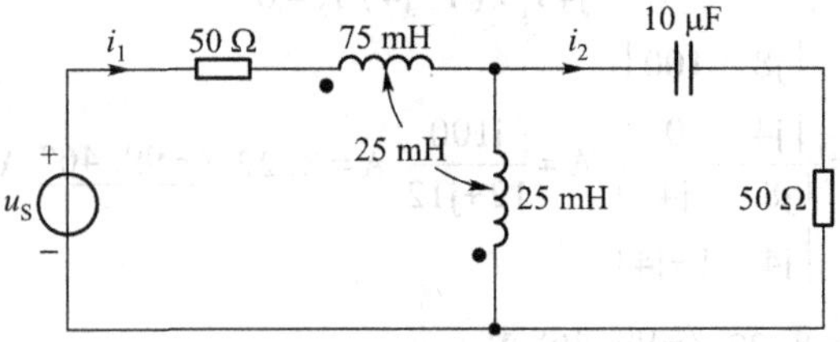

图题 11－6

解　作相量模型如图题解 11-6 所示，采用振幅相量，省略下标 m，互感电压作为附加电压源列入模型中。网孔方程为

$$(50+j75+j25)\dot{I}_1-j25\dot{I}_2-j25\dot{I}_1+j25\dot{I}_2-j25\dot{I}_1=100\angle 30^\circ$$

$$-j25\dot{I}_1+(50+j25-j100)\dot{I}_2+j25\dot{I}_1=0$$

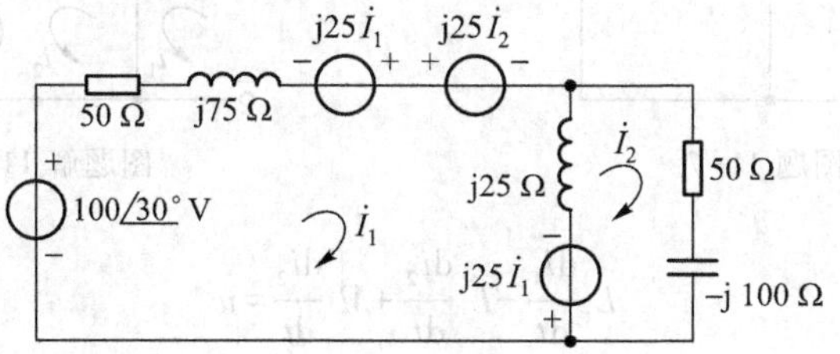

图题解 11-6

化简后得

$$(50+j50)\dot{I}_1=100\angle 30^\circ$$

$$(50-j75)\dot{I}_2=0$$

解得

$$\dot{I}_1=\frac{100\angle 30^\circ}{50\sqrt{2}\angle 45^\circ}\ \text{A}=\sqrt{2}\angle -15^\circ\ \text{A}$$

$$\dot{I}_2=0$$

故得

$$i_1(t)=\sqrt{2}\cos(10^3 t-15^\circ)\ \text{A}$$

$$i_2(t)=0$$

11-7　（1）试证明如图题 11-7 所示一对耦合电感并联，其等效电感 L 为

$$L=\frac{L_1L_2-M^2}{L_1+L_2-2M}$$

（提示：设网孔电流 i_1、i_2，列网孔方程，求解 $\frac{di_1}{dt}$，得 $\frac{di_1}{dt}$ 与 u 的关系式。）

（2）若图中两耦合电感中的任一个改变“·”端的位置，试表明此时的等效电感 L 为

$$L=\frac{L_1L_2-M^2}{L_1+L_2+2M}$$

解　（1）由图题解 11-7 可得网孔电流方程为

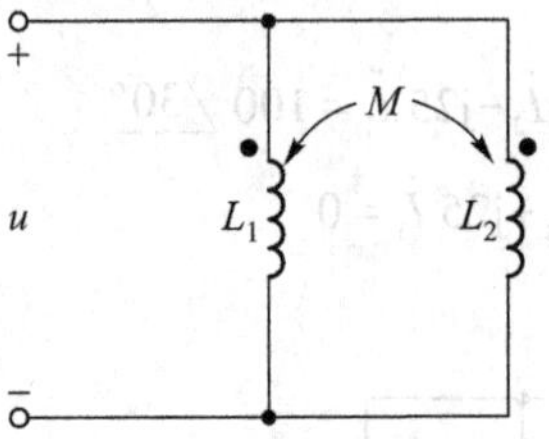

图题 11-7

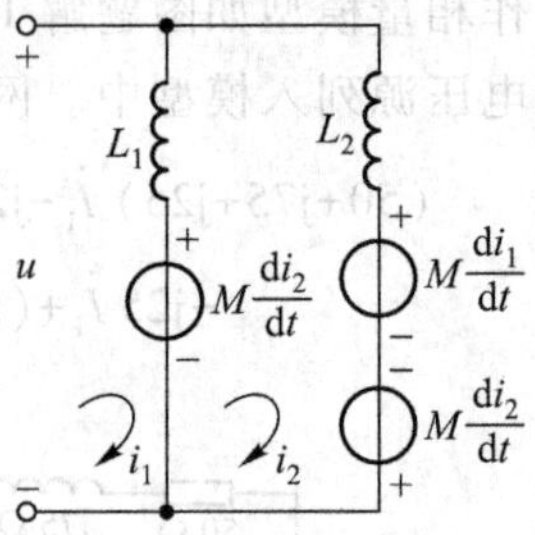

图题解 11-7

$$L_1\frac{di_1}{dt}-L_1\frac{di_2}{dt}+M\frac{di_2}{dt}=u$$

$$-L_1\frac{di_1}{dt}+(L_1+L_2)\frac{di_2}{dt}+M\frac{di_1}{dt}-M\frac{di_2}{dt}-M\frac{di_2}{dt}=0$$

整理后得

$$L_1\frac{di_1}{dt}-(L_1-M)\frac{di_2}{dt}=u \quad ①$$

$$(L_1-M)\frac{di_1}{dt}-(L_1+L_2-2M)\frac{di_2}{dt}=0 \quad ②$$

②式代入①式得

$$L_1\frac{di_1}{dt}-(L_1-M)\left(\frac{L_1-M}{L_1+L_2-2M}\right)\frac{di_1}{dt}=u$$

即

$$\left(\frac{L_1^2+L_1L_2-2ML_1-L_1^2+2L_1M-M^2}{L_1+L_2-2M}\right)\frac{di_1}{dt}=u$$

即

$$\left(\frac{L_1L_2-M^2}{L_1+L_2-2M}\right)\frac{di_1}{dt}=u$$

故知等效电感

$$L=\frac{L_1L_2-M^2}{L_1+L_2-2M}$$

(2) 若 L_2 的"·"改标下方，则图题解 11-7 中所有附加电压源的极性均需改变(如果 L_1 的"·"也同时改变，情况又如何呢)，相应的网孔方程为

$$L_1\frac{di_1}{dt}-(L_1+M)\frac{di_2}{dt}=u$$

$$(L_1+M)\frac{di_1}{dt}-(L_1+L_2+2M)\frac{di_2}{dt}=0$$

可解得等效电感如题中所示。

§11-3　空心变压器电路的分析　反映阻抗

11-8　电路如图题 11-8 所示，试求对电源端的输入阻抗、电流 $\dot{I}_1$ 和 $\dot{I}_2$。

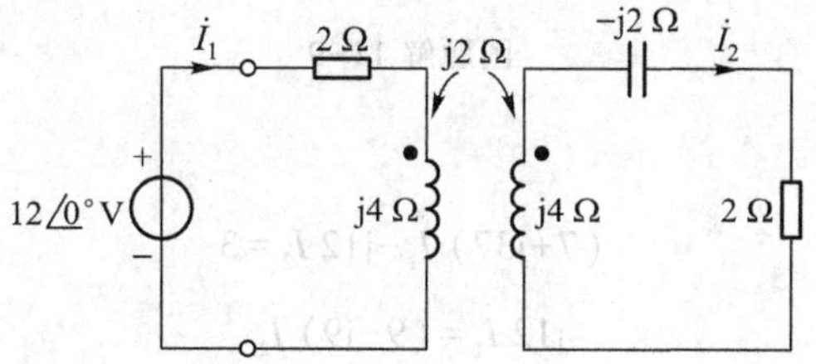

图题 11-8

解　列网孔方程

$$(2+j4)\dot{I}_1-j2\dot{I}_2=12\angle 0^\circ$$

$$-j2\dot{I}_1+(2+j2)\dot{I}_2=0$$

整理得

$$(1+j2)\dot{I}_1-j\dot{I}_2=6\angle 0^\circ$$

$$-j\dot{I}_1+(1+j)\dot{I}_2=0$$

所以

$$\dot{I}_1=\frac{1+j}{j}\dot{I}_2=(1-j)\dot{I}_2$$

$$(1+j2)(1-j)\dot{I}_2-j\dot{I}_2=6$$

$$3\dot{I}_2=6，则\ \dot{I}_2=2\ \text{A}$$

$$\dot{I}_1=[(1-j)\times 2]\ \text{A}=(2-j2)\ \text{A}$$

$$Z_i=\frac{12\angle 0^\circ}{2-j2}\ \Omega=\frac{12(2+j2)}{8}\ \Omega=(3+j3)\ \Omega$$

11-9　已知空心变压器的参数：$L_1=9$ H、$R_1=200\ \Omega$、$L_2=4$ H、$R_2=100\ \Omega$ 及 $k=0.5$。所接负载为 800 Ω 电阻和 1 μF 电容串联，所接正弦电压源频率为 400 rad/s，电压有效值为 300 V，内阻为 500 Ω，内电感为 0.25 H。试求传送给负载的功率 P 和空心变压器的功率传输效率。

解　(1) 可以画出电路如图题解 11-9 所示。

$$M=k\sqrt{L_1L_2}=0.5\sqrt{9\times 4}\ \text{A}=3\ \text{H}$$

作出相量模型（从略）后可列出网孔方程为

$$(500+200+j100+j3\ 600)\dot{I}_1-j1\ 200\dot{I}_2=300$$

$$-j1\ 200\dot{I}_1+(100+800+j1\ 600-j2\ 500)\dot{I}_2=0$$

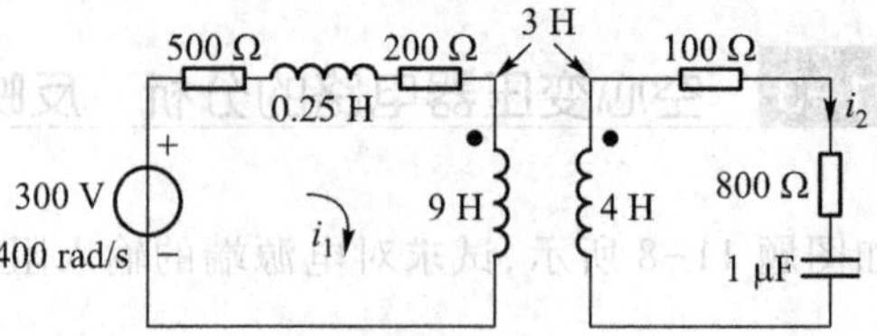

图题解 11-9

整理得

$$(7+j37)\dot{I}_1-j12\dot{I}_2=3$$

$$j12\dot{I}_1=(9-j9)\dot{I}_2$$

所以

$$\dot{I}_1=\frac{9-j9}{j12}\dot{I}_2=\frac{3(-1-j)}{4}\dot{I}_2$$

$$(7+j37)\frac{3(-1-j)}{4}\dot{I}_2-j12\dot{I}_2=3$$

$$(22.5-j33-j12)\dot{I}_2=3$$

$$\dot{I}_2=\frac{3}{22.5(1-j2)}\text{ A}=\frac{3}{22.5\times\sqrt{5}\angle 116.6^\circ}\text{ A}=0.0596\angle -116.6^\circ\text{ A}$$

则

$$P=P_2=(0.0596^2\times 800)\text{ W}=2.843\text{ W}$$

(2) $$\dot{I}_1=\left[\frac{3(-1-j)}{4}\times\frac{3}{22.5(1-j2)}\right]\text{ A}=\frac{1-j3}{50}\text{ A}=\frac{\sqrt{10}\angle -71.56^\circ}{50}\text{ A}$$

$$P_1=\left(300\times\frac{\sqrt{10}}{50}\cos 71.56^\circ\right)\text{ W}=18.97\times 0.316\text{ W}=6\text{ W}$$

$$\eta=\frac{P_2}{P_1'}\times 100\%=\frac{2.843}{6-500\times\left(\frac{\sqrt{10}}{50}\right)^2}\times 100\%=\frac{2.843}{4}\times 100\%$$

$$=71.1\%$$

11-10　图题 11-9 所示空心变压器电路，已知 $k=0.4$，所接正弦电压源的频率为 4 000 rad/s，电压有效值为 45 V，求 22′端所接负载的阻抗应为多少，才能获得最大功率？并求最大功率和此功率占电源输送给变压器 11′端功率的百分比。

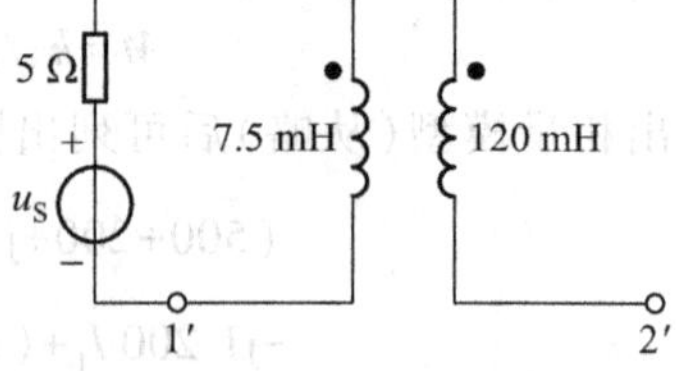

图题 11-9

解　$M=k\sqrt{L_1L_2}=0.4\sqrt{7.5\times 120}\ \text{H}=12\ \text{mH}$

（1）求出 22′间的戴维南等效阻抗，画出相量模型如图题解 11-10(a)所示。

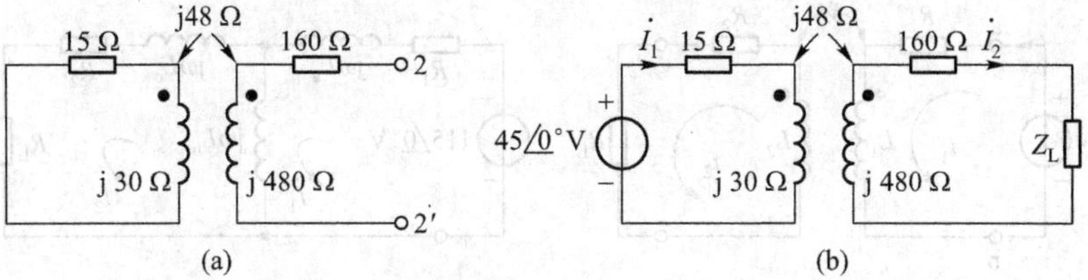

图题解 11-10

$$Z_o=\left(160+j480+\frac{48^2}{15+j30}\right)\ \Omega$$
$$=(160+j480+30.73-j61.44)\ \Omega$$
$$=(190.73+j418.56)\ \Omega$$

为获得最大功率　　$Z_L=(190.73-j418.56)\ \Omega$

（2）接上 Z_L 画出电路如图题解 11-10(b)所示。列出网孔方程

$$(15+j30)\dot{I}_1-j48\dot{I}_2=45$$
$$-j48\dot{I}_1+(160+j480+190.73-j418.56)\dot{I}_2=0$$
$$\dot{I}_1=\frac{350.72+j61.44}{j48}=(1.28-j7.31)\dot{I}_2$$
$$(1+j2)(1.28-j7.31)\dot{I}_2-j3.2\dot{I}_2=3$$
$$\dot{I}_2=\frac{3}{15.9-j7.95}\ \text{A}=\frac{3}{17.78\angle -26.57^\circ}\ \text{A}=0.168\ 7\angle 26.57^\circ\ \text{A}$$
$$P_2=I_2^2R_L=(0.168\ 7^2\times 190.73)\ \text{W}=5.43\ \text{W}$$

（3）$\dot{I}_1=(1.28-j7.31)\dfrac{3}{17.78\angle -26.57^\circ}\ \text{A}=\dfrac{3\times 7.42\angle -80.07^\circ}{17.78\angle -26.57^\circ}\ \text{A}$

$$=1.25\angle -53.5^\circ\ \text{A}$$
$$P_s=[45\angle 0^\circ\times 1.25\cos(-53.5^\circ)]\ \text{W}=33.46\ \text{W}$$
$$\eta=\frac{P_2}{P_s-I_1^2\times 5}\times 100\%=\frac{5.43}{33.46-7.81}\times 100\%=21.17\%$$

§ 11-4　耦合电感的去耦等效电路

11-11　试利用 T 形去耦电路求解例 11-5。

解　为方便计，特将例 11-5 电路图绘为图题解 11-11(a)，其 $L_1=3.6\ \text{H}$、$L_2=0.06\ \text{H}$、$M=0.465\ \text{H}$、$R_1=20\ \Omega$、$R_2=0.08\ \Omega$、$R_L=42\ \Omega$、$u_S=115\sqrt{2}\cos(314t)\ \text{V}$。

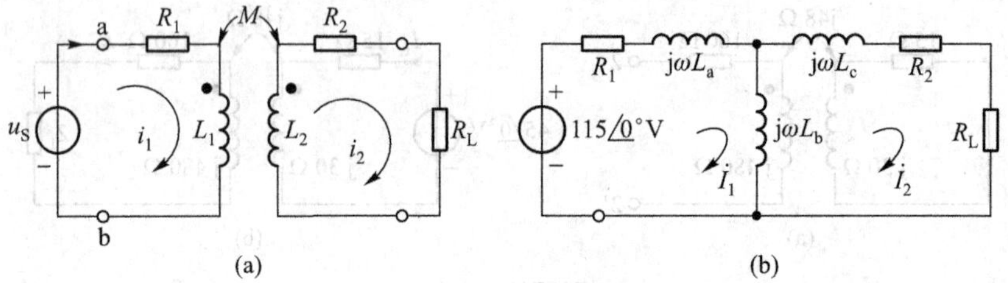

图题解 11-11

去耦电路如图题解 11-11(b)所示，已绘成相量模型，其中

$$L_a=L_1-M=(3.6-0.465)\ \text{H}=3.135\ \text{H}$$

$$L_b=M=0.465\ \text{H}$$

$$L_c=L_2-M=(0.06-0.465)\ \text{H}=-0.405\ \text{H}$$

网孔方程为

$$(R_1+j\omega L_a+j\omega L_b)\dot I_1-j\omega L_b\dot I_2=115\angle 0°$$

$$-j\omega L_b\dot I_1+(R_2+R_L+j\omega L_b+j\omega L_c)\dot I_2=0$$

即

$$(20+j314\times 3.6)\dot I_1-j314\times 0.465\dot I_2=115\angle 0°$$

$$-j314\times 0.465\dot I_1+(42.08+j314\times 0.06)\dot I_2=0$$

即

$$(20+j1\,130.4)\dot I_1-j146\dot I_2=115\angle 0° \quad ①$$

$$-j146\dot I_1+(42.08+j18.84)\dot I_2=0 \quad ②$$

由②式得

$$\dot I_2=\frac{j146\dot I_1}{42.08+j18.84}=\frac{146\angle 90°}{46.11\angle 24.19°}\dot I_1$$

上式代入①式，得

$$1\,130.58\angle 88.99°\dot I_1-146\angle 90°\times\frac{146\angle 90°}{46.11\angle 24.19°}\dot I_1=115\angle 0°$$

$$\left(1\,130.58\angle 88.99°-\frac{21\,316\angle 180°}{46.11\angle 24.19°}\right)\dot I_1=115\angle 0°$$

$$(1\,130.58\angle 88.99°-462.29\angle 155.88°)\dot I_1=115\angle 0°$$

$$(19.93+j1\,130.4+421.93-j188.91)\dot I_1=115\angle 0°$$

$$(441.86+j941.49)\dot I_1=115\angle 0°$$

$$(1\ 140.02\angle 64.86^\circ)\dot{I}_1=115\angle 0^\circ$$

$$\dot{I}_1=0.110\ 57\angle 64.86^\circ\ \text{A}=110.6\angle -64.86^\circ\ \text{mA}$$

注:空心变压器电路的分析,用反映阻抗法为好,可避免解联立方程,但需注意,空心变压器的二次侧不能接有电源。

11-12 试利用 T 形去耦电路求解例 11-7。

解 由于耦合电感异名端相接,见图题解 11-12(a),可得图题解 11-12(b)所示的等效电路(注意:不要用错公式),故得

$$L_{ab}=L_1+M+\frac{(L_2+M)(-M)}{L_2+M-M}=L_1+M-\frac{M(L_2+M)}{L_2}$$

$$=0.064\ \text{H}=64\ \text{mH}$$

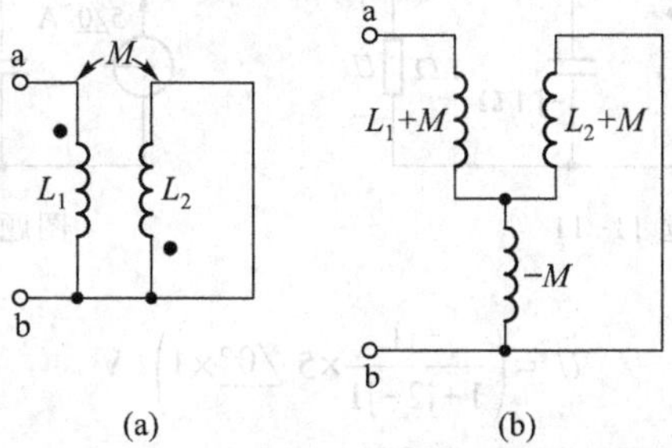

图题解 11-12

§ 11-5 理想变压器的 VCR

11-13 电路如图题 11-10 所示,已知 $\dot{U}=10\angle 0^\circ$ V,试求 $\dot{U}_s$。

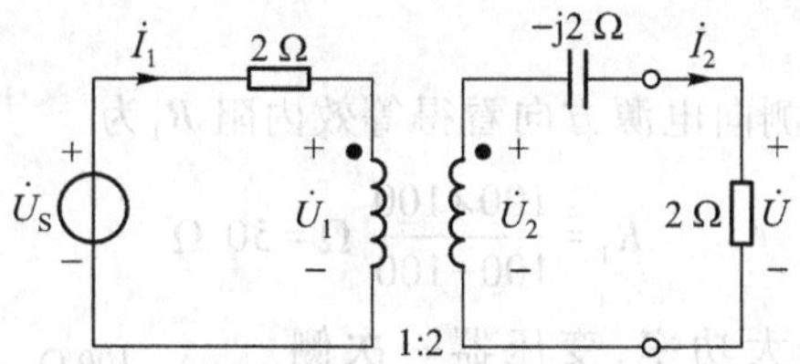

图题 11-10

解
$$\dot{I}_2=\frac{\dot{U}}{2}=\frac{10}{2}\angle 0^\circ\ \text{A}=5\angle 0^\circ\ \text{A}$$

$$\dot{U}_C=\dot{I}_2Z_C=5\angle 0^\circ\times 2\angle -90^\circ\ \text{V}=10\angle -90^\circ\ \text{V}$$

$$\dot{U}_2=\dot{U}+\dot{U}_C=(10-\text{j}10)\ \text{V}$$

$$\dot{U}_1=\frac{\dot{U}_2}{2}=(5-\mathrm{j}5)\ \mathrm{V}$$

$$\dot{U}_s=5-\mathrm{j}5+2\dot{I}_1=(5-\mathrm{j}5+2\times2\times5)\ \mathrm{V}=(25-\mathrm{j}5)\ \mathrm{V}=25.5\underline{/-11.31^\circ}\ \mathrm{V}$$

$$u_S(t)=25.5\sqrt{2}\cos(\omega t-11.31^\circ)\ \mathrm{V}$$

注:注意区分理想变压器和耦合电感。

11-14 图题 11-11 所示电路中的理想变压器由电流源激励。求输出电压 $\dot{U}$。

解 将电流源折算到二次侧,如图题解 11-14 所示。

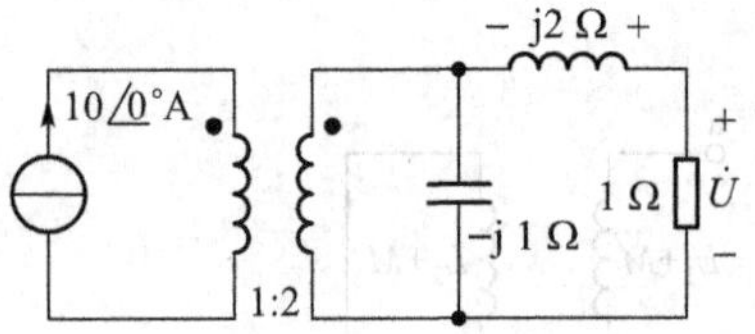

图题 11-11

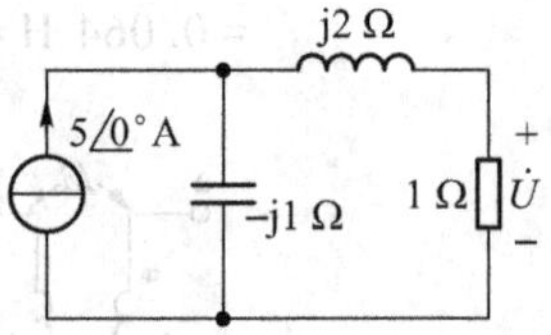

图题解 11-14

$$\dot{U}=\left(\frac{-\mathrm{j}1}{1+\mathrm{j}2-\mathrm{j}1}\times5\underline{/0^\circ}\times1\right)\ \mathrm{V}$$

$$=\frac{5\underline{/-90^\circ}}{\sqrt{2}\underline{/45^\circ}}\ \mathrm{V}=3.54\underline{/-135^\circ}\ \mathrm{V}$$

§11-6 理想变压器的阻抗变换性质

11-15 电路如图题 11-12 所示,试确定理想变压器的匝比 n,使 10 Ω 电阻能获得最大功率。

解 变压器二次侧向电源方向看得等效内阻 R_1 为

$$R_1=\frac{100\times100}{100+100}\ \Omega=50\ \Omega$$

为使负载能获最大功率,变压器一次侧向负载方向看得的等效电阻也应为 50 Ω,即

$$50=\left(\frac{1}{n}\right)^2\times10$$

可得 $$n=\frac{1}{\sqrt{5}}=0.447$$

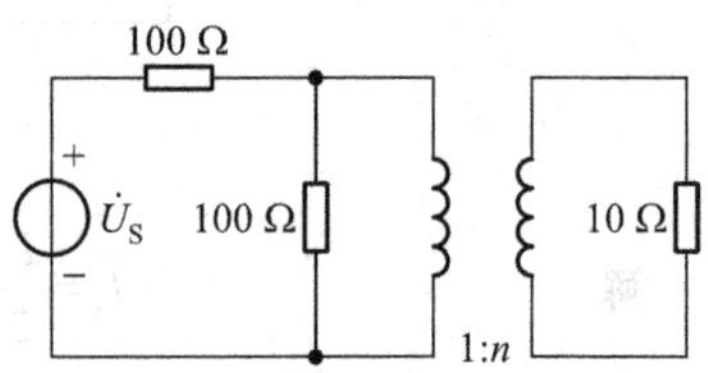

图题 11-12

11-16　电路如图题 11-13 所示，试求 ab 左侧的戴维南等效电路，并由此求解 $\dot{I}_2$。

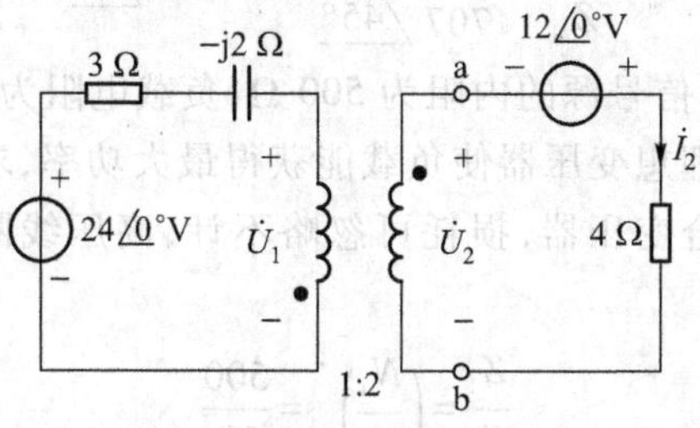

图题 11-13

解

$$\frac{Z_1}{Z_2}=\left(\frac{N_1}{N_2}\right)^2=\frac{1}{4}$$

$$Z_2=[(3-j2)\times4]\ \Omega=(12-j8)\ \Omega$$

开路电压　　$\dot{U}_{oc}=(-2\times24\angle 0^\circ)\ V=-48\angle 0^\circ\ V$

$$\dot{I}_2=\frac{-48+12}{12-j8+4}\ A=\frac{-36}{16-j8}\ A=\frac{-36}{17.89\angle -26.56^\circ}\ A=-2.01\angle 26.56^\circ\ A$$

注：求开路电压时，$\dot{I}_2=0$，从而 $\dot{I}_1=0$，$\dot{U}_1=24\angle 0^\circ$ V。

§ 11-7　铁心变压器的模型

11-17　全耦合变压器如图题 11-14 所示，

(1) 求 ab 端的戴维南等效电路；

(2) 若 ab 端短路，求短路电流。

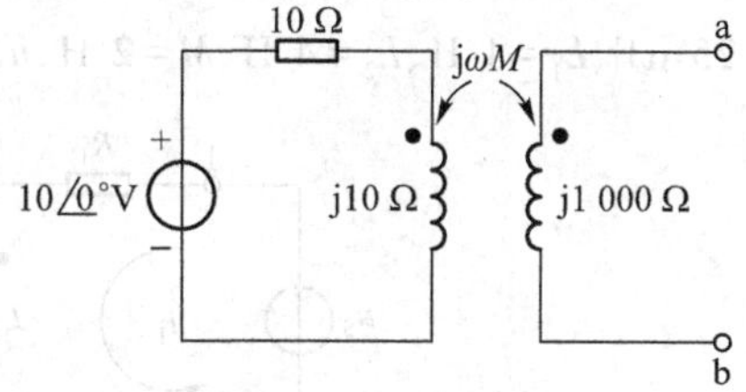

图题 11-14

解　(1) $j\omega M=k\sqrt{j10\times j1\ 000}=j100$

设一次电流为 $\dot{I}_1$，流入同名端，则

$$(10+j10)\dot{I}_1=10\angle 0^\circ$$

$$\dot{I}_1=\frac{10\angle 0^\circ}{10(1+j)}\ A=\frac{1}{\sqrt{2}\angle 45^\circ}\ A=\frac{1}{\sqrt{2}}\angle -45^\circ\ A$$

$$\dot{U}_{ab}=j\omega M\dot{I}_1=\left(j100\times\frac{1}{\sqrt{2}}\angle -45^\circ\right)\ V=70.7\angle 45^\circ\ V$$

求等效电阻时可令 $10\angle 0^\circ$ V 为零，从一次侧反映到二次侧的阻抗 Z 为

$$Z=\frac{(\omega M)^2}{10+j10}\ \Omega=\frac{10\ 000}{10(1+j1)}\ \Omega=500(1-j1)\ \Omega$$

$$Z_{ab}=(500-j500+j1\ 000)\ \Omega=(500+j500)\ \Omega=500\sqrt{2}\angle 45^\circ\ \Omega$$

（2）
$$\dot{I}_{sc}=\frac{\dot{U}_{ab}}{Z_{ab}}=\frac{70.7\angle 45^\circ}{707\angle 45^\circ}\ A=0.1\angle 0^\circ\ A$$

11-18　1 000 Hz 信号源的内阻为 500 Ω，负载电阻为 10 Ω。

（1）如果用一个理想变压器使负载能获得最大功率，求变压器的匝比；

（2）如果用全耦合变压器，损耗可忽略不计，高压线圈的电感为 0.1 H，试计算匝比。

解　（1）
$$\frac{Z_1}{Z_2}=\left(\frac{N_1}{N_2}\right)^2=\frac{500}{10}$$

所以
$$\frac{N_1}{N_2}=\sqrt{50}=7.07$$

（2）电路如图题解 11-18 所示，从 ab 向电源看得的戴维南等效阻抗为

$$Z_{ab}=\frac{500\times(j2\pi\times100)}{500+j2\pi\times100}\ \Omega=\frac{j3\ 141}{5+j6.28}\ \Omega$$
$$=\frac{3\ 141\angle 90^\circ}{8.03\angle 51.47^\circ}\ \Omega=391.2\angle 38.53^\circ\ \Omega$$

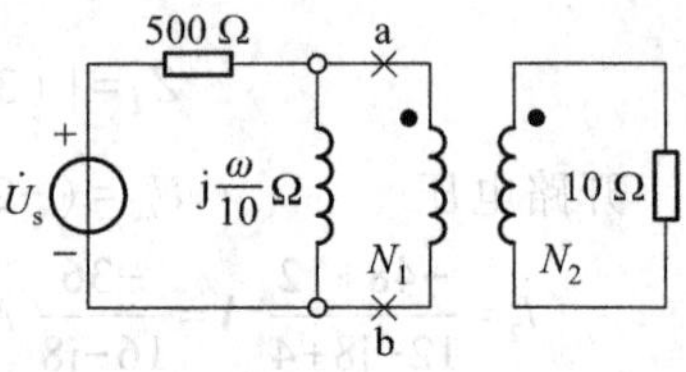

图题解 11-18

Z_{ab}为一复数，所以只能取模相等，即

$$\frac{N_1}{N_2}=\sqrt{\frac{391.2}{10}}=6.255$$

注：全耦合变压器属动态元件，但模型中含理想变压器部分，可用折合阻抗公式。

11-19　电路如图题 11-15 所示。已知 $R_1=R_2=5\ \Omega$、$R_L=1\ k\Omega$、$C=0.25\ \mu F$、$L_1=1\ H$、$L_2=4\ H$、$M=2\ H$、$u_S=120\cos(1\ 000t)\ V$，求 i_1。

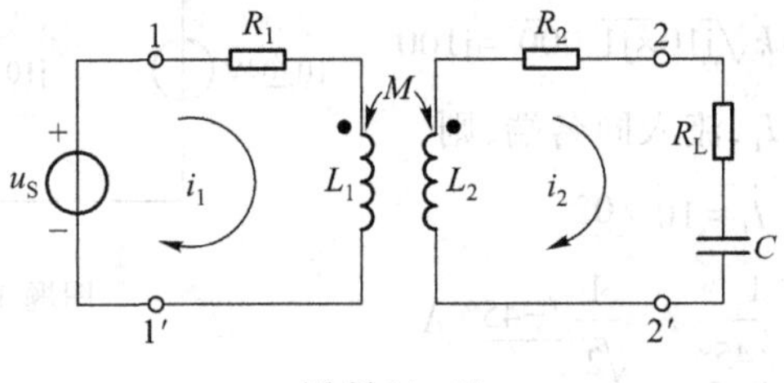

图题 11-15

解
$$(5+j1\ 000)\dot{I}_1-j2\ 000\dot{I}_2=\frac{120}{\sqrt{2}}\angle 0^\circ$$

$$(1\ 005+j4\ 000-j4\ 000)\dot{I}_2-j2\ 000\dot{I}_1=0$$

$$\dot{I}_2 = \mathrm{j}\frac{2\ 000}{1\ 005}\dot{I}_1$$

$$(5+\mathrm{j}1\ 000)\dot{I}_1+\frac{4\times10^6}{1\ 005}\dot{I}_1=\frac{120}{\sqrt{2}}\angle 0^\circ$$

$$\dot{I}_1=\frac{\frac{120}{\sqrt{2}}\angle 0^\circ}{3.985+\mathrm{j}1\ 000}\ \mathrm{A}=\frac{\frac{120}{\sqrt{2}}\angle 0^\circ}{4\ 108.5\ \angle 14.09^\circ}\ \mathrm{A}=\frac{0.029\ 2}{\sqrt{2}}\angle -14.09^\circ\ \mathrm{A}$$

$$i_1=29.2\cos(1\ 000t-14.09^\circ)\ \mathrm{mA}$$

注:本题如采用振幅相量可免于多次书写$\sqrt{2}$之劳。参看习题 10-17 注。

综　合

11-20　试用戴维南定理求解图教材 11-18(a)所示电路的二次电流 $\dot{I}_2$。

解　本题即例 11-5、11-6,教材图 11-18(a)重绘如图题解 11-20(a)所示。请注意本题与例题解法的区别。

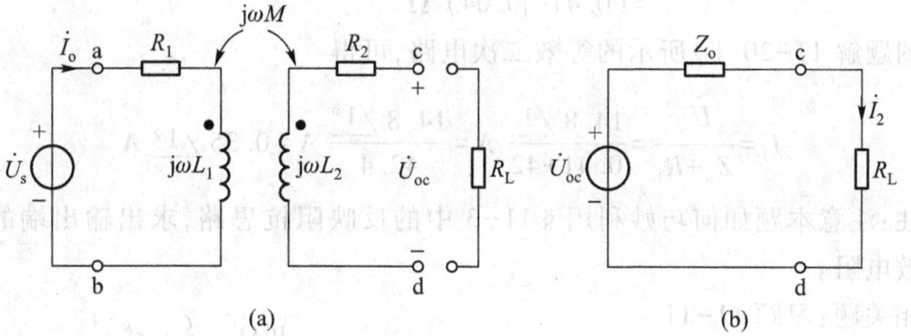

图题解 11-20

负载 R_L 断开后的相量模型如图题解 11-20(a)中所示。由此可得

$$\dot{U}_{oc}=\mathrm{j}\omega M\dot{I}_o$$

而

$$\dot{I}_o=\frac{\dot{U}_s}{Z_{11}}=\frac{115\ \angle 0^\circ}{20+\mathrm{j}1\ 130}\ \mathrm{A}=\frac{115}{1\ 130\ \angle 89^\circ}\ \mathrm{A}$$
$$=101.7\ \angle -89^\circ\ \mathrm{mA}$$

注意 $\dot{I}_o$ 是二次回路断开时的一次电流相量,计算时不考虑二次侧对一次侧的反映阻抗。由此算得

$$\dot{U}_{oc}=\mathrm{j}\omega M\dot{I}_o=314\times0.465\ \angle 90^\circ\times101.7\ \angle -89^\circ\ \mathrm{V}$$
$$=14.8\ \angle 1^\circ\ \mathrm{V}$$

在求戴维南等效电路的串联阻抗 Z_o 时，可把电路中的电压源用短路代替，在断开处施加电源 $\dot{U}$，再求 cd 端的输入阻抗即可。根据反映阻抗的概念，可知

$$Z_o = Z_{22} + \frac{\omega^2 M^2}{Z_{11}}$$

$$= R_2 + j\omega L_2 + \frac{\omega^2 M^2}{R_1 + j\omega L_1}$$

其中

$$R_2 + j\omega L_2 = (0.08 + j18.84)\ \Omega$$

$$R_1 + j\omega L_1 = (20 + j1\,130)\ \Omega = 1\,130\ \underline{/89^\circ}\ \Omega$$

$$\omega^2 M^2 = 2.13\times 10^4$$

故得

$$Z_o = \left(0.08 + j18.84 + \frac{2.13\times 10^4}{1\,130\ \underline{/89^\circ}}\right)\ \Omega$$

$$= (0.08 + j18.84 + 18.8\ \underline{/-89^\circ})\ \Omega$$

$$= (0.08 + j18.84 + 0.33 - j18.8)\ \Omega$$

$$= (0.41 - j0.04)\ \Omega$$

根据图题解 11-20(b) 所示的等效二次电路，可得

$$\dot{I}_2 = \frac{\dot{U}_{oc}}{Z_o + R_L} = \frac{14.8\ \underline{/1^\circ}}{0.41 + 42}\ \text{A} = \frac{14.8\ \underline{/1^\circ}}{42.4}\ \text{A} = 0.35\ \underline{/1^\circ}\ \text{A}$$

注：注意本题如何巧妙利用 §11-3 中的反映阻抗思路，求出输出端的戴维南等效电阻。

相关题：习题 11-11

11-21　图题 11-16 所示电路在 $\omega = 1\,000$ rad/s 时串联谐振，试求 C，已知 $k = 0.5$。

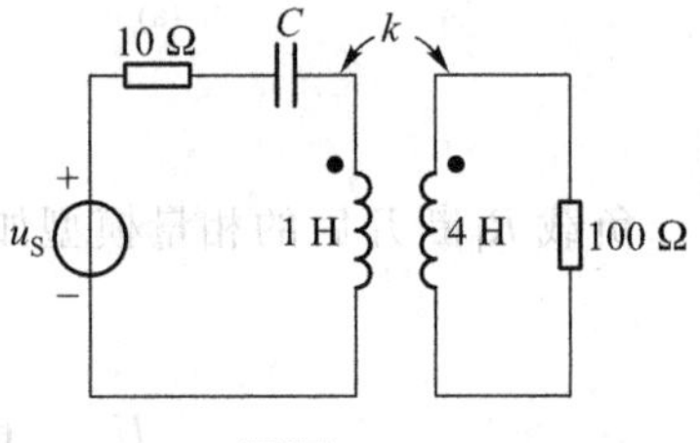

图题 11-16

解　$k = \dfrac{M}{\sqrt{L_1 L_2}} = 0.5$

则 $M = 0.5\times\sqrt{1\times 4}\ \text{H} = 1\ \text{H}$

二次侧反映到一次侧的反映阻抗 Z' 为

$$Z' = \frac{\omega^2 M^2}{100 + j4\,000} = \frac{10^6}{100 + j4\,000}\ \Omega = (6.25 - j249.8)\ \Omega$$

一次回路总阻抗 Z 为

$$Z = \left(10 + 6.25 - j249.8 + j1\,000 - j\frac{1}{\omega C}\right)\ \Omega$$

当谐振时虚部应为零，即　$1\ 000=\frac{1}{1\ 000C}+249.8$

$$\frac{1}{1\ 000C}=750.1$$

$$C=\frac{10^{-3}}{750.1}\ \mathrm{F}=1.33\ \mu\mathrm{F}$$

11-22　求图题 11-17 所示电路的输入阻抗。

解　匝数比为 $1:n_2$ 的理想变压器，二次侧折合到一次侧的阻抗为 $\frac{R_2}{n_2^2}$。

匝数比为 $1:n_1$ 的理想变压器，二次侧的阻抗为 $R_1+\left(\frac{R_2}{n_2^2}\right)$，折合到一次侧的阻抗为

$$\frac{1}{n_1^2}\left(R_1+\frac{R_2}{n_2^2}\right)$$

此即所示电路的输入阻抗。

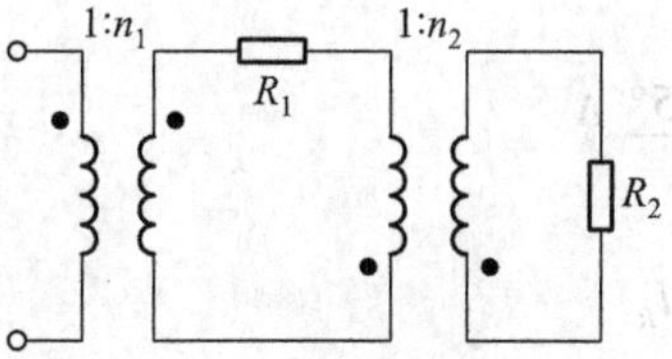

图题 11-17

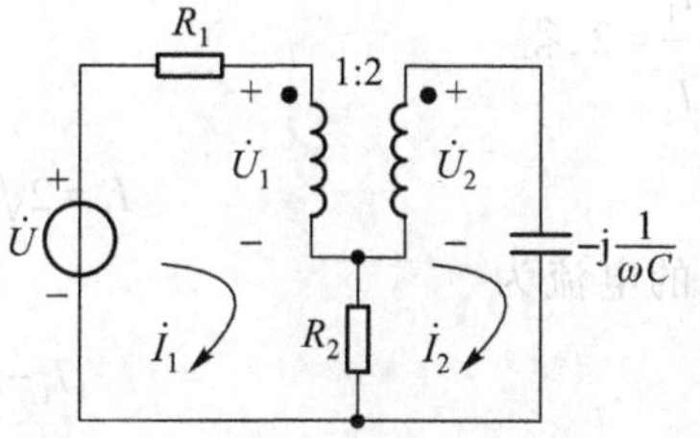

图题 11-18

11-23　图题 11-18 所示电路中，$R_1=R_2=10\ \Omega$，$\frac{1}{\omega C}=50\ \Omega$，$\dot{U}=50\angle 0^\circ\ \mathrm{V}$。求流过 R_2 的电流 $i_R(t)$。

解　设 $\dot{U}_1$、$\dot{U}_2$、$\dot{I}_1$、$\dot{I}_2$ 如图题 11-18 中所示，列网孔方程

$$(R_1+R_2)\dot{I}_1+\dot{U}_1-R_2\dot{I}_2=\dot{U} \quad ①$$

$$\left(R_2-\mathrm{j}\frac{1}{\omega C}\right)\dot{I}_2-R_2\dot{I}_1-\dot{U}_2=0 \quad ②$$

$$\frac{\dot{U}_1}{\dot{U}_2}=\frac{1}{n} \quad ③$$

$$\dot{I}_1=n\dot{I}_2 \quad ④$$

由①、②两式可得

$$20\dot{I}_1+\dot{U}_1-10\dot{I}_2=50\angle 0^\circ$$

$$(10-\mathrm{j}50)\dot{I}_2-10\dot{I}_1-\dot{U}_2=0$$

利用③式得

$$\frac{\dot{U}_1}{\dot{U}_2}=\frac{50+10\dot{I}_2-20\dot{I}_1}{(10-\mathrm{j}50)\dot{I}_2-10\dot{I}_1}=\frac{1}{n}$$

即

$$(50+10\dot{I}_2-20\dot{I}_1)n=(10-\mathrm{j}50)\dot{I}_2-10\dot{I}_1$$

利用④式得

$$50n+10n\dot{I}_2-20n^2\dot{I}_2=10\dot{I}_2-\mathrm{j}50\dot{I}_2-10n\dot{I}_2$$

因 $n=2$，由上式得

$$(50-\mathrm{j}50)\dot{I}_2=100$$

$$\dot{I}_2=\frac{100}{50\sqrt{2}\angle -45^\circ}\ \mathrm{A}=\sqrt{2}\angle 45^\circ\ \mathrm{A}$$

由 $\frac{\dot{I}_1}{\dot{I}_2}=2$，得

$$\dot{I}_1=2\sqrt{2}\angle 45^\circ\ \mathrm{A}$$

流过 R_2 的电流为

$$\dot{I}_1-\dot{I}_2=\dot{I}_R$$

所以

$$\dot{I}_1-\dot{I}_2=[2+\mathrm{j}2-(1+\mathrm{j}1)]\ \mathrm{A}=(1+\mathrm{j}1)\ \mathrm{A}=\sqrt{2}\angle 45^\circ\ \mathrm{A}$$

$$i_R(t)=\sqrt{2}\sqrt{2}\cos(\omega t+45^\circ)\ \mathrm{A}=2\cos(\omega t+45^\circ)\ \mathrm{A}$$

11-24　试用电压源替代互感电压后求解图题 11-19 所示电路中的电流 $\dot{I}_1$、$\dot{I}_2$，是否能用 T 形去耦电路求解？为什么？

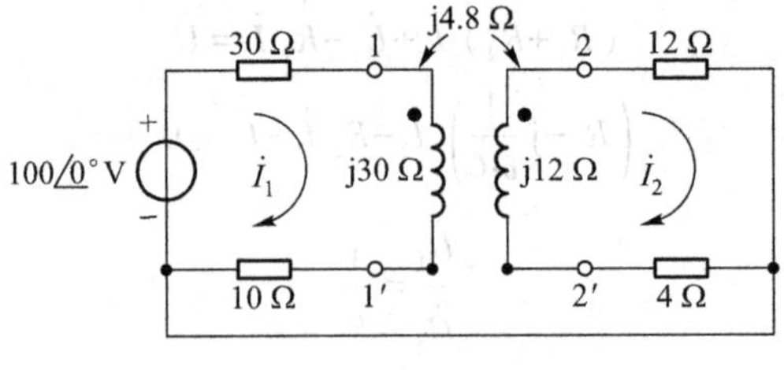

图题 11-19

解 用电压源替代互感电压后的相量模如图题解 11-24 所示。网孔方程为

$$(40+j30)\dot{I}_1-j4.8\dot{I}_2=100\angle 0^\circ$$

$$-j4.8\dot{I}_1+(16+j12)\dot{I}_2=0$$

即

$$50\angle 36.87^\circ\,\dot{I}_1-j4.8\dot{I}_2=100\angle 0^\circ$$

$$-j4.8\dot{I}_1+20\angle 36.87^\circ\,\dot{I}_2=0$$

$$\Delta=\begin{vmatrix}50\angle 36.87^\circ & -j4.8\\ -j4.8 & 20\angle 36.87^\circ\end{vmatrix}=1\,000\angle 73.74^\circ+4.8^2$$

$$=270+j960+23.04=293+j960=997.2\angle 74.29^\circ$$

$$\Delta_1=\begin{vmatrix}50\angle 36.87^\circ & 100\\ -j4.8 & 0\end{vmatrix}=j480$$

$$\Delta_2=\begin{vmatrix}100 & -j4.8\\ 0 & 20\angle 36.87^\circ\end{vmatrix}=2\,000\angle 36.87^\circ$$

$$\dot{I}_1=\frac{\Delta_1}{\Delta}=\frac{480\angle 90^\circ}{997.2\angle 74.29^\circ}\text{A}=0.481\,3\angle 15.71^\circ\ \text{A}$$

$$\dot{I}_2=\frac{\Delta_2}{\Delta}=\frac{2\,000\angle 36.87^\circ}{997.2\angle 74.29^\circ}=2.005\angle -37.42^\circ\ \text{A}$$

$$\dot{U}_{1'2'}=10\dot{I}_1+4\dot{I}_2=(4.813\angle 15.71^\circ+8\angle -37.42^\circ)\ \text{V}$$

$$=(4.633+j1.307+6.353-j4.861)\ \text{V}=(10.986-j3.554)\ \text{V}$$

$$=11.55\angle -17.93^\circ\ \text{V}\neq 0$$ （所以不能使用 T 形去耦等效电路）

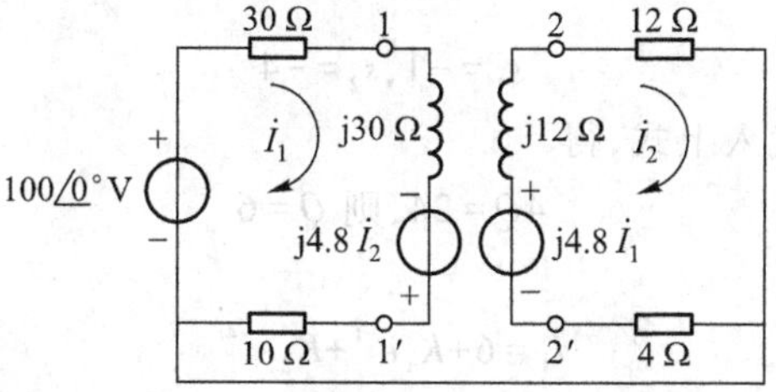

图题解 11-24

注:使用 T 形去耦等效电路也是一种解决含 M 电路的方法,许多题目可以使用这一方法,如习题 11-11、11-12、11-6 等。然而,它并非一般通用的方法,本题表明了这点。以附加电压源来计及互感电压,从而达到去耦目的是普遍适用的,教材图 11-4 是学习本章的要点。

11-25　求图题 11-20 所示电路的 $i_1(t)$，$t>0$。已知 $M=\frac{1}{\sqrt{2}}\text{H}$，设电路为零初始状态。

解　建立电路方程($t\geqslant0$)

$$2i_1+1.5\frac{\mathrm{d}i_1}{\mathrm{d}t}-\frac{1}{\sqrt{2}}\frac{\mathrm{d}i_1}{\mathrm{d}t}=12 \quad ①$$

$$2i_2+\frac{\mathrm{d}i_2}{\mathrm{d}t}-\frac{1}{\sqrt{2}}\frac{\mathrm{d}i_1}{\mathrm{d}t}=0 \quad ②$$

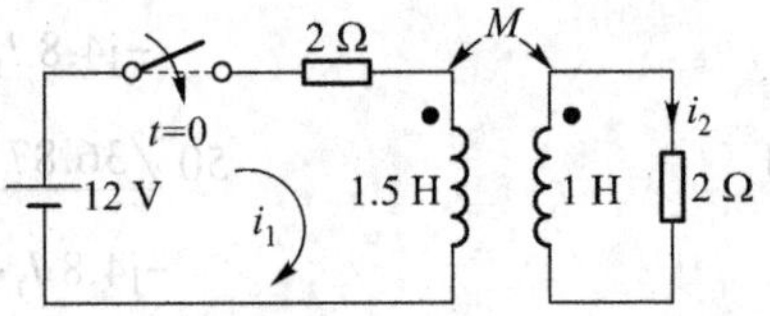

图题 11-20

由①式得

$$\frac{\mathrm{d}i_2}{\mathrm{d}t}=2\sqrt{2}\,i_1+\frac{3}{\sqrt{2}}\frac{\mathrm{d}i_1}{\mathrm{d}t}-12\sqrt{2} \quad ③$$

$$\frac{\mathrm{d}^2i_2}{\mathrm{d}t^2}=2\sqrt{2}\frac{\mathrm{d}i_1}{\mathrm{d}t}+1.5\sqrt{2}\frac{\mathrm{d}^2i_1}{\mathrm{d}t^2} \quad ④$$

②式微分一次，得

$$2\frac{\mathrm{d}i_2}{\mathrm{d}t}+\frac{\mathrm{d}^2i_2}{\mathrm{d}t^2}-\frac{1}{\sqrt{2}}\frac{\mathrm{d}^2i_1}{\mathrm{d}t^2} \quad ⑤$$

③、④两式代入⑤式，可得

$$\frac{\mathrm{d}^2i_1}{\mathrm{d}t^2}+5\frac{\mathrm{d}i_1}{\mathrm{d}t}+4i_1=24 \qquad t\geqslant0$$

特征方程

$$s^2+5s+4=0$$

解得

$$s_1=-1,s_2=-4$$

令特解 $i_1'=Q$，代入上式，得

$$4Q=24\text{，则 }Q=6$$

所以

$$i_1=6+K_1\mathrm{e}^{-t}+K_2\mathrm{e}^{-4t}$$

当 $t=0$ 时，$i(0)=6+K_1+K_2=0$，又

$$\left.\frac{\mathrm{d}i_1}{\mathrm{d}t}\right|_{t=0}=-K_1-4K_2=12$$

解得
$$K_2=-2$$
$$K_1=-4$$

所以
$$i_1(t)=(6-4\mathrm{e}^{-t}-2\mathrm{e}^{-4t})\text{ A}$$

第十二章

拉普拉斯变换在电路分析中的应用

本章要点

作为三大基本方法之一的变换(域)方法,教材只涉及相量法(课程重点内容)和拉氏变换法(即 s 域分析法)。教材 §8-2 是这一基本方法的引论,非常重要!

本章习题显示使用拉氏变换求解线性电路问题的威力!实际上,它能用以解决前十一章涉及的电路问题!以前教材有些内容练习不足的问题(如正弦过渡过程、二阶电路)以及除直流、正弦、周期性非正弦以外其他激励的电路分析问题,在本章得到适当的解决和补充。事实上,当初也蓄意留待以后使用更简便的方法解决这些问题!

§12-1 拉普拉斯变换及其几个基本性质

12-1 RC 串联电路 $t=0$ 时与 10 V 电压源接通,已知 $R=2\ \mathrm{M\Omega}$、$C=1\ \mu\mathrm{F}$,试用拉氏变换法求电流 $i(t)$ 和电容电压 $u_C(t)$,$t\geqslant0$。已知 $u_C(0_-)=0$。

解 电路如图题解 12-1(a)所示,画出电路的 s 域模型如图题解 12-1(b)所示,可得

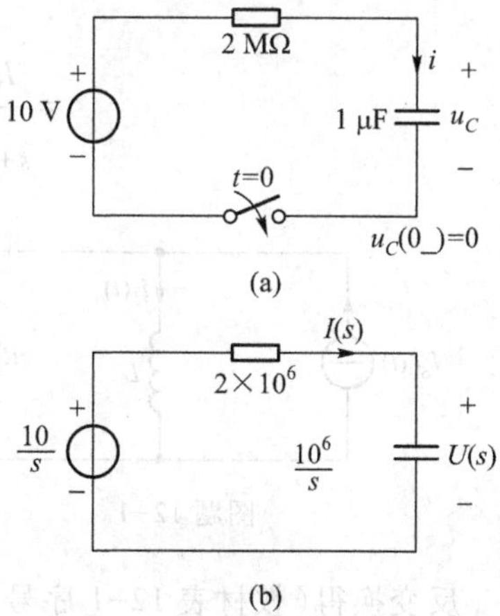

图题解 12-1

$$Z(s)=R+\frac{1}{sC}=\left(2+\frac{1}{s}\right)10^6$$

$$I(s)=\frac{\dfrac{10}{s}}{\left(2+\dfrac{1}{s}\right)10^6}=\frac{10}{s}\frac{s}{2s+1}\times10^{-6}$$

$$=\frac{5\times10^{-6}}{s+0.5}$$

由教材表 12-1 序号 5 可得 $I(s)$ 的反变换为

$$i(t)=5\mathrm{e}^{-0.5t}\varepsilon(t)\ \mu\mathrm{A}$$

$$U_C(s)=\frac{10^6}{s}I(s)=\frac{5}{s(s+0.5)}=\frac{K_1}{s}+\frac{K_2}{s+0.5}$$

$$K_1(s+0.5)+K_2 s=5,\quad (K_1+K_2)s+0.5K_1=5$$

比较系数得

$$K_1+K_2=0,\quad 0.5K_1=5$$

解得
$$K_1=10,\quad K_2=-10$$

所以
$$U_C(s)=\frac{10}{s}-\frac{10}{s+0.5}$$

由教材表 12-1 序号 2、5 可得 $U(s)$ 的反变换为

$$u_C(t)=10\,\varepsilon(t)-10\mathrm{e}^{-0.5t}\varepsilon(t)=10(1-\mathrm{e}^{-0.5t})\varepsilon(t)\ \mathrm{V}$$

注:相量法中 $Z=R+\frac{1}{\mathrm{j}\omega C}$,零状态时 $Z(s)=R+\frac{1}{sC}$,$\mathrm{j}\omega$ 换以 s 即可。

12-2　RL 并联电路如图题 12-1 所示,已知 $i_L(0_-)=\rho$,试用拉氏变换法求 $u(t)$,$t\geqslant 0$。

解　画出电路的 s 域模型如图题解 12-2 所示。列出方程

$$\left(\frac{1}{R}+\frac{1}{sL}\right)U(s)=\frac{I_S}{s}-\frac{\rho}{s}$$

$$\frac{sL+R}{sRL}U(s)=\frac{I_S-\rho}{s}$$

$$U(s)=\frac{I_S-\rho}{s}\frac{sRL}{sL+R}=(I_S-\rho)\frac{R}{s+\frac{R}{L}}$$

$$=\frac{I_S R}{s+\frac{R}{L}}-\frac{\rho R}{s+\frac{R}{L}}$$

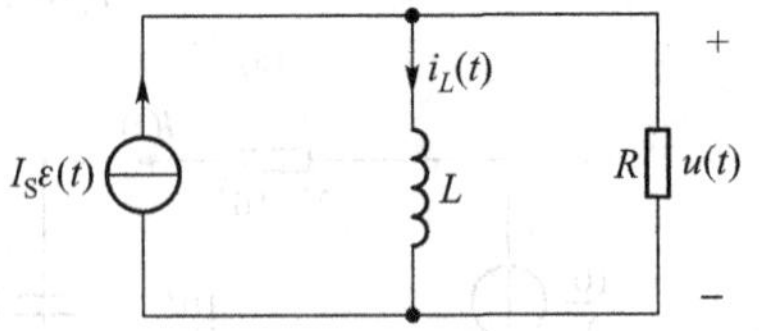

图题 12-1

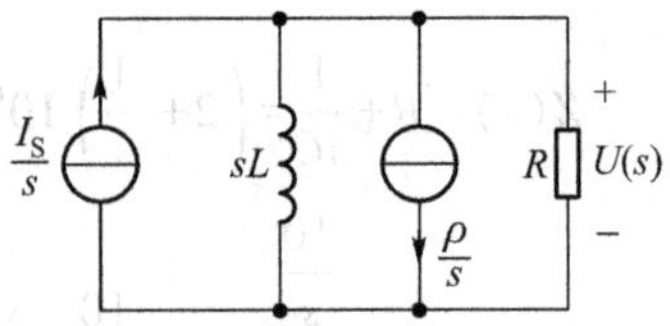

图题解 12-2

反变换得(教材表 12-1 序号 5)

$$u(t)=\left[I_S R\mathrm{e}^{-\frac{R}{L}t}\varepsilon(t)-\rho R\mathrm{e}^{-\frac{R}{L}t}\varepsilon(t)\right]\ \mathrm{V}=(I_S R-\rho R)\,\mathrm{e}^{-\frac{R}{L}t}\varepsilon(t)\ \mathrm{V}$$

12-3　$t\geqslant 0$ 时电路如图题 12-2 所示，已知 $i_L(0_-)=-2$ A，$u_C(0_-)=2$ V，试求 $u_C(t)$，$t\geqslant 0$。

解　方法一：画出电路的 s 域模型如图题解 12-3 所示。列出方程

$$\left(\frac{1}{2}+\frac{s}{2}+\frac{1}{s+4}\right)U_C(s)=1+\frac{2}{s+4}$$

$$\frac{4+s+4s+s^2+2}{2(s+4)}U_C(s)=\frac{s+4+2}{s+4}$$

$$U_C(s)=\frac{2(s+6)}{s^2+5s+6}=\frac{2s+12}{(s+2)(s+3)}$$

$$=\frac{K_1}{s+2}+\frac{K_2}{s+3}$$

$$K_1(s+3)+K_2(s+2)=2s+12$$

$$(K_1+K_2)s+3K_1+2K_2=2s+12$$

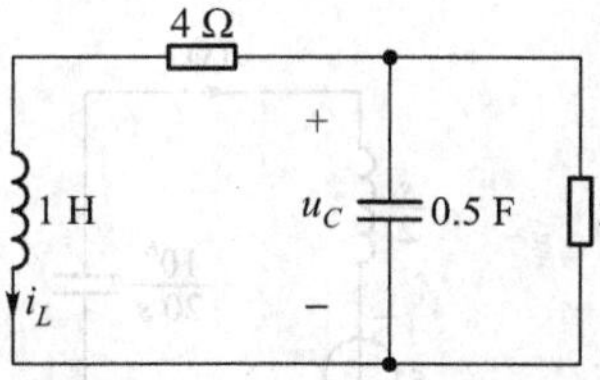

图题 12-2

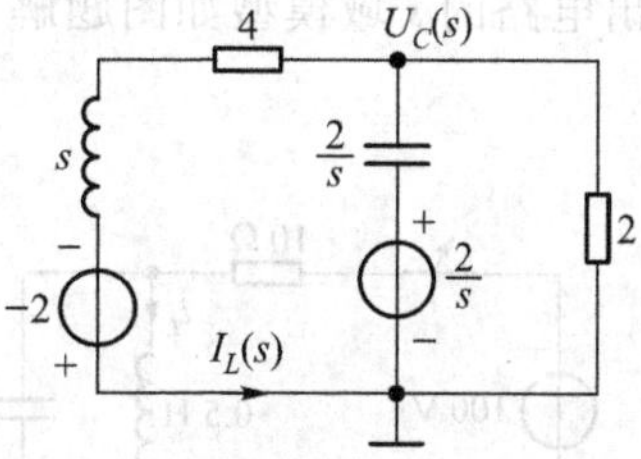

图题解 12-3

所以

$$K_1+K_2=2$$

$$3K_1+2K_2=12$$

解得

$$K_1=8,\quad K_2=-6$$

$$U_C(s)=\frac{8}{s+2}-\frac{6}{s+3}$$

反变换得（教材表 12-1 序号 5）

$$u_C(t)=\left[8\mathrm{e}^{-2t}\varepsilon(t)-6\mathrm{e}^{-3t}\varepsilon(t)\right]\ \mathrm{V}$$

方法二：用戴维南定理。在图题解 12-3 中，断开电容支路，得

$$U_{\mathrm{oc}}(s)=\frac{2}{s+6}\times 2$$

$$Z_o(s)=\frac{2(s+4)}{s+6}$$

接上电容支路，得

$$U_C(s)=\frac{U_{oc}(s)-\dfrac{2}{s}}{Z_o(s)+\dfrac{2}{s}}\times\frac{2}{s}+\frac{2}{s}$$

$$=\frac{2s+12}{s^2+5s+6}$$

以下与方法一相同。

12-4　电路如图题 12-3 所示，$t=0$ 时开关打开，求 $i_L(t)$，$t\geqslant 0$。

解
$$i_L(0_-)=\frac{100}{10}\ \mathrm{A}=10\ \mathrm{A}$$

画出电路的 s 域模型如图题解 12-4 所示。

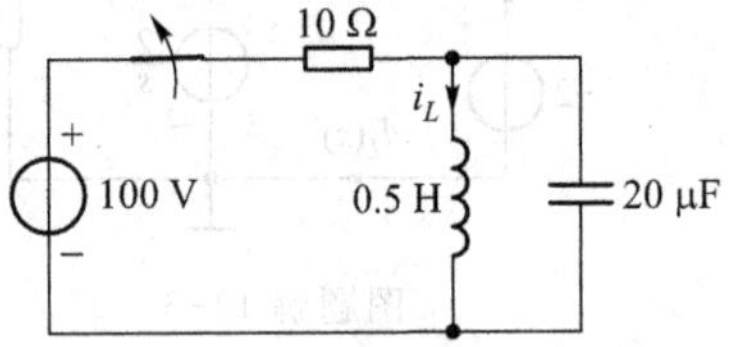

图题 12-3

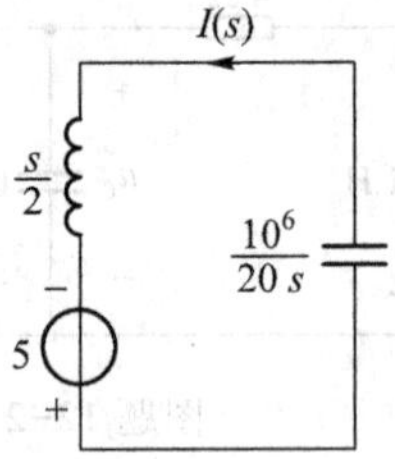

图题解 12-4

可列出方程

$$I(s)=\frac{5}{\dfrac{s}{2}+\dfrac{50\ 000}{s}}=\frac{5}{\dfrac{s^2+10^5}{2s}}=\frac{10\ s}{s^2+10^5}$$

反变换得(教材表 12-1 序号 7)

$$i_L(t)=10\cos(316.23t)\varepsilon(t)\ \mathrm{A}$$

§12-2　反拉普拉斯变换——赫维赛德展开定理

12-5　求 $\mathscr{L}^{-1}[F(s)]$，若 $F(s)$ 为：

(1) $\dfrac{12(s+1)(s+3)}{s(s+2)(s+4)(s+5)}$；

(2) $\dfrac{s^2}{(s+1)(s+2)}$;

(3) $\dfrac{8s^2+8s+1}{4s^2+6s+2}$;

(4) $\dfrac{4s^2+7s+1}{s(s+1)^2}$;

(5) $\dfrac{3s^2+7s+5}{(s+1)(s^2+2s+2)}$;

(6) $\dfrac{s^3+7s^2+14s+8}{(s+3)(s+4)(s+5)(s+6)}$。

解 (1) $F(s)=\dfrac{K_1}{s}+\dfrac{K_2}{s+2}+\dfrac{K_3}{s+4}+\dfrac{K_4}{s+5}$

$$K_1=s\frac{12(s+1)(s+3)}{s(s+2)(s+4)(s+5)}\bigg|_{s=0}=\frac{12\times3}{2\times4\times5}=\frac{9}{10}$$

$$K_2=(s+2)\frac{12(s+1)(s+3)}{s(s+2)(s+4)(s+5)}\bigg|_{s=-2}=\frac{12\times(-1)\times1}{-2\times2\times3}=1$$

$$K_3=(s+4)\frac{12(s+1)(s+3)}{s(s+2)(s+4)(s+5)}\bigg|_{s=-4}=\frac{12\times(-3)\times(-1)}{-4\times(-2)\times1}=\frac{9}{2}$$

$$K_4=(s+5)\frac{12(s+1)(s+3)}{s(s+2)(s+4)(s+5)}\bigg|_{s=-5}=\frac{12\times(-4)\times(-2)}{-5\times(-3)\times(-1)}=-\frac{32}{5}$$

所以 $F(s)=\dfrac{\frac{9}{10}}{s}+\dfrac{1}{s+2}+\dfrac{\frac{9}{2}}{s+4}-\dfrac{\frac{32}{5}}{s+5}$

$$f(t)=(0.9+e^{-2t}+4.5e^{-4t}-6.4e^{-5t})\varepsilon(t)$$

(2) $F(s)=\dfrac{s^2}{(s+1)(s+2)}=\dfrac{s^2}{s^2+3s+2}$

$F(s)$为假分式,不能直接使用赫维赛德定理。用长除法,得

$$F(s)=1-\frac{3s+2}{s^2+3s+2}=1-\frac{3s+2}{(s+1)(s+2)}=1-\left(\frac{K_1}{s+1}+\frac{K_2}{s+2}\right)$$

对真分式部分有

$$K_1=(s+1)\frac{3s+2}{(s+1)(s+2)}\bigg|_{s=-1}=\frac{3s+2}{s+2}\bigg|_{s=-1}=-1$$

$$K_2=(s+2)\frac{3s+2}{(s+1)(s+2)}\bigg|_{s=-2}=\frac{3s+2}{s+1}\bigg|_{s=-2}=4$$

所以 $$F(s)=1+\frac{1}{s+1}-\frac{4}{s+2}$$

$$f(t)=\delta(t)+(\mathrm{e}^{-t}-4\mathrm{e}^{-2t})\varepsilon(t)$$

(3) $F(s)=\dfrac{8s^2+8s+1}{4s^2+6s+2}=\dfrac{8s^2+12s+4-4s-3}{4s^2+6s+2}=2-\dfrac{4s+3}{4s^2+6s+2}$

$$=2-\frac{s+\frac{3}{4}}{s^2+1.5s+0.5}=2-\frac{s+\frac{3}{4}}{(s+1)(s+0.5)}=2-\frac{K_1}{s+1}-\frac{K_2}{s+0.5}$$

$$K_1=(s+1)\frac{s+\frac{3}{4}}{(s+1)(s+0.5)}\bigg|_{s=-1}=\frac{-0.25}{-0.5}=\frac{1}{2}$$

$$K_2=(s+0.5)\frac{s+\frac{3}{4}}{(s+1)(s+0.5)}\bigg|_{s=-0.5}=\frac{0.25}{0.5}=\frac{1}{2}$$

$$F(s)=2-\frac{\frac{1}{2}}{s+1}-\frac{\frac{1}{2}}{s+0.5}$$

$$f(t)=2\delta(t)-\frac{1}{2}(\mathrm{e}^{-t}+\mathrm{e}^{-0.5t})\varepsilon(t)$$

(4) $F(s)=\dfrac{4s^2+7s+1}{s(s+1)^2}=\dfrac{K_1}{s}+\dfrac{K_2}{s+1}+\dfrac{K_3}{(s+1)^2}$

$$K_1=s\frac{4s^2+7s+1}{s(s+1)^2}\bigg|_{s=0}=1$$

$$K_2=(s+1)\frac{4s^2+7s+1}{s(s+1)^2}\bigg|_{s=-1}=\frac{4-7+1}{-1}=2$$

$$K_3=\frac{\mathrm{d}}{\mathrm{d}s}\left[(s+1)^2\frac{4s^2+7s+1}{s(s+1)^2}\right]_{s=-1}=\frac{\mathrm{d}}{\mathrm{d}s}\left[4s+7+\frac{1}{s}\right]_{s=-1}=4-s^2\bigg|_{s=-1}=3$$

$$F(s)=\frac{1}{s}+\frac{2}{s+1}+\frac{3}{(s+1)^2}$$

$$f(t)=(1+2\mathrm{e}^{-t}+3t\mathrm{e}^{-t})\varepsilon(t)$$

(5) $F(s)=\dfrac{3s^2+7s+5}{(s+1)(s^2+2s+2)}=\dfrac{K_1}{s+1}+\dfrac{K_2}{s+1-\mathrm{j}}+\dfrac{K_3}{s+1+\mathrm{j}}$

$$K_1=(s+1)\frac{3s^2+7s+5}{(s+1)(s^2+2s+2)}\bigg|_{s=-1}=\frac{3-7+5}{1-2+2}=1$$

$$K_2=(s+1-\mathrm{j})F(s)\bigg|_{s=-1+\mathrm{j}}=\frac{3s^2+7s+5}{(s+1)(s+1+\mathrm{j})}\bigg|_{s=-1+\mathrm{j}}$$

$$=\frac{-6\mathrm{j}-7+\mathrm{j}7+5}{\mathrm{j}\times\mathrm{j}2}=1-\mathrm{j}0.5=1.12\underline{/-26.57^\circ}$$

$$K_3=(s+1+\mathrm{j})F(s)\Big|_{s=-1-\mathrm{j}}=\frac{3s^2+7s+5}{(s+1)(s+1-\mathrm{j})}\Big|_{s=-1-\mathrm{j}}$$

$$=\frac{6\mathrm{j}-7-\mathrm{j}7+5}{-\mathrm{j}\times(-\mathrm{j}2)}=1+\mathrm{j}0.5=1.12\angle 26.57^\circ=K_2^*$$

$$F(s)=\frac{1}{s+1}+\frac{1-\mathrm{j}0.5}{s+1-\mathrm{j}}+\frac{1+\mathrm{j}0.5}{s+1+\mathrm{j}}$$

$$\begin{aligned}f(t)&=\mathrm{e}^{-t}+(1-\mathrm{j}0.5)\mathrm{e}^{(-1+\mathrm{j})t}+(1+\mathrm{j}0.5)\mathrm{e}^{(-1-\mathrm{j})t}\\&=\mathrm{e}^{-t}+\mathrm{e}^{-t}[(1-\mathrm{j}0.5)\mathrm{e}^{\mathrm{j}t}+(1+\mathrm{j}0.5\mathrm{e}^{-\mathrm{j}t})\\&=\mathrm{e}^{-t}+\mathrm{e}^{-t}\left[(\mathrm{e}^{\mathrm{j}t}+\mathrm{e}^{-\mathrm{j}t})+\mathrm{j}\frac{1}{2}(\mathrm{e}^{-\mathrm{j}t}-\mathrm{e}^{\mathrm{j}t})\right]\\&=\mathrm{e}^{-t}+\mathrm{e}^{-t}\left[2\left(\frac{\mathrm{e}^{\mathrm{j}t}+\mathrm{e}^{-\mathrm{j}t}}{2}\right)+\frac{1}{2\mathrm{j}}(\mathrm{e}^{\mathrm{j}t}-\mathrm{e}^{-\mathrm{j}t})\right]\\&=[\mathrm{e}^{-t}+\mathrm{e}^{-t}(2\cos t+\sin t)]\varepsilon(t)\end{aligned}$$

(6) $$F(s)=\frac{s^3+7s^2+14s+8}{(s+3)(s+4)(s+5)(s+6)}=\frac{K_1}{s+3}+\frac{K_2}{s+4}+\frac{K_3}{s+5}+\frac{K_4}{s+6}$$

$$K_1=(s+3)F(s)\Big|_{s=-3}=\frac{-27+63-42+8}{1\times2\times3}=\frac{1}{3}$$

$$K_2=(s+4)F(s)\Big|_{s=-4}=\frac{-64+112-56+8}{-1\times1\times2}=0$$

$$K_3=(s+5)F(s)\Big|_{s=-5}=\frac{-125+175-70+8}{-2\times(-1)\times1}=-6$$

$$K_4=(s+6)F(s)\Big|_{s=-6}=\frac{-216+252-84+8}{-3\times(-2)\times(-1)}=\frac{20}{3}$$

$$F(s)=\frac{\frac{1}{3}}{s+3}+\frac{0}{s+4}-\frac{6}{s+5}+\frac{\frac{20}{3}}{s+6}$$

$$f(t)=\left(\frac{1}{3}\mathrm{e}^{-3t}-6\mathrm{e}^{-5t}+\frac{20}{3}\mathrm{e}^{-6t}\right)\varepsilon(t)$$

注：题(6)，$s=-4$ 没有反映在 $f(t)$ 中，原因是 $(s+4)$ 是分子和分母的公因式。实际上

$$F(s)=\frac{(s+1)(s+2)}{(s+3)(s+5)(s+6)}$$

本题(1)→(6)代表常遇到的求反变换的几种情况。其中题(5)为分母含 s 二次多项式因子的情况，还有其他的解法，见习题 12-8、12-12、12-19 等的解答。s 域分析的难点在于反变换，应自己再加以梳理。

12-6　用拉氏变换法求解例 6-13。

为方便计，例 6-13 重述如下：电路如图题解 12-6(1) 所示，两电源均在 $t=0$ 时作用于电路，已知电容初始电压 $u(0)=0$，试求电压源电流 $i(t)$，$t\geqslant 0$。

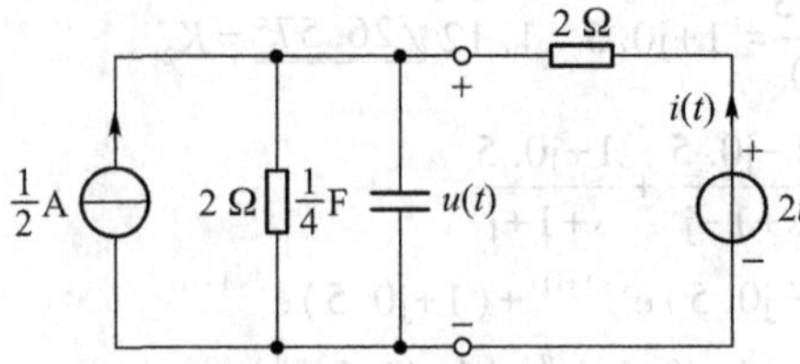

图题解 12-6(1)

解 原电路可将有伴电压源变换为有伴电流源，如图题解 12-6(2)(a) 所示，合并电流源后得图题解 12-6(2)(b)。

s 域模型如图题解 12-6(2)(c) 所示，其中

$I(s)=\dfrac{1}{2s}+\dfrac{1}{s^2}$ （由教材表 12-1，序号 3 和 4）

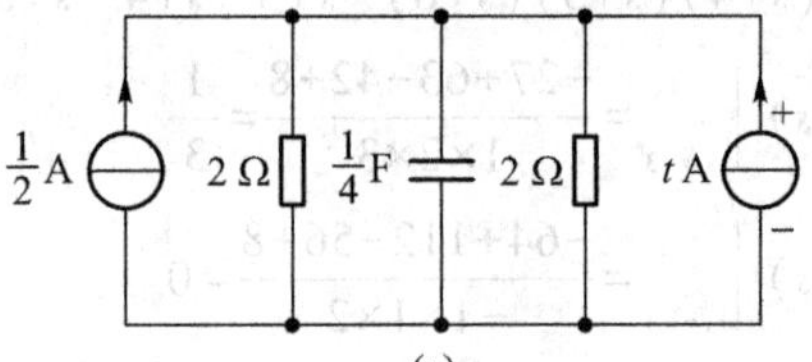

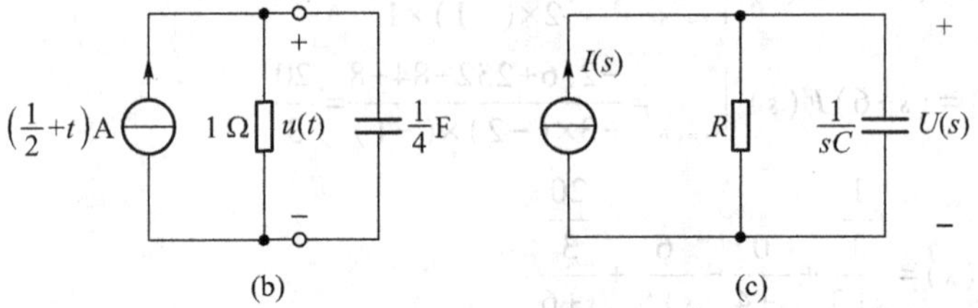

图题解 12-6(2)

$$R=1\ \Omega,\quad \frac{1}{sC}=\frac{4}{s}$$

$$Z(s)=\frac{R\times\dfrac{1}{sC}}{R+\dfrac{1}{sC}}=\frac{\dfrac{4}{s}}{1+\dfrac{4}{s}}=\frac{4}{s+4}$$

$$U(s)=I(s)Z(s)=\frac{4\left(\dfrac{1}{2s}+\dfrac{1}{s^2}\right)}{s+4}=\frac{4\left(\dfrac{1}{2}s+1\right)}{s^2(s+4)}$$

$$=\frac{2s+4}{s^2(s+4)}=\frac{K_{11}}{s^2}+\frac{K_{12}}{s}+\frac{K_2}{s+4}$$

注意不要遗漏$\frac{K_{12}}{s}$项。

$$K_2=(s+4)U(s)\Big|_{s=-4}=\frac{2s+4}{s^2}\Big|_{s=-4}=\frac{-4}{16}=-\frac{1}{4}$$

$$K_{11}=s^2U(s)\Big|_{s=0}=\frac{2s+4}{s+4}\Big|_{s=0}=1$$

$$K_{12}=\frac{\mathrm{d}}{\mathrm{d}s}[s^2U(s)]\Big|_{s=0}=\frac{\mathrm{d}}{\mathrm{d}s}\frac{2s+4}{s+4}\Big|_{s=0}=\frac{2(s+4)-(2s+4)}{(s+4)^2}\Big|_{s=0}$$

$$=\frac{8-4}{16}=\frac{1}{4}$$

所以

$$U(s)=\frac{1}{s^2}+\frac{\frac{1}{4}}{s}-\frac{\frac{1}{4}}{s+4}$$

$$u(t)=\left(t+\frac{1}{4}-\frac{1}{4}\mathrm{e}^{-4t}\right)\varepsilon(t)\ \mathrm{V}$$

回到图题解 12-6(1),有

$$i(t)=\frac{2t-u(t)}{2}=\left[\frac{1}{2}t-\frac{1}{8}(1-\mathrm{e}^{-4t})\right]\varepsilon(t)\ \mathrm{A}$$

注:与用解微分方程的时域解法相比,s 域分析简便多了。关键是正确作出 s 域模型;难点是求反变换。原来这个例子是属较难的,学了 s 域分析是否感到“并没有什么难的”?

§ 12-3 零状态分析

12-7 试用网孔电流法求解图题 12-4 所示电路中的电流 $i_2(t)$。

解 画出电路的 s 域模型如图题解 12-7 所示。

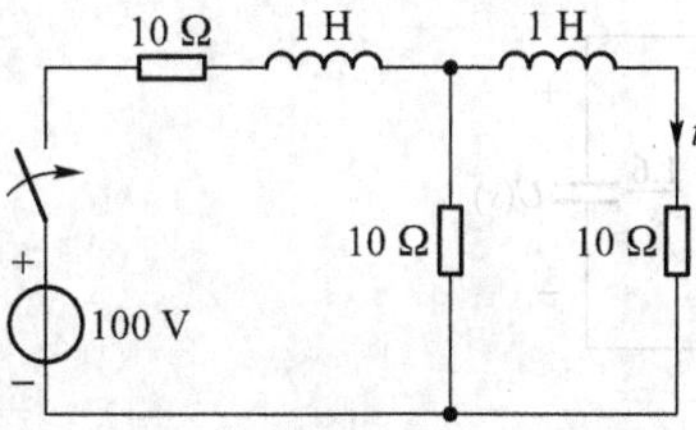

图题 12-4

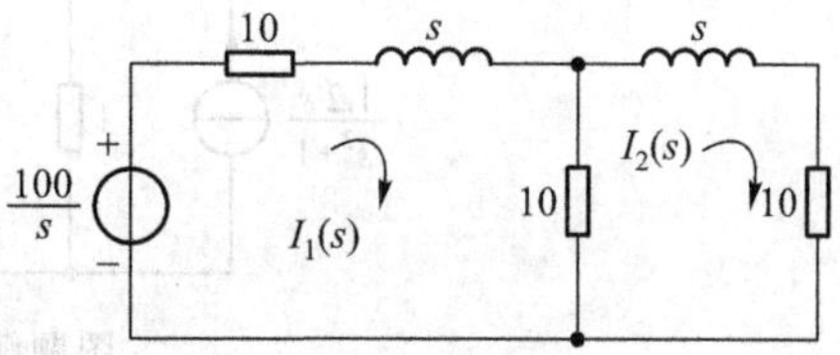

图题解 12-7

列出网孔方程如下：

$$(20+s)I_1(s)-10I_2(s)=\frac{100}{s} \quad ①$$

$$-10I_1(s)+(20+s)I_2(s)=0 \quad ②$$

由②得

$$I_1(s)=\frac{20+s}{10}I_2(s)$$

代入①得

$$\frac{(20+s)^2}{10}I_2(s)-10I_2(s)=\frac{100}{s}$$

解得

$$I_2(s)=\frac{1\ 000}{s(s^2+40s+300)}=\frac{1\ 000}{s(s+10)(s+30)}=\frac{K_1}{s}+\frac{K_2}{s+10}+\frac{K_3}{s+30}$$

$$K_1=sI_2(s)\bigg|_{s=0}=\frac{1\ 000}{(s+10)(s+30)}\bigg|_{s=0}=\frac{10}{3}$$

$$K_2=(s+10)I_2(s)\bigg|_{s=-10}=\frac{1\ 000}{s(s+30)}\bigg|_{s=-10}=-5$$

$$K_3=(s+30)I_2(s)\bigg|_{s=-30}=\frac{1\ 000}{s(s+10)}\bigg|_{s=-30}=\frac{5}{3}$$

$$I_2(s)=\frac{\frac{10}{3}}{s}-\frac{5}{s+10}+\frac{\frac{5}{3}}{s+30}$$

$$i_2(t)=(3.33-5e^{-10t}+1.67e^{-30t})\varepsilon(t)\ \text{A}$$

注:零状态的 s 域模型很易由相量模型获得，元件表示式中的 jω 换以 s，激励相量换以激励的拉氏变换即可。本题为二阶电路，用时域分域法，涉及求二阶微分方程。

12-8　*RLC* 并联电路，并联的电流激励为 $1.2\cos t\,\varepsilon(t)$ A，已知 $R=1\ \Omega$、$C=0.625$ F、L=1.6 H，试求电压 $u(t)\varepsilon(t)$。

解　画出电路的 s 域模型如图题解 12-8 所示。

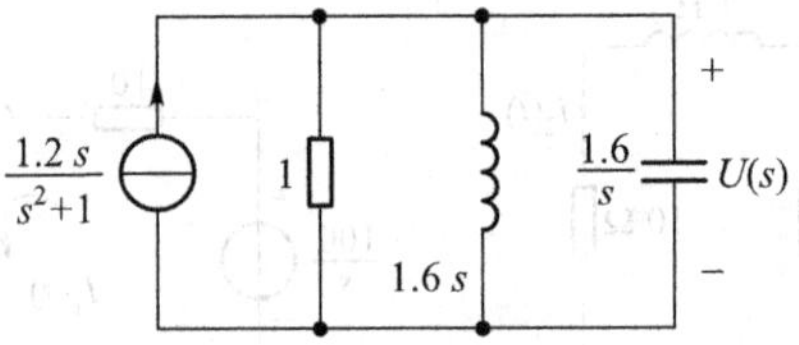

图题解 12-8

列节点方程如下：

$$U(s)=\frac{\dfrac{1.2s}{s^2+1}}{1+\dfrac{1}{1.6s}+\dfrac{s}{1.6}}$$

即 $$U(s)=\frac{1.92s^2}{(s^2+1.6s+1)(s^2+1)}=\frac{K_1}{s+\mathrm{j}}+\frac{K_2}{s-\mathrm{j}}+\frac{K_3}{s+0.8-\mathrm{j}0.6}+\frac{K_4}{s+0.8+\mathrm{j}0.6}$$

$$K_3=(s+0.8-\mathrm{j}0.6)U(s)\Big|_{s=-0.8+\mathrm{j}0.6}=\frac{1.92s^2}{(s^2+1)(s+0.8+\mathrm{j}0.6)}\Big|_{s=-0.8+\mathrm{j}0.6}$$

$$=\frac{1.92(0.28-\mathrm{j}0.96)}{(1.28-\mathrm{j}0.96)(\mathrm{j}1.2)}=\frac{1.92\times1\angle-73.74^\circ}{1.6\angle-36.87^\circ\times1.2\angle90^\circ}=1\angle-126.87^\circ$$

$$K_4=(s+0.8+\mathrm{j}0.6)U(s)\Big|_{s=-0.8-\mathrm{j}0.6}=\frac{1.92s^2}{(s^2+1)(s+0.8-\mathrm{j}0.6)}\Big|_{s=-0.8-\mathrm{j}0.6}$$

$$=1\angle126.87^\circ=K_3^*$$

$$K_1=(s+\mathrm{j})U(s)\Big|_{s=-\mathrm{j}}=\frac{1.92s^2}{(s-\mathrm{j})(s^2+1.6s+1)}\Big|_{s=-\mathrm{j}}=\frac{-1.92}{-2\mathrm{j}\times\mathrm{j}1.6}$$

$$=-0.6$$

$$K_2=(s-\mathrm{j})U(s)\Big|_{s=\mathrm{j}}=\frac{1.92s^2}{(s+\mathrm{j})(s^2+1.6s+1)}\Big|_{s=\mathrm{j}}=\frac{-1.92}{2\mathrm{j}\times\mathrm{j}1.6}=0.6$$

$$U(s)=\frac{-0.6}{s+\mathrm{j}}+\frac{0.6}{s-\mathrm{j}}+\frac{1\angle126.87^\circ}{s+0.8+\mathrm{j}0.6}+\frac{1\angle-126.87^\circ}{s+0.8-\mathrm{j}0.6}$$

$$=\frac{1.2s}{s^2+1}+\frac{1\angle126.87^\circ}{s+0.8+\mathrm{j}0.6}+\frac{1\angle-126.87^\circ}{s+0.8-\mathrm{j}0.6}$$

$$u(t)=[1.2\cos t+2\mathrm{e}^{-0.8t}\cos(0.6t-126.87^\circ)]\varepsilon(t)\ \mathrm{V}$$

注：(1) 以上由 $U(s)\rightarrow u(t)$ 用到教材表 12-1 序号 12。利用序号 12 时，需注意 $\angle K$ 以分母为 $s+0.8-\mathrm{j}0.6$（一般形式为 $s+\alpha-\mathrm{j}\omega$）项为准，即本题中 K_3 的幅角 $\angle K=-126.87^\circ$，切勿误为 $\angle K^\circ=126.87^\circ$。$K_3$ 求得后，K_4 不必再算，$K_4=K_3^*$。

当无表可查时（例如，考试而不提供类似于教材表 12-1 的简表时），按习题 12-5(5)。即教材例 12-6 的解答方式做。

(2) 本题答案显示了 $u(t)$ 的正弦激励过渡过程，很容区分出瞬态响应和稳态响应。稳态响应的初始值为 $2\cos(-126.87^\circ)=-2\times0.6\ \mathrm{V}=-1.2\ \mathrm{V}$，瞬态响应的初始值为 1.2 V，恰好保持零初始状态。稳态时处于并联谐振（§10-6）。

12-9　RLC 串联电路，电压源为 $10\mathrm{e}^{-2t}\varepsilon(t)\ \mathrm{V}$，求 $i(t)$，$t\geqslant0$。已知 $R=8\ \Omega$、$L=2\ \mathrm{H}$、$C=\frac{1}{6}\ \mathrm{F}$。

解　画出 s 域模型如图题解 12-9 所示。

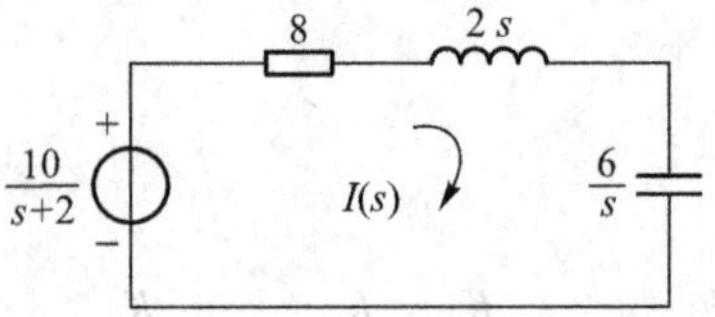

图题解 12-9

$$I(s)=\frac{\frac{10}{s+2}}{8+2s+\frac{6}{s}}=\frac{\frac{5}{s+2}}{4+s+\frac{3}{s}}$$

$$=\frac{5s}{(s+2)(s^2+4s+3)}$$

$$=\frac{5s}{(s+1)(s+2)(s+3)}=\frac{K_1}{(s+1)}+\frac{K_2}{(s+2)}+\frac{K_3}{(s+3)}$$

$$K_1=(s+1)I(s)\Big|_{s=-1}=\frac{-5}{1\times2}=-2.5$$

$$K_2=(s+2)I(s)\Big|_{s=-2}=\frac{-10}{-1\times1}=10$$

$$K_3=(s+3)I(s)\Big|_{s=-3}=\frac{-15}{-2\times(-1)}=-7.5$$

$$I(s)=-\frac{2.5}{s+1}+\frac{10}{s+2}-\frac{7.5}{s+3}$$

$$i(t)=(-2.5\mathrm{e}^{-t}+10\mathrm{e}^{-2t}-7.5\mathrm{e}^{-3t})\varepsilon(t)\ \mathrm{A}$$

§12-4　网络函数和冲激响应

12-10　试求图题 12-5 所示电路的网络函数 $\frac{U(s)}{U_s(s)}$，并求电路的固有频率。

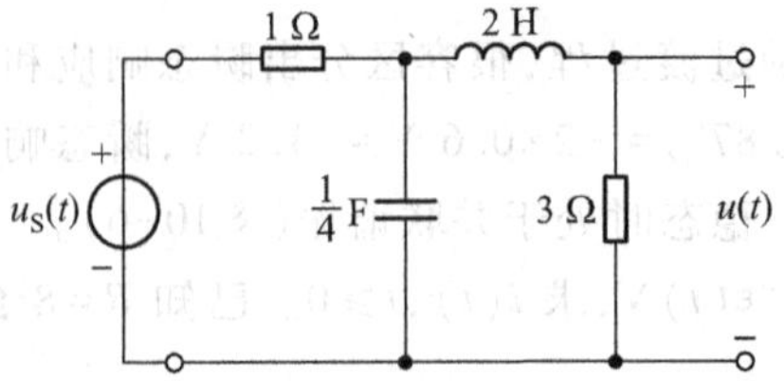

图题 12-5

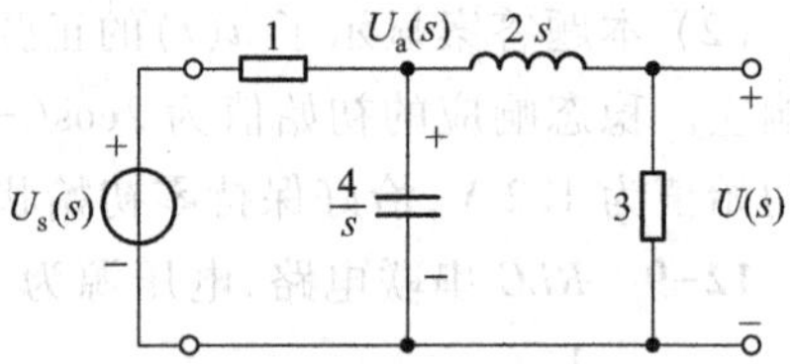

图题解 12-10

解 画出 s 域模型如图题解 12-10 所示。

$$\begin{cases}\left(1+\dfrac{1}{2s}+\dfrac{s}{4}\right)U_s(s)-\dfrac{1}{2s}U(s)=\dfrac{U_s(s)}{1}\\ -\dfrac{1}{2s}U_a(s)+\left(\dfrac{1}{3}+\dfrac{1}{2s}\right)U(s)=0\end{cases}$$

$$U_s(s)=\frac{\dfrac{2s+3}{6s}}{\dfrac{1}{2s}}U(s)=\frac{2s+3}{3}U(s)$$

$$\left(\frac{4s+2+s^2}{4s}\right)\frac{2s+3}{3}U(s)-\frac{1}{2s}U(s)=U_s(s)$$

$$\left[\frac{(s^2+4s+2)(2s+3)}{12s}-\frac{1}{2s}\right]U(s)=U_s(s)$$

$$\frac{U(s)}{U_s(s)}=\frac{12s}{(s^2+4s+2)(2s+3)-6}=\frac{12}{2s^2+11s+16}$$

分母多项式的根为电路的固有频率,即

$$s=\frac{-11\pm\sqrt{121-128}}{4}=\frac{-11\pm \mathrm{j}\sqrt{7}}{4}$$

注:求解网络函数的过程与正弦稳态时相似。

12-11 试求图题 12-6 所示电路的冲激响应 $h(t)=u(t)$,并求 $u(0_+)$,如发生跃变,试解释之。

解 图题 12-6 中,$i_S(t)=\delta(t)$,相应的 s 域模型如图题解 12-11 所示。

节点电压方程为

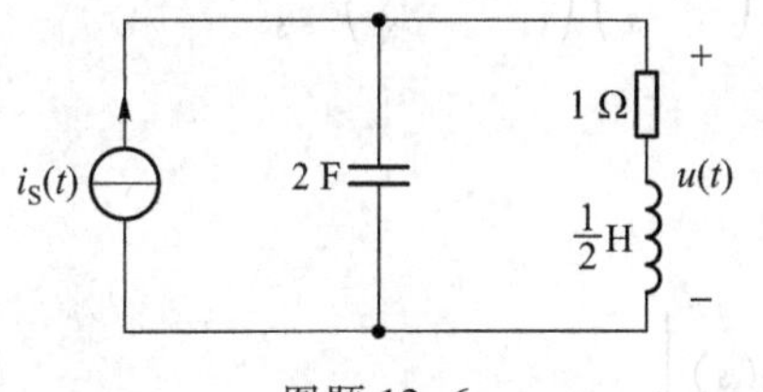

图题 12-6

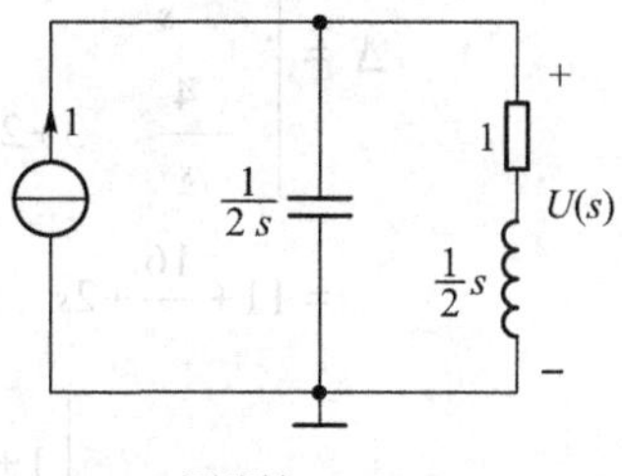

图题解 12-11

$$\left(2s+\frac{1}{\dfrac{s}{2}+1}\right)U(s)=1$$

$$U(s)=\frac{1}{2}\frac{s+2}{(s+1)^2}=\frac{1}{2}\left[\frac{K_1}{s+1}+\frac{K_2}{(s+1)^2}\right]$$

$$K_1=(s+1)^2\frac{s+2}{(s+1)^2}\bigg|_{s=-1}=1$$

$$K_2=\frac{\mathrm{d}}{\mathrm{d}s}(s+1)^2\frac{s+2}{(s+1)^2}\bigg|_{s=-1}=1$$

$$U(s)=\frac{0.5}{s+1}+\frac{0.5}{(s+1)^2}$$

$$h(t)=u(t)=(0.5\mathrm{e}^{-t}+0.5t\mathrm{e}^{-t})\varepsilon(t)\ \mathrm{V}$$

$u(0_-)=0$ 而由上式得 $u(0_+)=0.5$ V。电容电压发生跃变。当 $\delta(t)$ 流过电容 C，电压跃变量应为$\frac{1}{C}$，即$\frac{1}{2}$ V。[$\delta(t)$ 作用瞬间，L 应看作断开，L 不能有 $\delta(t)$ 流过，否则$\frac{1}{2}Li^2$将为∞，本题 $\delta(t)$ 流过电容]。用拉氏变换法，跃变量自动地出现在解答式中，如本题所示。

12-12 试求图题 12-5 所示电路的冲激响应 $h(t)=u(t)$。

解 由图题解 12-10 所示的 s 域模型，求网络函数$\frac{U(s)}{U_s(s)}$。用网孔电流法，设 $I_1(s)$、$I_2(s)$ 为网孔电流，一律为顺时针方向，则

$$\left(1+\frac{4}{s}\right)I_1(s)-\frac{4}{s}I_2(s)=U_s(s)$$

$$-\frac{4}{s}I_1(s)+\left(3+2s+\frac{4}{s}\right)I_2(s)=0$$

$$\Delta=\begin{vmatrix}1+\frac{4}{s} & -\frac{4}{s}\\ -\frac{4}{s} & 3+2s+\frac{4}{s}\end{vmatrix}=\left(1+\frac{4}{s}\right)\left(3+2s+\frac{4}{s}\right)-\frac{16}{s^2}$$

$$=11+\frac{16}{s}+2s$$

$$\Delta_2=\begin{vmatrix}1+\frac{4}{s} & U_s(s)\\ -\frac{4}{s} & 0\end{vmatrix}=\frac{4}{s}U_s(s)$$

$$I_2(s)=\frac{\Delta_2}{\Delta}=\frac{\frac{4}{s}U_s(s)}{11+\frac{16}{s}+2s}$$

$$U(s)=3I_2(s)=\frac{\frac{12}{s}U_s(s)}{11+\frac{16}{s}+2s}=\frac{12U_s(s)}{2s^2+11s+16}$$

网络函数　$H(s)=\frac{U(s)}{U_s(s)}=\frac{12}{2s^2+11s+16}$

当　$u_S(t)=\delta(t),U_s(s)=1$

$$U(s)=\frac{12}{2s^2+11s+16}=\frac{6}{\left(s+\frac{11}{4}\right)^2+\frac{7}{16}}=\frac{6\times\sqrt{\frac{7}{16}}\times\sqrt{\frac{16}{7}}}{\left(s+\frac{11}{4}\right)+\left(\sqrt{\frac{7}{16}}\right)^2}$$

$$h(t)=u(t)=\mathscr{L}^{-1}[U(s)]=\mathscr{L}^{-1}\left[\frac{24/\sqrt{7}}{\left(s+\frac{11}{4}\right)^2+\left(\sqrt{\frac{7}{16}}\right)^2}\right]$$

$$=\frac{24}{\sqrt{7}}e^{-\frac{11}{4}t}\sin\left(\frac{\sqrt{7}}{4}t\right)\varepsilon(t)\ \text{V}$$

注:反变换时利用了教材表 12-1 序号 10。本题反变换时用了配方法,见教材例 12-6。

12-13　试求解例 12-9,若 $\alpha=\frac{1}{RC}$。所得解答能区分强迫响应和瞬态响应否?为什么?

解　例 12-9 的 s 域模型重绘为图题解 12-13。原例为当 $u_S(t)=U_s e^{-\alpha t}\varepsilon(t)$时求电流 $i(t)$。

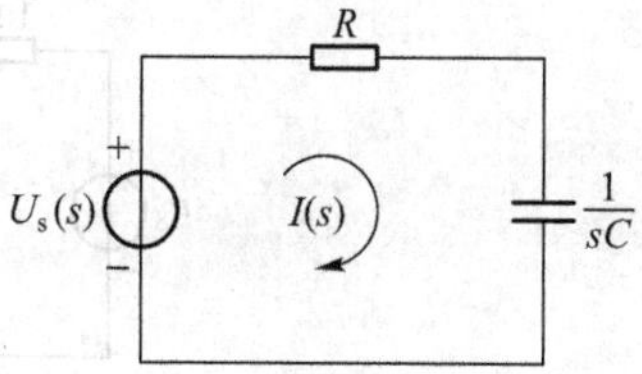

图题解 12-13

网络函数为

$$H(s)=\frac{I(s)}{U_s(s)}=\frac{\frac{s}{R}}{s+\frac{1}{RC}}$$

$$U_s(s)=\frac{U_s}{s+\alpha}$$

若 $\alpha=\frac{1}{RC}$,则

$$I(s)=\frac{\frac{s}{R}}{s+\frac{1}{RC}}U_s(s)=\left(\frac{\frac{s}{R}}{s+\frac{1}{RC}}\right)\left(\frac{U_s}{s+\frac{1}{RC}}\right)=\frac{1}{R}\frac{sU_s}{\left(s+\frac{1}{RC}\right)^2}$$

分母多项式出现重根。$H(s)$的极点和激励 $U_s(s)$的极点相重叠。反变换参看习

题 12-11 的解答。

$$i(t)=\frac{U_s}{R}(1-\alpha t)e^{-\alpha t}=\frac{U_s}{R}\left(1-\frac{t}{RC}\right)e^{-\frac{t}{RC}}\varepsilon(t)\ \text{A}$$

哪一项都不能确定是强迫响应还是瞬态响应。

12-14 当施加于电路的激励为 $3\varepsilon(t)$ 时，零状态响应为 $te^{-4t}\varepsilon(t)$，(1) 试确定电路的网络函数；(2) 试求电路的冲激响应。

解 (1) 当激励为 $3\varepsilon(t)$，即 $X(s)=\frac{3}{s}$ 时，零状态响应为 $te^{-4t}\varepsilon(t)$，即

$Y(s)=\frac{1}{(s+4)^2}$(由教材表 12-1 序号 6)，故知

$$H(s)=\frac{Y(s)}{X(s)}=\frac{1}{(s+4)^2}\times\frac{s}{3}=\frac{s}{3(s+4)^2}$$

(2) 当激励为 $\delta(t)$，即 $X(s)=1$ 时，冲激响应 $Y(s)=X(s)H(s)=H(s)$，

所以 $$h(t)=\mathscr{L}^{-1}[H(s)]=\left(\frac{1}{3}e^{-4t}-\frac{4}{3}te^{-4t}\right)\varepsilon(t)$$

注：反变换过程参看习题 12-11 的解答(重根情况)。

12-15 电路如图题 12-7 所示，u_S 和 i 分别为电路的激励和响应。

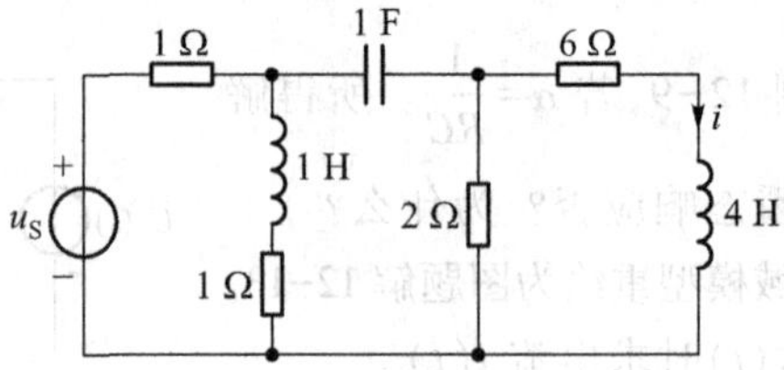

图题 12-7

(1) 求网络函数 $H(s)=\frac{I(s)}{U_s(s)}$；

(2) 求当 $u_S(t)=3e^{-t}\cos(6t)$ V 时的零状态响应；

(3) 求当 $u_S(t)=[2+\cos(2t)]$ V 时的稳态响应。

解 (1) 画出电路的 s 域模型如图题解 12-15 所示，列出网孔方程

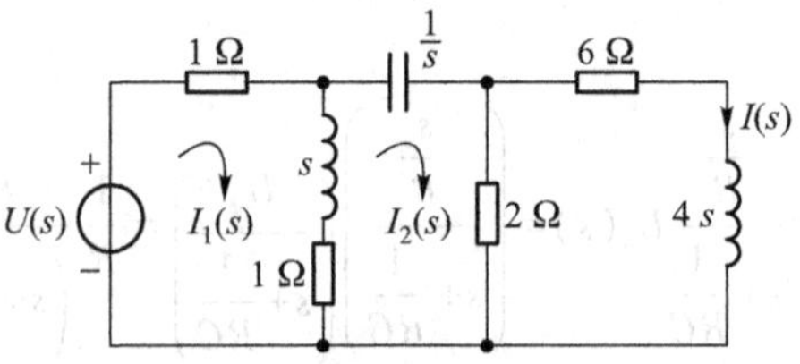

图题解 12-15

$$(s+2)I_1(s)-(s+1)I_2(s)=U_s(s)$$

$$-(s+1)I_1(s)+\left(s+3+\frac{1}{s}\right)I_2(s)-2I(s)=0$$

$$-2I_2(s)+(4s+8)I(s)=0$$

$$\Delta=\begin{vmatrix} s+2 & -s-1 & 0 \\ -s-1 & s+3+\dfrac{1}{s} & -2 \\ 0 & -2 & 4s+8 \end{vmatrix}$$

$$=(s+2)\left[\left(s+3+\frac{1}{s}\right)(4s+8)-4\right]-(s+1)(s+1)(4s+8)$$

$$=(s+2)\left[4s^2+8s+12s+24+4+\frac{8}{s}-4-4s^2-8s-4\right]$$

$$=\frac{4}{s}(s+2)(3s+2)(s+1)$$

$$\Delta_I=\begin{vmatrix} s+2 & -s-1 & U(s) \\ -s-1 & s+3+\dfrac{1}{s} & 0 \\ 0 & -2 & 0 \end{vmatrix}=U_s(s)\times 2(s+1)$$

$$I(s)=\frac{\Delta_I}{\Delta}=\frac{sU_s(s)}{2(s+2)(3s+2)}$$

所以 $$H(s)=\frac{I(s)}{U_s(s)}=\frac{s}{2(s+2)(3s+2)}$$

(2) 当 $u_S(t)=3e^{-t}\cos(6t)$ V 时

$$U_s(s)=\frac{3(s+1)}{(s+1)^2+36}$$

$$I(s)=U_s(s)H(s)$$

$$=\frac{3s(s+1)}{2(s+2)(3s+2)[(s+1)^2+36]}$$

$$=\frac{3}{2}\left[\frac{K_1}{s+2}+\frac{K_2}{3s+2}+\frac{K_3}{s+1-j6}+\frac{K_3^*}{s+1+j6}\right]$$

$$K_1=(s+2)\left.\frac{s(s+1)}{(s+2)(3s+2)[(s+1)^2+36]}\right|_{s=-2}$$

$$=\frac{-2(-2+1)}{(-6+2)(1+36)}=\frac{2}{-4\times 37}=-\frac{1}{74}$$

$$K_2=(3s+2)\frac{s(s+1)}{(s+2)(3s+2)[(s+1)^2+36]}\bigg|_{s=-\frac{2}{3}}$$

$$=\frac{-\frac{2}{9}}{\left(\frac{4}{3}\right)\left(\frac{36\times9+1}{9}\right)}=-\frac{18}{12\times325}=-\frac{3}{650}$$

$$K_3=(s+1-\mathrm{j}6)\frac{s(s+1)}{(s+2)(3s+2)[(s+1)^2+36]}\bigg|_{s=-1+\mathrm{j}6}$$

$$=\frac{s(s+1)}{(s+2)(3s+2)(s+1+\mathrm{j}6)}\bigg|_{s=-1+\mathrm{j}6}=\frac{-1+\mathrm{j}6}{2(1+\mathrm{j}6)(-1+\mathrm{j}18)}$$

$$=\frac{6.08\angle 99.5^\circ}{2\times6.08\angle 80.5^\circ\times18\angle 93.2^\circ}=\frac{1}{36}\angle -74.2^\circ$$

$$K_3^*=\frac{1}{36}\angle 74.2^\circ$$

$$I(s)=-\frac{\frac{3}{148}}{s+2}-\frac{\frac{9}{1\,300}}{3s+2}+\frac{\frac{1}{24}\angle -74.2^\circ}{s+1-\mathrm{j}6}+\frac{\frac{1}{24}\angle 74.2^\circ}{s+1+\mathrm{j}6}$$

$$i(t)=\left[-\frac{3}{148}\mathrm{e}^{-2t}-\frac{3}{1\,300}\mathrm{e}^{-\frac{2t}{3}}+0.083\,3\ \mathrm{e}^{-t}\cos(6t-74.2^\circ)\right]\ \mathrm{A}\quad t\geqslant0$$

反变换用到教材表 12-1 序号 12。另外注意第二项需写作$\dfrac{\frac{9}{1\,300}}{3\left(s+\frac{2}{3}\right)}=\dfrac{\frac{3}{1\,300}}{s+\frac{2}{3}}$,才能利用序号 5。

(3) 求 $u_S=[2+\cos(2t)]$ V 的稳态响应时,只需把网络函数中的 s 换以 $\mathrm{j}\omega$,再用叠加方法求解。如同教材例 10-9。

$$H(\mathrm{j}\omega)=\frac{\mathrm{j}\omega}{\mathrm{j}\omega(2+\mathrm{j}\omega)(2+\mathrm{j}3\omega)}$$

当 $u_S'=2$ V 时,$H(\mathrm{j}0)=0$

$$i'=0$$

当 $u_S''=\cos(2t)$ V 时　　$\dot{U}_s''=1\angle 0^\circ$

$$H(\mathrm{j}\omega)=H(\mathrm{j}2)=\frac{\mathrm{j}2}{2(2+\mathrm{j}2)(2+\mathrm{j}6)}$$

$$=\frac{\angle 90^\circ}{2\sqrt{2}\angle 45^\circ\times6.325\angle 71.57^\circ}=0.056\angle -26.6^\circ$$

$$\dot{I}''=\dot{U}_s''H(j2)=0.056\angle -26.6^\circ\ A$$

$$i''=0.056\cos(2t-26.6^\circ)\ A$$

所以
$$i=i''=0.056\cos(2t-26.6^\circ)\ A$$

注:本题概括了 $H(s)$ 的作用,总结了教材 § 3-1(直流情况)、§ 10-3(正弦稳态情况)和 § 12-4(s 域情况),值得很好注意,是教材中一道重要的习题。可再联系习题 12-19。

§ 12-5 线性时不变电路的叠加公式

12-16 电路如图题 12-8 所示,已知 $i_L(0_-)=2$ A,试分别求出在下列 $u_S(t)$ 时的电压 $u_2(t)$,$t\geqslant 0$ (1) $12\varepsilon(t)$ V;(2) $12\cos t\,\varepsilon(t)$ V;(3) $12e^{-t}\varepsilon(t)$ V。

解 作 s 域模型如图题解 12-16。先求出零输入响应 $u_2'(t)$:

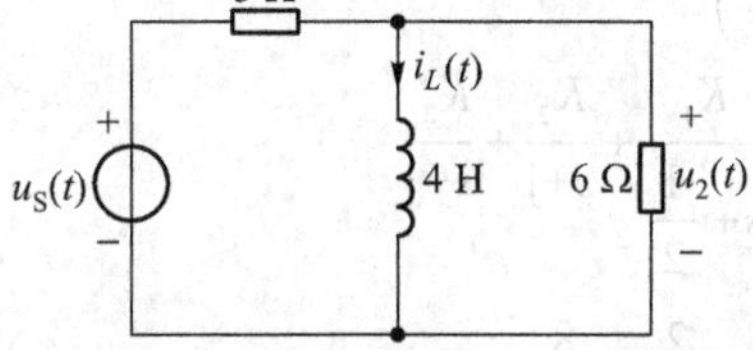

图题 12-8

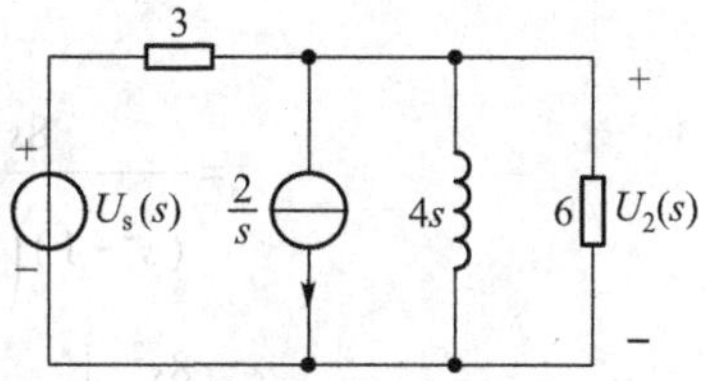

图题解 12-16

在 s 域模型中,令 $U(s)=0$,则由分流关系可得

$$U_2'(s)=-\frac{2}{s}\left(\frac{\frac{1}{6}}{\frac{1}{3}+\frac{1}{6}+\frac{1}{4s}}\right)6$$

$$=-\frac{2}{s}\left(\frac{1}{\frac{1}{2}+\frac{1}{4s}}\right)$$

$$=-4\left(\frac{1}{s+\frac{1}{2}}\right)$$

$$u_2'(t)=-4e^{-\frac{1}{2}t}\ V\quad t\geqslant 0$$

(1) 外施电源 $u_S(t)=12\varepsilon(t)$ V 作用下的零状态响应:利用图题解 12-16,将电流源断开,$U_s(s)=\frac{12}{s}$。将 $U_2(s)$ 电压源与 3 Ω 串联组合化为$\frac{12}{3s}$电流源与 3 Ω 并联组合后,可得

$$U_2''(s)=\frac{4}{s}\left(\frac{\frac{1}{6}}{\frac{1}{2}+\frac{1}{4s}}\right)6=\frac{8}{s+\frac{1}{2}}$$

$$u_2''(t)=8\mathrm{e}^{-\frac{1}{2}t}\ \mathrm{V}\qquad t\geqslant 0$$

全响应

$$u_2(t)=u_2'(t)+u_2''(t)=4\mathrm{e}^{-\frac{1}{2}t}\ \mathrm{V}\qquad t\geqslant 0$$

(2) 外施电源 $u_S(t)=12\cos t\,\varepsilon(t)$ V 时，求零状态响应的解法与(1)相同，仅 $U_s(s)$ 应表示为 $12\left(\frac{s}{s^2+1}\right)$。类似地，此时

$$U_2''(s)=\frac{12}{3}\left(\frac{s}{s^2+1}\right)\left(\frac{\frac{1}{6}}{\frac{1}{2}+\frac{1}{4s}}\right)6$$

$$=\frac{8s^2}{(s^2+1)\left(s+\frac{1}{2}\right)}=\frac{K_1}{s+\frac{1}{2}}+\frac{K_2}{s+\mathrm{j}}+\frac{K_2^*}{s+\mathrm{j}}$$

$$K_1=\frac{8s^2}{s^2+1}\bigg|_{s=-\frac{1}{2}}=\frac{2}{\frac{1}{4}+1}=\frac{2}{\frac{5}{4}}=\frac{8}{5}=1.6$$

$$K_2=\frac{8s^2}{\left(s+\frac{1}{2}\right)(s-\mathrm{j})}\Bigg|_{s=-\mathrm{j}}=\frac{-8}{\left(\frac{1}{2}-\mathrm{j}\right)(-2\mathrm{j})}=\frac{4}{1+\mathrm{j}0.5}$$

$$=\frac{4}{1.12\angle 26.5^\circ}=3.57\angle -26.5^\circ$$

$$K_2^*=3.57\angle 26.5^\circ$$

故得

$$\frac{K_2}{s+\mathrm{j}}+\frac{K_2^*}{s-\mathrm{j}}=\frac{3.57\angle -26.5^\circ}{s+\mathrm{j}}+\frac{3.57\angle 26.5^\circ}{s-\mathrm{j}}$$

$$=\frac{3.57\angle -26.5^\circ(s-\mathrm{j})+3.57\angle 26.5^\circ(s+\mathrm{j})}{s^2+1}$$

$$=\frac{[3.57\angle -26.5^\circ+3.57\angle 26.5^\circ]s}{s^2+1}+\frac{[-3.57\angle -26.5^\circ+3.57\angle 26.5^\circ]\mathrm{j}}{s^2+1}$$

$$=\frac{(3.57\times2\times\cos 26.5°)s}{s^2+1}+\frac{(-3.57\times2\times\sin 26.5°)}{s^2+1}$$

$$=\frac{6.4\ s}{s^2+1}+\frac{-3.2}{s^2+1}$$

因此，根据已求得零输入响应 $u_2'(t)$，再加上此处所得 $u_S(t)$ 作用下的零状态响应即可得到所求结果。$U_2''(s)$ 的反变换为

$$u_2''(t)=\mathscr{L}^{-1}\left[\frac{1.6}{s+\frac{1}{2}}+\frac{6.4s}{s^2+1}+\frac{-3.2}{s^2+1}\right]$$

$$=(1.6e^{-\frac{1}{2}t}+6.4\cos t-3.2\sin t)\ \text{V}\qquad t\geqslant0$$

故得

$$u_2(t)=u_2'(t)+u_2''(t)=(-2.4e^{-\frac{1}{2}t}+6.4\cos t-3.2\sin t)\ \text{V}\qquad t\geqslant0$$

其中
$$u_2'(t)=-4e^{-\frac{1}{2}t}\ \text{V}\qquad t\geqslant0$$

（3）$u_S(t)=12e^{-t}\varepsilon(t)$ V 作用下的零状态响应：

$$U_s(s)=12\left(\frac{1}{s+1}\right)$$

此时

$$U_2''(s)=\frac{1}{3}\left(\frac{12}{s+1}\right)\left(\frac{\frac{1}{6}}{\frac{1}{2}+\frac{1}{4s}}\right)6$$

$$=\frac{8s}{(s+1)\left(s+\frac{1}{2}\right)}=\frac{K_1}{s+1}+\frac{K_2}{s+\frac{1}{2}}$$

$$K_1=\left.\frac{8s}{s+\frac{1}{2}}\right|_{s=-1}=\frac{-8}{-1+\frac{1}{2}}=16$$

$$K_2=\left.\frac{8s}{s+1}\right|_{s=-\frac{1}{2}}=\frac{-4}{-\frac{1}{2}+1}=-8$$

$$u_2''(t)=(16e^{-t}-8e^{-\frac{1}{2}t})\ \text{V}\qquad t\geqslant0$$

$$u_2(t)=u_2'(t)+u_2''(t)=(16e^{-t}-12e^{-\frac{1}{2}t})\ \text{V}\qquad t\geqslant0$$

12-17　电路如图题 12-9 所示，已知 $u_S(t)=e^{-t}\cos(2t)\varepsilon(t)$ V，$u(0_-)=10$ V，求 $u(t)$，$t\geqslant0$。

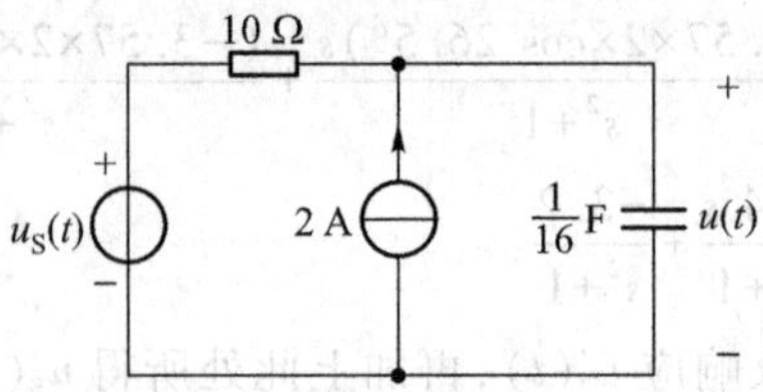

图题 12-9

解　(1) 先求零输入响应 $u'(t)$。

试自行建立电路的 s 域模型，不要遗漏与电容串联的$\frac{10}{s}$初始电压源。令电压源 $U_s(s)$ 处短路，电流源$\frac{2}{s}$处开路。可得零输入响应

$$U'(s)=\left(\frac{10}{s}\right)\frac{10}{10+\frac{16}{s}}=\frac{100}{16+10s}=\frac{10}{s+1.6}$$

得

$$u'(t)=10\ \mathrm{e}^{-1.6t}\ \mathrm{V}\qquad t\geqslant 0$$

(2) 求零状态响应，可应用叠加原理分别求得电压源和电流源作用下的零状态响应后获得。

电流源单独作用下的零状态响应：在 s 域模型中，把电压源 $U_s(s)$ 和初始状态电压源$\frac{10}{s}$均以短路线代替，得

$$U_1''(s)=\frac{2}{s}\left(\frac{\frac{16}{s}}{10+\frac{16}{s}}\right)10=\frac{32}{s(s+1.6)}$$

$$=\frac{K_1}{s}+\frac{K_2}{s+1.6}$$

$$K_1=\left.\frac{32}{s+1.6}\right|_{s=0}=\frac{32}{1.6}=20$$

$$K_2=\left.\frac{32}{s}\right|_{s=-1.6}=-20$$

$$u_1''(t)=(20-20\mathrm{e}^{-1.6t})\ \mathrm{V}\qquad t\geqslant 0$$

电压源单独作用下的零状态响应：

$$U_2''(s)=U_s(s)\left(\frac{\frac{16}{s}}{10+\frac{16}{s}}\right)=\frac{s+1}{[(s+1)^2+4]}\left(\frac{16}{10s+16}\right)$$

$$=\frac{16(s+1)}{[(s+1)^2+4](10s+16)}=\frac{1.6(s+1)}{[(s+1)^2+4](s+1.6)}$$

$$=\frac{K_1}{s+1.6}+\frac{K_2}{s+1+j2}+\frac{K_2^*}{s+1-j2}$$

$$K_1=\frac{1.6(s+1)}{(s+1)^2+4}\bigg|_{s=-1.6}=\frac{1.6(-0.6)}{0.36+4}=-0.22$$

$$K_2=\frac{1.6(s+1)}{(s+1.6)(s+1-j2)}\bigg|_{s=-1-j2}=\frac{1.6(-j2)}{(0.6-j2)(-j4)}$$

$$=\frac{0.8}{0.6-j2}=\frac{0.4}{0.3-j}=\frac{0.4}{1.044\angle -73.3^\circ}=0.383\angle 73.3^\circ$$

$$=0.11+j0.367$$

$$K_2^*=0.11-j0.367$$

$$\frac{K_1}{s+1.6}=-\frac{0.22}{s+1.6}\to -0.22e^{-1.6t}$$

$$\frac{K_2}{s+1+j2}+\frac{K_2^*}{s+1-j2}=\frac{0.11+0.367}{s+1+j2}+\frac{0.11-j0.367}{s+1-j2}$$

$$\to(0.11+j0.367)e^{-(1+j2)t}+(0.11-j0.367)e^{-(1-j2)t}$$

$$=e^{-t}[(0.11+j0.367)e^{-j2t}+(0.11-j0.367)e^{j2t}]$$

$$=e^{-t}\left[2\times 0.11\left(\frac{e^{-j2t}+e^{j2t}}{2}\right)+2\times 0.367\left(\frac{e^{j2t}-e^{-j2t}}{2j}\right)\right]$$

$$=e^{-t}[0.22\cos(2t)+0.734\sin(2t)]$$

$$=0.766e^{-t}[\sin(2t+16.7^\circ)]$$

所以 $$u_2''(t)=-0.22e^{-1.6t}+0.766e^{-t}\sin(2t+16.7^\circ)\quad t\geqslant 0$$

零状态响应为

$$u''(t)=u_1''(t)+u_2''(t)$$

$$=[20-20e^{-1.6t}-0.22e^{-1.6t}+0.766e^{-t}\sin(2t+16.7^\circ)]\ \text{V}\quad t\geqslant 0$$

（3）全响应为

$$u(t)=u'(t)+u''(t)$$

$$=10e^{-1.6t}+20-20e^{-1.6t}+0.766e^{-t}\sin(2t+16.7^\circ)$$

$$=10(2-e^{-1.6t})+0.766e^{-t}\sin(2t+16.7^\circ)\ \text{V}\quad t\geqslant 0$$

略去了 $0.22e^{-1.6t}$ 项。

注：本题显示了叠加方法在解题中的优越性。

本题的电容如改为 $\frac{1}{10}$ F，计算过程将简单些。

12-18 电路如图题 12-10 所示，试求 $i(t)$，$t\geqslant 0$。

解一 画出 $t\geqslant0$ 时的 s 域模型，注意在模型中计及电感初始电流。$t<0$ 时通过 2 H 和 3 H 电感的电流为

$$i(0_+)=i(0_-)=\frac{110}{9+1}\ \text{A}=11\ \text{A}$$

在 s 域模型中，应用 $\frac{11}{s}$ 的电流源与 $2s$、$3s$ 并联，经过有伴电流源与有伴电压源等效变换后，得模型如图题解 12-18 所示。

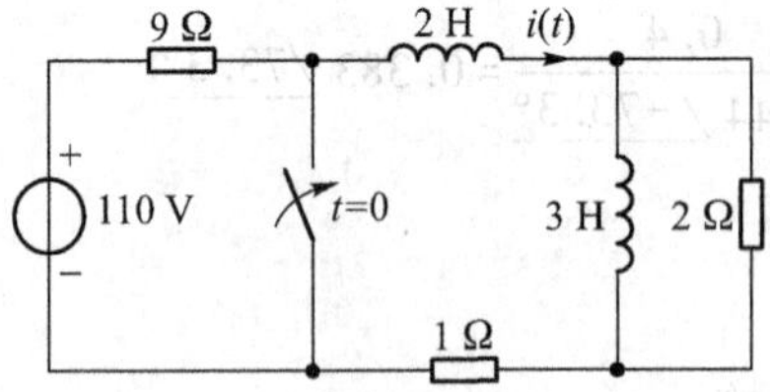

图题 12-10

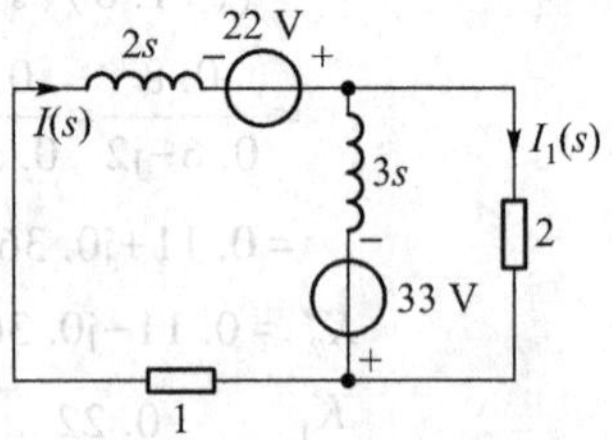

图题解 12-18

$$(1+5s)I(s)-3sI_1(s)=22+33 \qquad ①$$

$$-3sI(s)+(2+3s)I_1(s)=-33 \qquad ②$$

由②式得

$$I_1(s)=\frac{3sI(s)-33}{2+3s}$$

代入①式得

$$(1+5s)I(s)-3s\frac{3sI(s)-33}{2+3s}=55$$

$$(6s^2+13s+2)I(s)=110+66s$$

$$I(s)=\frac{11s+\frac{55}{3}}{\left(s+\frac{1}{6}\right)(s+2)}=\frac{K_1}{s+\frac{1}{6}}+\frac{K_2}{s+2}$$

$$K_1=\left(s+\frac{1}{6}\right)I(s)\Big|_{s=-\frac{1}{6}}=\frac{11\left(-\frac{1}{6}\right)+\frac{55}{3}}{-\frac{1}{6}+2}=9$$

$$K_2=(s+2)I(s)\Big|_{s=-2}=\frac{11(-2)+\frac{55}{3}}{-2+\frac{1}{6}}=2$$

$$I(s)=\frac{9}{s+\frac{1}{6}}+\frac{2}{s+2} \tag{③}$$

$$i(t)=(9e^{-\frac{t}{6}}+2e^{-2t})\varepsilon(t)\ \text{A}$$

解二　利用叠加方法，可避免解联立方程：

$$I_1(s)=\frac{22}{2s+1+\frac{3s\times 2}{3s+2}}=\frac{22(3s+2)}{(3s+2)(2s+1)+6s}$$

$$=\frac{22(3s+2)}{6s^2+13s+2}$$

$$I_2(s)=\frac{33}{3s+\frac{2(2s+1)}{2+2s+1}}\times\frac{2}{2+1+2s}$$

$$=\frac{66}{3s(2s+3)+2(2s+1)}=\frac{66}{6s^2+13s+2}$$

$$I(s)=I_1(s)+I_2(s)$$

$$=\frac{66+66s+44}{6s^2+13s+2}=\frac{66s+110}{6s^2+13s+2}$$

$$=\frac{11s+\frac{110}{6}}{s^2+\left(\frac{13}{6}\right)s+\frac{1}{3}}=\frac{11s+\frac{110}{6}}{(s+2)\left(s+\frac{1}{6}\right)}$$

由此可得与解一中③式相同的结果。

综　合

12-19　反馈放大器的响应

电路如图题 12-11 所示，所有电阻除标示者外均为 1 Ω，所有电容均为 1 F，受控源控制系数 $g=1$ S：

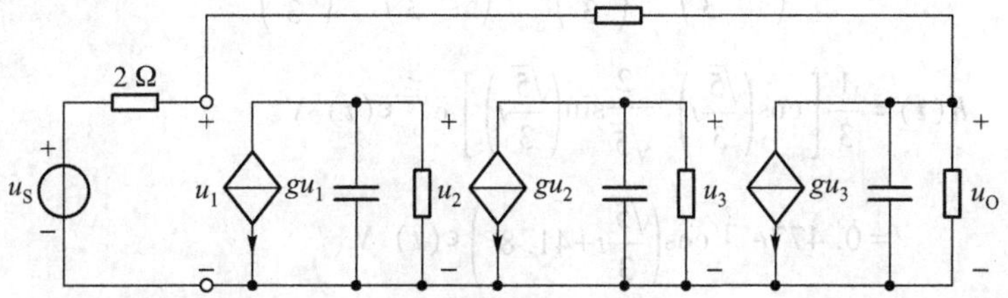

图题 12-11

(1) 试求网络函数 $H(s)=\dfrac{U_o(s)}{U_s(s)}$;

(2) 求冲激响应;

(3) 求 $u_S(t)=\cos(2t)$ V 的稳态响应。

解 (1)

$$\left(\frac{1}{2}+1\right)U_1(s)-U_o(s)=\frac{U_s(s)}{2} \qquad ①$$

$$(1+s)U_2(s)=-U_1(s) \qquad ②$$

$$(1+s)U_3(s)=-U_2(s) \qquad ③$$

$$(1+s+1)U_o(s)-U_1(s)=-U_3(s) \qquad ④$$

整理得

$$3U_1(s)-2U_o(s)=U_s(s)$$

$$(2+s)U_o(s)=\frac{s^2+2s}{s^2+2s+1}U_1(s)$$

$$U_1(s)=\frac{(s+2)(s^2+2s+1)}{s(s+2)}U_o(s)$$

$$\left(\frac{3s^2+6s+3}{s}-2\right)U_o(s)=U_s(s)$$

指定输出端的输出电压 $U_o(s)$ 对激励电压 $U_s(s)$ 的网络函数为

$$H(s)=\frac{U_o(s)}{U_s(s)}=\frac{s}{3s^2+4s+3}$$

(2) $H(s)$ 的反拉氏变换即为指定输出端的冲激响应。

$$H(s)=\frac{s}{3s^2+4s+3}=\frac{1}{3}\left[\frac{s}{s^2+\frac{4}{3}s+1}\right]=\frac{1}{3}\left[\frac{s+\frac{2}{3}-\frac{2}{3}}{\left(s+\frac{2}{3}\right)^2+\left(\frac{\sqrt{5}}{3}\right)^2}\right]$$

$$=\frac{1}{3}\left[\frac{s+\frac{2}{3}}{\left(s+\frac{2}{3}\right)^2+\left(\frac{\sqrt{5}}{3}\right)^2}-\frac{\frac{2}{3}}{\left(s+\frac{2}{3}\right)^2+\left(\frac{\sqrt{5}}{3}\right)^2}\right]$$

$$h(t)=\frac{1}{3}\left[\cos\left(\frac{\sqrt{5}}{3}t\right)-\frac{2}{\sqrt{5}}\sin\left(\frac{\sqrt{5}}{3}t\right)\right]\mathrm{e}^{-\frac{2}{3}t}\varepsilon(t)\ \text{V}$$

$$=0.477\mathrm{e}^{-\frac{2}{3}t}\cos\left(\frac{\sqrt{5}}{3}t+41.8^\circ\right)\varepsilon(t)\ \text{V}$$

(3) 以 jω 代替 s,即为正弦稳态网络函数。本题 $\omega=2$ rad/s,故得

$$\dot{U}_o = H(\mathrm{j}2)\dot{U}_s = \frac{\mathrm{j}2\times 1\angle 0^\circ}{3(\mathrm{j}2)^2+4(\mathrm{j}2)+3}\ \mathrm{V} = \frac{\mathrm{j}2}{-9+\mathrm{j}8}\ \mathrm{V} = \frac{2}{12.04\angle 48.4^\circ}\ \mathrm{V}$$

$$= 0.166\angle -48.4^\circ$$

$$u_o(t) = 0.166\cos(2t-48.4^\circ)\ \mathrm{V}$$

相关题：习题 12-12、12-15

第十三章

均匀传输线

13-1 试推导均匀传输线的输入阻抗为

$$Z_{\mathrm{i}}=\frac{\dot{U}_{\mathrm{S}}}{\dot{I}_{\mathrm{S}}}=Z_{\mathrm{c}}\left[\frac{Z_{\mathrm{r}}\cos h(\gamma l)+Z_{\mathrm{c}}\sin h(\gamma l)}{Z_{\mathrm{c}}\cos h(\gamma l)+Z_{\mathrm{r}}\sin h(\gamma l)}\right]$$

其中 l 为传输线长度,Z_{r} 为接收端负载阻抗,Z_{c} 为传输线的特性阻抗。

解 由教材(13-14)式,其中 x 为离接收端距离,故 $x=l$。由此可得

$$Z_{\mathrm{i}}=\frac{\dot{U}_{\mathrm{S}}}{\dot{I}_{\mathrm{S}}}=\frac{\dot{U}_{\mathrm{r}}\cos h(\gamma l)+\dot{I}_{\mathrm{r}}Z_{\mathrm{c}}\sin h(\gamma l)}{\dot{I}_{\mathrm{r}}\cos h(\gamma l)+\dfrac{\dot{U}_{\mathrm{r}}}{Z_{\mathrm{c}}}\sin h(\gamma l)}$$

$$=Z_{\mathrm{c}}\left[\frac{\dfrac{\dot{U}_{\mathrm{r}}}{Z_{\mathrm{c}}}\cos h(\gamma l)+\dot{I}_{\mathrm{r}}\sin h(\gamma l)}{\dot{I}_{\mathrm{r}}\cos h(\gamma l)+\dfrac{\dot{U}_{\mathrm{r}}}{Z_{\mathrm{c}}}\sin h(\gamma l)}\right]$$

$$=Z_{\mathrm{c}}\left[\frac{\dot{U}_{\mathrm{r}}\cos h(\gamma l)+\dot{I}_{\mathrm{r}}Z_{\mathrm{c}}\sin h(\gamma l)}{\dot{I}_{\mathrm{r}}Z_{\mathrm{c}}\cos h(\gamma l)+\dot{U}_{\mathrm{r}}\sin h(\gamma l)}\right]$$

上式分式,分子分母同以 $1/\dot{I}_{\mathrm{r}}$ 乘之,即得所需结果。

13-2 (1) 若均匀传输线接收端开路时和短路时的输入阻抗分别为 Z_{oc} 和 Z_{sc},求证

$$Z_{\mathrm{c}}=\sqrt{Z_{\mathrm{oc}}Z_{\mathrm{sc}}}$$

和

$$\tan h(\gamma l)=\sqrt{Z_{\mathrm{sc}}/Z_{\mathrm{oc}}}$$

(2) 某电话传输线当接收端开路时和短路时的输入阻抗分别为 $750\angle 57^{\circ}\ \Omega$ 和 $480\angle -63^{\circ}\ \Omega$。若接收端负载为 300 Ω 电阻,试求负载获得 2 mW 功率时所需的输入电压。

解 (1) 由上题可知,当接收端开路时,$\dot{I}_{\mathrm{r}}=0$,此时

$$Z_i = Z_{oc} = \frac{Z_c}{\tan h(\gamma l)}$$

当接收端短路时，$\dot{U}_r = 0$；此时

$$Z_i = Z_{sc} = Z_c \tan h(\gamma l)$$

故得

$$Z_c = \sqrt{Z_{oc} \cdot Z_{sc}}$$

和

$$\tan h(\gamma l) = \sqrt{Z_{sc}/Z_{oc}}$$

（2）

$$Z_c = \sqrt{Z_{oc} \cdot Z_{sc}} = (750 \underline{/57^\circ} \times 480 \underline{/-63^\circ})^{1/2}\ \Omega = 600 \underline{/-3^\circ}\ \Omega$$

$$\tan(\gamma l) = (480 \underline{/-63^\circ} / 750 \underline{/57^\circ})^{1/2} = 0.8 \underline{/-60^\circ}$$

负载功率为 2×10^{-3} W 时，其电流 I_r 和电压 U_r 应为

$$I_r = \left(\frac{2\times10^{-3}}{300}\right)^{1/2}\ \text{A} = 2.58\times10^{-3}\ \text{A} = 2.58\ \text{mA}$$

$$U_r = I_r \times 300\ \Omega = 2.58\times10^{-3}\times300\ \text{V} = 0.774\ \text{V}$$

可用教材（13－14）式计算输入端电压 U。由该式可知，尚需 $\cos h(\gamma l)$ 和 $\sin h(\gamma l)$。这可由已算得的 $\tan h(\gamma l)$，根据双曲线公式算得如下

$$\cos h(\gamma l) = 1/(1-\tan h^2 \gamma l)^{1/2} = 0.89 \underline{/-11.4^\circ}$$

$$\sin h(\gamma l) = \tan(\gamma l)/(1-\tan h^2 \gamma l)^{1/2} = 0.71 \underline{/-71.4^\circ}$$

至此，由（13－14）式

$$\dot{U} = 0.774\times0.89 \underline{/-11.4^\circ} + 2.58\times10^{-3}\times600 \underline{/-3^\circ}\times0.71 \underline{/-71.4^\circ}$$
$$= (0.68 - \text{j}0.136 + 0.296 - \text{j}1.06)\ \text{V}$$
$$= (0.976 - \text{j}1.196)\ \text{V} = 1.54 \underline{/-50.9}\ \text{V}$$

13－3　无损耗线的特性阻抗为 50 Ω，其一端短路，另一端接 85 Ω 电阻，如图题 13－1 所示，在 ab 端处测得阻抗为 75 Ω，工作频率为 44 MHz。试计算该传输线的相速。

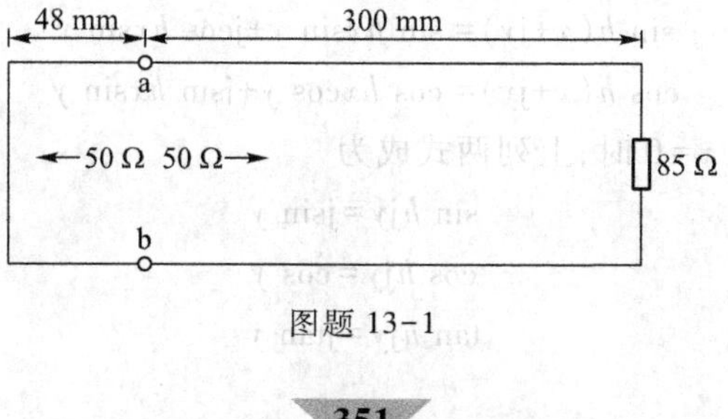

图题 13－1

解 由题 13-1 可得

$$Z_i = Z_c \left[\frac{Z_r + Z_c \tan h(\gamma l)}{Z_c + Z_r \tan h(\gamma l)} \right]$$

对无损耗线 $\alpha=0, \gamma=j\beta$,上式

$$Z_i = Z_c \left[\frac{Z_r + jZ_c \tan(\beta l)}{Z_c + jZ_r \tan(\beta l)} \right] \quad ①$$

其中用到 $\tan h(j\beta l) = j\tan(\beta l)$(参看本题解注)。由①式,得 ab 端向短路端处的输入阻抗

$$Z_i = Z_{sc} = jZ_c \tan(\beta l) = j50\tan(0.048\beta) \quad ②$$

此时 $Z_r=0$。在 ab 端向另一侧的输入阻抗,由①式得

$$Z_i = 50\left(\frac{85 + j50\tan 0.3\beta}{50 + j85\tan 0.3\beta} \right) \quad ③$$

此时 $Z_r = 85\ \Omega$。ab 端测得的 Z_i 为 75 Ω,应为这两 Z_i 的并联值的实部。即取②、③所对应导纳之和的实部,得

$$\begin{aligned} \frac{1}{75} &= \mathrm{Re}\left[\frac{-j}{50\tan(0.048\beta)} + \frac{1}{50}\left(\frac{50 + j85\tan 0.3\beta}{85 + j50\tan 0.3\beta} \right) \right] \\ &= \mathrm{Re}\left[\frac{1}{50} \times \frac{(50 + j85\tan 0.3\beta)(85 - j50\tan 0.3\beta)}{85^2 + 50^2\tan^2 0.3\beta} \right] \\ &= 85 \times \frac{1 + \tan^2 0.3\beta}{85^2 + 50^2\tan^2 0.3\beta} \end{aligned}$$

故得

$$85^2 + 50^2\tan^2 0.3\beta = 75\times85 + 75\times85\tan^2 0.3\beta$$

$$3875\tan^2 0.3\beta = 850$$

$$\tan^2 0.3\beta = 0.219$$

$$\tan 0.3\beta = 0.468$$

$$0.3\beta = 25.1°$$

$$\beta = 83.67° = 1.46\ \mathrm{rad}$$

所以相速 $=\omega/\beta = 2\pi\times44\times10^6/1.46\ \mathrm{m/s} = 1.89\times10^8\ \mathrm{m/s}$

注:由双曲线函数定义式结合欧拉恒等式可导出该式。

或由双曲线函数基本公式

$$\sin h(x+jy) = \sin hx\sin y + j\cos hx\sin y$$

$$\cos h(x+jy) = \cos hx\cos y + j\sin hx\sin y$$

也可导出该式。当 $x=0$ 时,上列两式成为

$$\sin hjy = j\sin y$$

$$\cos hjy = \cos y$$

故得

$$\tan hjy = j\tan y$$

思考题选解

1-1 利用图 1-5,图中 i 的参考方向理解 $+q$ 移动方向即可。

1-3 (1) 可以均设为流入没有限制。

(2) 没有差别。利用图 1-9,$i_1+i_2-i_3=0$,设已知 $i_1=10$ A,$i_2=5$ A,则 $i_3=15$ A。如 i_1、i_2 的参考方向均作改变,则作为已知量,i_1、i_2 必然要改为 -10 A、-5 A,且 KCL 应表为 $-i_1-i_2-i_3=0$,i_3 仍为 15 A。

(3) 正确

1-5 对每一时刻 t,必有 $u_2(t)=u_1(t)+u_3(t)$。图所示波形不能在所有时刻满足这一关系。

1-7 (1) 内部为 7 A 电流源;(2) 内部为 7 V 电压源。电流源时 $u_{ab}=7R$;电压源时 u_{ab} 恒为 7 V。不因外接 R 而变。

1-10 串联电路 i 不得违背 KCL,左图 i 只能为 -1 A,右图 i 可任意。

1-13 4 kΩ 和 3 kΩ 短路;4 V 电源反接。

1-14 除参考点外,有 3 个节点,1、3 串联,2、4 串联,无并联元件。

2-1 G_3 与电流源串联,不论 G_3 多大都不影响该支路的电流 i_S。直接由 KCL 列写节点电压方程:

$$i_{31}+i_S-i_{10}=0$$

$$(u_S-u_1)G_1+i_S-u_1G_2=0$$

所以

$$(G_1+G_2)u_1-G_1u_S=i_S$$

套用(2-8)式,要谨慎!直接运用 KCL,较不易出错!

3-2 (a) 正确;(b) 不正确。

4-1 可用 $R=3\ \Omega$。用电压源 3 V 置换,i_1 立即可知。当然有影响,此时 u、i 已非原值。

4-2 当 N_2 为 1 Ω 时,$i=2$ A、$u=2$ V。

4-3 N 为 1 V 电压源,N′为 1 A 电流源时对 1 Ω 的电阻“等效”,但对 2 Ω 电阻就不同了。

4-5 (1) 等效

(2) 等效电路对外电路提供的功率是相同的。8 Ω 时均为 8 W,对任意一个其他 Ω 值的外电路,情况也如此。

(3) 不同。这就是所谓的“等效电路内部并不等效”。试以外电路为 8 Ω 时为例,内部 2 Ω 电阻的功率也不同。

5-1 不能。电容电流的大小比例于同一时刻的$\dfrac{du}{dt}$,而不是 u。当 $u=10$ V 时,从 $u=5t^2$ 可算得 $t=\sqrt{2}$ s,而$\dfrac{du}{dt}=10t$,由此可知,此时$\dfrac{du}{dt}=10\sqrt{2}$ V/s,可得电容电流 $i=C\dfrac{du}{dt}=10\sqrt{2}$ A。

5-2 电容的 u-i 特性曲线因 u(或 i)的波形不同而不同,不是惟一的。电阻与此不同,见教材 P22,脚注。

5-3 正弦波、指数波。

5-4 该电容在 $t=0$ 时可用电压源 U_0 置换。在 $t\geqslant 0$ 时可等效为一电压源 U_0 和零初始电压电容的串联电路,仍然是动态电路。

5-5 $t\geqslant -0.5$ s 时:0.25 V 电压源与零初始电压 4 F 电容串联电路;

$t\geqslant -1$ s 时:零初始电压 4 F 电容;

$t=0$ 时:0.5 V 电压源。

5-6 选(2)。

5-8 在关联方向下运用 $u=L\dfrac{\mathrm{d}i}{\mathrm{d}t}$,$u$ 的负极设在接地端。由于$\dfrac{\mathrm{d}i}{\mathrm{d}t}<0$,$u$ 为负,真实极性与参考极性相反,抗拒 i 的下降!

5-10 $t=0_+$时可用 5 A 电流源置换。(假定 $t=0$ 时无冲激电压)

6-1 如果 $\tau_1>\tau_2$,而初始电压不同,我们只能说,两电路的电压衰减到各自的初始电压的同一百分比值所需的时间,必然是 $t_1>t_2$。不能说衰减到同一电压值所需的时间,必然是 $t_1>t_2$。如果对应于 τ_2 较小的电路初始电压较大,完全可以出现衰减到同一电压值所需的时间 $t_1<t_2$。绘图即明。

6-2 绘图次序:$i\rightarrow u_R\rightarrow u_L$。

6-3 绘图次序:$u_C\rightarrow u_R(u_R=u_C)$。

6-4 如果以 $t=0$ 时的变化率下降,i_L 于 $t=\tau$ 时将下降为零。零输入情况下,i_L 的变化率取决于当时的 i_L 值,随着 i_L 的下降,变化率也是变化的,逐步下降,最后趋向于零。参看(6-37)式及图 6-28。

6-5 ① 错。见教材 P246,没有“全响应线性”一说。② 正确。这是零状态响应和零输入响应都增长一倍带来的结果。

6-6 在 $t=0_+$时,未充电的电容相当于短路,是由于电容电压的连续性,如原未充电,电压为零,则在 $t=0_+$时将仍然为零。电压为零,即相当于短路。

由于电感电流的连续性,$t=0_-$时未载流的电感,在 $t=0_+$时电流仍将为零。电流为零,即相当于开路。

6-7 当 $t\rightarrow\infty$,电容相当于开路。这只是指直流电源作用的电路而言,在直流稳态时,$\dfrac{\mathrm{d}u_C}{\mathrm{d}t}=0$,电容电流为零,相当于开路。

电感情况从略。

6-9 参阅教材 P227 和 P261。

6-10 (1) 增加一倍者:零状态响应,稳态响应。

(2) 增加一倍者:零输入响应。

7-1 图(a)电路参数值满足 $R^2=4L/C$,处于临界阻尼状态。若再并联电容,将使等效电容增大,从而使 $R^2<4L/C$,电路将转为过阻尼状况。

图(b)电路源也处于临界阻尼状态。若增添受控源,则对动态元件而言

$$R'=\frac{R}{l-\alpha}>R$$

电路也将转为过阻尼状况。

7-2 流过 L 的电流被强迫中断，$L\frac{\mathrm{d}i}{\mathrm{d}t}\to\infty$，从而使开关两端出现高电压，空气导电出现火花。并联电容将为 i 提供通道。

8-1 $u_C(0)$对 SSS 响应无影响，对瞬态响应有影响。稳态响应是指受命于激励的响应，与激励的变化模式相同——正弦激励产生正弦响应，与电路的初始状态无关。

8-2 实际上需求解的未知量是两个——未知正弦量的振幅和初相，其角频率 ω 与激励的相同，无需求解。本章提供一种简便的方法，用以求解振幅和初相——相量法。

8-3 不对！满足 KCL 的是电流相量。由此得不出电流相量的模（即振幅）应满足 KCL 的结论。

8-4 (1) 同相 (2) 反相 (3) 90°相位差

8-5 无效。代表同频率正弦的相量间的运算结果才有意义！

8-6 (1) 如果电压波形系指 u_{ab}，那么电压、电流的参考方向是一致的。在这一前提下，电感的电流滞后电压 90°，而图中表明的正是这种相位关系。因此元件是电感！

$$\omega L=\frac{100}{10}\ \Omega=10\ \Omega$$

由横坐标可知 $\omega=2$ rad/s，可知 $L=5$ H。

(2) 如果电压波形系指 u_{ba}，那么电压、电流的参考方向是不一致的。在这一前提下，电容的电流滞后电压 90°。（通常所说的“电容电流超前电压 90°”，前提是关联参考方向。）图中表明的正是这种相位关系。因此

$$\omega C=\frac{10}{100}\mathrm{S}=\frac{1}{10}\mathrm{S}$$

$$C=\frac{1}{20}\ \mathrm{F}$$

8-7 (1) 六个式子中只有第四、五是正确的。

(2) 不对。答案虽对但过程没有数学依据。

(3) 不对。参阅 8-6 题。

8-8 不对。错误与 8-7(2)相同。时间 t 的正弦函数不能和复数一起运算。参看例 8-7 解二，按三个步骤进行。

8-9 第一项：不合理。既是 RC 电路，阻抗的虚部应为负。第二项：错误类似上项。第三项：合理。$\frac{1}{\omega C}>\omega L$。第四项：不合理。既然是 LC 电路，阻抗实部应为零。

8-10 (1) 不对。

$$Y=\frac{1}{Z}=\frac{1}{3+\mathrm{j}4}\neq\frac{1}{3}+\mathrm{j}\,\frac{1}{4}$$

正确结果：

$$Y=\frac{3}{25}-\mathrm{j}\,\frac{4}{25}$$

参看(8-74)或(8-75)式。其实,记住 $Y=\frac{1}{Z}$即可。

8-11 (1) i_1 和 i_2 同相时才能存在。初学者易犯的一个错误就是认为有效值可以相加。这只有在本题所述的特殊情况下才能如此。

(2) i_1 和 i_2 反相时

(3) i_1 和 i_2 相位差为 90°时

9-1 在这一情况下,I 分为 $I\cos\varphi$(有功分量)和 $I\sin\varphi$(无功分量)。

9-3 这将影响负载的电压,使负载不能正常工作。

9-4 前面均需加$\frac{1}{2}$这一乘数,$\frac{1}{2}$来源于$\frac{1}{\sqrt{2}}\cdot\frac{1}{\sqrt{2}}$。

9-5 $U_{c'c}=U_P\angle -240°+180°$,不能构成对称三相电源。

10-1 参看图 10-22。

10-2 $\omega=1$ rad/s,阻抗为∞。

10-3 图 10-8:$|X_C|=\frac{1}{\omega C}$,ω 越高,$|X_C|$越小,电容上分配到电压越小,即输出电压越小。因此该电路为低通电路。

对图 10-10 可作类似分析。

用相量图来说明相位关系,参阅教材图 8-50。

10-4 不对!不同频率的正弦波不能用相量相加。正弦波的相量是针对某一频率的,即该正弦波的频率的。对应于不同频率正弦波的相量相加,其结果毫无意义。

正确做法:对 i_1 和 i_2 中同频率的正弦波,用相量法求得它们之和。再把这些不同频率正弦波列在一起即为最后结果。

10-5 (1) (a)、(c)、(d) 短路;(b) 开路;

(2) 可能。当 $\omega<\omega_1$ 时,图(c)的 LC_1 支路相当于一个电容,而另一支路为电感,因而在某一频率 ω_2 时,整个电路相当于开路,该频率 ω_2 必须小于 ω_1。同理、当 $\omega>\omega_1$ 时,也存在频率 ω_2 使图(d)相当于开路。

10-6 低通。参看思考题 10-3。

11-1 有互感的两线圈作串联时,其等效电感为 L_1+L_2+2M 或 L_1+L_2-2M,取决于串联时同名端的连接情况。这两种可能的等效电感值相差 $4M$,当 M 较大时,差别很大。如果接错,线圈中电流增大,就会有使线圈烧毁的危险。

11-2 一次回路的电流 $\dot{I}$ 与在二次回路中的互感电压 $j\omega M\dot{I}$ 具有固定不变的相位关系,即 $\dot{I}$ 滞后互感电压角 90°,图 11-4(c)。二次电流 $\dot{I}_2$ 与互感电压 $j\omega M\dot{I}$ 的相位关系取决于二次回路的阻抗。参阅例 11-5 中的 $\dot{I}_1$、$\dot{I}_2$。并请注意到:如果 $Z_{22}=j\omega L_2$,则

$$\dot{I}_2=\frac{M}{L_2}\dot{I}_1$$

在图 11-18(a)所示参考方向和同名端下,$\dot{I}_2$ 与 $\dot{I}_1$ 同相;如 $\dot{I}_2$ 参考方向相反,则 $\dot{I}_2$ 与 $\dot{I}_1$ 反相。

11-4 参考方向可任意假定。

11-5 对理想变压器一次电流与二次电流具有固定不变的相位关系。如(11-33)式所示。电压亦然,如(11-32)式所示。n仅使电流或电压在数值上发生变化。全耦合变压器仅保持(11-32)式,电流则如(11-51)式所示。

11-6 见例 11-14,应为$\left(\frac{1}{10}\right)^2 L_2$。

12-1 以图 11-9 为例,L_1、L_2 换以 sL_1、sL_2;附加电源以 $sMI_2(s)$、$sMI_1(s)$表示,$i_1(t)$、$i_2(t)$和 $u_1(t)$、$u_2(t)$表为 $I_1(s)$、$I_2(s)$和 $U_1(s)$和 $U_2(s)$即可。

12-2、12-3 它们都是电阻元件,电流以 $I(s)$表示,电压以 $U(s)$表示即可。